U0469512

国家级一流本科课程建设教材

工 业 分 析

主 编 魏 琴

副主编 吴 丹 任 祥 马洪敏 杜 宇 李悦源

科 学 出 版 社

北 京

内 容 简 介

本书是编者根据当前教学改革的精神及工业分析教学的新形势，结合多年的教学实践而编写的。全书共12章，包括：绪论、试样的采集与制备、水质分析、煤质分析、气体分析、石油产品分析、硅酸盐分析、钢铁分析、有色金属及合金分析、肥料分析、化工生产分析和食品分析。本书内容既有较广的适用性，又注重体现新内容、新方法，使学生能够对工业分析的方法原理、特点等有比较深入的了解，再结合实验锻炼学生的实验技能、技巧，以培养学生的创新精神，提高实践能力。

本书可作为高等学校化学、化工类相关专业的本科生和研究生教材，也可供厂矿企业、科研单位从事分析工作的人员参考。

图书在版编目（CIP）数据

工业分析 / 魏琴主编. -- 北京 : 科学出版社, 2025. 2.
(国家级一流本科课程建设教材). -- ISBN 978-7-03-080751-9

Ⅰ. TB4

中国国家版本馆CIP数据核字第2024UZ3246号

责任编辑：丁 里 / 责任校对：郝璐璐

责任印制：张 伟 / 封面设计：无极书装

科学出版社 出版

北京东黄城根北街16号

邮政编码：100717

http://www.sciencep.com

三河市骏杰印刷有限公司印刷

科学出版社发行 各地新华书店经销

*

2025年2月第 一 版 开本：787 × 1092 1/16

2025年2月第一次印刷 印张：25 1/2

字数：597 000

定价：98.00元

（如有印装质量问题，我社负责调换）

《工业分析》编写委员会

主　编　魏　琴

副主编　吴　丹　任　祥　马洪敏　杜　宇　李悦源

编　委(按姓名汉语拼音排序)

陈连清　杜　宇　李悦源　马洪敏　苗亚磊

任　祥　王　欢　魏　琴　吴　丹　张　拦

赵建波

前　言

济南大学“工业分析”课程是首批国家级一流本科课程、国家级精品资源共享课、国家级精品课程，被列为教育部高等学校化学类专业教学指导委员会思政实验课题。为了适应教育改革与时代发展的需要，编者结合多年的教学经验和体会，确定了编写本书的基本思路和框架结构。

在教材内容的处理上力求接近现代工业生产，以最新国家标准为主，做到与时俱进，使学生能够对工业分析的方法原理、特点等有深入的了解；同时将新的科研成果、学科发展前沿及思政元素和党的二十大精神引入教材中。本书内容既包括经典的水质分析、煤质分析、气体分析、油品分析等，又包括具有特色的硅酸盐分析、钢铁分析、化工生产分析、有色金属及合金分析、肥料分析和食品分析，丰富了教学内容，便于不同专业按照具体情况和需求灵活安排教学，对学生快速适应工作岗位有一定的帮助。各章编写了“知识拓展”，以开阔学生的视野，增加学生对学习工业分析的兴趣。本书还有配套的数字化资源，借助互联网技术实现教材的信息化，拓展了学习的时空环境。

本书是“工业分析”国家级教学团队多年教学实践与教学成果的结晶，由魏琴担任主编，吴丹、任祥、马洪敏、杜宇、李悦源担任副主编。参加编写工作的还有王欢、陈连清、苗亚磊、张拦和赵建波。全书由魏琴统稿和定稿。在本书编写过程中，还得到了各兄弟院校专家的大力支持和帮助，在此一并表示感谢。最后，特别感谢李玉阳、吴廷廷、东雪、刘雪静、刘蕾、孙元玲、余珍对书稿进行了认真校对，以及为编写“知识拓展”做出的贡献。

限于编者的水平，书中仍有疏漏和不妥之处，敬请广大师生和专家批评指正。

编　者

2024 年 7 月

目　　录

第1章　绪　　论

工业分析是分析化学在工业生产上的具体应用。在学习工业分析课程时，要用到分析化学的基础理论和方法，还会用到各种仪器分析方法，因此对仪器分析的方法和原理应有一定的了解，对实际生产的工艺、流程也应有一定的了解。学习中，要灵活运用所学过的知识，同时注意理论联系实际。通过本课程的学习，学生可以掌握如何将分析化学中学过的理论和方法应用于工业分析中。

1.1　概　　述

1.1.1　工业分析的任务和作用

1. 工业分析的任务

工业分析的任务是研究工业生产的原料、辅助材料、中间产品、最终产品、副产品以及生产过程中各种废物组成的分析检验方法。

2. 工业分析的作用

通过工业分析，人们可以评估原料与产品的质量，监测生产工艺流程是否顺畅，进而为生产提供及时且准确的指导。同时，它还能帮助人们经济、合理地利用原料和燃料，迅速发现并解决生产中的问题，降低废品率，提升产品质量。因此，工业分析在生产过程中起到至关重要的指导和促进作用，是众多国民经济生产部门(如化学、化工、冶金、煤炭、石油、环保、建材等)不可或缺的检验工具。工业分析因此被誉为“工业生产的眼睛”，凸显了其在工业生产中的核心地位和重要性。

1.1.2　工业分析的特点

工业生产和工业产品的性质决定了工业分析具有以下特点：

(1) 在工业生产中，原料与产品的数量庞大，常以千吨、万吨为单位计量，其成分分布又很不均匀，但分析时仅能检测其中很小的一部分。因此，准确采集能反映整体平均组成的样品至关重要，这是获得准确分析结果的先决条件。

(2) 对于采集的样品，需经过处理使其符合分析测定的要求。鉴于多数分析操作在溶液环境中进行，工业分析中需根据样品特性选择恰当的分解方法，以制备适合分析的试样。

(3) 工业物料成分复杂，共存物质可能对目标组分产生干扰。因此，在选择和设计工业分析方法时，必须充分考虑共存组分的影响，并采取有效措施消除其干扰，确保分析结果的准确性。

(4) 工业分析的一个重要作用是指导和控制生产的正常进行，因此必须快速、准确地得到分析结果。在符合生产所要求的准确度的前提下，提高分析速度同样重要，有时不一定要达到分析方法所能达到的最高准确度。

鉴于这些特点，分析工作者的首要任务是正确选择适合的分析方法，以满足工业生产的需求。同时，还需要不断探索更先进、更完善的分析方法，推动工业分析在服务生产方面不断进步与发展。

1.2 工业分析方法

工业分析方法按其在生产上完成分析的时间和所起的作用可以分为快速分析法和标准分析法。

1.2.1 快速分析法

快速分析法主要应用于生产工艺流程中的关键环节控制，它强调快速获得分析结果，以便及时调整。在此过程中，为了保障生产的连续性和效率，对分析结果的准确度可在满足生产标准的前提下适度放宽。这种方法常用于车间的生产控制分析中，以确保生产流程的高效运行。

1.2.2 标准分析法

1. 定义

标准分析法是用来测定生产原料及其产品的化学组成，并以此作为工艺计算、财务核算和评定产品质量的依据，所以此法必须准确度高，完成分析的时间可适当延长。此项工作通常在中心实验室进行。该类方法也可用于验证分析和仲裁分析。

从目前分析方法的发展趋势来看，标准分析法向快速化发展，快速分析法也向高准确度方向发展，这两类方法的区别正在逐渐消失。有些方法既能保证准确度，操作又简便快速；既可作为标准分析法，也可作为快速分析法。

2. 标准方法

制定并采纳标准方法是确保质量的关键举措。国际标准化组织(ISO)负责制定各类标准方法，并每年发布新标准，同时对已有标准每五年进行一次修订。然而，ISO 标准并不具备强制性。

我国的标准分析法是由国家技术监督局或有关主管业务部委审核、批准并公布施行。前者称为国家标准(代号 GB)；后者称为部颁标准(各部委代号不同)，如化工部标准(HB)、石油部标准(SY)和轻工部标准(QB)等。此外，还有地方或企业标准，但只在一定范围内有效。

一些部委的主管部门为了贯彻国家标准，根据具体测试要求，参照国家标准制定出本行业标准，并注明与国家标准等效。国家标准也可参照国际标准法制定，使其与国际标准法等效。

国家技术监督局和各部委根据生产的发展和对产品质量要求的不断提高，每隔一段时间(一般 4 年 1 次)发布新标准，新标准公布后，旧标准作废。

标准分析法，即分析测试的标准方法，一般分为绝对测量法、相对测量法和现场法。绝对测量法的测定值为绝对值，与质量、时间等基本单位或导出量直接相关，准确度最高。例如，质量法有分析天平直接称量待测物质和库仑法测定物质的纯度。相对测量法(或标准参考方法)的测定值是相对量，以标准物质或基准物质含量为标准，确定待测物质的含量。该类方法已被证明没有系统误差，若存在系统误差，可以校正。滴定分析法及大多数仪器分析法都属于这一类方法。现场法则以快速测定数据、指导生产和监控为主要目标，对准确度的要求可适当放宽。

1.2.3 允许误差

允许误差(或允许差)又称公差，是指某一分析方法所允许的平行测定值之间的绝对偏差；或者说，是指按此方法进行多次测定所得的一系列数据中最大值与最小值的允许界限，即极差，是主管部门为确保分析精度而设定的标准。标准分析法均会注明其特定的允许误差，这一误差是基于该分析方法的统计结果，仅代表该方法的精确度，并不适用于其他方法。在工业分析中，通常进行两次平行测定，若这两次测定的绝对偏差超出了规定的允许误差，即视为超差，需重新进行测定。

允许误差分为同一实验室的允许误差(简称室内允许差)和不同实验室的允许误差(简称室间允许差)。室内允许差是指在同一实验室内，采用同一分析方法对同一试样进行两次独立分析时，在 95%置信度下所允许的最大差值。若两次分析结果的差值绝对值未超过相应的允许误差，则认为室内的分析精度符合要求，可取两次结果的平均值作为最终报告值；反之，则视为超差，需重新分析。例如，用氯化铵重量法测定水泥熟料中的二氧化硅含量，国家标准规定 SiO_2 允许误差范围为 0.15%，若实际测得数值为 23.56%和 23.34%，其差值为 0.22%，已超过允许误差 0.07%，必须重新测定。如果再测得数据为 23.48%，与 23.56%的差值为 0.08%，小于允许误差，则测得数据有效，可以取其平均值 23.52%作为测定结果。室间允许差则是指两个不同实验室采用同一分析方法对同一试样进行独立分析时，所得两个平均值之间在 95%置信度下所允许的最大差值。若两个平均值的差值符合允许误差规定，则认为两个实验室的分析精度均符合要求；否则，即视为超差，需进一步核查。国家标准《水泥化学分析方法》(GB/T 176—2017)、《钠钙硅玻璃化学分析方法》(GB/T 1347—2008)中规定的允许误差如附录 9 所示。

在钢铁分析及铁合金的化学分析国家标准中规定，此允许误差仅为保证与判断分析结果的准确度而设，与其他部门不发生任何关系，在平行两份或两份以上试样时，所得分析数据的极差值不超过所载允许误差两倍者(±允许误差以内)，均应认为有效，以求得平均值。用标准试样校验时，结果偏差不得超过所载允许误差。碳、硫、硅、锰、磷的允许误差如附录 9 所示。

工业分析方法的制定基于生产需求和实践经验，通常是多种分析方法的综合运用。每种方法都有其各自特点，只有深入、全面地了解物质的性能和特征，将化学的、物理的、快速的、标准的分析方法配合应用，才能简便而快速地获得准确度较高、重现性较好的分析结果。

1.3 标 准 物 质

分析测试中，绝大多数采用相对测定方法，如光化学分析等现代仪器分析都是以待测样品与已知组成的样品进行比较，从而获得分析结果。按照国际标准化组织的定义，标准物质是具有一种或多种已充分证实的特性，用来校正测量器具、评定测量方法或给材料定值的物质或材料。

1.3.1 标准物质的种类

1. 按技术特性分类

(1) 化学成分和纯度标准物质，如钢铁、合金、矿石、炉渣和基准试剂等标准物质。

(2) 物理化学特性标准物质，如燃烧热、pH、高聚物分子量等标准物质。

(3) 工程类标准物质，如橡胶、工程塑料的机械性能、电性能的标准物质。

在工业分析中使用的标准物质一般限于第(1)类，即化学成分和纯度标准物质，常用的有基准试剂和标准试样(简称标样)。

2. 按特性值的准确度水平分类

标准物质按特性值的准确度水平分类，可分为一级标准物质、二级标准物质和工作标准物质，其中一级标准物质水平最高，二级标准物质次之，工作标准物质最低，可由科研部门和企业根据规定要求自己制备。我国标准物质代号为 GBW，如一级标准物质：GBW 06101，基准试剂碳酸钠；GBW 07210-07212，3 种磷矿石成分分析标准物质；GBW 013101-13237，7 种 pH 标准物质。二级标准物质：GBW(E)060001-060017，17 种化工产品成分分析标准物质；GBW(E)080009-080038，盐酸、硝酸盐、磷酸盐、硅酸盐等标准溶液系列；GBW(E)080064-080096，水中各种成分分析标准物质。

1.3.2 标准物质的制备

标准物质作为统一量值的计量单位，必须具备定值准确、稳定性好、均匀性好三个基本条件。除此之外，还要考虑能小批量生产、制备上再现性好等。标准物质通常可由下列几条途径获取。

1. 由纯物质制备

化学气体标准物质就是采用高纯气中加入一种或几种特定成分气体的方法配制的。

2. 直接由高纯度的物质作为标准物质

例如，用作热量值的标准物质苯甲酸可以用升华法制备。还可以用重结晶法、色谱分离法等制取高纯度的物质。基准试剂是由一般化学试剂提纯制得，它是纯度极高的单质或化合物，至少相当于保证试剂(优级纯试剂或一级试剂，缩写 GR)，更好些的是光谱纯试剂(缩写 SP)。

3. 从生产物料中选取

例如，无机固体物、矿物、化肥、水泥、钢铁等可以从生产物料中选取有代表性的样品，按照试样的制备方法制得标准物质。

4. 特殊的制备

例如，高聚物分子量窄分布的标准物质可以用柱分离技术制得。

水泥、玻璃、陶瓷、钢铁、合金、矿石和炉渣等标准物质习惯上称为标准试样，简称标样。标样的研制过程比较复杂，一般从社会需求调查开始，认真地进行设计和制备，由国内相关的科研单位或企业组织生产，其中某些主要组分的含量由有经验的分析人员用最可靠的方法测定出来，大量数据经数理统计处理得出准确可靠的量值，发行后还要进行质量和效果的追踪调查。国家计量局(现已并入国家市场监督管理总局)早在 20 世纪 50 年代就开始研制标准物质，现在冶金、机械、化工、地质、环保、建材等部门和中国科学院已研制出了近千种标准物质，门类也有数十种，特别是近几年发展十分迅速。国家市场监督管理总局还专设部门，负责鉴定、审核标准物质的生产和发行。

1.3.3　标准物质在工业分析中的作用

(1) 作为参照物质，检验测定结果的可靠性。标准物质与试样进行平行分析，比较测定值与标准值之间的差异，是检验结果可靠性的最好方法之一。

(2) 标准物质用于定标仪器或标定标准溶液(基准试剂还可用直接法配制标准溶液，即基准溶液)。仪器在使用前或使用中，须用标准物质定标或制作校正曲线，才能给出正确的分析结果。

(3) 作为已知试样用于发展新的测量技术和新的仪器。当采用不同方法或不同仪器进行测量时，标准物质可以帮助人们判断测量结果的可靠程度。

(4) 在仲裁分析和进行实验室质量考核中经常采用标准物质作为评价标准。

(5) 采用标准试样消除基体效应。消除基体效应最好的方法是采用标准试样作为分析测试的标准。基体效应明显的待测试样，在组成和性质上与标准试样越接近，测定结果越准确。这是基准试剂所不及的。

1.4　干扰的消除方法

试样分解后制成的试验溶液中，往往有多种组分(离子)共存，测定时通常会彼此干扰，不仅影响分析结果的准确性，有时甚至使测定无法进行。因此，必须预先除去干扰组分。通常采用的方法有掩蔽法(含解蔽)和分离法。

1.4.1 掩蔽法

掩蔽法是加入某种适当试剂与干扰离子作用，将其转变为不干扰测定的状态，保证待测离子的测定顺利进行。与此相反，将组分从掩蔽状态释放出来，恢复参与反应的能力，这一过程称为解蔽。常用的掩蔽剂如附录 7 所示。

1. 掩蔽法分类

常用的掩蔽法有配位掩蔽法、沉淀掩蔽法和氧化还原掩蔽法。

1) 配位掩蔽法

利用干扰离子与掩蔽剂生成稳定的配位化合物，降低干扰离子的浓度以消除其干扰的方法称为配位掩蔽法。此法是应用最为广泛的掩蔽方法。例如，在 pH 10 的缓冲介质中测定钙、镁合量，可采用三乙醇胺与共存离子 Fe^{3+}和 Al^{3+}形成稳定的配合物消除影响，使用三乙醇胺时，应在酸性溶液中加入，再调节溶液 pH 至碱性，以防高价离子水解，达不到掩蔽目的。

2) 沉淀掩蔽法

利用沉淀反应使干扰离子与掩蔽剂形成难溶化合物，以消除其干扰的方法称为沉淀掩蔽法。例如，用 EDTA 滴定钙，采用 pH 12 以上条件，使少量 Mg^{2+}生成 $Mg(OH)_2$ 沉淀，从而消除其干扰。该掩蔽法有一定的局限性，如沉淀反应不完全，掩蔽效率不高，常伴有共沉淀现象且沉淀对指示剂有吸附作用，影响终点观察等。因此，沉淀掩蔽法并非理想的方法。

3) 氧化还原掩蔽法

利用氧化还原反应改变干扰离子的价态，以消除其干扰的方法称为氧化还原掩蔽法。氧化还原掩蔽法的应用范围较窄，只限于那些能发生氧化还原反应的金属离子，且其氧化型或还原型不干扰测定的情况。因此，目前只有少数几种离子可用这种方法消除其干扰。最常用的是抗坏血酸和盐酸羟胺。例如，pH 1 时用 EDTA 滴定 Bi^{3+}，可采用抗坏血酸将干扰离子 Fe^{3+}还原为 Fe^{2+}，由于 Fe^{2+}在此酸度下几乎不与 EDTA 反应，从而消除其干扰。

掩蔽法的特点是简化测定手续。但掩蔽量不能太大，一般干扰组分是待测组分的 7～10 倍，可用掩蔽法。干扰组分含量更高时，掩蔽效果不太理想，必须考虑分离法。

2. 掩蔽剂类型

掩蔽剂按其性质一般分为无机掩蔽剂和有机掩蔽剂两大类。最常见的无机掩蔽剂有氰化物和氟化物，由于氰化物有剧毒，正逐渐被其他试剂代替。有机掩蔽剂按其官能团分为 OO 配位体掩蔽剂、NN 配位体掩蔽剂、ON 配位体掩蔽剂和含硫配位体掩蔽剂。其中，常见 OO 配位体掩蔽剂有酒石酸、柠檬酸、草酸、抗坏血酸及磺基水杨酸；常见 NN 配位体掩蔽剂有邻二氮菲、乙二胺及同系物；常见 ON 配位体掩蔽剂有三乙醇胺；含硫配位体掩蔽剂又可分为 SS、SN、SO 三种类型，常见有巯基乙酸、二巯基丙醇、硫脲、巯基乙胺、二巯基丙烷磺酸钠及β-巯基丙酸。掩蔽剂使用情况见附录 7。

1.4.2　分离法

在许多情况下，需要采用适当的分离方法将待测组分分离出来或将干扰组分分离除去，再进行定量测定。常用的分离方法有沉淀分离法、萃取分离法、离子交换树脂分离法及挥发和蒸馏分离法等。

1. 沉淀分离法

沉淀分离法是利用沉淀反应进行分离的方法。一般是在试验溶液中加入适量沉淀剂，使待测组分或干扰组分与沉淀剂生成难溶化合物析出，经过滤、洗涤，从而达到分离目的。沉淀分离是一种沿用已久的分离方法，操作较简单，有时还可以结合试样的分解进行，在分析工作中应用较广。其缺点是费时，某些组分分离不够完全，沉淀剂有时对下一步操作产生影响等。常用的沉淀分离法有氢氧化物沉淀法、硫化物沉淀法、有机试剂沉淀法和共沉淀分离法四种。硅酸盐分析中最常用的是氢氧化物沉淀分离法。

例如，黏土、高铝质耐火材料中钙、镁的测定，大量铝、铁、钛产生严重干扰。通常控制溶液 pH=6～7，滴加氨水(1+1)使 Al^{3+}、Fe^{3+}、TiO^{2+}形成氢氧化物沉淀而与 Ca^{2+}、Mg^{2+}分离。铝的氢氧化物表现出显著的两性。

$$H^+ + AlO_2^- \rightleftharpoons Al(OH)_3 \rightleftharpoons Al^{3+} + 3OH^-$$

试验溶液的酸度太大或太小都不能使 Al^{3+}沉淀完全，Al^{3+}通常在 pH≈4 时开始沉淀，pH 为 6.5～7.5 沉淀最完全。为了控制 pH，可采用甲基红作指示剂，它在 pH≤4.4 时呈红色，pH≥6.2 时呈黄色。当溶液出现黄色时，氨水已加足量，表明 Al^{3+}可以沉淀完全。中和时产生的 NH_4Cl 为强电解质，可以促进氢氧化物的凝聚，抑制氨水的解离，并阻止 Ca^{2+}尤其是 Mg^{2+}的沉淀。

有些硅酸盐试样(如陶瓷成品、长石、铬刚玉、铬矿渣等)中铁、钛、铝的测定，通常是在除硅后的试验溶液中加入氨水沉淀铁、铝、钛，过滤、洗涤沉淀使之与其他组分分离，灼烧沉淀测其总量，用分光光度法测定铁、钛，再用差减法得铝量；或者用酸再溶解沉淀，用配位滴定法分别测定其含量。

2. 萃取分离法

溶剂萃取分离法常称为萃取分离法。这种方法是利用一种与水互不相溶的有机溶剂与试验溶液一起振荡，静置分层后，将待测组分或干扰组分从水相转移到有机相中，从而达到分离目的。根据反应类型，萃取体系可分为螯合物萃取体系、离子缔合物萃取体系、溶剂化合物萃取体系和某些无机共价化合物的萃取体系等。

例如，黏土、高铝质或半硅质耐火材料和锆质耐火材料(锆刚玉、锆英石、锆莫来石)等试样中 Al_2O_3 的测定，常采用铜铁试剂-三氯甲烷萃取分离，再用 EDTA 配位滴定法测定。该方法比较准确。在酸性溶液中，铜铁试剂具有与锆、钛、铁(Ⅲ)等生成沉淀而与铝、铬、镍、钴、锌、碱土金属及碱金属分离的专属性，并溶于有机溶剂，加三氯甲烷振荡萃取，可消除这些离子对铝的测定干扰。在分离干扰离子后的溶液中加入一定量过量的EDTA 溶液，在 pH 5.5 左右的六次甲基四胺溶液中，以二甲酚橙为指示剂，用 $Zn(Ac)_2$ 标准溶液返滴定测定铝。

萃取分离法具有所需仪器设备比较简单、操作简便快速、分离效果好的特点，既可用于常量组分的分离，又适用于痕量物质的分离和富集。但萃取用的试剂和溶剂常是易挥发、易燃和有毒的，而且需手工操作，分析大批量试样时劳动强度高。在分析测试中，萃取分离法多数属于元素的分离与富集，当被萃取组分是有色物质时，可取有机相直接进行光度测定。萃取光度法具有较高的灵敏度和选择性。

3. 离子交换树脂分离法

离子交换树脂分离法是利用离子交换剂与溶液中的有关离子进行交换作用，使待测组分与干扰组分分离的方法。

常用的离子交换剂是离子交换树脂，离子交换树脂是能进行离子交换的一类高分子聚合物，具有立体网状结构，难溶于水、酸、碱和一般有机溶剂，物理性质和化学性质稳定。其主要特征是在树脂的网状骨架上，有许多能解离出离子的活性基团，如磺酸基($—SO_3H$)、羧基($—COOH$)、季铵碱基[$—N(CH_3)_3OH$]等。活性基团固定在网状骨架上不能自由移动，但活性基团上可解离的离子可以自由地移动，在适当的条件下这些离子可以与外部溶液中其他带相同电荷的离子发生交换反应，这种反应是可逆的。离子交换树脂按照活性基团的性质不同，可分为阳离子交换树脂和阴离子交换树脂。阳离子交换树脂只能交换阳离子，阴离子树脂只能交换阴离子。

在硅酸盐分析工作中，离子交换分离法主要用于制备去离子水、除去干扰离子和富集痕量的待测组分。

用离子交换树脂柱制备去离子水时，首先让自来水通过阴离子交换树脂柱(如 717 型阴离子交换树脂)，除去水中的阴离子(Cl^-、SO_4^{2-}、PO_4^{3-}、S^{2-}、NO_3^-)等。

$$X^{n-} + nR—N(CH_3)_3OH \longrightarrow [R—N(CH_3)_3]_nX + nOH^-$$

再通过阳离子交换树脂柱(732 苯乙烯型强酸性阳离子交换树脂)，除去水中的阳离子(Ca^{2+}、Mg^{2+}、Na^+、K^+、NH_4^+)等。

$$M^{n+} + nR—SO_3H \longrightarrow (R—SO_3)_nM + nH^+$$

最后通过阴、阳离子混合交换柱，流出来的水即是去离子水，可代替蒸馏水使用。

已交换饱和的树脂可以用酸(阳离子树脂)或碱(阴离子树脂)进行再生。再生后的树脂可循环使用。

4. 挥发和蒸馏分离法

挥发和蒸馏分离法是利用化合物挥发性的差异进行分离的。基于这一性质进行分离的方法有蒸馏、挥发和升华法。此法是使原来在试样中的某些组分经一定的方法处理后成为气体逸出，从而达到分离目的。一些非金属的氟化物(如硅的氟化物)、高价元素的卤化物等都具有易挥发的特性，均可采用此法分离。此法在许多情况下是结合试样的分解进行的。硅酸盐玻璃、耐火材料的许多样品的处理常借助此法。例如，石英玻璃、硅质耐火材料、石英砂、硅砂等高硅试样中铁、铝、钙、镁等的测定常采用 HF-H_2SO_4 挥散法处理试样，除去 SiO_2 的影响。

1.5 测定方法的选择

一种组分的测定往往有几种分析方法，选择何种测定方法，直接影响分析结果的可靠性。例如，铁的测定方法常用的有配位滴定法、氧化还原滴定法、氢氧化物重量法和邻二氮菲光度分析法等。应根据测定的具体要求、待测组分的含量和性质、共存组分的影响等综合考虑，选择适当的测定方法。鉴于试样的种类较多，测定要求又不尽相同，本节仅从原则上讨论在选择测定方法时应注意的一些问题。

1. 根据测定的具体要求

当遇到分析任务时，首先要明确分析的目的和要求，即要求测定的组分、准确度以及要求完成测定的时间。一般对标准样品和成品分析的准确度要求较高，应选用准确度较高的标准分析方法以及分光光度法等灵敏度较高的仪器分析方法；而生产过程中的控制分析则要求快速、简便，应在能满足所要求准确度的前提下，尽量采用各种快速分析方法。

2. 根据待测组分的含量范围

不同的试样，其待测组分的含量是不同的。对于试样中常量(质量分数＞1%)组分的测定，多选用滴定分析法和重量分析法。由于滴定分析法准确、简便、快速，在两者均可采用的情况下，一般选用前者。对于试样中微量(质量分数＜1%)组分的测定，一般选用灵敏度较高的仪器分析法。例如，铁矿石、水泥生料中 Fe_2O_3 的测定，常采用氧化还原滴定法或配位滴定法；而玻璃、石英砂、白云石中 Fe_2O_3 的测定，通常采用分光光度法或原子吸收光谱法。

3. 根据待测组分的性质

了解待测组分的性质，有助于分析方法的选择。例如，大部分金属离子可与 EDTA 形成稳定的配合物，因此配位滴定法是测定金属离子的重要方法之一。玻璃、水泥及其原料和陶瓷原料等的系统分析中，除二氧化硅外，铁、铝、钙、镁、钛、锰、锌等均可采用 EDTA 配位滴定法测定；有些组分具有氧化性或还原性，可采用氧化还原滴定法测定；Fe^{2+}、Fe^{3+}均能与显色剂显色，故可用分光光度法测定；硅酸盐中的 K^+、Na^+由于与 EDTA 的配合物不稳定，又不具备氧化还原性质，但在一定条件下能发射或吸收一定波长的特征谱线，因此可以用火焰光度法或原子吸收光谱法测定。有的物质具有酸(碱)的性质或能与酸(碱)定量反应，可用酸碱滴定法测定。

4. 根据共存组分的影响

在选择分析方法时，必须考虑其他组分对测定离子的影响，尤其是分析复杂的工业分析样品时，各种组分往往相互干扰，因此应尽量选用选择性较强的方法。如果没有适宜的方法，就必须考虑如何避免共存组分的干扰，然后进行测定。此外，还应根据本单位实验室的设备条件、试剂纯度等，尽可能采用新的测试技术和方法。

1.6 工业分析的发展趋势

工业分析的方法体系紧密围绕生产实际需求，并基于长期实践经验的积累而精心构建。在我国当前的工业环境中，化学分析法依然占据重要地位，广泛应用于各类分析场景。然而，随着科技的日新月异和工业生产自动化水平的显著提升，工业分析领域正面临更为严峻和多元的挑战。这一趋势不仅推动了工业分析技术的持续进化，还激发了众多创新方法的涌现与应用，旨在提升分析效率、精准度及实时性。

作为现代工业不可或缺的一部分，工业分析的发展与科技进步和产业升级紧密关联。我国工业分析领域已打下坚实的基础，形成了一定规模的能力框架。分析团队日益完善，分析方法与国家标准、行业规范及企业标准紧密契合，有效支持了工业分析的持续发展。随着自动化技术和分析设备的不断创新，工业生产效率和精度得到了显著提升。近年来，信息技术的迅速发展进一步推动了工业分析与计算机技术、人工智能和大数据等科技的深度融合，通过智能分析系统实现数据的实时采集、处理和分析，为生产过程提供了精准的监测和调控，从而优化了生产流程，提高了产品质量和稳定性。

今后工业分析的发展方向主要应朝以下几个方面努力：

(1) 随着数字技术的快速发展，工业分析将更加注重数字化和智能化转型。利用大数据、人工智能、物联网等技术，提高分析效率、准确性和实时性。不断研发和应用先进的分析仪器和设备，如高精度质谱仪、光谱仪、色谱仪等，以满足对复杂样品和微量成分的高精度分析需求，实现工业分析的快速和准确分析。

(2) 工业分析应更加注重环保和节能减排，推动绿色分析技术的发展，减少分析过程中对环境的影响。加强对废弃物和废旧资源的分析，促进资源的循环利用和可持续发展。

(3) 分析方法实现标准化，建立和完善工业分析方法的标准化体系，确保分析结果的准确性和可比性。加强实验室管理，提高实验室的规范化水平，确保分析过程的准确性和可靠性。

(4) 针对特定行业和领域的需求，深化工业分析的专业化研究，提供更加精准和专业的分析服务。

(5) 开发适用于各种新材料的新的、灵敏的、特效的分析方法是工业分析的重要方向之一，对于推动现代工业分析的进步、促进产业升级以及解决人类面临的诸多挑战具有重要意义。

展望未来，随着科学技术的不断进步，工业分析将朝着更加准确、高速、自动化、在线化以及与计算机技术深度融合的方向迈进，以实现全方位的过程质量控制分析。

1.7 工业分析的学习方法

工业分析是融合化学、物理、材料等多个学科的综合性领域。在这个领域里，理论与实践的紧密结合尤为关键，它不仅要求学习者具备深厚的理论基础，更需在实践中不断探索与验证，以实现知识的真正内化与应用。

首先，奠定坚实的理论基础是工业分析学习的核心所在。学习者需静下心来，深入钻研有机化学中纷繁复杂的反应机理、无机化学中元素周期律的奥秘与化合物的多样性质，以及分析化学中精确无误的定量与定性分析技巧等关键化学原理。光谱学、色谱学等物理分析手段的学习同样至关重要，它们如同探索物质微观世界的钥匙，能够揭示物质的内在结构与特性。此外，掌握材料科学的基本原理以及熟练运用统计学方法，可以为学习者提供从宏观视角到微观细节、从定性描述到定量分析的全方位分析工具。这些理论知识的不断积累将为后续的实践操作与复杂问题的解决打下牢固的基础。

然而，仅凭理论知识还不足以应对工业分析领域的挑战，实践操作能力的培养同样占据举足轻重的地位。在系统的实验室教学中，学生可以亲身体验并操作各类尖端分析仪器，包括色谱仪的精密分离技术、光谱仪的高精度测量、质谱仪的复杂分析能力以及电化学分析仪的敏锐探测功能。这些实践体验不仅可以直观地验证所学理论，还可以全方位地锻炼学生的动手能力、细致观察力、准确判断力以及仪器故障的诊断与解决能力。在不断的实践摸索中，学生可以熟悉并掌握仪器的性能特征、操作规程以及维护保养技巧。

为了更有效地缩短理论与实践的差距，鼓励学习者投身实习或参与真实工业项目成为一种高效的学习策略。在实习或项目实践中，学习者能够将理论知识直接应用于解决实际问题，这种“边学边做，以做促学”的模式不仅深化了对理论知识的理解与记忆，还培养了学习者在面对复杂问题时迅速定位问题核心并有效制定解决方案的能力。同时，实习或项目经历也极大地提升了学习者的团队协作能力、沟通协调技巧以及抗压能力等职业素养，为未来的职业发展铺平了道路。

在工业分析的学习过程中，从采样到报告撰写的每一个环节都至关重要。采样时需确保样品的代表性与真实性；样品制备过程需细致入微，以避免污染与误差；预测试阶段需识别并处理可能存在的干扰因素，以确保分析结果的准确性；分析方法的选择需根据样品特性与分析目的进行科学决策；精确测定与数据记录需严格遵循操作规程，以确保数据的可靠性；数据处理需运用数理统计技巧对原始数据进行科学分析，以提取有用信息；最终报告的撰写需清晰明了地呈现分析结果并给出合理结论。这一过程不仅是对技术、技能的磨练与提升，更是对学习者逻辑思维、数据处理能力及创新思维等综合素质的全面培养。

此外，工业分析的文献资料作为知识传承与创新的重要载体，其重要性不言而喻。从传统纸质资料到现代多媒体资源，从经典书籍到前沿期刊再到专利文档与技术标准，这些资源共同构成了工业分析领域庞大的知识库。掌握高效的信息检索技能并灵活利用这些资源，对提升专业素养、追踪技术前沿以及促进技术创新具有不可估量的价值。下面推荐一些工业分析学习网站作为学习者的辅助工具，如各种慕课平台上的工业分析、化学分析等课程可以为学习者提供丰富的学习资源与灵活的学习途径；化学品调研网站如 Chemicalbook 可以为分析人员提供详尽的化学品信息数据库，便于快速查询与参考；文献查询网站及国家标准全文公开系统是获取最新研究成果与技术规范的重要窗口，帮助学习者紧跟时代步伐，保持技术领先。

工业分析的学习是一个既充满挑战又极具魅力的过程。通过扎实的理论基础学习、系统的实践操作训练以及积极参与实习或真实工业项目，学习者可以逐步构建知识体系并不断提升综合素质。同时，灵活利用工业分析的文献资料与学习网站等资源，将有助于学习者更好地掌握行业动态与技术前沿，从而在工业分析领域取得更加辉煌的成就。

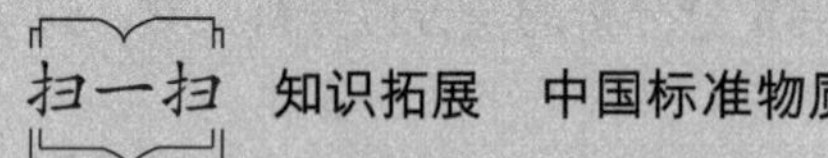

习 题

1. 什么是工业分析？其任务和作用是什么？
2. 工业分析的特点是什么？工业分析的方法是什么？什么是允许误差？
3. 什么是标准物质？工业分析中常用的标准物质指哪些？当基体效应显著时，应注意什么问题？
4. 消除干扰离子的方法有哪些？哪种方法最简便？
5. 利用调节酸度、掩蔽和解蔽等手段，采用配位滴定法测定下列各组离子，画出分析方案流程图：
   (1) Ca^{2+}、Mg^{2+}、Fe^{3+}、Al^{3+} (2) Zn^{2+}、Cu^{2+}、Mg^{2+} (3) Cu^{2+}、Pb^{2+}、Sn^{2+}、Zn^{2+}
6. 掩蔽剂有哪些类型？通过查阅相关资料，总结各类常见有机掩蔽剂的应用条件。
7. 选择分析方法时应注意哪些方面的问题？
8. 通过查阅资料，概述工业分析的发展。

第2章　试样的采集与制备

2.1　概　　述

工业分析的任务是从大批物料中确定某种或某些组分的平均质量分数。工业分析测定通常包括以下几个步骤：实验室样品的采集、分析试样的制备、试样的分解、干扰组分的消除、测定方法的选择、测定结果的计算和数据的评价。本章重点就实验室样品的采集与处理、试样的制备与分解进行详细的讨论。

2.1.1　样品采集的意义

在工业分析工作中，常需要从大批物料中或大面积的矿山上采集实验室样品。实验室样品(laboratory sample)是为送实验室检验或测试而制备的样品，就是按科学的方法所选取的少量能代表整批物料或某一矿山地段的平均组成的样品，也称原始平均试样。由实验室样品制得的样品称为试样(test sample)。用以分析测定所称取的一定量的试样称为试料(test portion)，若试样与实验室样品两者相同，则称取实验室样品。供分析所用的试料一般取量很小，仅有零点几克或几克。要求这么少的试样所获得的分析结果能代表整批物料的平均组成，所采集的实验室样品必须有较高的代表性。否则，无论分析仪器如何精密，分析工作如何完善，所得结果将失去应有的意义。因此，必须重视实验室样品的采集。

2.1.2　样品采集的原理

在采样点上采集一定量的物料称为子样；在一个采集对象中应布的取样品点的个数称为子样的数目；合并所有的子样称为实验室样品，即原始平均试样；应采集一个实验室样品的物料总量称为分析化验单位。采集有代表性的实验室样品时，应根据物料的堆放情况及颗粒大小，从不同部位和深度选取多个采样点，采集一定量的样品，混合均匀。采集的份数越多，样品越有代表性。但是采样量过大，会给后面的制样带来麻烦。

一般来说，固态的工业产品颗粒都比较均匀，其采样方法简单，但有些固态产品如矿石，其颗粒大小不太均匀，应采集的样品数量与矿石的性质、均匀程度、颗粒大小和待测组分含量的高低等因素有关。对于不均匀的物料，可采用下列经验公式计算试样的采集量：

$$m_Q \geqslant kd^a$$

式中，m_Q为采集实验室样品的最低可靠质量，kg；k、a为经验常数，由实验室求得，一般k值为0.02～1，样品越不均匀，k值越大，a=1.8～2.5，地质部门一般规定为2；d为实验室样品中最大颗粒的直径，mm。

由公式可知：物料的颗粒越大，则最低采样量越多；样品越不均匀，最低采样量也越多。因此，对于块状物料，应在破碎后再采样。

例如，采集某矿石样品时，若此矿石的最大颗粒直径为 20mm，k 值为 0.06kg/mm^2，根据上式计算：

$$m_Q \geqslant 0.06\text{kg/mm}^2 \times (20\text{mm})^2 = 24\text{kg}$$

也就是应采集的实验室样品的最低可靠质量为 24kg，显然所取的样品不仅量大，而且颗粒也不均匀。如果将上述矿石最大颗粒破碎至 4mm，则

$$m_Q \geqslant 0.06\text{kg/mm}^2 \times (4\text{mm})^2 = 0.96\text{kg} \approx 1\text{kg}$$

此时样品的最低可靠质量就大大减少了。

根据物料所处的状态及环境，可以采取相应的采集方式及方法。

2.2 采 样 方 法

采样对象不同，采样方法也不相同，这里仅举数例予以说明。

2.2.1 气态物料样品的采集

气体物料易扩散，从而容易混合均匀。工业气体物料存在状态包括动态、静态、正压、常压、负压、高温、常温、深冷等，且许多气体有刺激性和腐蚀性，因此采样时一定要按照采样的技术要求，并且注意安全。

一般运行的生产设备上安装有采样阀。气体采样装置一般由采样管、过滤器、冷却器及气体容器组成。采样管用玻璃、瓷或金属制成。气体温度高时，应使用流水冷却器将气样降至常温。冷却器由玻璃或金属制成。玻璃冷却器适用于气温不太高的气体物料，金属冷却器适用于气温很高的气体物料。采样时冷却器应向下倾斜，以防止气样中的水蒸气冷凝后流入气体容器。如果气体中含有粉尘或杂质，须用装有玻璃纤维的过滤器进行过滤。常用的气体容器有双连球、吸气瓶、气样管、球胆、气袋、真空瓶等，可根据气体的性质、状态及需要选用。对于不同状态的气体，可采用不同的采样方法。

1. 常压气体物料的采样

在工业分析中，气压等于大气压、低正压和低负压的气体都称为常压气体。上述气体容器都可用于常压气体的采样。

2. 正压气体物料的采样

气压远远高于大气压的气体称为正压气体。正压气体的采样较为简单，一般用球胆、气袋、吸气瓶采样。高正压设备上的采样阀须使用专用的减压阀。在生产过程中也常将分析仪器直接与采样装置连接，直接进样分析。

3. 负压气体物料的采样

气压远远低于大气压的气体称为负压气体。应视负压情况选用相应的气体容器采样。

(1) 低负压状态的物料：当负压不太高时，可用抽气泵减压法采样，用气样管承接气体物料。

(2) 超低负压状态的物料：当气体负压过高时，应采用抽空容器采样法，用真空瓶承接气体物料。

2.2.2　液态物料样品的采集

1. 输送管道中的物料

对于输送管道中流动的液态物料，用装在输送管道上的采样阀(图 2-1)采样。阀上有几个一端弯成直角的细管，以便于采集管道中不同部位的液流。根据分析目的，按有关规程，每间隔一定时间，打开阀门，将最初流出的液体弃去，然后采样，以保证试样的代表性。采样量按规定或实际需要确定。

2. 储罐器中的物料

1) 大型储罐中的物料

从深液层如大型储罐、槽车及深水中采样时，有在一定深层采样和全液层采样的区别。常用的采样工具有采样瓶和取样管等。采样瓶装置如图 2-2 所示，由金属框架和具磨口塞的小口采样瓶组成。金属框架兼作重锤，以便采样瓶沉入液体物料的底层。框架上有两根长绳(链)，一根系住框架，另一根系在穿过框架上的小金属管与瓶塞相连的拉杆上。在一定液层采样时，塞好磨口瓶塞，将采样瓶装置沉入液面以下预定深度(由框架长绳指示)，提起瓶塞，液体物料即进入瓶内。待瓶内空气驱尽后，放下瓶塞，提出采样瓶装置，即完成采样。

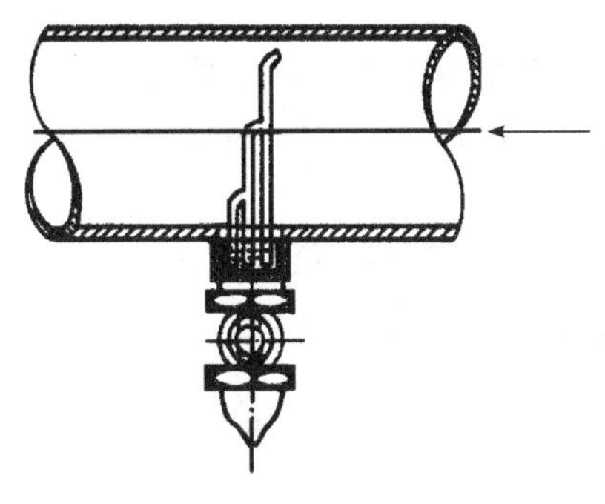

图 2-1　采样阀

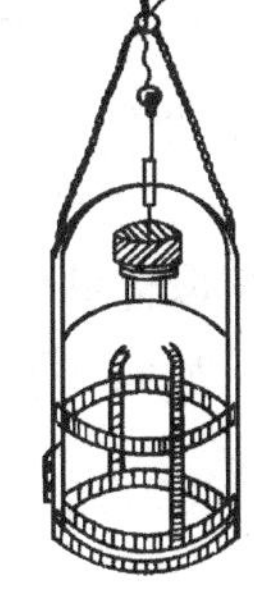

图 2-2　采样瓶

采集全液层试样时，取下瓶塞，将采样瓶装置由液面匀速地沉入底部，如果刚沉入底部时即停止冒出气泡，说明下放长绳(链)的速度适当，已均匀地采得全液层试样。

2) 小型储罐中的物料

因储存容器的容积不大，最简单的方法是将全罐搅拌均匀后直接取样。采样的工具

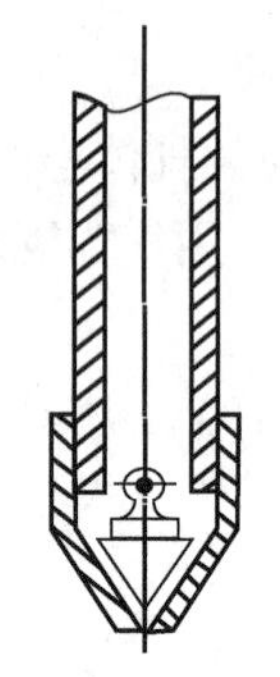
图 2-3　采样管的局部结构

多用直径约 20mm 的长玻璃管或虹吸管，按一般方法采集。还可以采用液态物料采样管，采样管由金属长管制成，下面是锥形，内有能与锥形管内壁密合的金属重舵。重舵的升降用长绳或金属丝操纵。采集样品时，提起重舵，将采样管缓缓地插入液体物料中直至底部，放下重舵，使下端管口闭合。提出采样管，将管内的物料置入试剂瓶即可。采样管的局部结构如图 2-3 所示。

3) 槽车中的物料

当用槽车运输一批液态物料时，可根据槽车的大小及每批的车数确定槽车中采样的份数及体积。通常是每车采集一个全液试样，每份不少于 500mL。但是，当槽车数量很多时，也可以抽车采样。抽车采样规定，总车数少于 10 车时，抽车数不得少于 2 车；总车数多于 10 车时，抽车数不得少于 5 车。

2.2.3 固态物料样品的采集

固态工业产品较为均匀，采集工作较简单。但是，固体矿物因化学成分和粒度不均匀，杂质较多，采集平均试样比较困难。本小节首先以商品煤的采样方法为例，介绍固态物料的几种采样方法，然后介绍几种典型的固态工业物料样品的采样方法。

1. 不同包装中固态工业产品的采集

通常，工业产品依其性质的不同，采用不同质地的袋、罐、桶等进行包装。每一袋(罐、桶)称为一件。子样数按照袋(罐、桶)总数的比例确定。例如，对于袋装化肥，通常规定 50 件以内抽取 5 件；51～100 件，抽取 10 件，加取 1 件；101～500 件，每增 50 件，加取 2 件；501～1000 件，每增 100 件，加取 2 件；1001～5000 件，每增 100 件，加取 1 件。将子样均匀地分布于该批物料中，然后用采样工具进行采集。

从袋、罐、桶中采集粉末状物料样品时，通常采用取样钻。取样钻为钻身 750mm，外径 18mm，槽口宽 12mm，下端 30°角锥的不锈钢管或铜管(图 2-4)。

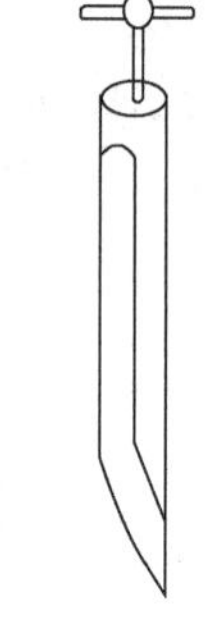
图 2-4　取样钻

取样时，将取样钻由袋(罐、桶)口的一角沿对角线插入袋(罐、桶)内的 1/3～3/4 处，旋转 180°后抽出，刮出钻槽中物料作为一个子样。

2. 商品煤样品的采集

1) 物料流中采样

运输工具在运转过程的物料称为物料流。从物料流中采样时，应在确定子样数目后，根据物料流量的大小及有效流过时间等，合理分布采样点。在物料流中采样通常采用舌形铲，一次横断面采取一个子样。采样应按照左、中、右进行布点，然后采集。在横截皮带运输机采样时，采样器必须紧贴皮带，而不能悬空铲取物料。

对于商品煤，可根据煤中灰分含量高低确定子样数目进行布点，还可根据煤的粒度大小确定采集子样的最小质量，其关系如表 2-1 和表 2-2 所示。如果分析化验单位不足 1000t 时，子样数目可以根据实际发运量按比例减少，但不能少于 5 个，每个子样的质量不得少于 5kg。

表 2-1　商品煤子样采集数目

商品煤	原煤(包括筛选煤)					洗煤产品		
灰分/%	10	10～15	15～20	20～25	>25	<15	15～30	>30
子样数目	15	25	45	65	85	50	60	80

表 2-2　商品煤粒度及采集量关系

商品煤最大粒度/mm	0～25	25～50	50～100	>100
子样的最小质量/kg	1	2	4	5

2) 运输工具中的物料采样

煤的运输工具通常为火车车皮或汽车。发货单位在煤装车后，应立即采样。而用煤单位除采用发货单位提供的样品外，也常按照需要布点后采集样品。根据运输工具的容积不同，可采用如图 2-5 所示的布点方法进行采集。当车皮容量为 30t 以下时，沿斜线方向，采用三点采样；当车皮容量为 40t 或 50t 时，采用四点采样；当车皮容量为 50t 以上时，采用五点采样。

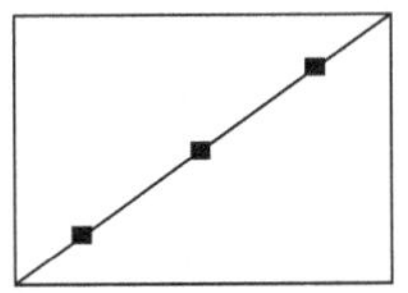
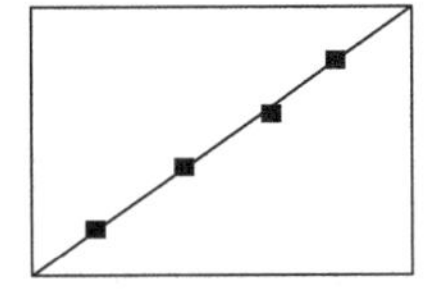
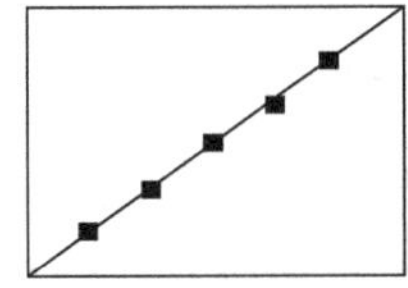

图 2-5　商品煤采样点

应该注意：

(1) 商品煤装车后，应立即从煤的表面采样。但是如果用户需要核对时，可以挖坑至 0.4m 以下采样。

(2) 每个子样的最小质量应根据煤的最大粒度确定，如表 2-2 所示。如果一次采出的样品质量小于规定的最小质量，可以在原处再采一次，与第一次采出的样品合并为一个子样。

(3) 如果布点处粒度大于 150mm 的块(包括矸石、硫铁矿)超过 5%时，除在该点按规定采取子样外，还应将该点内大于 150mm 的块采出，破碎后用四分法缩分，取其中约 5kg 并入该子样中。

(4) 若采用汽车、马车等工具运输，采样的原则及方法与上述从火车中采样相同。但是，因为汽车等容积较小，一般是将应采集的子样数目平均分配于一个分析化验单位的商品煤所装的车中，每隔若干车采取一个子样。

例如，有商品原煤 1200t，计划灰分为 14%。如果汽车的载运量为 4t，应装 300 车，按规定应采子样数目为 25 个，所以应该是 300÷25=12(车)，即每隔 11 车采取 1 个子样。

3) 物料堆中采样

进厂的成批物料，如果在运输过程中没有采样，进厂后可在分批存放的料堆上采样。从商品煤中采集的子样数目可根据表 2-3 计算确定。其方法是：在料堆的周围，从地面起每隔 0.5m 左右画一横线，然后每隔 1～2m 画一竖线，间隔选取横、竖线的交叉点作为采样点，如图 2-6 所示。在采样点采样时，用铁铲将表面刮去 0.1m，深入 0.3m 挖取一个子样的物料量，每个子样的最小质量不小于 5kg。最后合并所采集的子样。

表 2-3　物料堆中的商品煤子样数目

商品煤	批量/t	≤1	1～2	2～3	3～4	4～5	5～6	6～7	7～8	8～9	9～10
灰分＜20%	子样数目	40	55	75	80	90	100	105	110	120	130
灰分≥20%	子样数目	80	110	140	160	180	200	210	230	240	250

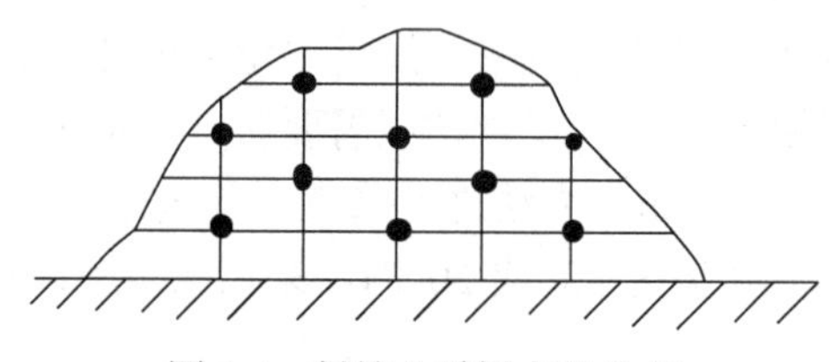

图 2-6　料堆上采样点的分布

3. 矿石物料样品的采集

1) 矿山原料的采样

从矿山采样进行化学分析是为了掌握整个矿山化学成分的变化情况，为制定矿山开采计划和编制矿山网提供数据。由于矿山的生成条件不尽相同，整个矿山的化学成分往往差别很大。为了有效地控制矿石成分，充分利用矿山资源，建立矿山网，可将矿山按质量情况分成若干个网点，各网点分别采样进行化学分析。生产中根据各网点矿石的质量情况搭配使用，既保证矿石质量的稳定，又可使劣质矿石也得到充分利用。

矿山采样一般用刻槽采样、钻孔采样或沿矿山开采面分格采样等方法。

(1) 刻槽采样：刻槽采样应垂直于矿层延伸方向，沟间距离视矿山成分而定，一般为 50～80m。在沟槽中采样，一般每隔 1m 取一个样品，槽的断面一般为长方形，断面为 (3×2)cm～(10×5)cm，深度为 1～10cm。将刻槽凿下的碎屑混合作为实验室样品。刻槽前，应将岩石表面弄平扫净。

(2) 钻孔采样：钻孔采样主要用于了解矿山的内部结构和化学成分的变化情况，将各孔钻出的细屑混合作为实验室样品。

(3) 沿矿山开采面分格采样：当矿山各矿层化学成分变化不大时常用此法，即沿矿山的开采面，每平方米面积上取一个样品。采样时，用铁锤砸取一小块，将各点所取的样品混合作为实验室样品。

黏土矿采样一般都沿开采面采集，其方法也是每平方米面积上取约 50g 样品，装入采样桶内混合均匀。

2) 原料堆场的采样

成批矿石原料(如石灰石、白云石、长石、菱镁石、煤、沙子等)进厂后，采样点的分布方法可按商品煤的物料堆中采样方法进行布点。在每个采样点挖取 100～200g 子样。若遇块状物料，则用铁锤砸碎再取。每 100t 原料堆需取出 5～10kg 矿样，作为实验室样品送到化验室，供制备分析试样用。

4. 建材行业生产过程中半成品和成品的采样

1) 出磨生料、水泥的采样

水泥生产过程中生料和水泥都是粉状物料，而且是连续生产，连续输送。一般都是取一定时间间隔(如每小时、每班、每天等)的平均样，可采用人工定时采样和自动连续采样两种方法。

人工定时采样可根据生产的具体情况，按规定的时间间隔采样。例如，每隔 0.5h、1h、2h、4h 或 8h 取一次样，倒入样桶，组成这一段时间的平均样，混合均匀后即为实验室样品。

自动连续采样常用的方法有两种。一种方法是在螺旋输送机(绞刀)外壳上钻一个 10mm 的小圆孔，放入一钢丝弹簧，小弹簧焊在绞刀的叶片上，绞刀转动一周，弹簧将物料弹出一点，流入样桶中。另一种方法是在磨机出料口的下料溜子上安装一个螺旋取样器，磨机传动轴转动时带动螺旋转动，使物料连续流出，收集在样桶内。

2) 水泥熟料的采样

一般水泥厂的熟料样仍是人工采集。采样时要注意立窑的采样方法，由于立窑煅烧的熟料黄粉率较高，为了不影响水泥质量，一般都将熟料的黄粉筛掉。因此，采样时应采集除掉黄粉后的熟料作为实验室样品。当黄粉含量不高与熟料一起入磨时，采样时应注意按黄粉的比例一起采样，以使其具有代表性。普通立窑生产都是每隔一定时间卸料一次，采样时也应每卸料一次采一次样(每次 1.5～2kg)，然后将几次样品混合，组成某段时间的实验室样品。如果熟料是按质量好坏分堆存放，则应按堆分别采样。

3) 出厂水泥的采样

对于出厂水泥，可采集连续样(如前所述)，也可按编号在每个编号的水泥成品堆的 20 个以上不同部位采集等量样品，总数不少于 10kg，混合后作为实验室样品。

4) 陶瓷半成品和成品的采样

陶瓷生产过程中，采集注浆泥和釉料浆样品时，采样前要充分搅拌均匀，然后按上、中、下、左、右、前、后七个不同位置各取 1～2 份，混合。塑性泥料采样应在练泥机挤出来的泥条上进行。每隔 1m 截取 1cm 厚的泥片一块，共取三次，在低于 110℃的温度下烘干。陶瓷干坯的采样应在干燥后的泥坯中采一件或几件有代表性的坯料，打碎混合。陶瓷成品应在一批产品中选一件或几件有代表性的产品，然后敲成碎片，用合金扁凿将胎上釉层全部剥去，再用稀盐酸溶液洗涤，清水冲洗，除去剥釉过程中引入的铁，置于干燥箱中烘干备用。

5) 玻璃成品的采样

玻璃成品的采样可在玻璃切边处随机取 20mm×60mm 长条 3～4 条(50～100g)，洗净、烘干。在喷灯上灼烧，投入冷水中炸成碎粒，再洗净、烘干，作为实验室样品。

5. 钢铁样品的采集

炼钢厂中炉前分析和成品分析都是从钢水中采样，成品验证分析和钢材分析需要从钢锭、钢材上采样。

1) 熔炼阶段分析试样的采集

在冶金过程中，不同的熔炼阶段，如熔化阶段、精炼阶段、脱氧前、出钢、浇铸等，都要采样分析，以保证质量，防止产生废品。

Ⅰ. 熔炼分析试样的采样

熔炼分析试样常用薄片法、粒子化法和铸锭法进行采集。

(1) 薄片法。用搅拌耙将钢液搅拌均匀，然后用特制的长柄采样勺蘸一下炉渣，以防采样勺被熔化，拨开炉渣，舀取钢液，倒在倾斜、洁净的铁板上，使钢液自然形成薄片，迅速浸入冷水中，至完全冷却，然后取出烘干，本法仅适用于高碳钢。薄片钢样厚度应不大于 1mm，不得沾有油污、卤水、炉渣等杂质；薄片钢样若孔太多，呈网状或蜂窝状，说明温度低或脱氧不完全，应重新采样。

将薄片置于电热板上烘干，用双刀快速铣样机剪成碎屑，过 20～40 目筛，弃去粉末及较大粒度的试样，剩余试样装入袋中供分析使用。

(2) 粒子化法。舀取一勺钢水，立即从高 1m 处滴入铁制容器中，飞溅成小片冷却即可(此法采样只花 1min)。

(3) 铸锭法。采样方法同薄片法。舀取钢液时，注入专用的钢锭模中，凝固后倒出。低碳钢稍冷后可投入水中冷却；中碳钢、高碳钢可任其自然冷却。锭样上部直径 50mm、下部直径 40mm，样高大于 60mm。铸锭时模内必须干燥、洁净。

Ⅱ. 熔炼成品分析的采样

铸锭时当钢液脱氧后，从盛钢桶中流出一半时，用洁净的取样勺接两次(第二次用于复检或验证)，将铝丝插入取出的钢液中脱氧，铝丝量约为金属量的 1/100，脱氧的目的在于防止缩孔或偏析。将脱氧后的钢液注入铸铁样模中，为防止钢液溅出或溢出，一般要求液面低于模高 20mm。靠近样模内壁插入预先标有熔炼号的铁皮牌，待试样凝固后倒出。低碳钢稍冷后投入水中冷却，中碳钢、高碳钢采取自然冷却。

将带有炉号标记的锭样放入水中缓缓冷却(先用温水冷却至温度低于 100℃，然后用冷水冲冷)，将锭样表皮磨去(约 2mm)，于锭样的横断面上普遍刨取，或于锭样中部用 ϕ12mm 钻头钻取，孔深为锭样高度的一半。

2) 钢材分析试样的采集

钢材分析又称成品分析，其试样样屑应按下列方法之一采集。

(1) 大断面钢材采样。大断面的初轧坯、方坯、扁坯、圆钢、方钢、锻钢件等，样屑应从钢材的整个横断面或半个横断面上刨取；或者从钢材横断面中心至边缘的中间部分(或对角线的 1/4 处)平行于轴线钻取；或者从钢材侧面垂直于轴中心线钻取，此时钻孔深度应达到钢材或钢坯轴心处。大断面的中空锻件或管件，样屑应从壁厚内、外表面的中间部位钻取，或在端头整个横断面上刨取。

(2) 小断面钢材采样。小断面钢材包括圆钢、方钢、扁钢、工字钢、槽钢、角钢、复杂断面型钢、钢管、盘条、钢带、钢丝等，不适用“大断面钢材采样”规定采样时，可按下列规定取样：从钢材的整个横断面上刨取(焊接钢管应避开焊缝)；或者从横断面上沿轧制方向钻取，钻孔应对称均匀分布；或者从钢材外侧面的中间部位垂直于轧制方向用钻通的方法钻取。钢带、钢丝等应从弯折叠合或捆扎成束的样块横断面上刨取；或者从不同根钢带、钢丝上截取。钢管可围绕其外表面在几个位置钻通管壁钻取；薄壁钢管可压扁叠合后在横断面上刨取。

(3) 钢板采样。纵轧钢板，钢板宽度小于 1m 时，沿钢板宽度剪切一条宽 50mm 的试样。钢板宽度大于或等于 1m 时，沿钢板宽度自边缘至中心剪切一条宽 50mm 的试样。将试样两端对齐，折叠 1～2 次或多次，并压紧弯折处，然后在其长度的中间沿剪切的内边刨取，或者自表面用钻通的方法钻取。

横轧钢板，自钢板端部与中心之间，沿板边剪切一条宽 50mm、长 500mm 的试样，将两端对齐，折叠 1～2 次或多次，并压紧弯折处，然后在其长度的中间沿剪切的内边刨取，或者自表面用钻通的方法钻取。

厚钢板不能折叠时，则按纵轧钢板及横轧钢板采样法所述相应折叠的位置钻取或刨取，然后将等量样屑混合均匀。

沸腾钢除有特殊规定外，不做成品分析。

3) 采集试样的注意事项

(1) 熔炼成品分析采样时，脱氧前应将铝丝表面附着的橡胶、油脂擦净，以防引入硫。若脱氧不完全，易产生缩孔或严重偏析。当整个熔炼好的钢用下注法浇注一盘钢锭时，样锭采集方法为：若浇注镇静钢，则在浇注钢液达到保温帽部位并高出钢锭本体积 50～100mm 时采集；若浇注沸腾钢，则在浇注到距规定高度差 100～150mm 时采集。

(2) 本节规定的熔炼分析采样适用于平炉、转炉和电弧炉炼钢时的熔炼分析。

(3) 与其他金属材料一样，钢铁大部分是使用切削、钻孔、锯、锉或剪等方法采集试样，采集工具必须专用，钻头应小心磨制锋利，不得缺口；采集的试样不得沾有油脂等污物；未曾用过的切削工具，使用前应用乙醇洗净；若金属表面沾有油污，应先用汽油、乙醚等有机溶剂洗净、风干。

(4) 钻取或切削物料时速度不能太快，以防金属表面氧化；钻取物料样屑时，应尽可能选用较大直径的钻头。对于小断面钢材的采样，钻头直径应不小于 6mm；对于大断面钢材的采样，钻头直径应不小于 12mm。

(5) 如果试样太硬而不便切削，可进行退火处理后再制取，即将试样置于 650～900℃的马弗炉内，灼烧约 1h 后取出并缓缓冷却。钻取过程中，当硬质合金钻头发热时，不可用冷水冷却或放置在低温中剧烈冷却。用于捣碎物料的钢钵，一定要用硬质高锰钢制成。

(6) 所需试样量：五元素分析一般为 30g 以上，合金元素分析为 50～60g。

2.3 试样的制备

一般来说，所采集的实验室样品不能直接用于分析，必须按照科学的方法再制成均匀的、具有代表性的分析试样。从实验室样品到分析试样，这一处理过程称为试样的制备。对于气态和液态物料，因易于混合均匀，而且采集量少，经过充分混合后，即可分取一定量的试样进行分析测试；而固体物料的实验室样品，除粉末状和细颗粒的原料或产品外，其数量大且均匀程度差，还必须经过制备处理。试样的制备一般需要经过破碎、过筛、混匀、缩分等步骤。

2.3.1 破碎

破碎可分为粗碎、中碎、细碎和粉碎 4 个阶段。根据实验室样品的颗粒大小、破碎的难易程度，可采用人工或机械的方法逐步破碎，直至达到规定的粒度。

常用的破碎工具有颚式破碎机、辊式破碎机、圆盘破碎机、球磨机、钢臼、铁锤、研钵等。较大的颗粒一般可采用小型颚式破碎机或在钢板上用铁锤砸碎(注意不要让试样飞散)。粒度在 10mm 以下的样品可用辊式破碎机进行中碎至 20 目左右，然后用圆盘破碎机或小型球磨机细碎，必要时再用研钵研磨，直至达到规定的粒度。由于无需将整个实验室样品都制备成分析试样，因此在破碎的每一阶段都需要包括破碎、过筛、混匀和缩分四个步骤，直至减量为分析试样。

应该指出，因矿石中难碎的粗粒与易碎的细粒成分不同，为了保证试样的代表性，所有粒块均应磨碎，不应弃去难磨的部分。破碎时还应避免引入杂质。

2.3.2 过筛

物料在破碎过程中，每次磨碎后均需过筛，未通过筛孔的粗粒再磨碎，直至样品全部通过指定的筛子为止(易分解的试样过 170 目筛，难分解的试样过 200 目筛)。试样过筛常用的筛子为标准筛，一般为铜网或不锈钢网。

筛号与筛孔径大小的关系如表 2-4 所示。

表 2-4　筛号(网目)与筛孔径大小的关系

筛号(网目)	5	10	20	40	60	80	100	120	170	200
筛孔/mm	4.00	2.00	0.83	0.42	0.25	0.177	0.149	0.125	0.088	0.074

注：网目是指 1in(25.4mm)筛网边长上筛孔的数目。

2.3.3 混匀

混匀通常有铁铲法或环锥法、掀角法。

铁铲法或环锥法常用于手工混合大量实验室样品。铁铲法是在光滑、干净的混凝土或木制平台上，用铁铲将物料往中心堆积成一圆锥，然后从锥底一铲一铲将物料铲起，重新堆成另一个圆锥，来回翻倒数次。操作时物料必须从锥堆顶部自然撒落，使样品充分混合均匀。

掀角法常用于少量细碎样品的混匀。将样品放在光滑的塑料布上，提起塑料布的两个对角使样品在水平面上沿塑料布的对角线来回翻滚，再提起塑料布的另两个对角进行翻滚，如此调换翻滚多次，直至物料混合均匀。

也可采用机械混匀器进行混匀。

2.3.4 缩分

缩分是在不改变物料平均组成的情况下，逐步缩小试样量的过程。因为不可能将全部实验室样品都加工成分析试样，随着样品的磨碎，粒度变小，样品的最低可靠质量减少，所以要不断进行缩分。常用的缩分方法有锥形四分法、正方形挖取法和分样器缩分法。

1. 锥形四分法

将混合均匀的样品堆成圆锥形，用铲子将锥顶压平成截锥体，通过截面圆心将锥体分成四等份，弃去任一相对两等份，如图 2-7 所示。将剩下的两等份收集在一起再混匀。这样就缩减一半，称为缩分一次。若需要再行缩分，按上述方法重复即可。

2. 正方形挖取法

将混匀的样品铺成正方形的均匀薄层，用直尺或特制的木格架划分成若干个小正方形。用小铲子将每一定间隔内小正方形中的样品全部取出，如图 2-8 所示，放在一起混合均匀。其余部分弃去或留作副样保管。此方法适用于少量样品的缩分或缩分至最后选取分析试样时使用。

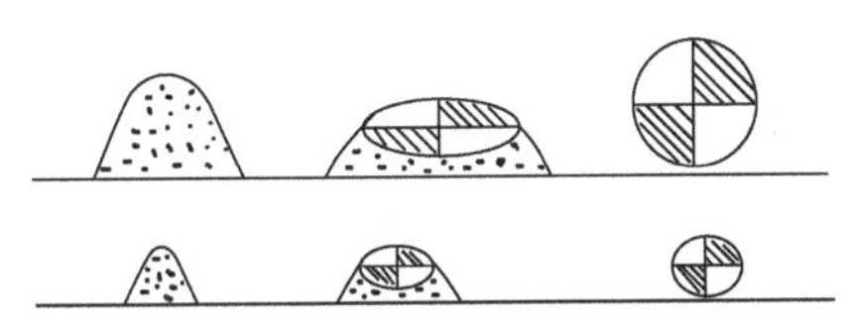

图 2-7　锥形四分法示意图

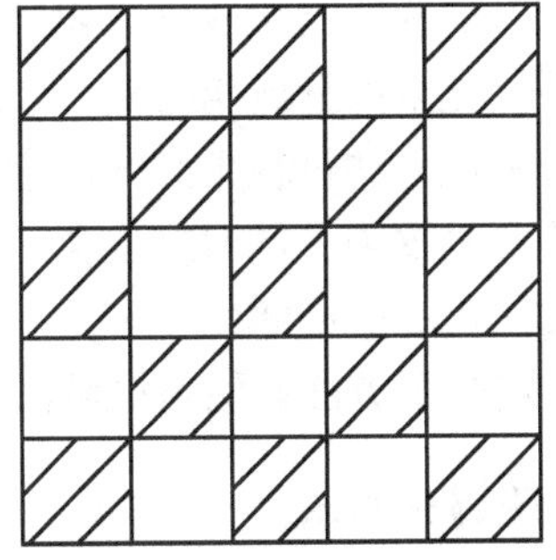

图 2-8　正方形挖取法

3. 分样器缩分法

采用槽形分样器(图 2-9)可以省略缩分前的混样手续。分样器是中间有一个四条支柱的长方形槽，槽底并排焊着一些左右交替用隔板分开的小槽(一般不少于 10 个且须为偶数)，在下面的两侧有承接样槽。样品倒入后，即从两侧流入两边的样槽内，将样品均匀

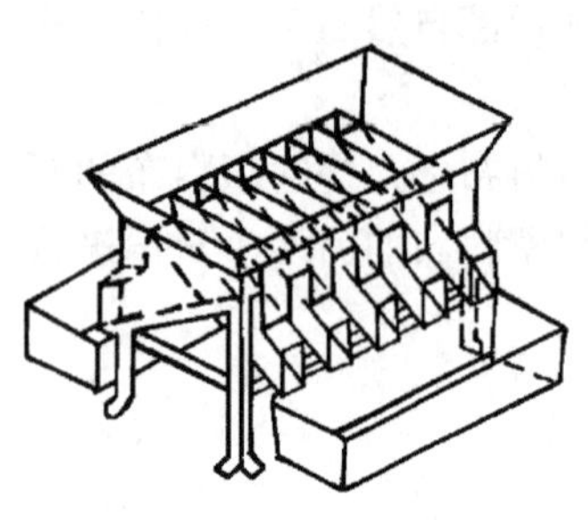

图 2-9 分样器示意图

地分成两份，其中一份弃去，另一份再进一步磨碎、过筛和缩分。分样器 由铜板或钢板制成，分样器槽子越窄，缩分的准确度越高，但应以不使样品堵塞为宜。

对分析试样粒度的要求与试样分解的难易程度等因素有关。经最后缩分得到的试样一般为 20～30g(可根据需要增减)，还需要在玛瑙研钵中充分研细，使样品最终全部通过 170 目(0.088mm)或 200 目(0.074mm)筛。也可以通过手感检验粒度是否合格：将手洗净擦干，取一小撮试样通过手指轻捻，感到滑腻无颗粒感即可。充分混合后，用磁铁除去铁屑(铁矿石试样除外)，保存于带盖的磨口瓶中。详细填写留样单，标明试样名称、采样地点、制备时间、检测项目等。

在制样过程中须保留一份副样，由专人保管。保留副样的粒度及质量依各厂矿制样规程执行。

试样的保存主要是为了在试验有误差时再行试验、抽查或发生质量纠纷时进行仲裁，或者用来配制组合试样。因此，留样要妥善保管，标签要详细清楚，易受潮的样品应用封口铁桶或带盖磨口瓶保存。留存样品时间的长短，各厂视具体情况而定。钢铁样品保存 3～6 个月；在水泥厂，水泥样品保存 3 个月，其他样品一般保存 3 周左右。

2.4 试样的分解

分解试样的目的是将固体试样处理成溶液，或将组成复杂的试样处理成简单、便于分离和测定的形式，为各组分的分析操作创造最佳条件。因此，对于复杂的钢铁试样、合金试样和硅酸盐试样，在选择分解试样的方法时，不能只考虑物质的可溶性以及分解的速度等，应充分考虑测定对象、测定方法和干扰元素等方面的因素，并尽量将试样的分解与干扰元素的分离相结合，形成简单、快速并符合准确度要求的分析方法。

在分解试样的过程中必须注意：试样分解一定要完全，即待测组分应全部转入溶液中，不应挥发损失，同时应避免引入待测组分和其他干扰物质。由于试样的性质不同，分解的方法也有所不同，

常用的分解方法有酸碱溶解法、熔融法和半熔法。

2.4.1 酸碱溶解法

1. 酸溶法

根据钢铁及合金试样种类不同，通常采用一种或几种酸混合溶样；硅酸盐试样能否被酸分解，主要取决于其 SiO_2 含量与碱性氧化物含量之比，其比值越大，则越不易被酸溶解；其比值越小，则越易被酸溶解，甚至可溶于水。例如，水玻璃(硅酸钠)可溶于水，硅酸钙不溶于水可溶于酸，而硅酸铝不能被酸分解。

现将常用的酸或碱介绍如下。

1) 盐酸

盐酸(HCl)是硅酸盐系统分析中最常使用的溶剂，其主要优点在于生成的金属氯化物除银、铅等少数金属外，大多数溶于水，Cl^-与许多金属离子生成配位离子，具有助溶作用。盐酸易提纯，杂质较少，且分解试样时过量的酸易蒸发除去。

利用盐酸的强酸性、Cl^-的弱还原性及配位性可以分解 20 多种天然矿物，如石灰石、白云石、菱镁石、磷灰石、赤铁矿、闪锌矿等。用重量法测定水泥熟料及以碱性矿渣为混合材料的硅酸盐水泥中的二氧化硅，通常也用盐酸分解。利用盐酸分解试样的反应式如下：

石灰石：
$$CaCO_3 + 2HCl = CaCl_2 + CO_2\uparrow + H_2O$$

磷灰石：
$$Ca_3(PO_4)_2 + 6HCl = 3CaCl_2 + 2H_3PO_4$$

赤铁矿：
$$Fe_2O_3 + 6HCl = 2FeCl_3 + 3H_2O$$

闪锌矿：
$$ZnS + 2HCl = ZnCl_2 + H_2S\uparrow$$

水泥熟料：
$$3CaO \cdot SiO_2 + 6HCl = H_2SiO_3 + 3CaCl_2 + 2H_2O$$

$$2CaO \cdot SiO_2 + 4HCl = H_2SiO_3 + 2CaCl_2 + H_2O$$

$$3CaO \cdot Al_2O_3 + 12HCl = 3CaCl_2 + 2AlCl_3 + 6H_2O$$

$$MgO + 2HCl = MgCl_2 + H_2O$$

$$4CaO \cdot Al_2O_3 \cdot Fe_2O_3 + 20HCl = 4CaCl_2 + 2AlCl_3 + 2FeCl_3 + 10H_2O$$

分解钢铁试样不宜单独使用盐酸，因为会留下一些碳化物。盐酸-过氧化氢是分解不锈钢、铜合金、铝合金、高温合金等许多合金材料的良好溶剂。采用盐酸-过氧化氢溶解不锈钢等含硅量较高的试样，能防止硅酸的析出。浓盐酸在沸腾状态下，逐滴加浓硝酸可以溶解特殊耐高温、耐腐蚀的合金材料。

盐酸-过氧化氢也是分解硫化矿的有效溶剂，盐酸和其他氧化物质或氧化性酸联合使用时，可溶解铜、钴、镍、铅、锌、铀、汞等矿物。

用盐酸分解试样时，通常在玻璃器皿中进行，也可在陶瓷、石英、金、铂、塑料等器皿中进行。盐酸对玻璃和瓷的侵蚀非常小，在大多数情况下均可忽略不计。若在较高温度(250℃)下分解试样，对玻璃、陶瓷器皿有一定的腐蚀作用。在有氧化剂存在下，盐酸对金、铂器皿均有腐蚀性。

2) 氢氟酸

氢氟酸(HF)是较弱的酸，但具有强的配位能力。1823 年贝采利乌斯(Berzelius)首先采用氢氟酸分解硅酸盐，至今已有 200 多年的历史了。氢氟酸能分解绝大部分硅酸盐，是分解玻璃、陶瓷、耐火材料试样的常用溶剂。使用氢氟酸分解试样的目的是除去 SiO_2 以测定其他组分。分解时 SiO_2 生成挥发性的 SiF_4 而与其他组分分离。

$$SiO_2 + 4HF = SiF_4\uparrow + 2H_2O$$

在玻璃、耐火材料等原材料分析中，对 SiO_2 的质量分数大于 95%的石英砂、硅砂、砂岩等高硅试样也常利用上述原理，采用氢氟酸挥散法测定其 SiO_2 的质量分数。

分析中单独使用氢氟酸分解试样的情况不多，多数场合是氢氟酸与其他酸(如硫酸、高氯酸、硝酸等)混合使用，它们能分解硅酸盐矿石、硅铁、含硅高的合金及含钨、铌、锆的合金钢和特殊合金等。

通常在使用氢氟酸作溶剂时，加入少量硫酸或高氯酸作辅助酸的目的是防止 SiF_4 的水解，促使 SiF_4 挥发，使氟配合物转变成易溶于盐酸的盐类；防止试样中少量钛、锆、铌、钽等元素生成氟化物挥发损失；同时利用硫酸和高氯酸的沸点高于氢氟酸的特点，加热除去剩余的氢氟酸，以免给后续铝、钛等元素的测定带来干扰。当试样中碱土金属的含量较高时，为避免生成难溶性碱土金属硫酸盐，可用高氯酸作为辅助酸。

氢氟酸与辅助酸的用量要适当，过量太多造成浪费，分解时间长，增加空气污染。通常 0.4～0.5g 硅酸盐试样加入 5～7mL 氢氟酸，若试样分解不完全，可再加 5mL 重复处理一次。H_2SO_4(1+1)用量以 0.25～0.50mL(7～8 滴)为宜。

氢氟酸对玻璃、或石英有很强的侵蚀能力，分解试样通常用铂、金及或热解石墨坩埚作分解容器，不能在玻璃或瓷坩埚中进行。

当用含氢氟酸的混合酸分解试样时，如试验溶液用于分析硅，为了防止 SiF_4 挥发损失，一般可用聚乙烯容器，在低于 60℃条件下分解试样。若混合酸采用的是氢氟酸-硝酸，只要保持温度在 200℃以下并保证氢氟酸一定体积，就可使硅不挥发，试验溶液可用于测定硅。另外，聚四氟乙烯器皿在−40～260℃温度范围内与酸、碱不起作用，可用于各种酸(包括氢氟酸、王水、高氯酸)溶解及部分铵盐熔样。但应该注意，这种材料在高于 250℃时开始分解，产生有毒的含氟异丁烯气体；高于 415℃时剧烈分解。

由于氢氟酸气体有毒，需要在通风橱中进行分解。加氢氟酸时要用塑料量筒或涂蜡玻璃量筒，戴橡胶手套。使用时要特别小心，注意安全。若不慎弄在皮肤上，会造成灼烧和剧烈疼痛，应立即用水冲洗，然后用稀氨水浸泡或用体积分数为 70%的乙醇加一小块冰的溶液浸泡半小时。

3) 硝酸

硝酸(HNO_3)是金属、钢铁及合金常用的溶剂之一，沸点为 83℃。硝酸有氧化性，除金和铂族元素外，绝大部分金属都能溶于硝酸，几乎所有的硝酸盐都易溶于水。但钨、锡、锑等金属溶于硝酸时，分别生成难溶的钨酸(H_2WO_4)、锡酸(H_2SnO_4)、锑酸($HSbO_3$)。硝酸的氧化性使一些金属如铝、铬及含铬合金材料等在硝酸中形成氧化膜而钝化，阻止了溶解作用的进行，可滴加盐酸助溶。钢铁分析中，常用硝酸分解碳化物。

在溶解试样时，钢铁中所含碳化物生成黑色或褐色的沉淀，但这种沉淀在硝酸作用下很易溶解，形成挥发性的碳。

碳化物的分解根据其稳定性，一般可以采用以下几种措施：

(1) 钢铁试样用稀硫酸或硫-磷混酸溶解，然后滴加浓硝酸使碳化物破坏，如 Mn_3C、CrC_2 等(碳、铬含量较低时)。

(2) 钢样中含有较稳定的碳化物时，在用硝酸氧化前，先蒸发至冒硫酸烟，在高温下滴加浓硝酸使碳化物破坏，如 Cr_3C_2、WC、VC 等(碳、铬等含量较高时)。

(3) 若钢样中含有极稳定的碳化物，用上述方法不能全部分解时，可将钢样用王水处理，然后加高氯酸加热冒烟，并维持适当时间，则碳化物全部分解。

硝酸-盐酸(1+3)混合溶剂称为王水，它的主要反应式为

$$HNO_3 + 3HCl \xlongequal{} NOCl + Cl_2 + 2H_2O$$

所生成的氯和氯化亚硝酰都是强氧化剂，盐酸还可供给 Cl^-，与一些金属离子发生配位作用。因此，王水能溶解金、铂等贵金属和不锈钢、高速钢等高合金钢。

硝酸-盐酸(3+1)混合溶剂称为逆王水。对于一般硫化物矿石，使用通常的硝酸溶样会析出单质硫，可用逆王水、HNO_3-$KClO_4$ 或 HNO_3-Br_2 等强氧化性的混合溶剂，将硫氧化为 SO_4^{2-} 。

硝酸与盐酸以其他比例的混合溶剂或其稀释溶液可用来溶解铅锡合金，根据合金中铅和锡含量的高低调节盐酸和硝酸的比例。用硝酸分解试样后，溶液中有亚硝酸或氮的其他氧化物，常能破坏有机显色剂、有色化合物和指示剂，需要把溶液煮沸将其除掉，或者加入尿素使其分解。

4) 磷酸

磷酸(H_3PO_4)是无氧化性的不挥发性酸。磷酸具有较强的配位能力，用滴定法测定钢中锰、钒、铬等元素时，常加入磷酸使其与铁配位，降低 Fe^{3+}/Fe^{2+}电对的电极电位，有利于 Fe^{2+}的滴定；同时使铁盐溶液变为淡色或无色，有利于终点观察。溶解含钨钢时加磷酸，使其与钨形成可溶性磷钨酸，避免了钨酸的沉淀，以便进行其他元素的测定和用光度法测定钨。

磷酸在 213℃失去一部分水缩合变成焦磷酸、三聚及多聚磷酸。磷酸的溶解能力是由于磷酸转变生成的焦磷酸、聚磷酸是强配位剂，并具有较强的酸效应，分解时可加热到较高的温度，因此能溶解一般不被盐酸分解的硅酸盐、铝酸盐及铁矿石、铬铁矿、钛铁矿、红宝石、电气石等矿物。

例如，在水泥生产控制中，水泥生料中三氧化二铁的快速测定常采用磷酸分解试样，反应式如下：

$$Fe_2O_3 + 4H_3PO_4 \xlongequal{} 2[Fe(PO_4)_2]^{3-} + 3H_2O + 6H^+$$

磷酸溶样只适用于某些单项组分的测定，而不适用于系统分析，因为它与许多金属生成难溶化合物。

在钢铁分析中，常用硫酸和磷酸的混合酸作为分解合金钢的溶剂。但对于钢铁试样，用磷酸进行冒烟(213℃)处理时，析出的焦磷酸盐将给分析带来困难，应引起注意。

高温下单独使用的磷酸对玻璃有一定的侵蚀，用磷酸溶样时要经常摇动，加热时间不宜过长，否则会腐蚀玻璃器壁，并形成焦磷酸盐或聚硅磷酸黏结在容器底部，影响溶解。同时，用磷酸溶解处理(冒烟)过试样的玻璃容器不能用于测定磷。

5) 硫酸

硫酸(H_2SO_4)的沸点(338℃)较高，热的浓硫酸具有氧化性和脱水性。它可以分解独居石、萤石(CaF_2)和锰、钛、钒、铝及铍等的矿石，破坏试样中的有机物，能分解铬铁矿用于单项测定铬。利用硫酸的高沸点加热至冒白烟(SO_3)，可除去溶液中过量的 HCl、HF、HNO_3 和其他易挥发性组分，消除它们的干扰，该性质广泛应用于化学分析中。

稀硫酸可溶解铁、钴、镍、锌、铬等金属及其合金。对于含硅高的试样(如硅钢)，用稀硫酸溶解，硅不易呈硅酸析出。测定磷的试样不能单独使用硫酸分解试样，因为磷在

硫酸溶液中易生成 PH_3 而损失。

用硫酸进行冒烟处理时还应注意，因时间过长，析出的硫酸盐往往难溶(如含铬钢、铬铁合金等)，会给分析带来困难。

硫酸经常与其他酸混合使用，如 H_2SO_4 和 H_3PO_4、H_2SO_4 和 HCl 等，用来分解一些难溶的硅酸盐试样和钢铁试样。

6) 高氯酸

高氯酸($HClO_4$)是已知无机含氧酸中酸性最强的酸，沸点为 203℃。它具有强的酸效应，热浓高氯酸是强的氧化剂和脱水剂(冷的或稀的高氯酸无氧化性而有强酸效应)，除钾、铷、铯等少数离子外，一般金属离子的高氯酸盐均溶于水。

高氯酸分解试样时，蒸发除去低沸点酸后，残渣易溶于水。高氯酸广泛应用于分解试样和测定方解石、白云石、菱镁石、玻璃及含有碱土金属试样中的 SiO_2，硅酸凝胶析出比较完全、纯净，性能优于盐酸和硫酸。但在加热浓的高氯酸时，遇有机物易发生爆炸，应特别注意。高氯酸价格较贵，一般在必要时才使用。

高氯酸用于分解不锈钢、耐热合金、铬铁矿等，能将铬氧化为 $Cr_2O_7^{2-}$、钒氧化为 VO_3^-、硫氧化为 SO_4^{2-}。用高氯酸将铬氧化为 $Cr_2O_7^{2-}$，再滴加盐酸(或 NaCl)时，能使 $Cr_2O_7^{2-}$ 转化为 CrO_2Cl_2(氯化铬酰)挥发除去。此外，As、Sb、Sn 等元素在高氯酸或它的混合酸中溶解时也产生挥发性物质。

热浓高氯酸遇有机物发生剧烈的氧化作用常会引起爆炸，因此在用热浓高氯酸处理含有机物试样时，应先用浓硝酸破坏有机物，再加入高氯酸。此外，金属铋遇高氯酸也会发生爆炸。

钢铁及合金可根据自身的性质选用单一酸或混合酸进行溶解，其分解情况如表 2-5 所示。

表 2-5 钢铁试样分解所用溶剂

钢铁种类	适宜的溶(熔)剂
普通钢铁	HNO_3(1+3)，HCl(1+1)，HNO_3-H_3PO_4(1+4)，H_2SO_4(1+9)，H_2SO_4(1+9)-H_3PO_4(1+4)，H_3PO_4(2+1)，HCl(1+1)-HNO_3，H_2SO_4 (1+4)-HNO_3 处理残渣
合金钢	HCl(1+1)，HCl(1+9)，H_2SO_4 (1+4)，H_2SO_4(1+9)，H_2SO_4-H_3PO_4 混酸，HCl-HNO_3 混酸，浓 HCl 加几滴 HNO_3
高合金钢	浓 HCl，浓 HCl-H_2O_2，浓 HCl-HNO_3，浓 HCl-浓 HF，浓 HCl-浓 HNO_3-浓 HF，浓 H_3PO_4-浓 H_2SO_4(10+1)，浓 $HClO_4$-浓 HCl(5+1)
高锰钢	HNO_3(1+3)，H_3PO_4(1+1)，浓 H_3PO_4，H_2SO_4-H_3PO_4-H_2O(5+2+5)
硅钢	HNO_3(1+3)，浓 H_3PO_4，HNO_3-H_2SO_4-H_2O (4+3+11)
铁合金	硅铁：HNO_3-HF；钛铁：H_2SO_4(1+4)；钒铁：HNO_3-H_2SO_4-H_3PO_4(5+7+10)；铬铁：$HClO_4$，HCl(1+1)，H_2SO_4(1+4)；高碳铬铁：Na_2O_2 熔融；锰铁：H_3PO_4-HNO_3(1+1)；钼铁：HNO_3(1+1)；镍铁：HNO_3(1+1)；钨铁：HNO_3-HF；H_2SO_4-H_3PO_4-H_2O(1+3+15)；HCl-H_2O_2-H_2SO_4；铌铁：H_2SO_4-HNO_3-HCl 溶解，残渣用 $K_2S_2O_7$ 熔融或直接用 $K_2S_2O_7$ 熔融；稀土中间合金：HF-HNO_3，HF 滴加 HNO_3，HF-HCl-HNO_3 或直接用 Na_2O_2 或 NaOH 熔融

2. 碱溶法

300～400g/L 氢氧化钠溶液能剧烈分解铝及其合金，反应式如下：

$$2Al + 2NaOH + 2H_2O = 2NaAlO_2 + 3H_2\uparrow$$

该反应可在银质或聚乙烯塑料烧杯中进行。试样中的铁、锰、铜、镍和镁等形成金属残渣析出，铝、锌、锡和部分硅形成含氧酸根进入溶液中。可将溶液用硝酸、硫酸酸化并将金属残渣溶解，在所得试验溶液中测定各组分。当试样中锡、钛含量较高时，采用碱分离法测定可消除影响。

2.4.2 熔融法

当试样无法用上述酸、碱分解或分解不完全时，常采用熔融法分解。进行熔融分解的目的是利用酸性或碱性熔剂与试样在高温下进行复分解反应，使试样中的组分转化为易溶于水或酸的化合物。熔融硅酸盐矿物和其他矿物的熔剂很多，一般多为碱金属化合物。常用的有无水碳酸钠、碳酸钾、氢氧化钾、氢氧化钠、焦硫酸钾、硼砂、偏硼酸锂等。

熔融多在坩埚中进行。坩埚是进行灼烧和熔融试样的熔器，分析工作中常用的容积为 1～30mL，其种类有瓷坩埚、铂坩埚、银坩埚、铁坩埚、镍坩埚等。坩埚的材质不同，耐高温耐腐蚀的程度也不同。熔融时应根据分析试样的组成和对分析的不同要求选择熔剂和熔器。现将几种常用的熔样方法介绍如下。

1. 焦硫酸钾

焦硫酸钾($K_2S_2O_7$)是一种酸性熔剂，熔点为 325℃，适合分解难熔的金属氧化物，如 TiO_2、Al_2O_3、Fe_2O_3 等。熔融时，焦硫酸钾在约 300℃开始熔化，约 450℃时开始分解放出三氧化硫。

$$K_2S_2O_7 = K_2SO_4 + SO_3\uparrow$$

分解产生的三氧化硫与中性或碱性氧化物作用生成可溶性硫酸盐。例如：

$$Al_2O_3 + 3SO_3 = Al_2(SO_4)_3$$

$$TiO_2 + 2SO_3 = Ti(SO_4)_2$$

$$Fe_2O_3 + 3SO_3 = Fe_2(SO_4)_3$$

用 $K_2S_2O_7$ 熔融试样时，$K_2S_2O_7$ 对铂坩埚稍有腐蚀，故熔融宜在瓷坩埚中进行。应注意，要控制适当温度，不宜过高，以免三氧化硫尚未与被分解的氧化物作用就挥发掉；但温度也不能太低，否则达不到高温下三氧化硫与氧化物反应的条件。

焦硫酸钾可以分解铬铁矿、刚玉、磁铁矿、红宝石、钛的氧化物、中性或碱性的耐火材料等，也常用来分解分析过程中已灼烧过的混合氧化物。熔块用热的酸性溶液(如 1+9 的硫酸溶液)浸取，可防止钛的水解。有时，要加入酒石酸或草酸等试剂，以防止金属离子水解。

硫酸氢钾($KHSO_4$)在加热时放出水蒸气，生成 $K_2S_2O_7$，故可代替焦硫酸钾作熔剂，但要先进行脱水处理。先将所需量的 $KHSO_4$ 放入铂坩埚中加热使其熔化，待水蒸气的小气泡停止冒出后取下冷却，再放入试料进行熔融。

2. 碳酸钠、碳酸钾

碳酸钠(Na_2CO_3)和碳酸钾(K_2CO_3)都是碱性熔剂，熔点分别为 849℃和 891℃，常将两种试剂按质量比 1∶1 混合使用，可使熔点降低至 700℃左右。它们是分解硅酸盐、硫酸盐、酸性矿渣等试样最常用的重要熔剂。

作为碱性熔剂的 Na_2CO_3(或 K_2CO_3)与硅酸盐一起熔融时，硅酸盐分解为碱金属硅酸钠(钾)、铝酸钠(钾)等的混合物。熔融物用酸处理时，则分解为相应的盐类并析出硅酸。以碳酸钠熔融分解黏土和长石为例，熔融时的化学反应式如下：

熔黏土：$Al_2O_3 \cdot 2SiO_2 \cdot 2H_2O + 3Na_2CO_3 = 2Na_2SiO_3 + 2NaAlO_2 + 3CO_2 + 2H_2O$

熔长石：$K_2O \cdot Al_2O_3 \cdot 6SiO_2 + 6Na_2CO_3 = 6Na_2SiO_3 + 2KAlO_2 + 6CO_2$

熔融物用热水提取，再用盐酸处理，则分解为各种金属氯化物并析出硅酸的胶状沉淀。

$$Na_2SiO_3 + 2HCl = H_2SiO_3 + 2NaCl$$

$$NaAlO_2 + 4HCl = NaCl + AlCl_3 + 2H_2O$$

$$KAlO_2 + 4HCl = KCl + AlCl_3 + 2H_2O$$

可以用重量法测其 SiO_2，滤液可用于测定铁、铝、钙、镁等组分。

硅酸盐分析中常用碳酸钠熔融分解玻璃制品及原料、水泥制品及原料、陶瓷制品及原料，但用来熔融部分陶瓷釉料和耐火材料则分解不完全。碳酸钠的用量一般为试料质量的 6～8 倍，熔融温度为 950～1000℃，熔融时间 20～40min，熔融物一般呈透明状。由于熔融温度高，熔器一般选用铂坩埚。

3. 硼砂-碳酸钠混合熔剂

由于硼酸盐可熔化为玻璃体，金属氧化物或盐易熔于其内，且易溶于水。常用的硼酸盐是硼砂，熔点为 878℃。硼砂常与无水碳酸钠($Na_2B_4O_7$-Na_2CO_3)混合使用，是一种熔融力很强的非氧化性熔剂，熔融作用与碳酸钠相似，是耐火材料及原料如黏土、Al_2O_3、铝土矿、高铝质半硅质耐火材料、锆刚玉、铬渣、灼烧氧化物、高铝质瓷及釉料等试样的适宜且有效的熔剂。

无水碳酸钠与硼砂的质量比(Na_2CO_3∶$Na_2B_4O_7$)通常为 1∶1 或 2∶1。混合熔剂可先在铂皿中于 500～600℃下焙烧，以除去硼砂中的结晶水，防止硼砂脱水时溅失。混合熔剂用量一般为试料质量的 5～10 倍。熔融在铂坩埚中于喷灯上进行。熔剂熔化后约在 900℃熔融 20min 呈透明状即可，也可将其置于马弗炉内，从低温升至 950℃熔融 20min，即可将样品完全分解。

用此熔剂熔融，熔融物黏度大，浸取时间长，加酸分解速度慢。可在熔剂与试样的混合物中加入 $w(NH_4Br)=10\%$(质量分数)的溴化铵溶液 1～2mL，先低温加热，逐渐升高熔融温度，所得的熔物极易浸取脱出，加酸处理后溶液澄清透明。

4. 氢氧化钠(钾)

氢氧化钠(NaOH)和氢氧化钾(KOH)都是强碱性熔剂，熔点较低，分别为 318℃和 360℃。适合高硅样品的分解，广泛应用于黏土、粉煤灰、玻璃、水泥及原料等硅酸盐样品的分解，适应性强，效果好，分析成本低廉，熔融时比较稳定，熔融物用酸分解后易得澄清透明的溶液。用银坩埚作熔器，氢氧化钠作熔剂，配以配位滴定和氟硅酸钾滴定法的测定系统已成为一套不需要分离的快速滴定法，测定程序得到很大简化，测定的准确度也较高，自 1976 年起列为国家标准《水泥化学分析方法》中的基准法。

氢氧化钾熔融常用于单独称样以氟硅酸钾滴定法测定 SiO_2，在玻璃、水泥、陶瓷及其原料分析中已成为公认的标准方法。但由于氢氧化钾的吸湿性较强，熔融时易溢埚，熔块加酸分解后易出现浑浊，因此很少用于系统分析中。

用氢氧化钠或氢氧化钾作熔剂时,一般采用银坩埚作熔器，整个熔融过程在带有温度控制器的马弗炉内进行。熔融所需氢氧化钠的质量与试样的种类及试料质量有关，一般为试料质量的 10～20 倍，熔融温度为 600～700℃，熔融时间 20～30min。采用热水在烧杯中将熔块脱出、溶解，然后用一定量盐酸分解浸取物。由于有一定量的盐酸存在，Ag^+ 形成配离子$[AgCl_4]^{3-}$而不出现 AgCl 沉淀。浸取时体积不宜过小(一般为 100～150mL)。必要时可将烧杯加热。取出坩埚后立即加酸，缩短酸化前浸取物放置的时间，这样浸取液虽然呈强碱性，但对烧杯并无明显腐蚀现象，不需要考虑由此引起二氧化硅测定的空白问题。

水泥及其原料各试样的具体熔融条件如表 2-6 所示。

表 2-6　以氢氧化钠为熔剂的熔融条件

试样名称	试料质量/g	熔剂/g	熔融温度/℃	保温时间/min	分解用浓酸量/mL	备注
黏土	0.5	7～8	650	20	HCl，25 HNO_3，数滴	火山灰、页岩、粉煤灰、煤矸石等均可按此法处理
炉渣	0.3～0.5	5～6	650	20	HCl，30 HNO_3，1	包括矿渣、钢渣、电石渣、碱渣等
铁粉	0.3	10	700～750	40	HNO_3，20 HCl，2	包括氧化铁粉、铁矿石、钛铁矿、硫酸渣等
水泥生料	0.7	7～8	700～750	20～25	HCl，25 HNO_3，1	立窑生料(黑生料) 黑生料预烧 10～15min
石灰石	0.5～0.7	3～7	650	15～20	HCl，15～25 HNO_3，数滴	
水泥熟料	0.5	5	650	10	HCl，25 HNO_3，1	适用于不溶物含量高的熟料
水泥	0.5	6～7	650～700	20	HCl，25 HNO_3，1	普通硅酸盐水泥、矿渣、火山灰、粉煤灰、硅酸盐水泥等

5. 偏硼酸锂

偏硼酸锂($LiBO_2$)是熔融能力较强的非氧化性熔剂，可以分解多种硅酸盐矿物(包括许多难熔矿物)，如氧化铝、铬铁矿、钛铁矿等。熔融速度快，大多数样品仅需数分钟即可熔融分解完全。所制得的试样溶液可以进行包括钾、钠在内的各元素的测定，是其他熔剂不能相比的。其不足之处是试样分解后的熔融物较难提取，试剂的价格较贵(相当于碳酸钠价格的 20 倍)。

用偏硼酸锂熔融分解试样，目前广泛应用于 X 射线荧光光谱分析熔融制片、电感耦合等离子体(ICP)光谱和原子吸收光谱分析试样溶液的制备。

此熔剂对铂坩埚的侵蚀作用比其他熔剂(如碳酸钠、硼砂、焦硫酸钾)强，因此熔剂量应适当控制，一般为试料质量的 3～5 倍。用碳酸锂和硼酸的混合熔剂熔融也可收到同样效果。熔融试样时加入适量溴化铵或溴化锂，熔融物冷却后很容易从坩埚上脱离下来。

6. 过氧化钠

过氧化钠(Na_2O_2)在 460℃分解放出氧，它是具有强氧化性、腐蚀性的强碱性熔剂，分解能力很强。常用于分解耐火材料，如锆刚玉、锆英石、铬铁、硅铁、铬铁矿、独居石、黑钨矿、辉钼矿及一些陶瓷釉料等试样，进行硅、硼、磷、硫、铬等元素的单独测定。

过氧化钠具有强烈的侵蚀作用，因此绝不允许在高温下于铂坩埚中熔融，而只能在银、镍、刚玉及铁坩埚中进行。熔融物中会引入较多的相应坩埚材料的离子，在系统分析中应考虑这些离子的干扰。熔融时应首先在低温下加热，再逐渐升高温度，以免溅出。熔融的温度通常为 600～700℃，待熔融物不冒气泡后再熔 5～10min 即可，时间不宜过长。过氧化钠常与氢氧化钠混合使用，其质量比(Na_2O_2∶NaOH)一般为 5∶2 或 2∶1。熔剂量一般为试料质量的 6～8 倍。

2.4.3 半熔法

半熔法是指熔融物呈烧结状态的一种熔样方法，又称烧结法。此法在低于熔点的温度下，让试样与固体试剂发生反应。

通常，烧结法的温度比熔融法低，不易损坏坩埚，通常可在瓷坩埚中进行。

常用的半混合熔剂有：MgO-Na_2CO_3(2+3)、MgO-Na_2CO_3(2+1)、ZnO-Na_2CO_3(1+2)。它们广泛用于分解矿石或煤中含硫量的测定。MgO 或 ZnO 的作用在于熔点高，在 800～850℃时不能熔融，因而能保持熔块疏松，预防碳酸钠在灼烧时熔合，使矿石分解得更快、更完全，反应产生的气体容易逸出。

目前硅酸盐分析中采用的半熔法一般是在铂坩埚中加入试料质量 0.6～1 倍的无水碳酸钠，于 950℃下灼烧 5～10min。石灰石、白垩土、水泥生料的系统分析常用此方法分解试样。在硅酸盐试样的分解中，半熔法的特点是比一般熔融法快，容易脱埚，铂坩埚损耗少。

在硅酸盐分析的实际工作中，各种分解方法通常配合使用。例如，在测定硅含量高的试样(如硅质耐火材料、玻璃、石英砂、长石等)中少量元素时，可用氢氟酸分解，除去大量硅后，再用无水碳酸钠熔融分解的方式完成试样的分解。有些试样(如铝质耐火材料、锆质耐火材料、铝土矿、黏土等)一般先采用碱熔融，再用酸分解熔融物制成供分析用的试验溶液。

常用熔剂、坩埚、试剂用量及适用对象见附录 6。

2.4.4　其他分解法

1. *电解氧化溶解法*

该法是利用外加电源使阳极氧化的方法溶解金属。将用作电解池阳极的一块金属置于适宜的电解液中，外加电流可使其氧化溶解。试样可以放在一个水平的铂电极、石墨电极或填充在多孔锥形铂金容器内，溶解过程中产生的金属盐溶液从铂金容器中溢出，其浓度比整个电解液大。通常采用铂或石墨作阴极，该法可用来溶解各种金属及合金。

如果电解过程的电流效率为 100%，可用库仑法测定金属溶解量。同时，还可将阳极溶解与组分在阴极析出统一起来，用作分离提取和富集某些元素的有效方法。

2. *加压溶解法*

较难溶的物质往往能在高于溶剂常压沸点的温度下溶解。采用密闭容器，用酸或混合酸加热分解试样，由于蒸气压增大，酸的沸点也升高，因而使酸溶法的分解效率提高。在常压下难溶于酸的物质，在加压下可溶解，还可避免挥发性反应产物损失。

通常采用的加压装置类似于一种微型高压锅，是双层附有旋盖的罐状容器，内层用铂或聚四氟乙烯制成，外层用不锈钢制成，溶样时将盖子旋紧加热。聚四氟乙烯内衬材料适合在 250℃使用，更高的温度必须使用铂内衬。

3. *超声波振荡溶解法*

该法是利用超声波振荡加速试样溶解，是一种物理方法。一般适合在室温溶解试样，将盛有试样和溶剂的烧杯置于超声换能器内，把超声波变幅杆插入烧杯中，根据需要调节功率、频率，使其产生振荡，可使试样粉碎变小，还可使被溶解的组分离开样品颗粒的表面扩散到溶液中，降低浓度梯度，从而加速试样溶解。对于难溶盐的熔块溶解，使用超声波振荡更为有效。为了减少或消除超声波的噪声，可将其置于玻璃罩内进行。

4. *微波溶解法*

微波溶解法是一种新的溶样技术，微波溶样装置由微波炉和密封溶样罐组成。该法是利用微波的能量溶解试样。它将微波快速加热与密封溶样的优点结合起来，相比烧杯加热或常规的密封溶样，其具有快速、易控制、洁净、节能和易自动化等优点。

习　题

1. 试样的制备过程一般包括几个步骤?
2. 正确地采集实验室样品及正确地制备和分解试样对分析工作有何意义?
3. 叙述各类样品的采集方法。
4. 分解试样常用的方法大致可分为哪两类?什么情况下采用熔融法?
5. 酸溶法常用的溶剂有哪些?
6. 简述下列各溶(熔)剂对试样分解的作用:

   HCl、HF、$HClO_4$、H_3PO_4、$NaOH$、KOH、Na_2CO_3、$K_2S_2O_7$
7. 查阅相关文献,阐述新的分解样品的方法。

第3章　水 质 分 析

3.1　概　述

3.1.1　水的用途和分类

1. 水的用途

水是生物生长和生活所必需的资源，人类生活离不开水。在工业生产中，也需要用到大量的水，主要用作溶剂、洗涤剂、冷却剂、辅助材料等。因为水是多种物质的良好溶剂，所以天然水中含有多种杂质。水的质量的好坏对人们的生活及工业生产等都有直接的影响，必须经过分析检验，达到一定的标准才能使用。

2. 水的分类

1) 天(自)然水

自然界的水称为天然水。天然水有雨水、地面水(江、河、湖水)、地下水(井水、泉水)等，因为在自然界中存在，都或多或少含有一些杂质，如气体、尘埃、可溶性无机盐等。例如，矿泉水中含有多种微量元素。

2) 生活用水

人们日常生活中使用的水称为生活用水，主要是自来水，也有少量直接使用天然水。对生活用水的要求，主要是不能影响人类的身体健康，因此应检验分析一些有害元素的含量，对其含量都有标准规定，不能超标。例如，F^-的含量，正常情况下应为 0.5～1.0mg/L，如果＞1.0mg/L，长期饮用易得黄斑病；如果＞4.0mg/L，则易得氟骨病。

3) 工业用水

工业用水指工业生产使用的水，要求是不影响产品质量，不损害设备、容器及管道，使用时也要经过分析检验，不合格的水要先经处理后才能使用。

另外还有废水，特别是工业废水，污染环境，必须符合一定的标准才允许排放。

3.1.2　水质分析项目

水质分析项目繁多，主要有以下几类：

(1) 物理性质：主要包括水温、外观、颜色、臭、浊度、透明度、pH、残渣、矿化度、电导率等。

(2) 金属化合物：主要包括总硬度、钾、钠、钙、镁、铁、铜、锌、镍、锰、汞、铅、铬、铬、砷、硒等。

(3) 非金属化合物：主要包括酸度、碱度、二氧化碳、溶解氧、氮(氨氮、硝酸盐氮、亚硝酸盐氮、总氮)、磷、氯化物、氟化物、碘化物、氰化物、硫化物、硫酸盐、硼、可溶性二氧化硅等。

(4) 有机化合物：主要包括化学需氧量、生化需氧量、总有机碳、矿化油、挥发性酚类、苯系物、多环芳烃、有机磷、苯胺类、硝基苯类、阴离子洗涤剂、各类农药等。

不同用途的水，对水质的要求各不相同，因此其分析检测项目也有区别。例如，对于工业废水，除外观、颜色、浊度、酸度、化学需氧量、生化需氧量等检测项目外，还应根据具体排放的污染物确定检测项目。对于锅炉用水，根据锅炉生产蒸汽的蒸发量、工作压力、蒸汽温度等多种因素，不同的锅炉有不同的水质标准。例如，对于容量较小、蒸发量较低、水容量大的低压锅炉，由于对杂质危害敏感性较小，对蒸汽品质要求较低，因此规定的水质指标项目较少、标准较低；而对于容量较大、蒸发量较高、水容量较小、工作压力较高的锅炉，由于对杂质危害较敏感，对蒸汽品质要求较高，因此规定的水质指标项目较多，标准也较高。表 3-1 是中华人民共和国国家标准《工业锅炉水质》(GB/T 1576—2018)中有关“采用锅外水处理的自然循环蒸汽锅炉和汽水两用锅炉水质”标准。

表 3-1 《工业锅炉水质》(GB/T 1576—2018)部分水质标准

<table>
<tr><td rowspan="2">水样</td><td colspan="2">额定蒸汽压力/MPa</td><td colspan="2">p≤1.0</td><td colspan="2">1.0<p≤1.6</td><td colspan="2">1.6<p≤2.5</td><td colspan="2">2.5<p<3.8</td></tr>
<tr><td colspan="2">补给水类型</td><td>软化水</td><td>除盐水</td><td>软化水</td><td>除盐水</td><td>软化水</td><td>除盐水</td><td>软化水</td><td>除盐水</td></tr>
<tr><td rowspan="7">给水</td><td colspan="2">浊度/FTU</td><td colspan="8">≤5.0</td></tr>
<tr><td colspan="2">硬度/(mmol/L)</td><td colspan="7">≤0.03</td><td>≤5×10^{-3}</td></tr>
<tr><td colspan="2">pH(25℃)</td><td>7.0～10.5</td><td>8.5～10.5</td><td>7.0～10.5</td><td>8.5～10.5</td><td>7.0～10.5</td><td>8.5～10.5</td><td>7.5～10.5</td><td>8.5～10.5</td></tr>
<tr><td colspan="2">电导率(25℃)/(μS/cm)</td><td colspan="2">—</td><td>≤5.5×10^{2}</td><td>≤1.1×10^{2}</td><td>≤5.0×10^{2}</td><td>≤1.0×10^{2}</td><td>≤3.5×10^{2}</td><td>≤80.0</td></tr>
<tr><td colspan="2">溶解氧/(mg/L)</td><td colspan="3">≤0.10</td><td colspan="5">≤0.050</td></tr>
<tr><td colspan="2">油/(mg/L)</td><td colspan="8">≤2.0</td></tr>
<tr><td colspan="2">铁/(mg/L)</td><td colspan="5">≤0.30</td><td colspan="3">≤0.10</td></tr>
<tr><td rowspan="9">锅水</td><td rowspan="2">全碱度/(mmol/L)</td><td>无过热器</td><td>4.0～26.0</td><td>≤26.0</td><td>4.0～24.0</td><td>≤24.0</td><td>4.0～16.0</td><td>≤16.0</td><td colspan="2">≤12.0</td></tr>
<tr><td>有过热器</td><td colspan="2">—</td><td colspan="2">≤14.0</td><td colspan="4">≤12.0</td></tr>
<tr><td rowspan="2">酚酞碱度/(mmol/L)</td><td>无过热器</td><td>2.0～18.0</td><td>≤18.0</td><td>2.0～16.0</td><td>≤16.0</td><td>2.0～12.0</td><td>≤12.0</td><td colspan="2">≤10.0</td></tr>
<tr><td>有过热器</td><td colspan="2">—</td><td colspan="6">≤10.0</td></tr>
<tr><td colspan="2">pH(25℃)</td><td colspan="6">10.0～12.0</td><td>9.0～12.0</td><td>9.0～11.0</td></tr>
<tr><td rowspan="2">电导率(25℃)/(μS/cm)</td><td>无过热器</td><td colspan="2">≤6.4×10^{3}</td><td colspan="2">≤5.6×10^{3}</td><td colspan="2">≤4.8×10^{3}</td><td colspan="2">≤4.0×10^{3}</td></tr>
<tr><td>有过热器</td><td>—</td><td>—</td><td colspan="2">≤4.8×10^{3}</td><td colspan="2">≤4.0×10^{3}</td><td colspan="2">≤3.2×10^{3}</td></tr>
<tr><td rowspan="2">溶解固形物/(mg/L)</td><td>无过热器</td><td colspan="2">≤4.0×10^{3}</td><td colspan="2">≤3.5×10^{3}</td><td colspan="2">≤3.0×10^{3}</td><td colspan="2">≤2.5×10^{3}</td></tr>
<tr><td>有过热器</td><td colspan="2">—</td><td colspan="2">≤3.0×10^{3}</td><td colspan="2">≤2.5×10^{3}</td><td colspan="2">≤2.0×10^{3}</td></tr>
</table>

续表

水样	额定蒸汽压力/MPa	$p \leq 1.0$		$1.0 < p \leq 1.6$		$1.6 < p \leq 2.5$		$2.5 < p < 3.8$	
	补给水类型	软化水	除盐水	软化水	除盐水	软化水	除盐水	软化水	除盐水
锅水	磷酸根/(mg/L)	—	10～30					5～20	
	亚硫酸根/(mg/L)	—		10～30				5～10	
	相对碱度	<0.2							

3.2 工业用水分析

3.2.1 悬浮固形物和溶解固形物的测定

1. 悬浮物

悬浮物是指水中颗粒较大的不溶性杂质。悬浮物的含量是采用某种特定过滤材料过滤测定的，用 mg/L 表示(按国家标准采用 G_4 玻璃过滤器为过滤材料，孔径为 3～4μm)。

悬浮物的测定一般采用重量法，但因过程冗长烦琐，不作为运行控制项目，只作定期检测。在水质分析中，常用浊度测定近似表示悬浮物和胶体含量。一般以不溶性硅化物作标准溶液，采用浊度比较法测定水的浊度，单位为 1 度=1mg(SiO_2)/L。

2. 含盐量

含盐量(S)是指水中溶解盐的总量，是衡量水质好坏的一项重要指标。

含盐量的测定是通过水质全分析，将测得的所有阴、阳离子的质量相加而得出结果，单位为 mg/L。这种方法也比较烦琐、费时，通常用溶解固形物近似表示含盐量。取一定体积的过滤水样，水浴蒸干后经 105～110℃烘干至恒重，称量后即为溶解固形物含量，用 mg/L 表示。

溶解固形物含量并不等于含盐量，因为在溶解固形物测定的蒸发、烘干过程中，溶解固形物的存在形态可能会发生变化，如碳酸氢盐在蒸发、烘干过程中其质量会因分解而减小，或者在蒸发过程中形成结晶水而使质量增大等，所以是一种近似的表示方法，而且名称也不能相混。

3. 悬浮固形物的测定

先用硝酸(1+1)洗涤 G_4 玻璃过滤器，再用蒸馏水洗净，置于 105～110℃烘箱中烘干 1h。放入干燥器内冷却至室温，称至恒重，记下过滤器的质量 m_1(mg)。

取水样 500～1000mL，徐徐注入过滤器，抽滤。将最初 200mL 滤液重复过滤一次，滤液应保留，用于其他分析。

过滤完水样后，用蒸馏水洗涤量水容器和过滤器数次，再将玻璃过滤器置于 105～110℃烘箱中烘 1h。取出放入干燥器，冷却至室温后称量。再烘 0.5h 后称量，直至恒

重。记下过滤器和悬浮物的质量 m_2(mg)。以质量浓度ρ(悬浮物)表示悬浮物的含量(mg/L)为

$$\rho(\text{悬浮物}) = \frac{m_2 - m_1}{V} \times 1000$$

式中，V为所取水样的体积，mL。

4. 溶解固形物的测定

取适量上述滤液(水样体积应使蒸干后溶解固形物质量为 100mg 左右)，逐次注入已经烘干至恒重(质量为 m_1 mg)的蒸发皿中，在水浴上蒸干。置于 105～110℃烘箱中烘 2h。取出放入干燥器内冷却至室温，称至恒重，记下质量 m_2(mg)。以质量浓度ρ(溶解固形物)表示溶解固形物的含量(mg/L)为

$$\rho(\text{溶解固形物}) = \frac{m_2 - m_1}{V} \times 1000$$

式中，V为所取水样的体积，mL。

3.2.2 pH 的测定

天然水的 pH 一般为 7.2～8.0，由于某些特殊原因可能增至 9～10 或降至 5～6。测定 pH 有比色法和电位法。比色法简便、快速、不需使用仪器，但是准确度不高(±0.2pH)，而且不适用于有色、浑浊或含有较多氧化/还原性物质的水。比色法测定 pH 是根据酸碱指示剂在不同 pH 介质中呈现不同的颜色确定水的 pH。在样品及已知 pH 的标准缓冲溶液中加入同样量的同一种酸碱指示剂，当两溶液厚度相等时，如果两溶液呈现相同的颜色，则它们的 pH 相同。

使用比色法测定 pH 时常用的酸碱指示剂及其颜色变化情况列于附录 3 中。

比色法的测定比较简单，具体操作不再详述，本章主要介绍电位法。电位法测定 pH，准确度高，方法简便，使用范围广，需使用酸度计进行测量。

1. 测定原理

将玻璃电极与饱和甘汞电极同时浸入水样中，即形成测量电池，其电池电动势 E 随着溶液中 pH 的变化而变化。用高阻抗输入的毫伏计测量，先测出已知溶液 pH_s 的电池电动势 E_s，再测定未知溶液 pH_x 的电池电动势 E_x。根据国际纯粹与应用化学联合会(IUPAC)关于 pH 的实用定义式

$$pH_x = pH_s + \frac{E_x - E_s}{2.303RT / F}$$

即可求出未知溶液(水样)的 pH。在 20℃时，电极斜率 $2.303RT/F$=0.059(V)。

2. 仪器和试剂

酸度计；玻璃电极；饱和甘汞电极。

标准缓冲溶液：pH = 4.00 标准缓冲溶液[4.9][①]；pH = 6.88 标准缓冲溶液[4.10]；pH = 9.22 标准缓冲溶液[4.11]。

应选择 pH 与待测水样较为接近的标准缓冲溶液。

3. 分析步骤

(1) 活化电极。洗净电极并在蒸馏水中浸泡过夜。

(2) 仪器校正。仪器预热稳定后，调节零点，并进行温度补偿和满刻度校正等。

(3) pH 定位。用蒸馏水洗电极数次，用吸水纸吸去水滴。浸入 pH 与水样相近的标准缓冲溶液中。先进行调零和满刻度校正，再根据缓冲溶液的 pH 将酸度计定位。

(4) 复定位。用蒸馏水洗电极数次，再浸入复定位缓冲溶液中，按上述过程再进行定位。

(5) 水样测定。再用蒸馏水洗电极数次，用水样洗 6～8 次，用吸水纸吸去水滴。将电极浸入水样中，按上述流程测出水样的 pH。测定完毕后，洗净电极。

标准缓冲溶液的 pH 受温度的影响，标准值为 20℃时的数值，如果温度不同，pH 稍有改变，如附录 4 中附表 4-2 所示。

3.2.3 碱度的测定

水中能与强酸作用的物质含量称为碱度。

水的碱度主要由溶解的碱金属或碱土金属的酸式碳酸盐、碳酸盐或氢氧化物等物质形成。由于形成碱度的物质不同，水的碱度可分为酸式碳酸盐碱度、碳酸盐碱度和氢氧化物碱度。测定碱度时常使用双指示剂法，因此碱度又常分为酚酞碱度(P)、甲基橙碱度(A)和酚酞后碱度(M)，单位常用 mmol/L 表示。

酚酞碱度(P)：用盐酸滴定，以酚酞为指示剂时计算出来的碱度。

甲基橙碱度(A)：用盐酸滴定，以甲基橙为指示剂时计算出来的碱度，又称为总碱度。

酚酞后碱度(M)：用盐酸滴定的过程中，采用酚酞和甲基橙两种指示剂，先加入酚酞，滴定至酚酞变色时计算出来的碱度称为酚酞碱度；再加入甲基橙，继续滴定至甲基橙变色时计算出来的碱度称为酚酞后碱度。两碱度之和即为甲基橙碱度，此时

$$A = P + M$$

工业分析中，一般只测定总碱度，但在有特殊要求时也分别测定。碱度的测定常采用双指示剂法。

1. 测定原理

以酚酞为指示剂，用盐酸标准溶液滴定，至酚酞变色(红色消失变为无色)为终点，

---

① 此编号对应附录 10 中该试剂的配制，全书余同。

发生下列反应：

$$OH^- + H^+ == H_2O$$

$$CO_3^{2-} + H^+ == HCO_3^-$$

酚酞变色(pH = 8.3)时，OH^-与 H^+完全反应，CO_3^{2-} 几乎全部生成 HCO_3^-。

酚酞变色后，再以甲基橙为指示剂，用盐酸标准溶液继续滴定，至甲基橙变色(由黄色变为橙色)为终点，发生下列反应：

$$HCO_3^- + H^+ == H_2CO_3$$

甲基橙变色(pH = 4.2)时，HCO_3^-全部反应。

根据两次滴定消耗盐酸标准溶液的体积可分别计算酚酞碱度(*P*)、酚酞后碱度(*M*)和甲基橙碱度(*A*)。根据滴定体积和存在的碳酸氢盐、碳酸盐、氢氧化物的关系，可分别计算碳酸氢盐碱度、碳酸盐碱度和氢氧化物碱度。

锅炉水中的碱性物质主要是 OH^-和 CO_3^{2-}，有时为调节 pH 和更有效地消除 Ca、Mg 和 Si 的影响，在加入 Na_2CO_3 的同时也加入 Na_3PO_4 和 Na_2HPO_4 等药品，则锅炉水中的碱性物质又增加了 PO_4^{3-} 和 HPO_4^{2-} 等，其总量均用总碱度表示。

2. 试剂

酚酞指示剂(10g/L)[5.2]；甲基橙指示剂(1g/L)[5.3]；盐酸标准溶液[*c*(HCl)=0.1mol/L 或 0.02mol/L][1.3]。

3. 分析步骤

(1) 高碱度水样(如锅炉水)的测定。取 100mL 水样于锥形瓶内，加 2～3 滴酚酞指示剂，用盐酸标准溶液[*c*(HCl)=0.1mol/L]滴定至红色消失为终点，记录消耗盐酸标准溶液的体积为 V_1(mL，下同)。再加 2 滴甲基橙指示剂，继续用盐酸标准溶液滴定至由黄色变为橙色即为终点，记录第二次消耗体积为 V_2。

(2) 低碱度水样(如锅炉给水)的测定。取 100mL 水样于锥形瓶内，加 2～3 滴酚酞指示剂。用微量滴定管以盐酸标准溶液[*c*(HCl)=0.02mol/L]滴定，记录 V_1。再按同样方法加甲基橙指示剂，滴定至第二终点，记录 V_2。

4. 碱度的计算

酚酞碱度 $$P = cV_1 \frac{1000}{100} \text{ (mmol/L)}$$

酚酞后碱度 $$M = cV_2 \frac{1000}{100} \text{ (mmol/L)}$$

总碱度 $$A = P + M \text{ (mmol/L)}$$

式中，*c* 为盐酸标准溶液的浓度，mol/L。

3.2.4 硬度的测定

天然水中除溶解碱金属外，还有其他金属化合物，主要是钙、镁的碳酸盐、碳酸氢盐、硫酸盐及氯化物等。含有这些金属化合物的水称为硬水，水中这些金属化合物的含量称为硬度，又可分为暂时硬度和永久硬度。暂时硬度为碳酸氢盐及碳酸盐硬度，可通过加热除去；永久硬度为非碳酸盐硬度。

硬度常用度(°)表示，也可用 CaO(mmol/L)、CaO(mg/L)表示。用度表示时，1°=10mg(CaO)/L。

依硬度的大小，可将水分为软水、硬水等。

0°～4°	4°～8°	8°～16°	16°～32°	＞32°
很软的水	软水	中等硬水	硬水	很硬的水

工业分析中，测定硬度的方法很多，但目前多采用简便、快速、准确度也较高的配位滴定法。

1. 测定原理

用 EDTA 标准溶液滴定水中 Ca^{2+}、Mg^{2+}总量，反应式如下：

$$Ca^{2+} + Y^{4-} = CaY^{2-}$$

$$Mg^{2+} + Y^{4-} = MgY^{2-}$$

钙和镁与 EDTA 配位的绝对稳定常数 lg$K$ 分别为 10.69 和 8.69。如果控制 pH = 10，则酸效应系数 $\lg\alpha_{Y(H)} = 0.45$，各条件稳定常数为

$$\lg K'_{CaY} = 10.69 - 0.45 = 10.24$$

$$\lg K'_{MgY} = 8.69 - 0.45 = 8.24$$

即条件稳定常数 lgK'均大于 8。因此，控制溶液 pH = 10，可得到准确结果。

常选用铬黑 T (EBT)作指示剂。在化学计量点前，Ca^{2+}、Mg^{2+}与铬黑 T 形成酒红色配合物，当滴定到计量点附近时，EDTA 夺走配合物中的金属离子 Ca^{2+}、Mg^{2+}，铬黑 T 游离出来，溶液突变为纯蓝色，指示终点到达。

计量点前　　M + EBT = M-EBT(酒红色)

终点时　　M-EBT + Y = M-Y + EBT(纯蓝色)

铬黑 T 是三元酸，其 $pK_{a2} = 6.3$，$pK_{a3} = 11.6$，在溶液中存在下列平衡：

H_2In^-	HIn^{2-}	In^{3-}
红色	纯蓝色	橙色
pH＜6	pH 8～11	pH＞12

控制溶液的 pH 为 10 左右，此时游离指示剂的颜色为纯蓝色，而铬黑 T 与金属离子配合物的颜色为酒红色，终点时由酒红色突变为纯蓝色，变色明显。

2. 试剂

EDTA 溶液[c(EDTA)=0.02mol/L][9.2.1.2]和[9.2.2.2]；碳酸钙基准溶液[$c(CaCO_3)$=0.02000mol/L][9.1.2]；氨性缓冲溶液(pH 10)[附表 4-1]；铬黑 T 指示剂(5g/L)[5.16]；三乙醇胺(1+2)[7.1]。

3. 分析步骤

准确移取 50.00～100.0mL 水样(记为 V_0)于 250mL 锥形瓶中，加入 1～2 滴盐酸(1+1)使试液酸化，煮沸数分钟以除去 CO_2。冷却后，加入 2mL 三乙醇胺溶液(1+2)、5～10mL 氨性缓冲溶液，摇匀。加入 3～4 滴铬黑 T 指示剂，用上述 EDTA 溶液滴定至由酒红色变为纯蓝色为终点。记录消耗 EDTA 溶液的体积 V，由下式计算水硬度 H(°)：

$$H=\frac{cV\times\frac{M_{CaO}}{1000}}{V_0}\times10^5$$

式中，c 为 EDTA 溶液的浓度，mol/L；V 为消耗 EDTA 溶液的体积，mL；V_0 为水样的体积，mL；M_{CaO} 为 CaO 的摩尔质量，56.08g/mol。

3.2.5 总铁量的测定

除雨水外的天然水中都含有铁盐(地下水中含亚铁盐；而地面水中，由于空气中氧的氧化作用，主要以 Fe^{3+}状态存在)。

天然水中含铁量一般较低，不影响人体健康，但如果超过 0.3mg/L，则有特殊气味而不适合饮用。工业用水视不同用途有不同的要求，如纺织、印染、造纸等工业要求水中含铁量小于 0.2mg/L。

天然水中含铁量较低，一般都选用邻二氮菲(邻菲咯啉)比色法进行测定。

1. 测定原理

当 pH 3～9 时，Fe^{2+}与邻二氮菲生成稳定的橙红色配合物，反应式为

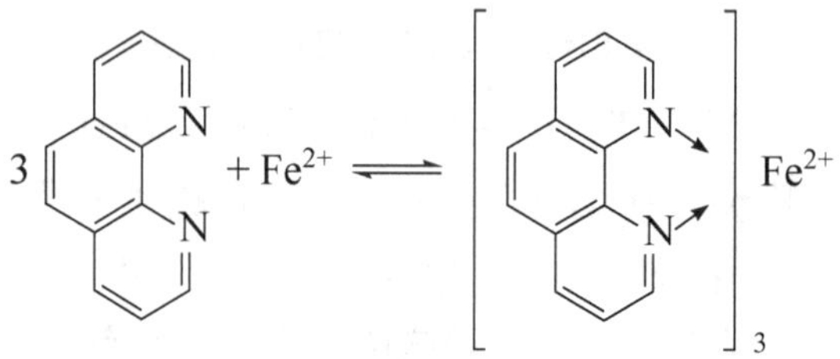

$$3\,\text{(phen)} + Fe^{2+} \rightleftharpoons [Fe(phen)_3]^{2+}$$

此配合物非常稳定，测量波长为 510nm，其摩尔吸光系数为 1.1×10^4L/(mol · cm)。

2. 仪器和试剂

分光光度计。

铁标准溶液(10μg/mL)[10.4.2.3]；邻二氮菲溶液(1g/L)[6.2.2]；盐酸羟胺溶液(100g/L

水溶液，新鲜配制)[3.43]；乙酸钠溶液(1mol/L)。

3. 分析步骤

(1) 标准曲线的制作：在 6 个 50mL 容量瓶中，分别用吸量管加入 0.00mL、2.00mL、4.00mL、6.00mL、8.00mL、10.00mL 铁标准溶液(10μg/mL)，再分别加入 1mL 盐酸羟胺溶液、2.0mL 邻二氮菲溶液和 5.0mL 乙酸钠溶液，用水稀释至刻度，摇匀。用 1cm 比色皿，以试剂空白为参比，在 510nm 波长处测定各溶液的吸光度。以铁的浓度为横坐标、吸光度为纵坐标，绘制标准曲线。

(2) 水样中铁含量的测定：准确吸取适量水样，按标准曲线的测定步骤，测定其吸光度，从标准曲线上查出铁的浓度，计算水样中铁的含量。

3.2.6 溶解氧的测定

地面水与大气接触以及某些含叶绿素的水生植物在水中进行生化作用，结果使水中常溶解一些氧，称为溶解氧。水中溶解氧的含量随水的深度增加而减少，也与大气压、空气中的氧分压及水的温度有关。常温常压下，水中溶解氧含量一般为 8～10mg/L，随水中还原性杂质污染程度加重而下降，如果溶解氧含量低于 4mg/L，则水生动物有可能因窒息而死亡。溶解氧氧化铁而腐蚀金属，因此在工业分析中也是一个很重要的指标。

溶解氧的测定常用碘量法。

1. 测定原理

在碱性溶液中，二价锰生成白色的 $Mn(OH)_2$ 沉淀。

$$MnSO_4 + 2NaOH = Mn(OH)_2\downarrow(\text{白色}) + Na_2SO_4$$

水中的溶解氧立即将生成的 $Mn(OH)_2$ 沉淀氧化成棕色的 $Mn(OH)_4$。

$$2Mn(OH)_2 + O_2 + 2H_2O = 2Mn(OH)_4\downarrow(\text{棕色})$$

加入酸后，$Mn(OH)_4$ 沉淀溶解并氧化 I^-(已加入 KI)，释出一定量的 I_2。

$$Mn(OH)_4 + 2KI + 2H_2SO_4 = MnSO_4 + I_2 + K_2SO_4 + 4H_2O$$

然后用 $Na_2S_2O_3$ 标准溶液滴定释出的 I_2。

$$2Na_2S_2O_3 + I_2 = Na_2S_4O_6 + 2NaI$$

从上述反应的定量关系可以看出

$$n_{O_2} : n_{I_2} = 1 : 2$$

而

$$n_{I_2} : n_{S_2O_3^{2-}} = 1 : 2$$

所以

$$n_{O_2} : n_{S_2O_3^{2-}} = 1 : 4$$

由所用 $Na_2S_2O_3$ 标准溶液的浓度和体积，计算水中溶解氧的含量：

$$溶解氧(O_2,\ mg/L)=\frac{c_{Na_2S_2O_3}\times V_{Na_2S_2O_3}\times 8}{V}$$

2. 仪器和试剂

溶解氧测定瓶：溶解氧的测定切勿使样品过多接触空气，以防溶解氧损失或增加，导致含量改变，因此最好使用专用的“溶解氧测定瓶”取样。如果没有测定瓶，也可用250mL 磨口玻璃瓶代替。

硫酸锰溶液(550g/L)[3.50]；碱性碘化钾溶液[3.39]；硫代硫酸钠标准溶液(0.01mol/L)[9.9.2]；淀粉溶液(10g/L)[5.19]。

3. 测定过程

用溶解氧测定瓶取好水样后，取下瓶塞，用刻度吸量管紧靠瓶口内壁，插入样品液面下 0.5cm，准确加入 1mL 硫酸锰溶液，再用同法加入 3mL 碱性碘化钾溶液。盖紧瓶塞，将瓶反复颠倒，充分混合均匀，放置数分钟待沉淀下降至瓶底。随后利用上述方法加 1mL 浓硫酸，塞紧瓶塞，颠倒混合至沉淀完全溶解(若沉淀未完全溶解，可补加0.5mL 硫酸，但不应溢出溶液)，此时溶液中因碘释出而呈黄色。

准确移取 50.00mL 溶液于 250mL 锥形瓶中，用硫代硫酸钠标准溶液[$c(Na_2S_2O_3)$=0.01mol/L]滴定至淡黄色后，加入 1mL 淀粉溶液(10g/L)，继续滴定至蓝色刚好消失，即为终点。

4. 注意事项

(1) 水中含有氧化性物质(如 Fe^{3+}、Cl_2 等)能将 I^-氧化为 I_2，干扰测定，导致测定结果偏高。如果只含有 Fe^{3+}，可用 H_3PO_4 代替 H_2SO_4，既起酸化作用，又可与 Fe^{3+}配位而消除干扰；或另行测定后，从总量中扣除 Fe^{3+}、Cl_2 的影响。

(2) 若水被还原性杂质污染，则测定时要消耗一部分 I_2 而使测定结果偏低。此时，需要增加处理杂质的过程(可在未加 $MnSO_4$ 溶液前先加适量 H_2SO_4 使水样酸化，加入 $KMnO_4$ 溶液氧化还原性杂质，再加适量 $K_2C_2O_4$ 溶液还原过量的 $KMnO_4$，从而消除杂质影响)。

(3) 由于加入试剂，样品会由瓶中溢出，但损失量很小，而且在只吸取一部分溶液滴定的情况下，影响很小。在一般工业分析中，可不必进行样品体积的校正，计算中可忽略此影响。

3.2.7 氯化物的测定

1. 测定原理

在中性或弱碱性溶液中，以铬酸钾作指示剂，用硝酸银滴定氯化物，硝酸银与氯离子作用生成白色氯化银沉淀，过量的硝酸银与铬酸钾作用生成红色铬酸银沉淀，指示反应到达终点。

$$Cl^- + Ag^+ \longrightarrow AgCl\downarrow(\text{白色})$$

$$CrO_4^{2-} + 2Ag^+ \longrightarrow Ag_2CrO_4\downarrow(\text{红色})$$

因为氯化银的溶解度小于铬酸银的溶解度，已知 AgCl 的 $K_{sp}=3.2\times10^{-10}$，Ag_2CrO_4 的 $K_{sp}= 5\times10^{-12}$(I=0.1 时)，AgCl 的溶解度为

$$s_{AgCl} = \sqrt{3.2\times10^{-10}} = 1.8\times10^{-5}\ (\text{mol/L})$$

而 Ag_2CrO_4 的溶解度为

$$(2s)^2 \cdot s = 5\times10^{-12}$$

所以

$$s_{Ag_2CrO_4} = \sqrt[3]{\frac{5\times10^{-12}}{4}} = 1.1\times10^{-4}\ (\text{mol/L})$$

可见 AgCl 的溶解度约为 Ag_2CrO_4 的 1/6。这样，当用 $AgNO_3$ 滴定含有指示剂 CrO_4^{2-} 的 Cl^- 溶液时，首先生成 AgCl 沉淀，当 Cl^- 沉淀完全后，才生成 Ag_2CrO_4 红色沉淀，指示滴定终点。

2. 干扰及消除

饮用水中含有的各种物质通常不发生干扰。溴化物、碘化物等能发生与氯化物相同的反应。

硫化物、硫代硫酸盐和亚硫酸盐干扰测定，可用过氧化氢处理予以消除。含铁量超过 10mg/L 时使终点模糊，可用对苯二酚还原成亚铁消除干扰；少量有机物的干扰可用高锰酸钾处理消除。

3. 试剂

氯化钠基准溶液[1mg(Cl^-)/L][9.25]；硝酸银标准溶液(0.1mol/L)[9.26]；K_2CrO_4 溶液(100g/L)[5.22]。

4. 分析步骤

量取 100mL 水样，加 2～3 滴酚酞指示剂(10g/L)，用 HCl 标准溶液滴定至无色(如果加酚酞后为无色，则先用 NaOH 滴定至微红色，再用 HCl 滴定至无色)。加入 1mL K_2CrO_4 溶液，用 $AgNO_3$ 标准溶液滴定至橙色为终点，记录消耗 $AgNO_3$ 标准溶液的体积 V。同时用蒸馏水做空白试验，记录空白试验消耗 $AgNO_3$ 标准溶液的体积 V_0。以质量浓度 $\rho(Cl^-)$ 表示水样中 Cl^- 的含量(mg/L)，用下式计算：

$$\rho(Cl^-) = \frac{(V-V_0)T}{100}\times1000 = 10(V-V_0)T$$

式中，V 为水样消耗 $AgNO_3$ 标准溶液的体积，mL；V_0 为空白试验消耗 $AgNO_3$ 标准溶液的体积，mL；T 为 $AgNO_3$ 标准溶液对 Cl^- 的滴定度，mg/mL。

5. 注意事项

(1) 本法不能在酸性溶液中进行，也不能在强碱性介质中进行，因为在酸性介质中 Ag_2CrO_4 的溶解度增大，而在强碱性介质中会生成 Ag_2O 沉淀。适宜的 pH 范围为 6.5～10.5。

(2) 指示剂 K_2CrO_4 浓度不宜过大或过小。浓度过大或过小会造成终点提前或拖后，导致产生较大误差。Ag_2CrO_4 沉淀的出现应恰好在计量点附近。此时，理论上 K_2CrO_4 的浓度应为 1.5×10^{-2}mol/L，但由于 K_2CrO_4 显黄色，影响终点观察，实际测定时，浓度应略低。

3.2.8 亚硫酸盐的测定

1. 测定原理

亚硫酸钠是中低压锅炉常用的化学除氧剂，它与水中的氧气发生如下反应：

$$2SO_3^{2-} + O_2 \xlongequal{\quad} 2SO_4^{2-}$$

锅炉水中亚硫酸钠含量越高，与氧反应越快，除氧效果越好。但含量太高，不仅增加药剂消耗，还增加了锅炉水的含盐量。按水质标准规定，一般锅炉水中 SO_3^{2-} 含量控制在 10～40mg/L。

亚硫酸钠的测定常采用碘量法。在酸性条件下，以淀粉溶液为指示剂，用碘酸钾-碘化钾标准溶液滴定亚硫酸钠。在酸性条件下，碘酸钾与碘化钾定量生成 I_2。

$$IO_3^- + 5I^- + 6H^+ \xlongequal{\quad} 3I_2 + 3H_2O$$

I_2 与 SO_3^{2-} 发生定量反应

$$I_2 + SO_3^{2-} + H_2O \xlongequal{\quad} 2I^- + SO_4^{2-} + 2H^+$$

滴定至蓝色出现为终点。SO_3^{2-} 与 IO_3^- 的定量关系为

$$n_{SO_3^{2-}} = \frac{1}{3} n_{IO_3^-}$$

2. 试剂

碘酸钾-碘化钾标准溶液(1mL 相当于 1mg 亚硫酸根)[9.27]；淀粉溶液(10g/L)[5.19]；盐酸(1+1)[1.1]。

3. 分析步骤

取 100mL 水样于 250mL 锥形瓶中，加 1mL 淀粉溶液和 1mL 盐酸(1+1)。摇匀后，用上述碘酸钾-碘化钾标准溶液滴定至微蓝色出现为终点，记录消耗碘酸钾-碘化钾标准

溶液的体积 V_1。同时取 100mL 去离子水，用相同操作方法做空白试验，消耗碘酸钾-碘化钾标准溶液的体积为 V_2。以质量浓度$\rho(SO_3^{2-})$表示水样中 SO_3^{2-} 的含量(mg/L)，用下式计算：

$$\rho(SO_3^{2-}) = \frac{(V_1 - V_2)\times 1.0}{V_s} \times 1000$$

式中，V_1 为水样消耗碘酸钾-碘化钾标准溶液的体积，mL；V_2 为空白消耗碘酸钾-碘化钾标准溶液的体积，mL；V_s 为水样的体积，mL；1.0 为碘酸钾-碘化钾标准溶液的滴定度，1mL 相当于 1.0mg SO_3^{2-}。

3.2.9　磷酸盐的测定

天然水中磷酸盐的含量较少，化肥、冶炼、合成洗涤剂等行业的工业废水及生活污水中常含有较大量的磷酸盐，工业用水中为防止生成水垢常加入一定量的磷酸盐。在锅炉水中维持一定浓度的 PO_4^{3-}，可防止生成 $CaSO_4$、$CaSiO_3$ 等水垢，而是形成 $Ca_3(PO_4)_2$ 水渣。如果 OH^-浓度较高，还可发生下列反应：

$$10Ca^{2+} + 6PO_4^{3-} + 2OH^- = Ca_{10}(OH)_2(PO_4)_6\downarrow\text{(碱性磷灰石)}$$

碱性磷灰石是一种分散性较好的水渣。加入磷酸盐除防止生成坚硬的 $CaSO_4$ 和 $CaSiO_3$ 水垢外，还能促使这些水垢疏松脱落，形成流动形的水渣，在金属表面形成一层保护膜，对防止锅炉腐蚀起到一定保护作用。由于磷酸钠价格较高，一般不单独使用，通常是用少量的磷酸盐与其他防垢药剂配成复合防垢剂。在锅炉水中控制一定的 PO_4^{3-} 浓度，主要是从经济角度考虑的。

1. 测定原理

测定水中 PO_4^{3-} 通常采用分光光度法，下面主要介绍磷钒钼黄分光光度法。在 0.6mol/L 酸度下，磷酸盐、钼酸盐和偏钒酸盐作用生成黄色的磷钒钼杂多酸。

$$2H_3PO_4 + 22(NH_4)_2MoO_4 + 2NH_4VO_3 + 23H_2SO_4 = \underset{\text{黄色}}{P_2O_5\cdot V_2O_5\cdot 22MoO_3} + 23(NH_4)_2SO_4 + 26H_2O$$

磷钒钼杂多酸的最大吸收波长为 355nm，使用可见分光光度计可在其测定波长的低限 400nm 左右测定。

2. 试剂

磷酸盐标准溶液[1mg(PO_4^{3-})/mL][10.13.2]；磷酸盐工作溶液[0.1mg(PO_4^{3-})/mL][10.13.2]；钼钒酸显色液[6.13]。

3. 分析步骤

(1) 工作曲线的绘制。分别取磷酸盐工作溶液 0 mL、1mL、2mL、3mL、4mL、5mL、6mL、7mL 于 8 个 50mL 容量瓶中，分别加入 5.00mL 钼钒酸显色液，用去离子水稀释至刻度，摇匀后放置 2min。用 2cm 比色皿，以试剂空白为参比，在 400nm 波长处用分光光度计分别测定吸光度 A。

以 PO_4^{3-} 的质量(mg)为横坐标、吸光度 A 为纵坐标，绘制工作曲线。

(2) 水样的测定。取适量水样于 50mL 容量瓶中，加入 5.00mL 钼钒酸显色液，用去离子水稀释至刻度，摇匀后放置 2min。以试剂空白为参比，按上面的分析步骤测出水样的吸光度 A_x。

从工作曲线中查出 A_x 对应的 PO_4^{3-} 质量 m_x，以质量浓度 $\rho(PO_4^{3-})$ 表示水样中 PO_4^{3-} 的含量(mg/L)，用下式计算：

$$\rho(PO_4^{3-}) = \frac{m_x}{V} \times 1000$$

式中，V 为所取水样的体积，mL。

3.3 废水及环境水样分析

工业生产排放的废水大多含有对人体或对环境有害的成分，需经过分析检验，符合一定的标准后才允许排放。不同厂矿排出的废水含有不同的污染物，需根据污染源确定检测项目。环境水样需检测的项目也很多，下面主要介绍几项经常测定或对人体有较大危害的成分的测定方法。

3.3.1 化学需氧量的测定

化学需氧量(COD)是指在一定条件下，用强氧化剂处理水样时所消耗氧化剂的量，以氧的量(mg/L)表示。水中还原性物质包括有机物和亚硝酸盐、亚铁盐、硫化物等，化学需氧量反映了水体被还原性物质污染的程度。水体被有机物污染是很普遍的现象，因此化学需氧量也作为有机物相对含量的指标之一。

水样的化学需氧量受加入氧化剂的种类及浓度、反应溶液的酸度、反应温度和时间，以及催化剂的有无影响而获得不同的结果，因此化学需氧量是一个条件性指标，必须严格按分析步骤进行。

对于工业废水，我国规定用重铬酸钾法测定，其测得值称为化学需氧量，用 COD_{Cr} 表示。

1. 测定原理

在强酸性溶液中，用一定量的重铬酸钾氧化水样中还原性物质，过量的重铬酸钾以试亚铁灵作指示剂，用硫酸亚铁铵标准溶液返滴定，根据其用量计算水样中还原性物质消耗氧的量。反应式如下：

$$Cr_2O_7^{2-} + 14H^+ + 6e^- = 2Cr^{3+} + 7H_2O$$

$$Cr_2O_7^{2-} + 14H^+ + 6Fe^{2+} \longrightarrow 6Fe^{3+} + 2Cr^{3+} + 7H_2O$$

2. 干扰及消除

酸性重铬酸钾的氧化性很强，可氧化大部分有机物。加入硫酸银作催化剂时，直链脂肪族有机化合物可完全被氧化，而芳香族有机化合物不易被氧化，吡啶不被氧化，挥发性直链脂肪族有机化合物、苯等有机物存在于蒸气相，不能与氧化剂液体接触，氧化不明显。氯离子能被重铬酸盐氧化，并且与硫酸银作用生成沉淀，影响测定结果，可在回流前向水样中加入硫酸汞，使其生成配合物以消除干扰。氯离子含量高于 2000mg/L 的样品应先进行定量稀释，使含量降低至 2000mg/L 以下再进行测定。

3. 方法的适用范围

用 0.25mol/L 重铬酸钾溶液可测定大于 50mg/L 的 COD 值。用 0.025mol/L 重铬酸钾溶液可测定 5～50mg/L 的 COD 值，但准确度较差。

4. 仪器

回流装置：带 250mL 锥形瓶的全玻璃回流装置见图 3-1(若取样量在 30mL 以上，采用 500mL 锥形瓶的全玻璃回流装置)。

加热装置：电热板或变阻电炉。

酸式滴定管。

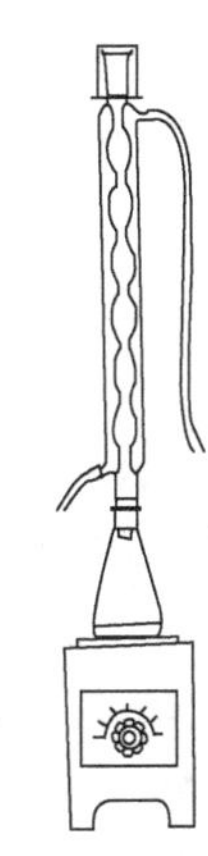

图 3-1 回流装置

5. 试剂

重铬酸钾标准溶液[$c(1/6K_2Cr_2O_7)$=0.2500mol/L][9.7]；试亚铁灵指示液[5.23]；硫酸亚铁铵标准溶液($c[(NH_4)_2Fe(SO_4)_2 \cdot 6H_2O] \approx 0.1$mol/L)[9.28]；硫酸-硫酸银溶液[3.40]；硫酸汞：晶体或粉末。

6. 分析步骤

(1) 取 20.00mL 混合均匀的水样(或适量水样稀释至 20.00mL)置于 250mL 磨口的回流锥形瓶中，准确加入 10.00mL 重铬酸钾标准溶液及数粒小玻璃珠或沸石，连接磨口回流冷凝管，从冷凝管上口慢慢加入 30mL 硫酸-硫酸银溶液，轻轻摇动锥形瓶使溶液混匀，加热回流 2h(自开始沸腾时计时)。

(2) 冷却后，用 90mL 水冲洗冷凝管壁，取下锥形瓶，溶液总体积不得少于 140mL，否则因酸度太大，滴定终点不明显。

(3) 溶液再度冷却后，加 3 滴试亚铁灵指示液，用硫酸亚铁铵标准溶液滴定，溶液的颜色由黄色经蓝绿色至红褐色即为终点，记录消耗硫酸亚铁铵标准溶液的体积 V_1。

(4) 测定水样的同时，以 20.00mL 重蒸馏水，按同样分析步骤做空白试验，记录滴定空白时消耗硫酸亚铁铵标准溶液的体积 V_0。

7. 计算

$$COD_{Cr}(O_2，mg/L)=\frac{(V_0-V_1)\times c\times M\left(\frac{1}{2}O\right)\times 1000}{V}$$

式中，c 为硫酸亚铁铵标准溶液的浓度，mol/L；V_0 为空白消耗硫酸亚铁铵标准溶液的体积，mL；V_1 为水样消耗硫酸亚铁铵标准溶液的体积，mL；V 为水样的体积，mL；M(1/2O)为氧(1/2O)的摩尔质量，8g/mol。

8. 注意事项

(1) 应根据具体废水样的化学需氧量确定取样量。对于化学需氧量高的废水样，可先取上述操作所需体积 1/10 的废水样和试剂置于 15mm×150mm 硬质玻璃试管中，摇匀，加热后观察溶液是否变成绿色，若溶液显绿色，再适当减少废水取样量，直至溶液不变绿色为止，从而确定废水样分析时应取用的体积。稀释时，所取废水样体积不得少于 5mL，如果化学需氧量很高，则废水样应多次稀释。

水样取用体积为 10.00～50.00mL，但试剂用量及浓度需按表 3-2 进行相应调整，也可得到满意的结果。

表 3-2 水样取用量和试剂用量

水样体积/mL	0.2500mol/L $K_2Cr_2O_7$ 溶液体积/mL	H_2SO_4-Ag_2SO_4 溶液体积/mL	$HgSO_4$ 质量/g	$(NH_4)_2Fe(SO_4)_2$ 浓度/(mol/L)	滴定前总体积/mL
10.0	5.0	15	0.2	0.050	70
20.0	10.0	30	0.4	0.100	140
30.0	15.0	45	0.6	0.150	210
40.0	20.0	60	0.8	0.200	280
50.0	25.0	75	1.0	0.250	350

对于化学需氧量小于 50mg/L 的水样，应改用 0.025mol/L 重铬酸钾标准溶液，返滴定时用 0.01mol/L 硫酸亚铁铵标准溶液滴定。

(2) 废水中氯离子含量超过 30mg/L 时，应先将 0.4g 硫酸汞加入回流锥形瓶中，再加 20.00mL 废水(或适量废水稀释至 20.00mL)摇匀，以下操作同上。

用 0.4g 硫酸汞配合氯离子的最高量可达 40mg，如取用 20.00mL 水样，即可配合氯离子浓度最高 2000mg/L 的水样。若氯离子浓度较低，也可少加硫酸汞，使硫酸汞：氯离子=10：1(质量比)。若出现少量氯化汞沉淀，并不影响测定。

(3) 水样加热回流后，溶液中重铬酸钾剩余量应为加入量的 1/5～4/5 为宜。

(4) 用邻苯二甲酸氢钾标准溶液检查试剂的质量和操作技术时，由于每克邻苯二甲酸氢钾的理论 COD_{Cr} 为 1.176g，所以溶解 0.4251g 邻苯二甲酸氢钾($HOOCC_6H_4COOK$)于重蒸馏水中，转入 1000mL 容量瓶，用重蒸馏水稀释至刻度，使其成为 500mg/L 的 COD_{Cr} 标准溶液，用时新配。

(5) COD_{Cr}的测定结果应保留三位有效数字。

(6) 每次实验时，应对硫酸亚铁铵标准溶液进行标定，室温较高时尤其应注意其浓度的变化。

3.3.2 挥发性酚类的测定

根据酚类能否与水蒸气一起蒸出，可将其分为挥发酚与不挥发酚，挥发酚多指沸点在 230℃以下的酚类，通常属一元酚。

酚类属高毒物质，人体摄入一定量时会出现急性中毒症状，长期饮用被酚污染的水，可引起头晕、出疹、瘙痒、贫血及各种神经系统症状。水中含低浓度(0.1～0.2mg/L)酚类时，可使生长鱼的鱼肉有异味；含高浓度(＞5mg/L)酚类时，则造成鱼类中毒死亡。含酚浓度高的废水也不宜用于农田灌溉，否则会使农作物枯死或减产。水中含微量酚类，在加氯消毒时，可产生特异的氯酚臭。

酚类的主要污染源是炼油、煤气洗涤、炼焦、造纸、合成氨、木材防腐和化工等工业废水。

酚类的分析方法较多，主要有滴定法、分光光度法、色谱法等。目前各国普遍采用的是 4-氨基安替比林光度法，这也是国际标准化组织颁布的测酚方法。高浓度含酚废水可采用溴化滴定法，此法尤其适用于车间排放口或未经处理的总排污口废水。

无论采用哪种测定方法，当水样中含有氧化剂、还原剂、油类及某些金属离子时，应设法除去并进行预蒸馏。

用玻璃仪器采集水样。水样采集后，应及时检查有无氧化剂存在，必要时加入过量的硫酸亚铁还原，并立即加磷酸酸化至 pH≈4.0。加入适量的硫酸铜(1g/L)以抑制微生物对酚类的生物氧化作用，同时应冷藏(5～10℃)保存，在采集后 24h 内进行测定。

1. 预蒸馏

1) 概述

水中挥发酚通过蒸馏后，可以消除颜色、浑浊等的干扰，但当水样中含氧化剂、油、硫化物等干扰物质时，应在蒸馏前先进行适当的预处理。

2) 干扰物质的排除

(1) 氧化剂(如游离氯)。当水样经酸化后滴于碘化钾淀粉试纸上出现蓝色时，说明存在氧化剂。此情况可加入过量的硫酸亚铁进行还原。

(2) 硫化物。水样中含少量硫化物时，用磷酸将水样 pH 调至 4.0(用甲基橙或 pH 计指示)，加入适量硫酸铜(1g/L)，使其生成硫化铜除去；当硫化物含量较高时，则应将用磷酸酸化的水样进行搅拌曝气，使其生成硫化氢逸出。

(3) 油类。将水样移入分液漏斗中，静置分离出浮油后，加粒状氢氧化钠调节 pH 为 12.0～12.5，用四氯化碳萃取(每升样品用 40mL 四氯化碳萃取两次)，弃去四氯化碳层，将萃取后的水样移入烧杯中，在通风橱中水浴加热以除去残留的四氯化碳，再用磷酸调节 pH 至 4.0。

(4) 甲醛、亚硫酸盐等有机或无机还原性物质。可分取适量水样于分液漏斗中，加硫酸溶液使其呈酸性，分次加入 50mL、30mL、30mL 乙醚或二氯甲烷萃取酚，合并乙醚或二氯甲烷层于另一分液漏斗中，分次加入 4mL、3mL、3mL 氢氧化钠溶液(100g/L)进行反萃取，使酚类转入氢氧化钠溶液中。合并碱萃取液，移入烧杯中，水浴加热以除去残余萃取溶剂，然后用水将碱萃取液稀释至原分取水样的体积。

同时以水做空白试验。

乙醚为低沸点、易燃和具有麻醉作用的有机溶剂，使用时应小心，周围应无明火，并在通风橱内操作。室温较高时，水样和乙醚宜先置于冰水浴中降温后，再进行萃取操作，每次萃取应尽快完成。

(5) 芳香胺类。芳香胺类也可与 4-氨基安替比林发生显色反应，使结果偏高，可在 pH＜0.5 的介质中蒸馏，以减小其干扰。

3) 仪器

500mL 全玻璃蒸馏器。

4) 试剂

实验用水应为无酚水。无酚水应储于玻璃瓶中，取用时应避免与橡胶制品(橡胶塞或乳胶管)接触。

无酚水的制备：于 1L 水中加入 0.2g 在 200℃活化 0.5h 的活性炭粉末，充分振摇后，放置过夜，用双层中速滤纸过滤；或者加氢氧化钠使水呈强碱性，并滴加高锰酸钾溶液至紫红色，移入蒸馏瓶中加热，蒸馏，收集馏出液备用。

硫酸铜溶液(100g/L)[3.8]；磷酸(1+9)[1.7]；甲基橙指示剂(0.5g/L)[5.3]。

5) 分析步骤

量取 250mL 水样置于蒸馏瓶中，加数粒小玻璃珠以防暴沸，再加 2 滴甲基橙指示剂，用磷酸(1+9)调节至 pH = 4(溶液呈橙红色)，加 5.0mL 硫酸铜溶液(若采样时已加过硫酸铜，则适量补加)。如果水样含有硫化物，则在加入硫酸铜溶液后会产生较多的黑色硫化铜沉淀，应摇匀后放置片刻，待沉淀后再滴加硫酸铜溶液，直至不再产生沉淀为止。

连接冷凝器，加热蒸馏，至馏出液约 225mL 时，停止加热，冷却至室温。向蒸馏瓶中加入 25mL 水，继续蒸馏至馏出液为 250mL 为止。

在蒸馏过程中，若发现甲基橙的红色褪去，应在蒸馏结束后再加 1 滴甲基橙指示剂。若发现蒸馏后残液不呈酸性，则应重新取样，增加磷酸加入量，进行蒸馏。

2. 4-氨基安替比林直接光度法测定

1) 测定原理

在铁氰化钾存在下，酚类化合物于 pH 10.0±0.2 介质中与 4-氨基安替比林反应，生成橙红色的吲哚酚安替比林染料，其最大吸收波长为 510nm，可用分光光度法进行定量测定。

显色反应受酚环上取代基的种类、位置、数目的影响，如羟基对位被烷基、芳基、酯基、硝基、苯酰基、亚硝基或醛基取代，而邻位未被取代时，不发生显色反应；但对位被卤素、羟基、磺酸基和甲氧基取代的酚类仍会发生显色反应；邻位硝基阻止反应发生，而间位硝基不完全阻止反应发生等。因此，本法测定的不是总酚，而仅仅是与 4-氨基安替比林发生显色反应的酚类，并以苯酚为标准，结果以苯酚的量表示。

2) 方法的适用范围

用 20mm 比色皿测量时，酚的最低检出浓度为 0.1mg/L。

3) 试剂

苯酚标准储备液[10.17.1]；苯酚标准中间液(0.010mg/mL)[10.17.2]；溴酸钾-溴化钾基准溶液[$c(1/6KBrO_3)$=0.1000mol/L][9.29]；碘酸钾基准溶液[$c(1/6KIO_3)$=0.01250mol/L][9.30]；硫代硫酸钠标准溶液[$c(Na_2S_2O_3)$≈0.025mol/L][9.31]；淀粉溶液(10g/L)[5.19]；缓冲溶液(pH≈10)[附表 4-1]；4-氨基安替比林溶液(20g/L)[6.14]；铁氰化钾溶液(80g/L)[6.15]。

4) 分析步骤

(1) 校准曲线的绘制。在一组 8 支 50mL 比色管中分别加入 0mL、0.50mL、1.00mL、3.00mL、5.00mL、7.00mL、10.00mL、12.50mL 苯酚标准中间液，加水至刻度，加 0.5mL 缓冲溶液，混匀，此时 pH 为 10.0±0.2，加 1.0mL 4-氨基安替比林溶液，混匀。再加 1.0mL 铁氰化钾溶液，充分混匀后，放置 10min，立即用 2cm 比色皿，以水为参比，于 510nm 波长处测量吸光度。经空白校正后，绘制吸光度对苯酚含量(mg)的校准曲线。

(2) 水样的测定。分取适量的馏出液放入 50mL 比色管中，稀释至刻度，用与绘制校准曲线相同步骤测定吸光度，最后减去空白试验所得吸光度。

(3) 空白试验。以水代替水样，经蒸馏后，按水样测定相同步骤进行测定，以其结果作为水样测定的空白校正值。

(4) 计算。以质量浓度ρ(挥发酚)表示挥发酚的含量(mg/L，以苯酚计)，用下式计算：

$$\rho(\text{挥发酚}) = \frac{m}{V} \times 1000$$

式中，m 为由水样的校正吸光度从校准曲线上查得苯酚的质量，mg；V 为移取馏出液的体积，mL。

若水样中挥发酚含量较高，可移取适量水样加水至 250mL 后再进行蒸馏。

3.3.3 铬的测定

铬化合物的常见价态有三价和六价。在水体中，六价铬一般以 CrO_4^{2-}、$HCrO_4^-$ 两种阴离子形式存在，受水体 pH、温度、有机物、氧化还原物质等因素的影响，三价铬和六价铬的化合物可以互相转化。

铬是生物体必需的微量元素之一。铬的毒性与其存在价态有关，通常认为六价铬的毒性比三价铬高 100 倍，而且六价铬更易被人体吸收并在体内蓄积。但即使是六价铬，不同化合物的毒性也不相同。三价铬化合物对鱼的毒性比六价铬大。当水中六价铬浓度为 1mg/L 时，水呈淡黄色并有涩味；三价铬浓度为 1mg/L 时，水的浊度明显增加。

铬的工业来源主要是含铬矿石的加工、金属表面处理、皮革鞣制、印染等行业的废水。铬是水质污染控制的一项重要指标。

六价铬的测定常采用二苯碳酰二肼分光光度法，总铬的测定可将水样中的三价铬用高锰酸钾氧化为六价铬后再用二苯碳酰二肼法测定，由总铬及六价铬的含量即可求得三价铬的含量。

1. 测定原理

在酸性介质中，六价铬与二苯碳酰二肼反应，生成紫红色化合物，其最大吸收波长为 540nm，摩尔吸光系数为 4×10^4L/(mol · cm)。

2. 干扰

含铁量大于 1mg/L 的水样显黄色，六价钼和汞也与显色剂反应生成有色化合物，但在本方法的显色酸度下反应不灵敏。钼和汞含量达 200mg/L 不干扰测定。钒有干扰，其含量高于 4mg/L 即干扰测定，但钒与显色剂反应后 10min 可自行褪色。

氧化性及还原性物质，如 ClO^-、Fe^{2+}、SO_3^{2-}、$S_2O_3^{2-}$ 等，以及水样有色或浑浊时，对测定均有干扰，须进行预处理。

3. 方法的适用范围

本方法适用于地面水和工业废水中六价铬的测定。当取样体积为 50mL，用 3cm 比色皿，方法的最小检出量为 0.2μg 铬。方法的最低检出浓度为 0.004mg/L，用 1cm 比色皿，测定上限浓度为 1mg/L。

4. 试剂

氢氧化钠溶液(2g/L)[2.9]；氢氧化锌共沉淀剂[8.21]；高锰酸钾溶液(40g/L)[3.23.1]；铬标准储备液(0.100mg/mL)[10.18]；铬标准溶液Ⅰ[10.18.1]；铬标准溶液Ⅱ[10.18.2]；尿素溶液(200g/L)[2.8]；亚硝酸钠溶液(20g/L)[3.41]；二苯碳酰二肼显色剂溶液Ⅰ(2g/L)[6.16]；二苯碳酰二肼显色剂溶液Ⅱ(10g/L)[6.17]。

5. 分析步骤

1) 样品的预处理

样品中不含悬浮物，低色度的清洁地面水可直接测定。

(1) 色度校正。若水样有色但不太深，则另取一份水样，在待测水样中加入各种试液进行同样操作时，以 2mL 丙酮代替显色剂，最后以此代替水作为参比，测定待测水样的吸光度。

(2) 锌盐沉淀分离法。对浑浊、色度较深的水样可用此法进行前处理：取适量水样(含六价铬少于 100μg)置于 150mL 烧杯中，加水至 50mL，滴加氢氧化钠溶液(20g/L)，调节溶液 pH 为 7～8。在不断搅拌下，滴加氢氧化锌共沉淀剂至溶液 pH 为 8～9。将此溶液转移至 100mL 容量瓶中，用水稀释至刻度，用慢速滤纸过滤，弃去 10～20mL 初滤液，取其中 50.0mL 滤液供测定。

(3) 二价铁、亚硫酸盐、硫代硫酸盐等还原性物质的消除。取适量水样(含六价铬少于 50μg)置于 50mL 比色管中，用水稀释至刻度。加 4mL 显色剂溶液Ⅱ，混匀，放置 5min 后，加入 1mL 硫酸(1+1)，摇匀。5～10min 后，用 1cm 或 3cm 比色皿，以水作参比，于 540nm 波长处测定吸光度。扣除空白试验吸光度后，从校准曲线上查得六价铬含量。用同法作校准曲线。

(4) 次氯酸盐等氧化性物质的消除。取适量水样(含六价铬少于 50μg)置于 50mL 比色管中，用水稀释至刻度。加入 0.5mL 硫酸(1+1)、0.5mL 磷酸(1+1)、1.0mL 尿素溶液，摇匀。逐滴加入 1mL 亚硝酸钠溶液，边加边摇，以除去过量的亚硝酸钠与尿素反应生成的气泡。待气泡除尽后，以下步骤同样品测定(免去加硫酸和磷酸)。

2) 样品的测定

取适量(含六价铬少于 50μg)无色透明水样或经预处理的水样，置于 50mL 比色管中，用水稀释至刻度。加入 0.5mL 硫酸(1+1)和 0.5mL 磷酸(1+1)，摇匀，加入 2mL 显色剂溶液Ⅰ，摇匀。5～10min 后，用 1cm 或 3cm 比色皿，以水作参比，于 540nm 波长处测定吸光度并做空白校正，从校准曲线上查得六价铬含量。

3) 校准曲线的绘制

在一系列 50mL 比色管中分别加入 0mL、0.20mL、0.50mL、1.00mL、2.00mL、4.00mL、6.00mL、8.00mL 和 10.00mL 铬标准溶液Ⅰ(若用锌盐沉淀分离法预处理，则应加倍吸取)，用水稀释至刻度，然后按照与水样相同的预处理和测定步骤操作。

测得的吸光度经空白校正后，绘制吸光度对六价铬含量的校准曲线。

6. 计算

以质量浓度ρ(Cr)表示铬含量(mg/L)，用下式计算：

$$\rho(\mathrm{Cr})=\frac{m}{V}$$

式中，m 为由校准曲线查得六价铬的质量，μg；V 为水样的体积，mL。

7. 注意事项

(1) 所有玻璃仪器(包括采样的)不能用重铬酸钾洗液洗涤，可用硝酸、硫酸混合液或洗涤剂洗涤。洗涤后要冲洗干净，要求玻璃仪器内壁光洁，防止铬被吸附。

(2) 铬标准溶液有两种浓度，其中每毫升含 5.00μg 六价铬的标准溶液适用于高含量水样的测定，测定时使用显色剂溶液Ⅱ和 1cm 比色皿。

(3) 六价铬与二苯碳酸酰二肼反应时，显色酸度一般控制在 0.05～0.3mol/L ($1/2H_2SO_4$)，以 0.2mol/L 时显色最好，显色前，水样应调节至中性。显色时，温度和放置时间对显色有影响，温度为 15℃时，5～15min 后，颜色即可稳定。

(4) 若测定清洁的地面水，显色剂可按下法配制：溶解 0.20g 二苯碳酰二肼于 100mL 乙醇(95%)中，边搅拌边加入 400mL 硫酸(1+9)，存放于冰箱中，可使用一个月。显色时直接加入 2.5mL 此显色剂即可，不必再加酸。加入显色剂后要立即摇匀，因为六价铬可能被乙醇还原。

(5) 水样经锌盐沉淀分离法预处理后，若仍含有有机物干扰测定，可用酸性高锰酸钾氧化法破坏有机物后再测定。取 50.0mL 滤液置于 150mL 锥形瓶中，加入几粒玻璃珠，加入 0.5mL 硫酸(1+1)、0.5mL 磷酸(1+1)，摇匀，加入 2 滴高锰酸钾溶液(40g/L)，若紫红色消退，则应添加高锰酸钾溶液保持紫红色，加热煮沸至溶液体积约剩 20mL。取下稍冷，用定量中速滤纸过滤，用水洗涤数次，合并滤液和洗液至 50mL 比色管中，加入 1mL 尿素溶液，摇匀。用滴管滴加亚硝酸钠溶液，每加一滴充分摇匀，至高锰酸钾的紫红色刚好褪去，稍停片刻，待溶液内气泡逸出，用水稀释至刻度，直接加入显色剂后测定。

3.3.4 汞的测定

汞及其化合物属于剧毒物质，可在体内蓄积，进入水体的无机汞离子可转变为毒性更大的有机汞，由食物链进入人体，引起全身中毒。天然水中含汞极少，一般不超过 0.1μg/L。仪表厂、食盐电解、贵金属冶炼、军工等工业废水中可能存在汞。

汞的测定常使用冷原子吸收法和冷原子荧光法，这是测定汞的特异方法，干扰因素少，灵敏度较高，也常使用二硫腙分光光度法测定汞。二硫腙分光光度法是测定多种金属离子的通用方法，若能掩蔽干扰离子并严格控制反应条件，也能得到满意的结果。

1. 测定原理

95℃下，在酸性介质中用高锰酸钾和过硫酸钾将试样消解，将所含汞全部转化为二价汞。

用盐酸羟胺将过剩的氧化剂还原，在酸性条件下，汞离子与二硫腙生成橙红色螯合物，用有机溶剂萃取，再用碱溶液洗去过剩的二硫腙，于 485nm 处测定吸光度，用标准曲线法进行定量测定。

2. 干扰及消除

在酸性条件下测定，常见干扰物主要是铜离子，可在二硫腙洗脱液中加入 10g/L EDTA 进行掩蔽。

3. 方法的适用范围

取 250mL 水样测定，汞的最低检出浓度为 2μg/L，测定上限浓度为 40μg/L。本法适用于生活污水、工业废水和受汞污染的地面水的监测。

4. 试剂

三氯甲烷：重蒸馏，100mL 中加入 1mL 优级纯无水乙醇作保存剂。

高锰酸钾溶液(50g/L)[3.23.2]；过硫酸钾溶液(50g/L)[3.42]；盐酸羟胺溶液(100g/L)[3.43]；亚硫酸钠溶液(200g/L)[3.44]；二硫腙三氯甲烷溶液(2g/L)[6.18]；二硫腙三氯甲烷使用液[6.19]；二硫腙洗脱液[6.20]；酸性重铬酸钾溶液(4g/L)[3.46]；汞标准溶液(1.00μg/mL)[10.19.2]。

5. 分析步骤

1) 试样制备

向加有高锰酸钾的全部样品中加入盐酸羟胺溶液(100g/L)，使所有二氧化锰完全溶解，然后立即取所需份数试样，每份 250mL，取时应仔细，以得到具有代表性的试样。若样品中含汞或有机物的浓度较高，试样体积可以减小(含汞不超过 10μg)，用水稀释至250mL。

将试样放入 500mL 具磨口塞锥形瓶，小心地加入 10mL 硫酸和 2.5mL 硝酸，每次加后均混匀。加入 15mL 高锰酸钾溶液，若不能在 15min 内维持深紫色，则混合后再加 15mL 以使颜色持久，然后加 8mL 过硫酸钾溶液并在水浴上加热 2h，温度控制在 95℃，冷却至约 40℃[含悬浮物和(或)有机物较少的水，可将加热时间缩短为 1h；不含悬浮物的较清洁水，加热时间可缩短为 30min]。

逐滴加入盐酸羟胺溶液还原过剩的氧化剂，直至溶液的颜色刚好消失且所有锰的氧化物都溶解为止，开塞放置 5～10min。将溶液转移至 500mL 分液漏斗中，用少量水洗锥形瓶两次，一并移入分液漏斗中。

如果加入 30mL 高锰酸钾溶液还不足以使颜色持久，则需要减小试样体积或考虑改用其他消解方法。在这种情况下，本法不再适用。

空白试样。按上述规定制备空白试样，用水代替试样，并加入相同体积的试剂。应将采样时加的试剂量考虑在内。

2) 校准曲线

取 6 个 500mL 分液漏斗，分别加入临用前配制的汞标准溶液 0mL、0.50mL、1.0mL、2.50mL、5.00mL 和 10.00mL，加水至 250mL。然后完全按照下述测量试样的步骤，立即对其逐一进行测量。

最后分别对测量的各吸光度做空白校正，根据相应的汞含量绘制校准曲线。

3) 测量

分别向各份试样或空白试样中加入 1mL 亚硫酸钠溶液(200g/L)，混匀后再加入 10.0mL 二硫腙三氯甲烷使用液，缓缓旋摇并放气，再密塞振摇 1min，静置分层。

将有机相转入已盛有 20mL 二硫腙洗脱液的 60mL 分液漏斗中，振摇 1min，静置分层。必要时再重复洗涤 1～2 次，直至有机相不显绿色。

用滤纸条吸去分液漏斗放液管内的水珠，塞入少许脱脂棉，将有机相放入 2cm 比色皿中，以三氯甲烷作参比，在 485nm 波长处测吸光度。

用试样的吸光度减去空白试样的吸光度后，从校准曲线上查得汞含量。

当在接近检出限的浓度进行测定时，必须控制空白试样的吸光度不超过 0.01，否则要检查所用纯水、试剂和器皿等，换掉含汞量太高的试剂和(或)水并重新配制，或将沾污严重的器皿重新处理。

6. 计算

以质量浓度ρ(Hg)表示汞含量(μg/L)，用下式计算：

$$\rho(\mathrm{Hg})=\frac{m}{V}\times 1000$$

式中，m 为试样测得汞的质量，μg；V 为测定用试样的体积，mL。

如果考虑采样时加入的试剂体积，则应按下式计算：

$$\rho(\mathrm{Hg})=\frac{m\times 1000}{V_0}\times\frac{V_1+V_2+V_3}{V_1}$$

式中，m 为试样测得汞的质量，μg；V_0 为测定用试样的体积，mL；V_1 为采集水样的体积，mL；V_2 为水样加硝酸的体积，mL；V_3 为水样加高锰酸钾溶液的体积，mL。

7. 注意事项

(1) 三氯甲烷在储存过程中常生成光气，它会使二硫腙生成氧化产物，不仅失去与汞螯合的功能，还溶于三氧甲烷(不能被二硫腙洗脱液除去)显橙黄色，用分光光度计测量时有一定吸光度。故所用三氯甲烷应进行重蒸馏精制，加乙醇作保存剂，装满经过处理并干燥的棕色细口瓶中(少留空间)，避光、避热、密闭保存。

(2) 用盐酸羟胺还原样品中的高锰酸钾时，二氧化锰沉淀溶解，使所吸附的汞返回溶液中，以便均匀取出试样。消解后也按上述同样操作。注意在此操作中，所加盐酸羟胺勿过量，并且立即继续后面的操作，切勿长时放置，以防在还原状态下汞挥发损失。

(3) 二硫腙汞对光敏感，因此要避光或在半暗室内操作，或加乙酸防止二硫腙汞见光分解。有资料报道“采用不纯的二硫腙时，二硫腙汞分解得很快，而采用纯的二硫腙时，二硫腙汞可在室内光线下稳定数小时以上”。因此，二硫腙的纯化对提高二硫腙汞的稳定性及分析准确度是很重要的。

(4) 二硫腙洗脱液有用氨水配制的，这是为了去除铜的干扰，但氨水的挥发性大，微溶于有机相而容易出现“氨雾”，影响吸光度测量。改用含 10g/L EDTA 的 0.2mol/L 氢氧化钠溶液作为二硫腙洗脱液，就不会出现上述现象。但应注意，必须使用含汞量极少的优级纯氢氧化钠。

(5) 分液漏斗的活塞若涂抹凡士林防漏，因凡士林溶于三氯甲烷会引入正误差，可改为直接在具磨口塞锥形瓶中振摇萃取(先缓缓旋摇并多次启塞放气，再密塞振摇)后，倾去大部分水，转移入具塞比色管内分层，用抽气泵吸出水相，以后洗脱过剩二硫腙的操作也可很方便地同样在比色管中进行。实践证明，这样操作不仅省时、省力，还减少了用分液漏斗反复转移溶液而引入的误差，使精密度和准确度都得到提高。

(6) 由于汞有剧毒，二硫腙汞的三氯甲烷溶液切勿丢弃，可加入硫酸处理以破坏有色物，并与其他杂质一起随水相分离后，用氧化钙中和残存于三氯甲烷中的硫酸并去除水分，将三氯甲烷重蒸回收，可反复利用。含汞废液可加入氢氧化钠溶液中和至呈微碱性，再于搅拌下加入硫化钠溶液至氢氧化物完全沉淀为止，沉淀物予以回收或进行其他处理。

(7) 所有玻璃器皿在两次操作之间不应使其干燥，而应充满硝酸溶液(0.8mol/L)，临用前倾出硝酸溶液，再用无汞去离子水冲洗干净。

第一次使用的玻璃器皿应预先进行下述处理：用硝酸(1+1)浸泡过夜，使用前以 4 份体积硫酸加 1 份体积高锰酸钾溶液(50g/L)的混合液清洗，再用盐酸羟胺溶液(100g/L)洗除所有沉积的二氧化锰，最后用无汞去离子水冲洗数次。

3.3.5 铅的测定

铅(Pb)是可在人体和动物组织中积蓄的有毒金属，其主要毒性效应是导致贫血、神经机能失调和肾损伤。铅对水生生物的安全浓度为 0.16mg/L。用含铅 0.1mg/L 以上的水灌溉水稻和小麦时，作物中含铅量明显增加。

铅的主要污染源是蓄电池、冶炼、五金、机械、涂料和电镀工业等的排放废水。

铅的测定可使用原子吸收法和二硫腙分光光度法，也可用电化学分析法，下面主要介绍二硫腙分光光度法。

1. 测定原理

在 pH 为 8.5～9.5 的氨性柠檬酸盐-氰化物的还原性介质中，铅与二硫腙形成淡红色的二硫腙铅螯合物，用三氯甲烷(或四氯化碳)萃取后可于最大吸收波长 510nm 处测量，铅-二硫腙螯合物的摩尔吸光系数为 6.7×10^4L/(mol · cm)。

2. 干扰及消除

当 pH 为 8～9 时，干扰铅萃取测定的元素有铋(Ⅲ)、锡(Ⅱ)和铊，但铊很少遇到，可不必考虑，而铋和锡经常存在，应特别注意。一般是在 pH 2～3 时，先用二硫腙三氯甲烷萃取除去，同时被萃取除去的干扰离子还有铜、汞、银等离子。然后在 pH 8.5～9.5 的柠檬酸盐-氰化钾-盐酸羟胺还原性溶液中，以二硫腙-三氯甲烷萃取铅。加入盐酸羟胺的目的是还原一些氧化性物质，如三价铁和可能存在的其他氧化性物质，防止二硫腙被氧化。氰化钾可掩蔽铜、锌、镍、钴等多种金属离子的干扰。柠檬酸盐是含有一个羟基的三元羧酸盐，在广泛的 pH 范围内具有较强配位能力的掩蔽剂，它的主要作用是配合钙、镁、铝、铬、铁等阳离子，防止在碱性溶液中形成这些金属的氢氧化物沉淀。

本法测定 0～75μg 铅时，有 100μg 下列各离子存在干扰：银、汞、铋、铜、砷、锑、锡、铁、铬、镍、钴、锰、锌、钙、锶、钡、镁等。

3. 方法的适用范围

当使用 1cm 比色皿、试样体积为 100mL，用 10mL 二硫腙三氯甲烷溶液萃取时，铅的最低检出浓度可达 0.01mg/L，测定上限浓度为 0.3mg/L。本法适用于测定地表水和废水中痕量铅。

4. 试剂

配制试液应使用不含铅的去离子水。

柠檬酸盐-氰化钾还原性溶液[3.47]；亚硫酸钠溶液(50g/L)[3.45]；碘溶液

(0.05mol/L)[3.48]；铅标准储备液[10.20]；铅标准溶液(2.0μg/mL)[10.20]；二硫腙储备液[6.21]；二硫腙工作溶液[6.22]；二硫腙专用溶液[6.23]。

5. 分析步骤

1) 样品预处理

除非证明水样的消化处理是不必要的，否则要按下述两种情况进行预处理。

(1) 比较浑浊的地面水，每 100mL 水样加入 1mL 硝酸，置于电热板上微沸，消解 10min，冷却后用快速滤纸过滤，滤纸用硝酸溶液(2mol/L)洗涤数次，然后用此酸稀释至一定体积，供测定用。

(2) 含悬浮物和有机物较多的地面水或废水，每 100mL 水样加入 5mL 硝酸，置于电热板上加热，消解到 10mL 左右，稍冷却，再加入 5mL 硝酸和 2mL 高氯酸，继续加热消解，蒸至近干。冷却后用硝酸溶液(2mol/L)温热溶解残渣，冷却后用快速滤纸过滤，滤纸用硝酸溶液(2mol/L)洗涤数次，滤液用此硝酸稀释定容后，供测定用。每分析一批试样，要平行做两个空白试验。

2) 样品测定

(1) 显色萃取。向置于 250mL 分液漏斗中的试样(含铅量不超过 30μg，最大体积不大于 100mL)加入 10mL 硝酸溶液(2mol/L)、50mL 柠檬酸盐-氰化钾还原性溶液，塞紧后，剧烈摇动分液漏斗 30s，静置分层。

(2) 测量。在分液漏斗的颈管内塞入一小团无铅脱脂棉，然后放出下层有机相，弃去 1～2mL 三氯甲烷层后，再注入 1cm 比色皿中。以三氯甲烷为参比，在 510nm 处测量萃取液的吸光度，扣除空白试验吸光度，从校准曲线上查出铅的质量。

(3) 空白试验。取无铅水代替试样，其他试剂用量均相同，按上述步骤进行处理。

3) 校准曲线的绘制

向一系列 250mL 分液漏斗中分别加入铅标准溶液 0mL、0.50mL、1.00mL、2.50mL、5.00mL、7.50mL、10.00mL、12.50mL、15.00mL，补加适量无铅去离子水至 100mL，然后按样品测定步骤进行显色和测量。

6. 计算

以质量浓度ρ(Pb)表示铅含量(mg/L)，用下式计算：

$$\rho(\mathrm{Pb})=\frac{m}{V}$$

式中，m 为从校准曲线上查得铅的质量，μg；V 为水样的体积，mL。

7. 注意事项

(1) 本法的关键在于所用的器皿、试剂及去离子水是否含痕量铅，因此在进行实验测定之前，应先用稀硝酸浸泡所用器皿，包括采样容器和玻璃仪器，然后用无铅水冲洗干净。

(2) 三氯甲烷放置过久，受光和空气作用易产生氧化物质而使二硫腙被氧化，故应检查三氯甲烷的质量，不合格的应重蒸馏提纯。

(3) 调节酸度时可用甲基百里酚蓝(1g/L)作指示剂(当 pH 为 1.2～2.8，其变色区由红色变成黄色；当 pH 为 8.0～9.6，由黄色变成蓝色)。

8. 干扰的检查和消除方法

过量干扰物的消除。铋、锡和铊的二硫腙盐与二硫腙铅的最大吸收波长不同，在 510nm 和 465nm 分别测量试样的吸光度，可以检查上述干扰是否存在。从每个波长位置的试样吸光度中扣除同一波长位置空白试验的吸光度，得出试样吸光度的校正值，计算 510nm 吸光度校正值与 465nm 吸光度校正值的比值。此比值对二硫腙铅盐为 2.08，对二硫腙铋盐为 1.07。如果比值明显小于 2.08，即表明存在干扰，此时需要另取 100mL 试样并按以下步骤处理：对未经消化处理的试样，加入 5mL 亚硫酸钠溶液(50g/L)，以还原残留的碘(采样时加入碘溶液是为避免挥发性有机铅化合物在水样消化处理过程中损失)。必要时在酸度计上用硝酸(1+4)或氨水(1+99)将试样的 pH 调至 2.5，将试样转入 250mL 分液漏斗中，每次用 10mL 二硫腙专用溶液(1g/L)萃取，至少萃取三次，或者萃取到三氯甲烷层呈绿色不变，然后每次用 20mL 三氯甲烷萃取，以除去二硫腙(绿色消失)。水相供测定用。

3.3.6 镉的测定

镉不是人体的必需元素。镉的毒性很大，可有选择地在人体的肝、肾等器官内积蓄，引起泌尿系统的功能变化等疾病，还可导致骨质疏松和软化。用含镉 0.04mg/L 的水进行农田灌溉时，土地和作物会受到明显的污染。

镉污染主要来源于电镀、采矿、冶炼、染料、电池和化学工业等排放的废水。我国《污水综合排放标准》(GB 8978—1996)规定，工业废水中总镉的最高允许排放浓度为 0.1mg/L。

工业废水中镉的测定方法有原子吸收分光光度法、二硫腙分光光度法、阳极溶出伏安法和示波极谱法等。下面主要介绍原子吸收分光光度法。

1. 测定原理

水样用硝酸、高氯酸硝解，在磷酸(1+4)介质中，用甲基异丁基甲酮(MIBK)萃取试液中的配阴离子 CdI_4^{2-} 。将有机相喷入空气-乙炔火焰，借火焰中镉的原子蒸气对镉空心阴极灯辐射出的特征谱线的吸收进行测定。

采用萃取分离的方法，可消除基体对测定的影响。在萃取条件下，银、铜、铅也被完全萃取，但不会影响镉的测定。

高氯酸的存在会影响测定，应将其除尽。

若试液中存在其他配合剂能与镉离子形成更稳定的配合物，必须在测定前将其氧化。

本法适用于工业废水中 1～50μg/L 镉的测定。

2. 仪器和试剂

原子吸收分光光度计及镉空心阴极灯。分析线波长 228.8nm，参考工作条件为：灯电流 2.0mA，光谱通带 0.4nm，燃烧器高 7mm，空气流量 7.0L/min，乙炔流量 0.8L/min。

碘化钾溶液(1mol/L)[3.49]；水饱和的甲基异丁基甲酮[8.22]；抗坏血酸溶液(50g/L)[7.3]；镉标准储备液(1.00mg/mL)[10.21]；镉标准溶液(10.00μg/mL)[10.21]。

3. 分析步骤

(1) 标准曲线的绘制。吸取 0.00mL、0.50mL、1.00mL、2.00mL、5.00mL、10.00mL 镉标准溶液，分别放入 125mL 分液漏斗中，加水稀释至 50mL。分别加入 10mL 磷酸、10mL 碘化钾溶液，摇匀。分别准确加入 10mL 甲基异丁基甲酮，摇动 2min，静置分层后弃去水相，有机相转入 10mL 干烧杯中。在选定的仪器工作条件下，用水饱和的甲基异丁基甲酮调零，分别测定吸光度。用经空白校正的各标准溶液吸光度对镉含量绘制标准曲线。

(2) 试样的测定。取 100mL 水样放入 200mL 烧杯中，加入 5mL 硝酸，在电热板上加热消解(不要沸腾)。蒸至 10mL 左右，加入 5mL 硝酸和 2mL 高氯酸继续加热消解，直至 1mL 左右。取下冷却，加水溶解残渣，用预先酸洗过的中速滤纸滤入 100mL 容量瓶中，用水稀释至刻度，摇匀。准确吸取 50.00mL 上述试液，按标准曲线绘制的步骤进行萃取和测量。测得试样吸光度经空白校正后，在标准曲线上查出镉的质量，以质量浓度ρ(Cd)表示镉含量(mg/L)，用下式计算：

$$\rho(\mathrm{Cd}) = \frac{m}{V}$$

式中，m 为从标准曲线上查得镉的质量，μg；V 为分取废水样的体积，mL。

3.3.7 氟化物的测定

氟广泛存在于自然水体中，人体各组织都含有氟，但主要积聚在牙齿和骨骼中。适量的氟是人体必需的，过量的氟对人体有危害。饮用水中含氟的适宜浓度为 0.5～1.0mg/L。

有色冶金、钢铁和铝加工、焦炭、玻璃、陶瓷、电子、电镀、化肥、农药厂的废水是导致氟污染的主要来源。我国《污水综合排放标准》(GB 8978—1996)规定，工业废水中氟化物的最高允许排放浓度为 10mg/L(一级标准)。

工业废水中氟化物的测定方法主要有氟离子选择电极法、氟试剂分光光度法、茜素磺酸锆分光光度法和硝酸钍滴定法。氟离子选择电极法测定工业废水中氟化物不受试液浑浊、有颜色的影响，选择性好、适用范围广，是国家标准方法，下面主要介绍这种方法。

1. 测定原理

以氟电极为指示电极、饱和甘汞电极为参比电极，与待测试液组成原电池。电池的电动势(E)随溶液中氟离子活度的变化而改变，并服从能斯特方程，即

$$E = K - \frac{2.303RT}{F}\lg a(\mathrm{F^-})$$

式中，K 为常数，其数值取决于薄膜、内参比溶液及内、外参比电极的电极电位，V；F 为法拉第常量；R 为摩尔气体常量；T 为热力学温度，K。

如果使试液的离子强度保持不变，即活度系数为常数，则上式中的氟离子活度 $a(\mathrm{F^-})$可用其浓度 $c(\mathrm{F^-})$代替，即

$$E = K' - \frac{2.303RT}{F}\lg c(\mathrm{F^-})$$

式中，K' 为常数。因此，可在一定条件下测量原电池电动势 E，进行氟化物的测定。

2. 干扰及消除

某些高价阳离子[如 Fe^{3+}、Al^{3+}和 Ti(Ⅳ)]及氢离子能与氟离子配位产生干扰，可加入柠檬酸钠等掩蔽剂并调节溶液 pH 消除。在碱性溶液中氢氧根离子浓度大于氟离子浓度的 1/10 时影响测定。测定的最佳酸度为 pH 5～8。

氟电极对氟硼酸离子(BF_4^-)不响应，若水样中含有氟硼酸盐，应预先进行蒸馏。

通常，加入总离子强度调节缓冲溶液，保持溶液的总离子强度和适当的 pH 并配位掩蔽干扰离子，就可以直接进行测定。

3. 方法的适用范围

本法适用于测定地面水、地下水和工业废水中的氟化物。方法的最低检出浓度为 0.05mg/L 氟化物(以 F^-计)，测定上限浓度为 1900 mg/L 氟化物。

4. 仪器和试剂

数字离子计、毫伏计或酸度计，氟电极、饱和甘汞电极。

氟标准溶液(100.0μg/mL)[10.11]；氟标准溶液(10.0μg/mL)[10.11]；溴甲酚绿溶液(1g/L)[5.7]；总离子强度调节缓冲溶液(TISAB)[4.12]。

5. 分析步骤

(1) 标准曲线的绘制。吸取 1.00mL、3.00mL、5.00mL、10.00mL、20.00mL 氟标准溶液，分别置于 50mL 容量瓶中，加入 10mL 总离子强度调节缓冲溶液，用水稀释至刻度，摇匀。分别转入 100mL 聚乙烯烧杯中，各放入一个塑料搅拌子，从低浓度到高浓度依次插入电极，连续搅拌溶液至电位平衡，测量电位值 E。在半对数坐标纸上绘制 E(mV)-lgρ(F^-)(μg/mL)标准曲线。

(2) 试样的测定。吸取适量废水于 50mL 容量瓶中，用乙酸钠溶液(150g/L)和盐酸溶

液(2mol/L)调节至近中性，加入 10mL 总离子强度调节缓冲溶液，用水稀释至刻度，摇匀。将其转入 100mL 聚乙烯烧杯中，按标准曲线绘制的步骤测量，同时做试剂空白。由试样电位值和空白电位值在标准曲线上分别查出氟化物的质量(μg)，用下式计算：

$$\rho(F^-) = \frac{m - m_0}{V}$$

式中，m 为由标准曲线查得试样的氟化物的质量，μg；m_0 为由标准曲线查得空白的氟化物的质量，μg；V 为分取水样的体积，mL。

调节废水酸度时，若废水无色或色浅，可加 1 滴溴甲酚绿溶液，调节溶液由黄色变成绿色；若废水颜色太深，可另取一份试样在酸度计上调节溶液 pH 至 6.0，然后对照调节待测试样的酸度。

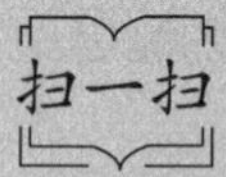

知识拓展　从“废水危机”到“智慧水务”：论工业废水分析的重要性

习　题

1. 水质分析的特点是什么？污水采样应注意哪些问题？如何才能获得具有代表性的试样？

2. 溶解氧与化学耗氧量的测定原理是什么？测定中干扰元素有哪些？如何消除干扰？需注意哪些问题才能得到可靠的结果？

3. 水体中的铬有什么危害？比色法测定原理是什么？干扰元素有哪些？应如何消除干扰？

4. 什么是挥发酚？可用哪些方法测定它的含量？

5. 4-氨基安替比林比色法测定挥发酚的原理是什么？有什么干扰元素？应如何消除干扰？反应条件如何？

6. 要配制酚的标准工作溶液 500mL，使每毫升含酚量为 0.010mg，应如何配制？

7. 汞的测定原理是什么？干扰元素有哪些？应如何消除干扰？

第4章 煤质分析

4.1 概　　述

4.1.1 煤的组成和分类

1. 煤的组成

煤是一种自然矿物，是由古代的植物演化而来的。煤包含多种元素，由可燃物和不可燃物两部分组成。可燃物主要包括有机质和少量矿物质，不可燃物包括水和大部分矿物质，如碱金属、碱土金属、铁、铝等的盐类。另外，煤还含有一些稀有的元素，称为伴生元素，有些含量还比较高，具有工业提取的经济价值。

煤燃烧时放出热量，其中以有机质中的碳、氢放出热量最多，硫燃烧时虽然放热，但生成的二氧化硫污染环境，腐蚀燃烧炉。硫、磷是煤中的有害杂质，硫、磷含量高的煤不能用于冶金业炼焦。水不但不能燃烧放热，在其转化为水蒸气时还要消耗大量的热。矿物质不能燃烧，煤燃烧后其转化为灰分。因此，水和矿物质含量越高，煤的可燃物含量越低，越影响煤的发热量。

煤的元素组分是指组成煤的有机质的一些主要元素，即碳、氢、氧、氮、硫 5 种元素。碳元素是组成煤大分子的骨架，其含量在各元素中最高，一般大于 70%。随着煤化程度的不断增高，煤中碳元素的含量也越高，如某些超无烟煤，碳含量可超过 97%。氢元素是煤中第二种重要的组成元素，它在煤中的含量一般为 1%～6%，越是年轻的煤，其含量越高。氧元素是组成煤有机质的非常重要的元素，越是年轻的煤，氧元素的比例越大，发热量常随氧元素含量的增高而降低，其含量从 1%～30%均有。氮元素在煤中的含量较少，一般为 0.5%～3%。硫元素也是组成煤有机质的一种常见元素，它在煤中含量的多少与煤化程度的高低无明显关系，其含量从最低的 0.1%到最高的 10%均有。

煤的元素组分的不同，不仅能反映煤化程度，而且直接表征出煤性质的不同，如碳含量低、氧含量高的煤多是黏结性很差或没有黏结性的年轻煤，碳含量高、氧含量低的煤则常是一些无黏结性的年老煤，只有碳含量为 84%～88%、氢含量在 5%以上的中等变质程度的煤才是结焦性较好的炼焦用煤。此外，煤的元素组分还是煤炭分类的参考指标。例如，无烟煤的各组分含量如表 4-1 所示。

表 4-1　无烟煤的各组分含量

煤类＼元素	C_{daf}	H_{daf}	O_{daf}	N_{daf}
年轻无烟煤	90～94	3.4～4.0	1.0～3.3	0.8～1.8

续表

煤类＼元素	C_{daf}	H_{daf}	O_{daf}	N_{daf}
典型无烟煤	92～95	1.9～3.2	0.8～2.4	0.5～1.5
年老无烟煤	94.5～98	0.5～2.3	0.4～2.5	0.3～1.4

2. 煤的分类

煤的种类繁多，质量也相差悬殊，不同类型的煤有不同的用途。例如，结焦性好或黏结性好的煤是优质的炼焦用煤，热稳定性好的无烟块煤是合成氨厂的主要原料，挥发分和发热量都高的煤是较好的动力用煤，一些低灰、低硫的年轻煤则是加压气化制造煤气和加氢液化制取人造液体燃料的较好原料。

为了合理并综合利用煤炭资源，使其发挥最大的效能，需要将煤炭划分为不同的类别。煤的分类方法有几种：按成煤的原始植物进行分类，称为煤的成因分类；按煤的工业使用方法进行分类，称为煤的工业分类或商业分类；按煤的组分结构进行分类，称为煤的科学分类，等等。

我国的煤分类法是以炼焦用煤为主的工业分类法，新的煤分类国家标准将我国的煤从褐煤到无烟煤共划分为 14 个大类和 17 个小类。其中，无烟煤分为 3 个小类，即年老无烟煤、典型无烟煤、年轻无烟煤，主要是按照各小类工艺利用特性不同而划分的。褐煤分为 2 个小类，年老褐煤和年轻褐煤，也是根据其性质和利用特性不同而划分的。烟煤共分为贫煤、贫瘦煤、瘦煤、焦煤、肥煤、气肥煤、气煤、1/3 焦煤、1/2 中黏煤、弱黏煤、不黏煤和长焰煤共 12 个小类。

3. 工业用煤的要求

煤炭的主要用途是燃烧、炼焦和造气等，也可作为化工原料。从长远来看，以煤为原料制造人造液体燃料是发展方向。除作为动力燃料时可以使用任何煤种外，炼焦、气化、液化、作化工原料等对煤质都有一定的要求。

例如，对于炼焦用煤，通常所说的炼焦是指用有结焦性的烟煤在外热式炼焦炉中炼制出可供高炉炼铁等使用的焦炭。炼焦时往往采用多种煤质配合使用，为了得到强度高，灰分、硫分低的优质冶金用焦，对炼焦用煤有以下要求：

(1) 有较强的结焦性或黏结性。

由于炼焦时几乎很少用单种煤为原料，因此在用多种煤配合炼焦时，只要有一半以上是强结焦性或强黏结性煤即可，其余可用结焦性较弱的炼焦煤。

(2) 煤的灰分低。

当炼焦的灰分增高时，不但会使炼出的焦炭灰分高，影响焦炭强度，而且在高炉炼铁时会增高焦比，降低生铁的产量，增加炉渣的排出量。因此，在条件允许时，炼焦用煤的灰分越低越好。一般配合煤的灰分以不超过 10%为宜，其中对强黏结性的肥煤和焦煤的灰分可放宽到 12%左右，气煤的灰分以小于 9%为宜。此外，无论原煤的灰分多低，作为炼焦使用时都应该进行洗选。因为洗选后的精煤不只是降低了灰分，还能脱除大部分丝炭和半丝炭等不黏结的惰性组分，从而使黏结成分镜煤和亮煤等得到富集，炼焦煤的黏结性也就更高。

(3) 煤的硫分低。

炼焦煤中的硫分有 80%左右将进入焦炭，而焦炭中的硫分在高炉炼铁时将进入生铁，用高硫生铁炼出的钢具有热脆性，即这种钢材受热后易发生脆裂现象，可见硫分是十分有害的。炼焦用煤配煤后的硫分最高不应超过 1.2%。当然，硫分是越低越好。特别是在冶炼磁钒钛铁矿时，为了降低炉渣的黏度，要求炼焦煤的硫分降到 0.5%以下。

(4) 配合煤的挥发分合适。

配合煤的挥发分过低，虽然有利于提高焦炭强度，但炼焦过程中容易造成膨胀压力过高，导致推焦困难，同时挥发分过低，则化学产品的回收率低，炼焦成本就高。反之，如果配合煤的挥发分过高，则会降低焦炭强度。一般来说，配合煤的挥发分 V_{daf} 以 28%～32%为宜。若作为铸造焦使用，可取挥发分的下限为 28%左右，以便得到较多的大块焦。若炼制化工用焦，其配合煤的结焦性可稍有降低，灰分和硫分可适当增高，挥发分 V_{daf} 也可增大。

又如，对于合成氨用煤，我国中型化肥厂的气化炉直径多为 2.74～3.60m，这种用于生产合成氨的固定床气化炉对煤质有较严格的要求。首先对煤种要求是无烟煤，其次对粒度则要求用块煤，尤以粒度 25～50mm 的中块无烟煤最好。其他如工业分析、热稳定性、煤灰熔融性和抗碎强度等都有一定要求。具体要求如表 4-2 所示。

表 4-2 合成氨用煤质量要求

项目	技术要求	鉴定方法
类别	无烟煤	《中国煤炭分类》(GB/T 5751—2009)
品种	块煤	《煤炭产品品种和等级划分》(GB/T 17608—2022)
粒度/mm	大块 50～100 中块 25～50 小块 13～25 洗混中块 13～50，13～80	同上
含矸率/%	＜4	《商品煤含矸率和限下率的测定方法》(MT/T 1—2007)
限下率/%	大块煤≤15 中块煤≤18 小块煤≤21 洗混中块≤12	同上
水分(M_t)/%	＜6	《煤中全水分的测定方法》(GB/T 211—2017)
挥发分(V_{daf})/%	≤10(浮煤)	《煤的工业分析方法》(GB/T 212—2008)
灰分(A_d)/%	一级＜16 二级 16～20 三级 20～24	同上
固定碳(FC_{ad})/%	一级＞75 二级 70～75 三级 65～70	同上

续表

项目	技术要求	鉴定方法
硫($S_{t,d}$)/%	一级≤0.5 二级 0.51～1.00 三级 1.01～2.00	《煤中全硫的测定方法》 (GB/T 214—2007)
煤灰熔融性(ST)/℃	一级＞1350 二级 1300～1350 三级 1250～1300	《煤灰熔融性的测定方法》 (GB/T 219—2008)
热稳定性(TS_{+6})/%	≥70	《煤的热稳定性测定方法》(GB/T 1573—2018)
抗碎强度(＞25mm)/%	≥65	

在建材工业中，水泥、玻璃、陶瓷、砖瓦、石灰等建筑材料都要经过各种炉窑焙烧、煅烧甚至熔化等高温处理，而煤炭是主要的燃料。其中，水泥工业对煤质要求最高，尤其是年产水泥 20 万 t 以上的大、中型水泥厂的回转窑烧成用煤。煤的灰分大小及煤灰的成分直接影响水泥的配料，通常要求灰分低、煤灰成分稳定。若灰分太高，则发热量低，达不到熟料的烧成温度 1450℃以上(要求燃料火焰温度达 1600～1700℃)。回转窑用煤的发热量较低时，物料在窑内的物理化学反应不能正常进行，从而影响熟料的矿物成分和结晶状态，使水泥的安定性强度(标号)降低。从我国的煤质情况来看，大、中型回转窑水泥用煤的 A_d 以 20%～26%为佳。当然，灰分越低，对生产越有利，质量也越高。用煤的挥发分大小对水泥质量也有影响。根据经验发现，水泥回转窑用煤的 V_{daf} 以＞25%为宜，但不宜超过 40%，因为挥发分太高的煤在干燥过程中会有部分挥发物析出而造成热损失，且干燥时有爆炸的危险。用煤的发热量则不能低于 21MJ/kg (5000kcal/kg)。硫对水泥质量也有影响，当入窑煤的硫分大于 3%时，会使窑内结成硫酸盐圈，发生窑尾竖烟道及锅炉管道经常结皮、堵塞，或以 $CaSO_4$ 形式出现在熟料中，产生结大块、夹生等现象，使操作困难，熟料质量下降。因此，回转窑水泥用煤的硫分应低于 3%。从煤种来判断，一般以焦煤、1/3 焦煤、不黏煤、弱黏煤、1/2 中黏煤和气煤等较合适。个别水泥厂也有用褐煤生产回转窑水泥。

从回转窑烧水泥用煤的品种来说，以末煤、粉煤、混煤等小粒度煤最适宜，因为这种煤的磨煤电耗比大颗粒煤小。此外，也可用各种牌号的煤配合用于回转窑，充分发挥各种煤的优越性。

4.1.2 煤的分析方法分类

根据目的不同，煤的分析检验一般可分为工业分析和元素分析。

1. 工业分析

煤的工业分析又称技术分析或实用分析，是评价煤的基本依据。它包括煤的水分、灰分、挥发分产率和固定碳四个项目的测定。通常，水分、灰分、挥发分产率都是直接测定，固定碳不做直接测定，而是用差减法进行计算。有时也将上述四个测定项目称为半工业分析，再加上煤的发热量和煤中全硫的测定，称为全工业分析。但为了工作方便，现在均已将煤的发热量和煤中全硫的测定单独抽出。根据煤的工业分析结果，可以大致了解煤的经济价值和某些基本性质。例如，水分和灰分高的煤，它的有机质含量少，发热量低，则经济价值小。根据煤的水分、灰分、挥发分及其焦渣特征等指标，就可以比较可靠地算出煤的高位发热量和低位发热量。煤中全硫分是确定炼焦用烟煤的重要指标。对于合成氨工业，空气干燥基的固定碳含量(FC_{ad})是评价无烟煤用于制造合成气(半水煤气)时经济价值的一个重要指标。此外，煤的外在水分和全水分不仅影响动力用煤的低位发热量，而且与煤的运输和储存等都有非常密切的关系。因此，煤的工业分析是了解煤的性质和用途的重要指标。

2. 元素分析

元素分析是主要测定煤中碳、氢、氧、氮、硫等元素，了解煤的元素组成。元素分析的结果是对煤进行科学分类的主要依据，在工业上是计算发热量、热量平衡的依据。例如，可以用经验公式计算发热量，不同的煤有不同的公式。元素分析结果表明了煤的固有成分，更符合煤的客观实际。但是，分析手段比较复杂，多用于科学研究工作。

3. 其他分析

伴生元素分析：煤中的伴生元素很多，但一般是指有提取价值的锗、镓、铀、钒、铝、钽等稀有元素。例如，煤中的锗含量在 20μg/g 以上时，即可计算储量，具有一定的提取价值；镓含量在 50μg/g 以上和铀含量为 300～500μg/g 时也有提取价值。我国煤炭资源丰富，煤中伴生元素分布情况了解不多，亟需进行系统的普查鉴定。

有害元素分析：煤中的有害元素种类很多，如硫、磷、氯、砷、氟、铬、镉、汞等。硫、磷、氯主要是指工业利用中对生产有害，后几种则是对人体和环境有害，根据特殊的需要进行检测。

其他还有煤灰成分分析、物理性质测定等，需根据要求确定检测项目。下面主要介绍煤的工业分析。

4.2 煤的工业分析

4.2.1 常用的符号和基准

工业分析的结果大多是取含水分的分析样品测定的。但是，温度、湿度等条件影响水分的含量，也势必相应地影响其他组分的含量。为了方便地比较分析结果，采用不同的基准，各自用不同的符号表示。

1. 分析项目的名称及表示符号

常用分析项目及表示符号如表 4-3 所示。

表 4-3 常用分析项目及表示符号

项目	水分	灰分	挥发分	固定碳	发热量	矿物质
符号	M	A	V	FC	Q	MM

此外，C、H、O、N、S 及煤灰中化学成分等仍以元素名称为代表符号。

2. 存在形态或操作情况指标及符号

为了进一步说明测定项目的存在形态等内容，在各分析项目的右下角加下标来说明。常用指标及符号如表 4-4 所示。

表 4-4 常用指标及符号

项目	外在或游离	内在	全	高位	低位	恒容	恒压
符号	f	inh	t	gr	net	v	p

3. 各种基准的表示符号

基准是指煤样所处的状态。用不同状态的煤样分析试验，将得出不同的结果，因此基准又是用以计算和表达测定值的主要依据之一。

1) 收到基

收到基(ar)是从收到的一批煤样中取出具有代表性的煤样，以此种状态的煤样测定的结果并以此基表示的值。

2) 空气干燥基

空气干燥基(ad)是指煤样所处环境与水蒸气压达到平衡时的煤样。在新标准中规定：煤样若在空气中连续干燥 1h 后质量变化不超过 0.10%，则认为达到空气干燥状态。

3) 干基

干基(d)是以无水状态的煤为基准的分析结果表示方法。

4) 干燥无灰基

干燥无灰基(daf)是以假想的无水无灰状态的煤为基准的分析结果表示方法。

5) 干燥无矿物质基

干燥无矿物质基(dmmf)是以假想的无水无矿物质状态的煤为基准的分析结果表示方法。

4.2.2 水分的测定

煤的水分是评价煤炭经济价值最基本的指标。煤中水分含量越多，煤的无用成分也越多，同时有大量水分存在，不仅煤的有用成分减少，而且它在煤燃烧时要吸收大量的热成为水蒸气蒸发掉。因此，煤的水分越低越好。

1. 煤中水分的存在形态

从水的不同结合状态来看，煤中的水分分为两类：

(1) 化合水：以化合方式与煤中矿物质结合的水，即通常所说的结晶水。例如，硫酸钙($CaSO_4 \cdot 2H_2O$)、高岭土($Al_2O_3 \cdot 2SiO_2 \cdot 2H_2O$)中的结晶水。结晶水要在 200℃以上才能分解析出。在煤的工业分析中，一般不测定化合水。

(2) 游离水：以物理状态(如附着、吸附等形式)与煤结合的水。根据存在的不同结构状态，又可分为以下两种情况；

(a) 外在水分(M_f)：煤在开采、运输、储存和洗选过程中润湿在煤的外表及大细孔(直径＞10^{-5}cm)中的水分。

(b) 内在水分(M_{inh})：吸附或凝聚在煤粒内部的毛细孔(直径＜10^{-5}cm)中的水分。这部分水分较难蒸发。

煤的工业分析中测定的水分分为原煤样的全水分(在水泥用煤中，取刚进厂的原煤测定其全水分，用 M_{ar} 表示)和分析煤的水分(用 M_{ad} 表示)。

2. 煤中全水分(M_t)的测定

《煤中全水分的测定方法》(GB/T 211—2017)规定，煤中全水分的测定有三种方法，分别是氮气干燥法、空气干燥法和微波干燥法。其中，氮气干燥法(方法 A1 和方法 B1)适用于所有煤种，空气干燥法(方法 A2 和方法 B2)适用于烟煤(易氧化的煤除外)和无烟煤，微波干燥法适用于烟煤和褐煤。并且以氮气干燥法中的两步法(方法 A1)作为仲裁方法。

在测定煤样的全水分之前，应仔细检查储存煤样容器的密封情况。然后将其表面擦拭干净，称量，称准到总质量的 0.1%，并与容器标签上注明的质量进行核对。如果发生质量损失，并且能确定煤样在运送和储存过程中没有损失，则应将减少的质量作为煤样的水分损失量，计算水分损失百分率，并进行水分损失补正。如果质量损失大于 1.0%，则不可进行水分损失补正，在报告结果时，应注明“未经水分损失补正”，并将容器标签和密封情况一并报告。

1) 方法 A(两步法)

方法 A1(氮气干燥)：称取一定量的 13mm 试样，在温度不高于 40℃的环境下干燥到质量恒定，再将干燥后的试样破碎到标称最大粒度 3mm，于 105～110℃下，在氮气流中干燥到质量恒定。根据试样经两步干燥后的质量损失计算出全水分。

方法 A2(空气干燥)：称取一定量的 13mm 试样，在温度不高于 40℃的环境下干燥到质量恒定，再将干燥后的试样破碎到标称最大粒度 3mm，于 105～110℃下，在空气流中干燥到质量恒定。根据试样经两步干燥后的质量损失计算出全水分。

(1) 测定步骤。

(a) 外在水分测定(方法 A1 和 A2)：在预先干燥和已称量过的浅盘内迅速称取 13mm 的试样 490～510g(准确至 0.1g)，平摊在浅盘中，于环境温度或不高于 40℃的空气干燥箱中干燥到质量恒定(连续干燥 1h，质量变化不超过 0.5g)，记录恒定后的质量(准确至 0.1g)。对于使用空气干燥箱干燥的情况，称量前需使试样在实验室环境中重新达到湿度平衡。

按下式计算外在水分：

$$M_f = \frac{m_1}{m} \times 100$$

式中，M_f 为煤样的外在水分，%；m 为煤样的质量，g；m_1 为煤样干燥后的质量损失，g。

(b) 内在水分测定(方法 A1，通氮干燥)：将测定外在水分后的试样立即破碎到标称最大粒度 3mm，在预先干燥和已称量过的称量瓶内迅速称取 9～11g 试样(准确至 0.001g)，平摊在称量瓶中。

打开称量瓶盖，放入预先通入经干燥塔干燥的氮气并已加热到 105～110℃的通氮气干燥箱中。烟煤干燥 1.5h，褐煤和无烟煤干燥 2h。

从干燥箱中取出称量瓶，立即盖上盖，在空气中放置约 5min，然后放入干燥器中，冷却到室温(约 20min)，称量(准确至 0.001g)。

进行检查性干燥，每次 30min，直到连续两次干燥试样的质量减少不超过 0.01g 或质量增加时为止。在后一种情况下，采用质量增加前一次的质量作为计算依据。内在水分在 2.0%以下时，不必进行检查性干燥。

按下式计算内在水分：

$$M_{inh} = \frac{m_3}{m_2} \times 100$$

式中，M_{inh} 为煤样的内在水分，%；m_2 为煤样的质量，g；m_3 为煤样干燥后的质量损失，g。

内在水分测定(方法 A2，空气干燥)：除将通氮气干燥箱改为空气干燥箱外，其他操作按上述步骤进行。

(2) 按下式计算煤中全水分：

$$M_t = M_f + \frac{100 - M_f}{100} \times M_{inh}$$

式中，M_t 为煤中全水分，%；M_f 为煤样的外在水分，%；M_{inh} 为煤样的内在水分，%。

2) 方法 B(一步法)

方法 B1(氮气干燥)：称取一定量的 6mm(或 13mm)试样，于 105～110℃下，在氮气流中干燥到质量恒定，根据试样干燥后的质量损失计算出全水分。

方法 B2(空气干燥)：称取一定量的 13mm(或 6mm)试样，于 105～110℃下，在空气流中干燥到质量恒定，根据试样干燥后的质量损失计算出全水分。

(1) 测定步骤。

方法 B1(通氮干燥)：在预先干燥和已称量过的称量瓶内迅速称取 6mm 的试样 10～12g(准确至 0.001g)，平摊在称量瓶中。

打开称量瓶盖，放入预先通入干燥氮气并已加热到 105～110℃的通氮干燥箱中，烟煤干燥 2h，褐煤和无烟煤干燥 3h。

从干燥箱中取出称量瓶，立即盖上盖，在空气中放置约 5min，然后放入干燥器中，冷却到室温(约 20min)，称量(准确至 0.001g)。

进行检查性干燥，每次 30min，直到连续两次干燥煤样的质量减少不超过 0.01g 或质量增加时为止。在后一种情况下，采用质量增加前一次的质量作为计算依据。

方法 B2(空气干燥)：

(a) 13mm 煤样的全水分测定：在预先干燥和已称量过的浅盘内迅速称取 13mm 的煤样 490～510g(准确至 0.1g)，平摊在浅盘中。

将浅盘放入预先加热到 105～110℃的空气干燥箱中，在鼓风条件下，烟煤干燥 2h，无烟煤干燥 3h。将浅盘取出，趁热称量(准确至 0.1g)。

进行检查性干燥，每次 30min，直到连续两次干燥煤样的质量减少不超过 0.5g 或质量增加时为止。在后一种情况下，采用质量增加前一次的质量作为计算依据。

(b) 6mm 煤样的全水分测定：除将通氮干燥箱改为空气干燥箱外，其他操作步骤同方法 B1。

(2) 按下式计算煤中全水分：

$$M_t = \frac{m_4}{m} \times 100$$

式中，M_t 为煤中全水分，%；m 为煤样的质量，g；m_4 为煤样干燥后的质量损失，g。

3) 微波干燥法

称取一定量的 6mm 试样，置于微波炉内。煤中水分子在微波发生器的交变电场作用下，高速振动产生摩擦热，使水分迅速蒸发。根据试样干燥后的质量损失计算出全水分。

(1) 测定步骤。

按微波干燥水分测定仪说明书进行准备和调节。

在预先干燥和已称量过的称量瓶内迅速称取 6mm 试样 10～12g(准确至 0.001g)，平摊在称量瓶中。

打开称量瓶盖，放入测定仪的工作区内。

关上门，接通电源，仪器按预先设定的程序工作，直到工作程序结束。

打开门，取出称量瓶，立即盖上盖，在空气中放置约 5min，然后放入干燥器中，冷却到室温(约 20min)，称量(准确至 0.001g)。如果仪器有自动称量装置，则不必取出称量。

(2) 计算：按方法 B 的规定进行，或从仪器的显示器上直接读取全水分值。

4) 试样水分损失补正

需要进行水分损失补正时，则按下式求出补正后的全水分值：

$$M'_t = M_1 + \frac{100 - M_1}{100} \times M_t$$

式中，M'_t 为补正后的煤中全水分，%；M_1 为煤样的水分损失，%；M_t 为计算得出的煤中全水分，%。

5) 制样过程中空气干燥的水分损失补正

若在制备全水分煤样前对煤样进行了空气干燥，造成煤样质量损失，则按下式求出补正后的煤中全水分：

$$M_t'' = X + \frac{100 - X}{100} \times M$$

式中，M_t''为补正后的煤中全水分，%；X为制样中空气干燥时煤样的质量损失率，%；M为计算得出的煤中全水分，%。

6) 全水分测定结果的允许误差

在同一实验室进行全水分测定时，其测定误差不得超过表 4-5 中的规定。

表 4-5 平行测定全水分的允许误差

全水分 M_t/%	平行测定结果的允许误差/%
<10.00	0.40
≥10.00	0.50

3. 分析煤样的水分测定

1) 方法 A(通氮干燥法)

称取一定量的一般分析试验煤样，置于 105～110℃干燥箱中，在干燥氮气流中干燥到质量恒定。然后根据煤样的质量损失计算出水分的质量分数。

(1) 试剂。

氮气：纯度 99.9%，含氧量小于 0.01%。

无水氯化钙(HGB 3208)：化学纯，粒状。

变色硅胶：工业用品。

(2) 仪器设备。

小空间干燥箱：箱体严密，具有较小的自由空间，有气体进、出口，并带有自动控温装置，能保持温度为 105～110℃。

玻璃称量瓶：直径 40mm，高 2mm，并带有严密的磨口盖。

干燥器：内装有变色硅胶或粒状无水氯化钙。

干燥塔：容量 250mL，内装干燥剂。

流量计：量程为 100～1000mL/min。

分析天平：感量 0.1mg。

(3) 试验步骤。

在预先干燥和已称量过的称量瓶内称取粒度小于 0.2mm 的一般分析试验煤样(1±0.1)g，准确至 0.0002g，平摊在称量瓶中。

打开称量瓶盖，放入预先通入干燥氮气并已加热到 105～110℃的干燥箱中。烟煤干燥 1.5h，褐煤和无烟煤干燥 2h。在称量瓶放入干燥箱前 10min 开始通氮气，氮气流量以每小时换气 15 次为准。

从干燥箱中取出称量瓶，立即盖上盖，放入干燥器中冷却至室温(约 20min)后称量。

进行检查性干燥，每次 30min，直到连续两次干燥煤样质量的减少不超过 0.0010g

或质量增加时为止。在后一种情况下，采用质量增加前一次的质量为计算依据。当水分小于 2.00%时，不必进行检查性干燥。

2) 方法 B(空气干燥法)

称取一定量的一般分析试验煤样，置于 105～110℃鼓风干燥箱内，于空气流中干燥到质量恒定。根据煤样的质量损失计算出水分的质量分数。

(1) 仪器设备。

鼓风干燥箱：带有自动控温装置，能保持温度为 105～110℃。

玻璃称量瓶，干燥器，分析天平(同上)。

(2) 试验步骤。

在预先干燥和已称量过的称量瓶内称取粒度小于 0.2mm 的一般分析试验煤样(1±0.1)g，准确至 0.0002g，平摊在称量瓶中。

为了使温度均匀，鼓风干燥箱预先鼓风 3～5min。然后打开称量瓶盖，放入预先鼓风并已加热到 105～110℃的鼓风干燥箱中。在一直鼓风的条件下，烟煤干燥 1h，无烟煤干燥 1.5h。

从鼓风干燥箱中取出称量瓶，立即盖上盖，放入干燥器中冷却至室温(约 20min)后称量。

进行检查性干燥，每次 30min，直到连续两次干燥煤样的质量减少不超过 0.0010g 或质量增加时为止。在后一种情况下，采用质量增加前一次的质量为计算依据。当水分小于 2.00%时，不必进行检查性干燥。

(3) 计算。

按下式计算一般分析试验煤样的水分：

$$M_{\mathrm{ad}} = \frac{m_1}{m} \times 100$$

式中，M_{ad} 为一般分析试验煤样水分的质量分数，%；m 为一般分析试验煤样的质量，g；m_1 为煤样干燥后失去的质量，g。

3) 微波干燥法

称取一定量的一般分析试验煤样，置于微波水分测定仪内，炉内磁控管发射非电离微波，使水分子超高速振动，产生摩擦热，使煤中水分迅速蒸发，根据煤样的质量损失计算水分。

(1) 仪器设备。

微波干燥水分测定仪(以下简称测水仪)：带程序控制器，输入功率约 1000W。仪器内配有微晶玻璃转盘，转盘上置有带标记圈、厚约 2mm 的石棉垫。

玻璃称量瓶，干燥器，分析天平，烧杯(容量约 250mL)。

(2) 试验步骤。

在预先干燥和已称量过的称量瓶内称取粒度小于 0.2mm 的一般分析试验煤样(1±0.1)g，准确至 0.0002g，平摊在称量瓶中。

将一个盛有约 80mL 蒸馏水、容量约 250mL 的烧杯置于测水仪内的转盘上，用预加热程序加热 10min 后，取出烧杯。若连续进行数次测定，只需在第一次测定前进行预热。

打开称量瓶盖，将带煤样的称量瓶放在测水仪的转盘上，并使称量瓶与石棉垫上的标记圈内切。放满一圈后，多余的称量瓶可紧挨第一圈称量瓶内侧放置。在转盘中心放一盛有蒸馏水的带表面皿盖的 250mL 烧杯(盛水量与测水仪说明书规定一致)，并关上测水仪门。注意：水分蒸发效果与微波电磁场分布有关，称量瓶需位于均场强区域内。烧杯中的盛水量与微波炉磁控管功率大小有关，以加热完毕后烧杯内仅余少量水为宜。生产厂家在设计测水仪时，应通过试验确定微波电磁场分布适合水分测定的区域并加以标记(标记圈)，并确定适宜的盛水量。

按测水仪说明书规定的程序加热煤样。

加热程序结束后，从测水仪中取出称量瓶，立即盖上盖，放入干燥器中冷却至室温(约 20min)后称量。注意：其他类型的微波干燥水分测定仪也可使用，但在使用前应按照《煤和焦炭试验可替代方法确认准则》(GB/T 18510—2001)进行精密度和准确度测定，以确定设备是否符合要求。

(3) 计算。

按下式计算煤样的空气干燥基水分：

$$M_{\mathrm{ad}}=\frac{m_1}{m}\times 100$$

式中，M_{ad} 为空气干燥基煤样水分的质量分数，%；m 为称取的一般分析试验煤样的质量，g；m_1 为煤样干燥后失去的质量，g。

4. 水分测定的允许误差

水分测定的允许误差如表 4-6 所示。

表 4-6　水分测定的允许误差

水分 M_{ad}/%	同一实验室的允许误差/%
＜5.00	0.20
5.00～10.00	0.30
＞10.00	0.40

4.2.3　灰分的测定

煤的灰分是煤中所有可燃物完全燃烧及矿物质(除水分外的所有无机质的总称)在一定温度下经一系列复杂化学反应后所剩下的残渣，用符号 A 表示。灰分全部来自矿物质，但其组成和数量又不同于煤中原有矿物质，因此煤的灰分应称为灰分产率。煤中矿物质含量测定较麻烦，而且其组成更难直接测定，通常用测定煤灰组分的方法推测原来的组分。

因为煤中灰分是有害物质，所以各种用途的煤，灰分越低越好。虽然煤灰是煤中有害物，但进行综合利用后也可以变废为宝，为国家创造财富。

测定煤的灰分对于鉴定煤的质量以及确定其使用价值也有重要意义。由于我国水泥生产的主要燃料是煤，所以煤灰的化学成分也是配料计算的依据。

煤中灰分的测定方法包括缓慢灰化法和快速灰化法。缓慢灰化法为仲裁方法。

1. 缓慢灰化法

1) 测定方法

称取一定量的一般分析试验煤样，放入马弗炉中，以一定的速度加热到(815±10)℃，灰化并灼烧到质量恒定。以残留物的质量占煤样质量的质量分数作为煤样的灰分。

2) 仪器设备

马弗炉：炉膛具有足够的恒温区，能保持温度为(815±10)℃。炉后壁的上部带有直径为 25～30mm 的烟囱，下部离炉膛底 20～30mm 处有一个插热电偶的小孔。炉门上有一个直径为 20mm 的通气孔。马弗炉的恒温区应在关闭炉门下测定，并至少每年测定一次。高温计(包括毫伏计和热电偶)至少每年校准一次。

灰皿：瓷质，长方形，底长 45mm，底宽 22mm，高 14mm，如图 4-1 所示。

耐热瓷板或石棉板。

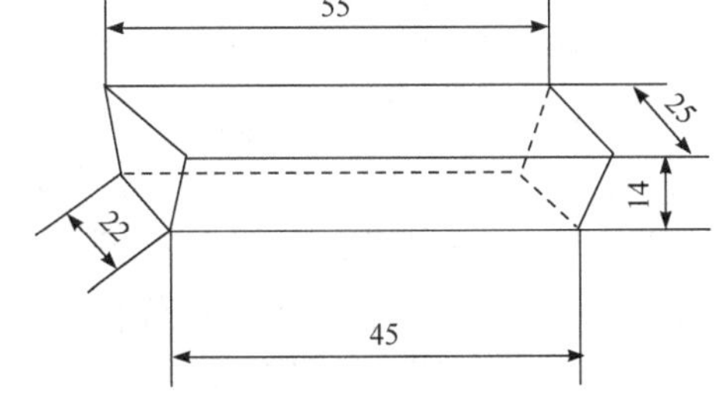

图 4-1 长方形灰皿(单位：mm)

3) 试验步骤

在预先灼烧至质量恒定的灰皿中，称取粒度小于 0.2mm 的一般分析试验煤样(1±0.1)g，准确至 0.0002g，均匀地摊平在灰皿中，使其每平方厘米的质量不超过 0.15g。

将灰皿送入炉温不超过 100℃的马弗炉恒温区中，关上炉门并使炉门留有 15mm 左右的缝隙。在不少于 30min 的时间内将炉温缓慢升至 500℃，并在此温度下保持 30min。继续升温到(815±10)℃，并在此温度下灼烧 1h。

从炉中取出灰皿，放在耐热瓷板或石棉板上，在空气中冷却 5min 左右，移入干燥器中冷却至室温(约 20min)后称量。

进行检查性灼烧，温度为(815±10)℃，每次 20min，直到连续两次灼烧后的质量变化不超过 0.0010g 为止。以最后一次灼烧后的质量为计算依据。灰分小于 15.00%时，不必进行检查性灼烧。

2. 快速灰化法

快速灰化法包括两种：方法 A 和方法 B。

1) 方法 A

(1) 测定方法。

将装有煤样的灰皿放在预先加热至(815±10)℃的灰分快速测定仪的传送带上，煤样自动送入仪器内完全灰化，然后送出。以残留物的质量占煤样质量的质量分数作为煤样的灰分。

(2) 试验步骤。

将快速灰分测定仪预先加热至(815±10)℃。

开动传送带并将其传送速度调节到 17mm/min 左右或其他合适的速度。对于新的灰分快速测定仪，需对不同煤种与缓慢灰化法进行对比试验，根据对比试验结果及煤的灰化情况，调节传送带的传送速度。

在预先灼烧至质量恒定的灰皿中，称取粒度小于 0.2mm 的一般分析试验煤样(0.5±0.01)g，准确至 0.0002g，均匀地摊平在灰皿中，使其每平方厘米的质量不超过 0.08g。

将盛有煤样的灰皿放在快速灰分测定仪的传送带上，灰皿即自动送入炉中。

当灰皿从炉内送出时，取下，放在耐热瓷板或石棉板上，在空气中冷却 5min 左右，移入干燥器中冷却至室温(约 20min)后称量。

2) 方法 B

(1) 测定方法。

将装有煤样的灰皿由炉外逐渐送入预先加热至(815±10)℃的马弗炉中灰化并灼烧至质量恒定。以残留物的质量占煤样质量的质量分数作为煤样的灰分。

(2) 试验步骤。

在预先灼烧至质量恒定的灰皿中，称取粒度小于 0.2mm 的一般分析试验煤样(1±0.1)g，准确至 0.0002g，均匀地摊平在灰皿中，使其每平方厘米的质量不超过 0.15 g。将盛有煤样的灰皿预先分排放在耐热瓷板或石棉板上。

将马弗炉加热到 850℃，打开炉门，将放有灰皿的耐热瓷板或石棉板缓慢地推入马弗炉中，先使第一排灰皿中的煤样灰化。待 5～10min 后煤样不再冒烟时，以每分钟不大于 2cm 的速度将其余各排灰皿顺序推入炉内炽热部分(若煤样着火发生爆燃，试验应作废)。

关上炉门并使炉门留有 15mm 左右的缝隙，在(815±10)℃温度下灼烧 40min。

从炉中取出灰皿，放在空气中冷却 5min 左右，移入干燥器中冷却至室温(约 20min)后称量。

进行检查性灼烧，温度为(815±10)℃，每次 20min，直到连续两次灼烧后的质量变化不超过 0.0010g 为止。以最后一次灼烧后的质量为计算依据。若检查性灼烧时结果不稳定，应改用缓慢灰化法重新测定。当灰分小于 15.00%时，不必进行检查性灼烧。

3. 计算

按下式计算煤样的空气干燥基灰分：

$$A_{ad} = \frac{m_1}{m} \times 100$$

式中，A_{ad} 为空气干燥基灰分的质量分数，%；m 为称取的一般分析试验煤样的质量，g；m_1 为灼烧后残留物的质量，g。

4. 灰分测定的允许误差

灰分测定的允许误差如表 4-7 所示。

表 4-7　灰分测定的允许误差

灰分 A_{ad}/%	同一实验室/%	不同实验室/%
＜15.00	0.20	0.30
15.00～30.00	0.30	0.50
＞30.00	0.50	0.70

4.2.4　挥发分产率的测定

将煤放在与空气隔绝的容器内，在高温下经一定时间加热后，煤中的有机质和部分矿物质分解为气体释出，用减少的质量再减去水的质量即为煤的挥发分。煤中可燃性挥发分不是煤的固有物质，而是在特定条件下煤受热分解的产物，并且其测定值因温度、时间和所用坩埚的大小、形状等不同而异，测定方法为规范性试验方法，故所测的结果应称为挥发分产率，用符号 V 表示。

根据挥发分产率的高低，可以初步判别煤的变质程度、发热量及焦油产率等各种重要性质。世界各国基本上都采用干燥无灰基挥发分作为煤分类的一个主要指标，工业生产上用煤也都首先需要了解挥发分是否符合要求。因此，煤的挥发分是了解煤性质和用途最基本、最重要的指标，也是煤分类的重要指标。

1. 测定方法

称取一定量的一般分析试验煤样，放在带盖的瓷坩埚中，在(900±10)℃下，隔绝空气加热 7min。以减少的质量占煤样质量的质量分数减去该煤样的水分含量作为煤样的挥发分。

2. 仪器设备

挥发分坩埚：带有配合严密盖的瓷坩埚，形状和尺寸如图 4-2 所示。坩埚总质量为 15～20g。

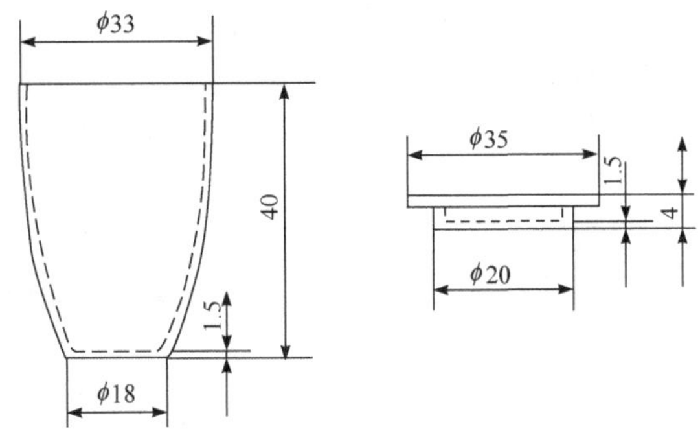

图 4-2　测挥发分产率的瓷坩埚(单位：mm)

马弗炉：带有高温计和调温装置，能保持温度在(900±10)℃，并有足够的(900±5)℃的恒温区。炉子的热容量为当起始温度为 920℃左右时，放入室温下的坩埚架和若干坩埚，关闭炉门后，在 3min 内恢复到(900±10)℃。炉后壁有一个排气孔和一个插热电偶的小孔。小孔位置应使热电偶插入炉内后其热接点在坩埚底和炉底之间，距炉底 20～30mm 处。

马弗炉的恒温区应在关闭炉门下测定，并至少每年测定一次。高温计(包括毫伏计和热电偶)至少每年校准一次。

坩埚架：用镍铬丝或其他耐热金属丝制成。其规格尺寸以能使所有的坩埚都在马弗炉的恒温区内，并且坩埚底部紧邻热电偶热接点上方，如图 4-3 所示。

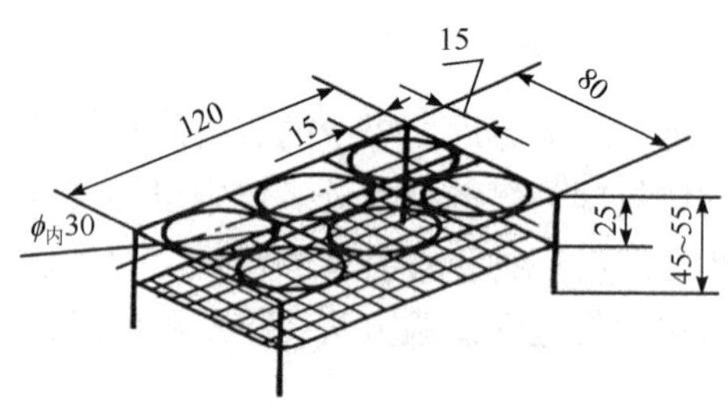

图 4-3 坩埚架(单位：mm)

压饼机：螺旋式或杠杆式压饼机，能压制直径约 10mm 的煤饼。

坩埚架夹，干燥器，分析天平，秒表。

3. 试验步骤

在预先于 900℃温度下灼烧至质量恒定的带盖瓷坩埚中，称取粒度小于 0.2mm 的一般分析试验煤样(1±0.01)g，准确至 0.0002g，然后轻轻振动坩埚，使煤样摊平，盖上盖，放在坩埚架上。

褐煤和长焰煤应预先压饼，并切成宽度约 3mm 的小块。

将马弗炉预先加热至 920℃左右。打开炉门，迅速将放有坩埚的坩埚架送入恒温区，立即关上炉门并计时，准确加热 7min。坩埚及坩埚架放入后，要求炉温在 3min 内恢复至(900±10)℃，此后保持在(900±10)℃，否则此次试验作废。加热时间包括温度恢复时间在内。注：马弗炉预先加热温度可视马弗炉具体情况调节，以保证在放入坩埚及坩埚架后，炉温在 3min 内恢复至(900±10)℃为准。

从炉中取出坩埚，放在空气中冷却 5min 左右，移入干燥器中冷却至室温(约 20min)后称量。

4. 焦渣特征分类

测定挥发分所得焦渣的特征按下列规定加以区分：

(1) 粉状(1 型)：全部是粉末，没有相互黏着的颗粒。

(2) 黏着(2 型)：用手指轻碰即成粉末或基本上是粉末，其中较大的团块轻轻一碰即成粉末。

(3) 弱黏结(3 型)：用手指轻压即成小块。

(4) 不熔融黏结(4 型)：以手指用力压才裂成小块，焦渣上表面无光泽，下表面稍有银白色光泽。

(5) 不膨胀熔融黏结(5 型)：焦渣形成扁平的块，煤粒的界线不易分清，焦渣上表面有明显银白色金属光泽，下表面银白色光泽更明显。

(6) 微膨胀熔融黏结(6 型)：用手指压不碎，焦渣的上、下表面均有银白色金属光泽，但焦渣表面具有较小的膨胀泡(或小气泡)。

(7) 膨胀熔融黏结(7 型)：焦渣上、下表面有银白色金属光泽，明显膨胀，但高度不超过 15mm。

(8) 强膨胀熔融黏结(8 型)：焦渣上、下表面有银白色金属光泽，焦渣高度大于 15mm。

5. 计算

按下式计算煤样的空气干燥基挥发分：

$$V_{ad}=\frac{m_1}{m}\times100-M_{ad}$$

式中，V_{ad} 为空气干燥基挥发分的质量分数，%；m 为一般分析试验煤样的质量，g，m_1 为煤样加热后减少的质量，g；M_{ad} 为一般分析试验煤样水分的质量分数，%。

6. 测定挥发分产率的允许误差

测定挥发分产率的允许误差如表 4-8 所示。

表 4-8　测定挥发分产率的允许误差

挥发分产率 V_{ad}/%	平行测定结果的允许误差/%	不同实验室同一煤样测定结果的允许误差/%
＜20.00	0.30	0.50
20.00～40.00	0.50	1.00
＞40.00	0.80	1.50

4.2.5　固定碳含量的计算

在煤的工业分析中，认为固定碳是指除去水分、灰分和挥发分后的残留物，用符号 FC_{ad} 表示。固定碳的化学组分主要是 C 元素，还有一定数量的 H、O、N、S 等其他元素。

从煤的工业分析指标来看，发热量主要是煤中固定碳燃烧产生的，因此国际上利用工业分析结果计算发热量的公式，即以煤的固定碳作为发热量的主要来源。煤的干燥无灰基固定碳含量与挥发分一样，也是表示煤的变质程度的一个参数，即煤中固定碳含量随煤的变质程度的增高而增高，因此有些国家(如日本、美国)的煤炭分类以干燥无灰基固定碳含量 FC_{daf} 作为分类指标之一。空气干燥基固定碳含量是某些工业用煤的一个重要指标，如合成氨用煤要求 $FC_{ad}>65\%$。

固定碳含量一般不直接测定，而是通过计算得到：

$$FC_{ad}=100\%-M_{ad}-A_{ad}-V_{ad}$$

$$FC_{d}=100\%-A_{d}-V_{d}$$

$$FC_{daf}=100\%-V_{daf}$$

4.2.6 不同基准分析结果的换算

各种状态的煤中各组分的关系如下：

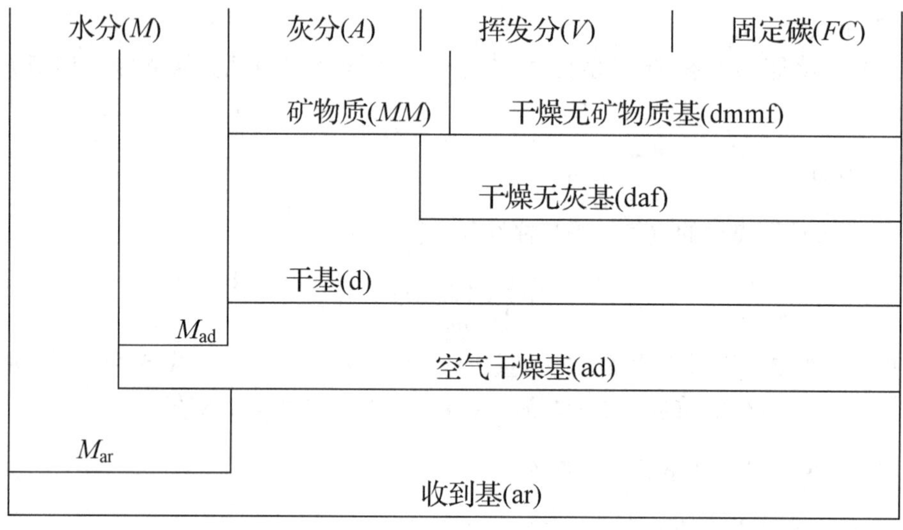

由上可见

$$干基 = 空气干燥基 - 空气干燥基水分$$

$$干燥无灰基 = 空气干燥基 - 空气干燥基水分 - 空气干燥基灰分$$

煤的干燥无灰基组成不受水分和灰分的影响。一般同一矿井的煤，它的干燥无灰基组成不会发生很大的变化，因此煤矿的煤质资料常以此基组成表示。也就是说，煤矿一般给的是干燥无灰基组成，实际使用时则为收到基。因此，不同基准时的组成需要进行换算，其换算关系如表 4-9 所示。

表 4-9 燃料组成不同基的换算关系

已知基 \ 要求基	空气干燥基 (ad)	收到基 (ar)	干基 (d)	干燥无灰基 (daf)	干燥无矿物质基 (dmmf)
空气干燥基 (ad)	1	$\frac{100-M_{ar}}{100-M_{ad}}$	$\frac{100}{100-M_{ad}}$	$\frac{100}{100-(M_{ad}+A_{ad})}$	$\frac{100}{100-(M_{ad}+MM_{ad})}$
收到基 (ar)	$\frac{100-M_{ad}}{100-M_{ar}}$	1	$\frac{100}{100-M_{ar}}$	$\frac{100}{100-(M_{ar}+A_{ar})}$	$\frac{100}{100-(M_{ar}+MM_{ar})}$
干基 (d)	$\frac{100-M_{ad}}{100}$	$\frac{100-M_{ar}}{100}$	1	$\frac{100}{100-A_d}$	$\frac{100}{100-MM_d}$
干燥无灰基 (daf)	$\frac{100-(M_{ad}+A_{ad})}{100}$	$\frac{100-(M_{ar}+A_{ar})}{100}$	$\frac{100-A_d}{100}$	1	$\frac{100-A_d}{100-MM_d}$
干燥无矿物质基 (dmmf)	$\frac{100-(M_{ad}+MM_{ad})}{100}$	$\frac{100-(M_{ar}+MM_{ar})}{100}$	$\frac{100-MM_d}{100}$	$\frac{100-MM_d}{100-A_d}$	1

注：适用于除水分以外的各种成分及高位热值的换算。

换算关系是由物料平衡关系计算得到的，如收到基与干燥无灰基的转换。

设已知 FC_{daf}、M_{ar}、A_{ar}，求 FC_{ar}。

分析：计算基准：100kg 的收到基煤折合成干燥无灰基煤 100 − (M_{ar} + A_{ar}) kg，但含固定碳的绝对量相等，即

收到基含碳量=干燥无灰基含碳量

故

$$100 \times FC_{ar} = [100 - (M_{ar} + A_{ar})] \times FC_{daf}$$

$$FC_{ar} = FC_{daf} \times [100 - (M_{ar} + A_{ar})]/100$$

在实际应用时，只要将有关数值代入表 4-9 所列的相应公式中，再乘以用已知基表示的某一分析值，就可求得用所要求基表示的分析值(低位发热量的换算除外)。

【例 4-1】 煤的工业分析结果如下：空气干燥基的水分 M_{ad} = 1.76%，灰分 A_{ad} = 23.17%，挥发分 V_{ad} = 8.59%。计算：(1)干基的灰分；(2)干燥无灰基的挥发分 V_{daf}。

解 (1)

$$A_d = A_{ad} \times \frac{100}{100 - M_{ad}} = 23.17\% \times \frac{100}{100 - 1.76} = 23.59\%$$

(2)

$$V_{daf} = V_{ad} \times \frac{100}{100 - (M_{ad} + A_{ad})} = 8.59\% \times \frac{100}{100 - (1.76 + 23.17)} = 11.44\%$$

4.3　煤中硫的测定

煤中的硫根据其存在的形态通常分为两大类。一类是以有机物形态存在的硫，称为有机硫；另一类是以无机物形态存在的硫，称为无机硫。另外，在有些煤中还有少量以单质状态存在的单质硫。根据煤中存在的不同形态的硫能否在空气中燃烧，可以分为可燃硫和不可燃硫。有机硫、硫铁矿硫和单质硫都能在空气中燃烧，所以都是可燃硫。在煤炭燃烧过程中不可燃硫仍然留在煤灰中，所以又称固定硫。硫酸盐硫是固定硫。

硫是煤中的有害元素之一。燃料用煤中的硫在煤燃烧过程中形成 SO_2。SO_2 不仅腐蚀金属设备，还会造成空气污染。炼焦用煤中的硫直接影响钢铁质量，钢铁含硫大于 0.07%，就会使钢铁热脆而成为废品。为了脱去钢铁中的硫，必须在高炉炼铁时加石灰石。这样不仅减少了高炉有效容积的利用，还增加了出渣量。在煤的储存过程中，特别是 FeS_2 含量多的煤，会因为氧化而放出热量，如果热量散发不出去，则煤堆温度将升高而自燃。因此，脱除煤中的硫是煤炭利用的一个重要问题。

煤中各种形态硫的总和称为全硫，记作 S_t。全硫通常就是煤中的硫酸盐硫(记作 S_s)、硫铁矿硫(记作 S_p)和有机硫(记作 S_o)的总和，即

$$S_t = S_s + S_p + S_o$$

如果煤中有单质硫(记作 S)，也应包含在全硫中。

一般工业分析中只测全硫，全硫的测定方法有艾士卡法、库仑滴定法、高温燃烧中和法，适用于褐煤、烟煤、无烟煤和焦炭，也适用于水煤浆干燥煤样。在仲裁分析时，应采用艾士卡法。艾士卡法至今仍是全世界公认的标准方法，下面主要介绍这种方法。

1. 方法要点

本法是用艾士卡试剂(Na_2CO_3和 MgO 质量比为 1∶2 的混合物)作为熔剂，所以称为艾士卡法。方法包括煤样的半熔反应、用水浸取、硫酸钡的沉淀、过滤、洗涤、干燥、灰化和灼烧等过程。

艾士卡法的最大优点是准确度高、重现性好，因此国家标准将其作为仲裁分析的方法，它的缺点主要是操作麻烦、费时较长。

2. 基本原理

煤样和艾士卡试剂均匀混合后在高温下发生半熔反应，使各种形态的硫都转化成可溶于水的硫酸盐。煤样在空气中燃烧时，可燃硫首先转化为 SO_2，继而在空气存在下与艾士卡试剂作用形成可溶于水的硫酸盐。

$$\text{煤} + \text{空气} \longequal CO_2\uparrow + H_2O + SO_2 + SO_3 + N_2\uparrow$$

$$2SO_2 + O_2 + 2Na_2CO_3 \longequal 2Na_2SO_4 + 2CO_2\uparrow$$

$$SO_3 + Na_2CO_3 \longequal Na_2SO_4 + CO_2\uparrow$$

艾士卡试剂中的 MgO 能疏松反应物，使空气进入煤样，也能与 SO_2 和 SO_3 发生反应。

杂样中难溶于水的 $CaSO_4$ 类非燃烧硫(以 $MeSO_4$ 表示)也能同时与艾士卡试剂中的 Na_2CO_3 作用，反应式如下：

$$MeSO_4 + Na_2CO_3 \longequal Na_2SO_4 + MeCO_3$$

生成的 $MeCO_3$ 不溶于水。因此，无论是煤中的可燃硫还是不可燃硫，经过半熔反应都能转化成 Na_2SO_4。

经半熔反应后的熔块用水浸取，Na_2SO_4 都溶入水中。未作用完的 Na_2CO_3 也进入水中并部分水解，因此水溶液呈碱性。

洗涤滤渣，将洗液与滤液合并，调节溶液酸度使其呈酸性(pH 为 1～2)，目的是消除 CO_3^{2-} 的影响，因其也会与 Ba^{2+}在中性溶液中形成碳酸钡沉淀。加入 Ba^{2+}后，生成硫酸钡沉淀。

$$SO_4^{2-} + Ba^{2+} \longequal BaSO_4\downarrow$$

滤出 $BaSO_4$ 沉淀，经洗涤、烘干、灰化、灼烧，即可称量。

3. 试剂

艾士卡试剂(MgO∶Na_2CO_3 质量比 2∶1)[8.23]；盐酸(1+1)[1.1]；氯化钡溶液(100g/L)[3.12]；甲基橙指示剂(2g/L)[5.3]；硝酸银溶液(10g/L)[3.6]。

4. 测定步骤

在 30mL 瓷坩埚内称取粒度小于 0.2mm 的空气干燥煤样(1.00±0.01)g(准确至

0.0002g)和艾士卡试剂 2g(准确至 0.1g)，仔细混合均匀，再用 1g(准确至 0.1g)艾士卡试剂覆盖在煤样上面。

将装有煤样的坩埚移入通风良好的马弗炉中，在 1～2h 从室温逐渐加热到 800～850℃，并在该温度下保持 1～2h。

将坩埚从马弗炉中取出，冷却到室温。用玻璃将坩埚中的灼烧物仔细搅松、捣碎(若发现有未烧尽的煤粒，应继续灼烧 30min)，然后将灼烧物转移到 400mL 烧杯中。用热蒸馏水冲洗坩埚内壁，将洗液收入烧杯，再加入 100～150mL 刚煮沸的蒸馏水，充分搅拌。如果此时还有黑色煤粒漂浮在液面上，则本次测定作废。

用中速定性滤纸以倾泻法过滤，用热水冲洗 3 次，然后将残渣转移到滤纸中，用热水仔细清洗至少 10 次，洗液总体积为 250～300mL。

在滤液中滴加甲基橙(2g/L 水溶液)指示剂 3 滴，然后用盐酸(1+1)调节酸度。先调至甲基橙的黄色刚转为红色，再多加 2mL 盐酸(1+1)，使溶液呈微酸性。将溶液加热到沸腾，在不断搅拌下缓慢滴加 10mL 氯化钡溶液，并在微沸状况下保持约 2h，溶液最终体积约为 200mL。

溶液冷却或静置过夜后用致密无灰定量滤纸过滤，并用热水洗至无 Cl^-为止(用硝酸银溶液检验无浑浊)。

将带有沉淀的滤纸转移到已知质量的瓷坩埚中，低温灰化滤纸后，在温度为 800～850℃的马弗炉内灼烧 20～40min，取出坩埚，在空气中稍加冷却后放入干燥器中，冷却至室温后称量。

每配制一批艾士卡试剂或更换其他任何一种试剂时，应进行两次以上空白试验(除不加煤样外，全部操作按上述步骤进行)，硫酸钡沉淀的质量差不得大于 0.0010g，取算术平均值作为空白值。

5. 计算

测定结果可按下式计算：

$$S_{t,ad}=\frac{(m_1-m_2)\times 0.1374}{m}\times 100$$

式中，$S_{t,ad}$为一般分析煤样中全硫质量分数，%；m 为煤样的质量，g；m_1 为灼烧后硫酸钡的质量，g；m_2 为空白试验硫酸钡的质量，g；0.1374 为硫酸钡对硫的换算因子。

6. 测定全硫的允许误差

测定全硫的允许误差如表 4-10 所示。

表 4-10　测定全硫的允许误差

全硫质量分数 $S_{t,ad}$/%	同一实验室/%	不同实验室/%
≤1.50	0.05	0.10
1.50(不含)～4.00	0.10	0.20
＞4.00	0.20	0.30

7. 注意事项

(1) 必须在通风下进行半熔反应，否则煤粒燃烧不完全而使部分硫不能转化为SO_2。这就是为什么半熔完毕后用水抽提不得有黑色颗粒。

(2) 用水浸取、洗涤时，溶液体积不宜过大，当加入 $BaCl_2$ 溶液后，最后体积应在200mL左右为宜。体积过大，虽然$BaSO_4$的溶度积不大，但是也会影响测定值(偏低)。

(3) 调节酸度至微酸性，同时加热，是为了消除CO_3^{2-}的影响。

$$2H^+ + CO_3^{2-} = H_2O + CO_2\uparrow$$

(4) 在热溶液中加入 $BaCl_2$ 溶液以及在搅拌下慢慢滴加，都是为了防止 Ba^{2+}局部过浓，造成局部$[Ba^{2+}]$和$[SO_4^{2-}]$的乘积大于溶度积而析出沉淀。在上述条件下可以使$BaSO_4$晶体慢慢形成，长成较大颗粒。

(5) 在洗涤过程中，每次吹入蒸馏水前，应该将洗液都滤干，这样洗涤效果较好。

(6) 灼烧前不得残留滤纸，高温炉也应通风。如果这两方面不注意，$BaSO_4$ 会被还原而导致测定结果偏低。

$$BaSO_4 + 2C = BaS + 2CO_2\uparrow$$

4.4 煤发热量的测定

煤的发热量是煤质分析的重要指标之一。煤作为动力燃料，其发热量越高，经济价值越大。煤在燃烧或气化过程中，还需用煤的发热量计算热平衡、耗煤量和热效率。根据这些计算参数可考虑改进操作条件和工艺过程，设法达到最大的热能利用率。煤的发热量是表征煤炭各种特征的综合指标，在煤质研究中也是一个非常重要的参数。煤的发热量也是反映煤化程度的指标，还常作为煤炭分类的指标。

4.4.1 发热量的定义及单位

煤的发热量或热值是指单位质量的煤完全燃烧，当燃烧产物冷却到燃烧前的温度时(室温)所放出的热量，用 Q 表示。发热量的单位可用 J/g、kJ/kg 或 MJ/kg 表示。过去曾使用卡(cal)作单位，1cal = 4.1816J。

4.4.2 发热量的种类和基准

煤的发热量又分为弹筒发热量、高位发热量和低位发热量三种。

1. 弹筒发热量

弹筒发热量(Q_b)是指单位质量的煤样在热量计和弹筒内，在过量的高压氧气(初始压力为 27.36×10^5～35.46×10^5Pa，即 27～35atm)条件下燃烧后产生的热量，也就是用弹式热量计实测出的热量。在这种条件下，煤中原有的水和氢元素燃烧生成的水冷凝在弹筒中，氮被氧化为 NO_2 或 N_2O_5，硫被氧化为 SO_3，它们溶于水也会产生热量。因此，煤在弹筒中燃烧比在空气中燃烧时产生的热量多，故又称为最高发热量。

2. 高位发热量

高位发热量(Q_{gr})是指煤在大气中燃烧时产生的热量，此时煤中的硫只生成 SO_2，氮是游离状态 N_2，水呈液态冷凝(常温约 25℃)。高位发热量可从弹筒发热量求得。

$$Q_{gr,\ ad} = Q_{b,\ ad} - (95S_{t,\ ad} + \alpha Q_{b,\ ad})$$

式中，$Q_{gr,\ ad}$ 为空气干燥基煤的高位发热量，J/g；$Q_{b,\ ad}$ 为空气干燥基煤的弹筒发热量，J/g；$S_{t,\ ad}$ 为空气干燥基煤的全硫含量；95 为煤中 1%硫的校正值，J；α为硝酸校正系数，如表 4-11 所示。

表 4-11　硝酸校正系数

$Q_{b,ad}$/(kJ/g)	＜16.70	16.70～25.10	＞25.10
α	0.001	0.0012	0.0016

3. 低位发热量

低位发热量(Q_{net})是指煤在工业窑炉中燃烧时产生的热量。煤在工业窑炉中燃烧时，煤中水分和氢生成的水蒸气随烟道气进入大气中(假设燃烧产物中的水呈 20℃水蒸气状态)，此时燃料燃烧放出的热量一部分被水汽化所吸收，故热值降低。高位发热量减去这部分汽化热(或称蒸发热)后，即为低位发热量。

例如，1kg 收到基煤的生成水量为

$$\left(\frac{M_{ar}}{100} + \frac{H_{ar}}{100} \times \frac{18}{2}\right)\text{kg}$$

20℃时 1kg 水蒸气的热含量约为 2500kJ/kg，所以

$$Q_{gr,\ ar} - Q_{net,\ ar} = 2500\left(\frac{M_{ar}}{100} + \frac{H_{ar}}{100} \times \frac{18}{2}\right) = 25(M_{ar} + 9H_{ar})$$

$$Q_{net,\ ar} = Q_{gr,\ ar} - 225H_{ar} - 25M_{ar}$$

式中，$Q_{gr,\ ar}$为收到基煤的高位发热量，kJ/kg；$Q_{net,\ ar}$为收到基煤的低位发热量，kJ/kg；M_{ar}、H_{ar}分别为收到基煤中水、氢的含量。

其他基准时

$$Q_{net,\ ad} = Q_{gr,\ ad} - 225H_{ad} - 25M_{ad}$$

$$Q_{net,\ d} = Q_{gr,\ d} - 225H_{d}$$

$$Q_{net,\ daf} = Q_{gr,\ daf} - 225H_{daf}$$

式中，$Q_{net,\ ad}$、$Q_{net,\ d}$、$Q_{net,\ daf}$ 分别为空气干燥基、干燥基、干燥无灰基煤的低位发热量，kJ/kg；$Q_{gr,\ ad}$、$Q_{gr,\ d}$、$Q_{gr,\ daf}$分别为空气干燥基、干燥基、干燥无灰基煤的高位发热量，kJ/kg；H_{ad}、H_{d}、H_{daf} 分别为空气干燥基、干燥基、干燥无灰基煤中氢的含量；M_{ad}

为空气干燥基煤中水的含量。

4. 常用的表示方法

除了上面介绍的 3 种发热量，煤的分析还有 5 种不同的基准。因此，煤的发热量可以有 15 种不同的表示方法，但其中有些表示方法的实际应用意义不大。常用的有下列 5 种：

(1) 空气干燥基弹筒发热量，$Q_{b, ad}$。

(2) 空气干燥基高位发热量，$Q_{gr, ad}$。

(3) 干基高位发热量，$Q_{gr, d}$。

(4) 干燥无灰基高位发热量，$Q_{gr, daf}$。

(5) 收到基低位发热量，$Q_{net, ar}$。

空气干燥基弹筒发热量只作为测定的原始数据，应以高位发热量作为测定结果报出。动力燃料必须使用收到基低位发热量。在使用发热量结果时，必须搞清楚其类别和基准，否则会造成很大的误差。

5. 不同表示方法间的换算

同一基准间低位发热量与高位发热量的换算可利用前面介绍的公式。不同基准间高位发热量的换算可利用表 4-9 的换算关系换算。

不同基准间低位发热量间的换算，因为要考虑水对发热量的影响，所以不能直接应用表 4-9 的换算关系。

例如，收到基低位发热量是应用较多的一种表示方法，它的计算公式为

$$Q_{net, ar} = Q_{gr, ar} - 225H_{ar} - 25M_{ar}$$

如果要由 $Q_{net, ad}$ 求 $Q_{net, ar}$，可推导如下：

$$H_{ar} = H_{ad} \times \frac{100 - M_{ar}}{100 - M_{ad}}$$

$$Q_{gr,ar} = Q_{gr,ad} \times \frac{100 - M_{ar}}{100 - M_{ad}}$$

将上述两式代入

$$Q_{net, ar} = Q_{gr, ar} - 225H_{ar} - 25M_{ar}$$

得

$$\begin{aligned} Q_{net, ar} &= Q_{gr, ad} \times \frac{100 - M_{ar}}{100 - M_{ad}} - 225H_{ad} \times \frac{100 - M_{ar}}{100 - M_{ad}} - 25M_{ar} \\ &= (Q_{gr, ad} - 225H_{ad}) \times \frac{100 - M_{ar}}{100 - M_{ad}} - 25M_{ar} \\ &= (Q_{net, ad} + 25M_{ad}) \times \frac{100 - M_{ar}}{100 - M_{ad}} - 25M_{ar} \end{aligned}$$

即

$$Q_{\text{net, ar}}=(Q_{\text{net, ad}}+25M_{\text{ad}})\times\frac{100-M_{\text{ar}}}{100-M_{\text{ad}}}-25M_{\text{ar}}$$

其他基准时

$$Q_{\text{net, ar}}=Q_{\text{net, d}}\times\frac{100-M_{\text{ar}}}{100}-25M_{\text{ar}}$$

$$Q_{\text{net, ar}}=Q_{\text{net, daf}}\times\frac{100-M_{\text{ar}}}{100}-25M_{\text{ar}}$$

式中，$Q_{\text{net, ar}}$、$Q_{\text{net, ad}}$、$Q_{\text{net, d}}$、$Q_{\text{net, daf}}$分别为收到基、空气干燥基、干基、干燥无灰基煤的低位发热量，kJ/kg；M_{ar}、M_{ad}分别为收到基、空气干燥基煤中水的含量。

4.4.3 发热量的测定

目前，测定发热量的通用方法是氧弹法。

1. 测定原理

取一定量的分析煤样在充满高压氧气的弹筒(浸没在装一定质量的水的容器，俗称内筒)内完全燃烧，生成的热被水吸收，水温升高，由水升高的温度计算样品的发热量。

2. 仪器设备

测定发热量的仪器称为热量计，其结构如图 4-4 所示。热量计型号很多，根据水套温度的不同控制方式，可分为两种类型的热量计。

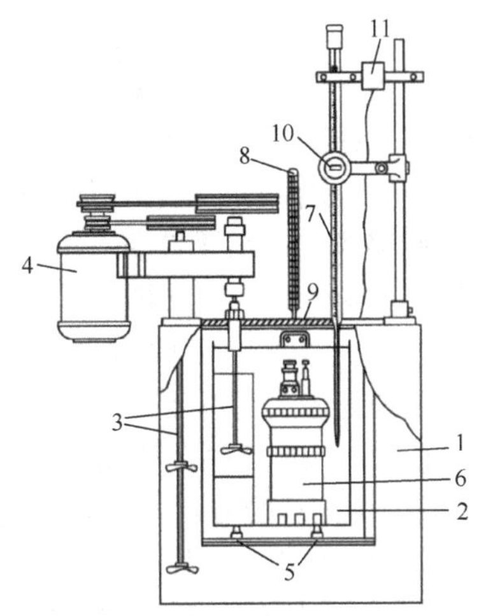

图 4-4 恒温式热量计

1. 外筒；2. 内筒；3. 搅拌器；4. 马达；5. 绝缘支柱；6. 氧弹；7. 量热温度计；8. 外筒温度计；9. 盖子；10. 放大镜；11. 振荡器

恒温式：以适当方式使外筒温度保持恒定不变，以便用较简便的计算公式校正热交换的影响。

绝热式：以适当方式使外筒温度在试验过程申始终与内筒保持一致，从而消除热交换。

热量计应安置在完全不受阳光直射的单独房间内，室温稳定在 15～35℃。试验时应尽量保持温度恒定，每次测定的室温变化应不超过 1℃。

热量计主要部件如下：

(1) 氧弹：用优质不锈钢制成，其结构如图 4-5 所示。弹筒容积为 250～300mL，经 9.81×10^{6}Pa 水压试验证明无问题后方能使用。

氧弹针形阀不仅用于充氧、抽气、排气，而且是点火电极一端，另一电极为弹体本身，两电极间采用聚四氟乙烯绝缘。

(2) 内筒：用优质不锈钢板制成，其结构如图 4-6 所示。内筒的装水量为 2000～

3000mL，应能浸没氧弹。内筒内侧的半圆形竖筒为搅拌器室。内筒置于外筒内，与外筒间距 10mm，底部有绝缘支柱支撑。内筒外表面光亮，避免与外筒间的辐射作用。

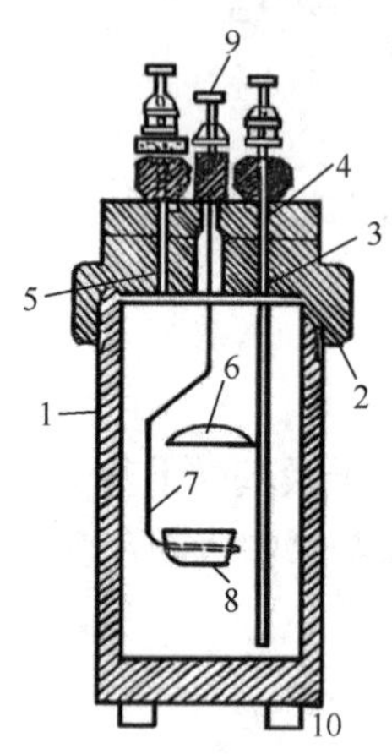

图 4-5 氧弹结构

1. 弹体；2. 弹盖；3. 进气管；4. 进气阀；5. 排气管；6. 遮火罩；7. 电极柱；8. 燃烧皿；9. 接线柱；10. 弹脚

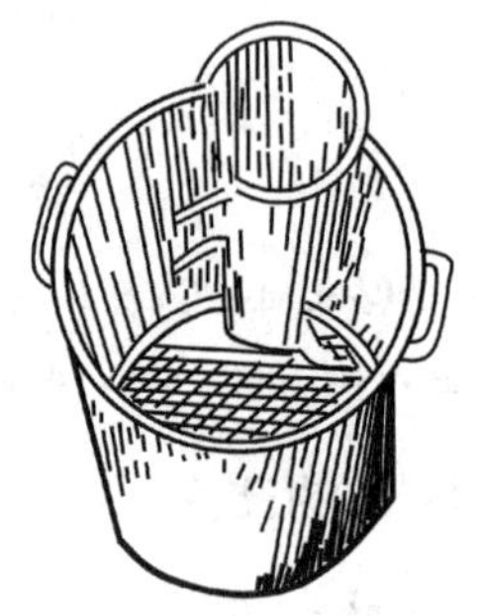

图 4-6 内筒

(3) 外筒：由不锈钢板制成的夹层筒，外壁呈圆形。夹层中充水并使水温保持恒定。内表面光亮，避免辐射作用。外筒有两个半圆形的胶木盖，盖上有孔，以插入温度计、搅拌器等。设有自动恒温装置，控制水温在测试过程中稳定不变(±0.1℃)。

(4) 搅拌器：搅拌内筒中的水，使样品燃烧生成的热尽快、均匀地分散。搅拌器是螺旋桨式，用马达带动，转速一般为 400～600r/min。螺旋桨与马达之间用绝热材料连接，避免传热。搅拌热不应超过 125J。

(5) 温度计：测量内筒中水温的变化值，是准确测定发热量的一个关键，因而必须使用高精密度的温度计。通常使用可变测温范围的贝克曼温度计，最小刻度为 0.01℃，经读数放大后可估读至 0.001℃。因为量程可变，所以可测−10～120℃的任何温度变化。

(6) 点火装置：在氧弹内的两电极之间，连接一段已知热值的细金属丝。通电后，金属丝熔断引燃试样。

(7) 压饼机：螺旋式或杠杆式均可，以能压制直径约 10mm 的煤饼或苯甲酸饼为准。模具及压杆用硬质合金制成，表面光洁，易于擦拭。

3. 材料及试剂

(1) 点火丝：已知发热量、直径为 0.1mm 的铁丝(6694J/g)、铜丝(2510J/g)、镍铬丝(1400J/g)、棉线(1748J/g)、铂丝(418J/g)。

(2) 氢氧化钠标准溶液[$c(NaOH) = 0.1mol/L$][9.13]。

(3) 甲基橙指示剂(2g/L)[5.3]或酚酞指示剂(10g/L)[5.2]。

(4) 苯甲酸：试剂一级，标准发热量为 26464J/g，测定热量计热容量时作为基准物。

(5) 氧气：不能含可燃物，不能使用电解法制备的氧气。

4. 测定过程

(1) 在金属燃烧皿底部铺上一个石棉纸垫(垫的周边应与皿密接，以防试样漏入皿底，燃烧不完全)，准确称量燃烧皿的质量。称取 0.9～1.1g 直径小于 0.2mm 的分析煤样，准确至 0.0002g，放入燃烧皿中。为防止某些试样燃烧时飞溅，可先用压饼机压制成饼，再切成 2～4mm 小块或用已知质量的擦镜纸包裹。不易燃烧完全的试样，可用石棉绒做衬垫(先在皿底铺上一层石棉绒，然后用手压实)。石英燃烧皿不需任何衬垫。若加衬垫仍燃烧不完全，可提高充氧压力至 3.2×10^{6}Pa，或者用已知质量和热值的擦镜纸包裹称好的试样并用手压紧，然后放入燃烧皿中。

在熔断式点火的情况下，取一段已知质量的点火丝，将两端分别接在氧弹的两个电极上。将盛有试样的燃烧皿放在支架上，调节点火丝中间部分，使其下垂与试样接触。注意勿使点火丝接触燃烧皿，以免形成短路，还应注意防止两电极之间以及燃烧皿与另一电极之间的短路。

加 10mL 蒸馏水于氧弹内(用于吸收燃烧生成的硫氧化物和氮氧化物)，小心拧紧弹盖，注意避免震动而改变燃烧皿和点火丝的位置。接上氧气导管，缓缓充入氧气，使压力达到$(2.8\sim3.0)\times10^{6}$Pa，达到压力后的持续充氧时间不得少于 15s。充氧完毕后，拆下氧气导管。

准确称取适量的水加入内筒，其数量应使氧弹盖的顶面(不包括突出的进、出气阀和电极)淹没在水面下 10～20mm。用水量必须与标定仪器热容量时的用水量相同(相差不超过 0.5g)。先调好外筒水温，使与室温相差不超过 1.5℃。内筒水温最初应稍低于外筒温度(用冰水调节)，而测定终期温度比外筒高 0.5～1.0℃。内、外筒温差过高，将导致过大的冷却校正而产生较大的误差。

将氧弹小心放入装好水的内筒中，若氧弹中无气泡漏出，则表明气密性良好，即可将内筒放在外筒内的绝缘支架上；若有气泡出现，则表明漏气，应找出原因，排除故障，重新充氧。然后接上点火丝电源，装好搅拌器和温度计并盖上外筒盖。温度计的水银球应位于氧弹主体的中部，温度计和搅拌器不得接触氧弹和内筒。在温度计露出水银柱处，应另悬挂一支普通温度计，用于测定露出柱的温度。

(2) 开动搅拌器、报时灯、温度计振荡器和照明灯，准确称取少量冰水加入内筒(冰水量计入内筒水的总质量)，使内筒水温较外筒略低 0.5～1℃，搅拌 5min，内筒温度均匀上升，开始测定。

发热量的测定分三个阶段：初期、主期、终期。

(a) 初期。在此期间，内、外筒温度为内低外高，进行热交换。先读取一次内筒温度，记为$t_{初}$。5min 后再读取一次温度，记为始点温度 t_0，并立即通电点火。同时，记下露出柱温度t'_0。

(b) 主期。在此期间，试样燃烧，使弹筒和内筒温度急剧升高，水温变为内高外低，内、外筒之间继续进行热交换。每隔 0.5min 读取一次温度，直到最高点后转而下降的第一次温度为止，最后一次温度记为终点温度 t_n，它标志着主期结束。同时记下露出柱温度t'_n。温升较快阶段，温度可只读到 0.01℃，缓慢阶段应读到 0.001℃。

(c) 终期。终点后，相隔 5min 再读一次温度记为 $t_{末}$，测定结束。

(3) 当终期结束后，停止搅拌，取出氧弹，放气。打开弹筒，仔细观察燃烧皿看反应是否完全。找出点火丝，量取长度，计算燃烧热量。

用蒸馏水冲洗弹筒内各部和燃烧皿、燃烧残渣，将全部洗液收集在一个烧杯中，供测硫用，总体积约 100mL。

5. 弹筒发热量 $Q_{b,ad}$ 的校正和计算

1) 温度校正

(1) 温度计刻度校正。根据检定证书中所给的修正值(贝克曼温度计称为毛细管修正值)校正始点温度 t_0 和终点温度 t_n，再由校正后的温度($t_0 + h_0$)和($t_n + h_n$)求出温升。其中，h_0 和 h_n 分别表示温度为 t_0 和 t_n 时的读数修正值。

(2) 露出柱温度校正值。测量内筒水温的贝克曼温度计或精密温度计的分度值，随着基点温度、浸没深度和露出柱温度的不同而改变。前两个因素可在热量计热容量标定和试样测定中取相同条件而抵消，但第三个因素因外界的温度无法人为控制使其保持一致，故需加以校正，校正系数 H 为

$$H = 1 + 0.00016(t' - t'_0)$$

式中，t' 为热容量标定中露出柱的平均温度，℃；t'_0 为试样测定中点火时露出柱温度，℃；0.00016 为水银对玻璃的相对膨胀系数。

2) 冷却校正

冷却校正又称为辐射校正。在恒温式发热量测定过程中，由于内、外筒水温始终存在差别，不可避免产生热交换。热交换常使内筒温升偏低，导致测量结果偏低，因而称为冷却作用。冷却校正也是采用温度补偿的方法，将损失的热量以温度的形式补偿到温差项中，用冷却校正系数 C(℃)表示。

C 值的准确计算较复杂，但它的大小主要与内筒温度的下降速度(起始阶段该值常为负值)和测量时间有关。C 值的计算采用经简化处理的本特公式

$$C = \frac{m}{2}(v_0 + v_n) + (n - m)v_n$$

式中，v_0 为测定初期(点火以前)内筒温度的下降速度(℃/0.5min)，即

$$v_0 = \frac{t_{初} - t_0}{10}$$

将初期时间定为 5min，计算中以 0.5min 为时间单位；v_n 为测定终期内筒温度的下降速度(℃/0.5min)，即

$$v_n = \frac{t_n - t_{末}}{10}$$

终期时间也定为 5min，计算中以 0.5min 为时间单位；n 为测定主期温度读数的次数(t_1～t_n 的次数，共 n 次，一般时间间隔为 0.5min)；m 为测定主期温度变化速度不小于 0.3℃/0.5min 的次数。如果第一个 0.5min 低于 0.3℃/0.5min(绝对值)，也算一次计入 m 中。

3) 点火丝热量校正

熔断式点火法可按所用点火丝种类，根据点火丝的实际消耗量(原用量减去点火后的残余量)和点火丝的燃烧热，计算试验中点火丝放出的热量。

4) 弹筒发热量 $Q_{b,ad}$ 的计算

$$Q_{b,\ ad}=\frac{EH[(t_n+h_n)-(t_0+h_0)+C]-(q_1+q_2)}{m}$$

式中，$Q_{b,ad}$ 为分析试样的弹筒发热量，J/g；E 为热量计的热容量，J/℃；H 为贝克曼温度计露出柱温度校正系数；t_n 为终点温度，℃；t_0 为始点温度，即点火时的温度，℃；h_n 为终点温度校正值，℃；h_0 为始点温度校正值，℃；C 为冷却校正系数，℃；q_1 为点火丝发热量，J；q_2 为添加物(如苯甲酸、包纸等)产生的热量，J；m 为分析试样的质量，g。

6. 热量计的热容量 K

热量计的热容量 K 是用热量基准物(如苯甲酸)进行标定得到的。在充有氧气的氧弹中燃烧一定量的已标定热值的苯甲酸，由点火后产生的总热量和内筒水温度升高的度数(经过修正)求出量热系统每升高 1℃所需要的热量，即热容，单位为 J/℃。

4.5 由工业分析结果计算煤的发热量

煤的发热量可以直接用量热仪测定，但大多数厂矿的化验室由于仪器条件的限制无法测定，因此利用煤的工业分析结果(如水分、灰分、挥发分等)计算煤的发热量，对于指导生产、降低煤耗具有很大的实用意义。

计算发热量没有一定的理论依据，而是以实测发热量和工业分析的数据为基础，总结归纳出适用的经验公式。煤炭科学研究总院提出了一系列用于计算各种煤发热量的半经验公式，不同的公式有不同的适用范围，下面仅介绍几个灰分低于 45%的煤的低位发热量的计算公式。

(1) 无烟煤空气干燥基低位发热量的计算公式：

$$Q_{net,\ ad}=K_0'-86M_{ad}-92A_{ad}-24V_{ad}$$

式中，$Q_{net,ad}$ 为煤的空气干燥基低位发热量，kcal/kg(1cal = 4.1816J)；M_{ad} 为煤的空气干燥基水分；A_{ad} 为煤的空气干燥基灰分；V_{ad} 为煤的空气干燥基挥发分；K_0' 为系数。

我国主要无烟煤矿区的 K_0' 值如表 4-12 所示。

表 4-12 我国主要无烟煤矿区的 K_0' 值

矿区名称	烟台、荫营、阳泉	焦作、晋城	龙岩	金竹山
K_0'	8500	8400	8200	8350

对于未知矿区的煤，可利用平均 H_{daf} 或 $V_{daf,校正}$，由表 4-13 或表 4-14 确定 K_0' 值。

表 4-13 无烟煤 H_{daf} 与 K_0' 值的对应关系

H_{daf}/%	≤0.6	0.6～1.2	1.2～1.5	1.5～2.0	2.0～2.5	2.5～3.0	3.0～3.5	3.5～4.0
K_0'	7700	7900	8050	8200	8300	8350	8450	8550

表 4-14 无烟煤 $V_{daf,校正}$ 与 K_0' 值的对应关系

$V_{daf,校正}$ /%	≤3	3～5.5	5.5～8.0	>8.0
K_0'	8200	8300	8400	8500

$V_{daf,校正}$ 可由表 4-15 中的公式求得。

表 4-15 $V_{daf,校正}$ 的计算公式

A_d/%	30～40	25～30	20～25	15～20	10～15	≤10
$V_{daf,校正}$ /%	$0.80V_{daf}-0.1A_d$	$0.85V_{daf}-0.1A_d$	$0.95V_{daf}-0.1A_d$	$0.80\ V_{daf}$	$0.90\ V_{daf}$	$0.95\ V_{daf}$

(2) 烟煤空气干燥基低位发热量的计算公式：

$$Q_{net,\ ad} = 100K_1' - (K_1' + 6)(M_{ad} + A_{ad}) - 3V_{ad} - 40M_{ad}$$

式中，K_1' 为系数，可按 V_{daf} 和焦渣特征由表 4-16 中查得。在查表前先将 V_{ad} 换算成 V_{daf}，再从表 4-16 中查出 K_1' 值。

表 4-16 烟煤的 K_1' 值

焦渣特征 \ V_{daf}/%	10～13.5	13.5～17	17～20	20～23	23～29	29～32	32～35	35～38	38～42	>42
1	84.0	80.5	80.0	79.5	76.5	76.5	73.0	73.0	73.0	72.5
2	84.0	83.5	82.0	81.0	78.5	78.0	77.5	76.5	75.5	74.5
3	84.5	84.5	83.5	82.5	81.0	80.0	79.0	78.5	78.0	76.5
4	84.5	85.0	84.0	83.0	82.0	81.0	80.0	79.5	79.0	77.5
5～6	84.5	85.0	85.0	84.0	83.5	82.5	81.5	81.0	80.0	79.5
7	84.5	85.0	85.0	85.0	84.5	84.0	83.0	82.5	82.0	81.0
8	不出现	85.0	85.0	85.0	85.0	84.5	83.5	83.0	82.5	82.0

注：(1) 对于 V_{daf}>55%、焦渣特征 7～8 的江西乐平煤，K_1' 取 84.5。

(2) 焦渣特征按 GB/T 212—2008 规定。

只有少数 V_{daf}<35%且 M_{ad}>3%的烟煤，在计算 $Q_{net,\ ad}$ 时才减去最后一项($40M_{ad}$)。

(3) 褐煤空气干燥基低位发热量的计算公式：

$$Q_{net,\ ad} = 100K_2' - (K_2' + 6)(M_{ad} + A_{ad}) - 3V_{ad} - 40M_{ad}$$

式中，K_2' 为系数。

我国主要褐煤矿区的 K_2' 值如表 4-17 所示。对于未知矿区的煤，可利用平均 O_{daf} 或 V_{daf}，由表 4-18 或表 4-19 确定 K_2' 值。

表 4-17　我国主要褐煤矿区的 K_2' 值

矿区名称	扎赉诺尔	义马	平庄	沈阳	舒兰	小龙潭	黄县
K_2'	65.0	68.5	68.5	67.0	65	63.0	67

表 4-18　褐煤 O_{daf} 与 K_2' 值的对应关系

O_{daf}/%	15～17	17～19	19～21	21～23	23～25	25～27	27～29	＞29
K_2'	69.0	67.5	66	64	63	62	61	59

表 4-19　褐煤 V_{daf} 与 K_2' 值的对应关系

V_{daf}/%	37～45	45～49	49～56	56～62	＞62
K_2'	68.5	67.0	65.0	63.0	61.5

(4) 标准煤耗的计算。

各种燃料设备消耗能源的多少可用标准煤耗(千克标煤/单位产品)表示，用下式计算：

$$\text{标准煤耗} = \frac{\text{实物煤耗} \times Q_{net,ar}}{7000}$$

【例 4-2】 某厂烟煤的 M_{ar} =10.50%，M_{ad} =2.71%，A_{ad} =23.20%，V_{ad} =26.41%，焦渣特征为 5，实物煤耗 290kg/t 熟料。试求 $Q_{net,ad}$、$Q_{net,ar}$ 和标准煤耗值。

解

$$V_{daf} = V_{ad} \times \frac{100}{100-(M_{ad}+A_{ad})} = 26.41\% \times \frac{100}{100-(2.71+23.20)} = 36.65\%$$

根据 V_{daf} 和焦渣特征，由表 4-18 查得 $K_1' = 81.0$，则

$$\begin{aligned} Q_{net,ad} &= 100K_1' - (K_1'+6)(M_{ad}+A_{ad}) - 3V_{ad} \\ &= 100\times 81.0 - (81.0+6)\times(2.71+23.20) - 3\times 26.41 \\ &= 8100 - 2254 - 79 \\ &= 5767(\text{kcal/kg煤}) \end{aligned}$$

$$\begin{aligned} Q_{net,ar} &= (Q_{net,ad}+25M_{ad})\times\frac{100-M_{ar}}{100-M_{ad}} - 25M_{ar} \\ &= (5767+25\times 2.71)\times\frac{100-10.50}{100-2.71} - 25\times 10.50 \\ &= 5835\times\frac{89.50}{97.29} - 262.5 \\ &= 5105(\text{kcal/kg煤}) \end{aligned}$$

$$\text{标准煤耗} = \frac{290\times 5105}{7000} = 211.5(\text{kg标煤/t熟料})$$

扫一扫 知识拓展 煤这样走进人们的生活

习 题

1. 煤主要由哪些组分构成？各组分的作用如何？

2. 煤的分析有哪几类分析方法？煤的工业分析一般测定哪些项目？

3. 如何从火车、汽车及煤堆中采取具有代表性的试样？采取的煤试样要经过哪些过程才能得到送交化验室的样品？化验室收到试样后，如何制成分析用试样？在制样过程中应注意哪些问题？

4. 煤中的水分以什么形态存在？应如何测定？

5. 称取空气干燥基煤试样 1.2000g，测定挥发分时失去质量 0.1420g，测定灰分时残渣的质量为 0.1125g，已知空气干燥基水分为 4%，求煤样的挥发分、灰分和固定碳含量。

6. 称取空气干燥基煤试样 1.000g，测定挥发分时失去质量 0.2824g，已知此空气干燥基煤试样中的水分为 2.50%、灰分为 9.00%、收到基水分为 8.10%，分别求收到基、空气干燥基、干基和干燥无灰基的挥发分及固定碳含量。

7. 什么是艾士卡试剂？在煤中硫的测定中，各组分的作用如何？

8. 称取空气干燥基煤试样 1.2000g，灼烧后残余物的质量为 0.1000g，已知收到基水分为 5.40%，空气干燥基水分为 1.50%，求收到基、空气干燥基、干基和干燥无灰基的灰分。

9. 试述煤的分析结果各种基准之间的换算关系。

10. 什么是热值？其测定原理如何？热值的实际意义是什么？

第5章 气 体 分 析

5.1 概　　述

在工业生产领域中，气体扮演着重要的角色，既作为原料驱动化学反应的进行，又作为能源为生产提供动力。同时，工业过程中不可避免地会产生废气，这些气体的成分分析对于环境保护和生产安全至关重要。工业气体可大致分为四大类：化工原料气、燃料气、废气及厂房内的空气。

化工原料气涵盖了多种基础化学物质，如天然气(以甲烷为主)、石油气(包含甲烷及其他低碳烃类)、焦炉煤气(氢气、氮气、甲烷混合)及水煤气(一氧化碳与氢气的组合)，它们是无机与有机合成工业不可或缺的基础材料。此外，硫铁矿焙烧过程中产生的二氧化硫和石灰焙烧窑释放的二氧化碳等同样属于重要的化工原料气范畴。天然气、石油气、焦炉煤气、水煤气等除了可作化工原料气外，也是常用的燃料气。

废气是工业生产中不可避免的副产物，包括烟道气和化工尾气，其成分复杂多样，依据企业具体生产活动而异，常含有氮气、氧气、二氧化碳、一氧化碳、水蒸气及少量其他气体。厂房内的空气一般多少含有一些生产用的气体或废气，因设备漏气而散入空气中，对人员健康及生产安全构成潜在威胁。

气体分析在工业分析和环境检测中占有重要的地位。在工业生产中，需要掌握原料气的组成进行配料；通过对中间产品气体的分析，可以指导生产的正常进行；进行厂房空气分析，可以检查设备的泄漏和通风情况，确定有无有害气体，以及含量是否已危及工作人员的健康和厂房的安全；通过对烟道气的分析，可以了解燃料的燃烧是否正常，以利于充分利用燃料；通过对工业废气的分析，可以了解来自不同污染源的各种污染物的浓度及种类。因此，通过气体分析可以及时发现生产中存在的问题，以便及时采取各种措施，确保生产顺利进行。

气体的分析方法可分为化学分析法、物理分析法和物理化学分析法。化学分析法是根据气体的化学性质进行测定的方法，如吸收法、燃烧法等；物理分析法是根据气体的物理性质(如密度、导热性、热值等)进行测定的方法；物理化学分析法是根据气体的物理化学性质进行测定的方法，如色谱法、红外光谱法等，需根据测定对象和具体要求选择合适的分析方法。

气体的特点是质量较小、流动性大，而且体积随环境温度或压力的改变而显著改变。因此，在气体分析中，通常测量气体的体积而不是质量，并同步记录环境的温度和压力。

在气体混合物中各部分的温度和压力是均匀的，因此混合气体各组分的含量不随温度及压力的变化而改变。一般进行气体混合物的分析时，如果只根据气体体积的测量进行气体分析，则只要在同一温度和压力下测量全部气体及其组成部分的体积即可。通常测量是在当时的大气温度和压力下进行的。

5.2 气体的分析方法

气体分析中，近年来广泛应用各种仪器分析方法进行分析测定。但是根据气体的化学性质，利用化学分析法进行分析鉴定仍然具有很大的实用意义。

气体的化学分析法主要有吸收法和燃烧法，实际生产中往往两种方法结合使用。

5.2.1 吸收法

气体的化学吸收分析法包括气体体积法、吸收滴定法和吸收重量法。

1. 气体体积法

1) 基本原理

利用气体组分的化学性质，使气体混合物与特定试剂接触，则混合气体中的待测组分与试剂发生化学反应而被定量吸收，其他成分不发生反应。如果吸收前后的温度及压力一致，则吸收前后的体积之差即为待测组分的体积。例如

$$\text{混合气}(CO_2 + O_2) + 2KOH(\text{液}) = K_2CO_3 + H_2O + O_2$$

O_2不反应，不被吸收，因此吸收前后体积之差即为CO_2的体积。

对于液态和固态物料，也可利用同样的原理，使物料中的待测组分经过化学反应转变为气体，然后用特定试剂吸收，根据气体体积进行定量测定。

2) 吸收剂

用来吸收气体的试剂称为气体吸收剂。

不同的气体具有不同的化学性质，因此要用不同的吸收剂进行吸收。吸收剂可以是液态物质，也可以是固态物质。多数情况下是用液态吸收剂，但有时也使用固态吸收剂。例如，海绵状钯是常用的氢的吸收剂。

工业分析中常用的气体吸收剂有以下几种：

(1) KOH 溶液。常用于吸收 CO_2，一般使用 33% KOH 溶液，1mL 此溶液能吸收 40mL CO_2。此法适用于中等浓度以上CO_2的测定。当CO_2含量<1%时应用$Ba(OH)_2$溶液吸收，草酸返滴定法测定。H_2S、SO_2等酸性气体也与 KOH 反应，干扰吸收，应事先除去。

NaOH 的浓溶液极易产生泡沫，而且吸收CO_2后生成的Na_2CO_3难溶于 NaOH 的浓溶液中，易发生仪器管道的堵塞事故，因此通常都使用 KOH。

(2) 焦性没食子酸(化学名称为邻苯三酚或 1,2,3-苯三酚)的碱性溶液。常用于吸收O_2。试剂与氧的反应分两步进行，首先是焦性没食子酸与碱发生反应，生成焦性没食子酸钾。

$$C_6H_3(OH)_3 + 3KOH = C_6H_3(OK)_3 + 3H_2O$$

然后是焦性没食子酸钾与氧作用，被氧化为六氧基联苯钾。

$$2C_6H_3(OK)_3 + 1/2O_2 \longequal (KO)_3C_6H_2—C_6H_2(OK)_3 + H_2O$$

1mL 焦性没食子酸的氢氧化钾溶液能吸收 8～12mL O_2。此试剂的吸收效率随温度降低而减弱，0℃时几乎不能吸收 O_2，在 15℃以上，气体中含氧量在 25%以下时，吸收效率最高。含氧量低于 10%时应使用精细刻度的量气管，含氧量降至 1%～2%仍可使用本法，在 1%以下则用分光光度法进行测定。

因为是碱性溶液，酸性气体对其有干扰，应在测定前除去。

(3) 氯化亚铜的氨性溶液。用于吸收 CO。CO 与 Cu_2Cl_2 作用生成不稳定的 $Cu_2Cl_2 \cdot 2CO$，在氨性溶液中，进一步发生分解反应

$$Cu_2Cl_2 \cdot 2CO + 4NH_3 + 2H_2O \longequal 2NH_4Cl + Cu_2(COONH_4)_2$$

1mL 此吸收液可以吸收 16mL CO。此法适用于 CO 含量高于 2%时的测定，CO 含量高时可用两个吸收瓶连续吸收。但吸收后的气体中常混有 NH_3，在测量剩余气体之前应使气体通过 H_2SO_4 而除去 NH_3。

氧、乙炔、乙烯及许多不饱和碳氢化合物和酸性气体也被此吸收液吸收，应在吸收 CO 前除去。

(4) 饱和溴水。用于吸收不饱和烃(C_nH_m)。溴能与不饱和烃发生加成反应生成液态溴代烃，因此饱和溴水是不饱和烃的良好吸收剂。例如

乙烯 $$CH_2 = CH_2 + Br_2 \longequal CH_2Br—CH_2Br$$

乙炔 $$CH \equiv CH + 2Br_2 \longequal CHBr_2—CHBr_2$$

(5) 有 Ag_2SO_4 作催化剂的浓硫酸。因为能与不饱和烃发生反应生成烃(亚烃)基硫酸或芳磺酸，也是不饱和烃的常用吸收剂。例如

$$CH_2 = CH_2 + H_2SO_4 \longequal CH_3—CH_2OSO_2H$$

$$CH \equiv CH + 2H_2SO_4 \longequal CH_3—CH(OSO_2OH)_2$$

$$C_6H_6 + H_2SO_4 \longequal C_6H_5SO_3H + H_2O$$

3) 气体的吸收顺序

在混合气体中被某一吸收剂吸收的组分可能不止一种，因此必须根据实际情况，合理安排吸收顺序，以达到分别测定的目的。

例如，煤气中主要含有 CO_2、C_nH_m、O_2、CO、CH_4、H_2、N_2 等气体，根据吸收剂的性质，分析煤气时，吸收顺序应安排如下：

(1) KOH 溶液。只吸收 CO_2，其他组分不吸收，故排在第一位。

(2) 饱和溴水。只吸收不饱和烃，其他组分不干扰。但是要用碱溶液除去吸收时混入的溴蒸气，此时 CO_2 也被吸收，故应排在 KOH 溶液之后。

(3) 焦性没食子酸的碱性溶液。虽然试剂本身只与 O_2 反应，但是碱性溶液能吸收酸性气体，故应排在 KOH 溶液之后。

(4) 氯化亚铜的氨性溶液。不但吸收 CO，而且能吸收 CO_2、C_nH_m 等气体，因此只能在这些气体除去之后，故排在第四位。

用燃烧法测定 CH_4、H_2 之前，必须先将 CO_2、C_nH_m、O_2、CO 除去，因为 C_nH_m 和 CO 也能燃烧，使最后结果计算复杂；CO_2 和 O_2 将影响燃烧后生成的 CO_2 和燃烧用 O_2 量的测量。因此，应在以上 4 种气体吸收完后再进行燃烧法测定。

分析的顺序如下：KOH 溶液吸收 CO_2；溴水吸收 C_nH_m；焦性没食子酸的碱性溶液吸收 O_2；氯化亚铜的氨性溶液吸收 CO；燃烧法测定 CH_4 及 H_2；剩余的气体为 N_2。

2. 吸收滴定法

1) 基本原理

吸收滴定法是将混合气体通过特定的吸收剂溶液，则待测组分与吸收剂反应而被吸收，然后在一定条件下用标准溶液滴定。该法是综合应用吸收法和滴定法测定气体物质的含量。

2) 应用

吸收滴定法广泛用于气体分析，部分常用的吸收剂及滴定反应如表 5-1 所示。吸收滴定法也可用于液态或固态物料，使物料中待测组分经过化学反应转变为气体，用适当的吸收剂吸收，最后用滴定法完成测定。

表 5-1 常用的吸收剂及滴定反应

气体	吸收反应	滴定反应
NH_3	$2NH_3 + H_2SO_4$(标准溶液) $\longrightarrow (NH_4)_2SO_4$	$2NaOH + H_2SO_4$(剩余) $\longrightarrow Na_2SO_4 + 2H_2O$
Cl_2	$2KI + Cl_2 \longrightarrow 2KCl + I_2$	$2Na_2S_2O_3 + I_2 \longrightarrow Na_2S_4O_6 + 2NaI$
SO_2	$SO_2 + I_2$(标准溶液) $+ 2H_2O \longrightarrow H_2SO_4 + 2HI$	$2Na_2S_2O_3 + I_2$(剩余) $\longrightarrow Na_2S_4O_6 + 2NaI$
HCl	$HCl + NaOH$(标准溶液) $\longrightarrow NaCl + H_2O$	$H_2SO_4 + 2NaOH$(剩余) $\longrightarrow Na_2SO_4 + 2H_2O$
	或 $HCl + AgNO_3$(标准溶液) $\longrightarrow AgCl\downarrow + HNO_3$	$NH_4SCN + AgNO_3$(剩余) $\longrightarrow AgSCN\downarrow + NH_4NO_3$
H_2S	$H_2S + Cd(Ac)_2 \longrightarrow CdS\downarrow + 2HAc$	$CdS + 2HCl + I_2$(标准溶液) $\longrightarrow 2HI + CdCl_2 + S\downarrow$ $Na_2S_2O_3 + I_2$(剩余) $\longrightarrow Na_2S_4O_6 + 2NaI$

例如，钢铁中硫的含量就是用此法测定的(参见第 6 章)。

3. 吸收重量法

综合应用吸收法和重量分析法测定气体物质或可以转化为气体物质的元素含量的方法称为吸收重量法。

例如，有机化合物中碳、氢

根据吸收剂增加的质量，分别计算 C、H 的含量。

5.2.2　燃烧法

挥发性饱和碳氢化合物性质较稳定，与一般化学试剂较难发生反应，没有合适的吸收剂，因此不能用吸收法测定。但这些气体大多可以用燃烧法测定。

氢和一氧化碳虽然有吸收剂，但在一定的情况下也可用燃烧法测定。

1. 基本原理

可燃性气体燃烧时，其体积的缩减、消耗氧的体积或生成 CO_2 的体积之间有一定的比例关系，可以据此计算可燃性气体的量。

例如，氢的燃烧反应为

$$\begin{array}{ccccc} 2H_2 & + & O_2 & = & 2H_2O \\ 2\text{体积} & & 1\text{体积} & & 0\text{体积} \end{array}$$

水蒸气冷凝为液态水的体积忽略不计。因此，在反应过程中有 3 体积气体(包括 2 体积 H_2 和 1 体积 O_2)消失。用 $V_{缩}$ 表示燃烧后减少的体积，V_{H_2} 表示燃烧前 H_2 的体积，则有

$$\frac{V_{缩}}{V_{H_2}} = \frac{3}{2}$$

$$V_{缩} = \frac{3}{2}V_{H_2}$$

甲烷的燃烧反应为

$$\begin{array}{ccccccc} CH_4 & + & 2O_2 & = & CO_2 & + & 2H_2O \\ 1\text{体积} & & 2\text{体积} & & 1\text{体积} & & 0\text{体积} \end{array}$$

燃烧后由原来的 3 体积(1 体积 CH_4 和 2 体积 O_2)缩减为 1 体积(1 体积 CO_2)，有 2 体积消失，则有

$$\frac{V_{缩}}{V_{CH_4}} = \frac{2}{1}$$

$$V_{缩} = 2V_{CH_4}$$

一氧化碳的燃烧反应为

$$\begin{array}{ccccc} 2CO & + & 2O_2 & = & 2CO_2 \\ 2\text{体积} & & 1\text{体积} & & 2\text{体积} \end{array}$$

燃烧后由原来的 3 体积缩减为 2 体积，则有

$$V_{缩} = \frac{1}{2}V_{CO}$$

消耗氧的体积与 H_2、CH_4、CO 的关系分别为

$$V_{耗氧} = \frac{1}{2}V_{H_2}$$

$$V_{耗氧} = 2V_{CH_4}$$

$$V_{耗氧} = \frac{1}{2}V_{CO}$$

常见可燃性气体的燃烧反应及有关体积变化关系如表 5-2 所示。

表 5-2 常见可燃性气体的燃烧反应及体积变化关系

气体	燃烧反应	可燃气体积	耗氧体积	缩减体积	生成 CO_2 体积
H_2	$2H_2+O_2 \longrightarrow 2H_2O$	V_{H_2}	$1/2V_{H_2}$	$3/2V_{H_2}$	0
CO	$2CO+O_2 \longrightarrow 2CO_2$	V_{CO}	$1/2V_{CO}$	$1/2V_{CO}$	V_{CO}
CH_4	$CH_4+2O_2 \longrightarrow CO_2+2H_2O$	V_{CH_4}	$2V_{CH_4}$	$2V_{CH_4}$	V_{CH_4}
C_2H_6	$2C_2H_6+7O_2 \longrightarrow 4CO_2+6H_2O$	$V_{C_2H_6}$	$7/2V_{C_2H_6}$	$5/2V_{C_2H_6}$	$2V_{C_2H_6}$
C_2H_4	$C_2H_4+3O_2 \longrightarrow 2CO_2+2H_2O$	$V_{C_2H_4}$	$3V_{C_2H_4}$	$2V_{C_2H_4}$	$2V_{C_2H_4}$

2. 一元可燃性气体的测定

气体混合物中只含有一种可燃性气体时，测定、计算都较简单。

【例 5-1】 氮、氧、二氧化碳、一氧化碳的混合气体 50.00mL，经 KOH 溶液、焦性没食子酸的碱性溶液吸收(除去 CO_2、O_2 的干扰)后，向剩余气体中加入空气(提供燃烧所需要的氧)，燃烧测得生成 CO_2 的体积为 20.00mL，计算混合气体中 CO 的体积分数。

解 CO 燃烧后生成 CO_2 的体积与 V_{CO} 相等，则

$$V_{CO} = 20.00\text{mL}$$

$$\varphi_{CO} = \frac{20.00}{50.00} = 0.40 = 40\%$$

3. 二元可燃性气体混合物的测定

如果气体混合物中含两种可燃性组分，可以先用吸收法除去干扰组分，然后燃烧，测量其缩减体积、耗氧体积或生成 CO_2 的体积，列出两个方程，解方程组，即可计算出可燃性组分的体积分数。

【例 5-2】 CO、CH_4 及 N_2 的混合气体 20.00mL，加入一定量过量的 O_2，燃烧后，体积缩减 21.00mL，生成 CO_2 为 18.00mL，计算混合气体中各组分的体积分数。

解 混合气中 CO、CH_4 为可燃性组分，燃烧后均有体积缩减，分别为 $1/2V_{CO}$、$2V_{CH_4}$；均生成 CO_2，分别为 V_{CO}、V_{CH_4}。依题意得

$$1/2V_{CO} + 2V_{CH_4} = 21.00 \tag{1}$$

$$V_{CO} + V_{CH_4} = 18.00 \tag{2}$$

由式(2)得

$$V_{CO} = 18.00 - V_{CH_4}$$

代入式(1)得

$$\frac{1}{2}(18.00 - V_{CH_4}) + 2V_{CH_4} = 21.00$$

解得

$$V_{CH_4} = 8.00 \text{ mL}$$

$$V_{CO} = 10.00 \text{ mL}$$

$$V_{N_2} = 20.00 - 8.00 - 10.00 = 2.00(\text{mL})$$

$$\varphi_{CO} = \frac{10.00}{20.00} = 0.50 = 50\%$$

$$\varphi_{CH_4} = \frac{8.00}{20.00} = 0.40 = 40\%$$

$$\varphi_{N_2} = \frac{2.00}{20.00} = 0.10 = 10\%$$

【例 5-3】 含 H_2、CH_4、N_2 的混合气体 20.00mL，准确加入空气 80.00mL，燃烧后，用 KOH 溶液吸收生成的 CO_2，剩余气体体积为 68.00mL，再用焦性没食子酸的碱性溶液吸收剩余的 O_2 后，体积为 66.28mL。计算混合气体中 H_2、CH_4 及 N_2 的体积分数。

解 燃烧前准确加入 80.00mL 空气，空气中 O_2 含量为 20.9%，相当于加入 O_2：80.00×20.9%=16.72(mL)，燃烧后又用吸收法测得 O_2：68.00 − 66.28 = 1.72(mL)。因此，燃烧中的耗 O_2 体积：16.72−1.72 = 15.00(mL)，即 H_2、CH_4 耗氧体积为

$$1/2V_{H_2} + 2V_{CH_4} = 15.00 \tag{1}$$

燃烧前气体总体积：20.00 + 80.00 = 100.00(mL)

燃烧后除去 CO_2 后剩余体积：68.00mL

则燃烧中的体积缩减与生成 CO_2 的总体积：100.00 − 68.00 = 32.00(mL)，即

$$V_{缩} + V_{CO_2} = 32.00$$

而

$$V_{缩} = 3/2V_{H_2} + 2V_{CH_4}\text{，}\quad V_{CO_2} = V_{CH_4}$$

则

$$3/2V_{H_2} + 3V_{CH_4} = 32.00 \tag{2}$$

解式(1)、式(2)联立方程得

$$V_{H_2} = 12.7\text{mL}$$

$$V_{CH_4} = 4.33\text{mL}$$

$$V_{N_2} = 2.97\text{mL}$$

$$\varphi_{H_2} = \frac{12.7}{20.00} = 0.635 = 63.5\%$$

$$\varphi_{CH_4} = \frac{4.33}{20.00} = 0.216 = 21.6\%$$

$$\varphi_{N_2} = \frac{2.97}{20.00} = 0.149 = 14.9\%$$

4. 燃烧方法

在气体分析中，使气体燃烧的方法有以下几种。

1) 爆炸燃烧法

可燃性气体与空气(或氧气)混合，当两者浓度达到一定比例时，遇火源即能爆炸。利用可燃性气体的这种性质，使可燃性气体在特殊仪器中爆炸燃烧，称为爆炸燃烧法。

不同气体都有其爆炸燃烧的浓度范围，称为爆炸极限，如甲烷的爆炸极限为5.00%～15.00%，一氧化碳为 12.5%～74.2%。爆炸极限的最低浓度称为爆炸下限，最高浓度称为爆炸上限，此极限对工业生产的防爆极为重要。

饱和烃可以用此法测定。

2) 缓慢燃烧法

控制可燃性气体浓度小于爆炸下限，则只能在炽热金属丝加热下缓慢燃烧，此方法称为缓慢燃烧法。

缓慢燃烧法适用于可燃性组分浓度低的混合气体或空气中可燃物的测定。

3) 氧化铜燃烧法

氧化铜在高温下可以氧化可燃性气体，使其缓慢燃烧。H_2、CO 在 280℃以上开始燃烧，而甲烷需 600℃以上才燃烧，反应式如下：

$$H_2 + CuO = H_2O + Cu$$

$$CO + CuO = CO_2 + Cu$$

$$CH_4 + 4CuO = CO_2 + 2H_2O + 4Cu$$

氧化铜作用后，可在 400℃空气流中氧化、再生，继续使用。此法优点是：不加入空气或氧气，减少一次体积测量，而且误差小，计算也较简单。

H_2、CO 可以用此法测量。

5.3 气体分析仪器

气体的化学分析法所使用的仪器，由于用途和仪器的型号不同，其结构或形状也不相同，但是它们的基本原理是一致的。常用的气体分析仪有奥氏气体分析仪和苏式气体分析仪。

5.3.1 气体分析仪的主要部件

1. 量气管

量气管是测量气体体积的部件，容积一般为 100mL，为准确计量气体体积，其上刻有精密刻度。

(1) 双球式量气管。上球容积为 25.00mL，下球容积为 35.00mL，下部容积为 40.00mL，分度值为 0.10mL。

下端用橡胶管与装有封闭液的水准瓶相连，上端与吸收瓶相连，有一个三通活塞，如图 5-1 所示。

(2) 双臂式量气管。左臂为 4 个容积为 20.00mL 的玻璃球，右臂为刻有 0.05mL 分度值的容积为 20.0mL 的细管。两臂下端各自有活塞，活塞下面两臂彼此相通且连为一体，用橡胶管将其与装有封闭液的水准瓶相连。上端也彼此相通后，连为一体且有三通活塞，与吸收瓶相连，如图 5-2 所示。

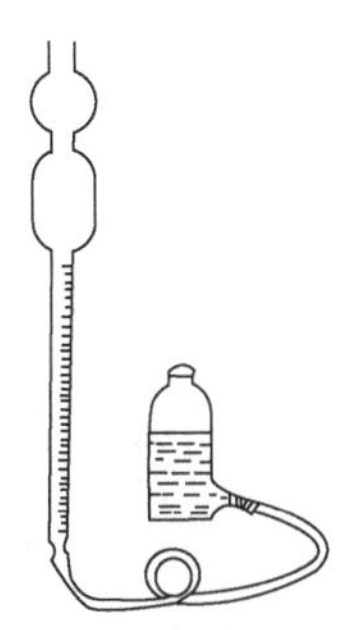

图 5-1　双球式量气管

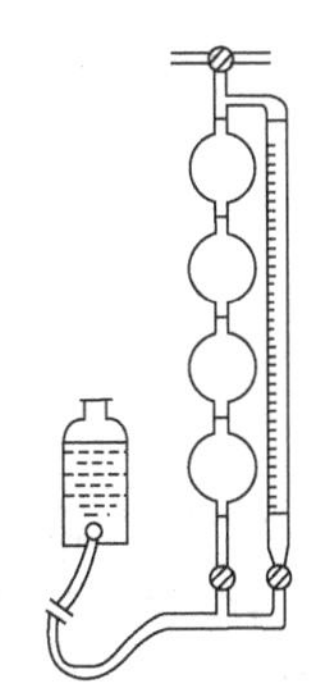

图 5-2　双臂式量气管

控制活塞后提起水准瓶，气样则被封闭液挤进吸收瓶；放下水准瓶，气样则被封闭液吸入量气管。

还有其他不同形式的量气管，原理相似。

2. 吸收瓶

吸收瓶是供气体进行吸收作用的部件，分为作用部分和承受部分。作用部分经活塞和梳形管与量气管相连，承受部分通大气，每部分的体积都大于量气管，为 120～150mL。吸收瓶有接触式和气泡式，接触式的作用部分中装有很多支直立的小口径玻璃管，以增大吸收液与气体的接触面积，适用于黏度较大的吸收剂，其结构如图 5-3 所示；气泡式的作用部分中有一支几乎插到瓶底的气泡喷管，气体经喷头喷出，被分散成许多小气泡，有利于流过气体被吸收剂完全吸收，适用于黏度较小的吸收剂，其结构如图 5-4 所示。

使用前，利用水准瓶和量气管将吸收瓶内的吸收剂吸至作用部分顶端。当待测气体进入吸收瓶时，吸收剂与待测气体在作用部分反应，同时吸收剂被挤进承受部分；当气体被吸回量气管时，吸收剂又流入作用部分，完成一次吸收。如此反复数次，使气体组分与吸收剂反复作用，达到完全吸收的目的。

承受部分管口要用液态石蜡或套上橡胶袋密封，以防止吸收液与空气中某些气体作用。

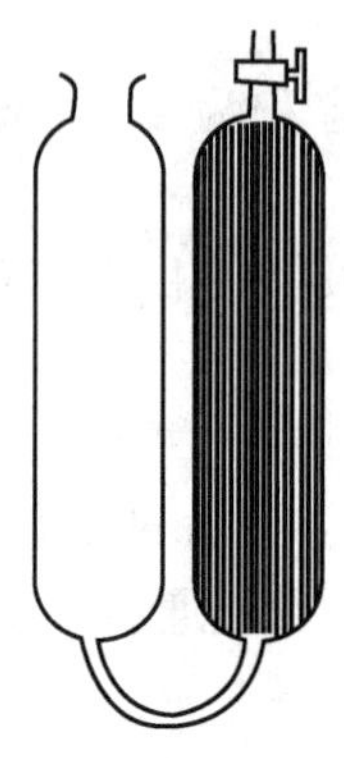
图 5-3 接触式吸收瓶

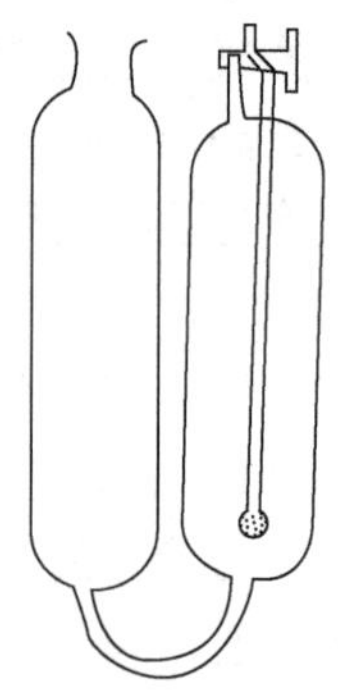
图 5-4 气泡式吸收瓶

3. 燃烧管

燃烧管用于完成可燃性气体的燃烧反应。根据燃烧方式的不同，使用不同的燃烧管。

(1) 爆炸燃烧管(爆炸球或爆炸瓶)。其形状如图 5-5 所示，也包括作用部分和承受部分。作用部分上端熔封两根铂丝作为电极，间隙约 1 mm，通电后交流电经感应线圈变成 10kV 以上高压，使铂丝电极间隙产生火花，引起可燃性气体爆炸。它适用于可燃性气体含量较大的气体样品，分析速度快，但准确性稍差。

(2) 缓慢燃烧管(又称铂丝燃烧管)。其结构如图 5-6 所示。缓慢燃烧管是两支上下连接的优质玻璃管，上部为作用部分，下部为承受部分。管内一支细玻璃管上端口外熔封一段螺旋状铂丝，由 6V 电源供电。通电后铂丝炽热，温度达 850～900℃，可燃性气体在铂丝表面缓慢燃烧。这种燃烧管分析的准确度较高，适用于低浓度组分的测定。

(3) 氧化铜燃烧管。其结构如图 5-7 所示，为 U 形的石英管。在管内中部填有粒状或棒状氧化铜，用电炉加热，可燃性气体通过燃烧管与氧化铜反应而缓慢燃烧。这种燃烧管可以控制一定温度范围，分别测定不同的气体。

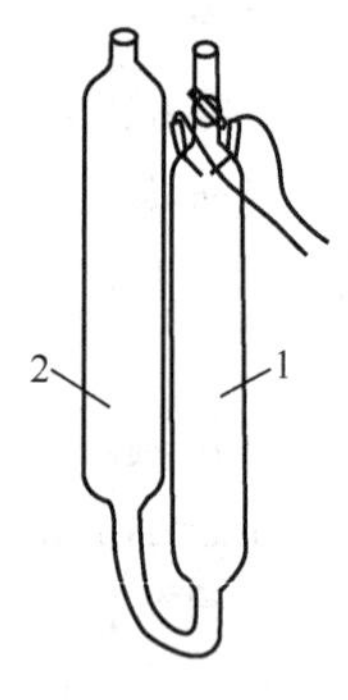

图 5-5 爆炸燃烧管
1. 作用部分；2. 承受部分

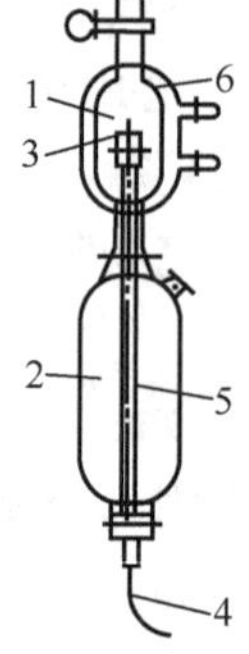

图 5-6 缓慢燃烧管
1. 作用部分；2. 承受部分；3. 螺旋状铂丝；4. 铜丝；5. 玻璃管；6. 水套管

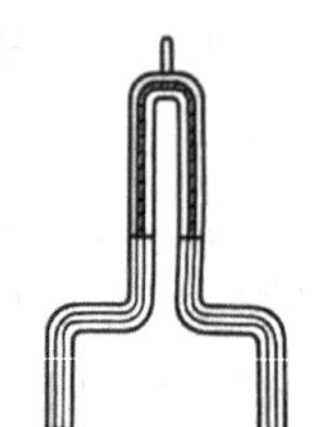
图 5-7 氧化铜燃烧管

(4) 梳形管及活塞。其结构如图 5-8 所示，用来连接量气管、吸收瓶和燃烧管，是气体流动的通路。活塞有普通活塞和三通活塞两种，用来控制气体流动的路线。

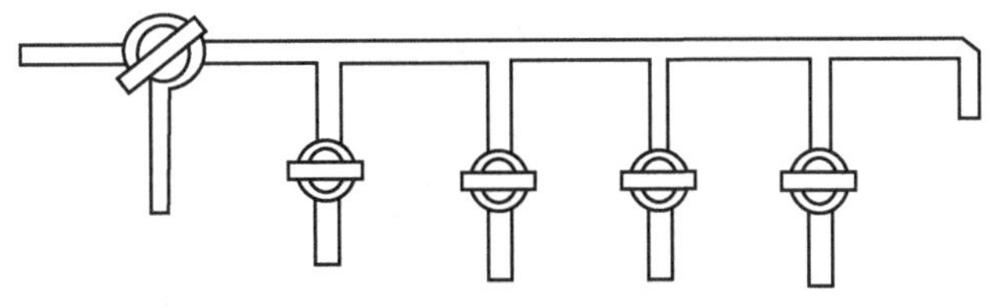

图 5-8　梳形管及活塞

5.3.2　常用气体分析仪

目前气体分析仪的类型很多，常用的有奥氏气体分析仪和苏式气体分析仪。

奥氏气体分析仪最早有三管式、四管式的。其优点是简单、轻便，适合用吸收法测定组成较简单的气体混合物，不适用于成分复杂的气体混合物的全分析。为满足工业分析需求，奥氏气体分析仪经历了多次改良，如增加吸收瓶数目、改变量气管的形状、增加三通活塞数目、增添不同形式的燃烧管等，各种改良型奥氏气体分析仪扩大了仪器的应用范围。如图 5-9 所示的改良奥氏气体分析仪由一支量气管、四个吸收瓶和一个爆炸球组成，可进行 CO_2、O_2、CO、CH_4、H_2、N_2 混合气体的分析测定。

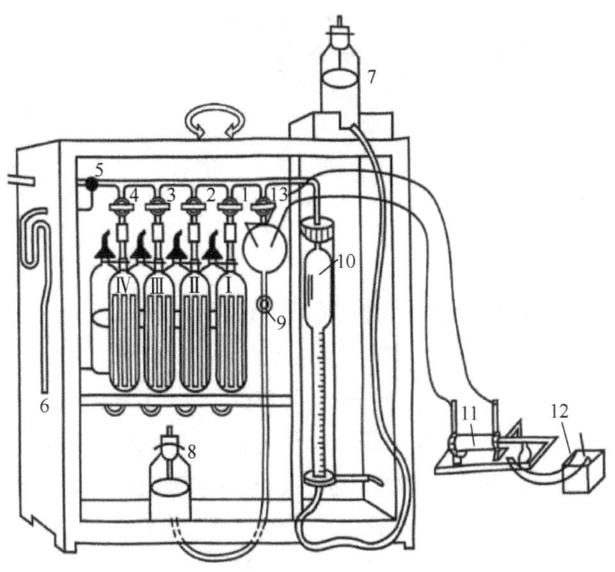

图 5-9　改良奥氏气体分析仪

Ⅰ～Ⅳ. 吸收瓶；1～4、9、13 活塞；5. 三通活塞；6. 气体导入管；7、8. 水准瓶；10. 量气管；11. 感应线圈；12. 电源

苏式气体分析仪由七个吸收瓶、一个氧化铜燃烧管、一个缓慢燃烧管和双臂式量气管构成，可进行煤气全分析或更复杂的混合气体分析。该仪器构造复杂，分析速度较慢，但精度较高，实用性较广。其结构如图 5-10 所示。

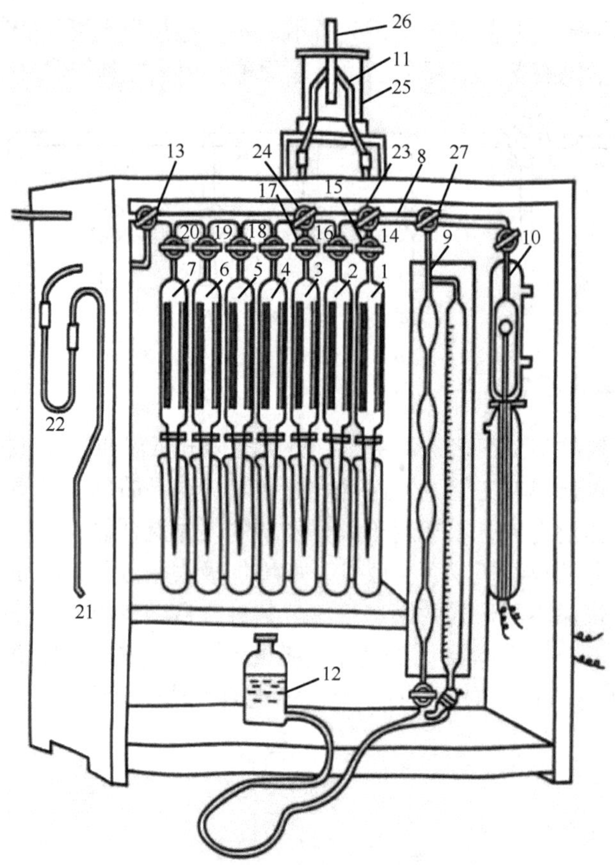

图 5-10 苏式气体分析仪

1～7. 吸收瓶；8. 梳形管；9. 量气管；10. 缓慢燃烧管；11. 氧化铜燃烧管；12. 水准瓶；
13、24、27. 三通活塞；14～20、23. 活塞；21. 进样口；22. 过滤管；25. 加热器；26. 热电偶

5.4 半水煤气的分析

半水煤气是合成氨的原料，由焦炭、水蒸气、空气等制成。它的全分析项目有 CO_2、O_2、CO、CH_4、H_2 及 N_2 等。可以利用气相色谱法进行分析，也可利用化学分析法进行分析。当用化学分析法时，CO_2、O_2、CO 可用吸收法测定，CH_4 和 H_2 可用燃烧法测定，剩余气体为 N_2。各种气体的体积分数一般为 CO_2：7%～11%；O_2：0.5%；CO：26%～32%；H_2：38%～42%；CH_4：1%；N_2：18%～22%。半水煤气各成分的体积分数可作为合成氨造气工段调节水蒸气和空气比例的依据。

用化学分析法进行测定时，主要采用吸收法和燃烧法，其原理在前面已讲述。

1. 仪器

改良奥氏气体分析仪。

2. 试剂

氢氧化钾溶液(33%)[2.10]；焦性没食子酸的碱性溶液[8.24]；氯化亚铜的氨性溶液[8.25]；硫酸封闭液[3.38]。

3. 测定步骤

1) 准备工作

首先将洗净、干燥的气体分析仪各部件用橡胶管连接安装好。所有旋转活塞都必须涂抹润滑剂，使其转动灵活。

依照拟好的分析顺序，将各吸收剂分别自吸收瓶的承受部分注入吸收瓶中。为进行半水煤气分析，吸收瓶Ⅰ中注入 33% KOH 溶液；吸收瓶Ⅱ中注入焦性没食子酸的碱性溶液；吸收瓶Ⅲ、Ⅳ中注入氯化亚铜的氨性溶液。水准瓶中注入硫酸封闭液。

先检查仪器是否漏气。调节三通活塞，使量气管与大气相通，提高水准瓶，排除气体至液面升至量气管的顶端标线为止。然后关闭三通活塞，使梳形管与空气隔绝，放低水准瓶，依次打开吸收瓶Ⅰ～Ⅳ及爆炸球的活塞，使吸收瓶中的吸收液液面上升至标线，关闭活塞，排出吸收瓶Ⅰ～Ⅳ及爆炸球中的废气。再次将三通活塞旋至量气管与大气相通，提高水准瓶，将量气管内的气体排出，并使液面升至标线，然后将三通活塞关闭，将水准瓶放在底板上。如果量气管内液面开始稍微移动后即保持不变，并且各吸收瓶及爆炸球等的液面也保持不变，表示仪器已不漏气；如果液面下降，说明仪器有漏气之处，应检查并处理，确认仪器不漏气后方可进行测定。

2) 测定过程

(1) 采样。调节各吸收瓶及爆炸球的液面在标线上。气体导入管与取样容器相连。将三通活塞打开，同时打开取样容器的活塞并放低水准瓶，吸入少量气体洗涤量气管，旋转三通活塞使量气管通大气，升高水准瓶将气体试样排出。如此操作 2～3 次后，放低水准瓶，将气体试样吸入量气管中。当液面下降至刻度“0”以下少许，旋转三通活塞使量气管与大气相通，小心提高水准瓶使多余的气体试样排出(此操作应小心、快速、准确，以免空气进入)，使量气管中的液面至刻度“0”处(两液面应在同一水平面上)。最后将三通活塞关闭，完成气体试样的采集，采集气体试样的体积为 100.0mL ($V_{样}$)。

(2) 吸收。打开吸收瓶Ⅰ上的活塞，提高水准瓶，将气体试样压入吸收瓶Ⅰ中，直至量气管内的液面快到标线为止。然后放低水准瓶，将气体试样抽回，如此操作 3～4 次，最后一次将气体试样自吸收瓶中全部抽回。当吸收瓶Ⅰ内的液面升至顶端标线，关闭吸收瓶Ⅰ上的活塞 1，将水准瓶移近量气管，两液面对齐，读出气体体积 V_1，吸收前后体积之差($V_{样}-V_1$)即为气体试样中所含 CO_2 的体积。为保证吸收完全，可再重复上述操作一次，如果体积相差小于 0.1mL，即认为已吸收完全。

按同样的操作方法依次吸收 O_2、CO 等气体，可测出试样中所含 O_2、CO 的体积。

(3) 爆燃。如果进行燃烧法测定，打开吸收瓶Ⅱ上的活塞 2，将剩余气体全部压入吸收瓶Ⅱ中储存，关闭活塞 2 。确认爆炸球内的液面已调节至球的顶端标线处，放低水准瓶 7 引入空气冲洗梳形管，再提高水准瓶 7 将空气排出，如此冲洗 2～3 次。最后准确引入 80.00mL 空气，关闭三通活塞，打开吸收瓶Ⅱ上的活塞 2，放低水准瓶 7(注意空气不能进入吸收瓶Ⅱ内)，量取约 10mL 剩余气体，关闭活塞 2 ，准确读数。打开爆炸球下的活塞 9。将混合气体压入爆炸球内，并来回抽压 2 次，使其充分混匀，最后将全部气体压入爆炸球内。关闭爆炸球上的活塞 13，将爆炸球的水准瓶放在桌上(切记！爆炸球下的活塞 9 是开着的！)。接上感应圈开关，慢慢转动感应圈上的旋钮，则爆炸球的两铂丝间有火花产生，使混合气体爆燃。燃烧完后，将剩余气体压回量气管中，量取体积。前后体积之差为燃烧缩减的体积($V_{缩}$)。再将气体压入吸收瓶Ⅰ，测定生成 CO_2 的体积 $V_{CO_2}^{生成}$ 。

3) 计算

$$\varphi_{CO_2} = \frac{V_{CO_2}}{V_{样}} \qquad \varphi_{O_2} = \frac{V_{O_2}}{V_{样}} \qquad \varphi_{CO} = \frac{V_{CO}}{V_{样}}$$

$$\varphi_{CH_4} = \frac{V_{CH_4}}{V_{样}} \times \frac{V_{余}}{V_{取}} = \frac{V_{CO_2}^{生成}}{V_{样}} \times \frac{V_{余}}{V_{取}}$$

$$\varphi_{H_2} = \frac{V_{H_2}}{V_{样}} \times \frac{V_{余}}{V_{取}} = \frac{2(V_{缩} - 2V_{CO_2}^{生成})}{3V_{样}} \times \frac{V_{余}}{V_{取}}$$

式中，$V_{样}$ 为采集试样的体积，mL；V_{CO_2} 为试样中含 CO_2 的体积，mL；V_{O_2} 为试样中含 O_2 的体积，mL；V_{CO} 为试样中含 CO 的体积，mL；$V_{余}$ 为吸收 CO_2、O_2、CO 后剩余气体的体积，mL；$V_{取}$ 为剩余气体中取出进行燃烧测定的气体的体积，mL；V_{CH_4} 为进行燃烧测定的气体试样中含 CH_4 的体积，mL；V_{H_2} 为进行燃烧测定的气体试样中含 H_2 的体积，mL；$V_{缩}$ 为气体燃烧后缩减的总体积，mL；$V_{CO_2}^{生成}$ 为气体中 CH_4 燃烧后生成 CO_2 的体积，mL。

4) 注意事项

(1) 必须严格遵守分析程序，各种气体的吸收顺序不得更改。

(2) 读取体积时，必须保持两液面在同一水平面上。

(3) 进行吸收操作时，应始终观察上升液面，以免吸收液、封闭液冲到梳形管中。水准瓶应匀速上、下移动，不得过快。

(4) 仪器各部件均为玻璃制品，转动活塞时不得用力过猛。

(5) 如果在工作中吸收液进入活塞或梳形管中，可用封闭液清洗。如果封闭液变色，则应更换。新换的封闭液应用分析气体饱和。

(6) 仪器若短期不使用，应经常转动碱性吸收瓶的活塞，以免粘住；若长期不使用，应清洗干净，干燥保存。

(7) 每次测量体积时记下温度与压力，需要时可以在计算中进行校正。

5.5　大气污染物分析

大气是指包围在地球周围的气体，其厚度达 1000～1400km。其中，对人类及生物生存起重要作用的是近地面约 10km 内的气体层(对流层)，常把这层气体称为空气层。大气是由多种物质组成的混合物。清洁、干燥的空气主要组分是氮 78.06%、氧 20.95%、氩 0.93%。这三种气体的总和约占总体积的 99.94%，其余还有 10 多种气体总和不足 0.1%。干燥的空气不包括水蒸气，而实际上水蒸气是空气的重要组成部分，其浓度随地理位置和气象条件而异。

清洁的空气是人类和生物赖以生存的环境要素之一，但是随着工业及交通运输业等的迅速发展，特别是煤和石油的大量使用，将产生的大量有害物质和烟尘、二氧化硫、氮氧化物、一氧化碳、碳氢化合物等排放到大气中，破坏了自然生态平衡体系，危害人们的生活、工作和健康，损害自然资源及财产等，这种情况称为大气污染。

大气环境承载着众多污染物，其中已识别出并确认具有危害性的超过百种，大部分归属于有机物类别。这些污染物的存在形态深受其物理化学性质及生成过程的影响，大致可划分为分子态污染物与颗粒态污染物两大类。在分子态污染物中，二氧化硫、氮氧化物、一氧化碳、氯化氢、氯气及臭氧等具有极低的沸点，因此在常温常压条件下，它们以气态分子的形式广泛散布于空气中。此外，还有一些物质，如苯、苯酚等，尽管在标准状况下呈现液体或固体形态，但因其强挥发性，能够轻易转化为蒸气状态，进而混入大气中。颗粒态污染物则是由微小液滴和固体微粒组成的复杂非均相体系，其粒径范围广泛，多为 0.01～100μm。

对大气污染影响较广、危害较大的是二氧化硫、一氧化碳、氮氧化物、碳氢化合物、臭氧、光化学烟雾和粉尘等，本节主要介绍分子状态污染物二氧化硫和氮氧化物的测定。

5.5.1　大气污染物的采集方法及采样装置

采集大气(空气)样品的方法可分为直接采样法和富集(浓缩)采样法两类。

1. 直接采样法

当大气中的待测组分浓度较高或监测方法灵敏度较高时，从大气中直接采集少量气样，即可满足监测分析要求。例如，用非色散红外吸收法测定空气中的一氧化碳；用紫外荧光法测定空气中的二氧化硫等都用直接采样法。这种方法测得的结果是瞬时浓度或短时间内的平均浓度，能较快地测知结果。常用的采样容器有注射器、真空瓶(管)等，与工业气体的采集方法类似。

2. 富集(浓缩)采样法

大气中的污染物质浓度一般都比较低，直接采样法往往不能满足分析方法检测限的要求，故需要用富集采样法对大气中的污染物进行浓缩。富集采样时间一般比较长，测得结果代表采样时段的平均浓度，更能反映大气污染的真实情况。这种采样方法包括溶液吸收法、固体阻留法、低温冷凝法及自然沉降法等，下面主要介绍溶液吸收法。

溶液吸收法是采集大气中气态、蒸气态及某些气溶胶态污染物质的常用方法。采样时，用抽气装置将待测空气以一定流量抽入装有吸收液的吸收管(瓶)。采样结束后，倒出吸收液进行测定，根据测得结果及采样体积计算大气中污染物的浓度。

溶液吸收法的吸收效率主要取决于吸收速度和气体样品与吸收液的接触面积。为提高吸收速度，应根据被吸收污染物的性质选择效能好的吸收液。吸收液可分为两类：一类是基于气体分子与吸收液的物理作用；另一类是基于它们的化学作用。通常伴有化学反应的吸收溶液，其吸收速度比单靠溶解作用的吸收液快得多。因此，除采集溶解度非常大的气态物质外，一般都选用伴有化学反应的吸收液。

选择吸收液的原则是：

(1) 与被采集的物质发生化学反应快或对其溶解度大。

(2) 污染物质被吸收液吸收后，要有足够的稳定时间，以满足分析测定所需时间的要求。

(3) 污染物质被吸收后，应有利于下一步分析测定，最好能直接用于测定。

(4) 吸收液毒性小、价格低，最好能回收利用。

常用的吸收装置有以下几种：

(1) 气泡吸收管(图 5-11)。这种吸收管可装 5～10mL 吸收液，采样流量为 0.1～1.0L/min，适合采集气态和蒸气态物质。对于气溶胶态物质，因不能像气态分子那样快速扩散到气液界面上，故吸收效率较差。

(2) 冲击式吸收管(图 5-12)。这种吸收管有小型(装 5～10mL 吸收液，采样流量为 3.0L/min)和大型(装 50～100mL 吸收液，采样流量为 30L/min)两种规格，适合采集气溶胶态物质。该吸收管的进气管喷嘴孔径小，距瓶底又很近，当被采气样快速从喷嘴喷出冲向管底时，气溶胶颗粒因惯性作用冲击到管底被分散，从而易被吸收液吸收。冲击式吸收管不适合采集气态和蒸气态物质，因为气体分子的惯性小，在快速抽气情况下容易随空气一起跑掉。

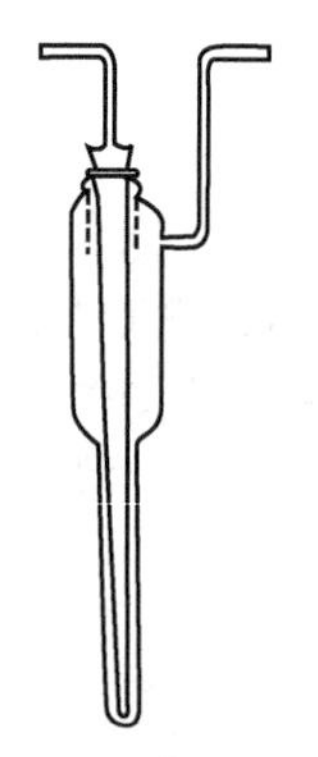

图 5-11　气泡吸收管

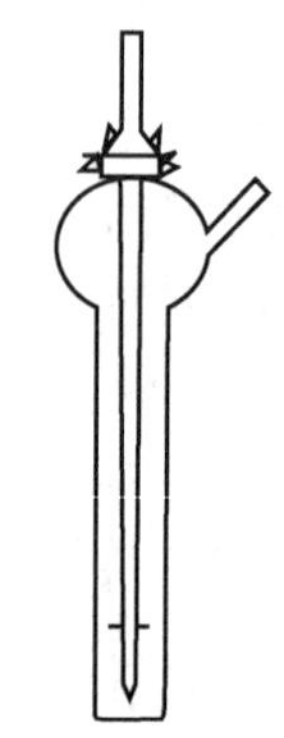

图 5-12　冲击式吸收管

(3) 多孔筛板吸收管、瓶(图 5-13、图 5-14)。该吸收管可装 5～10mL 吸收液，采样流量为 0.1～1.0L/min。吸收瓶有小型(装 10～30mL 吸收液，采样流量为 0.5～2.0L/min)和大型(装 50～100mL 吸收液，采样流量为 30L/min)两种规格。气样通过吸收管(瓶)的筛板后分散成很小的气泡，且阻留时间长，大大增加了气、液接触面积，从而提高了吸收效率。它们不仅适合采集气态和蒸气态物质，也能采集气溶胶态物质。

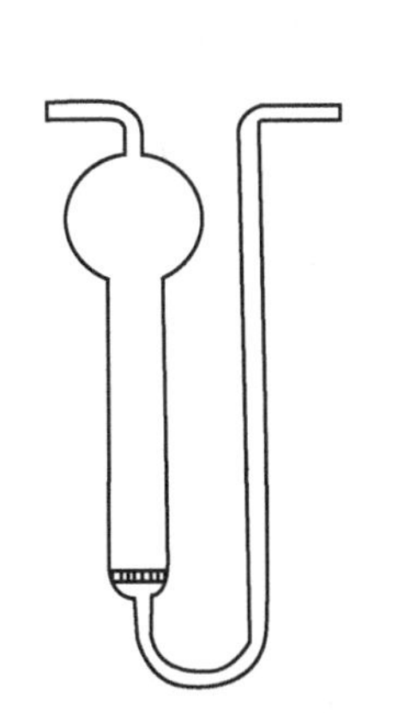

图 5-13 多孔筛板吸收管

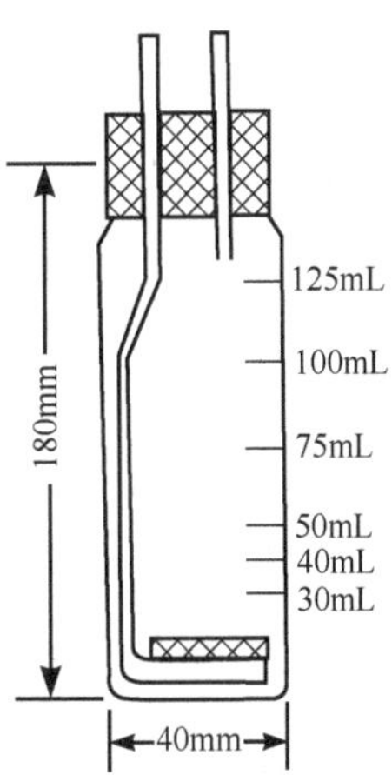

图 5-14 多孔筛板吸收瓶

3. 采样装置

1) 装置组成

用于大气污染监测的采样器主要由流量计、收集器和采样动力三部分组成，如图 5-15 所示。

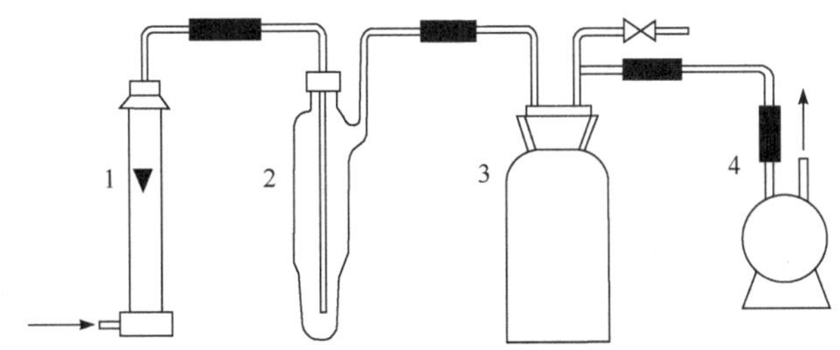

图 5-15 采样器装置组成

1. 流量计；2. 收集器；3. 缓冲瓶；4. 抽气泵

(1) 流量计。流量计是测量气体流量的仪器，而流量是计算采集气样体积必知的参数。常用的流量计有转子流量计，其结构如图 5-16 所示，由一个上粗下细的锥形玻璃管和一个金属转子组成。当气体由玻璃管下端进入时，由于转子下端的环形孔隙截面积大于转子上端的环形孔隙截面积，转子下端气体的流速小于上端的流速，下端的压力大于上端的压力，使转子上升，直到上、下两端压力差与转子的重量相等时，转子停止不动。气体流量越大，转子升得越高，可直接从转子上沿位置读出流量。

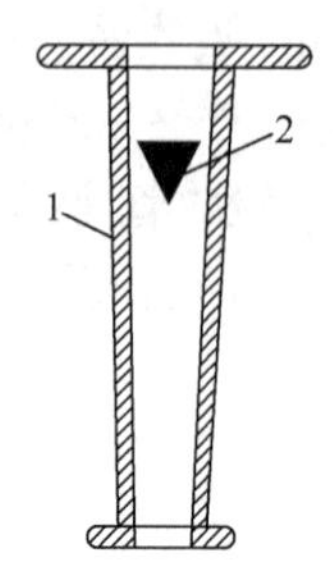

图 5-16 转子流量计
1. 锥形玻璃管；2. 转子

(2) 收集器。收集器是捕集大气中待测物质的装置，如前面介绍的气体吸收管(瓶)。要根据被捕集物质的存在状态、理化性质等选用适宜的收集器。

(3) 采样动力。采样动力应根据所需采样流量、采样体积、所用收集器及采样点的条件进行选择。一般应选择质量轻、体积小、抽气动力大、流量稳定、连续运行能力强及噪声小的采样动力。注射器、连续抽气筒、双连球等手动采样动力适用于采气量小、无市电供给的情况。对于采样时间较长和采样速度要求较大的场合，需要使用电动抽气泵。常用的有真空泵、刮板泵、薄膜泵及电磁泵等。

2) 专用采样装置

将流量计、收集器、抽气泵及气样预处理、流量调节、自动定时控制等部件组装在一起，就构成专用采样装置。

5.5.2 大气中二氧化硫的测定

二氧化硫是主要的大气污染物之一，它来源于煤和石油等燃料的燃烧、含硫矿石的冶炼、硫酸等化工产品生产排放的废气。二氧化硫是一种无色、易溶于水、有刺激性气味的气体，能通过人的呼吸进入气管，对气管起刺激和腐蚀作用，是诱发支气管炎等疾病的主要原因之一。

测定空气中二氧化硫的常用方法有酸碱滴定法、碘量法、盐酸副玫瑰苯胺分光光度法、库仑滴定法和电导法等。盐酸副玫瑰苯胺分光光度法是我国《环境空气质量标准》(GB 3095—2012)规定的标准分析方法，具有灵敏度高、选择性好等优点，但吸收液的毒性较大。

1. *方法原理*

用氯化汞和氯化钾(钠)配制成采样用的吸收液四氯汞钾(钠)，吸收采样空气中的二氧化硫，生成稳定的二氯亚硫酸盐配合物。此配合物与甲醛作用生成羟甲基磺酸，再与盐酸副玫瑰苯胺反应生成紫色配合物，其颜色深浅与二氧化硫含量成正比，可利用分光光度法进行测定。反应式如下：

$$HgCl_2 + 2KCl = K_2[HgCl_4]$$

$$[HgCl_4]^{2-} + SO_2 + H_2O = [HgSO_3Cl_2]^{2-} + 2H^+ + 2Cl^-$$

$$[HgSO_3Cl_2]^{2-} + HCHO + 2H^+ = HgCl_2 + HOCH_2SO_3H$$

$$3HOCH_2SO_3H + \text{盐酸副玫瑰苯胺} \longrightarrow \text{聚玫瑰红甲基磺酸(紫红色配合物)}$$

酸度对测定影响很大。当溶液 pH 为 1.6±0.1 时，有色配合物呈红紫色，最大吸收波长为 548nm，且有较大的空白值；当溶液 pH 为 1.2±0.1 时，有色配合物呈紫色，最大吸收波长为 575nm，空白值较小。国家标准规定溶液 pH 为 1.2±0.1。本法检测限为 0.03μg/mL 二氧化硫。当采样体积为 30L 时，最低检出浓度为 0.025mg/m^3。

2. 仪器和试剂

多孔玻璃板吸收管(短时采样)；多孔玻璃板吸收瓶(75～125mL，24h 采样)；空气采样器(流量 0～1L/min)；分光光度计。

四氯汞钾(TCM)吸收液(0.04mol/L)[8.26]；甲醛溶液(2.0g/L)[8.27]；氨基磺酸铵溶液(6.0g/L)[7.13]；盐酸副玫瑰苯胺储备液(2.0g/L)[6.24]；盐酸副玫瑰苯胺使用液(0.16g/L)[6.25]；亚硫酸钠标准溶液(5.00μg/mL)[10.22]。

3. 采样

(1) 短时间采样。用内装 5mL 吸收液的多孔玻璃板吸收管以 0.5L/min 流量采样 10～20L。

(2) 24h 采样。测定 24h 平均浓度时，用内装 50mL 吸收液的多孔玻璃板吸收瓶以 0.2L/min 流量，10～16℃恒温采样。

如果样品采集后不能当天测定，应保存于冰箱中，在采样、运输过程中，应避免阳光直接照射。

4. 分析步骤

(1) 标准曲线的绘制。分别吸取亚硫酸钠标准溶液 0.00mL、0.60mL、1.00mL、1.40mL、1.60mL、1.80mL、2.20mL、2.70mL 于 8 支 10mL 具塞比色管中，按顺序加入 5.00mL、4.40mL、4.00mL、3.60mL、3.40mL、3.20mL、2.80mL、2.30mL 四氯汞钾吸收液，摇匀，其二氧化硫含量分别为 0.00μg/10mL、1.20 μg/10mL、2.00 μg/10mL、2.80 μg/10mL、3.20 μg/10mL、3.60 μg/10mL、4.40 μg/10mL、5.40μg/10mL。在上述各管中分别加入 0.50mL 氨基磺酸铵溶液，摇匀，再加入 0.50mL 甲醛溶液、1.50mL 盐酸副玫瑰苯胺使用液，用新煮沸并已冷却的蒸馏水稀释至刻度，摇匀。当室温为 15～20℃时，显色 30min；室温为 20～25℃时，显色 20min；室温为 25～30℃时，显色 15min。用 1cm 比色皿，以水为参比，于 575nm 波长处分别测定吸光度。扣除空白后，以吸光度为纵坐标、二氧化硫含量为横坐标，绘制标准曲线。

(2) 试样的测定。样品中若有浑浊物，应离心分离除去。采样后放置 20min，使臭氧分解，避免干扰。

短时间样品：将采样后的全部吸收液移入 10mL 具塞比色管中，用少量水洗涤吸收管，洗涤液并入比色管中，使总体积为 5mL。加入 0.50mL 氨基磺酸铵溶液，摇匀。放置 10min，消除氮氧化物的干扰。以下操作步骤同标准曲线的绘制。

24h 样品：将采样后的全部吸收液移入 50mL 容量瓶中，用少量水洗涤吸收管，洗涤液并入容量瓶中，使总体积为 50mL，摇匀。吸取适量样品(小于或等于 5mL)置于 10mL 具塞比色管中，用吸收液定容为 5mL。以下操作步骤同短时间样品的测定。

5. 计算

样品测定的同时做试剂空白。用试样吸光度减去空白吸光度，在标准曲线上查出二氧化硫的质量，以$\rho(SO_2)$表示二氧化硫的含量(mg/m^3)，用下式计算：

$$\rho(SO_2)=\frac{m}{V}\times\frac{V_1}{V_a}$$

式中，m 为由标准曲线查出二氧化硫的质量，μg；V_1 为吸收液总体积，mL；V_a 为分取吸收液体积，mL；V 为标准状况下的采样体积，L。

$$V=V_t\times\frac{273}{273+t}\times\frac{p}{101.325}$$

式中，V_t为实际采样体积，L；t 为采样时的温度，℃；p 为采样时的大气压，kPa。

6. 注意事项

(1) 温度对显色有较大的影响。温度越高，空白值越大。温度高，显色反应速度快，褪色也快。最好使用恒温水浴控制显色温度为 20～30℃，且温差不超过 2℃。

(2) 盐酸副玫瑰苯胺必须提纯后方可使用，否则其中所含杂质会使试剂空白增大，灵敏度降低。

(3) 干扰测定的物质主要是氮氧化物、臭氧、铁、铬等。显色前加入氨基磺酸铵可定量消除氮氧化物的影响；采样后放置一段时间(20min)可使臭氧自行分解；磷酸和EDTA 可以消除或减小铁、铬等重金属的干扰。避免使用铬酸洗液。

(4) 用过的玻璃器皿应及时洗涤，否则红色难以洗净。具塞比色管可用盐酸(1+4)洗涤，比色皿可用盐酸(1+4)加 1/3 体积乙醇的混合液洗涤。

(5) 四氯汞钾溶液剧毒，使用时应小心，若溅在皮肤上，立即用水冲洗。使用过的废液要集中回收处理，以免污染环境。

5.5.3 大气中氮氧化物的测定

氮氧化物有 N_2O、NO、NO_2、N_2O_3、N_2O_4 和 N_2O_5 等多种形式，它们主要来源于化石燃料燃烧和硝酸、化肥等生产排放的废气及汽车尾气。大气中的氮氧化物主要以 NO_2 和 NO 形式存在。NO 是无色、无臭、微溶于水的气体，在空气中易被氧化为 NO_2；NO_2 是棕红色气体，具有刺激性，是引起支气管炎等呼吸道疾病的有害物质。在监测工作中，既可分别测定 NO 和 NO_2，也可以测定其总量(NO_x)，通常是测定总量，并以 NO_2 的形式表示。

测定空气中氮氧化物的方法主要是盐酸萘乙二胺分光光度法。此法采样和显色同时进行，操作简便，灵敏度高，是国内外普遍采用的方法，也是我国《环境空气质量标准》(GB 3095—2012)规定的标准分析方法。

1. 方法原理

用冰醋酸、对氨基苯磺酸和盐酸萘乙二胺配制成吸收显色液吸收二氧化氮，生成亚硝酸和硝酸。在冰醋酸存在的条件下，亚硝酸与氨基苯磺酸发生重氮化反应，再与盐酸萘乙二胺偶合生成玫瑰红色的偶氮染料，颜色深浅与 NO_2 含量成正比，据此进行分光光度法测定。反应式如下：

$$2NO_2 + H_2O \longrightarrow HNO_3 + HNO_2$$

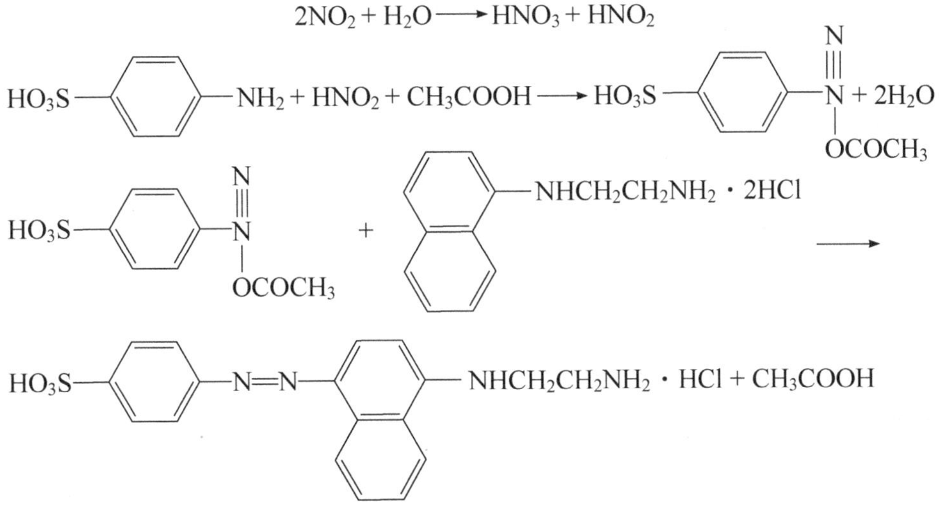

$$HO_3S-C_6H_4-NH_2 + HNO_2 + CH_3COOH \longrightarrow HO_3S-C_6H_4-N(\equiv N)(OCOCH_3) + 2H_2O$$

$$HO_3S-C_6H_4-N(\equiv N)(OCOCH_3) + C_{10}H_7-NHCH_2CH_2NH_2 \cdot 2HCl \longrightarrow$$

$$HO_3S-C_6H_4-N{=}N-C_{10}H_6-NHCH_2CH_2NH_2 \cdot HCl + CH_3COOH$$

NO 不与吸收液发生上述反应，测定氮氧化物总量时，应先使气样通过三氧化铬-沙子氧化管，将 NO 氧化为 NO_2，再通过吸收液进行吸收和显色，测得结果为氮氧化物总量。不经氧化直接测定所得结果为 NO_2 的量，两者之差即为 NO 的量。

空气中 SO_2 浓度为 NO_2 浓度的 10 倍以下时，对测定无干扰；30 倍以上时，颜色有少许减退。臭氧浓度为 NO_2 浓度的 5 倍时，对测定略有干扰。在一般的空气试样中，二氧化硫和臭氧浓度均不高，通常不考虑对测定的影响。

用吸收液吸收大气中的 NO_2，并不是所有 NO_2 全部转变为亚硝酸，还有一部分生成硝酸，用 NO_2 标准气体测得，NO_2(气)转换为 NO_2^- (液)的换算因子为 0.76，计算结果时应除以 0.76 进行校正。

本法检出限为 0.01μg/L。当采样体积为 6L 时，氮氧化物(以 NO_2 计)的最低检出浓度为 0.01μg/m^3。

2. 仪器和试剂

多孔玻璃板吸收管；双球玻璃管；空气采样器(流量 0～1L/min)；分光光度计。

吸收-显色液[6.26]；三氧化铬-沙子氧化管[8.28]；亚硝酸钠标准储备液(100.0μg/mL)[10.23]；亚硝酸钠标准溶液(5.00μg/mL)[10.23]。

3. 采样

用一支内装 5.00mL 吸收液的多孔玻璃板吸收管，进气口接氧化管(管口略向下倾斜，以免当湿空气弄湿氧化剂 CrO_3 时，污染吸收液)，以 0.2～0.3L/min 的流量，避光采样至吸收液呈微红色为止，记下采样时间(同时记录采样时的温度和大气压)，密封好采样管，带回实验室，当日测定。采样时，若吸收液不变色，应延长采样时间，采气量应不少于 6L。

4. 分析步骤

(1) 标准曲线的绘制。分别吸取亚硝酸钠标准溶液 0.00mL、0.10mL、0.20mL、0.30mL、0.40mL、0.50mL、0.60mL 于 7 支 10mL 具塞比色管中，分别加入 4.00mL 吸收液，用水稀释至刻度，摇匀。放置 15min，用 1cm 比色皿，以水为参比，于 540nm 波长处分别测定吸光度。扣除空白后，以吸光度对亚硝酸根的质量(μg)绘制标准曲线。

(2) 试样的测定。采样后，放置 15min，将样品溶液移入 1cm 比色皿中，用绘制标准曲线的方法测定试剂空白和样品溶液的吸光度(若样品溶液的吸光度超过标准曲线的测定上限，应用吸收液稀释后再测定)。

5. 计算

样品测定的同时做试剂空白。用试样吸光度减去空白吸光度，在标准曲线上查出亚硝酸根的质量，用下式计算：

$$\rho(NO_2)=\frac{m}{0.76V}(mg/m^3)$$

式中，m 为由标准曲线查得亚硝酸根的质量(μg)；V 为标准状况下的采样体积(L)；0.76 为 NO_2(气)转换为 NO_2^- (液)的换算因子。

6. 注意事项

(1) 吸收液应避光，且不能长时间暴露在空气中，以防止光照使吸收液显色或吸收空气中的氮氧化物而使试剂空白值增大。

(2) 氧化管适合在相对湿度为 30%～70%时使用。当空气相对湿度大于 70%时，应勤换氧化管；小于 30%时，则在使用前，用经过水面的潮湿空气通过氧化管，平衡 1h。在使用过程中，应经常注意氧化管是否吸湿引起板结或变成绿色。若板结会使采样系统阻力增大，影响流量；若变成绿色，表示氧化管已失效。

(3) 亚硝酸钠(固体)应密封保存，防止空气及湿气侵入。部分氧化成硝酸钠或呈粉末状的试剂都不能用直接法配制标准溶液。若无颗粒状亚硝酸钠试剂，可用高锰酸钾滴定法标定亚硝酸钠标准储备溶液的准确浓度后，再稀释为每毫升含 5.00μg 亚硝酸根的标准溶液。

(4) 溶液若呈黄棕色，表明吸收液已受三氧化铬污染，该样品应报废。

(5) 绘制标准曲线，向各管中加亚硝酸钠标准溶液时，都应以均匀、缓慢的速度加入。

5.6 气相色谱法

色谱分析法是一种分离、测定多组分混合物的非常有效的分析方法。它是基于不同物质在相对运动的两相中具有不同的分配系数，当这些物质随流动相移动时，就在两相之间进行反复多次分配，使原来分配系数只有微小差异的各组分得到很好的分离，依次送入检测器测定，达到分离、分析各组分的目的。

在色谱法中，将静止的一相称为固定相，运动的一相称为流动相，装有固定相的管子(玻璃或不锈钢)称为色谱柱。色谱法的分类方法很多，常按两相所处的状态来分。用气体作为流动相时，称为气相色谱；用液体作为流动相时，称为液相色谱。气相色谱法按照固定相物态的不同，又可分为气固色谱法和气液色谱法，前者的固定相为固体物质，后者是将不挥发的液体固定在适当的固体载体上作为固定相。

5.6.1　基本原理

1. 气相色谱流程

气相色谱分离、分析试样的基本过程如图 5-17 所示。流动相载气由高压钢瓶供给，经减压阀、净化器、流量调节阀和转子流量计后，以稳定的压力和恒定的流速连续流过汽化室，携带由汽化室进样口注入并迅速汽化为蒸气的试样进入色谱柱(内装固定相)，经分离后的各组分依次进入检测器，将浓度或质量信号转换成电信号，经阻抗转化和放大，送入记录仪记录色谱峰，最后放空。

2. 色谱流出曲线

当载气携带各组分依次通过检测器时，检测器响应信号随时间的变化曲线称为色谱流出曲线，也称色谱图，如图 5-18 所示。如果分离完全，每个色谱峰代表一种组分。根据色谱峰的出峰时间可进行定性分析；根据色谱峰的峰高或峰面积可进行定量分析。

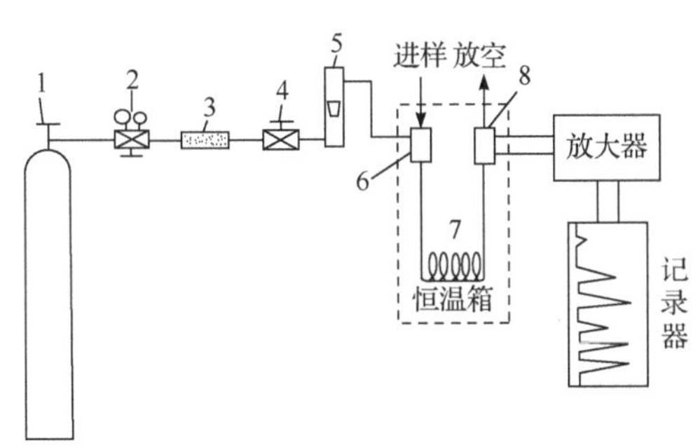

图 5-17　气相色谱流程示意图

1. 高压钢瓶；2. 减压阀；3. 净化器；4. 流量调节阀；5. 转子流量计；6. 汽化室；7. 色谱柱；8. 检测器

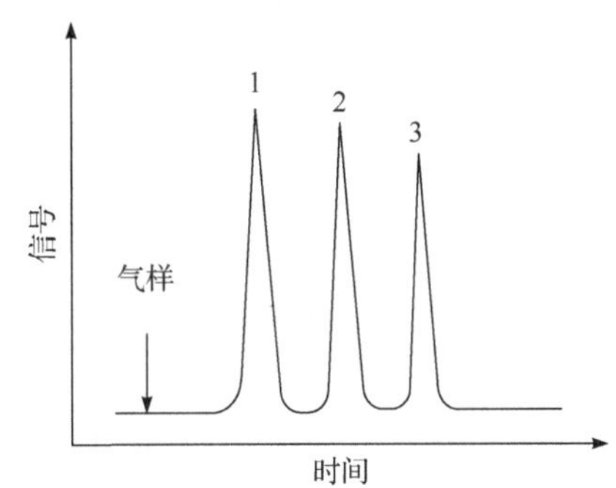

图 5-18　色谱流出曲线

5.6.2　气相色谱仪

目前国内外气相色谱仪的型号和种类很多，但它们都是由以下几个部分组成的：气路系统、进样系统、分离系统、温控系统以及检测和记录系统。

1. 气路系统

气相色谱仪具有一个让载气连续运行、管路密闭的气路系统。它的气密性、载气流速的稳定性以及测量流量的准确性对色谱结果均有很大的影响，因此必须注意控制。

气相色谱分析中，常用的载气包括氢气、氮气、氦气和氩气，这些载气普遍以压缩形式储存于专用的高压钢瓶中，作为分析过程中的连续气源供给。

为了提高载气纯度和稳定载气流速，气路系统中需安装净化器和稳压恒流装置。净化剂主要有活性炭、硅胶和分子筛等，它们分别用来除去烃类杂质、水分和氧气。载气流速是影响色谱分析的重要操作参数之一，因此要求维持载气流速稳定。在恒温色谱中可使用稳压阀；在程序升温色谱中，由于柱内阻力不断增加，载气流速逐渐变小，因此还需在稳压阀后串联一个稳流阀。

2. 进样系统

进样系统包括进样装置和汽化室，其作用是将液体或固体试样在进入色谱柱前瞬间汽化，使其快速、定量地转入色谱柱中。进样量的大小、进样时间的长短、试样的汽化速度等都会影响色谱的分离效率和分析结果的准确性及重现性。

目前液体样品的进样一般采用微量注射器，常用的规格有 1μL、5μL、10μL 和 50μL 等。气体样品的进样常用色谱仪本身配置的推拉式六通阀或旋转式六通阀定量进样。旋转式六通阀如图 5-19 所示。

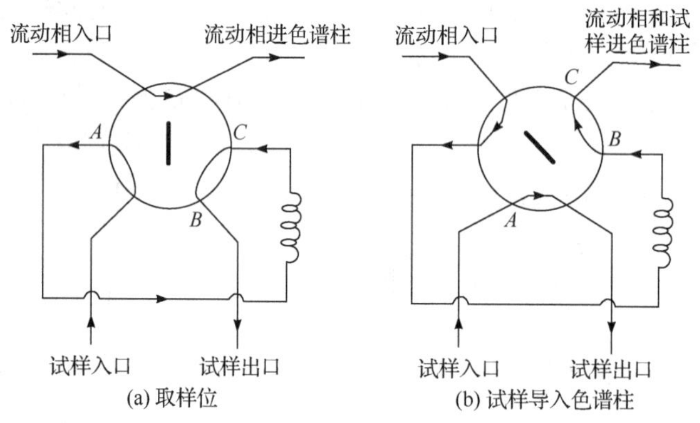

(a) 取样位　　(b) 试样导入色谱柱

图 5-19　旋转式六通阀

3. 分离系统

气相色谱仪的核心分离组件是色谱柱，它由精密设计的柱管及其内部填充的固定相构成。这一系统承担着混合物各组分有效分离的关键任务，是色谱仪中不可或缺的核心部件之一。

当前，填充柱在实际应用中占据主导地位，其柱体材料多样，既可以是坚固的金属材质，也可以是透明的玻璃材质，以适应不同的分析需求。通常精确控制填充柱的内径为 2～6mm，而长度可根据分析需求灵活调整，范围从 1～10m 不等。柱体形状上，既有传统的直线形、U 形设计，也有高效的螺旋形设计，后者通过优化螺旋直径与柱内径的比例(一般为 15∶1～25∶1)，进一步提升了分离效率。

此外，随着技术的进步，空心毛细管柱也逐渐崭露头角，其采用高纯度的玻璃或石英材质，内径微细，一般为 0.2～0.5mm，而长度显著增长，可达 30～300m，且普遍采用螺旋缠绕的形式以增加柱内表面积，提高分离能力。

值得注意的是，色谱柱的分离效能不仅取决于其物理尺寸(如柱长、柱径、柱形)的精心设计，还深受固定相的选择、柱填料的制备工艺及操作条件(如温度、压力、流速等)的精细调控所影响。这些因素的综合作用共同确保气相色谱仪能够实现高效、精确的物质分离与分析。

4. 温控系统

温控系统用来设定、控制、测量色谱柱炉、汽化室、检测室三处的温度。气相色谱的流动相为气体，样品仅在气态时才能被载气携带通过色谱柱。因此，从进样到检测完毕为止，都必须控温。温度是气相色谱分析的重要操作参数之一，它直接影响色谱柱的选择性、分离效率和检测器的灵敏度、稳定性。

5. 检测器

气相色谱分析常用的检测器有热导检测器、氢火焰离子化检测器、电子捕获检测器等。对检测器的要求是：灵敏度高、检测度(反映噪声大小和灵敏度的综合指标)低、响应快、线性范围宽。

1) 热导检测器(TCD)

该检测装置的核心是一个精密设计的热导池，它巧妙利用不同化学组分间热导系数的差异实现对混合物中各组分的定量检测。其结构及测量原理如图 5-20 所示，主体由不锈钢块构成，其上精心钻制了四个对称分布的孔，每个孔内均安置了一根长度与电阻值精确匹配的热敏电阻丝，这些电阻丝与池体保持绝缘状态，以确保测量的准确性。

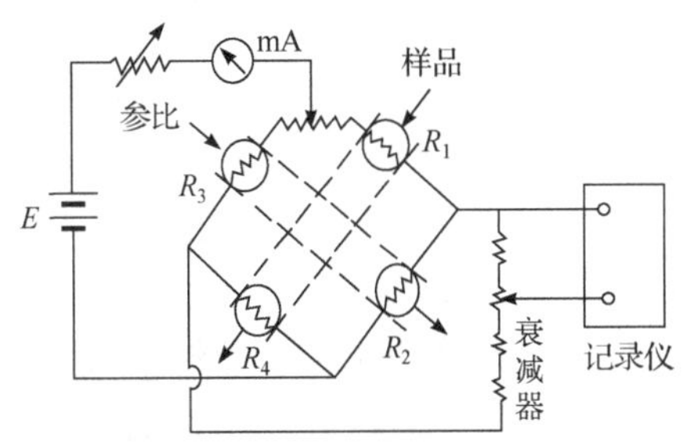

图 5-20　热导检测器的测量原理

在操作过程中，热导池设置为特定的环境：一对孔用于通入纯净的载气，作为参照基准；另一对孔则通入携带样品蒸气的载气混合物，用于实际检测。这四根电阻丝巧妙地连接成一个电桥电路，其中通纯载气的两臂作为参比臂，而通样品蒸气与载气混合物的两臂作为测量臂。整个电桥系统安置在恒温室内，并施加恒定电流，以消除外部环境变化对测量的影响。

在稳定的工作状态下，即当两臂均仅通入纯载气，且桥路电流、池体温度、载气流速等条件保持恒定时，流经各电阻丝的电流所产生的热量相等，且通过热传导方式散失的热量也维持恒定。此时，参比臂与测量臂中的热敏电阻丝温度与电阻值均保持一致，电桥处于完美的平衡状态($R_1 \times R_2 = R_3 \times R_4$)，因此无信号输出。

当样品注入系统，样品中的各组分在色谱柱中逐步分离，并依次进入测量臂的载气流中。由于组分与载气混合后形成的二元气体的热导系数与纯载气存在显著差异，故测量臂中气体的导热能力发生变化，进而影响热敏电阻丝的温度。随着电阻丝温度的变化，其电阻值(R_1 和 R_4)也相应改变，从而打破电桥的平衡状态($R_1 \times R_2 \neq R_3 \times R_4$)，此时便有信号输出。该信号的大小与样品中相应组分的浓度成正比，从而实现了对混合物中各组分的定量检测。

2) 氢火焰离子化检测器(FID)

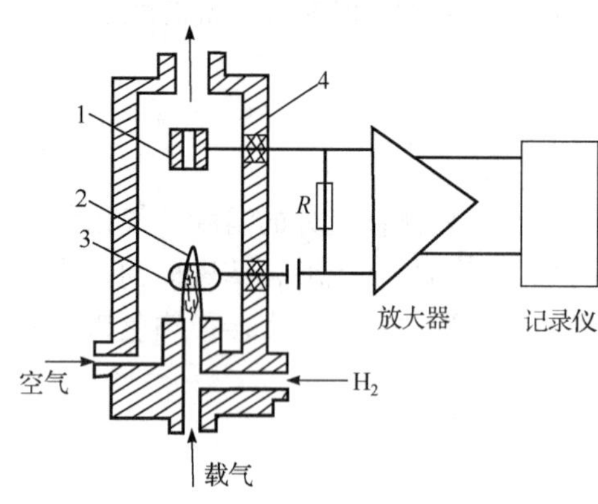

图 5-21 氢火焰离子化检测器的测量原理

1. 收集极；2. 火焰；3. 发射极；4. 离子室

这种检测器是使待测组分解离为正、负离子，经收集汇成离子流，通过对离子流的测量进行定量分析，其结构及测量原理如图 5-21 所示，该检测器由氢氧火焰和置于火焰上、下方的圆筒状收集极及圆环发射极、测量电路等组成。两电极间加 200～300V 电压。未进样时，氢氧火焰中生成 H、O、OH、O_2H 及一些被激发的变体，但它们在电场中不被收集，故不产生电信号。当试样组分随载气进入火焰时，被离子化形成正离子和电子，在直流电场的作用下，各自向极性相反的电极移动形成电流，该电流强度为 10^{-13}～10^{-8}A，需经高电阻(R)产生电压降，再放大后送入记录仪记录。

5.6.3 色谱分离条件的选择

色谱柱分离条件的选择包括固定相、色谱柱、载体、汽化温度及柱温、载气及其流速、进样时间和进样量等。

固定相是色谱柱的填充剂，可分为气固色谱固定相和气液色谱固定相。前者为活性吸附剂，如活性炭、硅胶、分子筛、高分子微球等，主要用于分离 CH_4、CO、SO_2、H_2S 及四个碳以下的气态烃。气液色谱固定相是在载体(或称担体)的表面涂一层固定液制成。载体是一种化学惰性的多孔固体颗粒，分为硅藻土类载体和非硅藻土类载体(如玻璃微球)两大类。目前应用比较广泛的是硅藻土类载体，按其制造方法的不同，又可分为红色载体和白色载体。红色载体因含少量氧化铁颗粒而呈红色，它的机械强度大、孔径小、比表面积大、表面吸附性较强、有一定的催化活性，适合涂渍高含量固定液，分离非极性化合物。白色载体是天然硅藻土在煅烧时加入少量碳酸钠等助熔剂，使氧化铁转变为白色的铁硅酸钠，它的孔径较大、比表面积小、催化活性小，适合涂渍低含量固定液，分离极性化合物。固定液为高沸点有机化合物，分为极性、中等极性、非极性及氢键型四类，常依据相似相溶规律选择，即固定液与被分离组分的化学结构和极性相似，分子间的作用力强，选择性高。非极性物质一般选用非极性固定液，二者之间的作用力主要是色散力，分离时各组分基本按照沸点由低到高的顺序流出；若样品中含有同沸点的烃类和非烃类化合物，则极性组分先流出。中等极性物质应首先选用中等极性固定液，二者之间的作用力主要是诱导力和色散力，分离时各组分基本按照沸点由低到高的顺序流出；若样品中含有同沸点的极性和非极性化合物，则非极性组分先流出。强极性物质选用强极性固定液，两种分子间以静电力为主，各组分按极性由小到大的顺序流出。能形成氢键的物质选用氢键型固定液，各组分按照与固定液分子形成氢键能力大小的顺序流出，形成氢键力小的组分先流出。对于复杂混合物，可选用混合型固定液。

色谱柱内径越小，柱效越高；内径越大，可增加分离的样品量，一般为 2～6mm。增加柱长可提高柱效，但分析时间延长，故柱长一般为 1～6m。

载体的颗粒大小对柱效有直接影响，随着载体粒度的减小，柱效明显提高；但如果粒度过细，则阻力将明显增加，给操作带来不便。一般根据色谱柱内径选择载体粒度，以载体直径/色谱柱内径为 1/20～1/25 为宜。例如，4mm 内径柱可选择 60～80 目的载体。

升高色谱柱温度，可加速气相和液相的传质过程，缩短分离时间，但温度过高将降低固定液的选择性，增加其挥发流失；降低色谱柱温度，可增大色谱柱的选择性。因此，这两方面因素都要考虑，一般选择近似等于试样中各组分的平均沸点或稍低的温度。

汽化温度应以能将试样迅速汽化而不分解为准，一般高于色谱柱温度 30～70℃。

载气应根据所用检测器类型、对柱效能的影响等因素选择。例如，对于热导检测器，应选氢气或氖气；对于氢火焰离子化检测器，一般选氮气。载气流速小，宜选用分子量较大和扩散系数小的载气，如氮气和氖气；反之，应选用分子量小、扩散系数大的载气，如氢气，以提高柱效。载气最佳流速需要通过实验确定。

色谱分析要求进样时间为 1s 内，否则将造成色谱峰扩张，甚至改变峰形。进样量应控制在峰高或峰面积与进样量呈线性关系的范围内。液体试样一般为 0.5～5μL，气体试样一般为 0.1～10mL。

5.6.4 定量分析方法

1. 标准曲线法(外标法)

用待测组分的纯物质配制不同浓度的系列标准溶液，分别定量进样，记录各标准溶液的色谱图，测出峰面积，用峰面积对相应的浓度作图，应得到一条直线，即标准曲线(也可用峰高代替峰面积，作峰高-浓度标准曲线)。在同样条件下，取同量待测试样进行分析，测出峰面积或峰高，由标准曲线即可查知试样中待测组分的含量。

2. 内标法

选择一种试样中不存在且其色谱峰位于待测组分色谱峰附近的纯物质作为内标物，以固定量(接近待测组分量)加入标准溶液和试样溶液中，分别定量进样，记录色谱峰，以待测组分峰面积与内标物峰面积的比值对相应浓度作图，得到标准曲线。根据试样中待测组分与内标物两种物质峰面积的比值，从标准曲线上查得待测组分浓度。这种方法可抵消因实验条件和进样量变化带来的误差。

3. 归一化法

外标法和内标法适用于试样中各组分不能全部出峰，或者多组分中只测量一种或几种组分的情况。如果试样中各组分都能出峰并要求定量，则使用归一化法比较简单。设试样中各组分的质量分别为 m_1、m_2、⋯、m_n，则各组分的质量分数(w_i)按下式计算：

$$w_i = \frac{m_i}{m_1 + m_2 + \cdots + m_n}$$

各组分的质量(m_i)可由质量校正因子[$f_{m(i)}$]和峰面积(A_i)求得，即

$$w_i = \frac{A_i f_{m(i)}}{A_1 f_{m(i)} + A_2 f_{m(i)} + \cdots + A_n f_{m(i)}}$$

$f_{m(i)}$可由文献查知，也可通过实验测定。校正因子分为绝对校正因子和相对校正因子。绝对校正因子是单位峰面积代表某组分的量，既不易准确测定，又无法直接应用，故常用相对校正因子，它是待测组分与某种标准物质绝对校正因子的比值。常用的标准物质是苯(用于 TCD)和正庚烷(用于 FID)。当物质以质量为单位时，称为质量校正因子(f_m)，按下式计算：

$$f_m = \frac{f'_{m(i)}}{f'_{m(s)}} = \frac{A_s m_i}{A_i m_s}$$

式中，$f'_{m(i)}$ 为待测物质的绝对校正因子；$f'_{m(s)}$ 为标准物质的绝对校正因子；A_i 为待测物质的峰面积；A_s 为标准物质的峰面积；m_i 为待测物质的质量；m_s 为标准物质的质量。

4. 应用示例

大气中的 CO、CO_2 和 CH_4 经 TDX-01 碳分子筛柱分离后，于氢气流中在镍催化剂(360℃±10℃)作用下，CO、CO_2 均能转化为 CH_4，然后用氢火焰离子化检测器分别测定上述三种物质，其出峰顺序为：CO、CH_4、CO_2。

测定时，先在预定实验条件下用定量管加入各组分的标准气样，测其峰高，按下式计算定量校正值：

$$K = \frac{\varphi_s}{h_s}$$

式中，K 为定量校正值，表示 1mm 峰高代表 CO(或 CH_4、CO_2)的质量浓度，$mg \cdot m^{-3} \cdot mm^{-1}$；$\varphi_s$ 为标准气样中 CO(或 CH_4、CO_2)的质量浓度，$mg \cdot m^{-3}$；h_s 为标准气样中 CO(或 CH_4、CO_2)的峰高，mm。

在与测定标准气同样条件下测定气样，测量各组分的峰高(h_x)，按下式计算 CO(或 CH_4、CO_2)的浓度(φ_x)：

$$\varphi_x = Kh_x$$

为保证催化剂的活性，在测定之前，转化炉应在 360℃下通气 8h；氢气和氮气的纯度应高于 99.9%。

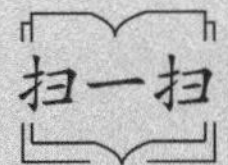
知识拓展 波义耳定律的诞生：一场关于空气弹性的科学较量

习 题

1. 气体分析的特点是什么？如何在常压、正压和负压下采集气体试样？

2. 吸收体积法、吸收滴定法、吸收重量法及燃烧法的原理是什么？举例说明。

3. CO_2、O_2、C_nH_m、CO 常用什么吸收剂？吸收剂的性能如何？若气体试样中含有这四种成分，吸收的顺序如何？为什么？

4. H_2、CH_4、CO 燃烧后其体积变化和生成 CO_2 的体积与原气体体积有何关系？

5. 含有 CO_2、O_2 及 CO 的混合气体 75mL，依次用 KOH 溶液、焦性没食子酸的碱性溶液、氯化亚铜的氨性溶液吸收后，气体体积依次减少至 70mL、63mL、60mL，求各成分在原气体中的体积分数。

6. 氢在过量氧气中燃烧的结果是：气体体积由 90mL 缩减至 75.5mL，求氢的原始体积。

7. 24mL CH_4 在过量的氧气中燃烧，缩减体积是多少？生成的 CO_2 是多少？若另有一含 CH_4 的气体在氧气中燃烧后体积缩减 8.0mL，求 CH_4 的原始体积。

8. 有 H_2、CH_4 混合气体 20mL，在过量空气中燃烧，体积缩减 30mL，则各气体在原试样中的体积分数是多少？

9. 有 H_2、CH_4 及 CO 的混合气体 23mL，在过量的氧气中燃烧，其体积缩减 23mL，生成 CO_2 16mL。求气体中各成分的体积和体积分数。

10. 含有 CO_2、CH_4、CO、H_2、O_2、N_2 等成分的混合气体，取混合气体试样 90mL，用吸收法吸收 CO_2、O_2、CO 后体积依次减少至 82.0mL，76mL、64mL。为了测定其中 CH_4、H_2 的含量，取 18mL 吸收剩余气体，加入过量的空气进行燃烧，体积缩减 9mL，生成 CO_2 3mL。求气体中各成分的体积分数。

11. 煤气的分析结果如下：取试样 100.6mL，用 KOH 溶液吸收后体积为 98.6mL；用饱和溴水吸收后体积为 94.2mL；用焦性没食子酸的碱性溶液吸收后体积是 93.7mL；用氯化亚铜的氨性溶液吸收后体积是 85.2mL；自剩余气体中取出 10.3mL，加入空气 87.7 mL，燃烧后测得体积是 80.18mL，用 KOH 吸收后的体积是 74.9mL。求煤气中各成分的体积分数。

12. 测定 NO_x 及 SO_2 的原理是什么？干扰元素有哪些？应如何消除？

第 6 章　石油产品分析

6.1　概　　述

6.1.1　石油及石油产品

石油(petroleum)主要是由古代海洋或湖泊中的生物遗骸在地下经过漫长的地质演化形成的一种液体矿物。通常将直接从油井中开采的未经加工的石油称为原油(crude oil)。石油作为一种复杂的混合物，其主要成分为各种烷烃、环烷烃、芳香烃等，主要组成元素为 C 和 H，其中碳元素含量一般为 84.0%～87.0%，氢元素含量 12.0%～14.0%，碳、氢的质量比为 6∶1～7∶1。根据产地不同，还含有少量的氧、硫、氮和微量的氯、磷、砷、硅、钴、钾、钙、钛、钠、镁、铁、铜、铝、镍、钒等，占 1%～4%。天然石油是一种黏稠油状的可燃性液体矿物，颜色多为黑色、褐色或绿色。世界上主要的石油分布地区包括中东地区(如沙特阿拉伯、伊拉克、伊朗等)、北美地区(美国、加拿大)、俄罗斯、委内瑞拉、尼日利亚等。原油的分类有多种方法，按相对密度可分为轻质石油、中质石油、重质石油、特重质石油四类；按含硫量可分为低硫石油、含硫石油、高硫石油三类；按含蜡量可分为低蜡石油、含蜡石油、多蜡石油三类；按含胶质可分为低胶质石油、含胶质石油、多胶质石油三类；按其组分可分为石蜡基石油、中间基石油、环烷基石油三类。

原油经过炼油厂加工后可得到炼厂气及各种石油产品，它们是油品分析的主要对象。我国石油产品按其主要特征分为 6 类：燃料(F)、溶剂和化工原料(S)、润滑剂和有关产品(L)、石油蜡(W)、沥青(B)和石油焦炭(C)。

其中，燃料类产量最大，占全部石油产品的 90%以上，按馏分组成分为液化石油气、航空汽油、汽油、喷气燃料、煤油、柴油、重油、渣油和特种燃料 9 种。主要成分为烃类化合物及少量非烃类有机物和添加剂等，主要质量指标为馏程、辛烷值、十六烷值、抗爆剂含量、闪点、胶质、诱导期、苯胺点、密度和黏度等，对于重质油还有灰分、硫含量和机械杂质等。

溶剂和化工原料类一般是石油中低沸点馏分，即直馏馏分、铂重整抽余油及其他加工制得的产品。一般不含添加剂，主要作为溶剂和化工原料。主要质量指标为碘值、芳烃含量、硫含量、馏程、闪点、腐蚀性及外观等。

润滑剂和有关产品类品种最多，产量约占 5%，根据其使用特性分为 10 个部分。其质量标准在相关国家标准和行业标准中有详细说明。

6.1.2　石油产品分析的目的及任务

石油产品分析(又称油品分析)是指用统一规定或公认的标准试验方法，分析检验油品的理化性质、使用性能和化学组成的分析测试方法。它是进行生产装置设计、保证安全生产、提高产量、增加品种、改进质量、完成生产计划的基础和依据，也是储运和使用部门制定合理的储运方案、正确使用油品、充分发挥油品最大效益的依据。

油品分析的目的是通过一系列分析实验，对石油从原油到石油产品的生产过程和产品质量进行有效控制和检验。通过分析石油产品的成分、特性和使用过程中的表现，确保产品符合标准，评估其安全和环境影响，优化配方，提高性能，并为新产品研发提供依据。此外，油品分析还有助于保障使用这些产品的设备正常运行，提高能源利用效率，减少环境污染，并保障消费者的权益。

油品分析的任务主要有以下 5 个方面：

(1) 对用于石油加工的原料油和原材料进行精确的分析检验，提供基础数据，制定生产方案，为建厂设计提供可靠的数据支持。

(2) 对各炼油装置的生产过程进行分析控制，系统检验各馏出口的中间产品和产品的质量，从而对各生产工序及操作及时进行调整，为防止事故、保证安全生产和产品质量、增加经济效益提供依据。

(3) 对出厂石油产品进行全面检验分析，确保产品质量，同时为改进生产工艺、增加品种、提高经济效益提供依据，促进企业全面建立健全的质量保证体系。

(4) 对超期储存和失去标签或发生混乱的石油产品的使用性能进行评定，以确定其能否使用或提出处理意见，为油品的使用提供依据。

(5) 当油品生产和使用部门对油品质量发生争议时，有关部门可根据相应的标准方法进行检验，发现问题，分析问题产生的原因，并进行调解或仲裁，以保证各方的正当利益。

不同石油产品的分析项目也各有不同，本书涉及的分析主要有馏程、密度、黏度、闪点、燃点、水含量、残炭等。

6.2　石油产品理化性质的测定

6.2.1　馏程的测定

原油或石油产品是多种有机化合物的混合物，因此在加热蒸馏时没有固定的沸点，而有一定的沸程，也称馏程(boiling range)。馏程是指从初馏点到干点或终馏点之间的温度范围。初馏点又称始沸点，是指在蒸馏液体混合物过程中，液体开始沸腾并有第一滴蒸馏物流出时，蒸馏瓶内气相的温度。在蒸馏过程中，当蒸馏烧瓶内的气相温度达到最高值时，这个温度称为干点，当馏出量达到最后一个规定的百分数时，蒸馏瓶内的气相温度称为终馏点或终沸点。在这个馏程范围内蒸馏出来的物质称为该温度范围内的馏分，干点或终馏点时未蒸馏出来的部分称为残留物。

石油产品的馏程与其中适用物质的含量密切相关。对于纯液体物质，馏程一般不超过 1℃；若含有杂质，则馏程增大，因此测定石油化工产品的馏程是其质量控制的重要指标之一。在工业分析中，石油产品的馏程有两种表示方法：一种是测定达到规定馏出量

(百分数)时的馏出温度；另一种是测定达到规定馏出温度时的馏出量(百分数)。测定油品馏程有两个主要作用：一是通过馏程范围区分液体燃料的种类，特别是测定发动机燃料的馏程，以鉴定其蒸发性并判断油品的适用性；二是定期测定油品馏程，以评估燃料中的蒸发损失及是否掺杂其他种类的油品。

综上所述，油品的馏程在油品的生产、使用和储存等方面具有重要意义。

1. 仪器设备

石油产品馏程测定器；温度计(石油产品蒸馏专用水银温度计，量程为0～360℃，最小分度值为1℃)；带自耦变压器的电炉；秒表。

2. 分析步骤

1) 清洗仪器

在蒸馏之前，黄铜制冷凝管的内壁需要用软布擦拭干净。蒸馏烧瓶和量筒应先用轻质汽油洗涤，然后用空气吹干。如果蒸馏烧瓶内有积炭，应使用铬酸洗液进行清除。

2) 调整冷凝温度

蒸馏汽油时，先在冷凝器槽内放满冰块，然后注入冷水，使冷凝管完全浸没。蒸馏过程中，水槽中制冷剂的温度必须保持在0～5℃。对于蒸馏溶剂油、喷气燃料、煤油及其他石油产品，先在冷凝器水槽中注入冷水，确保冷凝管被浸没，并保持排出支管的水温不超过 30℃。蒸馏含蜡液体燃料(凝固点高于−5℃)时，先在冷凝槽中注入热水，使其浸没冷凝管。蒸馏过程中，热水温度应控制在50～70℃。

3) 安装仪器

如图 6-1 所示，用 100mL 量筒量取温度为 17～23℃的试样 100mL，注入蒸馏烧瓶内，注意不要让试样流入蒸馏烧瓶的支管中。将插有蒸馏专用温度计的胶塞紧紧塞住蒸馏烧瓶的瓶口，使温度计与蒸馏烧瓶的轴心线重合，并确保温度计水银球的上边缘与支管焊接处的下边缘在同一水平面上。

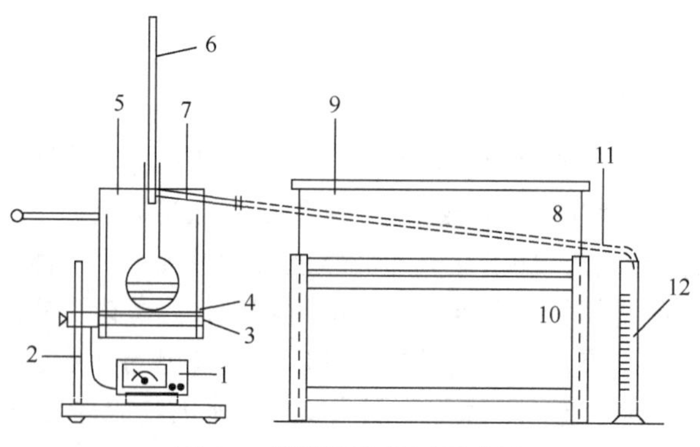

图 6-1 馏程测定装置示意图

1. 控温器；2. 支架；3. 电炉；4. 石棉板；5. 瓶罩；6. 温度计；7. 蒸馏烧瓶；8. 冷浴；9、10. 进、排水管；11. 冷凝管；12. 量筒

将装有试样的蒸馏烧瓶置于支架的石棉板上。蒸馏汽油和溶剂油时，用橡胶塞将蒸

馏烧瓶的支管与冷凝器紧密连接并加固，以防漏气。确保支管与冷凝管内壁接触，并调整电炉的位置，以免蒸馏烧瓶支管受力和出现裂缝。

将量筒置于冷凝管流出口的下方，冷凝管流出口应伸入量筒内(暂时不要接触)，其下边缘应在量筒的 100mL 刻度之上，深入长度不少于 25mm。量筒口面应盖上棉花塞，然后开始蒸馏。

蒸馏汽油时，将量筒放在装有水的高型烧杯中，杯内的水面应高于量筒的 100mL 刻度，水温保持在 17～23℃。

4) 测定方法

(1) 初馏点的测定。

将干净且干燥的接收量筒放在冷凝管的下方，确保冷凝管的出口深入量筒内，深度至少 25mm，但不要低于量筒的 100mL 刻度，并避免与量筒壁接触。用棉花密封量筒口。均匀加热蒸馏烧瓶，确保从开始加热到第一滴冷凝液滴入量筒的时间控制在 5～10min。当第一滴冷凝液从冷凝管滴入量筒时，立即观察并记录温度计的读数(t_0')。

在标准大气压(101.3kPa)下，初馏点按以下公式计算：

$$t_0 = t_0' + t_c + C$$

$$C = 0.0009 \times (101.3 - p_b) \times (273 + t_0')$$

式中，t_0 为标准大气压下试样的初馏点，℃；t_0' 为观察并记录的温度计读数，℃；t_c 为温度计检定书中的修正值，℃；C 为温度计读数的大气压修正值，℃；p_b 为试验时的大气压，kPa。

(2) 规定回收体积分数时蒸发温度的测定。

测定规定回收体积分数的蒸发温度时，调整量筒的位置，使冷凝液沿量筒壁流下。最初的蒸馏速度控制在 2 滴/s，之后保持在 1 滴/s。记录当回收体积分数达到 10%～90%时，每增加 10%时的温度计读数(t_i')。某回收体积分数时的蒸发温度应参照初馏点的计算方法。

(3) 规定馏出温度范围内馏出物体积分数的测定。

保持蒸馏速度为 1 滴/s，当达到标准大气压 101.3kPa 下规定样品测定的最高温度时停止加热。记录在标准大气压 101.3kPa 下，当温度达到 100℃、120℃、150℃、160℃、180℃等直至规定最高温度时的回收体积。样品在规定温度下的回收体积与样品原始体积的比值即为该温度下的回收体积分数。

将标准大气压 101.3kPa 下的温度(100℃、120℃、150℃、160℃、180℃等直至规定最高温度)按以下公式换算为试验条件下的温度计读数(t_i')：

$$t_i' = \frac{(t_i - t_c) - 273 \times 0.0009 \times (101.3 - p_b)}{1 + 0.0009 \times (101.3 - p_b)}$$

式中，t_i' 为观察并记录的温度计读数，℃；t_i 为标准大气压下 100℃、120℃、150℃、160℃、180℃等的数值；t_c 为温度计检定书中的修正值，℃；p_b 为试验时的大气压，kPa。

(4) 终馏点(干点)的测定。

保持蒸馏速度为 1 滴/s，并记录蒸馏瓶底最后一滴液体蒸发完的瞬间温度(t'_n)。参照标准大气压下初馏点的计算方法，得出终馏点的温度(t_n)。

3. 注意事项

若测定的原油样品中水的质量分数大于 0.2%，为防止蒸馏时产生暴沸，需进行脱水处理。可将原油样品与适量破乳剂混合后置于密封容器中，加热至 40～60℃，保持 1.5～2.0h，然后冷却至 20℃。

对于室温下能充分流动的样品，用洁净的量筒取 100mL 试样，转移到蒸馏烧瓶中；对于室温下不能充分流动或在量筒中挂壁的样品，根据试样的密度计算相当于 100mL(20℃)的质量，加热至试样能够流动的最低温度，并按计算的试样质量加入蒸馏烧瓶中。

根据国家标准，车用汽油在回收体积分数为 10%、50%和 90%时的蒸发温度应分别控制在 70℃、120℃和 190℃以下，终馏点温度控制在 205℃以下；普通柴油在回收体积分数为 50%、90%和 95%时的蒸发温度应分别控制在 300℃、355℃和 365℃以下。燃料用油一般仅测定在 250℃时的回收体积分数。

石油产品的馏程测定是条件试验，根据馏分轻重的不同，规定了不同的加热速度。加热速度过快，会导致瓶内气体压力升高，蒸馏温度读数偏高；加热速度过慢，则导致蒸馏温度读数偏低。

石油产品技术标准中的馏出温度是指在大气压为 101.3kPa 时的馏出温度。由于大气压会影响馏出温度，在测定规定馏出温度下的馏出量时，应将馏出温度预先校正为实际大气压下的温度，然后进行测定。如果是测定规定馏出量条件下的馏出温度，则应将实际大气压下测得的馏出温度校正为 101.3kPa 大气压下的温度，才是正式的测定结果。测定时应使用专门的仪器和温度计，并确保温度计经过计量监督部门的检定合格方可使用。

以上试验操作过程中，尤其是轻质油的试验过程中，因有明火，必须严防引燃试样，确保试验的安全。

6.2.2 密度的测定

密度(density)是指在规定的温度下单位体积物质的质量，用 ρ 表示，单位为 kg/m^3 或 g/cm^3(g/mL)。由于石油产品的体积随温度变化而变化，其密度也随温度变化而变化，在某一温度下观察到的密度计读数称为该物质的视密度。因此，一定要注明测定石油产品密度时的温度。石油和石油产品在标准状况(20℃，101.3kPa)下的密度称为标准密度。在其他温度下测得的视密度值应换算为标准密度报出试验结果。一般来说，原油的密度为 0.75～1.00g/mL，汽油的密度为 0.72～0.74g/mL，柴油的密度为 0.82～0.87g/mL。

通常测定液体石油产品密度的方法有密度计法、密度瓶法和韦氏天平法。

1. 密度计法

密度计(densitometer)是一支封口的玻璃管，中间部分较粗，内有空气，放在液体中可以浮起；下部装有小铅粒形成重锤，使密度计直立于液体中；上部较细，管内有刻度，可以直接读出密度值。

1) 测定原理

密度计法的基础是阿基米德原理，当被密度计排开的油品的重量等于密度计本身的重量时，密度计将稳定地悬浮在油品中，根据密度计浸在油品中的深度变化，即体积变化，就可以从密度计的刻度读出油品的密度。实验时，使试样处于规定温度，将其倒入温度大致相同的密度计量筒中，将合适的密度计放入已调好温度的试样中，使其静止。当温度达到平衡后，读取密度计读数和试样温度。用石油计量表将观察到的密度计读数换算成 20℃时的标准密度。

2) 仪器设备

密度计量筒；密度计(需根据具体的实验要求选取合适的密度计，具体参数详见表 6-1)；恒温浴；温度计。

表 6-1 密度计技术要求

型号	单位	密度范围	每支单位	刻度间隔	最大刻度误差	弯月面修正值
SY-02	kg/m^3 (20℃)	600～1100	20	0.2	±0.2	+0.3
SY-05			50	0.5	±0.3	+0.7
SY-10			50	1.0	±0.6	+1.4
SY-02	g/cm^3 (20℃)	0.600～1.100	0.02	0.0002	±0.0002	+0.0003
SY-05			0.05	0.0005	±0.0003	+0.0007
SY-10			0.05	0.0010	±0.0006	+0.0014

3) 测定步骤

在实验温度下将试样转移至温度稳定、清洁的密度计量筒中，避免试样飞溅和生成空气泡，并减少轻组分的挥发，用一片清洁的滤纸除去试样表面形成的所有气泡。

将装有试样的量筒垂直地放在没有空气流动的地方，在整个实验期间，环境温度变化应不大于 2℃。当环境温度变化大于 2℃时，应使用恒温浴，以免温度变化太大。

用合适的温度计或搅拌棒做垂直旋转运动搅拌试样，如果使用电阻温度计，要用搅拌棒使整个量筒中试样的密度和温度达到均匀，记录温度。

从密度计量筒中取出温度计或搅拌棒，将合适的密度计放入液体中，达到平衡位置时放开，使密度计自由漂浮。当密度计离开量筒壁自由漂浮并静止时，读取密度计刻度值。

测定透明液体，先使眼睛稍低于液面的位置，慢慢地升到表面，先看到一个不正的椭圆，然后变成一条与密度计刻度相切的直线(图 6-2)；测定不透明液体，使眼睛在稍高于液面的位置观察(图 6-3)。

4) 计算

对观察到的温度计读数进行有关修正后，记录到接近 0.1℃，由于密度计读数是按液体主液面检定的，对于不透明液体，应按表 6-1 中给出的弯月面修正值对观察到的密度

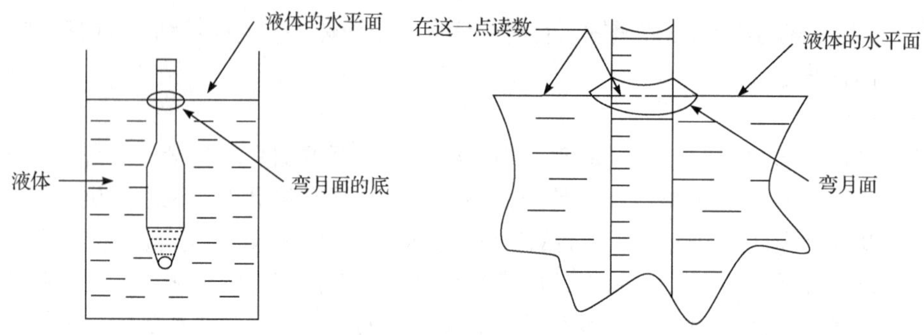

图 6-2 透明液体的密度计刻度读数

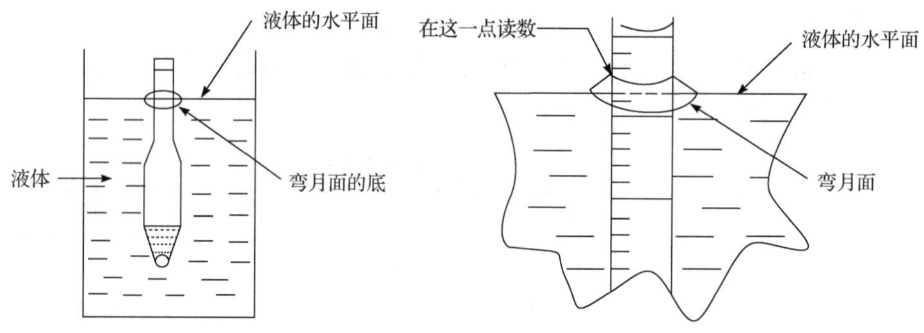

图 6-3 不透明液体的密度计刻度读数

计读数进行弯月面修正。对观察到的密度计读数进行有关修正后，记录到 0.0001g/mL，按不同的实验油品，将修正后的密度计读数按以下公式换算到 20℃的标准密度：

$$\rho_{20} = \rho_t + \gamma(t - 20)$$

式中，ρ_{20} 为 20℃时的密度，g/mL；ρ_t 为 t℃时的密度，g/mL；t 为测定时的温度，℃；γ 为平均密度温度系数(表 6-2)，g/(mL · ℃)。

表 6-2 平均密度温度系数

密度/(g/mL)	平均密度温度系数/[g/(mL · ℃)]	密度/(g/mL)	平均密度温度系数/[g/(mL · ℃)]
0.6500～0.6599	0.00097	0.7100～0.7199	0.00086
0.6600～0.6699	0.00095	0.7200～0.7299	0.00085
0.6700～0.6799	0.00093	0.7300～0.7399	0.00083
0.6800～0.6899	0.00091	0.7400～0.7499	0.00081
0.6900～0.6999	0.00090	0.7500～0.7599	0.00080
0.7000～0.7099	0.00088	0.7600～0.7699	0.00078

5) 注意事项

实验时要注意避免弄湿液面以上的干管，因为干管上多余的液体会影响读数，所有在密度计干管液面以上部分应尽量减少残留液。

将密度计压到平衡点以下 1mm 或 2mm，并使其回到平衡位置，观察弯月面形状。

如果弯月面形状改变，应清洗密度计干管，重复此项操作直到弯月面形状保持不变。

对于不透明的黏稠液体，要等待密度计慢慢地沉入液体中。对于透明的低黏度液体，将密度计压入液体中约两个刻度，再放开。放开时，要轻轻地转动一下密度计，使它能在离开量筒壁的地方静止下来自由漂浮。

要有充分的时间使密度计静止，并使所有气泡升到表面，读数前要除去所有气泡。

当使用塑料量筒时，要用湿布擦拭量筒外壁，以除去所有静电。

2. 密度瓶法

1) 测定原理

密度瓶法的原理比较简单，根据密度瓶的体积和密度瓶中油品的质量，就可以根据密度的定义计算出油品的密度。实验时，将试样装入密度瓶，恒温至测定温度，称出试样的质量。用这一质量除以在相同温度下预先测得的密度瓶中水的质量(水值)与其密度之比，即可计算出试样的密度。

2) 仪器设备

密度瓶[密度瓶有三种型号，如图 6-4 所示，(a)磨口塞型：多用于较易挥发的产品；(b)毛细管塞型：适用于不易挥发的液体，但不适用于黏度太高的试样；(c)广口型：适用于高黏度(如渣油、重油等)或固体产品]；恒温浴；温度计。

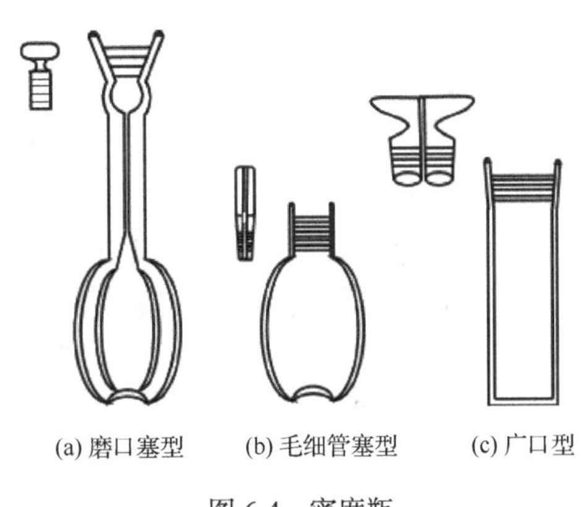

(a) 磨口塞型　(b) 毛细管塞型　(c) 广口型

图 6-4　密度瓶

3) 测定步骤

(1) 密度瓶 20℃水值的测定。

将仔细洗净、干燥并冷却至室温的密度瓶称准至 0.0002g，得空密度瓶质量 m_1 。用注射器将去离子水装满至密度瓶顶端，加上塞子，然后放入 20℃的恒温水浴中，但不要浸没密度瓶或毛细管上端。

上述装有去离子水的密度瓶在恒温浴中保持至少 30min。待温度达到平衡、没有气泡、液面不再变动时，将过剩的水用滤纸吸去。对于磨口塞密度瓶，擦去刻度以上部分的水后，盖上磨口塞。取出密度瓶，仔细用干布将密度瓶外部擦干，称准至 0.0002g，得装满水的密度瓶质量 m_2 。密度瓶 20℃水值 m_{20} 按下式计算：

$$m_{20} = m_2 - m_1$$

式中，m_{20} 为密度瓶 20℃水值，g；m_2 为装满 20℃水的密度瓶质量，g；m_1 为空密度瓶质量，g。

密度瓶的水值应测定 3～5 次，取其算术平均值作为该密度瓶的水值。

(2) 样品密度的测定。

根据试样选择适当型号的密度瓶，将恒温浴调到所需的温度。将清洁、干燥的密度瓶称准至 0.0002g。

对于易挥发的轻质石油产品(如汽油、溶剂油等)试样，用注射器小心地装入已确定水值的磨口塞型密度瓶中，加上塞子；对于挥发性较小的石油产品(如柴油、润滑油)试样，可用倾倒法装入毛细管塞型密度瓶中，小心盖好塞子，要使毛细管中也充满试样。将密度瓶浸入恒温浴直到顶部，注意不要浸没密度瓶塞或毛细管上端，在浴中恒温时间不得少于 20min。待温度达到平衡、没有气泡、试样表面不再变动时，将毛细管顶部(或毛细管中)过剩的试样用滤纸(或注射器)吸去。将磨口塞型密度瓶盖上磨口塞，取出密度瓶，仔细擦干其外部并称准至 0.0002g，得装有试样的密度瓶质量 m_3。

对于固体或半固体试样，最好采用广口型密度瓶，加入半瓶试样，勿使瓶壁污浊。若试样为脆性固体(如沥青)，则粉碎或熔融后装入，冷却到接近 20℃。将上述密度瓶称准至 0.0002g，得装有半瓶试样的密度瓶质量 m_3。向瓶中加入适量蒸馏水没过试样(但不要装满)，然后用加热、抽真空等方法除去气泡，再用蒸馏水充满密度瓶，并放在 20℃的恒温水浴中，恒温时间不少于 20min。待温度达到平衡、没有气泡、液面不再变动后，将毛细管顶部过剩的水用滤纸吸去，取出密度瓶。仔细擦干其外部并称准至 0.0002g，得装有半瓶试样和水的密度瓶质量 m_4。

4) 计算

液体试样在 20℃时的密度按下式计算：

$$\rho_{20} = \frac{(m_3 - m_1)(0.9982 - 0.0012)}{m_{20}} + 0.0012$$

式中，ρ_{20} 为液体试样在 20℃时的密度，g/cm^3；m_3 为 20℃时装满试样的密度瓶质量，g；m_1 为空密度瓶质量，g；m_{20} 为密度瓶 20℃水值，g；0.9982 为 20℃水的密度，g/cm^3；0.0012 为 20℃、大气压为 101.3kPa 时空气的密度，g/cm^3。

固体或半固体试样在 20℃时的密度按下式计算：

$$\rho_{20} = \frac{(m_3 - m_1)(0.9982 - 0.0012)}{m_{20} - (m_4 - m_3)} + 0.0012$$

式中，ρ_{20} 为固体或半固体试样在 20℃时的密度，g/cm^3；m_3 为 20℃时装满试样的密度瓶质量，g；m_1 为空密度瓶质量，g；m_{20} 为密度瓶 20℃水值，g；m_4 为 20℃时装有半瓶试样和水的密度瓶质量，g；0.9982 为 20℃水的密度，g/cm^3；0.0012 为 20℃、大气压为 101.3kPa 时空气的密度，g/cm^3。

某些试样(如原油、蜡油、重油等)在 20℃已凝固或很黏稠，不能直接测定 20℃的密度。这种情况下，可在一个较高的温度(t，单位℃)下直接测定，仍使用 20℃的水值，所得结果为 t 下的视密度 ρ_t：

$$\rho_t = \frac{(m_3 - m_1)(0.9982 - 0.0012)}{m_{20}} + 0.0012$$

式中，ρ_t 为液体试样在 20℃时的密度，g/cm^3；m_3 为 20℃时装满试样的密度瓶质量，g；m_1 为空密度瓶质量，g；m_{20} 为密度瓶 20℃水值，g；0.9982 为 20℃水的密度，g/cm^3；0.0012 为 20℃、大气压为 760mmHg(1mmHg=133.322Pa)时空气的密度，g/cm^3。

根据计算所得的 ρ_t 值，由国家标准《石油计量表》(GB/T 1885—1998)查得 20℃的标准密度值。

3. 韦氏天平法

韦氏天平法测定密度的基本依据是阿基米德原理，即当物体完全浸入液体时，它受到的浮力(减轻的重量)等于其排开液体的重量。因此，在一定的温度(20℃)下，分别测定同一物体(玻璃浮锤)在水及试样中的浮力。由于浮锤排开水的体积与排开试样的体积相同，根据水的密度可以计算出样品的密度。

测定前，检查仪器各部件是否完整无损。用清洁的细布擦净金属部分，用乙醇擦净玻璃、温度计、玻璃浮锤，并干燥。将仪器置于稳固的平台上，旋松支柱螺钉，将其调整至合适高度，再旋紧螺钉。将天平横梁置于玛瑙刀座上，钩环置于天平横梁右端刀口上，将等重砝码挂于钩环上，调整水平调节螺钉，使天平横梁左端指针与固定指针水平对齐，以示平衡。取下等重砝码，换上玻璃浮锤，此时天平仍应保持平衡。向玻璃筒内缓慢注入预先煮沸并冷却至约 20℃的蒸馏水，将浮锤全部浸入水中，不得带入气泡，浮锤不得与筒壁或筒底接触，玻璃筒置于 20.0℃的恒温浴中，恒温 20min，然后将骑码由大到小加在横梁的 V 形槽上，使指针重新水平对齐，记录骑码的读数。将玻璃浮锤取出，倒出玻璃筒内的水，将玻璃筒及浮锤用乙醇洗涤并干燥。用同样的方法测定试样。

6.2.3　黏度的测定

石油产品的黏度(viscosity)是衡量其流动阻力大小的一个物理量，它描述了流体在受到外力作用时流动的难易程度。流体的黏度与其物理状态、温度、压力及化学组成有关，对于石油产品的生产、运输、加工和使用都具有重要意义。黏度测定是石油产品质量控制的一个重要环节，也是研究石油产品流动和传热特性必不可少的手段。

根据测量条件和目的不同，石油产品的黏度主要分为以下几种：运动黏度、动力黏度和条件黏度。

1. 运动黏度

运动黏度(kinematic viscosity)是指某流体的绝对黏度(动力黏度)与该流体在同一温度下的密度之比，用于描述流体在没有任何外力作用下，由于内部分子间的相互作用力而产生的流动阻力，以 v 表示，通常用平方毫米每秒或平方米每秒(mm^2/s 或 m^2/s，$1m^2/s = 1000000m^2/s$)作为单位。

运动黏度的测定通常使用毛细管黏度计(图 6-5)。毛细管黏度计包括乌氏黏度计、哈根黏度计等。

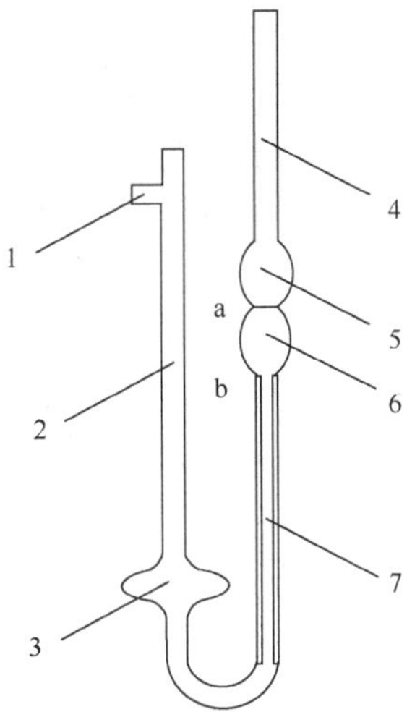

图 6-5　毛细管黏度计

1. 支管；2、4. 管身；3、5、6. 扩大部分；7. 毛细管；a、b. 标线

1) 测定原理

运动黏度的测定常采用毛细管黏度计法。在一定温度下，当液体在垂直的毛细管中以完全湿润管壁的状态流动时，其运动黏度与流动时间成正比。测定时，用已知运动黏度的液体(常用 20℃时的蒸馏水)作为标准液体，测量已知运动黏度

的液体从毛细管黏度计中流出的时间，即可得到黏度计的毛细管常数。再测量试样自同一黏度计流出的时间，黏度计的毛细管常数与流动时间的乘积即为该温度下测定液体的运动黏度。

2) 仪器准备

一组毛细管黏度计，内径分别为：0.4mm、0.6mm、0.8mm、1.0mm、1.2mm、1.5mm、2.0mm、2.5mm、3.0mm、3.5mm、4.0mm、5.0mm 和 6.0mm。毛细管黏度计均应经过检定并确定常数。

恒温浴：带有透明壁或装有观察孔的恒温浴，其高度不小于 180mm，容积不小于 2L，并且附设自动搅拌装置和一种能够准确调节温度的电热装置。在 0℃和低于 0℃测定运动黏度时，使用筒形开有看窗的透明保温瓶，其尺寸与前述的透明恒温浴相同，并设有搅拌装置。

根据测定的条件，要在恒温浴中注入如表 6-3 中列举的一种液体。

表 6-3　在不同温度使用的恒温浴液体

测定的温度/℃	恒温浴液体
50～100	透明矿物油、丙三醇(甘油)或 25%硝酸铵水溶液
20～50	水
0～20	冰水混合物，或乙醇与干冰的混合物
−50～0	乙醇与干冰的混合物，或用无铅汽油代替乙醇

3) 测定步骤

将黏度计调整为垂直状态，利用铅垂线从两个相互垂直的方向检查毛细管的垂直情况。将恒温浴调节到规定的温度，将装好试样的黏度计浸在恒温浴内，恒温 10～20min，试验的温度必须保持恒定到±0.1℃。

利用毛细管黏度计管身 4 口套的橡胶管将试样吸入扩大部分 6，使试样液面稍高于标线 a，并且注意不要让毛细管和扩大部分 6 的液体产生气泡或裂隙。

观察试样在管身中的流动情况，液面正好到达标线 a 时，启动秒表；液面正好到达标线 b 时，停止秒表。试样在扩大部分 6 中流动时，注意恒温浴中正在搅拌的液体要保持恒定温度，而且扩大部分中不应出现气泡。

用秒表记录试样的流动时间，应重复测定至少 4 次，其中各次流动时间与其算术平均值的差数应符合以下要求：在温度 100～15℃测定黏度时，这个差数不应超过算术平均值的±0.5%；在 15～−30℃测定黏度时，这个差数不应超过算术平均值的±1.5%；在低于−30℃测定黏度时，这个差数不应超过算术平均值的±2.5%。

注意，应取不少于 3 次的流动时间所得的算术平均值作为试样的平均流动时间。

4) 计算

在温度 t 时，试样的运动黏度按以下公式计算：

$$v_t = c\tau_t$$

其中

$$c=\frac{v_t^{\mathrm{L}}}{\tau_t^{\mathrm{L}}}$$

式中，v_t 为温度 t 时试样的运动黏度，mm^2/s；c 为黏度计常数，mm^2/s^2；τ_t 为试样的平均流动时间，s；v_t^{L} 为温度 t 时已知液体的运动黏度，mm^2/s；τ_t^{L} 为温度 t 时已知液体的流动时间，s。

5) 注意事项

试样含有水或机械杂质时，在试验前必须经过脱水处理，用滤纸过滤除去机械杂质。对于黏度大的润滑油，可以用布氏漏斗，利用水泵或其他真空泵进行抽滤，也可以在加热至 50～100℃的温度下进行脱水过滤。

在测定试样的黏度之前，必须将黏度计用溶剂油或石油醚洗涤。如果黏度计沾有污垢，需用铬酸洗液、水、蒸馏水或 95%乙醇依次洗涤。然后放入烘箱中烘干，或用通过脱脂棉过滤的热空气吹干。

测定运动黏度时，在内径符合要求且清洁、干燥的毛细管黏度计中装入试样。装试样之前，将橡胶管套在支管上，并用手指堵住管身 2 的管口，同时倒置黏度计，然后将管身 4 插入装着试样的容器中；此时利用洗耳球、水泵或其他真空泵将液体吸到标线 b，同时注意不要使管身 4、扩大部分 5 和 6 中的液体产生气泡和裂隙。当液面到达标线 b 时，从容器内提起黏度计，并迅速恢复其正常状态，同时将管身 4 的管端外壁沾着的多余试样擦去，并从支管取下橡胶管套在管身 4 上。

将装有试样的黏度计浸入事先准备的恒温浴中，并用夹子将黏度计固定在支架上，在固定位置时，必须将毛细管黏度计的扩大部分 2 浸入一半。

温度计用另一个夹子固定，使水银球的位置接近毛细管中央点的水平面，并使温度计上要测温的刻度位于恒温浴的液面上 10mm 处。

测定试样的运动黏度时，应根据试验的温度选用适当的黏度计，使试样的流动时间不少于 200s，内径 0.4mm 的黏度计流动时间不少于 350s。

2. 动力黏度

动力黏度(dynamic viscosity)又称绝对黏度，是指当两个面积为 $1m^2$、垂直距离为 1m 的相邻液层以 1m/s 的速度做相对运动时所产生的内摩擦力，常用 η 表示，当内摩擦力为 1N 时，该液体的黏度为 1Pa · s。

某温度下的动力黏度为该温度下的运动黏度与该温度下液体的密度之积。温度 t 时，试样的动力黏度与运动黏度可以通过下式换算：

$$\eta_t = v_t \rho_t$$

式中，η_t 为温度 t 时试样的动力黏度，mPa · s；v_t 为温度 t 时试样的运动黏度，mm^2/s；ρ_t 为温度 t 时试样的密度，g/cm^3。

3. 条件黏度

条件黏度是指在规定温度下，在特定的黏度计中流出一定量液体的时间(s)；或者此流出时间与在同一仪器中规定温度下另一种标准液体(通常是水)的流出时间之比。根据所用仪器和条件的不同，条件黏度通常又分为恩氏黏度(Engler viscosity)、赛氏黏度(Saybolt viscosity)和雷氏黏度(Redwood viscosity)等。

恩氏黏度是指试样在规定温度下从恩氏黏度计中流出 200mL 所需的时间与 20℃时从同一黏度计中流出 200mL 水所需的时间之比，用符号 E 表示。赛氏黏度是指试样在规定温度下从赛氏黏度计中流出 60mL 所需的时间，单位为秒(s)。雷氏黏度是指试样在规定温度下从雷氏黏度计中流出 50mL 所需的时间，单位为秒(s)。

恩氏黏度的测定原理就是按恩氏黏度的规定，分别测定试样在一定温度(通常为 20℃、50℃、80℃、100℃)下，由恩氏黏度计流出 200mL 所需的时间和同样量的水在 20℃时由同一黏度计流出的时间，根据公式计算得出。

$$E_t = \frac{\tau_t}{K_{20}}$$

式中，E_t 为温度 t 时试样的恩氏黏度，条件度；τ_t 为温度 t 时试样从恩氏黏度计中流出 200mL 所需的时间，s；K_{20} 为恩氏黏度计的水值，s。

在一定温度下，试样的恩氏黏度与运动黏度可按下式进行换算：

$$E_t = c_t v_t$$

式中，E_t 为温度 t 时试样的恩氏黏度，条件度；v_t 为温度 t 时试样的运动黏度，mm^2/s；c_t 为温度 t 时的换算值，取值范围为 0.135～1.00。当试样的运动黏度为 $1.00mm^2/s$ 时，c_t 取 1.00；随着运动黏度不断增大，c_t 取值不断减小。当运动黏度大于 $60.0mm^2/s$ 时，c_t 取 0.135。具体的取值可参考国家标准 GB/T 265—1988 附录 A 中，关于运动黏度与恩氏黏度(条件度)的换算。

6.2.4 闪点和燃点的测定

闪点(flash point)是指在规定试验条件下，试样被加热后的气体组分和外界空气形成混合气与火焰接触时发生闪火并立刻燃烧(闪燃现象)时的最低温度。燃点(ignition point)又称着火点，是指在规定试验条件下，应用外部热源使物质表面起火并持续燃烧至少 5s 所需的最低温度。

闪点值在运输、储存、操作和安全管理等方面具有重要作用，常用作定义“易燃物质”和“可燃物质”的分类参数。闪点值能有效指示在非挥发或非可燃性物质中是否存在高挥发性或可燃性成分，是研究未知组成材料的首要步骤之一。闪点低的可燃性液体挥发性大、容易着火、安全性较差，因此一般要求可燃性液体的闪点比使用温度高 20～30℃，以保证使用安全和减少挥发损失。

物质闪点的高低主要与其蒸发性、馏程及化学组分有关。馏程越低，馏分越轻，越易蒸发，则闪点越低。此外，汽油、煤油等轻质组分的闪点低，柴油、润滑油等重质组分的闪点高。如果在重质组分物质中混入轻质组分，则会降低闪点。

闪点的测定有开口杯法(open cup method)和闭口杯法(closed cup method)两种。用规定的开口杯闪点测定器测得的闪点称为开口闪点，用规定的闭口杯闪点测定器测得的闪点称为闭口闪点。闭口杯法测定时，试样在密闭的油杯中加热，只是在点火的瞬间才打开杯盖；开口杯法测定时，试样在敞口杯中加热，蒸发的气体可以自由向空气中扩散，需要更高的温度才能使液体上方的油蒸气浓度达到可闪燃的条件。因此，同一样品的开口闪点比闭口闪点高 10～30℃。

不同的测定方法对于测定范围有明确要求。国家标准 GB/T 3536—2008 规定，克利夫兰(Cleveland)开口杯试验仪适用于闪点高于 79℃的石油产品(燃料油除外)闪点和燃点的测定。国家标准 GB/T 261—2021 规定，宾斯基-马丁(Pensky-Martens)闭口闪点试验仪适用于可燃液体、带悬浮颗粒的液体、在试验条件下表面趋于成膜的液体和其他液体，闪点为 40～370℃样品的测定。此外，含水油漆物质的闪点应依照国际标准 ISO 2719—2016 中的要求进行测定；含高挥发性材料液体的闪点应依照国家标准 GB/T 21775—2008 或国际标准 ISO 2719—2016 中的要求进行测定。这里只介绍适用性更广的宾斯基-马丁闭口杯法。

1. 测定原理

将样品倒入试验杯中，在规定的速率下连续搅拌，并以恒定速率加热样品。以规定的温度间隔，在中断搅拌的情况下，将火源引入试验杯开口处，使样品蒸气发生瞬间闪火，且蔓延至液体表面的最低温度，此温度为环境大气压下的闪点，再用公式修正到标准大气压下的闪点。

2. 仪器和试剂

宾斯基-马丁闭口闪点试验仪；温度计(包括低、中、高三个温度范围的温度计，根据样品的预期闪点选用)；气压计(精度 0.1kPa)；加热浴或烘箱(可将温度控制在±5℃之内)。

清洗溶剂：用于除去试验杯及试验杯盖上沾有的少量试样。注：清洗溶剂的选择依据待测试样及其残渣的黏性。低挥发性芳烃(无苯)溶剂可用于除去油的痕迹，混合溶剂(如甲苯-丙酮-甲醇)可有效除去胶质类的沉积物。

3. 测定步骤

观察气压计，记录试验期间仪器附近的环境大气压。

将试样倒入试验杯至加料线，盖上试验杯盖，然后放入加热室，确保试验杯就位或锁定装置连接好后插入温度计。点燃试验火源，并将火焰直径调节为 3～4mm；或者打开电子点火器，按仪器说明书的要求调节电子点火器的强度。

在整个试验期间，若试样为残渣燃料油、稀释沥青、用过润滑油、表面趋于成膜的液体、带悬浮颗粒的液体，以 1.0～1.5℃/min 的速率升温，搅拌速率为 240～260r/min；若试样为上述描述以外的石油产品及表面不成膜的油漆和清漆、未用过润滑油，以 5～6℃/min 的速率升温，搅拌速率为 90～120r/min。

当试样的预期闪点不高于 110℃时，从预期闪点以下(23±5)℃开始点火，试样每升高 1℃点火一次；当试样的预期闪点高于 110℃时，从预期闪点以下(23±5)℃开始点火，试样每升高 2℃点火一次；当测定未知试样的闪点时，在适当起始温度下开始试验，高于起始温度 5℃时进行第一次点火。注意点火时要停止搅拌。用试验杯盖上的滑板操作旋钮或点火装置点火，要求火焰在 0.5s 内下降至试验杯的蒸气空间内，并在此位置停留 1s，然后迅速升高回至原位置。

记录火源引起试验杯内产生明显着火的温度，作为试样的观察闪点。但不要将在真实闪点到达之前出现在试验火焰周围的淡蓝色光轮与真实闪点相混淆。

如果记录的观察闪点温度与最初点火温度的差值小于 18℃或大于 28℃，则认为此结果无效。应更换新试样重新进行试验，调整最初点火温度，直到获得有效的测定结果，即观察闪点温度与最初点火温度的差值为 18～28℃。

4. 计算

用下列公式将观察闪点修正到标准大气压(101.3kPa)下的闪点：

$$T_c = T_0 + 0.25 \times (101.3 - p)$$

式中，T_c 为标准大气压(101.3kPa)下的闪点，℃；T_0 为环境大气压下的观察闪点，℃；p 为环境大气压，kPa。

注：本公式仅限大气压为 98.0～104.7kPa。

5. 注意事项

仪器应安装在无空气流的房间内，并放置在平稳的台面上。若不能避免空气流，最好用防护屏挡在仪器周围。若样品产生有毒蒸气，应将仪器放置在能单独控制空气流的通风柜中，使蒸气可以被抽走，但空气流不能影响试验杯上方的蒸气。

先用清洗溶剂冲洗试验杯、试验杯盖及其他附件，以除去上次试验留下的所有胶质或残渣痕迹。再用清洁的空气吹干试验杯，确保除去所用溶剂。

检查试验杯、试验杯盖及其附件，确保无损坏和无样品沉积。

将所取样品装入合适的密封容器中。为了安全，样品只能充满容器容积的 85%～95%。样品储存时，应选取合适的条件，以最大限度地减少样品的蒸发损失和压力升高。样品储存温度避免超过 30℃。

6.3 石油产品组成分析

6.3.1 水含量的测定

石油产品中含有水分，这是由于石油在地下深处经过长时间的高压、高温条件下运动和聚集所产生的。而且在生产、运输、储存等过程中，水分会不断地溶解于石油产品中，形成游离水和吸附水等。如果石油产品中含有过多的水分，将导致其质量下降，如燃点降低、易燃易爆等问题，严重影响石油产品的安全性和使用性能，因此水是石油产品的有害杂质。常见石油产品的水分测定方法有卡尔 · 费歇尔-库仑滴定法和蒸馏法。

1. 卡尔·费歇尔-库仑滴定法

1) 测定原理

微量水分测定仪是根据卡尔·费歇尔试剂与水的反应，结合库仑滴定原理设计而成的。将一定量的试样加入卡尔·费歇尔库仑仪的滴定池中，滴定池阳极生成的碘与试样中的水根据反应的化学计量比，按 1∶1(物质的量比)发生卡尔·费歇尔反应，反应式如下：

$$I_2 + SO_2 + 3C_5H_5N + H_2O \longrightarrow 2C_5H_5N \cdot HI + C_5H_5N \cdot SO_3$$

$$C_5H_5N \cdot SO_3 + CH_3OH \longrightarrow C_5H_5N \cdot HSO_4CH_3$$

确定滴定终点的方法采用永停法，其原理是在浸入溶液中的两组电极间加一电压，若溶液中有水分存在，两极之间无电流通过。当水分反应完后，溶液中有过量的碘及碘化物存在，电流突然增加至最大值并稳定 1min，即为滴定终点。通过消耗的卡氏试剂，计算试样中的水含量。

2) 仪器和试剂

终点显示器；滴定管；磁力搅拌器；圆底三颈烧瓶；指示电极；注射器等。

碘；无水甲醇；吡啶；三氯甲烷；无水乙醇；二氯化硫；蒸馏水；硫酸等。

3) 测定步骤

(1) 试剂脱水。

所有试剂在使用前均需干燥脱水。将 3A 或 5A 分子筛盛于 400mL 瓷坩埚内，置于(480±20)℃的高温炉中恒温干燥 4h。分子筛在炉内冷却至 200～300℃，通过一个合适的漏斗，快速将分子筛加到待干燥的试剂内，分子筛加入厚度约 3cm 为宜。然后将试剂瓶的瓶盖盖严，并将试剂瓶上下翻动数次，放置 24h 后即可使用。试剂干燥时，应在通风良好及无明火的情况下进行。

(2) 卡氏试剂的配制及标定。

详见附录 10 中 9.18。

(3) 试样溶剂的配制。

将三氯甲烷和无水甲醇按 3∶1 的体积比混匀，作为滴定试样时的溶剂。

(4) 仪器调试。

按图 6-6 所示装配滴定管、滴定瓶、搅拌器、指示电极和终点显示器。用清洁、干燥的注射器抽取 80～90mL 试样溶剂，注入预先洗净、烘干的滴定瓶中，使液面高于双铂电极的铂丝 5～10mm。开动搅拌器，调整搅拌速度均匀、平稳并打开终点显示器开关，不插入电极插头，调节电位器旋钮，选定微安表指针偏转 10～30μA 某一刻度

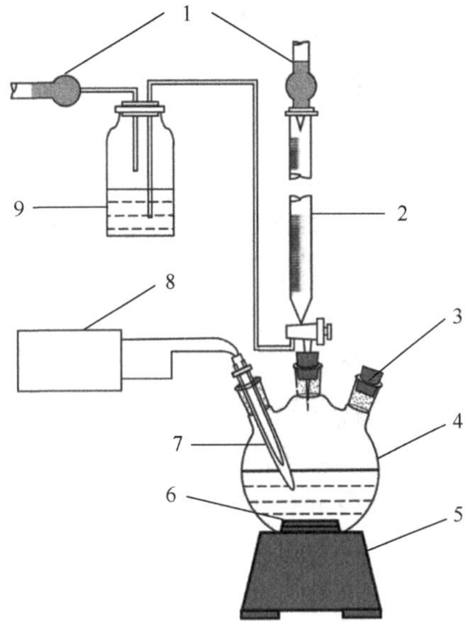

图 6-6 滴定装置

1. 干燥管；2. 滴定管；3. 进样口；4. 滴定瓶；5. 搅拌器；6. 搅拌子；7. 指示电极；8. 终点显示器；9. 储液瓶

为终点指示位置。插入电极插头，此时微安表指针应回到零点附近。向滴定瓶内加入一定量(5～10mL)蒸馏水，搅拌 30s 后，滴入卡氏试剂滴定液，直至微安表指针偏转至选定终点位置，并保持 30s 指针稳定不变，此时即可认为达到滴定终点，仪器调试完毕。

(5) 滴定。

用干燥的注射器或移液管准确吸取 50.0mL 试样，或用减量法称取 30～50g(准确至 0.1mg)试样，将试样注入已达到滴定终点的滴定瓶中，搅拌 30s。然后用标定过的卡氏试剂滴定液滴定至终点，记录消耗卡氏试剂滴定液的体积，读至 0.01mL。注意：每测完一个试样或滴定瓶内液体总体积达到 200mL 时，应及时更换滴定瓶内的液体，以保证滴定顺利进行。

4) 计算

试样水含量 X_1 (μL/L)或 X_2 (mg/kg)按以下公式计算：

$$X_1 = \frac{TV_1}{\rho_t V_2} \times 10^3$$

$$X_2 = \frac{TV_1}{m} \times 10^3$$

式中，X_1 为试样水含量，μL/L；X_2 为试样水含量，mg/kg；T 为卡氏试剂滴定液的滴定度，mg/L；V_1 为试验时消耗卡氏试剂滴定液的体积，mL；ρ_t 为试样在试验温度 t 下的密度，g/mL；V_2 为试样的进样体积，mL；m 为试样的进样质量，g。

2. 蒸馏法

1) 测定原理

将待测试样和与水不相溶的溶剂共同加热回流，溶剂可将试样中的水携带出来。不断冷凝下来的溶剂和水在接收器中分离，水沉积在带刻度的接收器中，溶剂流回蒸馏器中。通过读取接收器中水的体积可计算出石油中的水含量。蒸馏法所用溶剂一般为苯、甲苯、二甲苯等可与水形成共沸物的有机溶剂，且溶剂与水不互溶，不与被检验物质发生任何化学反应。

2) 仪器和试剂

圆底烧瓶；冷凝管等。

根据样品不同使用不同的抽提溶剂，要求不含水或水含量不超过 0.02%，包括芳烃溶剂和石油馏分溶剂，规格如下。

芳烃溶剂：工业级二甲苯(混合二甲苯)；20%(体积分数)工业级甲苯和 80%(体积分数)工业级二甲苯(混合二甲苯)的混合溶剂。

石油馏分溶剂：其 5%(体积分数)的馏出温度为 90～100℃，且 90%(体积分数)的馏出温度在 210℃以下。

3) 测定步骤

(1) 装置组装。

按照图 6-7 组装装置。

(2) 仪器校验。

接收器刻度精度的校验：使用一个 5mL 可读至 0.01mL 或 0.05mL 的微量移液管，将蒸馏水添加到接收器中。在 0.3mL 以下，如果加入的水值与读出的水值之差超出 0.03mL；或者 0.3mL 以上，如果加入的水值与读出的水值之差超出 0.05mL，则接收器不能使用，或者进行重新校验。

蒸馏装置的回收试验：使用蒸馏装置测定水分之前，需要对整个蒸馏装置做水的回收试验。在 500mL 蒸馏瓶中加入 250mL 水含量不超过 0.02%的二甲苯，按蒸馏程序进行蒸馏。蒸馏完毕后，弃掉接收器中的溶剂，待蒸馏瓶冷却后，按回收水分的允许限值要求，用移液管将适量的蒸馏水直接加入蒸馏瓶中，再进行蒸馏。若接收器中得到的水的体积符合允许误差限值，则表明试验仪器符合要求。

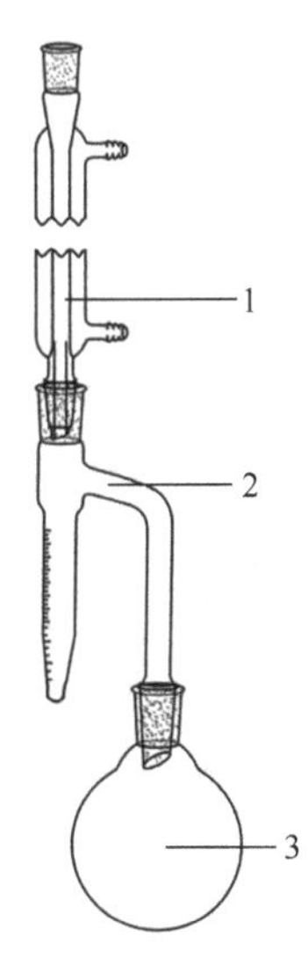

图 6-7 水分测定仪
1. 直形冷凝管；
2. 接收器；3. 蒸馏瓶

(3) 水含量测定。

根据预计的水含量(要求蒸出的水不超过 10mL)，称取或量取样品至蒸馏烧瓶中(误差不超过 1%)。再加入 100mL 溶剂，放几粒沸石防止溶液暴沸。

加热蒸馏瓶，调整试样沸腾速度，使冷凝管中冷凝液的馏出速率为 2～9 滴/s。蒸馏至蒸馏装置中不再有水(接收器内除外)，接收器中的水体积在 5min 内保持不变。如果冷凝管上有水环，小心提高蒸馏速率，或将冷凝水的循环关闭几分钟。

当水全部蒸馏出来后，使接收器冷却至室温，用玻璃棒、聚四氟乙烯棒或其他合适的工具将接收器壁黏附的水分拨移至水层中。读出接收器中收集水的体积。

按上述步骤测定所用空白溶剂的相关值。如果使用一批新的溶剂，则需重新测定空白溶剂的相关值。

4) 计算

根据试样的量取方式，按以下公式计算水在试样中的体积分数 φ 或质量分数 w：

$$\varphi = \frac{V_1 - V_2}{V_0}$$

$$w = \frac{V_1 - V_2}{m} \times 100$$

式中，φ 为水在试样中的体积分数，%；w 为水在试样中的质量分数，%；V_0 为样品的体积，mL；V_1 为测定样品时接收器中的水分，mL；V_2 为空白溶剂的水分，mL；m 为样品的质量，g。

6.3.2 残炭的测定

残炭(carbon residue)是石油在不通空气(限氧)的条件下在残炭测定器中加热，经过蒸发分解、缩合后剩余的焦黑色残留物，以残留物占油样的质量分数(%)表示。残炭是评定重质燃料油、润滑油、轻柴油 10%蒸余物的积炭生成倾向的指标。残炭主要由胶质、沥青质及多环芳烃的缩合物形成。残炭高说明石油中含沥青质、胶质、稠环芳烃多，含烷烃、环烷烃少。目前常见的残炭的测定方法有：康氏法、电炉法、兰氏法及微量法。上述方法中，康氏法与微量法的操作要求相对严格，一般生产控制过程中在仲裁时才会使用。兰氏法在我国尚未普遍采用，只列为军舰拥有质量控制指标。

下面主要介绍微量法。该方法适用于原油和石油产品残炭的测定，测定范围为 0.10%～30.0%，也适用于残炭值低于 0.10%、由馏分油组成的石油产品。对于这类产品，首先用 GB/T 6536—2010 标准方法制备 10%(体积分数)蒸馏残余物，再用本方法进行测定。大量试验表明，原油和石油产品的微量残炭值与康氏残炭值有很好的一致性。尽管石油产品的质量指标要求的是康氏残炭值，但是微量残炭仪器自动化程度高、操作简单、结果重复性好，而且结果与康氏残炭值相符，因此很多实验室都用微量残炭值代替康氏残炭值得到原油和石油产品的残炭值。

1. 测定原理

将已称量的试样放入一个样品管中，在规定的时间内以可控方式于惰性气流(氮气)下程序升温至 500℃。加热过程中易挥发物质随氮气排出，称量残留的炭质型残渣质量，得到残炭值。

2. 仪器设备

分析天平；冷却器；热电偶。

玻璃样品管：容量 2mL，外径 12mm，高约 35mm。测定残炭值低于 0.20%(质量分数)的试样时，可使用容量 4mL、外径 12mm、高约 72mm 的样品管，但未对此条件进行精密度研究。若可证明其他材质样品管对测定结果不产生影响，可使用其他材质样品管。

成焦炉：具有一个圆形加热室，直径约 85mm、深约 100mm，能以 10～40℃/min 的加热速率加热到 500℃。具有一个内径为 13mm 的排气孔，以氮气吹扫加热室内腔(进气口靠近顶部，内径 1mm；排气孔在底部中央)。在加热室内设置一个热电偶传感器，其位置靠近样品管壁但不与样品管壁接触。加热室具有一个可隔绝外界空气的顶盖。冷凝物出口直接接入一个短的垂直部件，绝大部分蒸气在垂直部件中冷凝，并流入位于炉室底部可拆卸的收集器中。成焦炉的具体构造如图 6-8 所示。

样品管支架：一个铝合金制的圆柱体，直径约 76mm、厚约 17mm，柱体上均匀分布 12 个孔(放样品管)，每个孔直径 13mm、深 13mm。12 个孔以圆形样式均匀排列，孔距离圆柱体边缘约 3mm。支架的支脚长 6mm，并具有中心定位导向装置，圆柱体侧面有一个指示标记用作位置参考。典型的样品管支架外观如图 6-9 所示。

3. 测定步骤

1) 准备工作

充分搅拌待测样品。若需要降低黏度，可先加热样品。若样品为液态，可使用滴管或

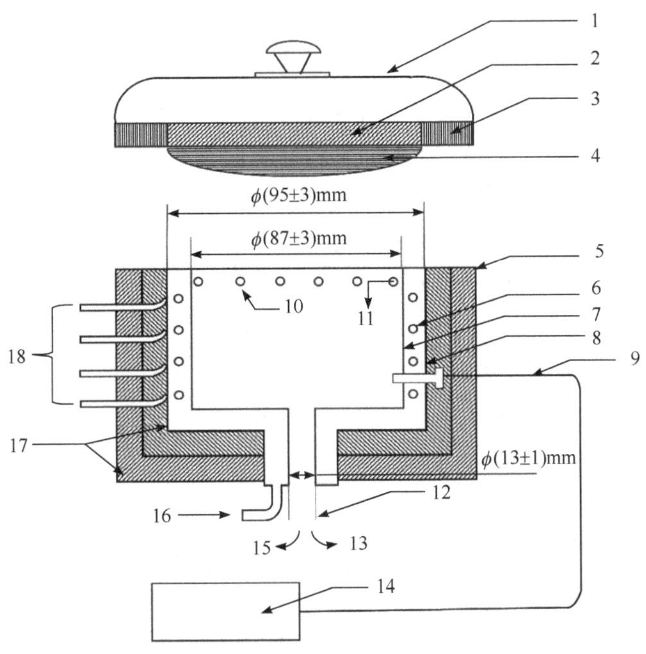

图 6-8　成焦炉构造示意图

1. 顶盖；2. 绝热层；3. 陶瓷圆环；4. 304 不锈钢顶塞球面；5. 成焦炉；6. 加热盘管剖面；7. 圆柱形内壳体；8. 圆柱形外壳体；9. 热电偶导线；10. 系列进气口(直径为 1mm)；11. 氮气入口；12. 不锈钢排气管；13. 冷凝物；14. 微处理机控制系统；15. 烟气；16. 氮气供给入口；17. 绝热材料(两层)；18. 圆形加热盘管，700W 两组

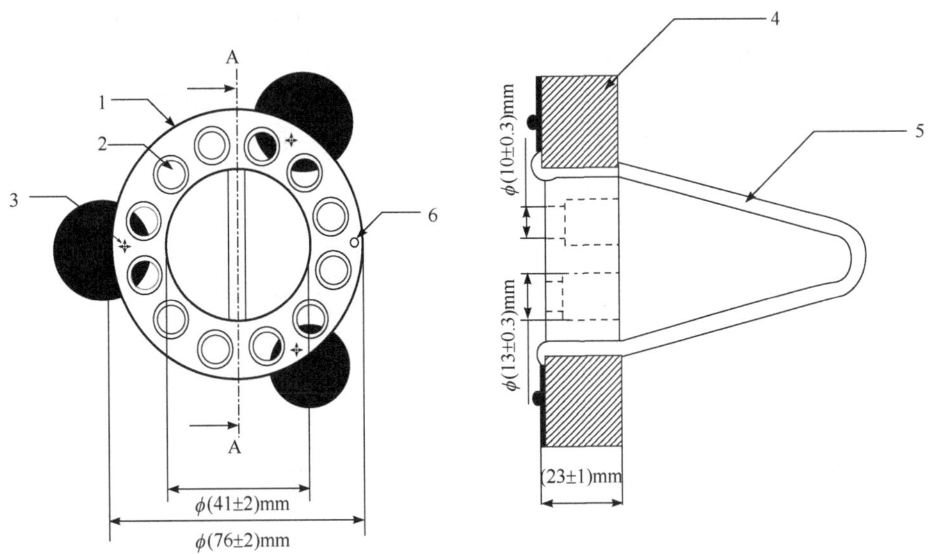

图 6-9　样品管支架外观示意图

1. 样品管支架；2. 均匀分布的 12 个孔(样品管松散摆放)；3. 支脚小螺钉(3 个)钢制定心垫圈(每个支脚一个)；4. 环(铝合金材质)；5. 手柄(不锈钢合金材质)；6. 指示标记

玻璃棒将样品直接转移至样品管中。若样品为固态，需先加热样品，或者用液氮冷冻后破碎成易处理的块状。

在称量和加入试样过程中，用镊子夹取样品管，以减少质量误差。使用过的样品管需废弃。

称量洁净的样品管，准确至 0.1mg，记录质量。

称量适量的试样(表 6-4)置于已称量的样品管底部，尽量避免样品沾在样品管壁上，再称量盛有样品的样品管，准确至 0.1mg。将装有试样的样品管放在样品管支架上(最多 12 个)，根据指示标记记录每个试样对应的位置。

表 6-4 试样称取量

样品类型	样品描述	预计残炭值(质量分数)/%	试样量/g	样品管/mL
非中间馏分	黑色黏稠或固体	＞5.0	0.15±0.05	2
	褐色或黑色不透明可流动	1.0～5.0	0.50±0.10	2
	透明或半透明	0.2～1.0	0.15±0.50	2
	透明或半透明	＜0.2	3.00±0.50	4
	透明或半透明	＜0.1	5.00±0.50	20
中间馏分	中间馏分 10%蒸余物	＜0.3	3.00±0.50	4
	中间馏分 10%蒸余物	＜0.1	5.00±0.50	20

2) 残炭的测定

在炉温低于 100℃时，将装满试样的样品管支架放入炉膛内，盖好盖子，以流速为 600mL/min 的氮气流至少吹扫 10min。然后将氮气流速降到 150mL/min，并以 10～15℃/min 的加热速率将炉子加热到 500℃。

加热炉在(500±2)℃恒温 15min，然后自动关闭炉子电源，使其在氮气流(600mL/min)吹扫下自然冷却。当炉温降到低于 250℃时，将样品管支架取出并关闭氮气。将样品管支架放入不加干燥剂的干燥器中，在天平室进一步冷却。如果样品管中试样起泡或溅出引起试样损失，则该试样应作废，重做试验。当炉温冷却到低于 100℃时，可开始进行下一次试验。

用镊子夹取样品管，将样品管移至另一个干燥器中，使其冷却至室温，称量样品管，准确至 0.1mg。

4. 计算

原始试样或 10%(体积分数)蒸馏残余物的残炭值 X(%)按下式计算：

$$X=\frac{m_3-m_1}{m_2-m_1}\times 100$$

式中，X 为原始试样或 10%(体积分数)蒸馏残余物的残炭值；m_1 为空样品管的质量，g；m_2 为空样品管加试样的质量，g；m_3 为空样品管加残炭的质量，g。

5. 注意事项

样品中的灰分或存在于样品中的不挥发性添加剂将作为残炭增加到样品的残炭值

中，并作为总残炭的一部分包括在测定结果中。

在柴油中，有机硝酸酯的存在使柴油的残炭值偏高。

对于残炭值超过 0.10%的石油产品，本方法测定结果与康氏法(GB/T 268—1987)测定结果等效。

当按 GB/T 6536—2010 制备 10%蒸馏残余物时，蒸馏烧瓶颈部的温度计可省略，只用一个密合的软木塞或硅橡胶塞子塞紧蒸馏烧瓶瓶口，使其安全牢固。蒸馏的关键是收集馏出物的体积要准确，可用如下操作方法：当量筒中馏出物的体积为 89mL 时，停止加热。当液体继续流入量筒刚好为 90mL 时，移开量筒，换上一个小玻璃瓶，收集从冷凝管中流出的最后馏出物，并趁热与蒸馏烧瓶中的残余物合并，混合均匀。

为保证测定结果的准确性，可在每批试样中加入一个参比样品。为了确定残炭的平均含量和标准偏差，此参比样品应是在同一台仪器上至少测试过 20 次的典型样品，以保证其准确性。当参比样品的测试结果落在该试样平均残炭值的±3 倍标准偏差范围内时，则这批样品的试验结果认为可信。当参比样品的测试结果在上述范围以外时，则表明试验过程或仪器有问题，试验无效。

因为空气(氧气)的引入会随着挥发性焦化产物的形成产生一种爆炸性混合物，不安全，所以在加热过程中，任何时候都不能打开加热炉盖子。在冷却过程中，只有当炉温降到低于 250℃时，才可打开炉盖。在样品管支架从炉中取出后，才可停止通氮气。残炭仪应放在实验室的通风柜内，以便及时排放烟气。

要定期检查加热炉底部的废油收集瓶，必要时将其内容物倒掉后再放回。收集瓶中的冷凝物可能含有一些致癌物质，应避免与其接触，并按照可行的方法对其进行掩埋或适当处理。

知识拓展　石油行业的“搅局者”——页岩油

习　题

1. 我国石油产品分为哪几类？
2. 油品分析的目的是什么？油品分析的项目有哪些？
3. 什么是初馏点和终馏点？并简要说明它们在馏程测定中的重要性。
4. 进行石油产品的馏程测定时，为什么需要对馏出温度进行校正？
5. 简述石油产品馏程测定中的准备工作步骤。
6. 石油产品的馏程测定过程中，如何保持蒸馏速度？为什么要这样做？
7. 密度计法测量密度时，透明试样与不透明试样的读数方法有什么不同？
8. 密度计的使用原理是什么？
9. 密度瓶分为哪几种？各自适用于什么样品？
10. 试述密度瓶法测定密度的原理。

11. 试述石油产品黏度测定的分类及意义。

12. 某石油样品在温度为 25℃时的动力黏度为 0.05Pa · s，如果将其加热至 50℃时，动力黏度变为 0.03Pa · s。求该石油样品在 50℃时的运动黏度。

13. 闪点和燃点的定义是什么？为什么要对其进行测试？

14. 闪点测试的方法有哪些？不同方法的区别是什么？

15. 对于不同样品闪点的检测，其区别是什么？

16. 石油产品中水分的来源有哪些？

17. 石油产品中的水分有哪几种存在状态？

18. 在滴定瓶中加入 50mL 无水甲醇，先用卡氏试剂滴定液滴定至终点。向滴定瓶内准确转移 m mg 研细的二水合酒石酸钠，搅拌甲醇至无固体颗粒，用卡氏试剂滴定液滴定至终点，记录消耗卡氏试剂滴定液的体积 V(mL)，二水合酒石酸钠的水含量为 Y(%)，计算卡氏试剂的滴定度 T(mg/mL)。

19. 在蒸馏法中烧瓶中加入无釉瓷片的作用是什么？冷凝管上端塞脱脂棉的作用是什么？

20. 测定石油产品中的水分对生产和应用有何意义？

21. 测定残炭时，为什么不同油品规定的称样量不同？

22. 测定残炭时，为什么要将炉温降到低于 250℃时才能打开炉盖？

第 7 章　硅酸盐分析

7.1　概　　述

7.1.1　硅酸盐的种类及组成

硅酸盐是指由二氧化硅和金属氧化物组成的盐类。它是硅酸($mSiO_2 \cdot nH_2O$)中的氢被铁、铝、钙、镁、钾、钠及其他金属离子取代而形成的盐类。硅酸盐可分为天然硅酸盐和人工硅酸盐两类。硅酸盐在自然界中分布极广，在已知的 2000 多种矿石中，硅酸盐就达 800 余种，它是构成地壳岩石、土壤和许多矿物的主要成分。

常见的天然硅酸盐矿物有：正长石[$K(AlSi_3O_8)$]、钠长石[$Na(AlSi_3O_8)$]、钙长石[$Ca(AlSi_3O_8)$]、滑石[$Mg_3Si_4O_{10}(OH)_2$]、白云母[$KAl_2(AlSi_3O_{10})(OH)_2$]、高岭土[$Al_2(Si_4O_{10})(OH)_2$]、石棉[$CaMg_3(Si_4O_{12})$]、橄榄石[$(Mg \cdot Fe)_2SiO_4$]、绿柱石[$Be_3Al_2(Si_6O_{18})$]、石英[$SiO_2$]、蛋白石[$SiO_2 \cdot nH_2O$]、锆英石[$ZrSiO_4$]等。

以硅酸盐矿物为主要原料，经过高温煅烧、熔融，可以生产出各种硅酸盐制品和硅酸盐材料。传统的硅酸盐制品与材料有水泥、玻璃、陶瓷、耐火材料、砖瓦、搪瓷等，是无机非金属材料的主要构成部分，在国民经济中占有重要的地位。

7.1.2　硅酸盐分析的任务

硅酸盐分析的任务综合运用了分析化学的方法原理，对硅酸盐生产中的原料、燃料、半成品、成品的化学成分进行分析，及时提供准确可靠的测定数据。对科学指导生产，稳定产品质量，减少废品，提高企业经济效益起着重要的作用。

无论天然硅酸盐还是人造硅酸盐，组成都很复杂，周期表中的大部分元素都可能存在其中，只是由于生成条件的不同，相对含量十分悬殊。从组成元素看，最主要的是氧、硅、铝、铁、钙、镁、钾和钠，其次是锰、钛、锆、锂、硼、氢和氟等。

尽管硅酸盐组成十分复杂，但硅酸盐分析的主要项目却限于 SiO_2、Fe_2O_3、Al_2O_3、CaO、MgO、TiO_2、K_2O、Na_2O、MnO、SO_3 或 S、B_2O_3、P_2O_5、烧失量等。根据硅酸盐制品、原料的不同或特殊要求，还可能增加与其相适应的分析项目。硅酸盐中几个主要的测定项目为 SiO_2、Fe_2O_3、Al_2O_3、CaO、MgO、TiO_2 等，通常在一份试样中进行测定，这种方法称为硅酸盐系统分析方法。

硅酸盐全分析结果的总和基本接近 100%(99.5%～100.5%)，在计算总和时，若以烧失量的结果参加计算，应注意灼烧后组分的变化情况，加以校正。

本章主要介绍硅酸盐水泥、玻璃、陶瓷、耐火材料工业生产中有代表性的原材料、生产半成品和成品的系统分析方法、测定的主要项目及测定方法等。

7.2 水泥及其原料的分析

水泥是指加入适量水后可成塑性浆体，既能在空气中硬化又能在水中硬化，并能将砂、石等材料牢固地胶结在一起的细粉状水硬性胶凝材料。水泥的种类很多，目前已达100多种，按其用途和性能可分为通用水泥、专用水泥和特性水泥三大类。通用水泥为大量土木工程一般用途的水泥，如硅酸盐水泥、火山灰质硅酸盐水泥、粉煤灰硅酸盐水泥和复合硅酸盐水泥等；专用水泥指有专门用途的水泥，如砌筑水泥、油田水泥、大坝水泥等；特性水泥则是某种性能比较突出的一类水泥，如快硬硅酸盐水泥、抗硫酸盐硅酸盐水泥、中热硅酸盐水泥、膨胀硅酸盐水泥、自应力铝酸盐水泥等等。按其所含的主要水硬性矿物，水泥又可分为硅酸盐水泥、铝酸盐水泥、氟铝酸盐水泥，以及以工业废渣和地方材料为主要成分的水泥。

水泥原材料的定期检测及生产过程中的水泥生料、熟料、成品水泥的质量控制等是水泥厂化验室日常工作的重要内容之一。为了稳定生产，不仅需要在工艺过程的关键部位定点、定项地进行检测，如生料质量控制分析 $T(CaCO_3)$、$T(Fe_2O_3)$的测定，水泥熟料质量控制分析 $f(CaO)$的测定，水泥中 SO_3 的测定等，还需要对每班、每天生产的半成品、成品的化学成分进行分析，以控制整个生产质量动态。

水泥厂所用原料主要有石灰石、黏土、铁矿石或铁粉、矿渣、粉煤灰或火山灰、石膏、萤石等。一般是每进厂一批原料，需要对该原料的质量进行一次全分析，为生产配料、合理利用原材料提供数据。

生产过程中物料的全分析主要有水泥生料、熟料和水泥，每班、每天都需要进行，并且按每台磨、每台窑分别测定。水泥厂的日常例行分析工作量是相当大的，因此大多采用快速简便的系统分析，以便及时反馈数据信息，控制生产。

水泥及其原料的主要测定项目有 SiO_2、Fe_2O_3、Al_2O_3、CaO、MgO、烧失量。另外，视样品的不同，测定项目有增有减。例如，水泥还需增测 TiO_2、MnO、SO_3、F、Na_2O、K_2O 等；石膏需增测 SO_3；黏土、矾土等需增测 TiO_2；矿渣需增测 MnO；而萤石仅需测定 CaF_2、$CaCO_3$、F、Fe_2O_3 即可。

结合试样的分解方法，水泥及其原料的系统分析方法可以归为两大类：

(1) 酸溶、碱熔氯化铵系统：在用酸加热分解样品的同时，加入 NH_4Cl 促进脱水使硅酸凝聚变成凝胶析出，以重量法测定二氧化硅，滤液及洗涤液收集在 250mL 容量瓶中，用 EDTA 配位滴定法测定铁、铝、钙、镁、钛等。该方法适用于不溶物$<0.2\%$的水泥熟料，以及不含酸性混合材的普通硅酸盐水泥、矿渣水泥等。

对于不能用酸分解或酸分解不完全的样品，如水泥生料、黏土、石灰石、粉煤灰、火山灰及不溶物$>0.2\%$的熟料、掺酸性矿渣的水泥等，均可先用 Na_2CO_3 烧结或熔融、NaOH 熔融，再加酸分解熔块。将溶液蒸发成糊状后，加 NH_4Cl 脱水，按上述系统方法进行。

(2) 碱熔氟硅酸钾系统：样品以 NaOH 熔融，熔融物用浓盐酸分解，制成澄清透明的试验溶液，以氟硅酸钾滴定法测定二氧化硅，EDTA 配位滴定法带硅测定铁、铝、钙、镁。该系统分析方法快速简便，适用于所有水泥、水泥生料、熟料、原料的分析。

7.2.1 二氧化硅的测定

二氧化硅的测定方法主要有重量法和滴定法两大类。在水泥化学分析中，常采用氯化铵重量法和氟硅酸钾滴定法。这两种方法均列入国家标准《水泥化学分析方法》(GB/T 176—2017)，前者为基准法，后者为代用法。重量法准确度高，但操作费时；滴定法准确度稍差，但条件控制适当仍能满足生产需要，具有快速的特点，目前在生产中应用也较广泛。

1. 氯化铵重量法

1) 测定原理

试样用无水碳酸钠在 950～1000℃下烧结，使不溶性的硅酸盐转化成可溶性的硅酸钠，用盐酸分解熔融块。

$$Na_2SiO_3 + 2HCl \xlongequal{} H_2SiO_3 + 2NaCl$$

在含有硅酸的浓盐酸溶液中加入足量的固体氯化铵，于沸水浴上加热蒸发，使硅酸迅速脱水析出。这是基于浓盐酸分解熔融块时，使硅酸迅速转变为γ型聚合硅酸；而氯化铵是强电解质，当其浓度足够大时，对胶体硅酸有盐析作用，促使硅酸凝聚，并且加热蒸发利于硅酸迅速凝聚。另外，铵盐的存在降低了硅酸对其他离子的吸附作用，从而获得较纯净的硅酸沉淀。

沉淀用中速滤纸过滤，先用稀盐酸溶液洗涤，然后用热水洗至无氯离子，(1175±25)℃或 950～1000℃下灼烧 1h，取出、冷却，称量，反复灼烧直至恒重。

然后用 HF-H_2SO_4 处理沉淀，使沉淀中的 SiO_2 以 SiF_4 形式挥散。

$$SiO_2 + 6HF \xlongequal{} H_2SiF_6 + H_2O$$

$$H_2SiF_6 \xrightleftharpoons{\triangle} SiF_4\uparrow + 2HF\uparrow$$

将残渣于 950～1000℃下，用上述同样的方法灼烧至恒重，前后两次质量的差值即为试样中纯 SiO_2 的质量。

2) 测定条件

(1) 加入电解质后，硅胶并不立即聚沉，应加热蒸发使其干涸，但加热温度必须控制在 100～110℃，若超过 120℃，则某些铁、铝的氯化物将水解生成碱式盐，甚至与硅酸生成部分不易被酸分解的硅酸盐，导致结果偏高。

(2) 沉淀的过滤应迅速，若久置，随着溶液温度的降低，硅酸凝胶可能部分转化为溶胶而透过滤纸。

(3) 沉淀的洗涤应用(3+97)的热盐酸，一方面盐酸是强电解质，可以防止硅胶的胶溶；另一方面可避免铁、铝等氯化物的水解。但应注意，洗涤次数不宜过多，一般为 10～12 次，滤液和洗涤液的体积约 120mL 为宜。

(4) 沉淀灰化时，空气要充足，灰化要完全。若灰化不好，灼烧时将生成黑色碳化硅，影响测定。

(5) 蒸发皿应事先干燥；溶样时加入2～3滴浓硝酸，是为了将少量的Fe^{2+}氧化成Fe^{3+}，以利于后面铁的测定。

2. 氟硅酸钾滴定法

水泥、玻璃及各种硅酸盐试样中SiO_2含量的测定，过去常用重量分析法，重量分析法准确度高，但费时，操作麻烦。因此，在生产过程中的控制分析多采用氟硅酸钾滴定法，这是一种间接的酸碱滴定法，现已作为代用法列入水泥化学分析国家标准中。

1) 测定原理

试样经碱(KOH或NaOH)熔融，使SiO_2转变成易溶于酸的硅酸盐K_2SiO_3或Na_2SiO_3，在强酸性溶液中，在过量F^-和K^+存在下生成氟硅酸钾沉淀。

$$2K^+ + H_2SiO_3 + 6F^- + 4H^+ = K_2SiF_6\downarrow + 3H_2O$$

由于K_2SiF_6沉淀的溶解度较大，溶液中须加入过量KCl固体，利用同离子效应，降低沉淀的溶解度，将生成的K_2SiF_6沉淀过滤，用KCl乙醇溶液洗涤2～3次(防止K_2SiF_6溶解损失，洗涤次数不宜过多，洗液量不宜大)。然后将沉淀放回塑料杯中，加少量KCl乙醇溶液，以NaOH溶液中和未洗净的残余酸至微红色。再加入沸水使K_2SiF_6水解。

$$K_2SiF_6 + 3H_2O(\text{沸水}) = 2KF + H_2SiO_3 + 4HF$$

用NaOH标准溶液滴定水解生成的HF。由消耗NaOH标准溶液的体积和浓度计算试样中SiO_2的质量分数。

2) 测定条件

(1) 将不溶性二氧化硅完全转变为可溶性硅酸。

(2) 保证测定溶液有足够的酸度。酸度应保持在3mol/L左右，若过低易形成其他盐类的氟化物沉淀而干扰测定；但过高会给沉淀的洗涤和中和残余酸带来困难和麻烦。实验证明，用硝酸分解试样和熔融物比用盐酸好。用硝酸分解样品不易析出硅酸凝胶，同时可减少铝离子的干扰，因为氟铝酸盐在浓硝酸介质中比在同体积浓盐酸介质中的溶解度大得多。

(3) 必须有足够过量的氟离子和钾离子。溶液中需有过量的氟化钾和氯化钾存在，由于同离子效应，有利于形成氟硅酸钾沉淀的反应进行完全。但是，当试样中含有较多的Al^{3+}时，易生成难溶的氟铝酸钾沉淀，此沉淀也能在热水中水解，游离出氢氟酸，导致分析结果偏高。为了消除铝的影响，在能满足氟硅酸钾沉淀完全的前提下，适当控制氟化钾的加入量是很有必要的。当50～60mL溶液中含有50g左右的二氧化硅时，加入1～1.5g氟化钾已足够。氯化钾的加入量应控制至饱和并过量2g。

(4) 保证氟硅酸钾水解完全。氟硅酸钾沉淀的水解在整个二氧化硅测定过程中有两个主要倾向：滴定前，在过滤、洗涤、中和未洗净的残余酸等过程中均会发生局部少量的水解，严重影响分析结果的准确性。为防止这一不利因素的发生，选用50g/L氯化钾溶液洗涤沉淀2～3次，洗涤液的用量控制在20～25mL为宜。中和残余的酸时，操作应迅速。通常是用 50g/L 氯化钾-50%乙醇溶液为抑制剂，用氢氧化钠中和至酚酞变红。当室温高于 30℃时，可改用 50g/L 氟化钾-60%乙醇溶液作抑制剂，结果准确。

水解滴定，要求水解完全。氟硅酸钾沉淀的水解反应实际上是分步进行的。

$$K_2SiF_6 = 2K^+ + SiF_6^{2-}$$

$$SiF_6^{2-} + 3H_2O = H_2SiO_3 + 4HF + 2F^-$$

K_2SiF_6的溶解和SiF_6^{2-}的水解均为吸热反应，水解时水的温度越高、体积越大，越有利于K_2SiF_6的溶解和SiF_6^{2-}水解反应的进行，因此必须加 200mL 以上沸水使其水解。

用 NaOH 溶液滴定的过程中，溶液的温度相应下降，终点时溶液的温度应不低于 60℃。

氟硅酸钾滴定法测定二氧化硅具有操作简便、准确、快速等优点，因此在硅酸盐分析中得到了广泛的应用，并列为国家标准之一。

7.2.2　三氧化二铁的测定

三氧化二铁的测定方法有多种，如K_2CrO_7法、$KMnO_4$法、EDTA 配位滴定法、磺基水杨酸钠或邻二氮菲分光光度法、原子吸收分光光度法等。但水泥及其原料系统分析中应用最多的是 EDTA 配位滴定法和磺基水杨酸钠分光光度法。

EDTA 滴定 Fe^{3+}一般是以磺基水杨酸钠(SS)为指示剂，在溶液酸度 pH=1.8，温度为 60～70℃的条件下进行。

在硅酸盐试样中，铁、铝往往是共存的。由于它们与 EDTA 形成配合物的稳定常数相差较大，可以利用酸效应通过控制溶液酸度进行连续滴定。在普通硅酸盐水泥、玻璃及原料试样中钛含量较少，通常采用分光光度法测定。要求不高时，可报铝、钛合量。但对于钛含量较高的矾土、黏土试样，必须对铁、铝、钛进行分别滴定，才能获得准确的结果。

1. EDTA 配位滴定法

1) 测定原理

在 pH=1.8 的酸性溶液中，Fe^{3+}与磺基水杨酸钠指示剂形成紫红色配合物[$Fe(SSal)^+$]，该配合物稳定性低于FeY^-。随着 EDTA 标准溶液的滴入，$Fe(SSal)^+$中的Fe^{3+}被 EDTA 夺取，当到达化学计量点时，稍过量的 EDTA 即可将$Fe(SSal)^+$中的Fe^{3+}完全夺取，溶液中的紫红色消失，呈现FeY^-的黄色或淡黄色，甚至无色。其过程可表示如下：

显色反应　　$Fe^{3+} + SSal^{2-} = Fe(SSal)^+$ (紫红色)

滴定反应　　$Fe^{3+} + H_2Y^{2-} = FeY^- + 2H^+$

终点变色　　$Fe(SSal)^+ + H_2Y^{2-} = FeY^- + SSal^{2-} + 2H^+$

　　　　　　紫红色　　　　　　　　黄色　无色

终点颜色随溶液中铁含量的多少而深浅不一。Fe^{3+}的浓度越大，黄色越明显；Fe^{3+}的浓度很低时，几乎是无色的。

2) 测定条件

(1) 滴定前应预先将 Fe^{2+}氧化为 Fe^{3+}。这是因为 FeY^-的稳定性远高于 FeY^{2-}($\lg K_{FeY^-} = 25.1$，$\lg K_{FeY^{2-}} = 14.3$)，本法是以 Fe^{3+}的形式与 EDTA 反应，故在处理试样时，通常加入少量的硝酸氧化 Fe^{2+}。

(2) 必须严格控制溶液的 pH 为 1.8。若 pH 过高，Fe^{3+}易产生较强的水解效应，降低其配位能力；而且溶液中共存的 Al^{3+}将部分配位，影响铁的测定。

(3) 控制滴定温度为 60～70℃。当温度高于 70℃或加热时间较长时，铝、钛干扰程度增大；当温度较低时，近终点时置换缓慢，导致终点滞后。

(4) 溶液中的可溶性硅酸不干扰测定；但溶液中大量的 TiO^{2+}、Al^{3+}、PO_4^{3-} 将影响 Fe^{3+}的滴定。TiO^{2+}与磺基水杨酸钠形成黄色配合物，使终点变色减慢，应设法避免或消除其影响。

(5) 简便的 pH 调节法。溶液的 pH 可采用精密试纸调节法，但该法调节速度较慢，不易调准。简便调节法是利用指示剂随酸度的变色进行快速调节，方法如下：首先加入磺基水杨酸(钠)指示剂，用氨水(1+1)调至溶液出现红棕色(pH＞4)，然后滴加盐酸(1+1)至溶液刚变为紫色后，再多加 8～9 滴，即可将溶液的 pH 调节为 1.8。

2. EDTA-铋盐返滴定法

对于铁矿石或铁粉中高含量铁的测定，磺基水杨酸钠作指示剂使结果偏低，通常采用二甲酚橙(XO)指示、EDTA-铋盐返滴定法。

1) 测定原理

在室温下，于 pH 1.0～1.5 的溶液中加入适量过量的 EDTA(过量 1～3mL 为宜)，使其与溶液中的 Fe^{3+}充分作用，剩余的 EDTA 以二甲酚橙为指示剂，用硝酸铋[$Bi(NO_3)_3$]标准溶液返滴定，微过量的 Bi^{3+}与 XO 生成红色配合物，指示终点到达。反应式如下：

$$Fe^{3+} + H_2Y^{2-}(\text{过量}) = FeY^- + 2H^+$$

$$Bi^{3+} + H_2Y^{2-}(\text{剩余}) = BiY^- + 2H^+$$

终点时

$$\underset{\text{黄色}}{Bi^{3+} + XO} = \underset{\text{红色}}{Bi\text{-}XO}$$

由于 FeY^-配合物为亮黄色，因此当铁含量高时，终点为橙红色。

2) 测定条件

(1) 酸度：本方法适宜在硝酸介质中测定，终点敏锐，结果稳定。pH 1.0～1.5 时测定，Al^{3+}基本不干扰。但 pH＜1.0 时，终点变化不明显，反应迟钝；pH 过高，Al^{3+}开始干扰，终点拖长，造成正误差。

(2) EDTA 用量：为防止 Al^{3+}的干扰，过量的 EDTA 量不宜过多，一般控制在 c(EDTA)=0.015mol/L 的 EDTA 过量 1～3mL 即可。控制方法：滴定前向溶液中加入 2 滴磺基水杨酸钠指示剂，用 EDTA 缓慢滴定至红色褪去后，再过量 2～3mL 即可。

水泥及其原料中铁含量较低时，可采用分光光度法测定。在 pH 4～8 的酸度条件下，Fe^{3+}与磺基水杨酸钠生成稳定的 1∶2 橘红色(或橙红色)配合物，最大吸收波长为 460nm。

7.2.3　三氧化二铝的测定

水泥及其原料系统分析中，Al_2O_3的测定通常采用 EDTA 直接滴定法和 $CuSO_4$返滴定法，而且一般是在滴定 Fe^{3+}之后的溶液中连续滴定铝。本方法已列入国家标准《水泥化学分析方法》(GB/T 176—2017)。两者均为代用法，前者适用于 MnO 含量＞0.5%的试样，后者适用于 MnO 含量＜0.5%的试样。

硅酸盐试样中铝的测定方法主要是 EDTA 滴定法，根据滴定方式，一般多采用直接滴定法和返滴定法两大类，但一些干扰较多的陶瓷及耐火材料试样需采用置换滴定法。

1. EDTA 直接滴定法

1) 测定原理

水泥化学分析中将其作为基准法。该法是将滴定 Fe^{3+}后的溶液调至 pH=3，加热煮沸，使 TiO^{2+}水解为 $TiO(OH)_2$沉淀，不再与 EDTA 配位，然后以 PAN 和等物质的量的 Cu-EDTA 为指示剂，用 EDTA 标准溶液直接滴定 Al^{3+}，终点时稍过量的 EDTA 夺取 Cu-EDTA 中的 Cu^{2+}，使 PAN 释放出来，呈亮黄色。其过程可描述如下：

Al^{3+}与 CuY^{2-}发生置换反应　　$Al^{3+} + CuY^{2-} \xlongequal{} AlY^{-} + Cu^{2+}$

游离出来的 Cu^{2+}与加入的 PAN 配位　$Cu^{2+} + PAN \xlongequal{} Cu\text{-}PAN$(红色)

滴定反应　　$Al^{3+} + H_2Y^{2-} \xlongequal{} AlY^{-} + 2H^{+}$

终点变色(红色→黄色)　　$Cu\text{-}PAN + H_2Y^{2-} \xlongequal{} CuY^{2-} + PAN$

2) 测定条件

(1) 滴定酸度控制在 pH 2.5～3.5。pH＜2.5，Al^{3+}的配位能力降低；pH＞3.5，Al^{3+}的水解效应增大，两种情况均导致结果偏低。

(2) 指示剂用量要适当。以 0.015mol/L 左右的 $CuSO_4$和 EDTA 标准溶液按等物质的量配制，其加入量以 10 滴为宜，用量太少，终点不敏锐，用量太大，将随溶液中 TiO^{2+}、Mn^{2+}含量的增大而产生一定的正误差；PAN 乙醇溶液(2g/L)用量通常以在 200mL 溶液中加入 2～3 滴为宜，用量过多，会使溶液底色太深，影响终点观察。

(3) 应控制终点呈稳定的亮黄色。实验表明，当第一次滴定至红色消失时约 90%的 Al^{3+}被滴定，继续煮沸滴定至红色消失，Al^{3+}的反应率达到 99%，直至溶液经煮沸后红色不再出现，呈稳定的亮黄色。一般滴定 2～3 次即可满足滴定要求。

2. 锌盐或铜盐返滴定法

常见的返滴定法有二甲酚橙为指示剂锌盐返滴定法和 PAN 为指示剂铜盐返滴定法两种。

1) 测定原理

二甲酚橙为指示剂锌盐返滴定法多用于耐火材料、玻璃及其原料中铝的测定。该法是在试验溶液中加入过量的 EDTA，调节溶液 pH 为 3～3.5，煮沸 2～3min，以二甲酚橙为指示剂，在 pH 5～6 时，用锌盐标准溶液返滴定剩余的 EDTA，溶液由黄色变为紫红色。其过程可描述如下：

加入过量 EDTA　　$Al^{3+} + H_2Y^{2-} = AlY^{-} + 2H^{+}$

锌盐返滴定剩余的 EDTA　　$Zn^{2+} + H_2Y^{2-} = ZnY^{2-} + 2H^{+}$

终点由黄色变为紫色　　$Zn^{2+} + XO = Zn\text{-}XO$

黄色　　紫色

PAN 为指示剂铜盐返滴定法测定铝多用于水泥化学分析。该法是在滴定 Fe^{3+}后的溶液中加入过量的 EDTA，加热至 70～80℃，调节溶液 pH 为 3.8～4.0，煮沸 1～2min，以 PAN 为指示剂，用铜盐标准溶液返滴定剩余的 EDTA，溶液由黄色变为亮紫色。其过程可描述如下：

加入过量的 EDTA 与铝配位　$Al^{3+} + H_2Y^{2-} = AlY^{-} + 2H^{+}$

铜盐返滴定剩余的 EDTA　　$Cu^{2+} + H_2Y^{2-} = 2H^{+} + CuY^{2-}$(蓝色)

终点由黄色变为亮紫色　　$Cu^{2+} + PAN = Cu\text{-}PAN$

黄色　　红色

2) 测定条件

(1) 采用 HF 分解玻璃等试样时，硫酸的加入量要适当，以 0.25～0.50mL 硫酸(1+1)为宜。硫酸的加入量过少，F^{-}驱赶不尽，残存的 F^{-}与 Al^{3+}、TiO^{2+}配位，使终点不明显，结果偏低；加入量过多，分解时间拖长。

(2) EDTA 过量要适当。PAN 为指示剂铜盐返滴定法的终点颜色取决于过量 EDTA(反应后剩余的量)及所加 PAN 指示剂的量。一般控制 0.015～0.02mol/L EDTA 过量 10～15mL、2g/L PAN 乙醇溶液 5～6 滴，即可获得敏锐的亮紫色终点。若过量的 EDTA 量较多或 PAN 量较少，则 CuY^{2-}的蓝绿色较深，终点为蓝紫色或蓝色；反之，若 EDTA 过量较少或 PAN 量较多，则 Cu-PAN 的红色较为明显，终点呈紫红色或红色。

锌盐返滴定法中，应使过量的 EDTA 为 5mL 左右，以保证 Al^{3+}反应完全；若 EDTA 的加入量少于溶液中 Al^{3+}的量，则过量的 Al^{3+}与二甲酚橙配位显紫红色，导致调节溶液酸度时紫红色始终不变。

(3) 严格控制滴定顺序、温度及酸度。PAN 为指示剂时，因 Al^{3+}与 EDTA 配位缓慢，在滴定 Fe^{3+}后的溶液中加入过量的 EDTA，先加热至 70～80℃，再调节溶液的 pH，可以使溶液中少量的 TiO^{2+}及大部分 Al^{3+}配位，从而防止 TiO^{2+}、Al^{3+}水解。

(4) PAN 为指示剂时，滴定应在热溶液中进行。通常在煮沸后取下，稍冷，加入指示剂后立即滴定，从而消除指示剂的僵化现象。

(5) 锌盐返滴定过量的 EDTA，采用六次甲基四胺缓冲溶液控制溶液的 pH 为 5～6。若溶液的 pH 过高，加入六次甲基四胺缓冲溶液后，溶液将呈微红色，此时应补加 1～2

滴盐酸(1+1)，再用锌盐返滴定，否则终点不敏锐。

(6) 对于钙、镁含量高的试样，pH 5～6 时 Ca^{2+}、Mg^{2+}有部分配位，应采用 PAN 为指示剂铜盐返滴定法；若用锌盐返滴定法，必须适当增大溶液的体积和减少称样量。

(7) 铝矾土中 Al_2O_3 的含量在 80%以上时，用纯铝或高纯 Al_2O_3 标定 EDTA 对铝的滴定度进行计算，则结果更加准确；若仍采用基准 $CaCO_3$ 标定的滴定度计算，结果将偏低。

(8) 返滴定法所得结果为铝、钛合量，扣除钛值才是纯铝含量。

(9) 对于一些锰含量在 0.5%以上的试样，锰不仅参与配位，而且因发生置换反应：$Cu^{2+} + MnY^{2-} \rightleftharpoons CuY^{2-} + Mn^{2+}$使终点拖长。这种情况可采用 EDTA 直接滴定法。

(10) 对于一些组成复杂的陶瓷试样，因干扰元素较多，可采用置换滴定法。该法首先加入 EDTA 与几种金属离子完全配位，用锌盐标准溶液返滴定过量的 EDTA，然后加入 NH_4F 释放出与 Al^{3+}配位的 EDTA，其置换反应为

$$AlY^- + 6F^- + 2H^+ = AlF_6^{3-} + H_2Y^{2-}$$

用锌盐标准溶液滴定游离出来的 EDTA。

$$Zn^{2+} + H_2Y^{2-} = ZnY^{2-} + 2H^+$$

稍过量的锌盐标准溶液与二甲酚橙形成红色配合物，指示终点到达。

$$\underset{\text{黄色}}{Zn^{2+} + XO} = \underset{\text{紫色}}{Zn\text{-}XO}$$

根据锌盐标准溶液的用量，即可计算出铝的含量。

7.2.4 氧化钙、氧化镁的测定

钙、镁的测定目前普遍采用的是 EDTA 配位滴定法。

1. 钙的测定

硅酸盐试样中钙的测定广泛采用 EDTA 配位滴定法。Ca^{2+}与 EDTA 在 pH 8～13 时定量生成 CaY^{2-}配合物，但在 pH 8～9.5 时滴定易受到 Mg^{2+}的干扰(实际上 pH 10 时测得的是钙、镁合量)。一般情况下，调节溶液 pH＞12 滴定 Ca^{2+}，Mg^{2+}生成 $Mg(OH)_2$ 沉淀而不再干扰。钙的测定通常分为无硅滴钙和带硅滴钙两种情况，常用的指示剂有 CMP 三混指示剂、钙指示剂(NN)和 MTB 指示剂。

1) 测定原理

在 pH＞13(CMP 为指示剂)或 pH 12～13，用三乙醇胺掩蔽 Fe^{3+}、Al^{3+}、TiO^{2+}的干扰，Mg^{2+}生成 $Mg(OH)_2$ 沉淀不干扰测定，以 CMP、钙指示剂或 MTB 指示终点，用 EDTA 标准溶液直接滴定 Ca^{2+}。

以 CMP 为指示剂时，其过程可描述如下：

显色反应　Ca^{2+} + CMP(橘红色) ═ Ca-CMP(绿色荧光)

滴定反应　$Ca^{2+} + H_2Y^{2-} = CaY^{2-} + 2H^+$

终点突变 $Ca\text{-}CMP + H_2Y^{2-} \xlongequal{} CaY^{2-} + CMP + 2H^+$

绿色荧光　　　　橘红色(底色)

以钙指示剂为指示剂时，其过程可描述如下：

显色反应 $Ca^{2+} + NN(\text{纯蓝色}) \xlongequal{} Ca\text{-}NN(\text{酒红色})$

滴定反应 $Ca^{2+} + H_2Y^{2-} \xlongequal{} CaY^{2-} + 2H^+$

终点突变 $Ca\text{-}NN + H_2Y^{2-} \xlongequal{} CaY^{2-} + NN + 2H^+$

酒红色　　　　纯蓝色

以 MTB 为指示剂时，其过程可描述如下：

显色反应 $Ca^{2+} + MTB(\text{浅灰色}) \xlongequal{} Ca\text{-}MTB(\text{蓝色})$

滴定反应 $Ca^{2+} + H_2Y^{2-} \xlongequal{} CaY^{2-} + 2H^+$

终点突变 $Ca\text{-}MTB + H_2Y^{2-} \xlongequal{} CaY^{2-} + MTB + 2H^+$

蓝色　　　　浅灰色

2) 测定条件

(1) 溶液酸度与所用的指示剂有密切的关系。NN 为指示剂时，应控制 pH 12～13；MTB 为指示剂时，必须是 pH=12.8±0.1；而 CMP 为指示剂时，pH＞13 即可。当 Mg^{2+}含量较高时，CMP 和 MTB 优于 NN，不被 $Mg(OH)_2$ 沉淀吸附；当溶液中存在可溶性硅酸时，CMP 优于 NN 和 MTB，终点敏锐。

(2) 加入适当掩蔽剂消除共存离子的影响。常见的干扰离子有 Fe^{3+}、Al^{3+}、TiO^{2+}、Mn^{2+}等，这些离子在 pH 12 以上发生水解并封闭指示剂，可采用三乙醇胺进行掩蔽。对于铁、铝、钛含量不高的水泥生熟料、玻璃及陶瓷试样，加 5mL 三乙醇胺(1+2)即可；对于干扰严重的试样，可增大掩蔽剂的用量。

(3) 大量 Mg^{2+}形成的 $Mg(OH)_2$ 易吸附指示剂和 Ca^{2+}，使终点拖长。可以加入 2～3mL 蔗糖溶液(120g/L)，使 Ca^{2+}形成可溶性的蔗糖钙($C_{12}H_{22}O_{11} \cdot CaO \cdot 2H_2O$)，改善 $Mg(OH)_2$ 沉淀对 Ca^{2+}的吸附情况，使终点敏锐。从 $Mg(OH)_2$ 对指示剂的吸附情况来看，沉淀易吸附钙指示剂，采用 CMP 和 MTB 指示剂优于钙指示剂；也可以在近终点时加入指示剂，或采用返滴定法避免沉淀对指示剂的吸附。

(4) 带硅滴钙。当用银坩埚以 NaOH 熔融分解试样时，一次加入大量盐酸将其制备成待测溶液，然后测定各组分含量，熔样方法简便、快速，常用于水泥化学分析中。由于硅酸的存在，在调节溶液 pH＞12 时，将产生白色 $CaSiO_3$ 沉淀，使终点不断返色，致使滴定终点无法确定，因此必须消除硅酸对测定钙的影响。在强碱性溶液中，$CaSiO_3$ 的形成速度与硅、钙的浓度及硅酸的存在形态有着密切的关系。据资料介绍，在盐酸溶液中，硅酸有α、β、γ三种形态，其中α型硅酸为非聚合态硅酸，处于聚合开始阶段，与 Ca^{2+}形成 $CaSiO_3$ 的速度缓慢，已聚合的β型硅酸和极度聚合的γ型硅酸与 Ca^{2+}形成 $CaSiO_3$ 的速度较快。由此可见，若设法使溶液中的硅酸处于α型，即可消除硅酸对测钙的影响。消除干扰的方法有返滴定法、稀释法、氢氧化镁共沉淀法和氟硅酸解聚法，其中氟硅酸解聚法是最常用的简便方法。

氟硅酸解聚法是在酸性溶液中加入适量的 KF，使溶液中的硅酸与 F^-作用生成氟硅酸。

$$H_2SiO_3 + 6H^+ + 6F^- \rightleftharpoons H_2SiF_6 + 3H_2O$$

然后将溶液加水稀释并碱化，氟硅酸与 OH^-作用游离出新生态的硅酸。

$$H_2SiF_6 + 6OH^- \rightleftharpoons H_2SiO_3 + 6F^- + 3H_2O$$

新生态的硅酸是非聚合态的α型硅酸，与 Ca^{2+}形成 $CaSiO_3$的速度缓慢，实验表明，在 0.5h 内看不到 $CaSiO_3$沉淀产生，可以准确地滴定钙。

采用氟硅酸解聚法应注意以下几点：

(a) KF 的用量是该法的关键。对于一般的水泥生熟料试样，1mL KF(150g/L)已足够；而对于硅含量较高的黏土、粉煤灰试样，需加 2mL KF(150g/L)。KF 的用量并不是越多越好，若用量过多，易在 pH＞12 的溶液中产生 CaF_2沉淀，影响钙的测定。

(b) KF 必须在酸性较强的溶液中加入，搅拌放置 2min 以上，待硅酸转换成氟硅酸后，再用水稀释并碱化。溶液一经碱化，最好立即滴定，若放置时间过长，硅酸开始凝聚，又对钙的测定产生影响。

2. 镁的测定

熟料中的氧化镁是一种有害成分，它与硅、铁、铝的化学亲和力小，在煅烧过程中一般不参与化学反应，大部分以游离状态的方镁石存在。这种结晶致密的方镁石水化速度极慢，若干年后在水泥石中还会继续水化，生成三角状及块状的 $Mg(OH)_2$ 晶体，导致体积增大约为原体积的 2 倍。若氧化镁含量过高，将使水泥石安定性不良。国家标准规定，硅酸盐水泥和普通硅酸盐水泥中氧化镁的含量不得超过 5.0%。若水泥经过压蒸安定性合格，则氧化镁含量允许放宽至 6.0%。

硅酸盐试样中镁的测定普遍采用配位滴定法，在配位滴定法中应用最多的是 EDTA 差减法。《水泥化学分析方法》(GB/T 176—2017)中规定的基准法为原子吸收分光光度法。

1) 测定原理

在 pH=10 的氨性缓冲溶液中，在分离或用三乙醇胺掩蔽 Fe^{3+}、Al^{3+}、TiO^{2+}后，以 K-B(酸性铬蓝 K-萘酚绿 B)为指示剂，用 EDTA 标准溶液直接滴定 Ca^{2+}、Mg^{2+}，终点由酒红色变为纯蓝色，其结果为钙、镁合量，从合量中减去钙量即得镁量。其过程可描述如下：

显色反应　$Ca^{2+} + \text{K-B} = \text{Ca-(K-B)}$(酒红色)

$Mg^{2+} + \text{K-B} = \text{Mg-(K-B)}$(酒红色)

滴定反应　$Ca^{2+} + H_2Y^{2-} = CaY^{2-} + 2H^+$

$Mg^{2+} + H_2Y^{2-} = MgY^{2-} + 2H^+$

终点反应　$\text{Ca-(K-B)} + H_2Y^{2-} = CaY^{2-} + 2H^+ + \text{K-B}$

$$Mg\text{-}(K\text{-}B) + H_2Y^{2-} = MgY^{2-} + 2H^+ + K\text{-}B$$

酒红色　　　　　　　　　　　　纯蓝色

2) 测定条件

(1) 共存金属离子的干扰与测定钙时相同。用酒石酸钾钠与三乙醇胺联合掩蔽 Fe^{3+}、Al^{3+}、TiO^{2+}比单用三乙醇胺或酒石酸钾钠的效果好。但使用时应注意，先在酸性溶液中加入酒石酸钾钠，再加三乙醇胺，最后加入 pH 10 的氨性缓冲溶液。对于一般的水泥生、熟料及原料试样，加 1～2mL 酒石酸钾钠溶液(100g/L)及 5mL 三乙醇胺(1+2)已足够；但对于铝含量高的硅酸盐试样，应加 2～3mL 酒石酸钾钠溶液(100g/L)及 10mL 三乙醇胺(1+2)。应该指出，在 pH＞12 滴定钙时，应避免加入酒石酸钾钠，否则 Mg^{2+}不能完全生成 $Mg(OH)_2$ 沉淀，从而导致钙结果偏高。

(2) 有 Mn^{2+}存在，加入三乙醇胺(TEA)并将溶液 pH 调节到 10 后，Mn^{2+}迅速被空气氧化为 Mn^{3+}，并形成绿色的 Mn^{3+}-TEA 配合物，随着溶液中锰量的增加，测定结果的正误差增大。通常在配位滴定钙、镁合量时，若 MnO 含量在 0.5mg 以下则影响较小，可忽略锰的影响；若 MnO 含量在 0.5mg 以上，可在溶液中加入盐酸羟胺还原 Mn^{3+}-TEA 配合物中的 Mn^{3+}为 Mn^{2+}，用 EDTA 滴定出钙、镁、锰合量，差减获得镁量。

(3) pH=10 的溶液中，硅酸的干扰不显著，但当硅或钙浓度较大时，仍然需要加入 KF 溶液消除硅酸的影响，不过 KF 用量可以适当减少。

(4) K-B 指示剂中，酸性铬蓝 K 与萘酚绿 B 的配比对终点影响很大。当 K：B 为 1：2.5(质量比)时，终点由酒红色变为纯蓝色，清晰敏锐。但也应根据指示剂的生产厂家、批号、存放时间及分析者的习惯等进行调整。

应当指出的是，在系统分析中，若用滴定法测 SiO_2，则硅酸以溶胶形式共存于试验溶液中。在硅酸存在下滴定钙、镁，尤其是钙(称为带硅测钙)，硅酸的干扰将使结果偏低。应首先除去硅酸的干扰，消除方法常采用在酸性溶液中加入 KF 进行掩蔽，生成 H_2SiF_6。KF 溶液的加入量要适当，加入量过少，硅酸的干扰不能完全消除；加入量过多，则易形成 CaF_2 沉淀，同样影响钙的测定。在各种硅酸盐原料中，硅与钙的含量波动较大，故需按下列规定加入 KF 溶液(表 7-1)。

表 7-1　氟化钾加入量与含硅量的关系

SiO_2 含量 (待测试验溶液中)/mg	KF(20g/L)加入量/mL	样品示例
＞25	15	黏土、砂岩、粉煤灰、长石、滑石、石棉等
15～25	10	陶瓷坯料、火山灰、煤矿石、玄武岩等
2～15	5～7	铁矿石、矾土、水泥熟料、水泥生料等
＜2	可不加	石灰石、石膏、萤石、明矾石等

7.2.5　二氧化钛的测定

水泥及其原料中大多含有二氧化钛，普通硅酸盐水泥中二氧化钛的含量一般为

0.2%～0.3%，黏土、粉煤灰中含二氧化钛 0.6%～1%。

在日常例行分析中，二氧化钛的测定多采用 EDTA 配位置换滴定法。其测定原理如下：在滴完 Fe^{3+}的溶液中加入过量 EDTA，使其与 Al^{3+}、TiO^{2+}完全配位，在 pH 3.8～4.0 条件下以 PAN 为指示剂，用 $CuSO_4$ 返滴定剩余的 EDTA，可测得铝、钛合量。然后加入 10～15mL 苦杏仁酸溶液(50g/L)，苦杏仁酸能与 TiO^{2+}生成更稳定的配合物，因此可以夺取 $TiOY^{2-}$配合物中的 TiO^{2+}，置换出等物质的量的 EDTA，补加 1～2 滴 PAN 指示剂，继续用 $CuSO_4$ 滴定至亮紫色(CuY^{2-}蓝色与 Cu-PAN 红色的混合色)，即可求出 TiO_2 的含量。

苦杏仁酸的化学名称为苯羟乙酸，以 H_2Z 表示，有关反应如下：

苦杏仁酸与 $TiOY^{2-}$的置换反应　　$TiOY^{2-} + H_2Z = TiO\text{-}Z + H_2Y^{2-}$

置换出的 EDTA 用 $CuSO_4$ 返滴定　　$Cu^{2+} + H_2Y^{2-} = CuY^{2-} + 2H^+$

终点时　　$Cu^{2+} + PAN = Cu\text{-}PAN$

黄色　　亮紫色

二氧化钛的含量也可以同时取两份试验溶液用差减法进行测定，即后一份溶液中用铜盐溶液返滴定测定铝、钛总量；而在前一份溶液中先加苦杏仁酸将 TiO^{2+}掩蔽，然后用铜盐溶液返滴定测纯 Al^{3+}量，根据两者消耗 EDTA 体积之差计算 TiO_2 的含量。

用苦杏仁酸置换滴定钛，对于某些成分比较复杂的样品，如黏土、粉煤灰、页岩等，滴定终点褪色较快。遇到这种情况，可在滴定之前将溶液冷却至 50℃左右，加入 3～5mL 无水乙醇减缓褪色，改善滴定终点。

另外，二氧化钛的测定也可以采用分光光度法。常用的有二安替比林甲烷法和过氧化氢分光光度法。

7.2.6 一氧化锰的测定

对于锰含量在 0.5mg 以下的试样，可用分光光度法进行测定；当锰含量高时，可采用过硫酸铵将其氧化生成沉淀，沉淀经溶解还原后用 EDTA 配位滴定法测定。

1. 高碘酸钾氧化分光光度法

该方法基于在酸性溶液中，用氧化剂将锰(Mn^{2+})氧化成紫红色的高锰酸($HMnO_4$)，当锰的浓度在 1.5mg/100mL 以下时，其吸光度与锰的含量成正比，符合比尔定律，最大吸收波长为 530nm。

实验表明，用高碘酸钾氧化效果较好，反应式如下：

$$2Mn^{2+} + 5IO_4^- + 3H_2O = 2MnO_4^- + 5IO_3^- + 6H^+$$

反应在热的硫酸或硝酸溶液中进行。

显色时的酸度与氧化过程的快慢及显色反应的完全程度有很大关系，应适当控制溶液的酸度。适宜的 H_2SO_4 酸度为 1.0～1.5mol/L，酸度过小或过大，显色反应都不完全。一般在 50～60mL 溶液中加入 10mL 硫酸(1+1)[1.6]、5mL 磷酸(1+1)[1.7]，即可完全满足测定的要求。磷酸还可以掩蔽 Fe^{3+}，使其生成无色的$[Fe(PO_4)_2]^{3-}$，消除 Fe^{3+}的黄色对分光光度测定的干扰。

如果是分取过滤 SiO_2 后的滤液测定锰，显色前应先加入硝酸(1+9)[1.4]和硫酸(5+95)[1.6]，于电炉上蒸发至冒烟除去 HCl，再溶解显色。否则，滤液中有大量 Cl^-存在，会使高锰酸的颜色强度降低(Cl^-能还原 MnO_4^-)，导致测定结果偏低。

2. 氟化铵掩蔽钙、镁直接滴定法

在 Fe^{3+}、Al^{3+}、TiO^{2+}、Mn^{2+}、Ca^{2+}、Mg^{2+}等离子共存下，用 EDTA 滴定法测定锰，可在溶液中加入 10mL 三乙醇胺(1+2)[7.1]掩蔽 Fe^{3+}、Al^{3+}、TiO^{2+}；同时 Mn^{2+}与三乙醇胺形成随锰量颜色逐渐加深的 Mn^{3+}-TEA 绿色配合物，然后调节 pH 10，加足够过量的氟化铵使钙、镁形成相应的氟化物沉淀，加盐酸羟胺(1g)使 Mn^{3+}-TEA 配合物中的 Mn^{3+}解蔽被还原成 Mn^{2+}，以 K-B 为指示剂，用 EDTA 标准溶液滴定。该法适用于 0.2～20mg MnO 的测定。

3. EDTA 滴定差减法

如果试验溶液中 MnO 含量在 0.5mg 以下，可用三乙醇胺和酒石酸钾钠将 Fe^{3+}、Al^{3+}、TiO^{2+}、Mn^{2+}等离子掩蔽后，加入酸性铬蓝 K-萘酚绿 B 混合指示剂(1+2.5)[5.15]，在 pH 10 以 EDTA 标准溶液滴定钙、镁合量；另取一份试验溶液，用盐酸羟胺将 Mn^{3+}-TEA 配合物中的 Mn^{3+}解离出来并还原为 Mn^{2+}，用同样的方法以 EDTA 标准溶液滴定钙、镁、锰总量。从两次测定消耗 EDTA 标准溶液体积之差，即可求算试样中 MnO 的含量。

4. 过硫酸铵氧化沉淀分离 EDTA 直接滴定法

此方法基于在酸性溶液中，用过硫酸铵将 Mn^{2+}氧化为 Mn^{4+}并生成 $MnO(OH)_2$ 沉淀，然后将所得沉淀过滤、热水洗涤，再加盐酸和过氧化氢使其溶解。加入三乙醇胺掩蔽少量共沉淀的铁、钛，调节溶液的 pH = 10，用盐酸羟胺将 Mn^{4+}还原成 Mn^{2+}，以 K-B 为指示剂，用 EDTA 直接滴定 Mn^{2+}。有关反应如下：

过硫酸铵氧化 Mn^{2+}的反应

$$S_2O_8^{2-} + Mn^{2+} + 3H_2O = MnO(OH)_2\downarrow + 2SO_4^{2-} + 4H^+$$

$MnO(OH)_2$ 沉淀的溶解、还原反应

$$2MnO(OH)_2 + 2H^+ + 2NH_2OH \cdot HCl = 2Mn^{2+} + N_2O\uparrow + 7H_2O + 2Cl^-$$

采用 K-B 指示剂，EDTA 的滴定反应

$$Mn^{2+} + H_2Y^{2-} = MnY^{2-} + 2H^+$$

终点时

$$\underset{\text{红色}}{H_2Y^{2-} + Mn\text{-}(K\text{-}B)} = MnY^{2-} + \underset{\text{蓝绿色}}{K\text{-}B} + 2H^+$$

生成 $MnO(OH)_2$ 沉淀的完全程度与沉淀时的酸度有关。酸度过高，$MnO(OH)_2$ 不易沉淀完全；酸度过低，铁、钛的共沉淀现象严重。对于泥及其原料中锰的测定，溶液 pH 可

控制在 1.5～2。

该方法的优点是：可在分离锰后的滤液中，按一般常规方法分别进行铁、铝、钛、钙、镁的测定，较好地解决了硅酸盐系统分析中锰的干扰问题。矿渣的系统分析多采用此方法。

7.2.7　水泥中硫酸盐和硫化物的测定

水泥中硫主要是以硫酸盐和硫化物硫形式存在，其中硫酸盐硫占大部分，硫化物硫占少部分。测定 SO_3 有多种方法，通常有硫酸钡重量法、碘量法、硫酸钡-铬酸钡光度法、离子交换法等。其中，硫酸钡重量法的准确度最高，是国家标准指定的基准法，碘量法和离子交换法为国家标准指定的代用法，具有操作简便快速、准确、应用广泛的特点。下面着重介绍前两种方法，对后两种方法作简单介绍。

1. 硫酸钡重量法

1) 测定原理

称取一定量的水泥试样，用盐酸分解试样，使水泥中的硫酸盐呈 SO_4^{2-} 的形式，控制溶液酸度为 0.2～0.4mol/L 条件下，用 $BaCl_2$ 沉淀剂沉淀 SO_4^{2-}，生成溶解度较小的 $BaSO_4$ 沉淀，经过滤、洗涤、灰化，在 800℃的高温炉中灼烧，获得符合重量分析要求的 $BaSO_4$ 称量形式，以 SO_3 形式计算含量。

2) 测定条件

(1) 水泥试样中含有 SiO_2，用盐酸溶样时，SiO_2 可能部分形成硅酸凝胶析出，影响测定。因此，水泥试样分解后，用中速滤纸过滤除去酸不溶物。

(2) 酸度是影响沉淀纯度的主要因素之一，必须严格控制。加入适量的盐酸，酸效应可使溶液中 SO_4^{2-} 浓度略微降低，稍微增大了硫酸钡的溶解度，相应降低了溶液的相对过饱和度，有利于生成大颗粒沉淀。在酸性溶液中，硫酸钡的溶解损失可通过加入过量氯化钡而减少。在酸性溶液中还可减少溶液中其他离子在硫酸钡沉淀表面的吸附。

一般试样，如黏土、矿渣试样，沉淀前溶液的酸度以 0.05～0.1mol/L 为宜。通常选取 0.06mol/L，即在 200mL 试验溶液中加 2mL 盐酸(1+1)[1.1]。但测定高钙(石膏、水泥)或高铝(明矾石)试样时，酸度须提高到 0.2～0.4mol/L，一般采用 0.3mol/L 盐酸[在 200mL 溶液中加 10mL 盐酸(1+1)]。将溶液酸度从 0.06mol/L 提高至 0.3mol/L，消除了 Ca^{2+}、Al^{3+}、Fe^{3+}等离子与 SO_4^{2-} 的共沉淀现象，保证了三氧化硫测定结果的准确度，还省去了预先除去铁、铝、钙、镁的步骤，简化了操作。

应注意，当采用盐酸分解水泥试样时，切勿加入硝酸。否则，水泥中的硫化物将被氧化为硫酸，导致结果偏高。

为了保证溶液的酸度为 0.3mol/L 左右，在操作中应注意以下几点：

(a) 用 10mL 盐酸(1+1)加热溶解水泥试样时，要盖上表面皿，低温微沸，不要强烈煮沸，以防盐酸中的氯化氢损失太多。

(b) 试验溶液的体积约 40mL 为宜。体积过小，氯化氢受热易挥发逸去。

(c) 低温微沸的时间以 5min 左右为宜。矿渣水泥试样中有硫化物，可适当延长时间完全逐去硫化氢，以免硫化物干扰测定。

(d) 分解试样消耗一部分酸，加热时又会损失一部分盐酸，故最后试验溶液的酸度不足 0.3mol/L，可能在下限 0.2mol/L 附近。若要准确控制生成硫酸钡沉淀时溶液的酸度为 0.3mol/L，可在试样分解后加水至 180～200mL，以甲基红为指示剂，滴加氨水(1+1)[2.1]至溶液刚呈黄色，将剩余的酸中和，再加入 10mL 盐酸(1+1)。

(3) 氯化钡的加入量。为了保证 $BaSO_4$ 沉淀完全，需要加入过量的氯化钡。通常，0.5g 水泥试样加 10mL 氯化钡溶液(100g/L)，0.1g 石膏试样加 15mL 氯化钡溶液(100g/L)。

(4) $BaSO_4$ 沉淀为晶形沉淀，应按照晶形沉淀条件“稀、热、搅、慢、陈”进行。

(5) 沉淀在灼烧前应将滤纸充分灰化。若有未燃尽的炭粒存在，灼烧时 $BaSO_4$ 可能被部分还原为 BaS，使结果偏低，反应式如下：

$$BaSO_4 + 2C = BaS + 2CO_2\uparrow$$

(6) 灼烧 $BaSO_4$ 的温度应控制在 800～950℃，若温度过高(如 1000℃以上)，$BaSO_4$ 将分解，影响测定，反应式如下：

$$BaSO_4 = BaO + SO_3\uparrow$$

2. 碘量法：水泥中硫酸盐硫(SO_3)的测定

测定原理：水泥用磷酸(ρ=1.70g/cm^3)进行预处理，除去硫化物(FeS、MnS、CaS 等)。在加热条件下试样中的硫化物与磷酸作用，以 H_2S 气体逸出。反应式如下：

$$3FeS + 2H_3PO_4 = Fe_3(PO_4)_2 + 3H_2S\uparrow$$

$$3MnS + 2H_3PO_4 = Mn_3(PO_4)_2 + 3H_2S\uparrow$$

$$3CaS + 2H_3PO_4 = Ca_3(PO_4)_2 + 3H_2S\uparrow$$

试样除去硫化氢后，加入 $SnCl_2$-H_3PO_4 溶液，加热至 250～300℃，其中的硫酸盐硫被 $SnCl_2$ 定量还原为 H_2S 气体，导入硫酸锌的氨性溶液进行吸收，形成 ZnS 沉淀。

$$SO_4^{2-} + 4Sn^{2+} + 10H^+ = 4Sn^{4+} + 4H_2O + H_2S\uparrow$$

$$H_2S + ZnSO_4 + 2NH_3\cdot H_2O = ZnS\downarrow + (NH_4)_2SO_4 + 2H_2O$$

在形成 ZnS 沉淀的吸收液中，先加入一定量过量的 KIO_3 标准溶液，再用硫酸(1+1)酸化，此时 ZnS 沉淀被 H_2SO_4 溶解又生成 H_2S，并立即与 KIO_3 和 KI 反应生成的 I_2 作用。

$$IO_3^- + 5I^- + 6H^+ = 3I_2 + 3H_2O$$

$$ZnS + H_2SO_4 = ZnSO_4 + H_2S\uparrow$$

$$H_2S + I_2 = 2HI + S\downarrow$$

剩余的 I_2 用 $Na_2S_2O_3$ 标准溶液滴定至淡黄色时，再加入淀粉指示剂，继续滴定至黄色消失即为终点。反应式如下：

$$I_2(\text{剩余}) + 2Na_2S_2O_3 = 2NaI + Na_2S_4O_6$$

根据消耗 KIO_3 和 $Na_2S_2O_3$ 标准溶液的浓度和体积，计算水泥中硫酸盐(SO_3)的质量分数。

3. 碘量法：硫化物硫的测定

1) 测定原理

水泥中硫化物硫的测定是用盐酸分解试样，即在试样中加入 $SnCl_2$、HCl 溶液，使试样中硫化物分解。

$$FeS + 2HCl = FeCl_2 + H_2S\uparrow$$

$$MnS + 2HCl = MnCl_2 + H_2S\uparrow$$

$$CaS + 2HCl = CaCl_2 + H_2S\uparrow$$

其中，$SnCl_2$ 的主要作用是消除 Fe^{3+}的干扰而不能还原 SO_4^{2-}，反应生成的 H_2S 导入硫酸锌的氨性溶液进行吸收，生成 ZnS 沉淀。然后取下吸收杯，向吸收液中加入过量的 KIO_3 标准溶液和硫酸(1+2)，使 ZnS 沉淀溶解生成 H_2S，并与 KIO_3 和 KI 反应析出的 I_2 作用，剩余的 I_2 用 $Na_2S_2O_3$ 标准溶液滴定。其反应式同硫酸盐硫的测定。

2) 测定条件

(1) 溶样及还原阶段：

(a) 试样量以含三氧化硫 10～15mg 为宜。例如，水泥试样中三氧化硫的含量为 3%，则称取的试样质量为 0.3～0.5g。试样量过多，按操作规程加 10mL 二氯化锡-磷酸溶液(50g/L)，则可能不足以将试样中的硫酸盐定量还原为硫化氢。

(b) 磷酸要预先脱水，一方面可增强磷酸的溶样能力；另一方面也可防止配制的二氯化锡-磷酸溶液在加热时生成过多的氯化氢，逸入吸收液中使吸收液酸度提高，致使硫化氢吸收不完全。二氯化锡-磷酸溶液每次不宜多配制，使用时间不宜超过两周。否则，在酸性介质中二氯化锡被空气中的氧气所氧化，二氯化锡的还原能力不足，导致测定结果偏低。

(c) 还原硫酸盐时，要严格控制加热时间及温度。还原反应在 250～300℃(最好为 280℃)下进行较快。在此温度下，约 10min 可使还原反应进行完全，适当降温并继续通气 5min，可确保反应完全，并将生成的硫化氢气体全部载带至吸收液中。若温度较低或反应时间不足，试样分解、还原不完全；若温度过高或反应时间太长，磷酸将生成焦磷酸和有毒的偏磷酸，强烈腐蚀玻璃反应瓶，缩短反应瓶的使用寿命。

(2) 吸收阶段：

(a) 吸收液要有足够的高度，一般使用 400mL 烧杯，内盛 20mL 锌-氨吸收液，并用水稀释至 300mL，以保证气体通过时有足够长的吸收路径，使其中的硫化氢被完全吸收。

(b) 通气速度：以每秒 4～5 个气泡为宜。若通气速度过快，则硫化氢有可能吸收不完全；过慢，在规定的时间内硫化氢不能全部被载带至吸收杯中。二者都将导致结果偏低。

(3) 酸化阶段：

(a) 还原反应结束后，为确保安全，必须先拆下吸收杯中的进气导管，切断吸收液与反应瓶之间的通路，再拆下反应瓶，最后关闭抽气泵。若按相反次序操作，吸收液会发生倒流，进入反应瓶而使 200℃左右的反应瓶炸裂，试验作废，且易造成烫伤事故。

(b) 酸化溶液时，以拆下的气导管为搅拌棒，在充分搅拌下慢慢加入硫酸(1+2)，防止生成的硫化氢尚未与同时生成的单质碘反应已逸出，而使结果偏低。

(c) 硫酸(1+2)的加入量以 30mL 左右为宜，不要过多，否则酸度超过 1mol/L，在下一步滴定时淀粉指示剂将与碘生成红色化合物，使滴定终点不正常。

(4) 返滴定阶段：

(a) 用硫代硫酸钠标准溶液返滴定剩余的碘时，杯中溶液的温度不应太高，以防碘挥发；另外，若溶液温度高，淀粉与碘的显色反应不灵敏，终点不正常。

(b) 返滴定的速度不宜过快，且应加强搅拌，防止硫代硫酸钠溶液局部过浓，遇酸形成极不稳定的硫代硫酸而分解，使测定结果偏低。

4. 硫酸钡-铬酸钡分光光度法

试样用盐酸溶解，在 pH 2 时加入过量的铬酸钡，生成与 SO_4^{2-} 等物质的量的 CrO_4^{2-}。在微碱性条件下，过量的铬酸钡重新溶解析出。干过滤后，于 420nm 处用分光光度计测定游离的 CrO_4^{2-} 的吸光度，在工作曲线上查出三氧化硫的含量。

5. 离子交换法

在水介质中，采用氢型阳离子交换树脂对水泥中的硫酸钙进行两次静态交换，生成等物质的量的氢离子，以酚酞为指示剂，用氢氧化钠标准溶液滴定，根据消耗氢氧化钠标准溶液的浓度和体积计算三氧化硫的含量。

7.2.8 其他组分的测定

1. 氧化钾、氧化钠的测定

水泥生产的许多原料中含有钾和钠，在煅烧水泥熟料时，除一部分钾、钠在高温下挥发外，其他的氧化钾和氧化钠主要存在于熟料的玻璃相中；当钾、钠含量高时，还可能形成含碱矿物。另外，部分氧化钾与熟料中的硫酸酐结合成硫酸钾；还可能有少量钾、钠与熟料矿物形成固溶体。

水泥中的钾、钠是有害成分，无论是对水泥工艺或者在水工建筑中都是如此。因此，测定水泥及原料中的钾、钠具有重要的意义。钾、钠的测定常用火焰光度法、原子吸收分光光度法、离子选择电极法。水泥及其原料的分析中最常用的是前两种方法。

2. 烧失量的测定

水泥及其原料的化学分析大多都要同时做烧失量(LOI)的测定。烧失量是指样品在高温灼烧时，试样中许多组分发生各种化学反应引起的试样质量增加与减少的代数和。

测定烧失量时，通常是将试样称量后放入已恒重的瓷坩埚(或铂坩埚)中，由室温起升至规定温度[(950±25)℃]下灼烧至恒重。根据灼烧前后试样质量的差值，即可求得烧失量。

在高温下灼烧时，试样中许多组分将发生氧化、还原、分解及化合等反应，如有机物、硫化物及某些元素低价化合物被氧化；碳酸盐、硫酸盐的分解；碱金属化合物的挥发及化合水、湿存水、结晶水、二氧化硫、三氧化硫、二氧化碳气体被排除等。例如

低价化合物的氧化　$4FeO + O_2 = 2Fe_2O_3$

$4FeS + 7O_2 = 2Fe_2O_3 + 4SO_2\uparrow$

碳酸盐的分解　$CaCO_3 = CaO + CO_2\uparrow$

硫酸盐的分解　$CaSO_4 = CaO + SO_3\uparrow$

结晶水的挥发　$Al_2O_3 \cdot 2SiO_2 \cdot 2H_2O = Al_2O_3 \cdot 2SiO_2 + 2H_2O\uparrow$

$CaSO_4 \cdot 2H_2O = CaSO_4 + 2H_2O\uparrow$

某些化合反应　$2CaO + 2SO_2 + O_2 = 2CaSO_4$

烧失量数值的大小与灼烧温度及时间有关，是在一定条件下表现出来的特性参数，因此正确地控制灼烧温度和时间是非常重要的。

应注意，测定烧失量的试样要与系统分析的试样同时称取。若用马弗炉加热，应从低温开始；若用喷灯灼烧，则应先在喷灯的微弱火焰上加热 10～15min，再升高温度灼烧 20～30min，否则样品中挥发性物质猛烈排出，可能导致试样飞溅。黏土、膨润土、石灰石等样品在灼烧后吸水性很强，应迅速称量。测量烧失量用的瓷坩埚应预先在(950±25)℃灼烧至恒重，而不应灼烧后将残渣扫出后称量，因为灼烧物可能与瓷坩埚反应而造成误差。

3. 不溶物的测定

不溶物是指试样用酸、碱处理后未被分解的剩余物质。水泥中的不溶物是指在规定条件下加热试样，既不溶于特定浓度的盐酸，也不溶于特定浓度的氢氧化钠溶液的组分。其主要来源于水泥熟料、石膏及所掺加的混合材。水泥熟料中不溶物的主要成分是游离二氧化硅，大多数是由黏土带入的晶质石英，虽经煅烧，仍有小部分未发生化合反应，以游离状态存在。其含量一般为，回转窑生产的熟料在 0.1%左右，而立窑生产的熟料在 0.2%以上。

酸碱溶解法测定不溶物的原理是将试样先用盐酸处理，将可溶物全部溶解，滤出不溶残渣。为防止部分二氧化硅呈硅酸凝胶状态析出，再用碱溶液处理残渣，使其生成硅酸钠而溶解。然后用盐酸中和，过滤，残渣经高温灼烧后称量，反复灼烧直至恒重。此剩余残渣质量占试样质量的分数即为不溶物的含量。

由于不溶物不同于化学成分，其含量只能进行相对测定，测定结果与实验条件密切相关，因此必须严格加以控制。

盐酸溶样时，必须先加 15mL 水，搅拌使试样分散均匀，然后在搅拌下加入盐酸，以避免二氧化硅呈胶体析出。严格控制加热方式及加热时间，为保证加热温度稳定在

100℃，需将烧杯伸入水浴内部但不浸入水浴中，底部及侧部全部被水蒸气包围，不能在电炉上直接加热，否则温度过高，导致结果严重偏低。

4. 氟的测定

水泥及熟料中的氟多数是加入复合矿化剂时引入的，含量在 1.0%以下。低含量氟的测定最好采用氟离子选择电极法。而萤石中氟的测定可采用蒸馏分离-中和法和氟化钙快速分析法。萤石中氟的含量一般用氟化钙的分析结果换算。

1) 蒸馏分离-中和法

该法适用于测定低氟试样，也适用于测定高氟试样，应用范围较广。

试样与磷酸共热时，其中的含氟矿物(CaF_2)被酸分解，通入水蒸气将其蒸馏分离。在本蒸馏体系中，氟主要以氢氟酸形式逸出，占 80%，氟硅酸约占 20%。反应式如下：

$$CaF_2 + 2H^+ = 2HF\uparrow + Ca^{2+}$$

$$6HF + SiO_2 = H_2SiF_6 + 2H_2O$$

蒸馏液以酚酞为指示剂，用 NaOH 标准溶液滴定。

$$HF + NaOH = NaF + H_2O$$

$$2NaOH + H_2SiF_6 = 2H_2O + 2Na^+ + SiF_6^{2-}$$

$$SiF_6^{2-} + 2H_2O = SiO_2 + 4H^+ + 6F^-$$

根据消耗 NaOH 标准溶液的浓度和体积，可计算出氟的质量分数。

2) 氟化钙快速分析法

萤石的主要成分为氟化钙(CaF_2)，在一般情况下，配料时只需了解萤石中 CaF_2 的含量。测定时，用含 0.03mol/L Ca^{2+}的乙酸(1+9)处理试样，其中的碳酸钙和硫酸钙能完全被乙酸溶解，氟化钙则不溶，从而达到分离目的。

过滤后的残渣再加盐酸使其溶解，用硼酸消除大量氟的影响。

$$2CaF_2 + 4HCl + H_3BO_3 = 2CaCl_2 + HBF_4 + 3H_2O$$

生成的 Ca^{2+}以 CMP 为指示剂，用 EDTA 溶液直接滴定至溶液呈现稳定的红色为止。根据消耗 EDTA 标准溶液的浓度和体积，即可算出 CaF_2 的含量。

5. 水泥中游离氧化钙的测定

在煅烧水泥熟料的过程中，绝大部分氧化钙均在高温下与酸性氧化物化合生成硅酸二钙($2CaO \cdot SiO_2$)、硅酸三钙($3CaO \cdot SiO_2$)、铝酸三钙($3CaO \cdot Al_2O_3$)、铁铝酸四钙($4CaO \cdot Al_2O_3 \cdot Fe_2O_3$)等。但由于原料成分、生料细度及煅烧温度等许多因素的影响，仍有少量氧化钙呈游离状态(以 fCaO 表示)。在回转窑生产中，fCaO 的含量一般在 2.0%以下；立窑生产中 fCaO 的含量一般较高，在 3%以上。

游离氧化钙是水泥熟料中的有害成分，其含量超过一定数值时，会造成水泥的安定性不良。因此，游离氧化钙的测定是水泥熟料质量控制项目之一。

1) 乙二醇法

方法原理：在乙二醇溶液中，将试样加热至 65～70℃，fCaO 与乙二醇反应生成弱碱性的乙二醇钙，过滤分离残渣后，以甲基红-溴甲酚绿为指示剂，用盐酸标准溶液滴定至溶液颜色由褐色变为橙色，然后根据消耗盐酸标准溶液的浓度和体积，计算 fCaO 的质量分数。反应式如下：

$$CaO+\begin{array}{l}CH_2-OH\\ |\\ CH_2-OH\end{array} = \begin{array}{l}CH_2-O\diagdown\\ |\qquad\qquad\ \ Ca\\ CH_2-O\diagup\end{array}+H_2O$$

$$\begin{array}{l}CH_2-O\diagdown\\ |\qquad\qquad\ \ Ca\\ CH_2-O\diagup\end{array}+2HCl = \begin{array}{l}CH_2-OH\\ |\\ CH_2-OH\end{array}+CaCl_2$$

2) 甘油法

国家标准《水泥化学分析方法》中，采用甘油法测定熟料中的游离氧化钙(fCaO)。其基本原理是：在甘油-无水乙醇溶液微沸的状态下，以硝酸锶为催化剂，fCaO 与甘油反应生成甘油钙。甘油钙呈弱碱性，使酚酞指示剂呈红色。用苯甲酸-无水乙醇标准溶液滴定至红色消失。由消耗苯甲酸标准溶液的浓度和体积计算 fCaO 的质量分数。反应式如下：

$$CaO+\begin{array}{l}CH_2-OH\\ |\\ CH\ \ -OH\\ |\\ CH_2-OH\end{array}\xrightarrow{Sr(NO_3)_2}\begin{array}{l}CH_2-O\diagdown\\ |\\ CH\ \ -OH\quad Ca\\ |\\ CH_2-O\diagup\end{array}+H_2O$$

$$\begin{array}{l}CH_2-O\diagdown\\ |\\ CH\ \ -OH\quad Ca\\ |\\ CH_2-O\diagup\end{array}+2C_6H_5COOH = Ca(C_6H_5COO)_2+\begin{array}{l}CH_2-OH\\ |\\ CH\ \ -OH\\ |\\ CH_2-OH\end{array}$$

3) 乙二醇-乙醇法

方法原理：在乙二醇-无水乙醇溶液中，将试样加热至 80～110℃萃取试样中的 fCaO，2～5min 可萃取完全，fCaO 与乙二醇反应生成乙二醇钙，使酚酞指示剂呈红色。用苯甲酸-无水乙醇标准溶液滴定至红色消失，根据消耗苯甲酸标准溶液的浓度和体积，计算 fCaO 的质量分数。反应式如下：

$$CaO+\begin{array}{l}CH_2-OH\\ |\\ CH_2-OH\end{array} = \begin{array}{l}CH_2-O\diagdown\\ |\qquad\qquad\ \ Ca\\ CH_2-O\diagup\end{array}+H_2O$$

$$\begin{array}{l}CH_2-O\diagdown\\ |\qquad\qquad\ \ Ca\\ CH_2-O\diagup\end{array}+2C_6H_5COOH = Ca(C_6H_5COO)_2+\begin{array}{l}CH_2-OH\\ |\\ CH_2-OH\end{array}$$

7.2.9 水泥及其原料系统分析方案示例

水泥及其原料主要测定项目为 SiO_2、Fe_2O_3、Al_2O_3、CaO、MgO、Na_2O、K_2O、TiO_2。Na_2O 和 K_2O 的测定可另外称取一份试料，用 HF-H_2SO_4 进行除硅处理后用热水溶解，加

氨水沉淀铁、铝、钛，用碳酸铵沉淀钙、镁，一并过滤除去，滤液制备成 100mL 试验溶液，用火焰光度计测定。根据测得的检流计读数，分别在氧化钾、氧化钠的工作曲线上查得相应溶液的浓度，即可求得试样中氧化钾、氧化钠的含量。

1. 水泥及熟料分析

本节介绍的方法适用于硅酸盐水泥熟料分析，对硅酸盐系列的各种水泥，如普通硅酸盐水泥，矿渣、火山灰、粉煤灰硅酸盐水泥，白色硅酸盐水泥，道路水泥及复合硅酸盐水泥同样适用。

普通硅酸盐水泥的化学成分含量(%)大致如下：

SiO_2　20～24　Fe_2O_3　3～5　Al_2O_3　4～7

CaO　63～68　MgO　＜ 4.5　K_2O　＜1～2

Na_2O　1.5～2.5　Ti_2O　0.29～0.35　SO_3　＜3.5　LOI　＜5

普通硅酸盐水泥熟料的化学成分含量(%)大致如下：

SiO_2　20～24　Fe_2O_3　3～5　Al_2O_3　4～7

CaO　63～68　MgO　1～3　R_2O　0.5～2　fCaO　＜2

水泥试样的制备按《水泥取样方法》(GB/T 12573—2008)进行取样，送往实验室的样品应是具有代表性的均匀样品。采用四分法缩至约 100g，通过 0.9mm 方孔筛，用磁铁吸去筛余物中的金属铁，将筛余物研磨后全部通过 0.9mm 方孔筛。将样品充分混匀后，装入带有磨口塞的瓶中并密封。

1) 氯化铵系统

硅酸盐水泥及熟料可采用碳酸钠烧结法分解试样，即碳酸钠烧结氯化铵系统，为国家标准使用的方法。由于硅酸盐水泥及熟料中碱性氧化物占 60%以上，易被酸溶解，因此可采用酸溶氯化铵系统。氯化铵系统用重量法测定二氧化硅，滤液供测定三氧化二铁、三氧化二铝、二氧化钛、氧化钙、氧化镁使用。

(1) 纯二氧化硅的测定。

(a) 碳酸钠烧结氯化铵重量法。

称取约 0.5g 试样(m)，准确至 0.0001g，置于铂坩埚中，盖上坩埚盖，并留有缝隙，在 950～1000℃下灼烧 5min。将坩埚放冷，加入 0.30～0.32g 已磨细的无水碳酸钠，用细玻璃棒仔细压碎块状物，将黏附在玻璃棒上的试样全部刷回坩埚内，再将坩埚在 950～1000℃下灼烧 10min。取出坩埚冷却。

将烧结块倒入 150～200mL 瓷蒸发皿中，加少量水润湿。盖上表面皿，从皿口滴入 5mL 盐酸及 2～3 滴硝酸。待反应停止后，取下表面皿，用平头玻璃棒压碎块状物，使试样充分分解。用热盐酸(1+1)[1.1]清洗坩埚数次，洗液合并移入蒸发皿中。将蒸发皿置于蒸汽水浴上，皿上放一个玻璃三脚架，再盖上表面皿。当蒸发至糊状后，加入 1g 氯化铵，搅匀，在蒸汽水浴上蒸发至干后继续蒸发 10～15min，期间仔细搅拌并压碎大颗粒。

取下蒸发皿，加入 10～20mL 热盐酸(3+97)[1.2]，搅拌使可溶性盐类溶解。立即用中速滤纸过滤，用胶头擦棒和滤纸片擦洗玻璃棒及蒸发皿，用热盐酸(3+97)洗涤沉淀 3 次，用热水洗涤沉淀 10～12 次，滤液及洗液收集在 250mL 容量瓶中。

在沉淀上加入 3 滴硫酸(1+4)[1.6]，然后将沉淀连同滤纸一并移入铂坩埚中，盖上坩埚盖，并留有缝隙。在电炉上灰化完全后，将坩埚放入(1175±25)℃或 950～1000℃的高温炉内灼烧 1h[有争议时，以(1175±25)℃灼烧结果为准]，取出坩埚，置于干燥器中冷却至室温，称量，反复灼烧直至恒重(m_1)。

向坩埚中加数滴水润湿沉淀，加 3 滴硫酸(1+4)和 10mL 氢氟酸，置于通风橱内电热板上缓慢蒸发至干，升高温度继续加热至三氧化硫白烟完全冒尽。将坩埚放入 950～1000℃马弗炉内灼烧 30min，取出坩埚，置于干燥器中冷却至室温，称量，反复灼烧直至恒重(m_2)。

(b) 酸溶氯化铵重量法。

准确称取 0.5g 试样，置于 100～150mL 瓷蒸发皿中，加 1g 氯化铵，用平头玻璃棒混匀。盖上表面皿，沿皿口滴加 2mL 盐酸及 2～3 滴硝酸，仔细搅匀，使试样充分分解。

将蒸发皿置于沸水浴上，皿上放一个玻璃三脚架，再盖上表面皿。待蒸发至近干时(10～15min)，取下蒸发皿，加 10mL 热盐酸(3+97)[1.2]，搅拌，使可溶性盐类溶解。用中速滤纸过滤，以下操作同(a)。

纯二氧化硅的质量分数按下式计算：

$$w(\text{纯SiO}_2) = \frac{m_1 - m_2}{m}$$

式中，m_1 为灼烧后未用氢氟酸处理的沉淀及坩埚的质量，g；m_2 为用氢氟酸处理并灼烧后的残渣及坩埚的质量，g；m 为试样的质量，g。

用氢氟酸处理后的残渣的分解：向上述用氢氟酸处理过的残渣中加入 0.5～1g 焦硫酸钾，加热至暗红，熔融至杂质被分解。熔块用热水和 3～5mL 盐酸(1+1)转移至 150mL 烧杯中，加热微沸使熔块全部溶解。冷却后，将溶液并入上述分离二氧化硅后得到的滤液和洗液中。用水稀释至刻度，摇匀。此溶液供以下测定残留的可溶性二氧化硅、三氧化二铁、三氧化二铝、氧化钙、氧化镁、二氧化钛使用。

(2) 可溶性二氧化硅的测定(硅钼蓝光度法)。

工作曲线的绘制：吸取每毫升含 0.02mg 二氧化硅的标准溶液 0mL、2.00mL、4.00mL、5.00mL、6.00mL、8.00mL、10.00mL 分别放入 100mL 容量瓶中，加水稀释至约 40mL，依次加入 5mL 盐酸(1+10)、8mL 95%乙醇、6mL 钼酸铵溶液(50g/L)[6.3]，摇匀。放置 30min 后，加入 20mL 盐酸(1+1)、5mL 抗坏血酸溶液(5g/L)[7.3]，用水稀释至刻度，摇匀。常温下放置 1h 后，用分光光度计 1cm 比色皿，以水作参比，于 660nm 波长处测定溶液的吸光度。以测得的吸光度对二氧化硅的含量作图，绘制工作曲线。

显色体系的测定：移取 25.00mL 试验溶液放入 100mL 容量瓶中，用水稀释至 40mL，以下同“工作曲线的绘制”操作。在工作曲线上求出二氧化硅的含量(m_3)。

可溶性二氧化硅的质量分数按下式计算：

$$w(\text{可溶性SiO}_2) = \frac{m_3 \times 10}{m \times 1000} \times 100 = \frac{m_3}{m}$$

式中，m_3 为测定的 100mL 溶液中二氧化硅的含量，mg；10 为全部试验溶液与分取试验溶液的体积比；m 为试样的质量，g。

总二氧化硅的质量分数按下式计算：

$$w(总SiO_2) = w(纯SiO_2) + w(可溶性SiO_2)$$

(3) 三氧化二铁的测定(EDTA 配位滴定法)。

将分离二氧化硅后的滤液及洗液冷却至室温，加水稀释至刻度，摇匀。此试验溶液可供测定三氧化二铁、三氧化二铝、二氧化钛、氧化钙、氧化镁使用。

吸取 25mL 试验溶液，放入 300mL 烧杯中，用水稀释至约 100mL。用氨水(1+1)和盐酸(1+1)调节溶液 pH 至 1.8(用精密 pH 试纸检验)。将溶液加热至约 70℃，加 10 滴磺基水杨酸钠指示剂溶液(100g/L)[5.11]，用 EDTA 标准溶液[c(EDTA)=0.015mol/L][9.2]缓慢滴定至亮黄色(终点时溶液温度应不低于 60℃，若终点前溶液温度降至近 60℃，应再加热至 65～70℃)。

三氧化二铁的质量分数按下式计算：

$$w(Fe_2O_3) = \frac{T_{Fe_2O_3/EDTA}V \times 10}{m \times 1000}$$

式中，$T_{Fe_2O_3/EDTA}$ 为 EDTA 标准溶液对三氧化二铁的滴定度，mg/mL；V 为滴定时消耗 EDTA 标准溶液的体积，mL；10 为全部试验溶液与分取试验溶液的体积比；m 为试样的质量，g。

(4) 三氧化二铝的测定。

(a) 三氧化二铝-EDTA 直接滴定法。

将滴定铁后的溶液用水稀释至约 200mL，加 1～2 滴溴酚蓝指示剂(2g/L)[5.4]，滴加氨水(1+2)[2.1]至溶液出现蓝紫色，再滴加盐酸(1+1)至黄色。加入 15mL pH 3.0 的乙酸-乙酸钠缓冲溶液[4.1]，加热至微沸并保持 1min。加入 10 滴 EDTA-铜溶液[5.10]及 2～3 滴 PAN 指示剂(2g/L)[5.9]，用 EDTA 标准溶液[c(EDTA)=0.015mol/L][9.2]滴定至红色消失。继续煮沸，滴定直至溶液经煮沸后红色不再出现，呈稳定的亮黄色为止。

三氧化二铝的质量分数按下式计算：

$$w(Al_2O_3) = \frac{T_{Al_2O_3/EDTA}V \times 10}{m \times 1000}$$

式中，$T_{Al_2O_3/EDATA}$ 为 EDTA 标准溶液对三氧化二铝的滴定度，mg/mL；V 为滴定时消耗 EDTA 标准溶液的体积，mL；10 为全部试验溶液与分取试验溶液的体积比；m 为试样的质量，g。

(b) 三氧化二铝、二氧化钛-EDTA-苦杏仁酸置换-铜盐返滴定法。

在滴定铁后的溶液中加入 EDTA 标准溶液[c(EDTA)=0.015mol/L][9.2]至过量 10～15mL(记为 V，对铝、钛合量而言)，加水稀释至 150～200mL。将溶液加热至 70～80℃后，滴加氨水(1+1)使溶液 pH 为 3.0～3.5。加入 15mL 乙酸-乙酸钠缓冲溶液(pH 4.3)[4.2]，煮沸 1～2min，取下，稍冷。加 4～5 滴 PAN 指示剂(2g/L)[5.9]，用硫酸铜标准溶液(0.015mol/L)[9.3]滴定至呈亮紫色(此时消耗硫酸铜标准溶液的体积记为 V_1)。

然后向溶液中加入 15mL 苦杏仁酸溶液(50g/L)[7.4]，并加热煮沸 1～2min，取下，稍冷。补加 1～2 滴 PAN 指示剂(2g/L)，再用硫酸铜标准溶液滴定至亮紫色(此时消耗硫酸铜标准溶液的体积记为 V_2)。

三氧化二铝的质量分数按下式计算：

$$w(Al_2O_3)=\frac{T_{Al_2O_3/EDTA}[V-(V_1+V_2)]K\times 10}{m\times 1000}$$

$$w(TiO_2)=\frac{T_{TiO_2/EDTA}V_2K\times 10}{m\times 1000}$$

若不采用苦杏仁酸置换，而是采用二安替比林甲烷光度法测得的二氧化钛，则按下式计算三氧化二铝的质量分数：

$$w(Al_2O_3)=\frac{T_{Al_2O_3/EDTA}(V-K\times V_1)\times 10}{m\times 1000}-0.64\times w(TiO_2)$$

式中，$T_{Al_2O_3/EDTA}$ 为 EDTA 标准溶液对三氧化二铝的滴定度，mg/mL；V 为加入 EDTA 标准溶液的体积，mL；V_1 为第一次滴定时消耗硫酸铜标准溶液的体积，mL；V_2 为第二次滴定时消耗硫酸铜标准溶液的体积，mL；0.64 为三氧化二铝对二氧化钛的换算因子；$w(TiO_2)$为按二安替比林甲烷光度法测得的二氧化钛的质量分数；10 为全部试验溶液与分取试验溶液的体积比；K 为每毫升硫酸铜标准溶液相当于 EDTA 标准溶液的体积，mL；m 为试样的质量，g。

(5) 二氧化钛的测定(二安替比林甲烷光度法)。

工作曲线的绘制：吸取二氧化钛标准溶液(0.02mg/mL)0mL、2.00mL、4.00mL、6.00mL、8.00mL、10.00mL、12.00mL、15.00mL 分别放入 100mL 容量瓶中，依次加入 10mL 盐酸(1+2)、10mL 抗坏血酸溶液(5g/L)、5mL 95%乙醇、20mL 二安替比林甲烷溶液(30g/L)[6.1.1]，用水稀释至刻度，摇匀。常温下放置 40min，用分光光度计 1cm 比色皿，以水作参比，于 420nm 波长处测定溶液的吸光度。以测得的吸光度对二氧化钛的含量作图，绘制工作曲线。

显色体系的测定：吸取 25.00mL 试验溶液放入 100mL 容量瓶中，加入 10mL 盐酸(1+2)及 10mL 抗坏血酸(5g/L)，放置 5min，加 5mL 95%乙醇、20mL 二安替比林甲烷溶液(30g/L)，用水稀释至刻度，摇匀。以下同“工作曲线的绘制”操作。在工作曲线上求出二氧化钛的含量(m_1)。

二氧化钛的质量分数按下式计算：

$$w(TiO_2)=\frac{m_1\times 10}{m\times 1000}\times 100=\frac{m_1}{m}$$

式中，m_1 为 100mL 测定溶液中二氧化钛的含量，mg；10 为全部试验溶液与分取试验溶液的体积比；m 为试样的质量，g。

(6) 氧化钙的测定(EDTA 配位滴定法)。

吸取 25.00mL 试验溶液放入 300mL 烧杯中，加入 7mL 氟化钾溶液，搅匀并放置 2min 以上。然后加水稀释至约 200mL。加 5mL 三乙醇胺(1+2)及适量的钙黄绿素-甲基百里香酚蓝-酚酞(CMP)混合指示剂[5.13]，在搅拌下加入氢氧化钾溶液(200g/L)，至出现绿色荧光后再过量 5～8mL，用 EDTA 标准溶液(0.015mol/L)[9.2]滴定至绿色荧光完全消失，并呈现红色。

若采用甲基百里香酚蓝(MTB)指示剂[5.14]，在搅拌下滴加氢氧化钾溶液(200g/L)至出现稳定的蓝色后再过量 3mL，用 EDTA 标准溶液[c(EDTA)=0.015mol/L][9.2]滴定至蓝色消失(呈无色或淡灰色)。

氧化钙的质量分数按下式计算：

$$w(\mathrm{CaO})=\frac{T_{\mathrm{CaO/EDTA}}V_1\times 10}{m\times 1000}$$

式中，$T_{\mathrm{CaO/EDTA}}$ 为 EDTA 标准溶液对氧化钙的滴定度，mg/mL；V_1 为滴定时消耗 EDTA 标准溶液的体积，mL；10 为全部试验溶液与分取试验溶液的体积比；m 为试样的质量，g。

(7) 氧化镁的测定(EDTA 配位滴定法)。

一氧化锰含量在 0.5%以下：吸取 25.00mL 试验溶液放入 300mL 烧杯中，用水稀释至约 200mL。加入 1mL 酒石酸钾钠溶液(100g/L)[7.2]，加 5mL 三乙醇胺(1+2)[7.1]，搅拌，然后加入 25mL 氨-氯化铵缓冲溶液(pH 10)[4.4]及适量的酸性铬蓝 K-萘酚绿 B 混合指示剂(1+2.5)[5.15]，用 EDTA 标准溶液[c(EDTA)=0.015mol/L][9.2]滴定，近终点时缓慢滴定至纯蓝色。

氧化镁的质量分数按下式计算：

$$w(\mathrm{MgO})=\frac{T_{\mathrm{MgO/EDTA}}(V_2-V_1)\times 10}{m\times 1000}$$

式中，$T_{\mathrm{MgO/EDTA}}$ 为 EDTA 标准溶液对氧化镁的滴定度，mg/mL；V_1 为滴定钙时消耗 EDTA 标准溶液的体积，mL；V_2 为滴定钙、镁合量时消耗 EDTA 标准溶液的体积，mL；10 为全部试验溶液与分取试验溶液的体积比；m 为试样的质量，g。

一氧化锰含量在 0.5%以上：除将三乙醇胺(1+2)的加入量改为 10mL，并在滴定前加入 0.5～1g 盐酸羟胺外，其余分析步骤同上。

$$w(\mathrm{MgO})=\frac{T_{\mathrm{MgO/EDTA}}(V_3-V_1)\times 10}{m\times 1000}-0.57w(\mathrm{MnO})$$

式中，V_3 为滴定钙、镁、锰三者合量时消耗 EDTA 标准溶液的体积，mL；V_1 为滴定钙时消耗 EDTA 标准溶液的体积，mL；0.57 为氧化镁对一氧化锰的换算因子；w(MnO) 为按 EDTA 配位滴定法测得的一氧化锰的质量分数；其他符号含义同上。

2) 氟硅酸钾系统(代用法)

适合用本流程分析的样品有水泥生料、石灰石、黏土、粉煤灰、铁矿石等，只是试样质量、熔剂量、熔融温度和时间略有不同，请参阅表 2-6。该系统均为代用法。

试验溶液的制备：称取约 0.5g 试样，准确至 0.0001g，置于银坩埚中，加入 6～7g 氢氧化钠，在 650～700℃的高温下熔融 20min。取出冷却，将坩埚放入已盛有 100mL 近沸腾水的烧杯中，盖上表面皿，于电热板上适当加热。待熔块完全浸出后，取出坩埚，用水冲洗坩埚和盖，在搅拌下一次时先加入 25～30mL 盐酸，再加入 1mL 硝酸。用热盐酸(1+5)洗净坩埚和盖，将溶液加热至沸，冷却，然后移入 250mL 容量瓶中，用水稀释至刻度，摇匀。此溶液供测定二氧化硅、三氧化二铁、三氧化二铝、氧化钙、氧化镁、二氧化钛使用。

(1) 二氧化硅的测定。

吸取 50.00mL 试验溶液放入 300mL 塑料杯中，加入 15mL 硝酸，搅拌，冷却至 30℃以下。加入氯化钾，仔细搅拌至饱和并有少量氯化钾析出，再加 2g 氯化钾及 10mL 氟化钾溶液(150g/L)[3.2]，仔细搅拌、压碎大颗粒氯化钾，使其完全饱和，并有少量氯化钾析出(此时搅拌，溶液应该比较浑浊，若氯化钾析出量不够，应再补充加入氯化钾，但氯化钾析出量不宜过多)，在 10～26℃下放置 15～20min，其间搅拌一次。用中速滤纸过滤，先过滤溶液，固体氯化钾和沉淀留在杯底，溶液滤完后用氯化钾溶液(50g/L)[3.3]洗涤塑料杯及沉淀，洗涤过程中使固体氯化钾溶解，洗液总量不超过 25mL。将滤纸连同沉淀取下，置于原塑料杯中，沿杯壁加入 10mL 氯化钾-乙醇溶液(50g/L)[3.4]及 1mL 酚酞指示剂(10g/L)[5.2]，将滤纸展开，用氢氧化钠标准溶液[c(NaOH)=0.15mol/L][9.12]中和未洗尽的酸，仔细搅动滤纸并随之擦洗杯壁直至溶液呈红色(过滤、洗涤、中和残余酸的操作应迅速，以防止氟硅酸钾沉淀水解)。向杯中加入 200mL 沸水(煮沸并用氢氧化钠溶液中和至酚酞呈微红色)，用氢氧化钠标准溶液[c(NaOH)=0.15mol/L]滴定至微红色。

二氧化硅的质量分数按下式计算：

$$w(\mathrm{SiO_2})=\frac{T_{\mathrm{SiO_2/NaOH}}V\times 5}{m\times 1000}$$

式中，$T_{\mathrm{SiO_2/NaOH}}$ 为氢氧化钠标准溶液对二氧化硅的滴定度，mg/mL；V 为滴定时消耗氢氧化钠标准溶液的体积，mL；5 为全部试验溶液与分取试验溶液的体积比；m 为试样的质量，g。

(2) 氧化钙的测定。

吸取 25.00mL 试验溶液放入 400mL 烧杯中，加入 7mL 氟化钾溶液(20g/L)[3.1]，搅拌并放置 2min 以上，然后用水稀释至约 200mL，以下同氯化铵系统。

三氧化二铁、三氧化二铝、氧化镁的测定和质量分数的计算均同氯化铵系统。

(3) 原子吸收分光光度法测定氧化镁、三氧化二铁、一氧化锰、氧化钾、氧化钠。

试验溶液的制备：

(a) 氢氟酸-高氯酸分解法。

称取约 0.1g 试样，准确至 0.0001g，置于铂坩埚(或铂皿、聚四氟乙烯器皿)中，用 0.5～1mL 水润湿，加 5～7mL 氢氟酸和 0.5mL 高氯酸，放入通风橱内低温电热板上加热。近干时摇动铂坩埚以防溅失，待白色浓烟驱尽后取下放冷。加入 20mL 盐酸(1+1)，加热至溶液澄清，取下放冷。转移至 250mL 容量瓶中，加 5mL 氯化锶溶液(锶 50g/L)[3.18]，用水稀释至刻度，摇匀。此溶液供原子吸收分光光度法测定用。

(b) 硼酸锂熔融法。

称取约 0.1g 试样，准确至 0.0001g，置于铂坩埚中，加入 0.4g 硼酸锂[8.6]，搅匀。

用喷灯在低温下熔融，逐渐升高温度至 1000℃将其熔成玻璃体，取下放冷。在铂坩埚内放入一个搅拌子(塑料外壳)，并将坩埚放入预先盛有 150mL 盐酸(1+10)并加热至约 45℃的 200mL 烧杯中，用磁力搅拌器搅拌溶解。待熔块全部溶解后取出坩埚及搅拌子，用水洗净，将溶液冷却至室温，转移至 250mL 容量瓶中，加 5mL 氯化锶溶液(锶 50g/L)[3.18]，用水稀释至刻度，摇匀。此溶液供原子吸收分光光度法测定用。

试样分析：

(a) 氧化镁的测定(基准法)。

氧化镁工作曲线的绘制：吸取氧化镁标准溶液(0.05mg/mL)[10.5.1]0mL、2.00mL、4.00mL、6.00mL、8.00mL、10.00mL、12.00mL 分别放入 500mL 容量瓶中，加入 30mL 盐酸及氯化锶溶液(锶 50g/L)[3.18]，用水稀释至刻度，摇匀。用原子吸收光谱仪调节至最佳工作状态，在空气-乙炔火焰中，用镁元素空心阴极灯，于 285.2nm 处以水校零测定溶液的吸光度。以测得的吸光度对氧化镁的含量作图，绘制工作曲线。

测定：吸取 5.00mL 试验溶液放入容量瓶中(试验溶液的分取量及容量瓶的容积视氧化镁的含量而定)，加入 12mL 盐酸(1+1)及 2mL 氯化锶溶液(锶 50g/L)[3.18]，使测定溶液中盐酸的质量分数 w(HCl) 为 0.06，锶的质量浓度为 1mg/mL。用水稀释至刻度，摇匀。在与工作曲线绘制相同的仪器条件下测定溶液的吸光度。在工作曲线上求出氧化镁的质量浓度。

(b) 三氧化二铁的测定(代用法)。

三氧化二铁工作曲线的绘制：吸取三氧化二铁标准溶液(0.1mg/mL)[10.4.1]0mL、10.00mL、20.00mL、30.00mL、40.00mL、50.00mL 分别放入 500mL 容量瓶中，加入 25mL 盐酸及 10mL 氯化锶溶(锶 50g/L)[3.18]，用水稀释至刻度，摇匀。将原子吸收光谱仪调节至最佳工作状态，在空气-乙炔火焰中，用铁元素空心阴极灯，于 248.3nm 处以水校零测定溶液的吸光度。以测得的吸光度对三氧化二铁的含量作图，绘制工作曲线。

测定：吸取 25.00mL 试验溶液放入 100mL 容量瓶中，加入 2mL 氯化锶溶液(锶 50g/L)，使测定溶液中锶的质量浓度为 1mg/mL。用水稀释至刻度，摇匀。在与工作曲线绘制相同的仪器条件下测定溶液的吸光度。在工作曲线上求出三氧化二铁的质量浓度。

(c) 一氧化锰的测定(代用法)。

一氧化锰工作曲线的绘制：吸取一氧化锰标准溶液(0.05mg/mL)[10.3.1]0mL、5.00mL、10.00mL、15.00mL、20.00mL、25.00mL、30.00mL 分别放入 500mL 烧杯中，加入 30mL 盐酸及 10mL 氯化锶溶液(锶 50g/L)，用水稀释至刻度，摇匀。将原子吸收光谱仪调节至最佳工作状态，在空气-乙炔火焰中，用锰元素空心阴极灯，于 279.5nm 处以水校零测定溶液吸光度。以测得的吸光度对一氧化锰的含量作图，绘制工作曲线。

试样测定：直接取用试验溶液，在与工作曲线绘制相同的仪器条件下测定溶液的吸光度。在工作曲线上求出一氧化锰的质量浓度。

(d) 氧化钾和氧化钠的测定(代用法)。

氧化钾、氧化钠工作曲线的绘制：吸取氧化钾标准溶液(0.05mg/mL)[10.6]0mL、5.00mL、10.00mL、15.00mL、20.00mL、25.00mL 和氧化钠标准溶液(0.05mg/mL)[10.7]0mL、2.00mL、4.00mL、6.00mL、8.00mL、10.00mL，以一一对应的顺序分别放入 500mL 容量

瓶中，加入 30mL 盐酸。采用空气-乙炔火焰时，加 10mL 氯化铯溶液(铯 50g/L)[3.19]。采用空气-液化石油气火焰时，加 10mL 氯化锶溶液(锶 50g/L)。用水稀释至刻度，摇匀。将原子吸收光谱仪调节至最佳工作状态，用空气-乙炔火焰或空气-液化石油气火焰(宽缝燃烧头)，分别用钾元素空心阴极灯和钠元素空心阴极灯，于 766.5nm 和 589.0nm 处以水校零测定溶液的吸光度。以测得的吸光度对氧化钾或氧化钠的含量作图，绘制工作曲线。

试样测定：分取一定量的试验溶液，放入容量瓶中(试验溶液的分取量及容量瓶的容积视氧化钾、氧化钠的含量而定)，加入盐酸(1+1)，使测定溶液中盐酸的质量分数 $w(\text{HCl})$ 为 0.06，根据火焰的差异分别加入氯化锶或氯化铯，并使锶或铯的质量浓度为 1mg/mL，用水稀释至刻度，摇匀。在与工作曲线绘制相同的仪器条件下测定溶液的吸光度。在工作曲线上求氧化钾和氧化钠的质量浓度。

氧化镁、三氧化二铁、一氧化锰、氧化钾、氧化钠的质量分数按下列通式计算：

$$w(\text{A})=\frac{\rho(\text{A})Vf}{m\times 1000}$$

式中，$w(\text{A})$为氧化镁、三氧化二铁、一氧化锰、氧化钾、氧化钠的质量分数；$\rho(\text{A})$为工作曲线上查出的氧化镁、三氧化二铁、一氧化锰、氧化钾、氧化钠的质量浓度，mg/mL；V 为移取的试验溶液的体积，mL；f 为全部试验溶液与分取试验溶液的体积比；m 为试样的质量，mg。

(4) 其他组分的测定。

(a) 烧失量的测定。

称取约 1g 试样，准确至 0.0001g，置于已灼烧至恒重的瓷坩埚中，将盖斜置于坩埚上，放在马弗炉内从低温开始逐渐升高温度，在(950±25)℃下灼烧 15～20min，取出坩埚置于干燥器中冷却至室温，称量。反复灼烧，直至恒重。

烧失量的质量分数按下式计算：

$$w(\text{LOI})=\frac{m-m_1}{m}$$

式中，$w(\text{LOI})$为烧失量的质量分数；m 为试样的质量，g；m_1 为灼烧后试样的质量，g。

注意：矿渣水泥在灼烧过程中由于硫化物的氧化而引起烧失量测定的误差可通过以下两式进行校正：

0.8×(水泥灼烧后测得的 SO_3 的质量分数−水泥未经灼烧时的 SO_3 质量分数)

=0.8×(由于硫化物的氧化产生的 SO_3 的质量分数)

=吸收空气中氧的质量分数

校正后的烧失量质量分数=测得的烧失量质量分数+吸收空气中氧的质量分数

(b) 不溶物的测定。

称取约 1g 试样，准确至 0.0001g，置于 150mL 烧杯中，加 25mL 水，搅拌使其分散。在搅拌下加入 5mL 盐酸，用平头玻璃棒压碎块状物使其分解完全(若有必要，可将溶液稍加热几分钟)，加水稀释至 50mL，盖上表面皿，将烧杯置于蒸汽浴中加热 15min。用中速滤纸过滤，用热水充分洗涤 10 次以上。

将残渣和滤纸一并移入原烧杯中，加入 100mL 氢氧化钠溶液(10g/L)，盖上表面皿，将烧杯置于蒸汽浴中加热 15min，加热期间搅动滤纸及残渣 2～3 次。取下烧杯，加入 1～2 滴甲基红指示剂(2g/L)，滴加盐酸(1+1)至溶液呈红色，再过量 8～10 滴。用中速滤纸过滤，用热的硝酸铵溶液(20g/L)[3.7]充分洗涤 14 次以上。

将残渣和滤纸一并移入已灼烧至恒重的瓷坩埚中，灰化后在 950～1000℃的马弗炉内灼烧 30min，取出坩埚，置于干燥器中冷却至室温，称量。反复灼烧，直至恒重。

不溶物的质量分数按下式计算：

$$w(\mathrm{IR})=\frac{m_1}{m}$$

式中，w(IR)为不溶物的质量分数；m 为试样的质量，g；m_1 为灼烧后不溶物的质量，g。

(c) 硫酸盐三氧化硫的测定。

硫酸钡重量法：

称取约 0.5g 试样，准确至 0.0001g，置于 200mL 烧杯中，加入 40mL 水，搅拌使试样完全分散，在搅拌下加 10mL 盐酸(1+1)，用平头玻璃棒压碎块状物，加热煮沸并保持微沸 5～10min。用中速滤纸过滤，用热水洗涤 10～12 次，滤液及洗液收集于 400mL 烧杯中。加水稀释至约 250mL，玻璃棒底部压一小片定量滤纸，盖上表面皿，加热煮沸，在微沸下从杯口缓慢逐滴加入 10mL 热的氯化钡溶液(100g/L)[3.12]，继续微沸数分钟使沉淀良好地形成，然后在常温下静置 12～24h 或温热处静置至少 4h(有争议时，以常温下静置 12～24h 的结果为准)，溶液的体积应保持在约 200mL。用慢速定量滤纸过滤，用热水洗涤，用胶头擦棒和定量滤纸片擦洗烧杯及玻璃棒，洗涤至检验无氯离子为止。

将沉淀及滤纸一并移入已灼烧至恒重的瓷坩埚中，灰化完全后，放入 800～950℃的高温炉内灼烧 30min 以上，取出坩埚，置于干燥器中冷却至室温，称量。反复灼烧，直至恒重。

三氧化硫的质量分数按下式计算：

$$w(\mathrm{SO_3})=\frac{m_1}{m}\times 0.343$$

式中，$w(SO_3)$为三氧化硫的质量分数；m 为试样的质量，g；m_1 为灼烧后沉淀的质量，g；0.343 为硫酸钡对三氧化硫的换算因子。

硫酸钡-铬酸钡分光光度法：

工作曲线的绘制：吸取三氧化硫标准溶液(0.5mg/L)[10.8]5.00mL、10.00mL、15.00mL、20.00mL、25.00mL、30.00mL 分别放入 150mL 容量瓶中，加入 20mL 离子强度调节溶液[8.7]，用水稀释至 100mL，加入 10mL 铬酸钡溶液(10g/L)[3.17]，每隔 5min 振荡一次。30min 后，加入 5mL 氨水(1+2)，用水稀释至刻度，摇匀。用中速滤纸干过滤，将滤液收集于 50mL 烧杯中，用分光光度计 2cm 比色皿，以水作参比，于 420nm 处测定各滤液的吸光度。以测得的吸光度对三氧化硫的含量作图，绘制工作曲线。

称取 0.33～0.36g 试样，准确至 0.0001g，置于带有刻度的 200mL 烧杯中，加 4mL 甲酸(1+1)[1.15]，分散试样，低温干燥，取下。加入 10mL 盐酸(1+2)及 1～2 滴过氧化氢

(1+1)，将试样搅起后加热至小气泡冒尽，冲洗杯壁，再煮沸 2min，其间冲洗杯壁 2 次。取下，加水至约 90mL，加 5mL 氨水(1+2)，并用盐酸(1+1)和氨水(1+1)调节酸度至 pH 2(用精密 pH 试纸检验)，稀释至 100mL。加 10mL 铬酸钡溶液(10g/L)，搅匀。流水冷却至室温并放置，时间不少于 10min，放置期间搅拌三次。加入 5mL 氨水(1+2)，将溶液连同沉淀转移到 150mL 容量瓶中，用水稀释至刻度，摇匀。用中速滤纸过滤，收集滤液于 50mL 烧杯中，用分光光度计 2cm 比色皿，以水作参比，于 420nm 处测定溶液的吸光度。在工作曲线上查出三氧化硫的含量。

三氧化硫的质量分数按下式计算：

$$w(\mathrm{SO_3}) = \frac{m_1}{m \times 1000}$$

式中，m_1 为测定溶液中三氧化硫的含量，mg；m 为试样的质量，g。

离子交换法：

本方法只适用于掺加天然石膏并且不含有氟、磷、氯的水泥中三氧化硫的测定。

称取约 0.2g 试样，准确至 0.0001g，置于已盛有 5g 树脂[8.2]、一个搅拌子及 10mL 热水的 150mL 烧杯中，摇动烧杯使其分散。向烧杯中加入 40mL 沸水，置于磁力搅拌器上，加热搅拌 10min，用快速滤纸过滤，并用热水洗涤烧杯与滤纸上的树脂 4～5 次。滤液及洗液收集于另一装有 2g 树脂及一个搅拌子的 150mL 烧杯中(此时溶液体积为 100mL 左右)。再将烧杯置于磁力搅拌器上搅拌 3min，用快速滤纸过滤，用热水冲洗烧杯与滤纸上的树脂 5～6 次，滤液及洗液收集于 300mL 烧杯中。

向溶液中加入 5～6 滴酚酞指示剂(10g/L)[5.2]，用氢氧化钠标准溶液[$c(\mathrm{NaOH})$=0.06mol/L][9.13]滴定至微红色。保存用过的树脂以备再生。

三氧化硫的质量分数按下式计算：

$$w(\mathrm{SO_3}) = \frac{T_{\mathrm{SO_3/NaOH}} V}{m \times 1000}$$

式中，$T_{\mathrm{SO_3/NaOH}}$ 为氢氧化钠标准溶液对三氧化硫的滴定度，mg/mL；V 为滴定时消耗氢氧化钠标准溶液的体积，mL；m 为试样的质量，g。

还原-碘量法：

称取 0.5g 试样，准确至 0.001g，置于 100mL 干燥的反应瓶中，加 10mL 磷酸，置于电炉上加热至沸，然后继续在微沸温度下加热至无大气泡、液面平静且无白烟出现为止(此时硫化物已分解逸出，不影响测定)。放冷，加入 10mL 二氯化锡-磷酸溶液[3.14]，仪器装置各部件连接如图 7-1 所示。

开动空气泵，控制气体流量为 100～150mL/min(每秒 4～5 个气泡)，加热煮沸并微沸 15min，停止加热，取下吸收杯，关闭空气泵。

将插入吸收液内的玻璃导气管作为搅棒，将溶液冷却至室温，加 10mL 明胶溶液(5g/L)[8.1]，用滴定管加入 15.00mL 碘酸钾标准溶液[$c(1/6\mathrm{KIO_3})$=0.03mol/L][9.8]，在充分搅拌下一次加入 40mL 盐酸(1+1)，用硫代硫酸钠标准溶液[$c(\mathrm{Na_2S_2O_3})$=0.03mol/L][9.9]滴定至淡黄色，加入 2mL 淀粉溶液(10g/L)[5.19]，继续滴定至蓝色消失。

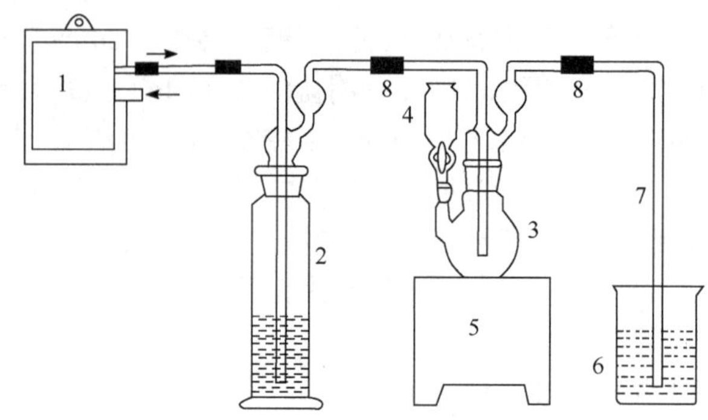

图 7-1 测定硫化物及硫酸盐仪器装置示意图

1. 微型空气泵；2. 洗气瓶(250mL)，内盛 100mL 硫酸铜溶液(50g/L)；3. 反应瓶(100mL)；4. 加液漏斗(20mL)；5. 电炉 600W 与 1～2kV 调压变压器相连接；6. 吸收杯(400mL)，内盛 300mL 水及 20mL 氨性硫酸锌溶液；7. 导气管；8. 硅橡胶管

三氧化硫的质量分数按下式计算：

$$w(SO_3)=\frac{T_{SO_3/KIO_3}(V_1-KV_2)}{m\times 1000}$$

式中，T_{SO_3/KIO_3} 为碘酸钾标准溶液对三氧化硫的滴定度，mg/mL；V_1 为加入碘酸钾标准溶液的体积，mL；V_2 为滴定时消耗硫代硫酸钠标准溶液的体积，mL；K 为每毫升硫代硫酸钠标准溶液相当于碘酸钾标准溶液的体积，mL；m 为试样的质量，g。

(d) 硫化物的测定(还原-碘量法)。

称取约 1g 试样，准确至 0.0001g，置于干燥的 100mL 反应瓶中，轻轻摇动使其均匀分散于反应瓶底部，加入 2g 二氯化锡($SnCl_2\cdot 2H_2O$)，加入 10mL 水，轻轻摇动使试样完全分散，按图 7-1 连接仪器装置各部件。

由分液漏斗向反应瓶中加入 20mL 盐酸(1+1)，迅速关闭活塞。开动空气泵，控制气体流量为 100～150mL/min(每秒 4～5 个气泡)，将反应瓶溶液加热煮沸并微沸 4～5min，停止加热，再继续通气 4～5min。

关闭空气泵，将插入吸收液内的玻璃导气管作为搅棒，将溶液冷却至室温，用滴定管加入 5.00mL 碘酸钾标准溶液[$c(1/6KIO_3)$=0.03mol/L][9.8]，在充分搅拌下一次加入 40mL 盐酸(1+1)，用硫代硫酸钠标准溶液[$c(Na_2S_2O_3)$=0.03mol/L][9.9]滴定至淡黄色，加入 2mL 淀粉溶液(10g/L)，继续滴定至蓝色消失。

硫化物的质量分数按下式计算：

$$w(S)=\frac{T_{S/KIO_3}(V_3-KV_4)}{m\times 1000}$$

式中，T_{S/KIO_3} 为碘酸钾标准溶液对硫的滴定度，mg/mL；V_3 为加入碘酸钾标准溶液的体积，mL；V_4 为滴定时消耗硫代硫酸钠标准溶液的体积，mL；K 为每毫升硫代硫酸钠标准溶液相当于碘酸钾标准溶液的体积，mL；m 为试样的质量，g。

(e) 氧化钾和氧化钠的测定[火焰光度法(基准法)]。

水泥用氢氟酸-硫酸蒸发处理除去硅，用热水浸取残渣。用氨水和碳酸铵分离铁、铝、钙、镁。滤液中的钾、钠用火焰光度计进行测定。

称取约 0.2g 试样，准确至 0.0001g，置于铂皿中，用少量水润湿，加 5～7mL 氢氟酸及 15～20 滴硫酸(1+1)，置于低温电热板上蒸发。近干时摇动铂皿，以防溅失，待氢氟酸驱尽后逐渐升高温度，继续将三氧化硫白烟赶尽。取下放冷，加入 40～50mL 热水，压碎残渣使其溶解，加 1 滴甲基红指示剂(2g/L)，用氨水(1+1)中和至黄色，加入 10mL 碳酸铵溶液(100g/L)[3.10]搅拌，置于电热板上加热 20～30min。用快速滤纸过滤，以热水洗涤，滤液及洗液盛于 100mL 容量瓶中，冷却至室温。用盐酸(1+1)中和至溶液呈微红色，用水稀释至刻度，摇匀。用火焰光度计按仪器使用规程进行测定。在工作曲线上分别求出氧化钾(m_1)和氧化钠(m_2)的含量。

工作曲线的绘制：吸取氧化钾标准溶液(0.5mg/mL)[10.6]0mL、1.00mL、2.00mL、4.00mL、6.00mL、8.00mL、10.00mL、12.00mL 和氧化钠标准溶液(0.5mg/mL)[10.7]0mL、1.00mL、2.00mL、4.00mL、6.00mL、8.00mL、10.00mL、12.00mL，以一一对应的顺序分别放入 100mL 容量瓶中，用水稀释至刻度，摇匀。用火焰光度计按仪器使用规程进行测定。以测得的检流计读数对氧化钾和氧化钠的含量作图，绘制工作曲线。

氧化钾和氧化钠的质量分数按下式计算：

$$w(\mathrm{K_2O}) = \frac{m_1}{m \times 1000}$$

$$w(\mathrm{Na_2O}) = \frac{m_2}{m \times 1000}$$

式中，m_1 为 100mL 测定溶液中氧化钾的含量，mg；m_2 为 100mL 测定溶液中氧化钠的含量，mg；m 为试样的质量，g。

(f) 氟的测定。

水泥中氟的测定——离子选择电极法(代用法)：

工作曲线的绘制：吸取一定体积的氟标准溶液(0.25mg/L)[10.11]，加水稀释成相当于 0.001mg/mL、0.005mg/mL、0.010mg/mL、0.020mg/mL、0.030mg/mL 氟的系列标准溶液，分别储存于塑料瓶中。吸取该系列标准溶液各 10.00mL，放入有一个搅拌子的 50mL 烧杯中，加入 10.00mL pH 6.0 的总离子强度调节缓冲溶液[4.8]，将烧杯置于磁力搅拌器上，在溶液中插入氟离子选择电极和饱和氯化钾甘汞电极，打开磁力搅拌器搅拌 2min，停止搅拌 30s，用离子计或酸度计测量溶液的平衡电位。用单对数坐标纸，以氟的浓度为对数坐标、电位值为常数坐标，绘制工作曲线。

试验溶液的制备：称取约 0.2g 试样，准确至 0.0001g，置于 100mL 干烧杯中，加入 10mL 水使其分散，加入 5mL 盐酸(1+1)，加热至微沸并保持 1～2min。用快速滤纸过滤，用热水洗涤 5～6 次，冷却，加入 2～3 滴溴酚蓝指示剂(2g/L)[5.4]，用盐酸(1+1)和氢氧化钠溶液(15g/L)调节溶液的酸度，使溶液的颜色刚由蓝色变为黄色(应防止氢氧化铝沉淀产生)，然后移入 100mL 容量瓶中，用水稀释至刻度，摇匀。

测定：吸取 10.00mL 溶液，放入有一个搅拌子的 50mL 烧杯中，加入 10.00mL pH 6.0 的总离子强度调节缓冲溶液[4.8]，以下操作同“工作曲线的绘制”。用离子计或酸度计测量溶液的平衡电位，在工作曲线上查出氟的浓度。

氟的质量分数按下式计算：

$$w(\mathrm{F})=\frac{c_1V_1}{m\times1000}$$

式中，c_1为测定溶液中氟的浓度，mg/mL；V_1为测定溶液稀释的总体积，mL；m为试样的质量，g。

萤石中氟化钙的快速分析：

称取 0.5g 于 105～110℃烘干 2h 的试样，准确至 0.0001g，置于 400mL 烧杯中，加入 10mL 含钙乙酸溶液[8.30]，盖上表面皿，摇动烧杯使试样分散。加热微沸 3min，立即用慢速滤纸过滤，用温水冲洗烧杯及残渣 3～4 次，滤液总体积不超过 40mL。弃去滤液，将残渣及滤纸放入原烧杯中。用热水冲洗此杯壁，将黏附在杯壁上的残渣全部冲至杯底，加 50mL 硼酸-盐酸混合酸[1.18]，盖上表面皿加热微沸 20min，用中速滤纸过滤，用热水洗涤残渣 8～10 次。滤液及洗液收集于 250mL 容量瓶中，冷却至室温后，加水稀释至刻度，摇匀。

吸取 25.00mL 上述溶液放入 400mL 烧杯中，用水稀释至 250mL。加 5mL 三乙醇胺(1+2)及适量 CMP 混合指示剂，在搅拌下加入氢氧化钾溶液(200g/L)至出现绿色荧光后过量 5～8mL，用 EDTA 标准溶液[c(EDTA)=0.015mol/L][9.2]滴定至绿色荧光消失，并呈粉红色。

氟化钙的质量分数按下式计算；

$$w(\mathrm{CaF_2})=\frac{T_{\mathrm{CaF_2/EDTA}}V\times10}{m\times1000}$$

式中，$T_{\mathrm{CaF_2/EDTA}}$为 EDTA 标准溶液对氟化钙的滴定数，mg/L，若已有 0.015mol/L EDTA 标准溶液对氧化钙的滴定度，则该溶液对氟化钙的滴定度可通过下式换算：$T_{\mathrm{CaF_2/EDTA}}=1.3923T_{\mathrm{CaO/EDTA}}$；$V$为滴定时消耗 EDTA 标准溶液的体积，mL；10 为全部试验溶液与分取溶液的体积比；m为试样的质量，g。

(g) 游离氧化钙的测定(代用法)。

乙二醇法：

称取约 0.5g 试样，准确至 0.0001g，置于干燥的 250mL 锥形瓶中，加入 30mL 乙二醇-乙醇溶液(2+1)。放入一个干燥的搅拌子，装上冷凝管，置于游离氧化钙测定仪上，以适当的速度搅拌溶液，同时升温并加热煮沸。当冷凝下的乙醇开始连续滴下时，继续在搅拌下加热微沸 5min。取下锥形瓶，立即用苯甲酸-无水乙醇标准溶液[$c(\mathrm{C_6H_5COOH})$=0.1mol/L][9.11]滴定至微红色消失。

游离氧化钙的质量分数按下式计算：

$$w(\mathrm{fCaO})=\frac{T_{\mathrm{CaO/HCl}}V}{m\times1000}$$

式中，$T_{\mathrm{CaO/HCl}}$为盐酸标准溶液对氧化钙的滴定度，mg/mL；V为滴定时消耗苯甲酸-无水乙醇标准溶液的体积，mL；m为试样的质量，g。

甘油法：

称取约 0.5g 试样，准确至 0.0001g，置于干燥的 250mL 锥形瓶中，加入 30mL 甘油无水乙醇溶液(1+2)[8.5]，加入 1g 硝酸锶。放入一个干燥的搅拌子，装上冷凝管，置于游离氧化钙测定仪上，以适当的速度搅拌溶液，同时升温并加热煮沸。在搅拌下微沸 10min 后，取下锥形瓶，立即用苯甲酸-无水乙醇标准溶液[$c(C_6H_5COOH)$=0.1mol/L]滴定至微红色消失。再装上冷凝管，继续在搅拌下煮沸至红色出现，再取下滴定。如此反复操作，直至加热 10min 后不出现红色为止。

游离氧化钙的质量分数按下式计算：

$$w(\text{fCaO}) = \frac{T_{\text{CaO/C}_6\text{H}_5\text{COOH}}V}{m \times 1000}$$

式中，$T_{\text{CaO/C}_6\text{H}_5\text{COOH}}$ 为苯甲酸-无水乙醇标准溶液相当于氧化钙的滴定度，mg/L；V 为滴定时消耗苯甲酸-无水乙醇标准溶液的体积，mL；m 为试样的质量，g。

2. 水泥生料分析

普通水泥生料是由石灰石、黏土、铁粉或铁矿石等原料按照一定的配比经粉磨而成，化学成分含量(%)大致如下：

SiO_2	12～15	Fe_2O_3	2～4	Al_2O_3	1.5～3
CaO	41～45	MgO	1～2.5	LOI	34～37

水泥生料的主要分析项目为 SiO_2、Fe_2O_3、Al_2O_3、CaO、MgO、烧失量(LOI)。

水泥生料的系统分析除可以采用碱熔氟硅酸钾系统外，还可采用碳酸钠烧结(或熔融)氯化铵系统，其测定步骤与水泥及熟料分析相同。

3. 黏土分析

黏土是各种岩石受地壳表面带进行的物理、物理化学和生物化学等作用而分解的产物。土质学中，黏土是黏性土的一种，主要由 1/3 以上颗粒直径小于 0.005mm 的细小分散的矿物细粒组成，具有较高的压缩性，易膨胀和崩解，透水性小，其成分复杂，不同地区差别也大。黏土是水泥工业的重要原料之一，一般化学成分含量(%)大致如下：

SiO_2	50～69	Fe_2O_3	5 左右	Al_2O_3	11～24
CaO	5 左右	MgO	3 左右	R_2O	4 左右

黏土的主要分析项目为 SiO_2、Fe_2O_3、Al_2O_3、CaO、MgO、TiO_2、R_2O、烧失量等。在水泥生产中，黏土分析以滴定分析为主。黏土的系统分析常采用碱熔氟硅酸钾系统，其测定步骤与水泥及熟料分析相同。

应注意：

(1) 黏土吸水性强，试样应在 105～110℃烘干 2h；采用减量法称量时，应将试样迅速倒入坩埚中。

(2) 黏土测定步骤与水泥及熟料分析相比，当试样量为 0.5g 时，氢氧化钠用量为 7～8g；氧化钙测定时，将氟化钾溶液(20g/L)用量由 7mL 改为 15mL；氧化镁测定时，由不加改为加入 15mL 氟化钾溶液(20g/L)，并放置 2min 以上。三氧化二铝、二氧化钛采用苦杏仁酸置换-铜盐返滴定法。

4. 石灰石分析

石灰石是生产水泥的主要原料之一，重要成分是碳酸钙，由于含有不同的杂质而呈灰白色、淡黄色或褐色。常见的杂质有硅石、黏土、碳酸镁、氧化铁等。主要供给水泥熟料中的氧化钙。一般化学成分含量(%)大致范围如下：

SiO_2	0.2～10	Fe_2O_3	0.1～2.0	Al_2O_3	0.2～2.5
CaO	45～53	MgO	0.1～2.5	LOI	36～43

石灰石的主要分析项目为 SiO_2、Fe_2O_3、Al_2O_3、CaO、MgO、R_2O、烧失量等。

石灰石由于硅含量低，多数样品可直接用酸分解，对于硅含量高或杂质多的样品，可采用氢氧化钠(银坩埚)熔样。其方法同水泥及熟料分析，比较如下：

二氧化硅采用氢氧化钠(银坩埚)单独熔样后进行测定：准确称取约 0.5g 已在 105～110℃烘干的试样，置于预先已熔 2g 氢氧化钾的银坩埚中，再用 1g 氢氧化钾覆盖在上面，盖上坩埚盖(应留一定缝隙)，于 600℃下熔融 20min。取出坩埚放冷，然后用热水将熔融物提取至 300mL 塑料烧杯中，坩埚及盖用少量稀硝酸(1+20)[1.4]和热水洗净，此时溶液体积应在 40mL 左右。加入 15mL 硝酸，搅拌，冷却至室温。以下同水泥及熟料中氟硅酸钾滴定法测定二氧化硅的分析操作。

供 EDTA 配位滴定铁、铝、钙、镁的试验溶液制备：采用与水泥及熟料分析相同的方法，当称样量为 0.5g 时，改用 3～4g 氢氧化钠，溶解熔块的盐酸由 25～30mL 改为 15mL；测定铁、铝时因含量少，可增加分析试验溶液的体积，由 25.00mL 改为 100.0mL。

烧失量测定方法与水泥及熟料分析相同，灼烧时间由 15～20min 改为 30min。

5. 铁矿石分析

制造水泥的铁矿石多数为赤铁矿(Fe_2O_3)，也可用黄铁矿(FeS_2)及硫酸渣等高铁原料代替，主要用来调整配料中的铁含量。以 Fe_2O_3 形式表示，其含量为 20%～70%。铁矿石的主要分析项目为 SiO_2、Fe_2O_3、Al_2O_3、TIO_2、CaO、MgO、MnO 等。

与水泥及熟料分析比较，熔样方法相同，但试剂用量不同，酸分解熔块时硝酸为主：准确称取约 0.3g 已在 105～110℃烘干的试样，置于银坩埚中，在 700～750℃的马弗炉中灼烧 20～30min。取出，放冷，加入 10g 氢氧化钠，盖上坩埚盖(应留一定缝隙)，再置于 750℃的马弗炉中熔融 30～40min(中间可取出坩埚，将熔融物摇动 1～2 次)。取出坩埚，放冷，然后将坩埚置于盛有约 150mL 热水的烧杯中，盖上表面皿，加热。待熔块完全浸出后，取出坩埚，用水及盐酸(1+5)洗净。向烧杯中加入 5mL 盐酸(1+1)及 20mL 硝酸，搅拌。盖上表面皿，加热煮沸。待溶液澄清后，冷却至室温，移入 250mL 容量瓶中，用水稀释至刻度，摇匀。此溶液供测定二氧化硅、三氧化二铁、三氧化二铝、二氧化钛、氧化钙、氧化镁及一氧化锰使用。

1) 三氧化二铁的测定(EDTA-铋盐返滴定法)

吸取 25.00mL 试验溶液放入 400mL 烧杯中，加水稀释至约 200mL，用硝酸和氨水(1+1)调节溶液 pH 至 1.0～1.5(用精密 pH 试纸检验)。加 2 滴磺基水杨酸钠指示剂(100g/L)[5.11]，用 EDTA 标准溶液[c(EDTA)=0.015mol/L][9.2]滴定至紫红色消失后再过量

2mL，搅拌并放置 1min。然后加入 2～3 滴半二甲酚橙指示剂(5g/L)[5.12]，用硝酸铋标准溶液(c[Bi(NO$_3$)$_3$]=0.015mol/L)[9.4]滴定至溶液由黄变为橙红色。

三氧化二铁的质量分数按下式计算：

$$w(Fe_2O_3)\frac{T_{Fe_2O_3/EDTA}(V_1-KV_2)\times 10}{m\times 1000}$$

式中，$T_{Fe_2O_3/EDTA}$ 为 EDTA 标准溶液对三氧化二铁的滴定度，mg/mL；V_1 为加入 EDTA 标准溶液的体积，mL；V_2 为滴定时消耗硝酸铋标准溶液的体积，mL；K 为每毫升硝酸铋标准溶液相当于 EDTA 标准溶液的体积，mL；10 为全部试验溶液与分取试验溶液的体积比；m 为试样的质量，g。

2) 三氧化二铝的测定(EDTA-氟化铵置换-铅盐返滴定法)

在上述滴定铁后的溶液中加 15mL 苦杏仁酸溶液(50g/L)[7.4]，然后加入 EDTA 标准溶液(0.015mol/L)[9.2]至过量 10～15mL(对铁、铝而言)。用氨水(1+1)调节 pH 至 4 左右(用 pH 试纸检验)，然后将溶液加热至 70～80℃，再加入 10mL 乙酸-乙酸钠缓冲溶液(pH 6)[4.3]，并加热煮沸 3～5min。取下，冷至室温，加 7～8 滴半二甲酚橙指示剂(5g/L)[5.12]，用乙酸铅标准溶液(0.015mol/L)[9.5]滴定至溶液由黄变为橙红色(不记读数)。然后立即向溶液中加入 10mL 氟化铵溶液(100g/L)[3.29]，并加热煮沸 1～2min。取下，冷却至室温，补加 2～3 滴半二甲酚橙指示剂(5g/L)，再用乙酸铅标准溶液(0.015mol/L)滴定至溶液由黄变为橙红色(记下读数)。

三氧化二铝的质量分数按下式计算：

$$w(Al_2O_3)=\frac{T_{Al_2O_3/EDTA}VK\times 10}{m\times 1000}$$

式中，$T_{Al_2O_3/EDTA}$ 为 EDTA 标准溶液对三氧化二铝的滴定度，mg/mL；V 为用氟化铵溶液置换后滴定时消耗乙酸铅标准溶液的体积，mL；K 为每毫升乙酸铅标准溶液相当于 EDTA 标准溶液的体积，mL；m 为试样的质量，g。

还可移取 25.00mL 试验溶液，加水稀释至 100mL，加入 EDTA 标准溶液[c(EDTA)=0.015mol/L][9.2]至过量 10～15mL(对铁、铝、钛总量而言)，以下同熟料及水泥中苦杏仁酸置换-铜盐返滴定法的分析步骤。注意在三氧化二铝的计算式中，体积部分还应减去滴定铁时实际消耗的 EDTA 标准溶液的体积。

3) 氧化钙及氧化镁的测定

氧化钙及氧化镁的测定中，将三乙醇胺(1+2)[7.1]的用量改为 10mL；氧化镁测定步骤中的酒石酸钾钠(100g/L)[7.2]改为 2mL。

4) 一氧化锰(EDTA 配位滴定法)

吸取 25.00mL 试验溶液放入 400mL 烧杯中，用水稀释至约 200mL。加入 2mL 酒石酸钾钠溶液(100g/L)[7.2]及 10mL 三乙醇胺(1+2)，搅拌，加入 25mL 氨-氯化铵缓冲溶液(pH 10)[4.4]。加 1g 盐酸羟胺，搅拌使其溶解。然后加入适量的酸性铬蓝 K-萘酚绿 B 混合指示剂(1+2.5)[5.15]，用 EDTA 标准溶液[c(EDTA)=0.015mol/L][9.2]滴定至纯蓝色(消耗量为 V_3)。此为钙、镁、锰总量。

一氧化锰的质量分数按下式计算：

$$w(\mathrm{MnO})=\frac{T_{\mathrm{MnO/EDTA}}\ (V_3-V_2)\times 10}{m\times 1000}$$

式中，$T_{\mathrm{MnO/EDTA}}$ 为 EDTA 标准溶液对一氧化锰的滴定度，mg/mL；V_2 为滴定钙、镁合量消耗 EDTA 标准溶液的体积，mL；V_3 为滴定钙、镁、锰总量消耗 EDTA 标准溶液的体积，mL；10 为全部试验溶液与分取试验溶液的体积比；m 为试样的质量，g。

6. *石膏分析*

水泥工业所用石膏常以天然二水石膏为主，工业副产品如磷石膏、氟石膏也可作为缓凝剂使用。天然二水石膏($CaSO_4 \cdot 2H_2O$)的化学成分含量(%)范围如下：

结晶水	17.5～20.9	SiO_2	0.05～1.0	$Fe_2O_3+Al_2O_3$	0.1～1.5	R_2O	微量～1
CaO	32..0～40.0	MgO	0.05～2.0	SO_3	22.0～45.5	LOI	17.7～20.9

天然二水石膏用盐酸处理后的不溶物很少，可直接测定不溶物并作为二氧化硅的含量。天然二水石膏，当温度达 80～90℃时开始失去结晶水；在 107～150℃时很快分解为半水石膏($CaSO_4 \cdot 1/2H_2O$)；温度上升到 200～225℃时，则失去全部结晶水变成无水硫酸钙($CaSO_4$)，即可溶性硬石膏，极易从空气中吸收水分再变为半水石膏；当温度达到 450℃时，则形成不溶性石膏。

1) 附着水分的测定

称取约 1g 试样，准确至 0.0001g，放入已烘干至恒重的称量瓶中，在 55～60℃的烘箱中烘 2h。取出，加盖(不能盖得太紧)，放入干燥器中冷却至室温。将称量瓶取出，盖紧，称量。再放入烘箱中烘 1h，用同样方法冷却、称量，直至恒重。

附着水分的质量分数按下式计算：

$$w(\text{附着水})=\frac{m-m_1}{m}$$

式中，m 为试样的质量，g；m_1 为烘干后试样的质量，g。

2) 结晶水的测定

称取约 1g 试样，准确至 0.0001g，放入已灼烧至恒重的瓷坩埚中，在 350～400℃的高温下灼烧 2h。取出，放入干燥器中冷却至室温，称量。再放入高温炉中，在上述温度下灼烧 30min，取出冷却，称量。如此反复灼烧、冷却、称量，直至恒重。

结晶水的质量分数按下式计算：

$$w(\text{结晶水})=\frac{m-m_1}{m}$$

式中，m 为试样的质量，g；m_1 为灼烧后试样的质量，g。

3) 酸不溶物的测定(酸不溶物＜3%)

称取约 0.5g 试样，准确至 0.0001g，置于 250mL 烧杯中，用水润湿后盖上表面皿。从杯口慢慢加入 40mL 盐酸(1+5)，待反应停止后，用水冲洗表面皿及杯壁并稀释至约 75mL，加热煮沸 3～4min。用慢速滤纸过滤，用热水洗涤至无氯离子为止(用硝酸银溶液检验)，滤液承接于 250mL 容量瓶中，放冷，用水稀释至刻度，摇匀。此溶液供测定三氧化二铁、三氧化二铝、氧化钙、氧化镁使用。

将沉淀和滤纸一并移入已灼烧恒重的瓷坩埚中，灰化，在 950～1000℃下灼烧 20min，取出，放入干燥器中冷却至室温，称量。如此反复灼烧、冷却、称量，直至恒重。

酸不溶物(或二氧化硅)的质量分数按下式计算：

$$w(\text{酸不溶物}) = \frac{m_1}{m}$$

式中，m_1 为灼烧后残渣的质量，g；m 为试样的质量，g。

4) 三氧化二铁、三氧化二铝、氧化钙、氧化镁的测定

三氧化二铁、三氧化二铝、氧化钙、氧化镁的测定同水泥及熟料分析。铁、铝含量较少，可将分析试验溶液的体积改为 50.00mL。

5) 三氧化硫的测定(硫酸钡重量法)

吸取 50.00mL 试验溶液放入 400mL 烧杯中，加入 180～200mL 水及 1～2 滴甲基红指示剂(2g/L)，滴加氨水(1+1)至溶液呈黄色，再加入 10mL 盐酸(1+1)。将溶液加热至沸，在搅拌下滴加 15mL 氯化钡溶液(100g/L)[3.12]，继续加热煮沸 3～5min，然后放在温热处静置 4h(或在室温下放置过夜)。用慢速滤纸过滤，并用温水洗涤至无氯离子为止(用硝酸银溶液检验)。以下同水泥分析。

7. 粒化高炉矿渣分析

粒化高炉矿渣(简称矿渣)是冶金工业的副产品，可作为水泥工业的重要原料。矿渣的化学成分较复杂，主要含有二氧化硅、三氧化二铝、氧化钙、三氧化二铁、氧化亚铁、一氧化锰、氧化镁、二氧化钛、磷酸盐、硫化物等，有时还含有氟化物。一般化学成分含量(%)大致如下：

SiO_2 28～50　Al_2O_3 5～30　$Fe_2O_3(FeO)$ 0.3～1　TiO_2 微量～2

CaO 30～45　MgO 2～15　MnO 普通矿渣 0.3～2；高锰矿渣 2～18

S 微量～1.5%

普通矿渣绝大部分能被酸分解，而锰铁合金粒化高炉矿渣不能完全溶于酸，进行分析时需预先用碱熔融。矿渣的系统分析可采用不分离锰和分离锰后，进行铁、铝、钙、镁等的测定。下面介绍氟硅酸钾系统。

试验溶液的制备：称取约 0.5g 已在 105～110℃烘干的试样，准确至 0.0001g，置于银坩埚中，放在已升温至 700℃的高温炉中灼烧 20min。取出，冷却至室温，加 5g 氢氧化钠，盖上坩埚盖(留有一定缝隙)，在小电炉上加热至氢氧化钠熔化后，置于 650～700℃的高温炉中熔融 20min。取出，放冷后，将坩埚放入盛有 150mL 热水的烧杯中，盖上表面皿，加热。待熔块完全浸出后，取出坩埚，并用少量盐酸(1+5)和热水洗净坩埚及盖。然后一次加入 20mL 盐酸，立即用玻璃棒搅拌，使熔融物完全溶解。加入 1mL 硝酸，加热煮沸 1～2min。将溶液冷却至室温，移入 250mL 容量瓶中，用水稀释至刻度，摇匀。此试验溶液供测定二氧化硅、三氧化二铁、三氧化二铝、二氧化钛、一氧化锰、氧化钙、氧化镁使用。

1) 二氧化硅、三氧化二铁、三氧化二铝、二氧化钛、氧化钙、氧化镁的测定

试样中二氧化硅、三氧化二铁、三氧化二铝、二氧化钛、氧化钙、氧化镁的测定与水泥熟料分析氟硅酸钾系统的操作相同。其中，氧化镁和一氧化锰含量在0.5%以上的操作相同，需要在滴定前加入1g盐酸羟胺；三氧化二铝可采用EDTA直接滴定法；二氧化钛采用二安替比林甲烷光度法。

2) 一氧化锰(过硫酸铵沉淀分离-EDTA配位滴定法)

吸取25.00mL或50.00mL试验溶液放入400mL烧杯中，用水稀释至约150mL，用氨水(1+1)调节溶液pH 2～2.5(用精密pH试纸检验)。加入过硫酸铵和少许纸浆，盖上表面皿，加热煮沸，待沉淀出现后，继续煮沸3min。取下，静置片刻，用慢速滤纸过滤，用热水洗涤沉淀8～10次后，弃去滤液。

将原沉淀用的烧杯置于漏斗下，用热的盐酸-过氧化氢溶液[1.11]将滤纸上的沉淀溶解，并用热水洗涤滤纸8～10次，然后弃去滤纸。

用热的盐酸-过氧化氢溶液冲洗杯壁，再加水稀释至约200mL。加5mL三乙醇胺(1+2)，在搅拌下用氨水(1+1)调节溶液的pH 10后，加入10mL氨-氯化铵缓冲溶液(pH 10)，加0.5g盐酸羟胺，搅拌使其溶解。然后加入适量的酸性铬蓝K-萘酚绿B混合指示剂，用EDTA标准溶液[c(EDTA)=0.015mol/L]滴定至纯蓝色。

一氧化锰的质量分数按下式计算：

$$w(\mathrm{MnO}) = \frac{T_{\mathrm{MnO/EDTA}}Vf}{m \times 1000}$$

式中，$T_{\mathrm{MnO/EDTA}}$为EDTA标准溶液对一氧化锰的滴定度，mg/mL；V为滴定时消耗EDTA标准溶液的体积，mL；f为全部试验溶液与分取试验溶液的体积比；m为试样的质量，g。

8. 水泥生产控制分析

1) 水泥生料的质量控制分析

水泥生料的质量应通过化学分析测得。通常测定硅、铁、铝、钙四种元素的含量，生料的含镁量、入磨物料的水分、粒度及出磨生料的细度。

化学全分析需时较长，滞后于实际生产过程，不便于及时指导生产。在现代化水泥厂中，采用X射线荧光光谱分析仪进行快速分析，主要测定硅、铁、铝、钙四种元素的含量，以便控制生料率值。近年发展起来的流动注射四元素分析仪可在0.5h内获得硅、铁、铝、钙四种元素的含量。但多数水泥企业采用碳酸钙滴定值的测定(或氧化钙的快速测定)和磷酸溶样-重铬酸钾滴定法测定三氧化二铁，仅控制钙和铁两种元素的含量，对生料质量进行控制。

(1) 碳酸钙滴定值的测定。称取约0.5g试样，准确至0.0001g，置于250mL锥形瓶中，用少量水将试样润湿，从滴定管中准确加25.00mL盐酸标准溶液[c(HCl)=0.5mol/L]，用水冲洗瓶口，加入30mL水。将锥形瓶放在小电炉上微热，待溶液沸腾后，继续微沸1min。取下，用水冲洗瓶口及瓶内壁，加5滴酚酞指示剂(10g/L)，用氢氧化钠标准溶液[c(NaOH)=0.25mol/L]滴定至淡红色，30s内不消失为止。

操作注意事项：

(a) 加入酸时应摇荡锥形瓶，以免试样粘在瓶底部，不易被酸分解。

(b) 要在小电炉上加热。使用大功率电炉(如 2000W)时，应在电炉前加接自耦调压变压器，使用低电压(～100V)向电炉供电，以防盐酸受强热从瓶中逸出，造成结果偏高。

(c) 盛装氢氧化钠标准溶液的试剂瓶最好使用聚乙烯塑料下口瓶。在瓶口橡胶塞上穿一个孔，插入装有碱石灰的干燥管，以防空气进入瓶中。因为空气中的二氧化碳与氢氧化钠反应使溶液浓度降低，造成碳酸钙滴定值偏低。

(d) 滴定时应在明亮处，缓慢滴定。

(2) 氧化钙的快速测定。采用盐酸快速溶样方法，用 EDTA 配位滴定法测定可溶于酸的钙化合物的含量。此法在测定成分波动较大的石灰石或以炉渣、电石渣等工业废渣代替石灰石配料时，比碳酸钙滴定值合理。用盐酸溶样时，试样的一部分硅会生成硅酸，因此需使用氟化钾对硅酸进行掩蔽。

称取约 0.1g 生料试样，准确至 0.0001g，置于 400mL 烧杯中，用少量水润湿。加入 10mL 盐酸(1+4)和 3～5mL 氟化钾溶液(20g/L)[3.1]，在电炉上加热使试样充分分解后，再煮沸 1～2min，用水稀释至约 250mL。加入 5mL 三乙醇胺(1+2)及适量 CMP 混合指示剂，在搅拌下加入 200g/L 氢氧化钾溶液至出现荧光后，再过量 7mL。然后用 EDTA 标准溶液[c(EDTA)=0.015mol/L]滴定至绿色荧光消失并呈稳定的红色。

(3) 三氧化二铁的快速测定。

水泥生料中三氧化二铁的测定(铝片还原法)：称取约 0.5g 试样，准确至 0.0001g，置于 300mL 锥形瓶中。用数毫升水冲洗瓶壁，加入数粒固体高锰酸钾(以溶解之后溶液显粉红色为度)及 5mL 磷酸，摇荡锥形瓶，混合均匀。将锥形瓶置于电炉上，在 250～300℃下加热，使试样充分溶解。直至开始冒白烟时，取下锥形瓶，加 20mL 盐酸(1+1)，摇荡片刻，加 0.1～0.2g 金属铝片(或铝丝)，于 60～70℃下还原，铝片(丝)全部溶解后(此时溶液由黄色变为无色)，立即用冷水稀释至约 150mL，加 20mL 硫-磷混酸[1.8]，加 2～3 滴二苯胺磺酸钠指示剂(10g/L)[5.17]，用重铬酸钾基准溶液[$c(1/6K_2Cr_2O_7)$=0.02500mol/L][9.6]滴定至蓝紫色。

铁矿石中三氧化二铁的测定(铝片还原法)：称样量改为 0.1g 试样，铝片(或铝丝)的质量改为 0.2～0.3g，其余步骤同上。

水泥生料中三氧化二铁的测定(二氯化锡-三氯化钛还原法)：按照“铝片还原法”中分解试样的方法，加 20mL 盐酸(1+1)，摇荡片刻后，加热至沸。滴加二氯化锡(50g/L)[3.15]溶液至呈浅黄色，将溶液稀释至 60mL 左右，加 1mL 钨酸钠溶液(100g/L)[3.20]，再加热至 50℃左右，滴加三氯化钛溶液(1.5%)[3.21]至出现蓝色并过量 1 滴。冷却至室温，加水稀释至约 100mL，加 2 滴硫酸铜溶液(4g/L)[3.8]，待蓝色褪尽后再放置 1～2min。加 20mL 硫-磷混酸[1.8]及 2～3 滴二苯胺磺酸钠指示剂(10g/L)[5.17]，用重铬酸钾基准溶液[$c(1/6K_2Cr_2O_7)$=0.02500mol/L][9.6]滴定至蓝紫色。

2) 水泥熟料的质量控制分析

水泥熟料的质量控制项目包括熟料的化学成分、烧失量、游离氧化钙、氧化镁、安定性、物理强度等。

3) 水泥制成的质量控制分析

水泥制成是水泥生产的最后一道工艺，对水泥制成的质量控制是确保出厂水泥符合国家标准的重要环节。

水泥制成的质量控制项目一般有：物料的配比(石膏、混合材的掺入量)、水泥细度、三氧化硫、凝结时间、安定性、强度、烧失量、氧化镁等。生产硅酸盐水泥和普通硅酸盐水泥、矿渣硅酸盐水泥、火山灰质硅酸盐水泥、粉煤灰硅酸盐水泥时，还需要测定碱含量。P.Ⅰ型、P.Ⅱ型硅酸盐水泥要测定不溶物。

7.3 玻璃及其原料主要成分的分析

广义地说，玻璃是呈现玻璃化转变现象的非晶态固体。玻璃化转变现象是指当物质由固体加热或由熔体冷却时，在相当于晶态物质熔点热力学温度的 1/2～2/3 温度附近出现热膨胀、比热容等性能的突变，这一温度称为玻璃化转变温度。狭义地说，玻璃是一种在凝固时基本不结晶的无机熔融物，即通常所说的无机玻璃，最常见的是硅酸盐玻璃。普通硅酸盐玻璃的主要成分为二氧化硅、氧化钙、氧化钠、三氧化二铝、氧化镁、氧化钾、三氧化二铁、三氧化二硼等。几种常见玻璃中的化学成分含量如表 7-2 所示。

表 7-2 几种常见玻璃中的化学成分含量

玻璃类型	化学成分大致含量/%									
	SiO_2	B_2O_3	Al_2O_3	CaO	MgO	Na_2O	K_2O	PbO	As_2O_3	Sb_2O_3
钠钙镁玻璃	69～75	—	0～2.5	5～10	1～4.5	13～15	0～2	—		
钠铝硅酸盐玻璃	5～55	0～7	20～40							
硼硅酸盐玻璃	60～80	10～25	1～4	—	—	2～10	2～10			
低铝玻璃	55～62	—	0～1			10～20	2～10			
高铝玻璃	30～50					5～10	5～10	35～69	0～5	

用于制备玻璃配合料的各种物质统称为玻璃原料。根据其作用和用量的不同，可分为主要原料和辅助原料。主要原料是指向玻璃中引入各种氧化物的原料。常用的有石英岩、硅砂、白云石、方解石、石灰石、菱镁石、长石、蜡石、重晶石及纯碱、芒硝、硼酸、硼砂等化工原料。辅助原料是指使玻璃获得某些必要性质和加速熔制过程的原料，其用量较少，但作用很重要，根据其作用的不同可分为澄清剂、着色剂、氧化剂、还原剂、乳浊剂、脱色剂等。

日常玻璃生产中，主要分析对象有玻璃配合料、主要原料、辅助原料及玻璃成品等。原料一般每进厂一批分析一次，而玻璃配合料的均匀度和玻璃成品的化学成分需每天进行例行分析。本节主要介绍钠钙硅玻璃、玻璃配合料及常用主要原料的分析方法。

7.3.1 分析方法综述

玻璃及其原料的主要测定项目为 SiO_2、Fe_2O_3、Al_2O_3、CaO、MgO、K_2O、Na_2O、

B_2O_3 等。其系统分析方法与水泥及其原料分析大同小异，现简述如下。

1. 二氧化硅的测定

钠钙硅玻璃中 SiO_2 的含量在 70%以上，其他组分的含量相对较少。因此，玻璃中 SiO_2 的测定多采用单独称样，以氟硅酸钾滴定法或一次盐酸脱水重量法-滤液分光光度法进行测定。

用作玻璃原料的硅砂、砂岩，其 SiO_2 含量一般都在 95%以上。SiO_2 的测定可采用氢氟酸挥散法，即氢氟酸重量法，残渣经 $K_2S_2O_7$ 熔融后测定 Fe_2O_3、Al_2O_3、CaO、MgO 等。

其他原料如石灰石、白云石、长石、蜡石等样品中 SiO_2 的测定可采用类似玻璃的分析方法，快速分析多采用碱熔氟硅酸钾滴定法。

2. 三氧化二铁的测定

平板玻璃要求原料中 Fe_2O_3 的含量低，因此玻璃及其原料中 Fe_2O_3 的测定多采用邻二氮菲分光光度法，也可以采用 EDTA 配位滴定法，但标准溶液浓度较低(如 0.005mol/L)。

3. 其他组分的测定

其他组分如 Al_2O_3、CaO、MgO、K_2O、Na_2O 的测定同水泥及其原料的分析，BaO 和 SO_3 的测定均采用硫酸钡重量法(参阅水泥部分)。B_2O_3 的测定采用酸碱滴定法，其方法介绍如下。

硼砂和硼酸是玻璃工业常用的化工原料，主要引入玻璃中的 B_2O_3 和 Na_2O。

1) 硼酸中 B_2O_3 的测定

方法要点：

硼酸(H_3BO_3)是一种极弱酸($K_a = 5.7\times10^{-10}$)，而它的共轭碱是强碱，易解离，因此不能用 NaOH 标准溶液直接滴定。

为此，可选用甘露醇[$CH_2OH(CHOH)_4CH_2OH$]等多元醇与 H_3BO_3 作用，生成一种比 H_3BO_3 本身强得多的酸($K_a\approx10^{-6}$)，从而能用 NaOH 标准溶液准确滴定。反应式如下：

$$H_3BO_3 + 2CH_2OH(CHOH)_4CH_2OH = B\begin{cases} OH \\ OCH_2(CHOH)_4CH_2OH \\ OCH_2(CHOH)_4CH_2OH \end{cases} + H_2O$$

该配合酸可以用酚酞作指示剂，用 NaOH 标准溶液滴定至稳定的红色为终点。

$$B\begin{cases} OH \\ OCH_2(CHOH)_4CH_2OH \\ OCH_2(CHOH)_4CH_2OH \end{cases} + NaOH = B\begin{cases} ONa \\ OCH_2(CHOH)_4CH_2OH \\ OCH_2(CHOH)_4CH_2OH \end{cases} + H_2O$$

条件控制：

(1) 滴定体积。为了防止甘露醇-硼酸配合酸-醇硼酸的水解，滴定体积不宜太大，一般不可超过 100mL。

(2) 甘露醇用量。由于甘露醇与硼酸的反应是可逆反应，故甘露醇必须充分过量，以保证所有的硼酸均能定量转化成配合酸。

(3) 指示剂用量。酚酞指示剂的用量比较多，才能使终点明显。

(4) 温度影响。硼酸在 100℃时失去一分子水生成 HBO_2，在 160℃时生成 $H_2B_4O_7$，在 160℃以上生成 B_2O_3。在处理试样时应予考虑，以免影响结果的准确性。

2) 硼砂的分析

方法要点：

硼砂($Na_2B_4O_7 \cdot 10H_2O$)是硼酸与强碱作用形成的盐，在水溶液中解聚为 H_3BO_3 和 $H_2BO_3^-$。反应式如下：

$$Na_2B_4O_7 + 5H_2O = 2H_3BO_3 + 2NaH_2BO_3$$

硼酸是弱酸，而 $H_2BO_3^-$ 是较强的共轭碱，$K_b = 1.7\times10^{-5}$，可以甲基红为指示剂，用 HCl 标准溶液滴定，计算 Na_2O 的质量分数。反应式如下：

$$H_2BO_3^- + H^+ = H_3BO_3$$

或

$$Na_2B_4O_7 + 2HCl + 5H_2O = 4H_3BO_3 + 2NaCl$$

条件控制：

硼砂烘干时容易失去结晶水，超过 60℃失去 $5H_2O$，160℃失去 $8H_2O$，200℃失去 $10H_2O$，故称量时试样可不经烘干。如果保存在温度高的地方，就可能失去一部分水，使 Na_2O、B_2O_3 高于理论量。硼砂中 Na_2O 的理论量为 16.2%，B_2O_3 的理论量为 36.6%。

硼砂中 B_2O_3 的测定可用测定 Na_2O 后的试验溶液按硼酸中 B_2O_3 的测定步骤进行。

7.3.2 玻璃及其原料系统分析方案

1. 钠钙硅玻璃的分析

玻璃成品的分析项目为 SiO_2、Fe_2O_3、Al_2O_3、CaO、MgO、K_2O、Na_2O 等，而对烧失量、SO_3 等一般不分析。

1) 系统分析方案一

称取一份试样，用氟硅酸钾滴定法单测 SiO_2。

另称取一份试样，用 HF-H_2SO_4 处理除硅，残渣经盐酸分解制备成试验溶液，用配位滴定法测定 Fe_2O_3、Al_2O_3、CaO、MgO，用火焰光度法测定 K_2O、Na_2O。分析流程如图 7-2 所示。

2) 系统分析方案二

称取一份试样，用 HF-H_2SO_4 处理除硅，制成试验溶液测定 K_2O、Na_2O。

另称取一份试样，用盐酸脱水-滤液分光光度法测定 SiO_2，滤液测定 Fe_2O_3、Al_2O_3、CaO、MgO、TiO_2。

2. 玻璃配合料均匀度的测定

玻璃是一种有一定化学组成的均质化材料，在连续生产中，为了达到上述两项要求，除要求对原料计量准确、称量无误外，还必须混合均匀。混合均匀与否是配合料的物理

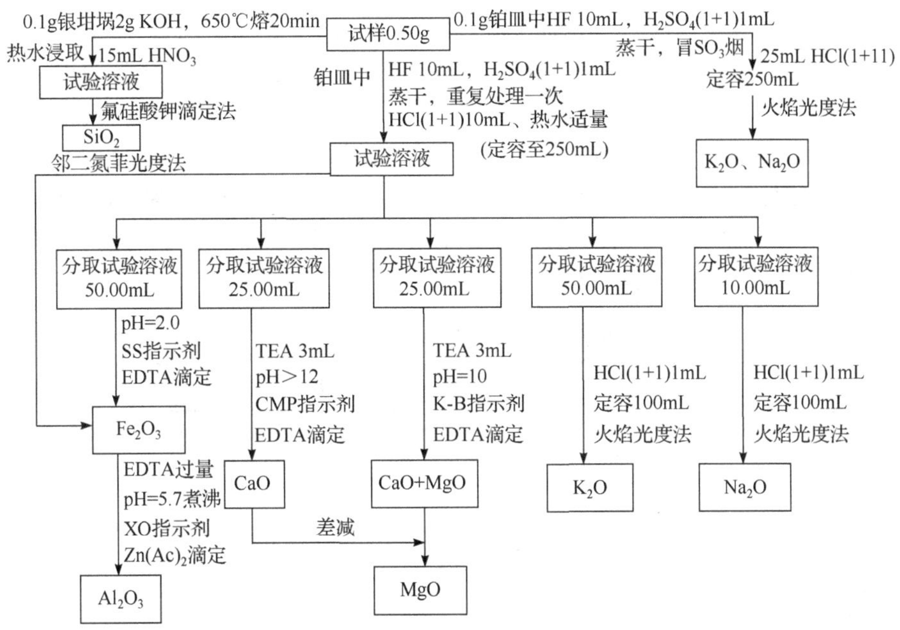

图 7-2 钠钙硅玻璃系统分析流程之一

化学性能能否均匀一致的前提。混合好的配合料各部分的组成相同。衡量配合料质量的主要指标是均匀度。均匀度通常是指配合料中各种原料的含量与理论配比的差值，差值越大，则均匀度越差。一般平板玻璃配合料应符合以下标准：

酸不溶物(硅砂+砂岩+长石)	±1.0%
碳酸钙+碳酸镁	+0.5%
含碱量	+0.7%～1.0%

配合料的测定项目有：水不溶和酸不溶物、纯碱(Na_2CO_3)、碳酸钙(镁)、芒硝。完成上述分析需两份试样：称取一份 1.5g 左右试样，测定水不溶和酸不溶物；另称取一份 2g 试样，分别测定其他成分。

其中，纯碱中 Na_2CO_3 的测定可用 HCl 标准溶液滴定；碳酸钙(镁)的测定用 EDTA 配位滴定法测定 CaO、MgO，换算成 $CaCO_3$、$MgCO_3$ 的平均含量；芒硝的测定采用 $BaSO_4$-EDTA 配位滴定法。在酸性溶液中加入一定量过量的钡镁混合溶液，使 SO_4^{2-} 以 $BaSO_4$ 沉淀析出。调节 pH =10，以铬黑 T 或 K-B 作指示剂，用 EDTA 滴定过量的 Ba^{2+}、Mg^{2+}、Ca^{2+}。另取一份同样量的钡镁混合溶液，在同样条件下测定空白，利用差减法计算出 Na_2SO_4 的含量。水不溶物和酸不溶物分别用水和酸煮沸溶解，剩余不溶物烘干并灼烧后称量，从而确定其含量。

7.4 陶瓷及其原料主要成分的分析

陶瓷是人类生活和生产中不可缺少的一种材料。传统概念的陶瓷是指所有以黏土为主要原料，并与其他矿物原料经过破碎、混合、成型、烧成等过程而制得的制品，即常见的日用陶瓷、建筑卫生陶瓷等普通陶瓷。随着社会的发展，出现了一类性能特殊，在电子、航空、航天、生物医学等领域有广泛用途的特种陶瓷。因此，陶瓷通常是普通陶瓷和特种陶瓷的总称。由于各国生产陶瓷的历史及习惯不同，陶瓷至今还没有一致公认的分类。通常普通陶瓷可分为日用陶瓷、建筑卫生陶瓷、电瓷和化工陶瓷等。按照我国颁布实施的国家标准《日用陶瓷分类》(GB/T 5001—2018)，根据胎体特征将日用陶瓷分为陶器和瓷器。陶器分为粗陶器、普陶器和细陶器，瓷器分为炻瓷器、普瓷器和细瓷器。常见陶瓷的化学成分含量如表 7-3 所示。

表 7-3 常见陶瓷的化学成分含量

陶瓷类型	坯体化学成分大致含量/%								
	SiO_2	Al_2O_3	CaO	MgO	Na_2O	K_2O	Fe_2O_3	TiO_2	LOI
日用陶瓷(长石质瓷等)	65～75	20～28	R_2O+RO 4～6，R_2O ≥2.5						
卫生陶瓷	64～70	21～25	0.5～0.6	1～1.3	R_2O 2.5～3.0				
建筑陶瓷(锦砖)	67	21.2	0.36	0.16	1.35	5.92	0.28		2.4
电瓷(高铝质)	39～56	40～56	CaO + MgO <1.5		R_2O 3.5～4.7		<1.0	<0.8	

陶瓷制品最基本的原料是石英、长石、黏土三大类硅酸盐矿物。这三类原料提供了陶瓷坯体的基本组分，在陶瓷生产中大量使用。同时也使用一部分碱土金属的硅酸盐、硫酸盐和其他矿物原料，如石灰石、方解石、白云石、萤石、石膏等。这些原料适当引入坯釉中，能够降低陶瓷制品的烧成温度，起助熔作用，多用于釉中。

陶瓷原料的主要化学成分为：二氧化硅、三氧化二铝、氧化钙、氧化镁、三氧化二铁、氧化钾、氧化钠、氟化钙、三氧化硫等。

精美的陶瓷制品离不开各种颜色的釉料。因此，各种颜色中熔块釉、艺术釉及配制这些釉料所用原料的化学成分分析、质量控制也成为陶瓷制品生产中不可缺少的常规分析项目。各种颜色釉的分析既有与铝硅酸盐相同之处，又有不同之处。不仅要分析铝硅酸盐中的项目，如硅、铁、铝、钙、镁、钾、钠，而且因其所用的着色元素不同，故必增加相应的分析项目，如锌、钴、铅、钡、铬、锡、钒、锆、磷、锰等。由于釉类的名目繁多、成分复杂，在此不作介绍，仅对陶瓷生产中常用原料、坯体的常规分析方法进行简单介绍。

7.4.1 分析方法综述

陶瓷制品及其原料多为硅酸盐、铝硅酸盐矿物或岩石，不能被酸直接分解。因此，陶瓷原料的分析多采用碱熔融法分解试样，以铂坩埚作熔器，用碳酸钠或碳酸钠-硼砂混合熔剂熔融，或以银坩埚作熔器，用氢氧化钠熔融。

主要的测定项目为 SiO_2、Fe_2O_3、Al_2O_3、CaO、MgO、TiO_2、MnO、ZrO_2、BaO、ZnO、B_2O_3、烧失量等。

陶瓷坯料、长石、高岭土、熔块釉及制品中 SiO_2、Fe_2O_3、Al_2O_3、CaO、MgO、TiO_2、

MnO 的测定与水泥及其原料的分析方法基本相同。现就不同之处叙述如下。

1. 三氧化二铝的测定

三氧化二铝的测定多采用铜铁试剂-三氯甲烷萃取分离、EDTA 配位滴定法或氟化物取代 EDTA 配位滴定法。EDTA 配位滴定法测定原理如下：在 pH = 5～6 的溶液中，用锌盐或铅盐标准溶液返滴定测定 Al^{3+}时，共存的 Fe^{3+}、TiO^{2+}干扰，为了除去 Fe^{3+}、TiO^{2+}的干扰，可在浓度不低于 2mol/L 的盐酸溶液中，利用铜铁试剂(*N*-亚硝基苯胲铵)与铁、钛生成沉淀并溶于有机溶剂，可萃取分离除去。

$$4C_6H_5N(NO)ONH_4 + Ti^{4+} = Ti[C_6H_5N(NO)O]_4 + 4NH_4^+$$

$$3C_6H_5N(NO)ONH_4 + Fe^{3+} = Fe[C_6H_5N(NO)O]_3 + 3NH_4^+$$

加入三氯甲烷振荡萃取使其与铝分离，然后加入过量 EDTA，加热煮沸，使 Al^{3+}充分配位。

$$Al^{3+} + H_2Y^{2-} = AlY^- + 2H^+$$

用锌盐溶液返滴定剩余的 EDTA，终点时

$$\underset{\text{黄色}}{Zn^{2+} + XO} = \underset{\text{红色}}{Zn\text{-}XO}$$

根据实际消耗 EDTA 的体积，计算三氧化二铝的含量。

氟化物取代 EDTA 配位滴定法参阅 7.2.6 小节。

2. 氧化铝、氧化锌的测定

熔块釉、含锌陶瓷中 Al^{3+}、Zn^{2+}的测定可在 pH 5～6 的条件下，用硝酸铅标准溶液返滴定。铁、钛的干扰可先用铜铁试剂-三氯甲烷萃取分离，调节 pH=5.7，煮沸使 Al^{3+}、Zn^{2+}配位完全。其后原理类同于铝的氟化物置换滴定法。

7.4.2 分析流程示例

例如，陶瓷坯料、黏土、长石、滑石、铝矾土的分析。这类材料的主要组分是 SiO_2 (20%～70%)、Al_2O_3 (20%～70%)、Na_2O、K_2O。此外，还有少量的 CaO、MgO、Fe_2O_3 及 TiO_2。

1. 分析方案一

称取一份试料，用 HF-H_2SO_4 处理除硅，用氨水、碳酸铵沉淀铁、铝、钙、镁，一并除去，制备成试验溶液，用火焰光度法测 K_2O、Na_2O。

另称取一份试料，用 NaOH 熔融氟硅酸钾系统测定 SiO_2、Fe_2O_3、Al_2O_3、CaO、MgO、TiO_2。系统分析流程如图 7-3 所示。

2. 分析方案二

称取一份试样 0.1g，用氟硅酸钾滴定法单测 SiO_2。

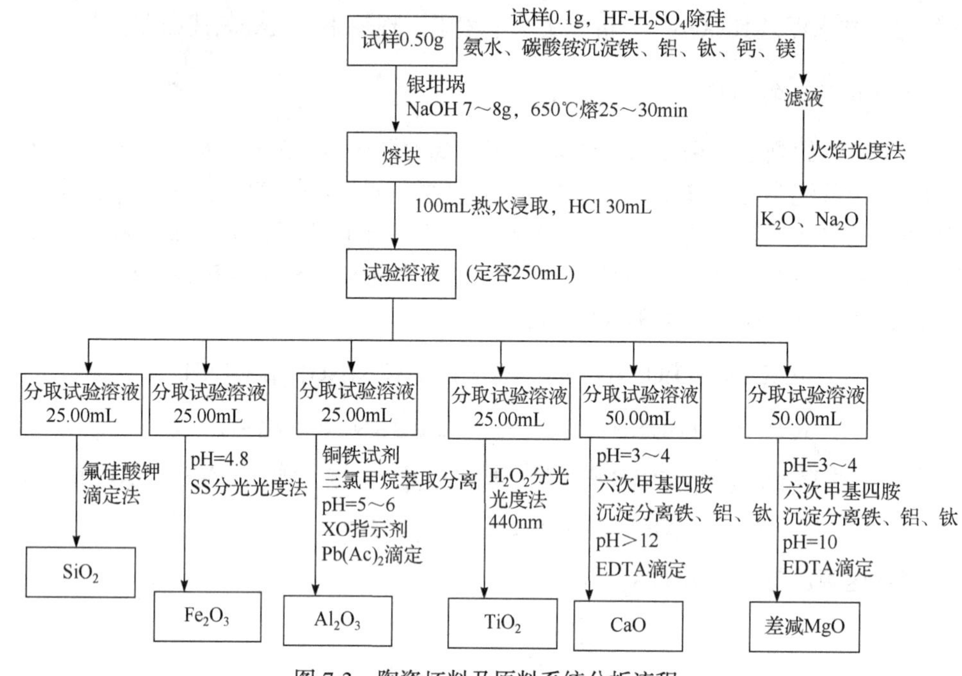

图 7-3 陶瓷坯料及原料系统分析流程

另称取一份试样 0.1g，同分析方案一处理后测定 Na_2O、K_2O。

另称取一份试样 0.5g，经 Na_2CO_3-$Na_2B_4O_7$ 熔融，或经 HF-H_2SO_4 处理、$K_2S_2O_7$ 熔融，制备成试验溶液，测定 Fe_2O_3、Al_2O_3、CaO、MgO、TiO_2 同水泥熟料的系统分析。

7.5 耐火材料及其原料主要成分的分析

耐火材料是指耐火度不低于 1580℃并能在高温下经受结构应力和各种物理、化学、机械作用的无机非金属材料。它是为高温技术服务的基础材料，可用作高温窑、炉等热工设备的结构材料及工业用高温容器和部件的材料。大部分耐火材料是以天然矿石(如耐火黏土、硅石、菱镁矿、白云石等)为原料制造的，采用某些工业原料和人工合成原料(如工业氧化铝、碳化硅、合成莫来石、合成尖晶石等)也日益增多。

耐火材料的种类很多，按矿物组成可分为氧化硅质、硅酸铝质、镁质、白云石质、橄榄石质、尖晶石质、含碳质、含锆质耐火材料和特殊耐火材料；按制造方法可分为天然矿石和人造制品；按材料形态可分为块状制品和不定形耐火材料；按热处理方式可分为不烧制品、烧成制品和熔铸制品；按耐火度可分为普通、高级和特级耐火制品；按化学成分可分为酸性、中性和碱性耐火材料；按密度可分为轻质和重质耐火材料；按制品的形状和尺寸可分为标准砖、异形砖、特异形砖、管和耐火器等；按应用可分为高炉用、水泥窑用、玻璃窑用、陶瓷窑用耐火材料等。其中，按材料的化学矿物组成分类是一种常用的分类方法。

1. 酸性耐火材料

酸性耐火材料包括硅质、半硅质、黏土质耐火材料，它们都含有相当数量的游离 SiO_2。例如，硅砖的主要成分是 SiO_2，含量在 93%以上，属强酸性耐火材料。黏土质耐火材料中 SiO_2 的含量相对较低，为 40%～50%，Al_2O_3 的含量较高，为 30%～46%(我国 30%～48%)，属弱酸性耐火材料。半硅质耐火材料含 Al_2O_3 15%～30%，SiO_2＞65%，居于中间属半酸性耐火材料。

酸性耐火材料的主要原料有硅石、石英砂、硬质黏土、软质黏土、耐火黏土、高岭土、蜡石等。

2. 中性耐火材料

中性耐火材料主要有高铝质耐火材料，Al_2O_3 含量＞45%，属偏酸性趋于中性的耐火材料；铬质耐火材料，如铬砖、铬镁砖、镁铬砖，属偏碱性趋于中性的耐火材料。

中性耐火材料的主要原料有高铝矾土、夕线石、工业氧化铝、天然和人造刚玉、铬铁矿、镁砂等。

3. 碱性耐火材料

碱性耐火材料包括以 MgO 为主要成分的镁质耐火材料(MgO 含量在 85%以上)和以 MgO、CaO 为主要成分的白云石质耐火材料。前者的主要原料是菱镁矿，其次是水镁石、海水镁砂和白云石等；后者的主要原料是白云石。

耐火材料的化学成分分析通常按照化学组成的特点，分别提出相应的分析方法，如硅质耐火材料的分析方法、高铝质耐火材料的分析方法、黏土质耐火材料的分析方法，白云石质耐火材料、锆刚玉耐火材料、镁质耐火材料、镁铬质耐火材料、含碳耐火材料和铝碳质耐火材料的分析方法等。主要的测定项目有：烧失量、SiO_2、Al_2O_3、Fe_2O_3、TiO_2、CaO、MgO、K_2O、Na_2O 等。有时根据材料或制品的特性要求测定 MnO、Cr_2O_3、ZrO_2、P_2O_5、FeO、ZnO、B_2O_3、PbO 等项目。

7.5.1 分析方法综述

耐火材料及其原料的分析包括烧失量、各种氧化物的含量及主成分的含量。根据化学成分分析数据，按所含成分的种类和数量，可以判断制品和原料的纯度及制品的化学性能，也可作为选取原料、检查和调整工艺过程的依据。

1. 二氧化硅的测定

耐火材料及其原料中 SiO_2 的含量一般比较高，通常采用一次盐酸脱水重量法-滤液分光光度法及氟硅酸钾滴定法单独测定。对于 SiO_2 含量＞95%的硅质耐火材料及其原料，还可以采用氢氟酸-硫酸挥散法，即氢氟酸重量法。同玻璃及其原料中 SiO_2 的分析。

2. 三氧化二铁的测定

耐火材料及其原料中三氧化二铁的测定既可采用磺基水杨酸或邻二氮菲分光光度法，也可采用快速 EDTA 配位滴定法。

3. 三氧化二铝的测定

耐火材料及其原料中三氧化二铝的测定常采用铬天青光度法、EDTA 配位连续滴定铁、铝或铜铁试剂-三氯甲烷萃取分离后的 EDTA 配位滴定法、氟化铵置换法等。对于黏土、高铝、半硅质耐火材料中三氧化二铝的测定，还可采用强碱分离-EDTA 配位滴定法。方法原理如下：在 50～80g/L 氢氧化钠溶液中，铝以铝酸钠状态进入溶液中，铁、钛则生成相应的氢氧化物沉淀，可过滤除去。

$$Al^{3+} + 3OH^- = Al(OH)_3 \downarrow$$

$$Al(OH)_3 + NaOH = NaAlO_2 + 2H_2O$$

$$Ti^{4+} + 4OH^- = Ti(OH)_4 \downarrow$$

$$Fe^{3+} + 3OH^- = Fe(OH)_3 \downarrow$$

在滤液及洗液中加入过量 EDTA，使铝形成 AlY^-配合物，过量的 EDTA 以 PAN 作指示剂，用 $CuSO_4$ 标准溶液返滴定，根据消耗 EDTA 的体积，求得 Al_2O_3 的含量。

强碱分离铁、钛时应注意控制碱度，若操作不当，会造成铁、钛穿漏现象；还应注意洗液(NaCl-NaOH 溶液)温度不应太高，必要时采用慢速滤纸过滤。

在滤液中加入 EDTA 后，用盐酸中和时，若发现试验溶液浑浊，则表明 EDTA 加入量不足，此时应再加盐酸，使溶液澄清，然后补加 EDTA，重新调节 pH 并进行测定。

4. 氧化钙、氧化镁的测定

耐火材料及其原料中氧化钙、氧化镁的快速测定多采用 EDTA 配位滴定法。二者含量较低的试样多采用原子吸收分光光度法。

应注意，镁质耐火材料中氧化钙的含量较低，而氧化镁的含量较高，一般高达 80%～90%。白云石质耐火材料中氧化钙的含量高，但氧化镁的含量也高。当 pH≥12 时，大量存在的镁离子生成氢氧化镁沉淀，严重吸附指示剂和钙离子，直接影响钙的滴定结果，且终点不明显。测定高镁低钙试样中的钙时，消除氢氧化镁的吸附影响是测定方法的关键。资料介绍，可采取以下措施消除镁的干扰：

(1) 采用选择性强的配位剂，如采用 EGTA 测定镁质耐火材料中的氧化钙。

(2) 测定氧化钙时，在加氢氧化钠(或氢氧化钾)前先加入蔗糖、糊精、明胶等物质，消除氢氧化镁对滴定钙的影响。

(3) 增大滴定溶液的体积，减少氢氧化镁对钙离子的吸附作用。

5. 氧化钾、氧化钠的测定

耐火材料制品中的 K_2O、Na_2O 含量较低，一般情况下不测定，只在有特殊要求时测定。通常采用原子吸收分光光度法及火焰光度法测定。参见玻璃及其原料中钾、钠的分析。

7.5.2 分析流程示例

1. 硅酸铝质耐火材料的分析

硅酸铝质耐火材料可分为半硅质、黏土质和高铝质耐火材料三类。此类制品的主要成分是 SiO_2、Al_2O_3，还有少量起熔剂作用的杂质成分 TiO_2、Fe_2O_3、TiO_2、CaO、R_2O 等。半硅质耐火材料 Al_2O_3 含量 15%～30%；黏土质耐火材料 Al_2O_3 含量 30%～46%(我国 30%～48%)；高铝质耐火材料 Al_2O_3 含量＞46%(我国＞48%)，其中 Al_2O_3 含量＞90% 的称为刚玉耐火材料。主要分析项目为 SiO_2、Al_2O_3、Fe_2O_3、TiO_2、CaO、MgO、K_2O、Na_2O 等，烧失量是生料的必测项目。

在国家标准《铝硅系耐火材料化学分析方法》(GB/T 6900—2016)中，二氧化硅的测定采用钼蓝光度法；三氧化二铁的测定采用邻二氮菲光度法；三氧化二铝的测定采用 EDTA 滴定法；二氧化钛的测定采用过氧化氢光度法；氧化钙的测定采用 EDTA 滴定法和原子吸收光谱法；氧化镁的测定采用二甲苯胺蓝Ⅰ-溴化十六烷基三甲铵光度法和原子吸收光谱法；氧化钾、氧化钠的测定均采用原子吸收光谱法；一氧化锰的测定采用原子吸收光谱法；五氧化二磷的测定采用钼蓝分光光度法；烧失量的测定采用重量法。具体方法见国家标准。

由于此类制品的主要成分及含量与陶瓷坯料、长石、铝矾土类似，故可参照其系统分析方法进行。另外，这些耐火材料的原料，如耐火黏土、高岭土、蜡石、长石等样品的化学成分分析也可以参照此流程进行。

2. 硅质耐火材料及其原料的分析

硅质耐火材料是典型的酸性耐火材料，主要原料是石英岩，主要成分是 SiO_2，含量＞98%，常含有微量的 Al_2O_3、Fe_2O_3、TiO_2、CaO、MgO 等杂质。硅质耐火材料的制品有硅砖、不定形硅质耐火材料和石英玻璃制品，其 SiO_2 的含量一般＞92%。此类材料的测定项目是 SiO_2、Al_2O_3、Fe_2O_3、TiO_2、CaO、MgO、K_2O、Na_2O、P_2O_5、烧失量。

在国家标准《硅质耐火材料化学分析方法》(GB/T 6901—2017)中，二氧化硅的测定采用氢氟酸重量法(SiO_2 含量为 94%～99%)和重量-钼蓝光度法(SiO_2 含量≤96%)；三氧化二铁的测定采用邻二氮菲光度法；三氧化二铝的测定采用铬天青 S 光度法和 EDTA 滴定法；二氧化钛的测定采用二安替比林甲烷光度法；氧化钙、氧化镁、氧化钾、氧化钠的测定均采用原子吸收光谱法；五氧化二磷的测定采用钼蓝光度法；烧失量的测定采用重量法。具体方法见国家标准。

这类样品的系统分析方法可参阅钠钙硅玻璃系统分析方案。

3. 白云石、菱镁矿、镁砂、镁砖的分析

这类原料及制品的特点是镁含量较高，如白云石的主要成分为 $CaCO_3$、$MgCO_3$；菱

镁矿的主要成分为 $MgCO_3$；镁砂、镁砖的主要成分为 MgO。此外，还有少量杂质 SiO_2、Al_2O_3、Fe_2O_3 等。白云石是白云石质耐火材料的主要原料，菱镁矿、镁砂是镁质耐火材料的主要原料。一般分析项目为 SiO_2、Al_2O_3、Fe_2O_3、TiO_2、CaO、MgO 及烧失量等。系统分析方法可参阅水泥及熟料的系统分析方法。

在国家标准《镁铝系耐火材料化学分析方法》(GB/T 5069—2024)中，二氧化硅的测定采用钼蓝光度法(SiO_2 含量≤5%)和凝聚重量-钼蓝光度法(SiO_2 含量＞5%)；三氧化二铁的测定采用邻二氮菲光度法；三氧化二铝的测定采用铬天青 S 光度法(Al_2O_3 含量≤2%)和氟盐置换 EDTA 配位滴定法(Al_2O_3 含量≥2%)；二氧化钛的测定采用二安替比林甲烷光度法；氧化钙的测定采用 EGTA 配位滴定法(CaO 含量≥1%)；氧化镁的测定采用 CyDTA 配位滴定法(MgO 含量≤98%)；一氧化锰、氧化钾、氧化钠的测定均采用原子吸收光谱法；烧失量的测定采用重量法。分析流程如图 7-4 所示。具体方法见国家标准。

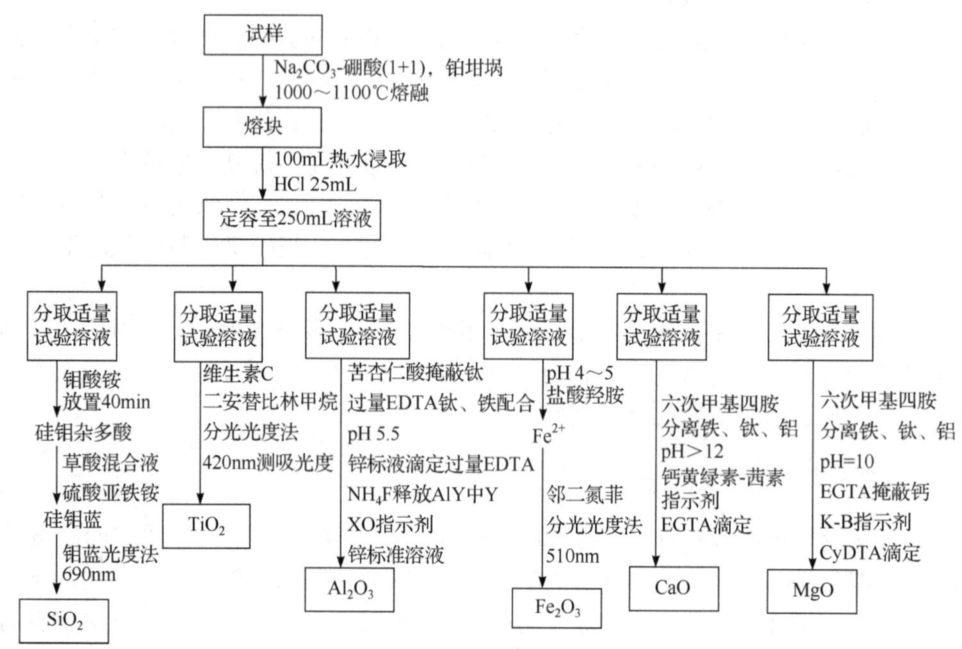

图 7-4 镁质耐火材料系统分析流程

扫一扫 知识拓展 硅酸盐材料的科技发展

习 题

1. 什么是硅酸盐工业分析？其任务和作用是什么？
2. 通过查阅有关资料，对硅酸盐样品中二氧化硅的测定方法进行综述，并简述其基本原理。
3. 测定水泥及其原料，用滴定法测定三氧化二铁、三氧化二铝、一氧化锰的常用方法有几种？原理是什么？

4. 氧化镁的测定常采用什么方法？对于高镁样品中钙的测定，应注意什么问题？

5. 欲测定水泥熟料、生料、铁矿石、石灰石、黏土、石膏、矿渣等样品中的 SiO_2、Fe_2O_3、Al_2O_3、CaO、MgO、K_2O、Na_2O。试根据所学知识，画出其系统分析流程简图。

6. 硅砂、砂岩是生产玻璃的主要原料，其主要成分是 SiO_2，杂质为 Fe_2O_3、Al_2O_3、CaO、MgO、K_2O、Na_2O。试设计其系统分析方法(可以用流程简图表示)。

7. 什么是烧失量？其数值大小与什么因素有关？如何才能得到较为准确的结果？

8. 试述碘量法测定硫酸盐和硫化物中硫的基本原理。硫酸钡重量法测定水泥中 SO_3 含量的测定原理及条件是什么？

9. 试述氟硅酸钾测定硅的主要条件。

10. 硅酸盐样品中硅的测定方法有几种？在什么情况下选择什么方法比较合适？

11. 什么是陈化？$BaSO_4$ 沉淀和 $SiO_2 \cdot nH_2O$ 沉淀是否都需要进行陈化？为什么？

12. 查阅相关资料，设计钠钙硅玻璃样品、陶瓷配料及原料样品、各类耐火材料样品的系统分析方案流程。

13. 根据 $SnCl_2$-$TiCl_3$ 联合还原、$K_2Cr_2O_7$ 滴定测定黑生料中 Fe_2O_3 的测定原理，写出用铝丝、$TiCl_3$ 还原-$K_2Cr_2O_7$ 滴定测定黑生料中 Fe_2O_3 的主要反应式。

14. 用 $K_2Cr_2O_7$ 法测定铁矿石中全铁：

(1) 在用 $K_2Cr_2O_7$ 标准溶液滴定前，为什么要加 H_3PO_4？加 H_3PO_4 后，为什么要立即滴定？

(2) 在无汞测铁法中，为什么要用 $SnCl_2$ 和 $TiCl_3$ 联合还原 Fe^{3+}？可否单独使用其中一种？为什么？

15. 用 1/6$K_2Cr_2O_7$ 标准溶液滴定 0.4000g 褐铁矿，欲使滴定中消耗 $K_2Cr_2O_7$ 标准溶液的体积(以 mL 为单位)与试样中 Fe_2O_3 的质量分数相等，求 $K_2Cr_2O_7$ 标准溶液对铁的滴定度。

16. 用 $K_2Cr_2O_7$ 法测定褐铁矿样品时，若用 $K_2Cr_2O_7$ 对铁的滴定度为 0.01676g/mL 的 $K_2Cr_2O_7$ 标准溶液，为使 Fe_2O_3 的质量分数正好是滴定管读数的 5 倍，需称取试样多少克？

17. 用 PAN 指示剂铜盐返滴定法测定铝含量时，在滴定 Fe^{3+} 后的溶液中加入过量的 EDTA 标准溶液后，先加热至 70～80℃，再调节溶液的 pH，试说明选择这种方法调节 pH 的理由。

18. 在水泥生料 0.4779g 试样中加入 20.00mL 0.5000mol/L HCl 标准溶液，过量的酸需要用 7.38mL NaOH 标准溶液返滴定，已知 1mL NaOH 相当于 0.6140mL HCl 溶液。试求生料中以碳酸钙表示的滴定值。

19. 称取硅酸盐试样 0.1000g，经熔融分解，沉淀出 K_2SiF_6，过滤洗净，水解产生的 HF 用 0.1124mol/L NaOH 标准溶液滴定，以酚酞为指示剂，消耗 NaOH 标准溶液 28.54mL。计算试样中 SiO_2 的质量分数。

20. 称取基准 $CaCO_3$ 0.1005g，溶解后转入 100mL 容量瓶中定容。吸取 25.00mL，于 pH＞12 时，以钙指示剂指示终点，用 EDTA 标准溶液滴定用去 20.90mL。试计算：

(1) EDTA 标准溶液的浓度。

(2) EDTA 标准溶液对 Fe_2O_3、Al_2O_3、CaO、MgO 的滴定度。

21. 称取石灰石试样 0.2503g，用盐酸分解，将溶液转入 100mL 容量瓶中定容。移取 25.00mL 试验溶液，调节溶液 pH=12，加入 K-B 指示剂，用 0.02500mol/L EDTA 标准溶液滴定，消耗 24.00mL。计算试样中的含钙量，结果分别以 CaO 和 $CaCO_3$ 形式表示。

22. 称取白云石试样 0.5000g，用酸分解后转入 250mL 容量瓶中定容。移取 25.00mL 试验溶液，加入掩蔽剂掩蔽干扰离子，调节溶液 pH=10，加入 K-B 指示剂，用 0.02010mol/L EDTA 标准溶液滴定，消耗 24.10mL；另取一份 25.00mL 试验溶液，加掩蔽剂后在 pH＞12 时，加入 CMP 混合指示剂，用同浓度的 EDTA 标准溶液滴定，消耗 16.50mL。试计算试样中 $CaCO_3$ 和 $MgCO_3$ 的质量分数。

23. 称取 0.5000g 黏土试样，用碱熔融后分离除去 SiO_2，将滤液转入 250mL 容量瓶中定容。移取 100.0mL 试验溶液，在 pH 2.0 的热溶液中加入磺基水杨酸钠指示剂，用 0.02000mol/L EDTA 标准溶液滴定 Fe^{3+}，用去 7.20mL。滴完 Fe^{3+}后的溶液在 pH=3 时加入过量的 EDTA 标准溶液，煮沸后调至 pH=4.0，加入 PAN 指示剂，用硫酸铜标准溶液(含纯 $CuSO_4 \cdot 5H_2O$ 5.000g/L)滴定至紫红色终点。再加入 NH_4F，煮沸后又用硫酸铜标准溶液滴定，用去 25.20mL。试计算黏土试样中 Fe_2O_3 和 Al_2O_3 的质量分数。

24. 采用配位滴定法分析水泥熟料中铁、铝、钙、镁含量时，称取 0.5000g 试样，碱熔后分离除去 SiO_2，滤液收集于 250mL 容量瓶中定容。以下均用同一浓度的 EDTA 标准溶液滴定。

(1) 移取 25.00mL 试验溶液，加入磺基水杨酸钠指示剂，用快速法调节溶液至 pH 2.0，用 $T_{CaO/EDTA}$= 0.5608mg/mL 的 EDTA 标准溶液滴定至由紫红色变为亮黄色，消耗 3.30mL。

(2) 在上述滴完铁后的溶液中加入 15.00mL EDTA 标准溶液，加热至 70～80℃，加入 pH 4.3 的 HAc-NaAc 缓冲溶液，加热煮沸 1～2min，稍冷后加入 PAN 指示剂，用 0.01000mol/L 硫酸铜标准溶液滴定过量的 EDTA 标准溶液至亮紫色，消耗 9.80mL。

(3) 用二安替比林甲烷分光光度法测得熟料试样中 TiO_2 含量为 0.29%。

(4) 移取 10.00mL 试验溶液，加入三乙醇胺掩蔽铁、铝、钛，然后用 200g/L KOH 溶液调节溶液 pH＞13，加入 CMP 混合指示剂，用 EDTA 标准溶液滴定至黄绿色荧光消失呈稳定的橘红色，消耗 22.94mL。

(5) 同样移取 10.00mL 试验溶液，用联合掩蔽剂掩蔽铁、铝、钛后，加入 pH 10 的氨性缓冲溶液，加入 K-B 指示剂，用 EDTA 标准溶液滴定至纯蓝色，消耗 23.54mL。

试计算水泥熟料试样中 Fe_2O_3、Al_2O_3、CaO、MgO 的质量分数。

第 8 章 钢 铁 分 析

8.1 概　述

钢铁是铁和碳的合金，其化学成分中大多数是铁，还含有碳、硅、锰、磷、硫等元素。它是应用最广泛的一类金属材料，在国民经济中起着极其重要的作用。

钢铁分析是对钢铁生产中的各种原料、生产过程的半成品、成品中有关成分的测定。钢铁分析的对象多种多样，采用的分析方法也随试样的不同而有所变化。随着钢铁工业的不断发展，分析对象和要求不断扩大和提高。

为了掌握钢铁分析的主要内容，首先应了解钢铁材料的分类、钢铁中各种元素存在的形式及其对钢铁品质的影响。这不仅有助于把握分析对象、明确检测目的，而且有助于选择适宜分解试样的试剂和手段、确保试样分解完全以及选择具体的测定方法等。

8.1.1 钢铁的分类

钢与生铁因含碳量不同，性质也有明显差异。钢是指含碳量低于 2%，由铁、碳等元素组成的形变合金。除碳、硅、锰、磷、硫五大元素外，为了使钢具有某些特殊性能，常加入铬、镍、铝、钨、铜、铌、钒等元素；同时，锰和硅的含量也较高。生铁是含碳量高于 2%的铁碳合金，其他元素的含量也与钢有所不同。常用的钢铁材料有钢、生铁、铁合金、铸铁及各种合金。

1. 生铁的分类

铁矿石、焦炭、石灰石按一定比例混合，经高温煅烧，则铁矿石被焦炭还原，生成粗制的铁，称为生铁。其反应历程较为复杂，可表示如下：

$$2Fe_2O_3 + 3C = 4Fe + 3CO_2$$

$$CaCO_3 + SiO_2 = CaSiO_3 + CO_2$$

铁矿石主要是含有以硅酸盐形式存在的其他金属或非金属杂质的氧化铁，金属冶炼大部分杂质生成炉渣分离出去，而少量的杂质(碳、硅、锰、磷、硫等)残留在生铁中。生铁一般含碳 2.5%～4%、硅 0.5%～3%、锰 0.5%～6%及少量的硫和磷。

根据碳的存在形式不同，生铁可分为白口铁和灰口铁。当碳以化合形式存在时，生铁剖面呈暗白色，称为白口铁，其性能硬且脆，难以加工，主要用于炼钢，也称炼钢生铁；当碳以游离态的石墨碳形式存在时，生铁剖面带灰色，称为灰口铁，其硬度低、流动性大，便于加工，主要用于铸造，也称铸造生铁。

2. 铁合金的分类

铁合金是含有炼钢时所需的各种合金元素的特种生铁，用作炼钢时的脱氧剂或合金元素添加剂。铁合金主要按所含的合金元素分类，如硅铁、锰铁、铬铁、铝铁、钨铁、铌铁、钛铁，以及硅锰合金、稀土合金等。用量最大的是硅铁、锰铁和铬铁。

3. 铸铁的分类

铸铁也是一种含碳量高于2%的铁碳合金，是用铸造生铁作原料经重熔调配成分再浇注而成的机件，一般称为铸铁件。

铸铁的分类方法较多，按断口颜色不同，可分为灰口铸铁、白口铸铁和麻口铸铁三类；按化学成分不同，可分为普通铸铁和合金铸铁两种；按组织、性能不同，可分为普通灰口铁、孕育铸铁、可锻铸铁、球墨铸铁、蠕墨铸铁，以及具有耐热、耐蚀、耐磨等特殊性能的铸铁。

4. 钢的分类

将白口铁进一步熔化、冶炼，使杂质进一步氧化除去，含碳量降低至0.05%～1.7%，硅、锰、硫、磷含量达到规定的要求，所得到的产品即为钢。钢的种类很多，其性质差别也大，通常有以下几种分类方法。

1) 按冶炼方法分类

(1) 按炉别分：转炉钢、电炉钢、平炉钢。大量生产的碳素钢和普通低合金钢大多是转炉钢和平炉钢。合金钢多数是电炉钢。

(2) 按脱氧程度和浇注制度分：①镇静钢：是完全脱氧钢，钢液在锭模中平静凝固，其主要成分为硅0.17%～0.37%，锰不高于0.80%；②沸腾钢：是几乎不脱氧的钢，钢水浇入锭模后在凝固前产生沸腾，其主要成分为碳 0.05%～0.27%，锰 0.25%～0.70%，硅不高于 0.03%；③半镇静钢：其脱氧程度、钢的质量、成材率和生产费用介于镇静钢和沸腾钢之间，其主要成分为碳0.10%～0.35%，硅0.06%～0.08%，锰0.30%～1.5%。

2) 按化学成分分类

按化学成分分类，钢可分为碳素钢(碳钢)和合金钢两大类。

(1) 碳素钢：主要含有碳、硅(≤0.5%)、锰(≤1%)、硫和磷五种元素。

按含碳量分：低碳钢(碳≤0.25%)、中碳钢(碳0.25%～0.60%)、高碳钢(碳＞0.60%)、工业纯铁(碳＜0.04%)。

按含硫、磷量分：普通碳素钢(硫≤0.055%，磷≤0.045%)、优质碳素钢(磷、硫各≤0.040%)、高级优质碳素钢(磷≤0.035%，硫≤0.030%)。普通碳素钢按交货时所保证的技术条件，又分为甲类钢、乙类钢和特类钢等。

(2) 合金钢：具有较好的化学性能或特殊物理性能。合金钢除含有碳、锰、硅、磷、硫五种常见元素外，还含有下列合金元素的一种或数种，如铬、镍、锰(＞1%)、硅(＞0.5%)、钼、钨、钒、钛、硼、锆、铌、钽、钴等。

按合金元素总含量分：普通低合金钢(合金元素总含量＜3%)；低合金钢(合金元素总

含量 3%～5%)；中合金钢(合金元素总含量 5%～10%)；高合金钢(合金元素总含量＞10%)。

按硫、磷含量分：质量钢(硫、磷≤0.04%)；高级质量钢(硫≤0.03%，磷≤0.035%)；特殊质量钢(硫、磷≤0.025%)。

3) 按用途分类

钢按用途可分为结构钢、工具钢、特殊性能钢三大类。

(1) 结构钢：分为建筑用钢和机械制造用钢。前者用于制造锅炉、船舶、桥梁、厂房等；后者用于制造机器和机械零件。结构钢一般是低、中碳钢和低、中合金钢。

(2) 工具钢：分为刃具钢、量具钢、模具钢三类。工具钢多属于中、高碳钢和高合金钢。

(3) 特殊性能钢：其具有特殊的物理和化学性能，可分为耐酸钢、低温钢、不锈钢、耐热钢、耐磨钢、磁性钢等。特殊性能钢多属于中、高合金钢。

8.1.2 钢铁产品牌号表示方法

目前，我国钢铁产品牌号表示方法是依据国家标准规定，采用汉语拼音字母、化学元素符号及阿拉伯数字组合的方法表示。

(1) 钢中化学成分用元素符号表示，如“碳”或“C”、“锰”或“Mn”……

(2) 产品名称、用途、特性和工艺方法用汉字和汉语拼音字母的缩写表示，如表 8-1 所示。

表 8-1 钢的名称、用途、冶炼和浇注方法命名代码

名称	牌号表示		名称	牌号表示	
	汉字	字母		汉字	字母
甲类钢	甲	A	容器用钢	容	R
乙类钢	乙	B	易切削钢	易	Y
特类钢	特	C	碳素工具钢	碳	T
平炉钢	平	P	滚动轴承钢	滚	G
酸性转炉钢	酸	S	高级优质钢	高	A
碱性侧吹转炉钢	碱	J	船用钢	船	C
顶吹转炉钢	顶	D	桥梁钢	桥	q
氧气转炉钢	氧	Y	锅炉钢	锅	g
沸腾钢	沸	F	钢轨钢	轨	U
半镇静钢	半	b	焊条用钢	焊	I
高温合金钢	高温	GH	铆螺钢	铆	ML
磁钢	磁	C	铸钢	铸钢	ZG

必须注意的是以元素含量的表示方法，通常是含碳量在牌号头部，对不同种类的钢其单位取值也不同。例如，碳素结构钢、低合金钢以万分之一(0.01%)含碳量为单位；不锈钢、高速工具钢等以千分之一(0.1%)为单位。而合金钢元素的合金元素含量在元素符号

后面，以百分之一为单位，低于1.5%者不标含量。

生铁牌号由产品名称代号与平均含硅量(以 0.1%为单位)组成，铁合金牌号用主元素名称和平均质量分数表示。铸铁牌号中还含有该材料的重要物理性能参数。

1. 钢

1) 普通碳素钢

其牌号表示方法为：钢类名称(A、B、C)；冶炼方法(Y、J)；顺序号(1～7)；脱氧程度(F、b)。

甲类钢钢号有8个，用A_0(或甲$_0$)……A_7(或甲$_7$)表示。强度依次增大，塑性依次减小。用量最多的是A_3。

乙类钢钢号也有8个，即B_0(乙$_0$)……B_7(乙$_7$)。

特类钢钢号有C_2(特$_2$)……C_5(特$_5$)。这类钢应用比较少。

相同序号的甲、乙、特类钢，其机械性能基本相同。例如，A_3F表示甲类平炉3号沸腾钢，BY3表示乙类氧气3号镇静钢。

2) 优质碳素钢

其牌号表示方法为：含碳量/0.01%；含锰量＞0.7%；脱氧程度或专门用途。

例如，05F表示平均含碳量为0.05%的沸腾钢；20钢表示平均含碳量为0.20%。含锰量较高的优质碳素钢，应将锰元素标出。例如，平均含碳量为0.50%、含锰量0.70%～1.00%的钢，其钢号为50Mn。

3) 碳素工具钢

其牌号表示方法为：钢类名称T；含碳量/0.1%；含锰量＞0.4%；钢的品质(A、B、C)。

例如，T8(或碳 8)表示平均含碳量为 0.8%的碳素工具钢。含锰量较高的钢，应在其钢号后标出锰元素，如T8Mn。

4) 合金钢

其牌号表示方法为：含碳量/0.01%；合金元素/元素符号；合金元素含量/1%；品质说明(A)。

合金元素小于1.5%时，钢号只表示元素，不标明含量。例如，36Mn2Si表示平均含碳量为0.36%，含锰量为1.50%～1.80%，含硅量为0.40%～0.70%的合金钢。又如，40CrVA表示平均含碳量为0.40%，含Cr、V但含量均小于1.5%的高级优质合金钢。

5) 合金工具钢

其牌号表示方法为：含碳量/0.1%。含碳量≥1.0%不标，其余同合金钢。

6) 滚动轴承钢

其牌号表示方法为：钢类名称GCr；含铬量/0.1%；其他合金元素；含量。

例如，GCr15SiMn表示平均含铬量为1.5%，而含锰量低于1.5%的滚动轴承钢。

另外需要说明的是，高速工具钢、不锈钢、耐热钢、电热合金、磁钢及平均含碳量大于或等于1.0%的合金工具钢不必标出含碳量；如果含碳量不相同，而合金元素含量相同时，含碳量以千分之几表示。含碳量小于 1.00%的合金工具钢，也以千分之几表示含碳量。例如，2Cr13表示含碳量为0.2%左右，含铬量为13%的不锈钢。

除铬滚动轴承钢和低铬合金工具钢外，合金元素平均含量小于 1.5%时，钢号中只标明元素，不标含量。平均含量为 1.50%～2.49%、2.50%～3.49%、…时，在元素符号后相应写为 2、3、…。例如，25Mn2V 表示平均含碳量为 0.25%，含锰量为 1.80%～2.10%，含钒量低于 1.5%的合金钢。

2. 生铁

其牌号表示方法为：产品名称符号；含硅量/0.1%。

例如，Z30 表示平均含硅量 3%的铸造生铁。

3. 铁合金

其牌号表示方法为：主元素符号；主元素含量/1%或顺序号(铬铁、锰铁)。

例如，Si90、MnSi23、Cr1、Mn1 等。

8.1.3 五大元素在钢铁中的存在形式及其对钢铁性能的影响

1. 碳

碳是钢铁的主要成分之一，它直接影响钢铁的性能。碳是区别铁与钢，决定钢号、品级的主要标志。生铁中碳主要由冶炼原料带来，而钢中碳主要由生铁带来，但也有因需要而加入的情况，如碳粉、石墨粉等。

碳在钢铁中主要以化合碳和游离碳两种形式存在。在钢中一般以化合碳为主，即铁或合金元素的碳化物，如 Fe_3C、Mn_3C、Cr_3C_2、VC、MoC、TiC、WC 等，用 MC 表示。在铁中碳呈铁的固溶体和夹杂固体，如无定形碳、结晶形碳、退火碳、石墨碳等，可直接用 C 表示。游离碳还存在于经退火处理的高碳钢中。化合碳和游离碳之和称为总碳。

碳是对钢性能起决定作用的元素。碳在钢中可作为硬化剂和加强剂，正是由于碳的存在，才能用热处理的方法调节和改善其机械性能。一般来说，随着含碳量的增加，钢铁的硬度和强度也相应提高，而熔点、塑性和延展性都降低，使钢难以加工，而铁中的石墨碳能使生铁变脆，减少抗拉力，还可以使铁粒粗大，易于加工切削。另外，因石墨碳的相对密度小、容积大，在铸造方面可以减少其收缩性，故在铸造生铁中含有较多的游离碳。

2. 硅

硅是钢中常见的有益元素之一。硅在钢中的主要形态为 FeSi、MnSi 或更复杂的化合物 FeMnSi 等，也有极少部分形成非金属夹杂物，如 $2FeO\cdot SiO_2$、$2MnO\cdot SiO_2$ 及 $Al_2O_3\cdot SiO_2$。在高碳硅钢中也可能存在少量的 SiC。

硅既能增加钢的强度、弹性、耐热性、耐酸性，又能增加电阻系数等。硅不易与碳生成化合物并使生铁中石墨碳的比例增加，含硅稍多的铁富于流动性，易于铸造。硅又是钢的有效脱氧剂，加硅可以防止其他元素被氧化，提高了钢对氧的抵抗能力。硅广泛应用于结构钢、弹簧钢、不锈钢、耐热钢及硅钢、电阻钢中。

硅一般由矿石引入，也有的为特殊目的在冶炼时特意加入，一般炼钢生铁中含硅量为 0.3%～1.5%，铸造生铁含硅量则达 3%；钢中含硅量通常不超过 1%，耐酸、耐热钢含硅量较高，而电磁用钢含硅量可高达 4%。含硅 12%～14%的铁合金称为硅铁；含硅 12%、锰 20%的铁合金称为硅镜铁，主要用作炼钢的脱氧剂。

3. 锰

锰是钢铁中有益的合金元素之一，一部分来自矿石，另一部分在冶炼过程中作为脱氧、脱硫剂或作为合金元素而特意加入。锰在钢中的存在形式主要是硫化锰，也有其他形式的化合物，如 Mn_3C、FeSiMn、MnSi 等。

锰与硫作用，可以降低钢的热脆性。锰能提高钢的可锻性和机械强度，因而加锰生产的弹簧钢、轴承钢、工具钢等都具有良好的热处理性能。锰在钢中的质量分数一般为 0.3%～0.8%，高于 0.8%称为锰合金钢，高于 13%的高锰钢具有较高的硬度和强度。生铁中含锰量可达 0.5%～2%。含锰量为 12%～20%的铁合金称为镜铁；含锰量为 60%～80%的铁合金称为锰铁。镜铁和锰铁主要作为炼钢的脱硫剂。

4. 硫

硫是钢铁中的有害元素之一，主要由焦炭或原料矿石引入。硫在钢铁中通常以非金属夹杂物存在，主要是 MnS，部分与铁结合成 FeS。FeS 熔点低，最后凝固，位于钢的晶粒之间，当加热压制时，FeS 熔化，而钢的晶粒失去连接作用，易被压碎，称为热脆性，即在热变形时工件产生裂纹，并降低钢的机械性能，特别是钢的疲劳极限、塑性及耐磨性等，对钢的耐腐性及可焊接性能也有不良影响。因此，硫是钢铁中的有害杂质。但在某些钢种(如切削钢、磁钢等)中加入适量的硫能改善切削性、加工性能及磁性等。硫的测定对控制冶炼过程和确定产品质量都有重要意义。由于硫在钢铁中易偏析，因此取样时必须注意代表性。

钢中含硫量通常不可大于 0.05%，优质钢则小于 0.02%甚至更低，而锰钢、易切钢等硫的允许量较高，有的高达 0.35%。

5. 磷

磷是钢铁中的有害元素之一，通常由冶炼原料或燃料带入，有时也为某些特殊目的而人为加入。磷在钢中主要以固溶体，即磷化物 Fe_2P、Fe_3P 形式存在，有时以磷酸盐形态存在。

磷能降低钢的冲击韧性，影响钢的锻接性能。含磷量达 0.1%时，还能使钢产生冷脆现象，甚至自裂。在凝结过程中又容易产生偏析，影响钢的力学性能，因此磷一般属有害元素。钢中含磷量通常在 0.05%以下，优质钢含磷量低于 0.03%。但是，含磷量高时熔点低，流动性大且易于铸造，并可避免在轧制钢板时轧辊与钢板黏合，所以有时特意加入磷以达到此目的。例如，轧辊之类的含磷量可高达 0.4%～0.5%。

为了增加钢的某些性能，需要加入一些合金元素，如镍、铬、钼、钨、钒、钛等。另外，加入硼及稀土元素也可改善钢的某些性能。

综合上述内容可知，碳含量是确定钢铁型号及用途的主要指标；硅、锰含量也直接影响钢铁的性能；而硫、磷是钢铁中的有害元素，因此在钢铁中必须严格控制硫和磷的含量。

钢铁中各元素常以固溶体(或游离态)、碳化物、氮化物、氧化物、硼化物、硫化物、硅化物、磷化物和其他形式存在。一般来说，合金元素在钢铁中的分布形式主要是前两种。由于钢铁质量取决于所含杂质或合金元素的成分，所以经常测定钢铁中各元素(铁除外)的含量是保证产品质量、控制冶炼过程的重要手段。

8.2　碳 的 测 定

测定各种形态的碳属于相分析；在成分分析中，一般钢样只测定总碳量。生铁试样除测定总碳量外，常分别测定游离碳和化合碳的含量。

总碳量的测定方法很多，但通常都是将试样置于高温氧气流中燃烧，使其转化为二氧化碳，再用适当方法测定。归纳起来可分为物理法、化学法及物理化学法三大类。

物理法有光谱法和结晶定碳法。光谱法是根据钢样在高温激发时发射的光谱线的强弱，直接测出钢中碳的含量。结晶定碳法基于钢液在冷却固化结晶时冷却曲线的形状与钢中碳含量的函数关系来确定碳的含量。

化学法及物理化学法都是首先将碳化物氧化为二氧化碳，然后用适当的方法测定二氧化碳的量，如气体容量法、吸收重量法、电导法、电量法、非水滴定法、光度滴定法、色谱法、微压法及红外吸收法等。分解试样的高温炉采用电阻炉(立式炉、卧式炉)、高频炉及电弧引燃炉等。

气体容量法定碳是一种经典的分析方法，为实现快速、灵敏、自动分析，在保留了量气管等主要部件的情况下，国内外对经典的定碳仪进行了许多改进，已研制出不少新仪器。特别是微机和红外技术的应用，使仪器的功能、准确度、灵敏度及自动化程度大为改善，并实现了碳硫联测。目前国内常用定碳仪的种类和型号很多，如 Sb-3、Sb-4 自动(半自动)定碳仪、SB9412 型碳硫分析仪、HV-4B 型高速自动碳硫测定仪、SXT-1 型数显定碳仪、VK-1C 型、KLS-56 型库仑定碳仪、CS-244(或 344)红外碳硫测定仪。国内红外定碳仪也已研制成功，并逐步向智能化发展。

尽管测定碳的方法很多，但目前应用最多的测定二氧化碳的方法仍然是燃烧-气体容积法，高频红外分析定碳仪也日趋增多。

本节重点介绍燃烧-气体容积法(气体容量法)和乙醇-乙醇胺非水溶液滴定法。

8.2.1　燃烧-气体容积法

燃烧-气体容积法是目前国内外广泛采用的标准方法。本法成本低，有较高的准确度，测得结果是总碳量的绝对值。其缺点是要求有较熟练的操作技巧，分析时间较长，对低碳试样测定误差较大。

1. 方法原理

试样在1200～1300℃的高温 O_2 气流中燃烧，钢铁中的碳被氧化生成 CO_2。

$$C + O_2 = CO_2$$

$$4Fe_3C + 13O_2 = 4CO_2 + 6Fe_2O_3$$

$$Mn_3C + 3O_2 = CO_2 + Mn_3O_4$$

$$3FeS + 5O_2 = Fe_3O_4 + 3SO_2$$

$$3MnS + 5O_2 = Mn_3O_4 + 3SO_2$$

生成的 CO_2 与过剩的 O_2 由导管引入量气管，测定容积，然后通过装有 KOH 溶液的吸收器，吸收其中的 CO_2。

$$CO_2 + 2KOH = K_2CO_3 + H_2O$$

剩余的 O_2 再返回量气管中，根据吸收前后容积之差得到 CO_2 的容积，据此计算出试样中碳的质量分数。

2. 试剂

氢氧化钾吸收剂(400g/L)[2.6]；除硫剂：活性二氧化锰(粒状)或钒酸银；钒酸银[8.8]；活性氧化锰[8.9]；酸性氯化钠溶液(250g/L)[3.22]；助熔剂：锡粒(或锡片)、铜、氧化铜、纯铁粉；高锰酸钾溶液Ⅰ(40g/L)[3.23.1]；甲基橙指示剂(2g/L)[5.3]。

3. 仪器

气压计：测量大气压。

定碳装置(图8-1)：

(1) 氧气瓶：内装氧气。

(2) 氧气表：附有流量计及减压阀的氧气吸入器。

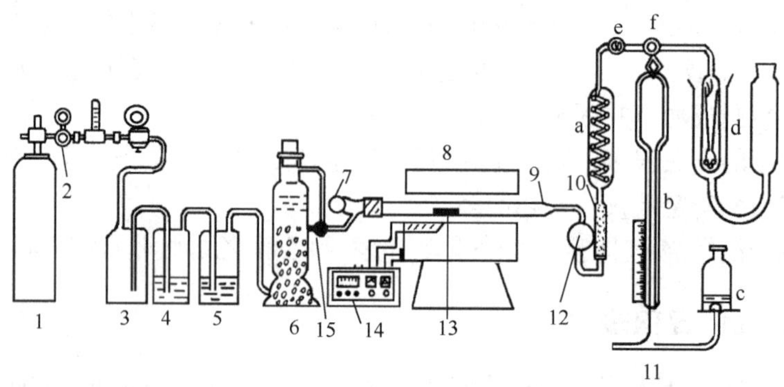

图8-1 气体容量法定碳装置

1. 氧气瓶；2. 氧气表；3. 缓冲瓶；4、5. 洗气瓶；6. 干燥塔；7. 玻璃磨口塞；8. 管式炉；9. 燃烧管；10. 除硫管；11. 容量定碳仪(包括：冷凝管a、量气管b、水准瓶c、吸收瓶d、小活塞e、三通活塞f)；12. 球形干燥管；13. 瓷舟；14. 温度自动控制器；15. 供氧活塞

(3) 缓冲瓶：内装水，起缓冲氧气流速的作用。

(4) 洗气瓶4：内盛氢氧化钾-高锰酸钾溶液(15g氢氧化钾溶于35mL 40g/L高锰酸钾溶液中)，高度约为瓶高度的1/3，用于初步除去氧气中可能存在的酸性及还原性气体杂质。

(5) 洗气瓶5：内盛浓硫酸，其高度约为瓶高度的1/3，用于初步除去氧气中的水分及碱性杂质。

(6) 干燥塔：下层装无水氯化钙，中间隔以玻璃棉，上层装碱石灰或碱石棉，底部和顶部也铺以玻璃棉。用于进一步干燥氧气及除去氧气中的酸性杂质。

(7) 玻璃磨口塞。

(8) 管式炉：附有热电偶、高温计、调压器，采用硅碳棒加热，最高使用温度可达1350℃。为了缩短燃烧时间，已经改用高频炉及电弧引燃炉。

(9) 燃烧管：长600mm、内径18～20mm的素烧耐火瓷管。首先检查是否漏气，然后分段灼烧。瓷管两端露出炉外部分长度不小于175mm，以便燃烧时管端仍是冷却的。粗口端连接玻璃磨口塞，也可采用内插玻璃管熟橡胶塞，锥形口端用橡胶管与球形干燥管连接。

(10) 除硫管：内径10mm、长100mm的玻璃管，内装4g颗粒状活性二氧化锰或粒状钒酸银，两端塞有脱脂棉。使用一段时间后，二氧化锰的黑褐色变淡时，应及时更换。

(11) 容量定碳仪：

冷凝管a：蛇形冷凝管，用于冷却燃烧生成的混合气体。

量气管b：细长圆柱形双层玻璃管，用于测量气体体积。

水准瓶c：内盛含甲基橙的酸性氯化钠溶液。

吸收瓶d：内盛400g/L氢氧化钾溶液，作为碳的吸收剂。

小活塞e：可通过f使a和b接通，还可分别使a或b通大气。

三通活塞f：可使a与b接通，也可使b与d接通，还可全部关闭。

(12) 球形干燥管：内装干燥脱脂棉。

(13) 瓷舟：长88mm或97mm，使用前于1000℃高温炉中灼烧1h以上，冷却后储于盛有未涂油脂的干燥器中备用。推、拉瓷舟时采用低磷镍铬丝、耐热合金丝制成的长钩。

(14) 温度自动控制器。

(15) 供氧活塞。

4. 分析步骤

将炉温升至1200～1350℃，检查管路及活塞是否漏气，装置是否正常，燃烧标准样品，检查仪器及操作。

称取适量试样(可按照表8-2确定称样量)置于瓷舟中，将适量助熔剂覆盖在试样上面，打开玻璃磨口塞，将瓷舟放入瓷管内，用长钩推至高温处，立即塞紧磨口塞。预热1min，按照定碳仪操作规程操作，测定其读数(体积或含量)。打开磨口塞，用长钩将瓷舟拉出，即可进行下一个试样分析。

表 8-2 测定碳量的称样量

含碳量/%	称样量/g
0.1～0.3	2.000
0.3～2.0	1.000
2.0～3.0	1.000～0.500
3.0～5.0	0.5000～0.2500

5. 测定条件

1) 试样的燃烧程度

(1) 燃烧温度。由于钢铁试样的种类及金属结构不同，各种碳化物转化为 CO_2 所需要的温度也不同。通常碳素钢、生铁及铁合金等在 1150～1250℃，难熔的高温合金(如高铬钢)则在 1300℃左右才能转化。因此，控制温度是保证测定结果准确度的一个关键因素。若燃烧温度低，则燃烧不完全，以致测定结果偏低；反之，若燃烧温度太高，则瓷舟与瓷管黏结，使测定失败。

(2) 助熔剂降低燃烧温度。在实际分析中，常采用减少称样量并加入助熔剂的办法降低试样的燃烧温度，提高碳的转化率。助熔剂在 O_2 中氧化时释放出大量的热，使温度局部升高，促进试样燃烧。助熔剂的加入将降低试样的熔点，生成易熔合金，促进试样燃烧。常用的助熔剂有纯锡粒，以及纯铜、CuO、V_2O_5 等。金属钒、纯铁等有时也用作助熔剂。目前国内又提出硅钼粉加锡粒等作助熔剂。

(3) O_2 流速。通常以 500～1000mL/min 的流速通入 O_2。流速过大，可能燃烧不完全，结果偏低；流速太小，因供 O_2 不足，也会使结果偏低。O_2 流速不均匀，由于管内气流紊乱，还可能使 CO_2 残留在燃烧管中，使结果偏低。因此，O_2 流速是保证测定结果准确度的又一关键因素。在实际操作中，采取“前大氧、后控气”的供氧方式。“前大氧”是指进入燃烧炉的 O_2 流速要大，这是各类燃烧炉都可采用的。“后控气”是指进入测量系统的混合气体的流速要控制，根据测量方式不同，控制范围也不同。

2) 硫的干扰及消除

试样在高温 O_2 气流中燃烧时，试样中的硫也转化为 SO_2。

如果生成的 SO_2 在吸收前未能除去，则同样被 KOH 溶液吸收，干扰碳的测定。常用 MnO_2、$AgVO_3$ 除去混合气体中的 SO_2。

$$MnO_2 + SO_2 \xlongequal{} MnSO_4$$

$$2AgVO_3 + 3SO_2 + O_2 \xlongequal{} Ag_2SO_4 + 2VOSO_4$$

3) 测定中应注意的问题

(1) 试样的称样量如表 8-2 所示。

(2) 助熔剂中含碳量一般不超过 0.005%，使用前应做空白试验，并从分析结果中扣除。助熔剂用量如表 8-3 所示。

表 8-3 测定碳量的助熔剂用量 单位：g

助熔剂	Sn	Cu 或 CuO	Sn + Fe(1+1)	CuO + Fe(1+1)	V_2O_5 + Fe(1+1)
生铁、碳钢及中、低合金钢	0.25～0.5	0.25～0.5	—	—	—
高合金钢、高温合金、精密合金	—	—	0.25～0.5	0.25～0.5	0.25～0.5

(3) 样品要均匀地铺在燃烧舟中，不要过分集中，以免熔化不完全，生成气泡 CO_2，不能全部放出。

(4) 定碳仪应安装在室温较正常的地方(距离高温炉 300～500mm)，避免阳光直接照射。

(5) 更换水准瓶所盛溶液、玻璃棉、除硫剂、氢氧化钾溶液后，均应做几次高碳试样，使二氧化碳饱和后，才可进行试样测定。

(6) 测定含硫量较高(大于 0.2%)的试样，应增加除硫剂的量或增加一个除硫管。

(7) 吸收器、水准瓶内溶液及混合气体三者的温度应基本相等，否则将产生正负空白。

(8) 分析完高碳试样后，应空通一次，才可以接着做低碳试样分析。

(9) 当洗气瓶中硫酸体积显著增加及二氧化锰变白时，说明已失效，应及时更换。

(10) 观察试样是否完全燃烧，若燃烧不完全，需重新分析。

(11) 炉子升温应开始慢，逐步加速，以延长硅碳棒寿命。

(12) 分析前，应先检查仪器各部分是否漏气。工作开始前及工作中，均应燃烧标准样品，判定工作过程中仪器的准确性。

(13) 吸收前后观察刻度的时间应一致。吸收后观察刻度时，量气管及水准瓶内液面与视线应处在同一水平线上。

(14) 吸收器中氢氧化钾溶液使用久后也应进行更换，一般在分析 2000 次后更换，否则吸收效率降低，使测定结果偏低。

(15) 测定中应记录温度与大气压，以确定补正系数 f (见附录 8)。

6. 计算

分析结果可以按标样换算(试样的质量与标样量完全相同)：

$$w(\text{C})=\frac{w(\text{C})_{\text{标样}}}{\text{标样读数}}\times\text{试样读数} \tag{8-1}$$

燃烧-气体容积定碳法常使用定碳仪确定试样中碳的质量分数。定碳仪量气管上的标尺，其刻度常以 mL 表示，读数是被 KOH 吸收的 CO_2 体积(mL)，其计算公式为

$$w(\text{C})=\frac{AVf}{m} \tag{8-2}$$

式中，A 为温度 16℃、大气压 101.325kPa 时封闭液面上每毫升 CO_2 中含碳的质量，g/mL，用酸性水作封闭液时，A 值为 0.0005000g/mL，用氯化钠酸性溶液作封闭液时，A 值为

0.0005022g/mL；V为吸收前后气体的体积差，即CO_2的体积，mL；f为温度、气压补正系数，见附录8；m为试样的质量，g。

有些定碳仪量气管上标尺刻度直接刻成含碳量，可按下式计算碳的质量分数：

$$w(\mathrm{C})=\frac{w(\mathrm{C})_{读数}}{m}f \tag{8-3}$$

式中，$w(\mathrm{C})_{读数}$为仪器上直接读出的碳的质量分数；f为温度、气压补正系数；m为试样的质量，g。

温度、气压补正系数(f)是指在任一气压p和温度t下，单位体积的CO_2相当于刻度状态，即101.325kPa、16℃时CO_2的体积读数。定碳仪的标尺是在16℃、101.325kPa条件下刻制的，1mL CO_2相当于0.05%碳(1g试样)。当温度、气压改变后，应乘以系数f，使其恢复到刻度状态，即实际含碳量。由此可见，f值实际上是刻度状态下CO_2体积V_1与测定状态下体积V_2之比。因此，f很容易由气体状态方程求出：

$$f=\frac{V_1}{V_2}=\frac{V_{16}}{V_t} \tag{8-4}$$

$$f=\frac{T_1}{p_1}\times\frac{p_2}{T_2}=\frac{273.16+16}{101.325-1.813}\times\frac{p-bt}{273.16+t}=2.91\times\frac{p-bt}{273.16+t} \tag{8-5}$$

式中，p为t℃时大气压，kPa；bt为t℃时饱和水蒸气压力，kPa；t为量气管内温度，℃。

还有的仪器，量气管上标尺刻度直接刻成固定称样量(如0.2500g、0.5000g或1.000g)时的含碳量，其结果可按下式计算：

$$w(\mathrm{C})=w(\mathrm{C})_{读数}f \tag{8-6}$$

式中符号意义同前。

8.2.2 乙醇-乙醇胺非水滴定法

非水滴定法具有准确、快速及不需要特殊设备等优点，逐渐受到人们的重视。国外大多以二甲基甲酰胺(DMF)或含有乙醇胺的吡啶为吸收液，用甲醇、苯、甲苯的醇钠或四丁基氢氧化钠溶液为滴定剂。该体系具有终点敏锐、滴定精密度高和稳定性好等优点，但这些体系都有一定毒性，故国内应用不多。目前国内用于测定CO_2的非水体系可分为甲醇-丙酮和乙醇-有机胺两大类。前者吸收率高，体系稳定，终点敏锐，但二氧化碳容易逸出，有一定的毒性；后者无毒性，且二氧化碳不易逸出，但稳定性差，终点不明显，需加入一定的稳定剂。采用混合指示剂等措施，改进方法，其应用日趋广泛。

乙醇-乙醇胺非水滴定法有较宽的测定范围，尤其对低碳样的测定有较高的准确度。

1. *方法原理*

试样在1150～1300℃的高温O_2气流中燃烧后，将生成的CO_2、SO_2等混合气体经除硫管导入含有酚酞-茜素黄R混合指示剂的乙醇-乙醇胺-KOH混合液中，吸收并进行滴定。溶液由浅蓝色→无色→浅蓝色，即为终点。根据碱性非水溶液消耗的量计算出碳的质量分数。主要反应如下：

KOH 溶于 C_2H_5OH 生成乙醇钾。

$$C_2H_5OH + KOH = C_2H_5OK + H_2O$$

乙醇胺吸收 CO_2 生成 2-羟基乙基胺甲酸。

$$NH_2C_2H_4OH + CO_2 = HOC_2H_4NHCOOH$$

用乙醇钾滴定 2-羟基乙基胺甲酸，生成乙氧基碳酸钾并释放出乙醇胺。

$$HOC_2H_4NHCOOH + C_2H_5OK = C_2H_5OCOOK + NH_2C_2H_4OH$$

本法的优点是有机胺的加入增强了 CO_2 的吸收能力，且乙醇体系无毒。缺点是有机胺具有缓冲作用，影响终点的敏锐性；乙醇易燃，宜在密闭状态下使用。加入适当的稳定剂，并采用混合指示剂后，体系性能有很大改善，应用广泛。

2. 试剂

碱性非水标准溶液[9.14]；分子筛：钙 5A 或 13X 型(20～40 目)，或 10F 变色型分子筛(条状)；烧碱石棉：20～40 目；百里香酚酞指示剂(5g/L)[5.6]。

3. 仪器

仪器中的供氧、燃烧部分与定碳装置(图 8-1)相同，碳的非水滴定装置各部件如图 8-2 所示。其中，吸收器是一种新型的吸收杯，它可以消除二氧化碳的润湿吸收现象，从而提高分析精度。为了克服玻璃和乙醇的临界表面张力的差异，涂一层低能表面材料环氧树脂，以降低导气管表面张力，从而阻止非水溶液沿杯壁伸展。

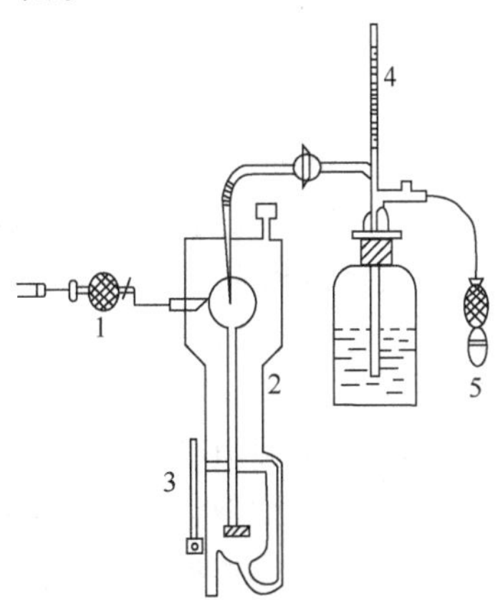

图 8-2　碳的非水滴定装置

1. 除硫管；2. 新型吸收器；3. 荧光灯(3～6W)；4. 自动滴定管；5. 双连球

4. 分析步骤

将炉温升至所需温度，接通分析装置，打开减压阀门，调节氧气流速为 500mL/min。加碱性非水标准溶液于吸收杯隔板之上。先取几个高碳试样通氧燃烧，当吸收至非水标准溶液蓝色褪去，补滴非水标准溶液至浅蓝色，认定此时颜色为终点颜色。

称取适量试样，准确至 0.0001g，置于瓷舟中，加适量助熔剂，用长钩将瓷舟推入瓷管高温区，塞紧橡胶塞。预热 20～30s，通氧燃烧，吸收液蓝色开始消退时及时滴加非水标准溶液，保持吸收液上层为浅蓝色。当终点颜色不再消失时，关闭进氧活塞片刻，再打开继续通氧，重复一次，滴定至蓝色不褪为止，即为终点。计算碳的质量分数。

计算公式如下：

$$w(\mathrm{C}) = \frac{TV}{m} \tag{8-7}$$

式中，T 为非水标准溶液对碳的滴定度，g/L；V 为消耗非水标准溶液的体积，mL；m 为试样的质量，g。

5. 测定条件

1) 称样量、KOH 浓度

称样量、KOH 浓度等应随试样含碳量不同而异，可参照表 8-4。

表 8-4 测定碳量的称样量及 KOH 浓度

含碳量/%	称样量/g	KOH 浓度/(g/L)
0～0.10	1.0～2.0	0.4
0.10～1.00	0.50～1.0	1.0
1.00～3.00	0.50～1.0	2.0
3.00 以上	0.20～0.50	3.0

2) 乙醇胺浓度

乙醇胺浓度直接影响 CO_2 吸收效果和终点灵敏度。当乙醇胺浓度逐渐增加时，CO_2 的吸收率也相应提高，但指示剂褪色现象渐趋严重。这是有机胺缓冲作用的反映。实验证明，乙醇胺浓度宜随称样量多少而变化，称样量为 0.5～2g，乙醇胺浓度以 2%为宜；称样量为 0.2～0.5g，乙醇胺浓度以 3%为宜。

3) 稳定剂用量

在非水体系中，加入稳定剂是为了防止体系中生成乙醇钾或乙氧基碳酸钾的浓度过大，且促使沉淀溶解。常用的稳定剂有乙二醇、丙三醇及水等。稳定剂的加入影响终点的敏锐性，也增加了体系的黏度，因此用量不宜过多，一般以 3%～5%为宜。

4) O_2 流速

O_2 流速对分析结果有较大的影响。流速过小，可能试样燃烧不完全，测定时间延长；流速过大，终点不易判断，还可能造成 CO_2 逸出，使测定结果偏低。实验证明，O_2 流速控制在 500mL/min 左右为宜。

5) 注意事项

(1) 配制滴定液用的 KOH 不得含有 K_2CO_3。

(2) 分析含铬 2%以上的试样，应把锡粒垫于试样的底部，否则锡粒有延缓铬氧化的趋势而使燃烧速度降低，导致测定结果显著偏低。

(3) 滴定速度要快些，保持吸收溶液上半部呈蓝色，高碳试样滴定更应注意滴定速度。接近终点时，滴定速度一定要缓慢，否则易过量。

(4) 吸收溶液可以重复使用或回收蒸馏后再用。吸收杯内已用过的有机溶剂放掉一部分，保持分析过程中所需要的数量，即可进行第二次测定。

(5) 应认真观察滴定终点，保持与标样终点一致。乙醇胺越多，吸收力越强，但终点越不敏锐。也可用一个参比杯(终点颜色)辅助终点的判断。

(6) 有机试剂易燃，应小心防火。

8.2.3　游离碳的测定

1. 方法原理

试样经酸溶解后，滤取游离碳，经碱洗、酸洗、水洗并烘干后，根据游离碳含量，选择适当的方法测定游离碳。该法适用于生铁、碳钢样品，适合测定 0.03%～5.0%的游离碳。

2. 仪器和试剂

古氏坩埚；定碳仪(图 8-1)或其他相应方法仪器。

酸洗石棉：经 1000℃高温通氧处理后备用。

3. 分析步骤

称取适量试样置于 250mL 烧杯中，加适量硝酸(1+1)，立即盖上表面皿。若溶解反应剧烈，则将烧杯置于冷水浴中。溶解接近完全时，用水冲洗并移去表面皿，加 1～2mL 氢氟酸。加热溶解后煮沸 5min，加 100mL 热水，再煮沸 10min。趁热用已铺好酸洗石棉的古氏坩埚减压过滤，先将上层的澄清液注于石棉滤层上，再将烧杯中的游离碳用热水以倾泻法洗涤 5～6 次，然后将所有的游离碳全部移至石棉滤层上，停止抽气。加 10mL 氢氧化钠溶液(50g/L)，保持 5min 后再抽滤，用盐酸(5+95)洗 5～6 次，然后用热水洗涤游离碳及石棉滤层至无氯离子为止[用硝酸银溶液(10g/L)检验]。

取下古氏坩埚，将石棉滤层及游离碳全部移至瓷舟内(附着于坩埚壁上的游离碳可用小块石棉以玻璃棒或镊子将其擦出)。将瓷舟置于 120～140℃烘箱中干燥 30～45min，取出，根据游离碳含量，选择重量法或气体容量法(燃烧温度控制在 1000℃)进行测定，减去试剂空白后，计算游离碳的含量。

4. 注意事项

(1) 生铁及铸铁试样的称取，应将钻取的试样 100g 经 60 目及 100 目筛筛分(筛分时必须盖紧，避免石墨损失)，使其分为粗、中、细三部分，然后按三部分所占质量比例称取相应的试样。称样量及硝酸加入量见表 8-5。

表 8-5　称样量及硝酸加入量

游离碳含量/%	称样量/g	硝酸(1+1)加入量/mL
0.03～0.05	7.000	80
0.05～0.2	4.000	60
0.2～0.5	2.000	40
0.5～1.0	1.000	30
1.0～3.0	0.3000	20
3.0～5.0	0.2000	20

对于片状或块状试样，硝酸(1+1)可按表 8-5 用量补加 50%的量。例如，称取 2g 试样加 40mL 硝酸(1+1)，块状试样则增加至 60mL。

(2) 对于粒度较大的试样，如较厚的片状试样或块状试样，应经常用平头玻璃棒将其碾碎。

8.3 硫的测定

硫的测定方法很多。经典的硫酸钡重量法用于测定高硫试样。燃烧-滴定法具有简单、快速、准确及适用面广的特点，被广泛采用，是国内外的标准方法。此外，光度法、电导法、微库仑法、红外光谱法、色谱法及硫化氢发生法等也是常用的方法。近年来，红外吸收和碳硫联测技术迅速发展起来。本节主要介绍燃烧-滴定法中的燃烧-碘酸钾滴定法。

8.3.1 燃烧-碘酸钾滴定法

1. *方法原理*

将钢铁试样于 1250～1350℃高温下通氧燃烧，使硫全部转化为二氧化硫，将生成的二氧化硫用淀粉溶液吸收，用碘酸钾标准溶液滴定至浅蓝色为终点。

燃烧
$$4FeS + 7O_2 = 2Fe_2O_3 + 4SO_2$$
$$3MnS + 5O_2 = Mn_3O_4 + 3SO_2$$

吸收
$$SO_2 + H_2O = H_2SO_3$$

滴定
$$KIO_3 + 5KI + 6HCl = 3I_2 + 6KCl + 3H_2O$$
$$H_2SO_3 + I_2 + H_2O = H_2SO_4 + 2HI$$

2. *仪器和试剂*

定硫仪中的供氧、燃烧部分与定碳仪相同，其滴定部分装置如图 8-3 所示。

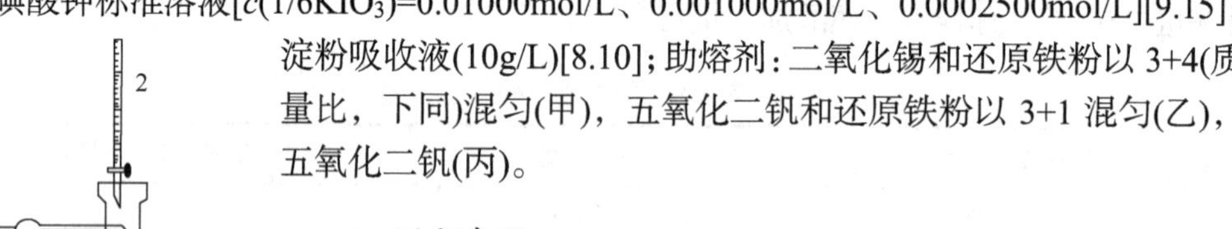

碘酸钾标准溶液[$c(1/6KIO_3)$=0.01000mol/L、0.001000mol/L、0.0002500mol/L][9.15]；淀粉吸收液(10g/L)[8.10]；助熔剂：二氧化锡和还原铁粉以 3+4(质量比，下同)混匀(甲)，五氧化二钒和还原铁粉以 3+1 混匀(乙)，五氧化二钒(丙)。

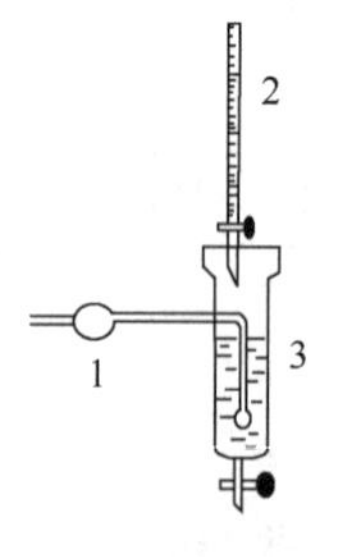

图 8-3 定硫仪的滴定部分装置
1. 球形管；2. 吸收杯；3. 滴定管

3. *测定步骤*

将炉温升至 1200～1350℃，检查装置是否正常。在定硫吸收杯中加入淀粉吸收液(硫含量小于 0.01%用低硫吸收杯，加 20mL 吸收液；硫含量大于 0.01%用高硫吸收杯，加 60mL 吸收液)，以 600～1500mL/min 的流速通氧，用碘酸钾标准溶液滴定至浅蓝色不褪，作为终点颜色，关闭氧气。

称取适量试样，准确至 0.0001g，置于瓷舟中，加入适量助熔剂，将瓷舟推至高温处，预热 0.5～1.5min。通氧，控制流速为 1500～2000mL/min。将燃烧后的混合气体导入吸收杯中，淀粉吸收液蓝色开始消退，立即用碘酸钾标准溶液滴定并使液面保持蓝色。当吸收液褪色缓慢时，滴定速度也相应减慢，直至吸收液的颜色与原来的终点颜色相同，间歇通气后，颜色不变即为终点。

硫的质量分数按下式计算：

$$w(\mathrm{S})=\frac{T(V-V_0)}{m} \tag{8-8}$$

式中，T 为碘酸钾标准溶液对硫的滴定度，g/mL；V 为滴定试样消耗碘酸钾标准溶液的体积，mL；V_0 为滴定空白消耗碘酸钾标准溶液的平均体积，mL；m 为试样的质量，g。

4. 测定条件

1) 助熔剂用量

助熔剂用量如表 8-6 所示。

表 8-6　称样量及助熔剂用量

含硫量/%	称样量/g	助熔剂用量/g	
		助熔剂甲或乙(用于中高合金钢、高温合金钢及精密合金钢)	助熔剂丙(用于生铁、碳钢及低合金钢)
0.100～0.200	0.1000～0.2000	0.4	0.1
0.050～0.10	0.2500		
0.010～0.050	0.5000	0.8	0.2
0.003～0.010	1.000	1.0	0.3

2) SO_2 的转化率

SO_2 的转化率是指试样中硫经高温通氧燃烧后生成的 SO_2 占其理论量的百分数。影响因素如下：

(1) 燃烧温度。燃烧温度对 SO_2 的转化率影响很大。一般来说，温度升高，SO_2 的转化率也提高：1300℃时，转化率为 80%；1400℃时，转化率为 90%～95%；即使温度高达 1500℃，其转化率也仅为 98%。因此，为了抵消该法引起的系统误差，使用的碘酸钾标准溶液的浓度必须是采用与试样组分相当、含量相近的标准钢样，按分析操作标定出的浓度，而不是用碘酸钾标准溶液的理论浓度。实验证明，一般规定测定硫的炉温是：铸铁、碳素钢、低合金钢为 1250～1300℃；高温合金钢为 1300～1350℃。

(2) 氧气流速。控制氧气流速为 1500～2000mL/min，充分供氧，可促使样品迅速燃烧氧化，且防止吸收瓶中溶液发生倒吸。流速过大，易使燃烧管出口处的橡胶塞燃烧而放出大量的 SO_2，导致测定失败。流速过大，还会使熔渣生成气泡，降低硫的转化率，吸收液中的 I_2 和 SO_2 也有逸出的可能。因此，必须严格控制氧气流速。

(3) 助熔剂。加入适当的助熔剂可降低试样的熔点，提高转化率，但必须事先检查助熔剂的空白值并校正。助熔剂的种类和用量影响很大，应控制加入量(特别是空白值高的助熔剂)。一般来说，炉内应造成酸性气氛，以减少对 SO_2 的吸附。常用的助熔剂有锡粒、V_2O_5、电解铜及其氧化物。铜的助熔作用较强，但在燃烧过程中飞溅厉害，损坏燃烧管。金属铅或铅的氧化物在高温下与硫化物生成难分解的硫化铅，因此不能作为助熔剂。有人认为用 V_2O_5 或锡粒作助熔剂最好，并有碳硫专用的助熔剂问世。另外，钢中其他元素也会改变炉内气氛而影响测定，如钼的存在使结果偏高，铜使结果偏低。要求采用同类的标样进行标定，以减少误差。

(4) 试样的种类和细度。样品的细度越低，在燃烧舟内越分散，越易熔化，要求尽量使试样的种类和细度相当。钢样应均匀地铺在瓷舟底部中段。若过于集中堆积，不但不易全熔，且产生气泡包住 SO_2，影响其逸出。

(5) 预热时间。适当预热也可提高转化率。但预热过久，由于 Fe_2O_3 的催化作用，SO_2 氧化为 SO_3，从而不被标准溶液滴定。生铁、碳钢及低合金钢预热不超过 30s；中高合金钢、高温合金钢及精密合金钢预热 1～1.5min；铁合金预热应延长至 2～3min，否则将大量带走 Fe_2O_3 粉末，堵塞及污染导管和吸收管；碳钢可不必预热，直接燃烧。

3) SO_2 的回收率

SO_2 的回收率是指生成 SO_2 被水溶液吸收并被标准溶液滴定的百分数。回收率与转化率不同，SO_2 生成后，不可能全部被回收，总有部分损失。

(1) Fe_2O_3 的催化作用使 SO_2 部分氧化为 SO_3，只要有 FeO_3 和 O_2 存在，这种作用就不可能避免。例如，瓷管使用时间过久，管壁和脱脂棉内存有过多的 Fe_2O_3 粉末，生成的 SO_2 就会部分转化为 SO_3。

还有人认为，中温区是接触氧化区域，气流通过金属氧化物使 SO_2 与 O_2 结合为 SO_3。因此，为了提高 SO_2 的回收率，燃烧管应保持干净，并适当加大氧气流速，使混合气体尽快通过中温区，以降低转化为 SO_3 的机会，提高 SO_2 的回收率。

(2) SO_2 被管路中的粉尘吸附，这种吸附主要是由试样燃烧生成的氧化物粉尘造成的。粉尘很细，疏松多孔，表面积大，容易产生吸附。又由于粉尘是弱碱性的，对酸性 SO_2 有一定的化学作用，尤其当试样中含有铬时，吸附更为严重。可采用 MoO_3 作反吸附剂改变粉尘的性质，提高 SO_2 的回收率。

(3) SO_2 在吸收器中逸出。1 体积水可溶解 40 体积 SO_2，因此按正常的氧气流速和滴定方法，SO_2 是不会逸出的。但如果氧气流速过大，气泡过大，则 SO_2 有可能逸出。在测定生铁等高硫试样时，应严格控制氧气流速及滴定速度。若改用酸碱滴定，以过氧化氢作为吸收剂，可大大减少 SO_2 逸出。

连续测定 10 个样品后，就应清除管内的氧化物。

8.3.2 燃烧-酸碱滴定法

本法采用过氧化氢溶液作为吸收剂吸收 SO_2，生成的 H_2SO_3 被氧化为 H_2SO_4，然后用 NaOH 标准溶液滴定生成的 H_2SO_4，即可求出 SO_2 的质量分数。

吸收

$$SO_2 + H_2O \longequal H_2SO_3$$

$$H_2SO_3 + H_2O_2 \longequal H_2SO_4 + H_2O$$

滴定 $$2NaOH + H_2SO_4 \longrightarrow Na_2SO_4 + 2H_2O$$

本法克服了 SO_2 在吸收器中逸出的现象，对滴定速度没有要求，尤其适用于碳硫的联合测定。该法终点敏锐，操作方便；燃烧过程中即使有 SO_3 产生也能被滴定，不影响测定结果。

8.4 磷的测定

钢铁中磷的测定方法有重量法、滴定法、光度法。一般是使磷转化为磷酸，再与钼酸铵反应生成磷钼酸，在此基础上用重量法、酸碱滴定法、磷钼蓝光度法进行测定。

重量法有磷钼酸铵重量法、磷酸铵镁重量法、二安替比林甲烷磷钼酸重量法及 8-羟基喹啉重量法等，目前主要应用于高磷试样的测定和标准分析。

滴定法有酸碱滴定法及配位滴定法，常用于高磷试样的测定，并作为标准分析法。钼酸铵滴定法是国家标准分析法。该法是将生成的磷钼酸铵沉淀用过量的氢氧化钠标准溶液溶解后，剩余的氢氧化钠用硝酸标准溶液返滴定。

光度法在冶金分析中是测定磷的主要方法。据统计，基于磷杂多酸的光度法测定磷占测磷方法的 90%以上，包括直接光度法和萃取光度法。多元杂多酸及离子缔合物在测定磷中的应用日趋增多。

光度法中磷钼蓝光度法不仅适用于钢铁中磷的测定，也适用于其他有色金属和矿物中微量磷的测定。本节介绍铋磷钼蓝分光光度法和锑磷钼蓝分光光度法。

8.4.1 铋磷钼蓝分光光度法

1. *方法原理*

试样经酸溶解后，冒高氯酸烟，使磷全部氧化为正磷酸并破坏碳化物。在硫酸介质中，磷与铋、钼酸铵形成黄色配合物，用抗坏血酸将铋磷钼黄还原为铋磷钼蓝，用分光光度计于 700nm 波长处测量吸光度。计算磷的质量分数。

显色液中存在 150μg 钛、10mg 锰、2mg 钴、5mg 铜、0.5mg 钒、10mg 镍、500μg 铬(Ⅲ)、50μg 铈、5mg 锆、5μg 铌、10μg 钨，对测定无影响。砷对测定有严重干扰，可在处理试样时用氢溴酸除去。

2. *仪器和试剂*

721 或 722 等型号的分光光度计。

氢氟酸($\rho = 1.15$g/mL)；高氯酸($\rho = 1.67$g/mL)；盐酸($\rho = 1.19$g/mL)；硝酸($\rho = 1.42$g/mL)；氢溴酸($\rho = 1.49$g/mL)；硫酸($\rho = 1.84$g/mL)；硫酸(1+1)[1.6]；盐酸-硝酸混合酸(2+1)[1.20]；氢溴酸-盐酸混合酸(1+2)[1.21]；抗坏血酸溶液(20g/L)[7.3]；钼酸铵溶液(30g/L)[6.3]；亚硝酸钠溶液(100g/L)[3.25]；硝酸铋溶液(10g/L)[3.54]；铁溶液 A(5mg/mL)[10.4.2.4]；铁溶液 B(1mg/mL)[10.4.2.2]；磷储备液(100μg/mL)[10.13.3]；磷标准溶液

(5.0μg/mL)[10.13.4]。

3. 分析步骤

1) 试样处理

试样中磷含量为 0.005%～0.050%时，称样量 0.5g；试样中磷含量为 0.050%～0.300%时，称样量 0.1g。将试样置于 150mL 烧杯中，加 10～15mL 盐酸-硝酸混合酸，加热溶解，滴加氢氟酸，加入量视硅含量而定。待试样溶解后，加 10mL 高氯酸，加热至刚冒高氯酸烟，取下，稍冷。加 10mL 氢溴酸-盐酸混合酸除砷，加热至刚冒高氯酸烟，再加 5mL 氢溴酸-盐酸混合酸再次除砷，继续蒸发冒高氯酸烟(若试样中铬含量超过 5mg，则将铬氧化至六价后，分次滴加盐酸除铬)，至溶液透明后回流 3～4min(若试样中锰含量超过 4mg，回流 15～20min)，蒸发至湿盐状，取下，冷却。

沿杯壁加入 20mL 硫酸(1+1)，轻轻摇匀，加热至盐类全部溶解，滴加亚硝酸钠溶液将铬还原至低价并过量 1～2 滴，煮沸驱除氮氧化物，取下，冷却。移入 100mL 容量瓶中，用水稀释至刻度，混匀。

移取 10.00mL 上述试液两份，分别置于 50mL 容量瓶中。

2) 显色

显色液：加 2.5mL 硝酸铋溶液、5mL 钼酸铵溶液，每加一种试剂必须立即混匀。用水吹洗瓶口或瓶壁，使溶液体积约为 30mL，混匀。加 5mL 抗坏血酸溶液，用水稀释至刻度，混匀。

参比液：与显色液同样操作，但不加钼酸铵溶液，用水稀释至刻度，混匀。在室温下放置 20min。

3) 吸光度测量

将部分溶液移入合适的比色皿中，以参比液为参比，用分光光度计于 700nm 波长处测量吸光度。减去随同试样空白的吸光度，从校准曲线上查出相应磷的质量。

4) 校准曲线的绘制

磷含量小于 0.050%时，移取 0mL、0.50mL、1.00mL、2.00mL、3.00mL、5.00mL 磷标准溶液，分别置于 6 个 50mL 容量瓶中，各加入 10.0mL 铁溶液 A；磷含量大于 0.050%时，移取 0mL、1.00mL、2.00mL、3.00mL、4.00mL、6.00mL 磷标准溶液，分别置于 6 个 50mL 容量瓶中，各加入 10.0mL 铁溶液 B。以下按 2)中显色液操作。

以零浓度校准溶液为参比，用分光光度计于 700nm 波长处测量各校准溶液的吸光度。以磷的质量为横坐标、吸光度值为纵坐标，绘制校准曲线。

5) 计算

磷含量用质量分数(%)表示，按下式计算：

$$w(\mathrm{P})=\frac{m_1V\times10^{-6}}{mV_1}\times100 \tag{8-9}$$

式中，m_1 为校准曲线上查得磷的质量，μg；m 为试样的质量，g；V 为试液的总体积，mL；V_1 为分取试液的体积，mL。

8.4.2 锑磷钼蓝分光光度法

1. 方法原理

磷在硫酸介质中与锑、钼酸铵生成的黄色配合物，用抗坏血酸将锑磷钼黄还原为锑磷钼蓝，用分光光度计于 700nm 波长处测量吸光度。计算磷的质量分数。

显色液中存在 50pg 铈，200pg 锆、硅，600pg 铜、钛、钒，10mg 锰，20mg 镍、铁不干扰测定。铬(Ⅵ)有影响，600μg 铬(Ⅲ)不干扰，超过此量用盐酸除去。砷用氢溴酸、盐酸除去。钨、铌有干扰。

2. 仪器和试剂

721 或 722 等型号的分光光度计。

高氯酸(ρ = 1.67g/mL)；盐酸(ρ = 1.19g/mL)；硝酸(ρ = 1.42g/mL)；硫酸(ρ = 1.84g/mL)；氢溴酸(ρ = 1.49g/mL)；硫酸(1+5)[1.6]；盐酸-硝酸混合酸(2+1)[1.20]；氢溴酸-盐酸混合酸(1+2)[1.21]；抗坏血酸溶液(30g/L)[7.3]；钼酸铵溶液(20g/L)[6.3]；酒石酸锑钾溶液(2.7g/L，1mL 含 1mg 锑)；亚硝酸钠溶液(100g/L)[3.25]；淀粉溶液(10g/L)[5.19]；铁溶液(4g/L)[10.4.2.5]；磷储备液(100μg/mL)[10.13.3]；磷标准溶液(2.0μg/mL)[10.13.5]。

3. 分析步骤

1) 试样处理

称取 0.20g 试样，准确至 0.0001g，置于 150mL 烧杯中，加 10mL 硝酸-盐酸混合酸，加热溶解，加 8mL 高氯酸(需要除铬的试样多加 2～3mL 高氯酸)，蒸发至刚冒高氯酸烟，稍冷，加 10mL 氢溴酸-盐酸混合酸除砷，加热至刚冒高氯酸烟，再加 5mL 氢溴酸-盐酸混合酸再除砷，继续蒸发至冒高氯酸烟(若所取试样中含铬超过 5mg，则将铬氧化至六价后，分次滴加盐酸除铬)，至溶液透明并回流 3～4min(若试样中含锰超过 2%，则多加 3～4mL 高氯酸，回流 15～20min)，继续蒸发至湿盐状。

冷却，加 10mL 硫酸(1+1)溶解盐类。滴加亚硝酸钠溶液将铬还原至低价并过量 1～2 滴，煮沸驱除氮氧化物，冷却至室温，移入 100mL 容量瓶中，用水稀释至刻度，混匀。

移取 10.00mL 试液两份，分别置于 25mL 容量瓶中。

2) 显色

加 2.0mL 硫酸、0.3mL 酒石酸锑钾溶液、2mL 淀粉溶液、2mL 抗坏血酸溶液，每加一种试剂均需混匀。也可将所需用的硫酸、酒石酸锑钾及淀粉溶液在显色时混合后按比例一次加入。一份加 5.0mL 钼酸铵溶液(从容量瓶口中间加入，黏附在瓶壁上的钼酸铵溶液需用水冲洗，否则瓶壁上的钼酸铵因酸度低而被还原成蓝色，造成测定误差)，用水稀释至刻度，混匀。

另一份不加钼酸铵溶液，用水稀释至刻度，混匀。

3) 吸光度测量

在 20～30℃放置 10min 后，移入 2～3cm 比色皿中。以不加钼酸铵溶液的一份为参比，用分光光度计于 700nm 波长处测量吸光度。减去随同试样空白的吸光度，从校准曲线上查出相应磷的质量。

4) 校准曲线的绘制

移取 0mL、1.00mL、2.00mL、4.00mL、6.00mL、8.00mL 磷标准溶液，分别置于 6 个 25mL 容量瓶中，加 5mL 铁溶液。以下按 2)进行。在 20～30℃放置 10min 后，移入 2～3cm 比色皿中，以水为参比，用分光光度计于 700nm 波长处测量吸光度。减去试样空白的吸光度，以磷的质量为横坐标、吸光度为纵坐标，绘制校准曲线。

5) 计算

磷含量用质量分数(%)表示，按下式计算：

$$w(\mathrm{P})=\frac{m_1V\times10^{-6}}{mV_1}\times100 \tag{8-10}$$

式中，m_1 为校准曲线上查得磷的质量，μg；m 为试样的质量，g；V 为试液的总体积，mL；V_1 为分取试液的体积，mL。

8.5 硅的测定

目前钢铁中硅的测定方法很多，主要有重量法、滴定法、光度法等。重量法是最经典的测定方法，具有准确、适用范围广等特点。但是操作时间长、步骤烦琐、要求严格，操作中稍有不慎就会带来较大的误差。目前此法仅应用于测定高硅钢或仲裁分析(详见硅酸盐分析)。滴定法中常用的是氟硅酸钾滴定法。此法比较简单，准确度尚可，速度也较快，但是操作条件不易掌握。目前此法应用不多，适用于高硅试样的测定(详见硅酸盐分析)。光度法具有简单、快速、准确等特点，是目前实际应用最广泛的方法，其中应用最多的是硅钼蓝光度法。近年来，多元配合物测定方法的成功，进一步提高了测定的灵敏度。例如，硅钼杂多酸-甲基绿缔合物光度法可测定钢中 0.003%以上的硅。本节重点介绍还原型硅钼酸盐分光光度法。

1. 方法原理

将试样用适宜比例的硫酸-硝酸或盐酸-硝酸溶解，用碳酸钠和硼酸混合熔剂熔融酸不溶残渣。在弱酸性溶液中，硅酸与钼酸盐生成氧化型硅钼酸盐(硅钼黄)。增加硫酸浓度，加入草酸消除磷、砷、钒的干扰，用抗坏血酸选择性还原，将硅钼酸盐还原成蓝色的还原型硅钼酸盐(硅钼蓝)。

在 810nm 波长处，对蓝色的还原型硅钼酸盐进行分光光度测定。

2. 试剂

纯铁(硅含量小于 0.004%并已知其准确含量)；混合熔剂(两份碳酸钠和一份硼酸研磨至粒度小于 0.2mm，混匀)；硫酸(1+3)[1.6]；硫酸(1+9)[1.6]；硫酸-硝酸混合酸[1.13.4]；盐酸-硝酸混合酸[1.20]；高锰酸钾溶液Ⅲ(22.5g/L)[3.23.3]；过氧化氢溶液(1+4)[8.13]；钼酸钠溶液[8.33]；草酸溶液(50g/L)[1.9]；抗坏血酸溶液(20g/L)[7.3]；硅储备液(0.50mg/mL)

[10.1.5]；硅标准溶液(10.0μg/mL)[10.1.6]；硅标准溶液(4.0μg/mL)[10.1.7]。

3. 仪器设备

聚丙烯或聚四氟乙烯烧杯(容积 250mL)；铂坩埚(容积 30mL)；分光光度计。

4. 分析步骤

1) 试样

硅含量为 0.010%～0.050%时称取(0.40±0.01)g 试样(粉末或屑样)，准确至 0.0001g。硅含量为 0.050%～0.25%时称取(0.20±0.01)g 试样(粉末或屑样)，准确至 0.0001g。硅含量为 0.25%～1.00%时称取(0.10±0.01)g 试样(粉末或屑样)，准确至 0.0001g。

2) 铁基空白试验

称取与试样相同质量的纯铁代替试样，用同样的试剂、按 3)相同的分析步骤与试样平行操作，以此铁基空白试验溶液作底液绘制校准曲线。

3) 试样分解和试液制备

酸溶性硅测定的试样分解和试液制备：将试样置于 250mL 聚丙烯或聚四氟乙烯烧杯中，称样量为 0.20g 和 0.10g 时加入 25mL 硫酸-硝酸混合酸；称样量为 0.40g 时加入 30mL 硫酸-硝酸混合酸，盖上盖子，微热溶解试样，溶解过程中不断补加水，保持溶液体积无明显减少。用水稀释至约 60mL，小心将试液加热至沸，滴加高锰酸钾溶液至析出水合二氧化锰沉淀，保持微沸 2min。滴加过氧化氢至二氧化锰沉淀刚好溶解，并加热微沸 5min 使过氧化氢分解。冷却，将试液转移至 100mL 容量瓶中，用水稀释至刻度，混匀。

全硅测定的试样分解和试液制备：将试样置于 250mL 聚丙烯或聚四氟乙烯烧杯中，称样量为 0.20g 和 0.10g 时加入 30mL 硫酸-硝酸混合酸；称样量为 0.40g 时加入 35mL 硫酸-硝酸混合酸，盖上盖子，微热溶解试样，溶解过程中不断补加水，保持溶液体积无明显减少。当溶液反应停止时，用低灰分慢速滤纸过滤溶液，滤液收集于 250mL 烧杯中。用 30mL 热水洗涤烧杯和滤纸，用带橡胶头的棒擦下黏附在杯壁上的颗粒并全部转移至滤纸上。将滤纸及残渣置于铂坩埚中，干燥，灰化，在高温炉中于 950℃灼烧。冷却后，加 0.25g 混合熔剂与残渣混合，再覆盖 0.25g 混合熔剂，在高温炉中于 950℃熔融 10min。冷却后，擦净坩埚外壁，将坩埚置于盛有滤液的 250mL 烧杯中，缓缓搅拌使熔融物溶解，用水洗净坩埚。小心将试液加热至沸，滴加高锰酸钾溶液至析出水合二氧化锰沉淀，保持微沸 2min。滴加过氧化氢至二氧化锰沉淀刚好溶解，加热微沸 5min 使过氧化氢分解。冷却，将试液转移至 100mL 容量瓶中，用水稀释至刻度，混匀。

4) 显色

分取两份 10.00mL 由 3)得到的试液于两个 50mL 硼硅酸盐玻璃容量瓶中，加 10mL 水。一份溶液制备显色液，另一份溶液制备参比液。

在 15～25℃条件下，按下述方法处理每一种试液和参比液，用移液管加入所有试剂溶液。

显色液按下列顺序加入试剂溶液，每加入一种溶液后都要摇动：①10.0mL 钼酸钠溶液，静置 20min；②5.0mL 硫酸；③5.0mL 草酸溶液；④立即加入 5.0mL 抗坏血酸溶液。

参比液按下列顺序加入试剂溶液，每加入一种溶液后都要摇动：①5.0mL 硫酸；②5.0mL 草酸溶液；③10.0mL 钼酸钠溶液；④立即加入 5.0mL 抗坏血酸。

用水稀释至刻度，混匀。每种试液(试样溶液和空白液)及各自的参比液静置 30min。

稀释时，含有铌、钽的试样溶液中会有细小的、分散的沉淀。待沉淀下沉后，用密滤纸干过滤上层清液于干燥容器中，弃去开始的几毫升滤液。

5) 校准曲线溶液的制备

分取 10.00mL 铁基空白试验溶液 7 份于 7 个硼硅酸盐玻璃 50mL 容量瓶中。当硅含量为 0.010%～0.050%时，分别加入 4.0μg/mL 硅标准溶液 0mL、0mL、1.00mL、2.00mL、3.00mL、4.00mL、5.00mL，补加水至 20mL。当硅含量为 0.050%～0.25%时，分别加入 10.0μg/mL 硅标准溶液 0mL、0mL、1.00mL、2.00mL、3.00mL、4.00mL、5.00mL，补加水至 20mL。当硅含量为 0.25%～1.00%时，分别加入 10.0μg/mL 硅标准溶液 0mL、0mL、2.00mL、4.00mL、6.00mL、8.00mL、10.00mL，补加水至 20mL。

其中一份不加硅标准溶液的空白试验溶液按 3)制备参比液。另 6 份试液按 3)制备显色液。

6) 校准曲线的绘制

以校准曲线溶液的吸光度为纵坐标、校准曲线溶液中加入的硅的质量与分取纯铁溶液中的硅的质量之和为横坐标，绘制校准曲线。

7) 计算

硅含量用质量分数(%)表示，按下式计算：

$$w(\mathrm{Si}) = \frac{m_1 V \times 10^{-6}}{m V_1} \times 100 \tag{8-11}$$

式中，m_1 为校准曲线上查得硅的质量，μg；m 为试样的质量，g；V 为试液的总体积，mL；V_1 为分取试液的体积，mL。

8.6 锰的测定

钢铁中锰含量的分析通常采用滴定法和光度法。前者可用硝酸银(酸性条件)定量将锰氧化成三价，用硫酸亚铁铵标准溶液滴定；还可以用过硫酸铵将锰氧化成七价，用亚砷酸钠-亚硝酸钠标准溶液滴定。后者常用高碘酸钾将锰氧化成七价后，进行光度测定。本节主要介绍后一种滴定法及光度法。

8.6.1 亚砷酸钠-亚硝酸钠滴定法

1. *方法原理*

试样用混酸(硫、磷混酸或硫、磷、硝混酸)溶解。

$$\mathrm{MnS + H_2SO_4 = MnSO_4 + H_2S\uparrow}$$

$$\mathrm{3Mn + 8HNO_3 = 3Mn(NO_3)_2 + 2NO\uparrow + 4H_2O}$$

$$3Mn_3C + 28HNO_3 \longequal 9Mn(NO_3)_2 + 10NO\uparrow + 3CO_2\uparrow + 14H_2O$$

在酸性介质中，以硝酸银为催化剂，用过硫酸铵氧化二价锰至七价锰。

$$2Mn(NO_3)_2 + 5(NH_4)_2S_2O_8 + 8H_2O \longequal 2HMnO_4 + 5(NH_4)_2SO_4 + 4HNO_3 + 5H_2SO_4$$

反应完毕后加氯化钠除去银离子，然后用亚砷酸钠-亚硝酸钠标准溶液滴定高锰酸至红色消失为终点。

$$2HMnO_4 + 5Na_3AsO_3 + 4HNO_3 \longequal 5Na_3AsO_4 + 2Mn(NO_3)_2 + 3H_2O$$

$$2HMnO_4 + 5NaNO_2 + 4HNO_3 \longequal 5NaNO_3 + 2Mn(NO_3)_2 + 3H_2O$$

该法为测定钢铁中锰的较成熟方法。大量的铬、钴等物质对测定有干扰。

2. 试剂

硫-磷混酸[1.8]；硝酸银溶液(5g/L)[3.6]；硫酸氯化钠混合液(4g/L)[3.27]；过硫酸铵(200g/L)[3.28]；锰标准溶液(500μg/mL)[10.3.2]；亚砷酸钠-亚硝酸钠标准溶液[9.16]。

3. 分析步骤

称取试样(含锰 0.1%～1%称 0.5000g；1%～2.5%称 0.2500g)，准确至 0.0001g，置于 300mL 锥形瓶中，加入 30mL 硫-磷混酸，小心加热溶解，待试样基本溶解后，滴加硝酸至无反应，溶液透明。继续煮沸驱尽氮氧化物(若有不溶碳，则要加 25mL 水稀释后滤去)。取下，加入 50mL 水，加 10mL 硝酸银溶液、10mL 过硫酸铵溶液，低温加热 45s，取下，放置 2min，再用流水冷却至室温。加 10mL 硫酸氯化钠混合液，摇匀，立即用亚砷酸钠-亚硝酸钠标准溶液以不变的速度进行滴定(每分钟不超过 6mL)，当溶液呈微红色时，以更慢的速度滴定至粉红色消失(若溶液中有铬存在，则呈淡黄色)。

锰的质量分数按下式计算：

$$w(\mathrm{Mn}) = \frac{TV}{m} \tag{8-12}$$

式中，T 为亚砷酸钠-亚硝酸钠标准溶液对锰的滴定度，g/mL；V 为消耗标准溶液的体积，mL；m 为试样的质量，g。

4. 测定条件

(1) 硫-磷混酸中的磷酸可以增加高锰酸的稳定性，防止二氧化锰的生成，并且磷酸与三价铁生成无色配合物，易于判断终点。当试样含钨量高时，磷酸还可与钨配位生成易溶性磷钨酸，避免生成黄色的钨酸沉淀，影响终点的观察。滴加硝酸可使碳化物氧化生成二氧化碳而逸出。

(2) 本方法的关键在于使二价锰完全氧化成七价锰，并且生成的高锰酸切勿使其分解。酸度过高氧化不完全，过低则硝酸银失去催化作用，易形成四价锰沉淀。煮沸及放置可以保证氧化完全，还可使过剩的过硫酸铵分解。但如果煮沸及放置的时间过长，则高锰酸有可能分解。

(3) 反应完毕，加入氯化钠除去硝酸银时，氯化钠稍过量即可。若过量太多，将使高锰酸还原；若加得不够，则在滴定残余的过硫酸铵时，由于硝酸银的催化作用仍在进行而影响终点。滴定前还应加硫酸以增强酸度，加速高锰酸与亚砷酸钠的作用。

(4) 使用混合标准溶液作滴定剂，是因为如果单独用亚硝酸钠，虽然基本上能将七价锰还原为二价锰，但在室温下作用缓慢，同时试剂本身不够稳定，而亚砷酸钠虽然试剂本身稳定，但还原不够彻底，部分七价锰会被还原成三价或四价锰。将两者混合使用，可取长补短，但仍不能定量将七价锰还原为二价锰，所以也不能按理论值计算测定结果，而必须用含量相近的标样在相同条件下测定，求得标准溶液的滴定度，用于计算结果。

(5) 为了检验滴定是否过量，可在滴定到达终点后的溶液中加 1 滴 1.6g/L 高锰酸钾，若溶液呈微红色，且 1～2min 不褪色，说明滴定正常，有反应则说明滴定过量。

(6) 铬含量在 2%以上的试样，滴定终点为橙黄色，不易判断。因此，溶样后应将试验溶液调至中性，加氧化锌水解使三价铬生成氢氧化铬沉淀，再过滤除去。而大量钴存在时，由于钴离子本身呈粉红色，滴定终点难以判断。可在氨性溶液中加入过硫酸铵使二价锰氧化为四价的二氧化锰沉淀，从而使锰、钴分离。

8.6.2 高碘酸钠(钾)分光光度法

1. *方法原理*

试样经酸溶解后，在硫酸、磷酸介质中，用高碘酸钠(钾)将锰氧化至七价，用分光光度计于 530nm 波长处进行吸光度测量。

2. *试剂*

氢氟酸(ρ = 1.15g/mL)；盐酸(ρ = 1.19g/mL)；硝酸(ρ = 1.42g/mL)；硝酸(1+4)[1.4]；硫酸(1+1)[1.6]；高氯酸(1+499)[1.22]；磷酸-高氯酸混合酸[1.12]；高碘酸钠(钾)溶液(50g/L)[6.10]；亚硝酸钠溶液(10g/L)[3.25]；锰标准溶液(500μg/mL)[10.3.2]；锰标准溶液(100μg/mL)[10.3.2]；锰标准溶液(20μg/mL)[10.3.2]；不含还原物质的水[8.11]。

3. *分析步骤*

1) 试样量和试液的制备

根据样品中含锰量，按表 8-7 称取试样，准确至 0.0001g，置于 150mL 锥形瓶中。加入 10mL 磷酸-高氯酸混合酸(试样量为 2.0g 时，加入 15mL 磷酸-高氯酸混合酸；高钨试样用 15mL 磷酸-高氯酸混合酸溶解时，不必再加)，加热蒸发至冒高氯酸烟 2～5min(含铬量高的试样需将铬氧化)，稍冷，加水溶解盐类。如有必要，过滤除去石墨碳并用热高氯酸洗涤。

表 8-7 测定锰的称样量和标准溶液的制备

含锰量/%	0.001～0.01	＞0.01～0.10	＞0.10～1.0	＞1.0～4.0
称样量/g	2.0000	0.5000	0.2000	0.1000

续表

含锰量/%	0.001～0.01	＞0.01～0.10	＞0.10～1.0	＞1.0～4.0
锰标准溶液浓度/(μg/mL)	20	100	100	500
锰标准溶液加入量/mL	0.00	0.00	0.00	0.00
	1.00	0.50	2.00	2.00
	3.00	1.00	4.00	2.50
	5.00	2.00	6.00	3.00
	8.00	3.00	8.00	3.50
	10.00	5.00	10.00	4.00
比色皿/cm	5	3	2	1

含锰量不大于 2.00%时，加 10mL 硫酸，用水稀释至约 40mL。

含锰量大于 2.00%时，加 10mL 硫酸，用水稀释至约 40mL，冷却至室温，移入 100mL 容量瓶中，用水稀释至刻度，混匀。移取 50.0mL 试液于 150mL 锥形瓶中，补加 5mL 硫酸。

2) 显色

在制备的试液中加 10mL 高碘酸钠(钾)溶液，加热至沸并保持 2～3min(防止试液溅出)，冷却至室温，移入 100mL 容量瓶中，用不含还原物质的水稀释至刻度，混匀。

3) 参比液的制备

移取约 25mL 显色液于 100mL 锥形瓶中，边摇动边滴加亚硝酸钠溶液至紫红色刚好褪去，此溶液为参比液。

4) 分光光度测量

根据试样中的含锰量，选择合适的比色皿，以参比液调零后，用分光光度计于 530nm 波长处测量显色液的吸光度。

5) 校准溶液的制备

按表 8-7，在 6 个 150mL 锥形瓶中加入一定量的标准溶液。加 10mL 磷酸-高氯酸混合酸，加热蒸发至冒高氯酸烟。稍冷，加 10mL 硫酸，用水稀释至约 40mL，加 10mL 高碘酸钠(钾)溶液，摇匀。加热至沸并保持 2～3min(防止试液溅出)，冷却至室温，移入 100mL 容量瓶中，用不含还原物质的水稀释至刻度，混匀。

6) 校准曲线的绘制

以零校准溶液调零后，以此溶液作为参比，用分光光度计于 530nm 波长处依次测量各校准溶液的吸光度。以校准溶液中锰的质量(μg)为横坐标、吸光度为纵坐标，绘制校准曲线。

7) 试验数据处理

利用校准曲线将吸光度转换为相应试液中锰的质量，以 μg 表示。锰含量用质量分数(%)表示，按下式计算：

$$w(\mathrm{Mn})=\frac{m_1V\times10^{-6}}{mV_1}\times100 \tag{8-13}$$

式中，m_1 为校准曲线上查得锰的质量，μg；m 为试样的质量，g；V 为试液的总体积，mL；V_1 为分取试液的体积，mL。

4. 注意事项

(1) 含铬量不大于 5%的试样加 15mL 硝酸[高硅试样加 3～4 滴氢氟酸,高钨(5%以上)试样或难溶试样可加 15mL 磷酸-高氯酸混合酸],低温加热至停止反应。加 1～2mL 盐酸，继续加热至完全分解。

(2) 高镍铬试样加 10mL (3+1)、(6+1)或(10+1)的盐酸-硝酸混合酸，低温加热溶解。

(3) 当称样量为 2g 时，可视情况增加酸的用量，以便试样溶解完全。

(4) 含钴试样用亚硝酸钠溶液褪色时，钴的微红色不褪，可按下述方法处理：不断摇动容量瓶，慢慢滴加亚硝酸钠溶液，若试样微红色无变化，将溶液置于比色皿中，测其吸光度，向剩余试液中再加亚硝酸钠溶液，再次测吸光度，直至两次吸光度无变化即可。

8.7 其他测定方法介绍

8.7.1 碳硫联合测定

高频红外碳硫分析仪能快速、准确地测定钢、铁、合金、铸造型芯砂、有色金属、水泥、矿石、焦炭、催化剂及其他材料中碳、硫两种元素的质量分数，具有测量范围宽、抗干扰能力强、功能齐全、操作简便、分析结果准确可靠等特点。

1. 方法原理

CO_2 分子的面内弯曲振动、面外弯曲振动和不对称伸缩振动会产生红外吸收，SO_2 分子的对称伸缩振动和不对称伸缩振动会产生红外吸收。因此，CO_2 和 SO_2 可与入射的特征波长红外辐射耦合产生吸收，朗伯-比尔定律反映了此吸收规律。红外碳硫分析仪利用 CO_2 和 SO_2 分别在 4.26μm 和 7.4μm 处具有较强吸收带这一特性，通过测量气体吸收后的光强变化量，分析 CO_2 和 SO_2 气体的浓度，间接确定待测样品中碳、硫元素的含量。

分析室包括红外光源、反射镜、调制盘、吸收池、滤光片和探测器。红外光源用电加热到 800℃左右产生红外辐射光，经调制器将光信号调制成 80Hz 的交变信号入射到吸收池。该红外光经吸收池中的 CO_2 和 SO_2 气体吸收后，再经过窄带滤光片滤去除上述波长外的其他光辐射的能量，入射到探测器上，则探测器上测到的是与 CO_2 和 SO_2 气体浓度相对应的光强，经过探测器光电转换为电信号，放大后输出模拟量信号，经 A/D 模数转换后，通过 USB 通信口送上位微机归一化处理，积分反演为碳、硫元素的含量。

高频红外碳硫仪的分析流程为：分析时先在电子天平上称得样品质量，输入微机，也可通过键盘输入，加入助熔剂后送进高频炉燃烧室，开始分析。第一阶段为吹氧阶段，首先打开相应电磁阀，按分析流程通氧气，目的是清除管道内残留的 CO_2 和 SO_2 气体。

当 CO_2 和 SO_2 气体含量为零时，待测气体分压力为零，此时采集信号为纯氧条件基准信号 V_0。第二阶段为分析释放阶段，打开高频炉，加热样品到释放温度，此时样品在高温富氧条件下立即氧化生成 CO_2 和 SO_2 气体，由氧气作载气输送到吸收池，放大器输出信号随待测气体浓度增加而减小，经归一化处理后，对每个数据进行线性化定标，分析结束后对线性定标数据进行面积积分，乘以系数，除以样品质量，扣除空白获得样品中碳、硫元素的含量。

2. 测定步骤

1) 样品准备

样品称量与处理：使用电子天平准确称取适量的钢铁样品(具体质量根据样品含碳量和仪器要求而定，如 0.25～2g)。将样品处理成适合进样的形状，如粉末状、小块状或削状，确保样品能完全放入坩埚中。

助熔剂添加：在坩埚中添加适量的助熔剂，助熔剂的作用是使样品在载气(如纯氧)存在下完全熔化，释放出碳元素和硫元素。助熔剂在碳硫分析中起着至关重要的作用，它们能够帮助样品在高温下快速、完全燃烧，从而释放出待测元素(如碳、硫)供后续分析。助熔剂的选择取决于样品类型、分析要求及仪器条件等因素。以下是一些常用的助熔剂类型：金属类助熔剂(钨粒、锡粒、铁粒、铜屑)、无机盐类助熔剂(碳酸盐类、过氧化钠、硝酸钠)、其他助熔剂(五氧化二钒和硅钼粉等)。

2) 仪器设置

仪器开机与预热：打开高频红外碳硫分析仪的电源开关，等待仪器自检完成。根据仪器要求，对高频炉进行预热，以确保分析过程的稳定性和准确性。

参数设置：进入仪器操作界面，根据样品类型和含量设置合适的分析参数，如燃烧温度、氧气流量、载气压力等。

3) 分析过程

样品进样：将装有样品和助熔剂的坩埚置于仪器的进样口或坩埚托上。通过仪器软件操作，启动自动进样和分析程序。

高温燃烧与气体转化：样品在高温高频炉中通过氧气氧化，碳元素转化为 CO_2 和 CO 的混合气体，硫元素转化为 SO_2 气体。生成的混合气体经过除尘和除水净化装置后，进入红外吸收池进行测定。

红外吸收测量：利用红外吸收原理，测量混合气体中 CO_2 和 SO_2 的浓度。对于 CO_2 的测量，通常需要先将其中的 CO 氧化为 CO_2，再进行测量。根据红外吸收池测得的吸收峰强度，计算出样品中的碳、硫含量。

4) 结果记录与处理

结果记录：分析完成后，仪器将自动显示碳、硫含量结果。操作人员需将结果记录在相应的数据表格中。

数据处理与分析：根据需要对结果进行数据处理和分析，如计算平均值、标准差等统计量。与标准值或历史数据进行对比，评估分析结果的准确性和稳定性。

8.7.2 硅、锰、磷的快速测定

随着科学技术的不断发展，近年来对钢铁中硅、锰、磷等几种常见元素的测定方法做了大量研究、探讨和改革工作。主要体现在自动分析和经典法改进两大方面，下面介绍经典法改进。

在经典法基础上，对反应条件及试剂浓度进行改进。溶解试样使用的混合酸以溶解效率高、不产生有毒气体(二氧化氮)的硫酸为主，辅以少量硝酸。由于硝酸浓度较低，为防止磷的损失，在加入混合酸之前，先加入过量的氧化剂过硫酸铵。

在锰的测定中，问题的关键在于如何解决酸度和温度之间的矛盾。改进法在沿用银盐催化、过硫酸铵氧化的基础上，适当降低酸度为 0.25mol/L，在常温下反应，去除了经典的高酸度、磷酸保护、加热等措施，简化了操作过程。

在磷的测定中，在约 0.8mol/L 酸度、铋盐作为催化剂、常温条件下，生成的磷钼杂多酸用抗坏血酸还原为磷钼蓝，从而使条件易于控制，且简化了加热操作。在硅的测定中，经典法在约 0.35mol/L 酸度下，先生成硅钼杂多酸，然后提高酸度为 2mol/L 左右，用亚铁盐还原。改进法沿用经典法的原理及主要过程，改为先将亚铁盐及草酸溶液混合，一次加入，从而简化操作步骤。

1. 试剂

硫-硝混酸[1.13]；稀硫-硝混酸(2+3)[1.13.2]；过氧化氢溶液(3%)[8.14]；钼酸铵溶液(50g/L)[6.3]；草酸溶液(10g/L)[1.9]；硫酸亚铁铵溶液(10g/L)[3.26]；磷显色液[6.5]；硝酸银溶液(5g/L)[3.6]；硅显色液[6.6]。

2. 测定步骤

称取 0.2000g 试样，准确至 0.0001g，置于高型烧杯中，用少量水润湿，加 1.5g 过硫酸铵、40mL 硫-硝混酸，微微加热至溶解完全[如果溶解过程中产生二氧化锰，溶液呈棕色浑浊，可以加 2～3 滴过氧化氢溶液(3%)还原至澄清而呈淡黄绿色，但是要注意切勿将黑色石墨碳误认为二氧化锰]，继续煮沸 1min。冷却后，转移至 100mL 容量瓶中(如果溶液中有石墨碳，用快速滤纸过滤，用 100mL 中含硫-硝混酸 1mL 的热水洗涤 5～6 次，冷却)，用水稀释至刻度。

(1) 磷的测定：移取 10.00mL 试验溶液于干燥小烧杯中(如果是冬季，温度过低，可以微热至刚开始产生水蒸气)，加入 20.00mL 磷显色液，15min 后倾注于 1cm 比色皿中，以 10.00mL 稀硫-硝混酸(2+3)用同样方法处理所得的溶液为空白，与用同法处理的标准钢铁溶液比较，于 660nm 波长处测定吸光度。

(2) 锰的测定：移取 10.00mL 试验溶液于干燥小烧杯中(如果是冬季，温度过低，可以微热至刚开始产生水蒸气)，加入 15.00mL 硝酸银溶液(5g/L)，加 0.5g 过硫酸铵，2min 后倾注于比色皿中，以 10.00mL 稀硫-硝混酸(2+3)用同法处理所得的溶液为空白，与用同法处理的标准钢样溶液比较，于 530nm 波长处测定吸光度。

(3) 硅的测定：移取 2.00mL 试验溶液于干燥小烧杯中，加 2.00mL 钼酸铵溶液(50g/L)。

15min 后(或于沸水浴中加热 20s)加 50.00mL 硅显色液，5min 后倾注于 1cm 比色皿中，以 2.00mL 稀硫-硝混酸(2+3)用同法处理所得的溶液为空白，与用同法处理的标准钢铁溶液比较，于 660nm 波长处测定吸光度。

可采用比较法或校准曲线法确定各成分含量。

8.7.3　电感耦合等离子体原子发射光谱法多元素含量的测定

电感耦合等离子体原子发射光谱法(ICP-AES)是一种广泛应用于钢铁中多元素含量测定的先进光谱分析技术。该方法凭借其高灵敏度、低检出限、宽线性动态范围、少基体干扰以及能同时分析多种元素等优点，在钢铁及合金材料的元素分析中得到了广泛应用。

1. 方法原理

试样用盐酸和硝酸的混合酸溶解，并稀释至一定体积。若有需要，加钇作内标。将雾化溶液引入电感耦合等离子体原子发射光谱仪，测定各元素分析线的发射光强度，或者同时在 371.03nm 处测定钇的发射光强度，计算各元素的发射光强度比。

2. 试剂

高纯铁(质量分数大于 99.98%，且待测元素含量已知)；盐酸(ρ = 1.19g/mL)；硝酸(ρ = 1.42g/mL)；高氯酸(ρ = 1.67g/mL)；硫酸(ρ = 1.84g/mL)；过氧化氢(ρ = 1.10g/mL)；钇储备液(1000.0μg/mL)[10.24]；钇标准溶液(25.00μg/mL)[10.24]；硅储备液(500.0μg/mL)[10.25]；硅标准溶液(50.0μg/mL)[10.25]；锰储备液(1000.0μg/mL)[10.26]；锰标准溶液(100.0μg/mL)[10.26]；磷储备液(1000.0μg/mL)[10.27]；磷标准溶液 A(100.0μg/mL)[10.27]；磷标准溶液 B(10.00μg/mL)[10.27]；镍储备液(1000.0pg/mL)[10.28]；镍标准溶液(100μg/mL)[10.28]；铬储备液(1000.0μg/mL)[10.29]；铬标准溶液(100μg/mL)[10.29]；钼储备液(1000.0μg/mL)[10.30]；钼标准溶液(100.0μg/mL)[10.30]；铜储备液(500.0μg/mL)[10.31]；铜标准溶液(50.00μg/mL)[10.31]；钒储备液(250.0μg/mL)[10.32]；钒标准溶液(25.00μg/mL)[10.32]；钴储备液(1000.0μg/mL)[10.33]；钴标准溶液 A(100.0μg/mL)[10.33]；钴标准溶液 B(10.00μg/mL)[10.33]；钛储备液(250.0μg/mL)[10.34]；钛标准溶液(10.00μg/mL)[10.34]；铝储备液(1000.0μg/mL)[10.35]；铝标准溶液 A(100.0μg/mL)[10.35]；铝标准溶液 B(10.00μg/mL)[10.35]。

3. 仪器

电感耦合等离子体原子发射光谱仪。

4. 测定步骤

1) 试样量

称取 0.50g 试样，准确至 0.1mg。

2) 空白试验(相当于零号)

称取 0.500g 高纯铁，随同试样做空白试验。

3) 试样溶液的制备

将试样置于 200mL 烧杯中，加 10mL 水、5mL 硝酸，盖上表面皿，缓缓加热至停止冒泡。加 5mL 盐酸，继续加热至完全分解。若有不溶碳化物，可加 5mL 高氯酸，加热至冒高氯酸烟 3~5min。取下，冷却，加 10mL 水、5mL 硝酸，摇匀，再加 5mL 盐酸，加热溶解盐类。此溶液不能用来测定 Si。冷却至室温，将溶液定量转移至 100mL 容量瓶中，如果用内标法，用移液管加 10mL 钇内标液，用水稀释至刻度，混匀。

4) 校准曲线溶液的制备

称取 0.500g 高纯铁 7 份分别于 200mL 烧杯中，按 3)步骤将其溶解，冷却至室温，将溶液转移至 100mL 容量瓶中，按表 8-8、表 8-9 加入待测元素的标准溶液。如果发现校准曲线不呈线性，可以增加校准系列(见表 8-9)。

表 8-8 制作校准曲线的标准溶液系列一

分析元素	标准溶液	加入标准溶液的体积/mL							相应试样中元素含量(质量分数)/%
硅	[10.25] 500.0μg/mL	0	1.00	2.00	3.00	4.00	5.00	6.00	0.01～0.60
锰	[10.26] 1000.0μg/mL	0	1.00	2.00	3.00	5.00	10.0		0.01～2.00
磷	[10.27] 100.0μg/mL	0	1.00	2.00	3.00	4.00	5.00		0.005～0.10
镍	[10.28] 1000.0μg/mL	0	1.00	3.00	5.00	10.00	15.00	20.00	0.01～4.00
铬	[10.29] 1000.0μg/mL	0	1.00	2.00	3.00	5:00	10.00	15.00	0.01～3.00
钼	[10.30] 1000.0μg/mL	0	1.00	2.00	3.00	5.00	6.00		0.01～1.20
铜	[10.31] 500.0μg/mL	0	1.00	2.00	3.00	4.00	5.00		0.01～0.50
钒	[10.32] 250.0μg/mL	0	1.00	2.00	3.00	5.00	10.00		0.002～0.50
钴	[10.33] 100.0μg/mL	0	1.00	2.00	3.00	5.00	10.00		0.003～0.20
钛	[10.34] 250.0μg/mL	0	0.50	1.00	2.00	4.00	6.00		0.001～0.30
铝	[10.35] 100.0μg/mL	0	1.00	2.00	3.00	4.00	5.00		0.004～0.10

表 8-9 制作校准曲线的标准溶液系列二

分析元素	标准溶液	加入标准溶液的体积/mL						相应试样中元素含量(质量分数)/%
硅	[10.25] 50.0μg/mL	0	1.00	2.00	3.00	5.00	10.00	0.01～0.10
锰	[10.26] 100.0μg/mL	0	0.50	1.00	2.50	5.00	10.00	0.01～0.20
磷	[10.27] 10.00μg/mL	0	2.00	3.00	5.00	10.00		0.005～0.02

续表

分析元素	标准溶液	加入标准溶液的体积/mL							相应试样中元素含量(质量分数)/%
镍	[10.28] 100.0μg/mL	0	0.50	1.00	2.50	5.00	10.00		0.01～0.20
铬	[10.29] 100.0μg/mL	0	0.50	1.00	2.50	5.00	10.00		0.01～0.20
钼	[10.30] 100.0μg/mL	0	0.50	1.00	2.50	5.00	10.00		0.01～0.20
铜	[10.31] 50.00μg/mL	0	1.00	2.00	3.00	5.00	10.00		0.01～0.10
钒	[10.32] 25.00μg/mL	0	0.50	1.00	2.00	4.00	6.00	10.00	0.002～0.05
钴	[10.33] 10.00μg/mL	0	1.00	2.00	3.00	5.00	10.00		0.003～0.02
钛	[10.34] 10.00μg/mL	0	1.00	2.00	3.00	5.00	10.00		0.001～0.025
铝	[10.35] 10.00μg/mL	0	2.00	3.00	4.00	5.00			0.004～0.01

如果用内标法，用移液管加 10mL 钇内标液，用水稀释至刻度，混匀。在标准溶液中，若存在待测元素以外的共存元素(钠等)影响待测元素的发射光强度，在校准曲线系列溶液中应使此共存元素的量相同，试样溶液中也应加入与校准曲线系列溶液中等量的此共存元素。

5) 光谱测量

开启 ICP-AES，进行测量前至少运行 1h。测量最浓校准溶液，根据仪器厂家提供的操作程序和指南调节仪器参数：气体(外部、中间或中心)流速、火炬位置、入射狭缝、出射狭缝、光电倍增管电压、分析线波长、预冲洗时间、积分时间。准备测量分析线强度、平均值、相对标准偏差的软件。如果使用内标，准备用 Y(371.03nm)作内标并计算每种元素与钇的强度比的软件。内标强度应与分析物强度同时测量。检查各项仪器性能是否符合要求。

若测量绝对强度，应确保所有测量溶液温度差均在 1℃之内。用中速滤纸过滤所有溶液，弃去最初的 2～3mL 溶液。开始用最低浓度校准溶液(零号相当于空白试验)测量绝对强度或强度比，接着测量 2～3 个未知试液，然后测量仅高于最低浓度的校准溶液，再测量 2 个或多个未知试液，如此下去。对各溶液中待测元素，检查短期稳定性，然后计算平均强度或平均强度比。

6) 分析线中干扰线的校正

先检查各共存元素对待测元素分析线的光谱干扰。有光谱干扰的情况下，求出光谱干扰校正系数，即当共存元素质量分数为 1%时相当于待测元素的质量分数。

7) 校准曲线的绘制

以待测元素的浓度(μg/mL)为横坐标、净强度或净强度比为纵坐标作线性回归。计算相关系数，应符合相关规定。

8) 计算

根据校准曲线，将试液的净强度或净强度比转化为相应待测元素的浓度，以 μg/mL 表示。

扫一扫 知识拓展 “铁”是怎么变身成为“钢”的

习　　题

1. 简述钢和生铁的主要区别。如何按冶炼方法或化学成分及用途进行分类？
2. 生铁试样和钢样应如何正确采集和制备？采样时应注意哪些问题？
3. 简述钢铁试样中各组分存在的形式及性能。
4. 钢铁试样应如何选择合适的分解方法？
5. 45、T_{12}、CrWMn、$W_{18}Cr_4V$、$2Cr_{13}$和 $1Cr_{18}Ni_9Ti$ 钢的含碳量及合金元素含量各是多少？
6. 气体容量法测定钢中碳的原理是什么？应注意哪些关键性问题？
7. 定碳仪的标尺刻度刻制的原理是什么？如何计算校正系数？
8. 非水滴定法测定钢铁中碳时，应如何消除硫的干扰？
9. 乙醇-乙醇胺非水溶液滴定法测定钢中碳的原理是什么？在操作中应注意哪些问题？
10. 燃烧-碘酸钾滴定法测定硫的原理是什么？其结果为什么不能按标准溶液的理论浓度进行计算？
11. 测定硫的装置如何？各部件分别起什么作用？为什么氧气必须经过洗涤和干燥？
12. 燃烧法测定硫时，如何提高硫的生成率？
13. 简述 SO_2 损失的几种形式。
14. 简述 NH_4F-$SnCl_2$ 直接光度法测定钢中磷的原理。
15. 磷钼杂多酸的组成如何？形成磷钼杂多酸时应具备哪些条件？
16. 影响磷钼杂多酸还原的因素有哪些？
17. 如何消除钢中硅、砷对杂多酸法测定磷的干扰？
18. 试述 $H_2C_2O_4$-$(NH_4)_2Fe(SO_4)_2$ 硅钼蓝光度法测定钢中硅的原理。
19. 简述硅钼杂多酸的生成条件。
20. 磷、砷如何干扰硅钼蓝法测定硅？应如何消除？

第9章　有色金属及合金分析

9.1　概　　述

9.1.1　有色金属及其分类

纯金属及其合金经冶炼加工制成的材料称为金属材料。金属材料通常分为黑色金属和有色金属两类。铁、锰、铬及其合金称为黑色金属，通常就称为钢铁。除钢、铁以外的金属统称为有色金属，包括纯金属及其合金。其分类情况如下：

(1) 按其密度、在地壳中的储量和分布情况等分为轻金属(密度小于 $4.5g/cm^3$)、重金属、贵金属、半金属、难熔金属、稀有分散金属、稀土金属及稀有放射性金属等(表 9-1)。

表 9-1　金属按其密度、在地壳中的储量和分布情况等分类

分类	元素
轻金属	铝、镁、钾、钠、钙、锶、钡、钛、铍、锂、铷、铯
重金属	铜、镍、铅、锡、锌、锑、钴、镉、汞、铋
贵金属	金、银、铂、铱、锇、钌、铑、钯
半金属	硅、硒、碲、砷
难熔金属	钨、铌、锆、钼
稀有分散金属	镓、铟、铊、锗
稀土金属	钪、钇、镧系
稀有放射性金属	镭、锕系

我国通常将铜、铅、锌、铝、锡、锑、镍、钨、钼、汞等 10 种金属称为有色金属。

(2) 按有色金属的生产方式和用途，一般分为冶炼产品、加工产品、铸造产品、轴承合金、硬质合金、中间合金、印刷合金、焊料、金属粉末等。

有色金属除以上分类外，还可按性能、使用要求、主要组成元素、组织类型等分类。

9.1.2　有色金属牌号

有色金属牌号的表示方法与钢铁产品基本相同，用汉字牌号或代号两种表示方法。常用的有色金属及其合金牌号表示法见表 9-2。

有色金属种类较多，性能各异，用途广泛。例如，铝是炼钢的脱氧剂，镍是冶炼合金钢的重要成分，锌和锡是薄钢板镀层的主要原料等。因此，有色金属生产能力是反映国

表 9-2 常用的有色金属及其合金牌号表示法

产品类别	组别	代号	牌号类别	
			汉字牌号	代号
镁合金		八号镁合金	MB	MB8
铝及铝合金	工业纯铝	四号工业纯铝	L	L4
	防锈铝	二号防锈铝	LF	LF2
	硬铝	十二号硬铝	LY	LY12
	锻铝	二号锻铝	LD	LD2
	超硬铝	四号超硬铝	LC	LC4
	特殊铝	六十六号特殊铝	LT	LT66
	硬钎焊铝	一号硬钎焊铝	LQ	LQ1
钛及钛合金	工业纯钛	一号α型钛	TA	TA1
	钛合金	五号α型钛合金	TA	TA5
		四号$\alpha+\beta$型钛合金	TC	TC4
铅及铅合金	纯铅	三号铅	Pb	Pb3
	铅锑合金	二铅锑合金	PbSb	PbSb2
锌及锌合金	纯锌	二号锌	Zn	Zn2
	锌合金	1.5 锌铜合金	ZnCu	ZnCu1.5
锡及锡合金	纯锡	二号锡	Sn	Sn2
	锡锑合金	2.5 锡锑合金	SnSb	SnSb2.5
	锡铅合金	13.5-2.5 锡铅合金	SnPb	SnPb13.5-2.5
镍及镍合金	纯镍	四号镍	N	N4
	镍铬合金	10 镍铬合金	NCr	NCr10
纯铜	纯铜	二号铜	T	T2
	无氧铜	一号无氧铜	TU	TU1
黄铜	普通黄铜	68 黄铜	H	H68
	锡黄铜	90-1 锡黄铜	HSn	HSn90-1
白铜	普通白铜	30 白铜	B	B30
	锌白铜	15-20 锌白铜	BZn	BZn15-20
青铜	锰青铜	5 锰青铜	QMn	QMn5
轴承合金	锡基轴承合金	8-3 锡锑轴承合金	ChSnSb	ChSnSb8-3
印刷合金	铅基印刷合金	14-4 铅锑印刷合金	IPbSb	IPbSb14-4
粉末	镁粉	一号镁粉	FM	FM1
	喷铝粉	二号喷铝粉	FLP	FLP2

家经济实力、工业化水平、综合国力的重要指标之一。

有色金属的分析包括矿石及材料分析，分析方法很多，也有相应的国家及部颁标准方法。采用的方法要求成熟、准确、可靠。因此，一些标准分析方法为确保可靠性，往往操作烦琐，有的灵敏度不能满足要求。在此基础上，分析工作者研究了许多新的快速、灵敏的方法，采用了一些新体系，如水杨基荧光酮-CTMAB 光度法测定锑，DDTC 聚乙烯醇光度法测定铜，兴多偶氮氯磷光度法测定镁等。本章重点介绍铝及铝合金、铜及铜合金、锌及锌合金、钛及钛合金、铅和锡及其合金的分析，镁及镁合金的分析则进行综述介绍，使读者了解分析方法的发展状况，开阔视野。

9.2　铝及铝合金分析

纯铝是银白色金属，相对密度较小，仅是铁的 1/3，熔点也很低，塑性极好，导电性和导热性很好，抗蚀性好，但是强度低。纯铝可分为高纯铝及工业纯铝两大类，其纯度分别为 99.98%～99.996%和 98.0%～99.7%。纯铝中加入适量的 Cu、Mg、Mn、Zn、Si 等元素，可得到具有较高强度的各种性能的铝合金。铝合金通常分为铸造用铝合金和压力用铝合金，后者又称熟合金或变形铝合金。铸造用铝合金分为简单的铝硅合金、特殊铝合金，如铝硅镁、铝硅铜、铝铜铸造合金、铝镁铸造合金、铝锌铸造合金等。变形铝合金根据其性能和用途通常分为铝、硬铝、防锈铝、线铝、锻铝、超硬铝、特殊铝和耐热铝等。例如，ZLD302 表明是铝镁铸造合金，其成分为 Si 0.80%～1.30%、Mg 4.60%～5.60%、Mn 0.1%～0.40%，其余量是 Al。

铝及其合金试样常用 NaOH 分解，不溶性的残渣再用 HNO_3 溶解。不直接用 HNO_3 或浓 H_2SO_4 溶解，以免钝化。有时也用 HCl 溶解，不溶性残渣再用 HNO_3 分解。

铝是主体元素，纯铝一般含铝 97%以上，铸造铝合金含铝 80%左右，而变形铝合金通常含铝 90%左右。一般纯铝中含有硅、铁、铜等元素，各种铝合金中常含有硅、镁、锌、铜、锰等元素，个别铝合金还含有镍、铬。因此，铝及铝合金分析的元素通常为铝、锌、硅、铜、镁、锰、铁等，根据具体情况还对镍、铬、铅、钴、锑、锆等进行分析。分析方法以光度法为主。

9.2.1　测定原理

1. 纯铝中铝的测定

纯铝中铝的测定可采用 EDTA 滴定法。在微酸性溶液中加入一定量过量的 EDTA 标准溶液，使铁、锌、铜等元素与其形成配合物。然后在乙酸存在下，煮沸使铝全部形成配合物，以二甲酚橙(XO)为指示剂，用硝酸铅标准溶液返滴定过量的 EDTA。加入氟化物使 Al-EDTA 解蔽，释放出与铝等量的 EDTA，再用硝酸铅标准溶液滴定，由此计算铝的质量分数。锡、钛与 EDTA 形成的配合物同样被氟化物取代而释放出等量的 EDTA，使结果偏高。但通常纯铝中锡、钛的含量很低，可不考虑其干扰。若含量较高，可采用碱分离进行测定。

2. 锌的测定

在部分铝合金(如超硬铝合金及铸造铝合金)中，锌是主要合金元素，而在其他铝合金中锌是杂质成分，其含量一般不大于0.50%。

1) EDTA滴定法

在化学分析中一般采用化合物掩蔽滴定法。用强碱溶解试样，使铁、铜、锰等形成氢氧化物沉淀而分离，而铝、锌进入溶液。在pH 10的氨性溶液中，用氟化物掩蔽大量铝及残余铁、锰等干扰元素，以Cu-EDTA及PAN为指示剂，用EDTA标准溶液滴定锌。

2) 极谱法

试样用NaOH分解，ZnO_2^{2-}进入溶液与非两性氢氧化物金属离子(Cu^{2+}、Ni^{2+}、Fe^{2+}、Mg^{2+}等)分离。在氨性介质中以柠檬酸掩蔽Al^{3+}，用Na_2SO_3除去O_2波，加明胶抑制极大，在−1.0～1.6V测定波高。

3. 硅的测定

铝合金中硅的测定通常采用重量法。试样用NaOH分解，再用硝酸-硫酸分解残渣，使$SiO_2 \cdot nH_2O$析出并脱水，按常规方法以SiO_2形式称量，计算出硅的质量分数。灼烧后的不纯SiO_2用氢氟酸-硫酸处理，扣除所含的杂质。也可采用硅钼蓝光度法测定铝合金中的硅含量，其原理见钢铁分析。

4. 铜的测定

微量铜的测定常用光度法，常见的有双环己酮草酰二腙光度法和二乙基二硫代氨基甲酸钠-三氯甲烷萃取光度法。

1) 双环己酮草酰二腙光度法

试样用NaOH分解，再用HNO_3溶解残渣，调节pH至9.5，加入氨性缓冲溶液，Cu(Ⅱ)与双环己酮草酰二腙(BCO)作用生成1∶2的蓝色可溶性配合物，$\varepsilon = 1.6\times10^4$L/(mol · cm)，于600nm波长处测定吸光度。酸度对显色影响较大，pH＜8.4时不显色，pH＞9.8时配合物颜色显著变浅。通常认为Cu^{2+}含量低时，在pH 8.5～9.5显色均可，而Cu^{2+}含量较高时，在pH 9.1～9.5显色。由于BCO选择性好，大部分常见阴离子和大部分阳离子均不影响测定。Fe^{3+}等生成沉淀，可用柠檬酸(或酒石酸)掩蔽。而Ni^{2+}和Co^{2+}的存在使Cu^{2+}配合物的吸光度偏低，可通过增加BCO用量消除其干扰。含铬的高硅铝合金，试样分解后须加高氯酸冒烟，使硅酸脱水并除去Cr(Ⅳ)。Fe^{3+}、Al^{3+}、Mn^{2+}等可加入适量的柠檬酸掩蔽。

2) 二乙基二硫代氨基甲酸钠-三氯甲烷萃取光度法

试样用盐酸和过氧化氢分解后，用柠檬酸铵掩蔽铝、锌、铁等金属离子。在pH 9～10的氨性介质中，Cu^{2+}与二乙基二硫代氨基甲酸钠(DDTC)生成黄色螯合物，用三氯甲烷萃取后测量其吸光度。本法的测定范围为0.020%～0.20%。

5. 镁的测定

镁与铝生成固溶体，铝镁合金强度大。合金中含镁量一般不超过 14.90%，超过这一限度，合金反而变脆，抗蚀性也降低。铝合金中镁的测定大多采用 CDTA 滴定法、火焰原子吸收光谱法和 Na_2EDTA 滴定法。CDTA 滴定法测定范围：0.10%～12.00%；火焰原子吸收光谱法测定范围：0.0020%～5.00%；Na_2EDTA 滴定法测定范围：1.00%～52.00%。

1) Na_2EDTA 滴定法

试样用盐酸溶解，用氢氧化钠沉淀镁并与大量铝分离，再用二乙基二硫代氨基甲酸钠沉淀分离其他干扰元素，然后在 pH≈10 的溶液中，以铬黑 T 作指示剂，用三乙醇胺掩蔽剩余少量铝，用 Na_2EDTA 标准溶液滴定至溶液由酒红色变为纯蓝色为终点，以此测定镁含量。

2) 火焰原子吸收光谱法

试样用盐酸和过氧化氢溶解，用原子吸收光谱仪于 285.2nm 或 279.6nm 波长处，在氯化锶存在下用空气-乙炔贫燃性火焰测定镁的吸收值，以此测定镁含量。

3) CDTA 滴定法

试样用盐酸溶解，过滤回收残渣中的镁。在过氧化氢、氰化钾和少量铁的存在下，用氢氧化钠沉淀镁并与大量铝、锌、铜、镍和铬分离。用盐酸溶解沉淀，在高锰酸钾存在下，用氧化锌沉淀分离少量铁、锰、铝和钛。样品溶液以甲基麝香草酚蓝作指示剂，用 CDTA 标准溶液滴定至溶液由蓝色变为浅灰色为终点，以此测定镁含量。

6. 铁的测定

铁是铝合金中的有害元素，主要来自熔炼器具坩埚或炉料。它使合金塑性大大降低，抗蚀性能也降低。铝合金中铁的测定采用硫氰酸盐光度法。试样先用 NaOH 分解，然后用硝酸分解残余金属。在酸性溶液中，Fe^{3+}与 SCN^-生成红色配合物$[Fe(SCN)_n]^{3-n}$，据此进行光度测定。显色后 5min 内完成测定。试验溶液中铜含量高时应预先分离，因此铜合金中铁的测定需采用其他方法。

7. 镍的测定

镍的测定常用丁二酮肟光度法。在碱性溶液中，以$(NH_4)_2S_2O_8$作氧化剂，Ni^{2+}与丁二酮肟生成酒红色配合物，在 530nm 波长处测定吸光度。Cu^{2+}的干扰用 EDTA 掩蔽消除。

8. 锰的测定

在氧化性酸性溶液中，高碘酸钾可将锰氧化为紫红色的高锰酸，在 530nm 波长处测定吸光度。铜、镍、钴、铬等干扰测定，可将部分显色液用亚硝酸钠还原或 EDTA 掩蔽作为参比液消除影响。

9. 铬的测定

铬的测定采用二苯碳酰二肼光度法，见水质分析。

10. 钴的测定

钴的测定多用光度法，诸多显色剂中以 5-Cl-PADAB 为好。在 pH 4～7 介质中 Co^{2+} 与显色剂形成含两个五元环的稳定红色配合物，显色迅速，在 $c(H^+)$=2～4mol/L 的 HCl、HBr、H_2SO_4 介质中都不会分解。最大吸收在 580nm 波长处。Fe^{3+}有干扰，可用酒石酸掩蔽，Cu^{2+}、Ni^{2+}、Zn^{2+}等因消耗显色剂而使 Co^{2+}发色不完全，应增加试剂加入量。

11. 锆的测定

锆的测定采用偶氮胂Ⅲ光度法，在较强的酸性溶液中与偶氮胂Ⅲ形成蓝色配合物。此反应可在 1～11mol/L 盐酸溶液或 6～8mol/L 硝酸溶液中进行，两种溶液中具有相同的灵敏度，但在硝酸溶液中再现性较好。在较浓的酸性溶液中只有钍干扰测定，铀及稀土元素含量较高时也干扰，但共存量不超过 50 倍时不影响锆的测定。

9.2.2 测定方法

1. 铝的测定

铝的测定可采用 EDTA 滴定法(与锌合金方法相同)和碱分离 EDTA 滴定法。前者适用于纯铝样品，后者适用于铝合金样品。但当纯铝中锡、钛含量较高时可采用碱分离法。

1) 试剂

二甲酚橙指示剂(2.5g/L)[5.5]；氟化铵溶液(500g/L)[3.29]；溴甲酚绿指示剂(1g/L)[5.7]；EDTA 标准溶液[c(EDTA)=0.01mol/L]；硝酸铅标准溶液[$c(Pb^{2+})$=0.01mol/L]。

2) 分析步骤

称取 0.1g 试样，准确至 0.0001g，置于 250mL 烧杯中，加 4g 氢氧化钠、30mL 水，低温加热至溶解，加 10mL 盐酸和 1mL 过氧化氢，煮沸。冷却至室温，将溶液移入 100mL 容量瓶中，用水稀至刻度，摇匀、干过滤，弃去沉淀。

分取 10mL 试验溶液，置于 250mL 锥形瓶中，加 50mL EDTA 标准溶液、40mL 水、1 滴溴甲酚绿指示剂，用盐酸中和至溶液变黄，并多加 0.5mL。加热煮沸 3min，冷却至室温，加 6 滴二甲酚橙指示剂，用硝酸铅标准溶液滴定过量的 EDTA 至溶液由蓝绿色刚好变为蓝色为终点(不计量，但不能过量)。然后向溶液中加入 5mL 氟化铵溶液，煮沸 1min，冷却至室温，再用硝酸铅标准溶液滴定释放出的 EDTA，溶液由蓝绿色变为蓝色为终点。

铝的质量分数可带标样换算，也可按下式计算：

$$w(\mathrm{Al})=\frac{cVM(\mathrm{Al})}{mf\times 1000}$$

式中，c 为硝酸铅标准溶液的浓度，mol/L；V 为滴定释放出的 EDTA 消耗硝酸铅标准溶液的体积，mL；m 为试样的质量，g；f 为分液率；M(Al)为铝(Al)的摩尔质量，26.98g/mol。

2. 镁的测定

下面介绍 Na_2EDTA 滴定法。

1) 试剂

盐酸(ρ=1.19g/mL)；过氧化氢(ρ=1.10g/mL)；无水乙醇；氨水(ρ=0.89g/mL)；氢氧化钠溶液(200g/L)[2.4]；氢氧化钠溶液(20g/L)[2.4]；盐酸(1+1)[1.1]；盐酸(1+19)[1.1]；三乙醇胺(1+1)[7.1]；二乙基二硫代氨基甲酸钠溶液(50g/L)[6.9]；氨-氯化铵缓冲溶液(pH 10)[4.4]；镁标准溶液 E(ρ=0.20mg/mL)[10.5.3]；乙二胺四乙酸二钠(Na_2EDTA)标准溶液($c\approx$0.005mol/L)[9.2.1.3]；刚果红试纸；铬黑 T 指示剂。

2) 分析步骤

按表 9-3 称取试样，准确至 0.0001g，将试样置于 400mL 烧杯中，加入约 10mL 水，分次缓慢加入总量 25mL 盐酸，待剧烈反应停止后，滴加过氧化氢，加热至试样完全溶解。边搅拌边加入 60mL 氢氧化钠溶液，加水至溶液体积约为 200mL，加热至沸并保温 15min，用中速定量滤纸过滤。用氢氧化钠溶液洗涤沉淀 3～4 次，弃去滤液。用 20mL 热盐酸分 4～5 次将沉淀溶解于原烧杯中，并用热盐酸洗涤滤纸 5～6 次。将滤液转移至 250mL 容量瓶(V_2)中，投入一小块刚果红试纸，加水至约 150mL，用氢氧化钠溶液和盐酸调节至刚果红试纸呈蓝紫色。加入 70mL 二乙基二硫代氨基甲酸钠溶液，用水稀释至刻度，混匀。静置 30min。将样品溶液干过滤于 250mL 烧杯中，弃去最初的滤液。继续过滤，按表 9-3 移取相应体积(V_3)的滤液于 300mL 锥形瓶中，加水至约 90mL，加入 10mL 氨-氯化铵缓冲溶液、5mL 三乙醇胺和 10 滴铬黑 T 指示剂，摇匀，用 Na_2EDTA 标准溶液滴定至溶液由酒红色变为纯蓝色，即为终点，记录消耗 Na_2EDTA 标准溶液的体积(V_4)。

表 9-3　测定镁含量的称样量

镁的质量分数 w(Mg)/%	试样的质量 m/g	定容体积 V_2/mL	移取样品溶液体积 V_3/mL
1.00～4.00	1.00	250	50.00
4.00～16.00	0.50	250	25.00
16.00～52.00	0.40	250	10.00

3) 数据处理

$$w(\text{Mg}) = \frac{c(V_4 - V_1) \times 24.305 V_2}{m V_3 \times 1000}$$

式中，c 为 Na_2EDTA 标准溶液的浓度，mol/L；V_4 为消耗 Na_2EDTA 标准溶液的体积，mL；V_1 为空白试验消耗 Na_2EDTA 标准溶液的体积，mL；24.305 为镁的摩尔质量，g/mol；V_2 为样品溶液的总体积，mL；m 为试样的质量，g；V_3 为移取样品溶液的体积，mL。

9.2.3　铝合金中铝、硅、铁、铜、锰、铬、镍、钛联合测定

试样采用强碱溶解，硝酸酸化后，各元素都呈离子状态，用尿素分解亚硝酸盐。在碱溶过程中加入过氧化氢使硅完全变成硅酸钠，并且加入热硝酸破坏硅酸胶体，铝酸钠转化为硝酸铝，然后分别测定铝、硅、铁、铜、锰、铬、镍、钛等元素。

1. 试样的处理

称取 0.5g 试样，准确至 0.0001g，置于 250mL 塑料杯中，加入 4g 氢氧化钠、20mL 水，于沸水浴上摇动溶解，滴加 1mL 过氧化氢至完全溶解。煮沸 2min，摇动下立即加入 34mL 热硝酸(1+1)，于沸水浴上加热至溶液清亮，取下，加少许尿素，摇动。冷却后用水稀释至 200mL，混匀，即为试验溶液。各元素的测定如下。

2. 铝的测定：氟化物掩蔽 EDTA 滴定法

见 9.2.2 小节。

3. 硅的测定：硅钼蓝光度法

1) 试剂

补充酸：31mL 硝酸(1+1)，用水稀释至 400mL；钼酸铵溶液(50g/L)[6.3]；硫酸亚铁铵溶液(60g/L)[3.26]；草酸溶液：50g/L 与硫酸(1+1)等体积混合；硅标准溶液(0.05mg/mL)[10.1.4]。

2) 分析步骤

分取试验溶液(硅含量＜1%时取 10mL；1%～2%取 5mL，加 5mL 补充酸)两份于 100mL 容量瓶中作为显色液和参比液。

(1) 显色液：加 25mL 水、5mL 钼酸铵溶液，放置 15～20min，加入 20mL 草酸溶液，摇匀，立即加入 10mL 硫酸亚铁铵溶液，用水稀释至刻度，摇匀。

(2) 参比液：先加草酸溶液，后加钼酸铵溶液，其余同显色液。用分光光度计于 650nm 波长处测量吸光度，从工作曲线上查得分析结果。

(3) 工作曲线绘制：以不含硅的纯铝作底样加硅标准溶液，按试样分析步骤操作。以测得的吸光度对溶液中硅的质量作图，绘制工作曲线。

4. 铁(＜2%)的测定：硫氰酸盐光度法

1) 试剂

过氧化氢(1+1)[8.13]；硫氰酸铵溶液(200g/L)[3.30]；铁标准溶液(0.05mg/mL)[10.4.2]；将 1mg/mL 铁标准溶液[10.4.2.2]用水稀释，配制成 0.05mg/mL 铁标准溶液。

2) 分析步骤

分取 5mL 试验溶液(铁含量＜0.5%时，分取 10mL)于 50mL 容量瓶中，加 40mL 水、1 滴过氧化氢(1+1)、5mL 硫氰酸铵溶液，用水稀释至刻度，摇匀。以水为参比，用分光光度计于 530nm 波长处测量吸光度，从工作曲线上求得分析结果。

工作曲线绘制：以纯铝作底样加铁标准溶液，按试样分析步骤操作。以测得的吸光度对溶液中铁的质量作图，绘制工作曲线。

5. 铜(0.05%～1.0%)的测定：双环己酮草酰二腙(BCO)光度法

1) 试剂

硼酸缓冲溶液[4.6]；BCO 溶液(1g/L)[6.8.1]；铜标准溶液(50μg/mL)[10.9]。

2) 分析步骤

分取 5mL 试验溶液两份于 50mL 容量瓶中作为显色液和参比液。

(1) 显色液：加入 40mL 柠檬酸铵溶液(500g/L)、40mL 水、1 滴中性红指示剂(1g/L 乙醇溶液)，滴加 200g/L 氢氧化钠溶液至溶液刚好呈黄色并过量 2.0mL，加入 10mL 硼酸缓冲溶液，摇匀。加入 10mL BCO 溶液，用水稀释至刻度，摇匀，放置 3～5min。

(2) 参比液：同上操作，但不加 BCO 溶液。用分光光度计于 600nm 波长处测量吸光度，从工作曲线上求得分析结果。

(3) 工作曲线绘制：于 5 个 50mL 容量瓶中依次加入 0mL、1.0mL、2.0mL、3.0mL、4.0mL 铜标准溶液，按试样分析步骤操作。以测得的吸光度对溶液中铜的质量作图，绘制工作曲线。

6. 铜(1%～5%)的测定：二乙基二硫代氨基甲酸钠(DDTC)光度法

1) 试剂

柠檬酸铵溶液(500g/L)[3.31]；阿拉伯树胶溶液(10g/L)[8.15]；DDTC 溶液(2g/L)[6.9]。

2) 分析步骤

分取 5.00mL 试验溶液于 50mL 容量瓶中(若铜含量＞2%时，用 100mL 容量瓶)，加 5mL 柠檬酸铵溶液、15mL 氨水(1+1)、5mL 阿拉伯树胶溶液，摇匀。加入 5mL DDTC 溶液，用水稀释至刻度，放置 20min。用分光光度计于 460nm 波长处测量吸光度，从工作曲线上求得分析结果。

工作曲线绘制：用铜标准溶液或铜标准样品与试样平行操作，绘制工作曲线。

7. 锰的测定：高碘酸钾光度法

1) 试剂

高碘酸钾溶液(50g/L)[6.10]；补充酸：将 40mL 硫酸加入 30mL 水中，冷却后加入 20mL 磷酸，用水稀释至 100mL；锰标准溶液(0.1mg/mL)[10.26]。

2) 分析步骤

分取 10.0～20.0mL 试验溶液于 100mL 容量瓶中，加 5mL 补充酸、10mL 高碘酸钾溶液，煮沸 2～3min。冷却后用水稀释至刻度，摇匀，倒入比色皿中。向剩余溶液中滴加亚硝酸钠溶液至紫红色刚好褪去，作为参比液。用分光光度计于 530nm 波长处测量吸光度，从工作曲线上求得分析结果。

工作曲线绘制：分取不同量的锰标准溶液 5 份于 100mL 容量瓶中，按试样分析步骤操作。以测得的吸光度对溶液中锰的质量作图，绘制工作曲线。

8. 铬(＜0.5%)的测定：二苯羰酰二肼光度法

1) 试剂

补充酸：于 500mL 水中加入 25mL 硫酸、30mL 磷酸、60mL 硝酸及 2g 硝酸银；二苯碳酰二肼溶液(5g/L)：将 4g 邻苯二甲酸酐溶于 100mL 乙醇中，加入 0.5g 二苯碳酰二肼，微热至溶。

2) 分析步骤

分取 5.00mL 试验溶液于 50mL 容量瓶中，加入 5mL 补充酸、5mL 过硫酸铵溶液(150g/L)、10mL 磷酸(1+1)，滴加 1～2 滴 EDTA 溶液，摇动至红色褪去后，加 20mL 二苯羰酰二肼溶液，用水稀释至刻度，摇匀。以水为参比，用分光光度计于 530nm 波长处测量吸光度，从工作曲线上求得分析结果。

工作曲线绘制：用标准样品与试样平行操作，绘制工作曲线。

9. 镍(＜4%)的测定：丁二酮肟光度法

1) 试剂

显色液：将 25mL 酒石酸钾钠溶液(200g/L)与 70mL 氢氧化钠溶液(200g/L)混合后，加 0.5g 丁二酮肟，用水稀释至 100mL；镍标准溶液(10μg/mL)[10.10]。

2) 分析步骤

分取 5mL 试验溶液两份于 50mL 容量瓶中(若镍含量＞3%，可于 100mL 容量瓶中发色)。于一份溶液中加 10mL 过硫酸铵溶液(50g/L)、10mL 显色液，放置 3～5min，加入 5mL EDTA 溶液(50g/L)，用水稀释至刻度，摇匀作显色液；于另一份溶液中加 EDTA 溶液后再加显色液作参比液。用分光光度计于 480nm 波长处测量吸光度，从工作曲线上求得分析结果。

工作曲线绘制：于 6 个 50mL 容量瓶中分别加入 0mL、2mL、4mL、6mL、8mL、10mL 镍标准溶液，按试样分析步骤操作。以测得的吸光度对溶液中镍的质量作图，绘制工作曲线。

10. 钛(＜0.5%)的测定：二安替比林甲烷光度法

1) 主要试剂

硫酸-盐酸补充酸[1.14]；二安替比林甲烷熔液(40g/L)：用补充酸配制[6.1.2]；钛标准溶液(10μg/mL)[10.2.2]。

2) 分析步骤

分取 10mL 试验溶液两份于 50mL 容量瓶中作为显色液和参比液。

(1) 显色液：加入 5mL 抗坏血酸溶液(10g/L)、10mL 二安替比林甲烷溶液，放置 20min，用水稀释至刻度，摇匀。

(2) 参比液：同显色液，但不加二安替比林甲烷溶液，改加 10mL 补充酸。于波长 420nm 处测量吸光度。

(3) 工作曲线绘制：用纯铝作底样加钛标准溶液，按试样分析步骤操作，绘制工作曲线。

9.3 铜及铜合金分析

纯铜为玫瑰红色金属，表面形成氧化膜后呈紫红色，俗称紫铜。纯铜一般由电解法制得，因此又称电解铜。电解铜的铜含量为 98%～99.99%，杂质很少，主要有 O、S、As 及 Pb、Bi、Al、Zn、Ag、Cd、Ni、Fe、Sn、P 等。铜合金种类很多。铜合金中铜是基体金属，含量为 50%～98%。一般可分为：以铜和锌为主要成分的各种黄铜，如普通黄铜、铅黄铜、锡黄铜、铝青铜、镍黄铜、锰黄铜、铁黄铜、硅黄铜等；以铜和锡或其他元素为主要成分的各种青铜，如锡青铜、铝青铜、铍青铜、硅青铜、锰青铜、镉青铜、铬青铜、磷青铜等；还有以铜、镍为主要成分的普通白铜、锰白铜、铁白铜、锌白铜、铝白铜等。

铜及铜合金分析的项目随品种不同而异。纯铜以恒电流电解重量法测定其纯度，或用仪器分析测定杂质。纯度不太高的纯铜中的各种杂质也可用化学方法测定。纯铜分析项目包括铜、铁、锰、镍、镉、铅、锌、磷、铋、锑、锡、硫等元素含量的测定。铜合金中铜采用碘量法或配位滴定法测定，其他合金元素及杂质视含量高低分别采用滴定法或光度法测定。黄铜的分析项目包括铜、铅、锌、铁、锰、锡、镍、铝、硅、锑、铋、磷、砷等元素含量的测定。

铜及铜合金试样仅溶于硝酸、硫酸、王水或盐酸-过氧化氢中。若将试样分解与分析方法结合起来考虑，通常采用硝酸或盐酸-过氧化氢分解试样。

高含量的铜可采用电解重量法、碘量法和 EDTA 滴定法测定。

1. 恒电流电解重量法

1) 方法原理

试样用硝酸-硫酸混合酸溶解，在浸入此溶液的两个铂电极加一个适当的电压，使两极上分别发生如下反应：

阴极 $Cu^{2+} + 2e^- \longrightarrow Cu$

阳极 $2OH^- - 2e^- \longrightarrow H_2O + 1/2O_2\uparrow$

电解完成后，将积镀在铂阴极上的金属铜烘干称量，计算铜的质量分数。电解液中残余的铜采用 BCO 光度法或碘量法测定，合并于上述主量中。该法的优点是引入的杂质极少，操作中虽然时间较长但无须专人看管，缺点是溶液中的 Cu^{2+}难以电解完全。采用此法时，应选择适宜的电位，控制残余离子的浓度达到可以忽略的程度。本节着重介绍生产上采用的恒电流电解法。

2) 测定条件

分解电位：控制分解电位为 2.0～2.5V，外加电压高时，由于 H_2 的析出，形成多孔的难以附着的金属铜屑。

电流密度：在搅拌情况下电流密度为 1.5～3.0A/(100cm^2)。

电解质性质：以硝酸盐或硫酸盐为好，不可用氯化物，否则析出 Cl_2，严重侵蚀电极。

酸度：采用$\varphi(HNO_3)$0.5%～1.0%的 HNO_3。酸度高时，电解时间延长或电解不完全；但酸度过低，则 Cu 易氧化。

温度：以室温为宜，在不断搅拌下进行。

干扰及消除：Ag^+、Hg^{2+}、Bi^{3+}以及 Se(Ⅳ)、Te(Ⅳ)均析出而沾污沉积物；HCl 使沉积物疏松多孔，析出的 Cl_2 侵蚀阳极，又使 Pt(Ⅱ)在阴极析出；Fe^{3+}首先在阴极还原为 Fe^{2+}，

Fe^{2+}又在阳极氧化为 Fe^{3+}，严重干扰电解正常进行。氧化剂使析出的 Cu 氧化为 Cu_2O，导致结果偏高。本法实际测出的是 Cu、Ag 合量，应从合量中减去 Ag 量。当试样中含 Bi，本法得到的是 Cu、Bi 合量，只有用低电流密度时，Bi 的析出可以避免。电解中 NO_3^- 可以在阴极发生还原反应，生成的 HNO_2 阻止 Cu 沉积，并在电极移出及洗涤前将已析出的 Cu 重新溶解。为此，在电解末期加入尿素除去 HNO_2。

$$2HNO_2 + CO(NH_2)_2 = 2N_2\uparrow + CO_2\uparrow + 3H_2O$$

注意事项：

(1) 若需对积镀的铜进行第二次电解，可将镀有铜的铂网电极置于 200mL 高型烧杯中，加入 50mL 混酸，水浴加热至铜完全溶解，再重新电解。两次电解后的溶液均要测定残余铜。

(2) 电解时若发现阴极上的铜发黑，即铜被氧化了，表明酸度不够，需增加酸；但酸度太大，则会延迟电解时间。

(3) 搅拌对金属沉积的影响很大，搅拌可增加离子在电极间的扩散速度，从而防止或减少浓差极化作用，即使采用较大的电流密度也不至于影响金属沉积物的纯度和形态，还可以节省时间。

(4) 在电解后期若阴极气泡多，铜积镀不上，可以加入少量的尿素再进行电解，但不宜加入过早，以免铜被氧化变黑。

(5) 酸溶液完全移出之前不可断电，否则析出的 Cu 又重新溶解。应在不断电的情况下取下烧杯，迅速用蒸馏水吹洗电极，再用乙醇洗涤，于 105～110℃烘干 3～5min，在干燥器中冷却称量。

(6) 必须检验电解是否完全。检验的方法是：当溶液电解至无色时，将电极浸入溶液更深些，观察新浸入部分的电极表面有无 Cu 沉积析出。

(7) 残留在溶液中的微量 Cu^{2+}应注意回收，尤其在精确分析时。将电解后溶液通过硫酸冒烟处理，赶尽 HNO_3，用光度法测定微量 Cu^{2+}。

(8) 试样用硝酸(1+1)或硫-硝混酸分解，此时若试样含 Sn，则析出 H_2SnO_3 沉淀，可过滤分离除去。若试样含 Pb，应先电解去除，再调节酸度电解析出 Cu，电解后的溶液供测定 Fe、Al、Ni、Zn 等元素使用。

3) 仪器和试剂

恒电流电解仪；铂网电极。

硫-硝混酸[1.13.3]；BCO 溶液(2g/L)[6.8.2]；硼酸缓冲溶液[4.6]；铜标准溶液(20μg/mL)[10.9]。

4) 分析步骤

称取 5g 试样，准确至 0.0001g，置于 200mL 高型烧杯中，加入 50mL 硫-硝混酸，盖上表面皿，低温加热，待试样溶解并煮沸 1～2min，驱除氮氧化物，用水冲洗表面皿及杯壁，并稀释至约 150mL。将处理好的铂网电极称量(m_1)后装于电解仪上，然后将溶液置于电解仪的盘上，电极下移，使溶液刚好浸没铂网电极。调节电流为 5A、电压为 2～3V，转动搅拌器，用两个表面皿盖上，开始电解。

当电解液褪色后，将电流降至 4A，并用少量水冲洗杯壁和表面皿，继续电解 15～20min。在不断电的情况下迅速取下电解杯，立即以盛满 150mL 水的烧杯浸洗电极，再用乙醇浸洗。关闭电源及搅拌器。然后取下电极并于 105～110℃烘箱中烘 2～3min，取出放入干燥器中，冷却至室温称量(m_2)。

残余铜量的测定：将电解后的溶液移入 250mL 容量瓶中，用水稀释至刻度。于另一个 250mL 容量瓶中加 50mL 硫-硝混酸，用水稀释至刻度，作参比液。

分取 5mL 上述溶液于 50mL 容量瓶中，加热煮沸 1min，冷却后加入 20mL 柠檬酸铵溶液(500g/L)、1 滴中性红指示剂，滴加氢氧化钠溶液(100g/L)至刚好呈黄色并过量 1mL，加 5mL BCO 溶液，用水稀释至刻度，用分光光度计于 610nm 波长处测量吸光度，从工作曲线上求得残余铜量(B)。

工作曲线的绘制：于 6 个 50mL 容量瓶中分别加入 0mL、2mL、4mL、6mL、8mL、10mL 铜标准溶液。以下操作按电解后残余铜量的测定步骤。

分析结果按下式计算：

$$w(\mathrm{Cu})=\frac{m_1-m_2}{m}+w(\mathrm{Cu})_{残余}$$

式中，m_1 为铂网电极的质量，g；m_2 为积镀铜的铂网电极的质量，g；m 为试样的质量，g；$w(\mathrm{Cu})_{残余}$ 为电解液中残余铜的质量分数。

2. 碘量法

1) 方法原理

试样用盐酸-过氧化氢溶解，以氟化物掩蔽铁等干扰元素。在 pH 3～4 的乙酸溶液中，铜(Ⅰ)与碘化物生成碘化亚铜沉淀并析出碘，用硫代硫酸钠滴定析出的碘，其主要反应如下：

$$2\mathrm{Cu}^{2+}+4\mathrm{I}^- = 2\mathrm{CuI}\downarrow+\mathrm{I}_2$$

$$\mathrm{I}_2+2\mathrm{S}_2\mathrm{O}_3^{2-} = 2\mathrm{I}^-+\mathrm{S}_4\mathrm{O}_6^{2-}$$

计量关系为

$$2\mathrm{Cu}^{2+}\rightarrow\mathrm{I}_2\rightarrow2\mathrm{S}_2\mathrm{O}_3^{2-}$$

碘化亚铜能吸附游离碘，使滴定终点不清，因此在接近终点时，加入硫氰酸铵使碘化亚铜转化为溶解度更小的硫氰酸亚铜，表面不再吸附碘，从而使终点敏锐。

2) 试剂

碘化钾溶液(200g/L)[3.32]；淀粉溶液(10g/L)[5.19]；硫氰酸铵溶液(200g/L)[3.30]；氟化铵溶液(200g/L)[3.29]；硫代硫酸钠标准溶液[$c(\mathrm{Na_2S_2O_3})$=0.1mol/L]。

3) 分析步骤

称取 0.25～0.30g 试样，准确至 0.0001g，置于 500mL 锥形瓶中，加入 6mL 盐酸(1+1)、2mL 过氧化氢，加热溶解，煮沸 2min，使过氧化氢完全分解，加 30mL 水，冷却。用氨水(1+1)中和至开始有沉淀析出，再用乙酸(1+1)中和至沉淀溶解并过量 1mL，煮沸。冷却，加 10mL 氟化铵溶液、10mL 碘化钾溶液，摇匀，立即用硫代硫酸钠标准溶液滴定至浅黄色，加入 5mL 淀粉溶液，继续滴定至蓝色将近消失，再加 5mL 硫氰酸铵溶液，继续滴定至蓝色刚好消失为终点。

分析结果按下式计算：

$$w(\mathrm{Cu})=\frac{cVM(\mathrm{Cu})}{m\times 1000}$$

式中，c 为硫代硫酸钠标准溶液的浓度，moI/L；V 为消耗硫代硫酸钠标准溶液的体积，mL；m 为试样的质量，g；M(Cu)为铜(Cu)的摩尔质量，63.54g/mol。

4) 注意事项

(1) 用氨水中和时不可过量太多，否则有大量沉淀生成，影响分析结果，尤其含锡量高的样品更应注意。

(2) 为了避免 I^- 氧化，滴定速度应适当快些；为了防止 I_2 挥发，应加入过量的 KI 使其与 I^- 结合成 I_3^-，使用碘量瓶，定量析出 I_2 后及时滴定。

(3) 淀粉溶液应在滴定至接近终点时加入，否则将使滴定时蓝色褪色缓慢，妨碍终点的观察。

(4) 滴定终点往往不一定呈乳白色，有时呈淡黄色。滴定终点主要根据淀粉指示剂的蓝色消失来判断。有时在滴定至终点后又出现蓝色，这是由于硫氰酸盐沉淀表面吸附的碘游离析出。滴入硫代硫酸钠标准溶液使蓝色消失后 10s 内无返色，即可判定为终点。

(5) 硫氰酸盐加入过早会还原 Cu^{2+}，使结果偏低。

9.4 锌及锌合金分析

锌及锌合金在工业上应用广泛。纯锌是蓝白色有光泽的金属，质软有延展性，可压延成薄板或线材，在湿空气中生成白色的碱式碳酸锌薄膜，保护内部。锌是许多铜合金(如铸造青铜、锌白铜)的合金元素，是黄铜的主要成分之一。锌也常与少量其他金属(如铝、铜、铅等)一起用于电镀工业，并作为合金元素加入镉基或铜基耐磨合金中。价格低廉的锌基合金已用来代替锡青铜或铅锡巴氏合金制造多种轴承。锌还常用于铁和钢的表面保护。

简单的含锌化合物溶于稀酸甚至水中。溶解锌合金试样必须在氧化态下进行，这样除使含铜、铅元素的试样易于溶解外，还可防止砷、磷、锑等在溶解时挥发损失。因为上述元素在金属锌的强还原状态下能与酸作用生成易挥发的氢化物。对于比较复杂的锌化合物，溶解时除采用盐酸加硝酸或溴水等含氧无机酸进行分解外，也可用 1+1 的 $NH_4Cl+NH_4NO_3$ 在 240～250℃下熔融 5～7min，然后用水浸泡，常能使试样顺利分解。

锌及锌合金的分析项目：一般纯锌的纯度为 99.0%～99.9%，最高可达 99.99%。杂质主要是铅、铁、镉等，有些纯锌中还含有铜、锡、锑、铋等微量杂质。锌合金主要有锌铝合金和锌铜合金。其中，铝含量为 0.2%～16%，铜含量为 0.5%～5.5%，铁含量一般不超过 0.3%，锑及其他元素镁、锡、铅、镉、硅、锰都是微量杂质。

本节主要介绍锌及锌合金中主要成分及个别杂质元素的分析方法。

9.4.1　锌的测定

1. EDTA 直接滴定法

1) 方法要点

试样用稀盐酸和少量硝酸溶解，用六次甲基四胺控制溶液 pH 5.5，以二甲酚橙为指示剂，用 EDTA 标准溶液直接滴定锌。在此条件下，Bi^{3+}、Sn(Ⅳ)及残余的微量 Pb^{2+}可用铋试剂Ⅱ掩蔽；Fe^{3+}、Al^{3+}、Zr(Ⅳ)等金属离子可用铜铁试剂掩蔽；而 As(Ⅴ)、Ca^{2+}、Mg^{2+}均不干扰测定；只有 Mn^{2+}、Ni^{2+}、Co^{2+}干扰测定，但一般金属锌中含量极微，可以忽略不计。

本方法适用于一般纯锌中锌的测定。

2) 试剂

二甲酚橙指示剂(2.5g/L)[5.5]；六次甲基四胺溶液(300g/L)[4.7]；溴甲酚绿指示剂(1g/L)[5.7]；铜铁试剂-铋试剂Ⅱ混合液[7.9]；EDTA 标准溶液[c(EDTA)=0.025mol/L]。

3) 分析步骤

称取 0.5g 试样，准确至 0.0001g，置于 250mL 烧杯中，加 25mL 盐酸(1+1)，待剧烈反应后加 5～6 滴硝酸，煮沸 2～3min，取下冷却。将溶液移入 250mL 容量瓶中，用水稀释至刻度，摇匀。

分取 25mL 试验溶液于 250mL 锥形瓶中，依次加入 5mL 铜铁试剂-铋试剂Ⅱ混合液、50mL 水、2 滴溴甲酚绿指示剂、20mL 六次甲基四胺溶液、4 滴二甲酚橙指示剂，用 EDTA 标准溶液滴定至绿色为终点。

锌的质量分数按下式计算：

$$w(\mathrm{Zn})=\frac{cVM(\mathrm{Zn})}{mf\times 1000}$$

式中，c 为 EDTA 标准溶液的浓度，mol/L；V 为消耗 EDTA 标准溶液的体积，mL；m 为试样的质量，g；f 为分液率；M(Zn)为锌(Zn)的摩尔质量，65.38g/mol。

2. 甲醛解蔽-EDTA 滴定法

1) 方法要点

试样用盐酸-过氧化氢溶解，在 pH 10 的氨性缓冲溶液中，以三乙醇胺掩蔽铁、铝，酒石酸掩蔽锡，丙酮氰醇使铜、镍、镉及大量锌形成配合物，铅、锰、镁则以铬黑 T 为指示剂，用 EDTA 滴定使其形成配合物(不计量)。加甲醛使被丙酮氰醇掩蔽的锌解蔽，以 EDTA 标准溶液滴定释放出的锌。因镉与锌同时解蔽而被 EDTA 标准溶液滴定，镉干扰测定。本方法适用于不含镉的锌合金中锌的测定。

2) 试剂

酒石酸溶液(100g/L)[7.10]；三乙醇胺(1+4)[7.1]；氨-氯化铵缓冲溶液(pH 10)[4.4]；甲醛(1+2)[7.11]；铬黑 T(EBT)指示剂(1+100)[5.16]；EDTA 标准溶液[c(EDTA)=0.01mol/L， c(EDTA)=0.05mol/L][9.2]。

3) 分析步骤

称取 0.1g 试样，准确至 0.0001g，置于 500mL 锥形瓶中，加 6mL 盐酸，待反应停止后加 1mL 过氧化氢，于低温加热煮沸，使过氧化氢充分分解，取下冷却。加 80mL 水、约 0.2g 抗坏血酸，待溶解后，加 5mL 酒石酸溶液、20mL 三乙醇胺、10mL 氨水(1+1)、10mL 氨-氯化铵缓冲溶液、5mL 丙酮氰醇、少许铬黑 T 指示剂，此时若有红色(表示含铅、锰或镁)，可用 0.01mol/L EDTA 标准溶液滴定至蓝色，不计量，但不能过量。加 3～5mL 甲醛(1+2)，摇动至溶液变红，以 0.05mol/L EDTA 标准溶液滴定至刚好呈蓝色。加 3mL 甲醛(1+2)，若溶液变红，应继续用 EDTA 标准溶液滴定，直至加入甲醛(1+2)溶液不变红为终点，记录消耗的体积。

锌的质量分数按下式计算：

$$w(\text{Zn}) = \frac{cVM(\text{Zn})}{m \times 1000}$$

式中，c 为 EDTA 标准溶液的浓度，mol/L；V 为滴定释放出的锌消耗 EDTA 标准溶液的体积，mL；m 为试样的质量，g；M(Zn)为锌(Zn)的摩尔质量，65.38g/mol。

9.4.2 锌及锌合金中其他成分的测定方法

铅和镉采用 N 235 萃取分离-二硫腙、镉试剂光度法连续测定，还可采用极谱法进行测定。铁采用硫氰酸盐光度法或邻二氮菲光度法测定；铝采用 EDTA 滴定法、铬天青 S 光度法测定；铜采用 BCO 光度法、碘量法测定；镁采用偶氮氯膦光度法测定；硅采用硅钼蓝光度法测定；锑采用孔雀绿-苯萃取光度法测定等。

9.5 钛及钛合金分析

钛性能优异，广泛用于国民经济各个领域，是一种有前途的新兴材料。它具有密度小、熔点高、抗腐蚀性能强等特性，目前主要用于航空、航天、化工机械等工业部门。钛材用于制造航空发电机、飞机后机身及受发电机散热影响的部位；制造高速或超高速旋转部件及战术导弹发电机壳体；还用作记忆、超导及吸氢等特殊功能性材料。钛合金应用的品种有 30 余种，其中应用最多的是 Ti-6Al-4V、Ti-8Al-1Mo-1V、Ti-6Al-6V-2Sn、Ti-5Al-2.5Sn 等。

钛及钛合金的分析项目包括钛、铝、钒、铬、钼、锰、铁、铜等。钛的测定有硫酸高铁铵滴定法，铝的测定有铬天青 S 光度法和氢氧化钠分离-六氟铝钾沉淀酸碱滴定法，钒和铬的测定有硫酸亚铁铵滴定法，钼、锰的测定有硫氰酸盐光度法和高碘酸钾光度法，铁的测定有邻二氮菲光度法，铜的测定有 DDTC-聚乙烯醇光度法。

9.5.1 钛的测定

钛的测定用硫酸高铁铵滴定法。

1) 方法要点

试样用硫酸溶解，在隔绝空气的条件下，用金属铝将四价钛还原为紫色的三价钛。以硫氰酸铵作指示剂，用硫酸高铁铵标准溶液滴定。根据消耗硫酸高铁铵标准溶液的体积，计算钛的含量。

2) 试剂

硫氰酸铵溶液(250g/L)[3.30]；硫酸高铁铵标准溶液($c[NH_4Fe(SO_4)_2]$=0.1mol/L)[9.17]。

3) 分析步骤

称取 0.2g 试样，准确至 0.0001g，置于 500mL 锥形瓶中，加 0.5g 碳酸氢钠、2g 金属铝丝、50mL 硫酸(1+1)，迅速装上盛有碳酸氢钠饱和溶液的防护器，低温加热至完全溶解，煮沸 5～6min。冷后取下防护器，立即加入 20mL 硫酸铵饱和溶液，迅速取出铝丝并用水洗净，立即用硫酸高铁铵标准溶液滴定至紫色消失。准确加入 5mL 硫氰酸铵溶液，继续滴定至红色，经充分振摇保持红色在 2min 内不消失为终点。

钛的质量分数按下式计算：

$$w(\mathrm{Ti})=\frac{cVM(\mathrm{Ti})}{m\times 1000}$$

式中，c 为硫酸高铁铵标准溶液的浓度，mol/L；V 为消耗硫酸高铁铵标准溶液的体积，mL；m 为试样的质量，g；M(Ti)为钛(Ti)的摩尔质量，47.88g/mol。

9.5.2　钒和铬的测定

钒和铬的测定用硫酸亚铁铵滴定法。

1) 方法要点

在硫酸介质中并有硝酸银存在时，用过硫酸铵将铬(Ⅲ)氧化成铬(Ⅵ)，钒(Ⅳ)同时氧化成钒(Ⅴ)，然后用硫酸亚铁铵标准溶液滴定，测定钒、铬合量。室温下在硫酸溶液中用高锰酸钾将钒(Ⅳ)氧化成钒(Ⅴ)，而铬(Ⅲ)不被氧化，然后用硫酸亚铁铵标准溶液单独滴定钒。二者之差即为铬量。

2) 试剂

过硫酸铵溶液(250g/L)[3.28]；苯代邻位氨基苯甲酸指示剂(2g/L)[5.20]；硫酸亚铁铵标准溶液($c[(NH_4)_2Fe(SO_4)_2\cdot 6H_2O]\approx$0.1mol/L)[9.28]。

3) 分析步骤

称取 0.1g 试样，准确至 0.0001g，置于 500mL 锥形瓶中，加 20mL 硫酸(1+1)，加热溶解，滴加硝酸氧化，然后蒸发冒烟，冷后加 60mL 水，滴加高锰酸钾溶液(5g/L)氧化至呈深红色 3min 内不消失为止。加几滴草酸饱和溶液破坏过量的高锰酸钾，溶液变为无色后，加 5 滴苯代邻位氨基苯甲酸指示剂，用硫酸亚铁铵标准溶液滴定至黄绿色为终点。

将测定钒后的溶液稀至 150mL 左右，加入 5mL 硝酸银溶液(10g/L)、10mL 过硫酸铵溶液(250g/L)，加热使铬(Ⅲ)氧化成铬(Ⅵ)、钒(Ⅳ)氧化成钒(Ⅴ)，继续煮沸 5～10min，加入 5mL 氯化钠溶液(100g/L)，再煮沸 5～10min，流水冷却，加 10mL 硫酸(1+1)，用硫酸亚铁铵标准溶液滴定近终点，加 5 滴苯代邻位氨基苯甲酸指示剂，继续滴定至黄绿色为终点。

钒和铬的质量分数按下式计算：

$$w(\mathrm{V})=\frac{cV_1M(\mathrm{V})}{m\times1000}$$

$$w(\mathrm{Cr})=\frac{c(V_2-V_1)M\left(\frac{1}{3}\mathrm{Cr}\right)}{m\times1000}$$

式中，c 为硫酸亚铁铵标准溶液的浓度，moI/L；V_1 为消耗硫酸亚铁铵标准溶液的体积，mL；V_2 为滴定钒、铬合量消耗硫酸亚铁标准溶液的体积，mL；m 为试样的质量，g；$M(\mathrm{V})$ 为钒(V)的摩尔质量，50.94g/mol；$M\left(\frac{1}{3}\mathrm{Cr}\right)$ 为 $\frac{1}{3}\mathrm{Cr}$ 的摩尔质量，17.34g/mol。

9.5.3 钼、锰联合测定

试样用硫酸溶解后，分别用硫氰酸盐光度法和高碘酸钾光度法测定钼和锰。

1) 试剂

硫氰酸铵溶液(500g/L)[3.30]；硫酸铜溶液(10g/L)[3.8]；钼标准溶液(100μg/mL)[10.30]；锰标准溶液(100μg/mL)[10.3.2]。

2) 分析步骤

称取 0.2g 试样，准确至 0.0001g，置于 125mL 锥形瓶中，加 15mL 硫酸(1+1)，低温加热溶解，滴加硝酸氧化，蒸发至硫酸冒烟，冷却，加少量水加热溶解盐类，冷却后转移至 250mL 容量瓶中，用水稀释至刻度，摇匀，然后分别测定钼和锰。

(1) 钼的测定：硫氰酸盐光度法。

分取 5mL 试验溶液于 50mL 容量瓶中，加 15mL 硫酸(1+1)、2mL 硫酸铜溶液(10g/L)、10mL 硫脲溶液(50g/L)、10mL 水，混匀后加 2mL 硫氰酸铵溶液(500g/L)，用水稀释至刻度，摇匀，放置 15min。以试剂空白为参比，用分光光度计于 460nm 波长处测量吸光度，从工作曲线上求得分析结果。

工作曲线的绘制：于 6 个 50mL 容量瓶中依次加入 0mL、0.5mL、1.0mL、1.5mL、2.0mL、2.5mL 钼标准溶液，按试样分析步骤操作。以测得的吸光度对溶液中钼的质量作图，绘制工作曲线。

(2) 锰的测定：高碘酸钾光度法。

分取 5～10mL 试验溶液于 100mL 烧杯中，加 5mL 硫酸(1+1)、1g 高碘酸钾，加热至沸，冷却后转移至 50mL 容量瓶中，用水稀释至刻度，摇匀。取一部分溶液用亚硝酸钠溶液(10g/L)褪色作参比液，用分光光度计于 530nm 波长处测量吸光度，从工作曲线上求得分析结果。

工作曲线的绘制：于 6 个 100mL 容量瓶中依次加入 0mL、0.2mL、0.4mL、0.6mL、0.8mL、1.0mL 锰标准溶液，按试样分析步骤操作。以测得的吸光度对溶液中锰的质量作图，绘制工作曲线。

9.6　铅、锡及其合金分析

铅是浅灰色金属，它的特点是密度大、熔点低、可塑性强、强度小、电阻率高、线膨胀系数大，具有良好的润滑能力和高的耐蚀性。由于铅具有这些性能，在工业上广泛使用铅做子弹头、蓄电池、铅包电缆、保险丝、耐酸容器衬里、焊料、铅字合金和铅基轴承合金等。

锡是银白色金属，密度 7.2g/cm^2，熔点 232℃。它的特点是耐蚀性好、可塑性强，但强度低；同时在低温下，白锡极易碎散成粉末，故纯锡必须储藏在 18℃以上的仓库里。锡主要用于各种重要制品镀锡，也是制造易熔合金、焊料、锡基轴承合金、锡青铜和锡黄铜的主要材料。锡基轴承合金又称锡基巴氏合金，是工业上普遍使用的一种耐磨合金。这种合金含锡量达 80%以上，还含有少量的锑、铜，部分合金中含有铅和少量镍。

铅基轴承合金中主要成分是铅，合金元素是锑和锡，有时也加铜。有的特殊铅基轴承合金中还加入钙和钠。锡铅焊料主要成分是锡和铅，合金元素有锑。

锡基及铅基合金试样的分解用浓硫酸与硫酸氢钾加热溶解；浓盐酸与氯化钾溶解；盐酸与溴的饱和溶液溶解；一些混合酸溶解等。

铅基及锡基合金常见的分析项目有铅、锡、锑、铜、铁等元素。目前铅采用 EDTA 直接滴定法或沉淀分离 EDTA 滴定法测定，锡采用铅盐返滴 EDTA 滴定法或碘量法测定，锑采用高锰酸钾滴定法测定，铜采用 BCO 光度法测定，铁用邻二氮菲光度法测定。

9.6.1　铅的测定

通常采用 EDTA 滴定法测定铅。

1) 方法要点

在 pH=10 的氨性溶液中滴定铅时，可用三乙醇胺、氰化物、过氧化氢及氟化物等掩蔽共存元素，因此测定的选择性较好。但为了避免剧毒的氰化物作掩蔽剂，可在 pH≈5.5 的微酸性溶液中，用邻二氮菲掩蔽铜、镉等元素，用氟化物掩蔽锡、铝，加过量的 EDTA 与铅配位，然后以二甲酚橙为指示剂，用铅标准溶液滴定过量的 EDTA，求出铅的含量。

2) 试剂

邻二氮菲溶液(2g/L)[7.5]；六次甲基四胺溶液(300g/L)[4.7]；二甲酚橙指示剂(2g/L)[5.5]；EDTA 标准溶液[c(EDTA)=0.05mol/L]；硝酸铅标准溶液($c[Pb(NO_3)_2]$=0.05mol/L)。

3) 分析步骤

称取 0.2g 试样，准确至 0.0001g，置于 250mL 锥形瓶中，加 10mL 硝酸(1+2)、0.2g 酒石酸，低温加热溶解，冷却至室温。加 100mL 水，依次加入 3mL 邻二氮菲溶液、0.2g 氟化铵(铅基合金加 10mL 150g/L 硫脲溶液)、25mL EDTA 标准溶液、30mL 六次甲基四胺溶液、4～5 滴二甲酚橙指示剂，用硝酸铅标准溶液滴定至黄色刚好变为橙红色为终点。

铅的质量分数按下式计算：

$$w(\mathrm{Pb})=\frac{(c_1V_1-c_2V_2)M(\mathrm{Pb})}{m\times 1000}$$

式中，c_1为 EDTA 标准溶液的浓度，mol/L；c_2为硝酸铅标准溶液的浓度，mol/L；V_1为加入 EDTA 标准溶液的体积，mL；V_2为返滴定时消耗硝酸铅标准溶液的体积，mL；m为试样的质量，g；M(Pb)为铅(Pb)的摩尔质量，207.2g/mol。

4) 注意事项

(1) 溶样时，如果硝酸用量增多，则必须相应增加六次甲基四胺溶液的用量，以控制溶液的 pH 为 5～6。

(2) 锑、砷不干扰测定，但铋有干扰。由于铅基合金中铋以杂质存在，其影响可不予考虑。

9.6.2 锡基合金中锡、铜联合测定

锡基合金中锡、铜的联合测定采用 EDTA 滴定法。

1) 方法要点

试样用硝酸-盐酸溶解，氯化钾作助熔剂。锡被氧化并生成 K_2SnCl_6 复盐，在酸性溶液中，加入过量 EDTA 与所有金属离子配位，定容。分取两份试验溶液，一份用铅标准溶液滴定过量的 EDTA；另一份加入硫脲掩蔽铜。在 pH 5～6 下，用铅标准溶液滴定过量的 EDTA 及 Cu-EDTA 中释放出的 EDTA，根据两次滴定消耗铅标准溶液之差，即可计算出铜的含量。在滴定后的溶液中加氟化物与锡配位，释放出 EDTA，再用铅标准溶液滴定，由此计算锡的含量。需注意，试样不能单独用盐酸溶解，否则会使部分锡生成氯化锡挥发损失。

2) 试剂

EDTA 标准溶液[c(EDTA)=0.1mol/L][9.2]；硝酸铅标准溶液($c[Pb(NO_3)_2]$=0.02mol/L)。

3) 分析步骤

称取 0.2g 试样，准确至 0.0001g，置于 100mL 锥形瓶中，加入 4mL 盐酸、1mL 硝酸及 10mL 氯化钾溶液(40g/L)，低温加热溶解并煮沸。取下，加 20～25mL EDTA 标准溶液(全部配位后过量 5～6mL)，煮沸 1～2min，冷却后转移至 100mL 容量瓶中，用水稀释至刻度，摇匀。

分取 25mL 试验溶液两份于 250mL 锥形瓶中，一份加 30mL 六次甲基四胺溶液(300g/L)、50mL 水、5～10 滴二甲酚橙指示剂(2g/L)，用硝酸铅标准溶液滴定至红色为终点(V_1)。

在另一份溶液中滴加饱和硫脲直至铜的蓝色消失再过量 0.5mL，加入 30mL 六次甲基四胺溶液、40mL 水，5～10 滴二甲酚橙指示剂，用硝酸铅标准溶液滴定至红色为终点(V_2)。

在滴定后的溶液中加入 2g 氟化钠并摇动，溶液变黄后放置片刻，用硝酸铅标准溶液滴定至红色为终点(V_3)。

锡、铜的质量分数按下式计算：

$$w(\text{Sn}) = \frac{cV_3M(\text{Sn})}{mf \times 1000}$$

$$w(\text{Cu}) = \frac{c(V_2 - V_1)M(\text{Cu})}{mf \times 1000}$$

式中，c 为硝酸铅标准溶液的浓度，mol/L；V_1 为滴定过量 EDTA 消耗硝酸铅标准溶液的体积，mL；V_2 为滴定过量 EDTA 及 Cu-EDTA 消耗硝酸铅标准溶液的体积，mL；V_3 为滴定 Sn-EDTA 释放出的 EDTA 消耗硝酸铅标准溶液的体积，mL；m 为试样的质量，g；f 为分液率；M(Sn)为锡(Sn)的摩尔质量，118.6g/mol；M(Cu)为铜(Cu)的摩尔质量，63.54g/mol。

9.7　镁及镁合金分析

镁是银白色有光泽的金属，具有延展性和中等硬度。镁的化学活性很大，镁粉、镁箔和镁带在空气中易燃，是一种强还原剂。金属镁的主要用途是制造镁合金。除铁外，镁能与铝、铜、锰、锌、锆、铈等多种金属制成合金，这些合金具有良好的机械性能，密度小、延展性好，广泛用于航空、机械制造、民用建筑等方面。金属镁用作炼钢脱氧剂及铁和其他稀有金属的还原剂。

镁需要分析的杂质元素有铝、铁、硅、铜、锰、镍、氯。多数镁合金中铝、锌、锰是主要的合金元素，而铜、镍、铁、硅等都是杂质元素。镁合金需要分析的主要合金元素和杂质元素有铝、锌、锰、铜、镍、铁、硅、锆、铈、铍等。

镁及镁合金的分析中，铝的测定采用氟化物置换-EDTA 滴定法和光度法。光度法又分为铝试剂光度法、8-羟基喹啉萃取光度法、铬天青 S 光度法和胶束增溶等。铝试剂光度法的工作曲线线性差、pH 不易控制。8-羟基喹啉萃取光度法的选择性虽然好，但分析步骤烦琐。铬天青 S 光度法具有简便、快速的特点。在一定酸度条件下，Al^{3+}与铬天青 S 生成配合物，用分光光度计于 550nm 波长处测量吸光度。在绘制工作曲线时不必加入镁基体溶液。在抗坏血酸存在下，Al-铬天青 S-OP 形成的配合物在 5min 后吸光度恒定，2h 内无变化。OP 的浓度对配合物的吸光度有影响，当浓度为 2×10^{-4}mol/L 时吸光度基本恒定，当浓度为 5×10^{-3}mol/L 时吸光度开始稍有下降。铬天青 S(1g/L)的加入量为 3～7mL 时，配合物的吸光度恒定。另外，还对 Al-水杨基荧光酮-CTMAB 体系、Al-邻间对硝基荧光酮-CTMAB 体系、Al-铬天青 S-CTMAB-OP 体系等进行了研究。

铁的测定主要用邻二氮菲光度法。最近已研究出 Fe-5-Br-PADAP-OP 体系测定镁中铁；硅的测定用硅钼蓝光度法；铜的测定通常采用铜试剂直接光度法、铜试剂萃取光度法、双环己酮草酰二腙光度法和新亚铜试剂萃取光度法。铜试剂直接光度法或铜试剂萃取光度法测定铜的选择性差，双环己酮草酰二腙光度法的颜色稳定性差。近年来，新亚铜试剂已广泛应用于镁及镁合金中铜的测定。新亚铜试剂与 Cu(Ⅰ)生成黄色的配合物。

锰的测定用高碘酸钾光度法。镁合金中锌的测定方法有极谱法、EDTA 直接滴定法、萃取分离 EDTA 滴定法和原子吸收光谱法。由于后两种方法选择性好，得到广泛应用。

原子吸收光谱法测定镁合金中锌是快速、准确的分析方法。

镍的测定通常采用丁二酮肟光度法。锌的测定通常采用 EDTA 滴定法、偶氮胂Ⅲ光度法、茜素 S 光度法和二甲酚橙光度法。二甲酚橙光度法可测定镁合金中总锆的含量。大量 Fe^{3+}产生干扰，可加入适量盐酸羟胺掩蔽。铈的测定通常采用偶氮胂Ⅲ、邻-联甲苯胺、亚甲基蓝、8-羟基喹啉、过氧化氢-柠檬酸盐等光度法。近年来，应用三溴偶氮胂光度法测定镍较为普遍，方法简单迅速、准确。

铍的测定通常采用铍试剂Ⅱ、铍试剂Ⅲ、铬天青 S 等光度法。

镁及镁合金中微量 Cl 的测定通常采用 AgCl 浊度法和 $Hg(CNS)_2$ 间接光度法。$Hg(CNS)_2$ 间接光度法的缺点是颜色深浅随温度的变化而发生明显变化。AgCl 浊度法是根据 Cl^-与 Ag^+形成 AgCl 乳浊液，测量其浊度，并计算出试样中 Cl 的含量。AgCl 胶粒的形成需要一定的温度和时间，而乳浊液的稳定性又受温度及时间的影响，加入丙酮后，AgCl 胶粒被亲水物质包围，增强了亲水性，以防止胶粒沉淀，从而形成稳定的胶体溶液，有利于浊度测定。AgCl 乳浊液随时间的延长稳定性逐渐变差，一般控制在 70℃下加热 10min，冷却，于暗处放置 10min 后立即完成测量。

金属镁中杂质元素的测定采用原子发射光谱法，由于镁的光谱中背景较深，影响分析结果的准确性，常用断续电弧为激发光源和较小的狭缝，在中型摄谱仪或中型光电直读光谱仪上进行测定。镁合金中主成分元素和杂质元素也采用原子发射光谱法测定。

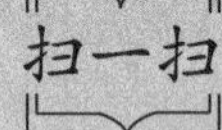

知识拓展 中国有色金属工业的摇篮——可可托海矿

习 题

1. 什么是有色金属？试述其分类情况和有色金属产品牌号的表示方法。
2. 试述测定铝合金中铝、硅、铁、锰、铬、镍、钛的方法原理。
3. 试说明 BCO 光度法测定铝合金中铜的基本原理、分析条件。
4. 说明兴多偶氮氯膦 I 光度法测定铝及铝合金中镁的原理、分析条件和干扰的消除措施。
5. 简述铝合金、铜合金的种类。
6. 简述铝合金中铝、硅、铁、铜、锰、铬、镍、钛联合测定的方法要点。
7. 试简要叙述电解法及碘量法测定铜的基本原理、主要分析条件及所加各试剂的作用。
8. 试简要叙述铜合金中锡、铜、铅、锌联合测定(无氰 EDTA 滴定法)中所加各试剂的作用。
9. 简述锌及锌合金中锌的测定方法。
10. 简述钛及钛合金中钛的测定方法、钒和铬联合测定法、钼和锰联合测定法。
11. 简述锡基、铅基合金的用途。此类合金经常分析的项目有哪些？
12. 简述铅基和锡基合金中铅的测定方法要点，锡基合金中锡、铜联合测定-EDTA 滴定法的方法原理。
13. 通过查阅资料，设计纯镍、镁及镁合金、银焊合金的分析方案。
14. 通过查阅资料，综述当前各类合金中各元素的分析方法进展。

第10章 肥料分析

10.1 概　　述

肥料能促进植物生长发育，提高农作物的产量。植物生长发育过程中所需要的营养元素有碳、氢、氧、氮、磷、硼、氯、硫、钾、钙、镁、铁、锌、锰、铜、钼等，但最主要的是氮、磷、钾及某些微量元素。

肥料包括自然肥料和化学肥料。人畜尿类、油饼、腐草、骨粉、草木灰等是自然肥料。以矿物、空气、海水等为原料，经化学和机械加工方法制造，能供给农作物营养及提高土壤肥力的化学物质称为化学肥料。本章主要介绍化学肥料中主要元素成分的分析。

化学肥料具有有效成分含量高，肥效发挥快，便于储运和施用等优点。

化学肥料的分类，按营养元素可分为氮肥、磷肥、钾肥、复合肥料、微量元素肥料；按化学性质可分为酸性肥料、中性肥料和碱性肥料。

化学肥料的分析项目包括水分含量、有效成分含量和杂质含量等分析。固体化肥的含水量越低越好。水含量高，化肥易结块，给使用带来不便，有的还会因水解而损失有效成分。有效成分含量，氮肥以氮元素的质量分数表示，磷肥以有效五氧化二磷的质量分数表示，钾肥以氧化钾的质量分数表示，微量元素以该元素的质量分数表示。硫酸铵、硝酸铵、过磷酸钙、重过磷酸钙等产品中常含有少量的游离酸。虽然硝酸、磷酸也是营养元素的形态之一，但达到一定浓度时会灼伤植物。游离硫酸则会使土壤板结。因此，游离酸的存在会使化肥质量变差，游离酸的含量越低越好。化肥中还含有缩二脲、砷化物、氰化物等杂质，它们的存在会对植物的生长发育产生不良影响，故杂质含量应越少越好。

我国部分化肥产品的质量标准见表10-1～表10-3。

表10-1　硝酸铵的质量标准(GB/T 2945—2017)

项目	指标	
	优等品	合格品
总氮(N)含量(以干基计)/% ≥	34.0	33.5
水分(H_2O)含量/% ≤	0.6	1.5
10%水溶液 pH ≥	5.0	4.0

表 10-2　尿素的质量标准(GB/T 2440—2017)

项目	指标			
	工业用		农业用	
	优等品	合格品	优等品	合格品
颜色	白色		白色或浅色	
总氮(N)含量(以干基计)/% ≥	46.4	46.0	46.0	45.0
缩二脲含量/% ≤	0.5	1.0	0.9	1.5
水分(H_2O)含量/% ≤	0.3	0.7	0.5	1.0
铁含量(以 Fe 计)/% ≤	0.0005	0.0010		
碱度(以 NH_3 计)/% ≤	0.01	0.03		
硫酸盐含量(以 SO_4^{2-} 计)/% ≤	0.005	0.020		
水不溶物含量/% ≤	0.005	0.040		

注：结晶状尿素不控制粒度指标。

表 10-3　过磷酸钙的质量标准(GB/T 20413—2017)

项目	指标			
	优等品	一等品	合格品	
			Ⅰ	Ⅱ
有效五氧化二磷(P_2O_5)含量/% ≥	18.0	16.0	14.0	12.0
游离酸(以 P_2O_5 计)含量/% ≤	5.5	5.5	5.5	5.5
水分(H_2O)含量/% ≤	12.0	14.0	15.0	15.0

10.2 氮肥分析

含氮的肥料称为氮肥。

化学氮肥包括铵盐，如硫酸铵、碳酸氢铵、硝酸铵、氯化铵等；硝酸盐，如硝酸钠、硝酸钙；尿素；氨水、硝酸铵钙；硝硫酸铵；氰氨化钙(石灰氮)等。

氮在化合物中通常以氨态、硝酸态和有机态三种形式存在。存在状态的性质不同，分析方法也不同。

(1) 氨态氮。

强酸的铵盐有两种测定方法：①甲醛法；②蒸馏法：强碱分解、蒸馏，以硼酸溶液吸收，用酸标准溶液滴定。

氨水、碳酸氢铵中的氮可直接用酸标准溶液滴定。

(2) 硝酸态氮。

先还原为氨态氮，再用甲醛法或蒸馏法测定。

(3) 有机态氮。

先用浓硫酸在不同条件下消化、分解，使氮转变为氨态，然后用甲醛法或蒸馏法测定。自然氮肥中的氮以有机态氮为主，也可能是几种形式同时存在，通常用凯达尔法(凯氏定氮法)测定。

10.2.1 碳酸氢铵的质量检验

碳酸氢铵是一种弱酸弱碱盐，水溶液呈弱碱性，pH 约为 8.0。常温下，在潮湿空气中易缓慢分解为氨和二氧化碳，有氨味。温度高，分解更为迅速。

$$NH_4HCO_3 = NH_3\uparrow + CO_2\uparrow + H_2O$$

1. 水分的测定

碳酸氢铵很不稳定，在常温下即可分解为氨、二氧化碳和水。因此，测定碳酸氢铵产品的水分含量不能用烘干法或有机溶剂蒸馏法，宜采用碳化钙(电石)法。

1) 方法原理

碳酸氢铵和碳化钙混合，试样中的水分与碳化钙作用生成乙炔。

$$CaC_2 + 2H_2O = Ca(OH)_2 + C_2H_2\uparrow$$

测量乙炔的体积，即可计算出水分含量。

2) 仪器和试剂

碳化钙法水分测量装置：如图 10-1 所示。

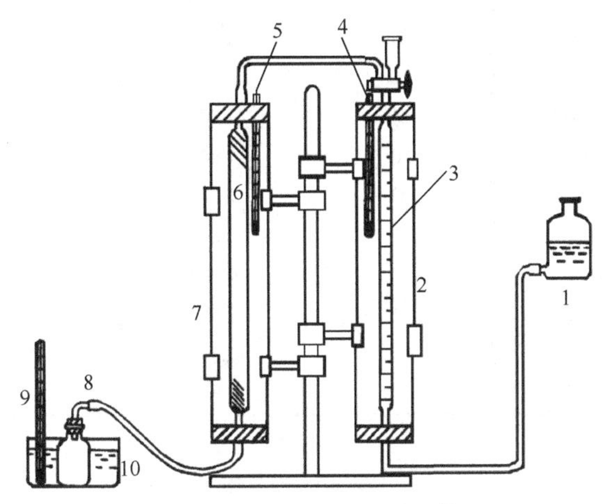

图 10-1 碳化钙法水分测量装置

1. 水准瓶；2、7. 水套管；3. 具三通活塞的 100mL 量气管；4、5、9. 温度计；6. 玻璃纤维过滤管；8. 70mL 乙炔发生瓶；10. 水浴缸

注意：水分含量＜1%时，量气管的最小分度值为 0.05mL；水分含量＞1%时，量气管的最小分度值为 0.2mL。水分含量＜1%时，可不使用水浴缸。

碳化钙：粉状，全部通过 60 目筛；氯化钾封闭液[3.33]。

3) 分析步骤

(1) 使量气管通大气，将封闭液充满量气管，检查仪器是否漏气，关闭三通活塞。

(2) 在乙炔发生瓶内装入约 5g 碳化钙。

(3) 称取 1g 试样，准确至 0.0001g，置于称量瓶(ϕ20×20mm)中，去掉瓶盖，迅速将称量瓶放入乙炔发生瓶内(勿使试样与碳化钙接触)，立即塞紧瓶盖。转动三通活塞，使量气管与乙炔发生瓶相通，测量量气管内气体的体积。

(4) 摇动乙炔发生瓶，使试样与碳化钙充分混合，至无结块现象后，将乙炔发生瓶置于水浴缸中冷却。1～2min 后，测量量气管内气体的体积。

(5) 记录测定时的温度和大气压。

试样中水分的质量分数按下式计算：

$$w(H_2O)=\frac{\dfrac{V_2-V_1}{22.4\times 1000}\times\dfrac{(p-p_w)\times 273}{101.3\times(273+t)}\times 2\times M(H_2O)}{m}$$

式中，V_1、V_2 分别为反应前、后量气管内气体的体积，mL；m 为试样的质量，g；p 为测定时的大气压，kPa；p_w 为测定时饱和食盐水的蒸气压(表 10-4)，kPa；t 为测定时的温度，℃；22.4 为标准状况下 1mol 乙炔的体积，L；$M(H_2O)$为水的摩尔质量，18g/mol；2 为水与乙炔的化学计量比。

表 10-4 不同温度下饱和食盐水的蒸气压

温度/℃	蒸气压/kPa	温度/℃	蒸气压/kPa	温度/℃	蒸气压/kPa
5	0.653	17	1.467	29	3.026
6	0.707	18	1.560	30	3.200
7	0.760	19	1.653	31	3.360
8	0.813	20	1.760	32	3.520
9	0.867	21	1.880	33	3.666
10	0.920	22	2.000	34	3.813
11	0.987	23	2.120	35	4.200
12	1.053	24	2.253	36	4.306
13	1.133	25	2.387	37	4.373
14	1.213	26	2.533	38	4.520
15	1.293	27	2.693	39	4.666
16	1.373	28	2.853	40	4.813

4) 测量水分的允许误差

碳酸氢铵含水量测定允许误差列于表 10-5。

表 10-5 碳酸氢铵含水量测定允许误差

水分含量/%	允许绝对误差/%
＞0.5	0.2
＜0.5	0.05

2. 氮的测定

碳酸氢铵在水中可解离为 NH_4^+，HCO_3^- 是中等强度的弱碱，可直接用酸碱滴定法测定其含氮量。该法也适用于氨水中氮的测量。

1) 用盐酸作标准溶液的直接滴定法

(1) 方法原理。

在碳酸氢铵溶液中加入甲基橙指示剂，溶液呈黄色，当用盐酸标准溶液滴定时发生下列反应：

$$NH_4HCO_3 + HCl \longrightarrow NH_4Cl + H_2O + CO_2\uparrow$$

化学计量点的产物为 NH_4Cl 和 H_2CO_3，NH_4Cl 溶液呈酸性，而 H_2CO_3 饱和溶液的浓度为 0.04mol/L，故此时溶液呈酸性，甲基橙为橙红色，可由消耗盐酸标准溶液的体积计算含氮量。

(2) 试剂。

盐酸标准溶液[c(HCl)=1mol/L]；甲基橙指示剂(1g/L)[5.3]。

(3) 分析步骤。

用称量瓶称取约 1g 试样，准确至 0.0001g，小心置于 250mL 锥形瓶中。加入约 80mL 水，由滴定管准确加入 20.00mL 盐酸标准溶液。加入 2 滴甲基橙指示剂，打开称量瓶盖，用玻璃棒充分搅拌至溶解完全，继续用盐酸标准溶液滴定至溶液呈橙红色即为终点。

碳酸氢铵试样中氮的质量分数按下式计算：

$$w(\mathrm{N}) = \frac{cVM(\mathrm{N})}{m \times 1000}$$

式中，c 为盐酸标准溶液的浓度，mol/L；V 为消耗盐酸标准溶液的体积，mL；M(N)为氮的摩尔质量，14.01g/mol；m 为试样的质量，g。

2) 返滴定法

(1) 方法原理。

将试样与过量的硫酸标准溶液作用，以甲基红-亚甲基蓝作指示剂，用氢氧化钠标准溶液滴定剩余的硫酸，即可计算出氮的含量。

$$2NH_4HCO_3 + H_2SO_4(\text{过}) \longrightarrow (NH_4)_2SO_4 + CO_2\uparrow + H_2O$$

$$H_2SO_4(\text{剩}) + 2NaOH \longrightarrow Na_2SO_4 + 2H_2O$$

(2) 试剂。

硫酸标准溶液[$c(1/2H_2SO_4)$=1.0mol/L]；氢氧化钠标准溶液[c(NaOH)=1mol/L]；甲基红-亚甲基蓝指示剂[5.18]。

(3) 分析步骤。

用已知质量的带磨口塞的称量瓶迅速称量约 2g 试样，准确至 0.0001g，用水洗入已盛有 50.00mL 硫酸标准溶液的锥形瓶中，摇匀。待反应完全后，加热煮沸 5min。冷却至室温，加入 1～2 滴甲基红-亚甲基蓝指示剂，用氢氧化钠标准溶液返滴定过量的硫酸标准溶液至溶液呈灰绿色即为终点。

碳酸氢铵试样中氮的质量分数按下式计算：

$$w(\mathrm{N}) = \frac{(c_1V_1 - c_2V_2)M(\mathrm{N})}{m \times 1000}$$

式中，c_1 为硫酸标准溶液的浓度，mol/L；V_1 为硫酸标准溶液的体积，mL；c_2 为氢氧化钠标准溶液的浓度，mol/L；V_2 为氢氧化钠标准溶液的体积，mL；M(N)为氮的摩尔质量，14.01g/mol；m 为试样的质量，g。

10.2.2 尿素的质量检验

尿素是中性化学肥料，外观为白色或微红色圆珠状颗粒，易溶于水，水溶液呈中性。尿素是碳酸的酰二胺，由于氮原子为酰胺状态，不能被植物直接吸收，而必须经过土壤中微生物加工分解，转化为氨态或硝态后，才能被植物吸收产生肥效。国家标准规定由氨和二氧化碳合成用于农业的尿素通常要求检验水分、缩二脲、氮含量及粒度等四项指标。

1. 水分的测定

尿素常温下比较稳定。若用烘干法测定水分含量时，尿素产品中的游离氨会随水分一起挥发，尿素在受热 85℃以上时分解出氨，对测定水分产生干扰，反应式如下：

$$2(NH_2)_2CO \xlongequal{\triangle} (NH_2CO)_2NH + NH_3\uparrow$$

如果烘干温度低于水的沸点，试样中的水分不能蒸发完全，使水分的测定结果偏低。国家标准规定尿素中的水分用卡尔 · 费歇尔法测定。

1) 方法原理

由碘、二氧化硫、吡啶、甲醇组成的混合试剂称为卡尔 · 费歇尔试剂。它与存在于试样中的水分发生定量反应，生成氢碘酸吡啶和甲基硫酸氢吡啶，反应式如下：

$$H_2O + I_2 + SO_2 + 3C_5H_5N = 2C_5H_5N \cdot HI + C_5H_5N \cdot SO_3$$

$$C_5H_5N \cdot SO_3 + CH_3OH = C_5H_5NH \cdot OSO_2 \cdot OCH_3$$

用卡尔 · 费歇尔试剂滴定试样中的水，以永停电位法确定滴定终点，即可计算水分含量。

2) 仪器和试剂

卡尔 · 费歇尔试剂制备装置(图 10-2)；卡尔 · 费歇尔法水分测定装置(图 10-3)。

无水甲醇：向 1L 甲醇中加入 550℃灼烧 2h 并于干燥器中冷却至室温的 5A 分子筛 100g，密闭放置过夜，吸取上层澄清液使用；无水吡啶：同上法处理脱水；卡尔 · 费歇尔试剂[9.18]。

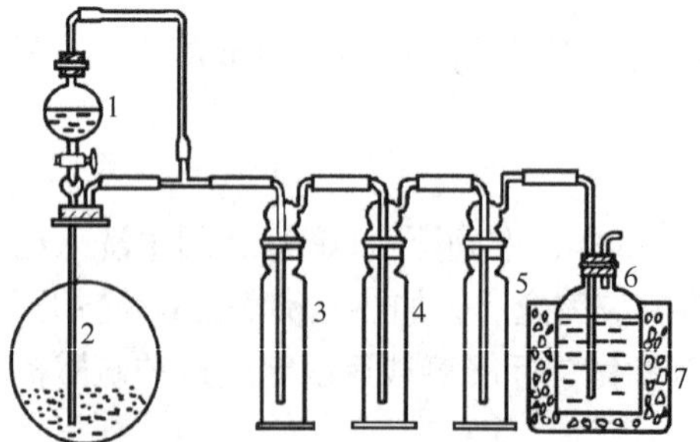

图 10-2 卡尔 · 费歇尔试剂制备装置

1. 200mL 长颈滴液漏斗；2. 500mL 圆底烧瓶；3、4. 洗气瓶；5. 气液分离瓶；6. 1000mL 棕色瓶；7. 水浴缸

3) 分析步骤

用称量管称取试样 2～5g，准确至 0.0001g，加入电导池中，塞紧入口橡胶塞，启动搅拌器。重新称量称量管。待试样溶解完全后，用卡尔 · 费歇尔试剂滴定至与上述相同的终点，记录消耗卡尔 · 费歇尔试剂的体积。试样中水分的质量分数按下式计算：

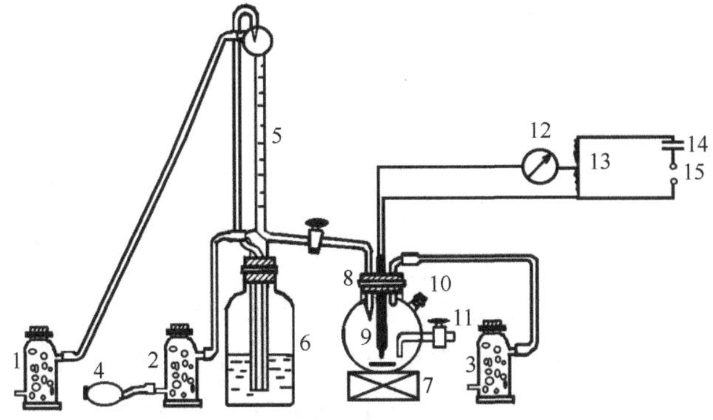

图 10-3　卡尔 · 费歇尔法水分测定装置

1、2、3. 硅胶干燥瓶；4. 打气球；5. 自动滴定管；6. 卡尔 · 费歇尔试剂储瓶；7. 磁力搅拌器；8. 电导池；9. 铂丝电极；10. 试样入口；11. 废液排出管；12. 0～50μA 电流计；13. 变阻器(10kΩ电位器)；14. 1.5V 干电池；15. 开关

$$w(H_2O)=\frac{TV}{m}$$

式中，T 为卡尔 · 费歇尔试剂对水的滴定度，g/mL；V 为卡尔 · 费歇尔试剂的体积，mL；m 为试样的质量，g。

4) 注意事项

(1) 卡尔 · 费歇尔试剂的稳定性差，应在每次滴定试样之前用纯水标定其对水的滴定度。卡尔 · 费歇尔试剂的吸水性很强，吸水后其反应能力和对水的滴定度都会降低，因此在储存和使用时应注意密封，避免空气中水蒸气的侵入。制备卡尔 · 费歇尔试剂时应使用不含水的试剂。

(2) 试样中若含有对碘、二氧化硫起氧化还原作用的物质会干扰测定，此时可选用其他方法测定水的含量。试样中若存在少量的酸或碱，不干扰测定。

(3) 甲醇、吡啶对人体有强烈的毒性，使用时应注意通风良好。

(4) 此法不仅可用于测定因为受热挥发或分解的有机化合物中的水分含量，还可以用于间接测定有机化合物在化学反应中消耗水或产生水的含量。

2. 尿素中总氮含量的测定

尿素分子中的氮以酰胺(—$CONH_2$)状态存在。为了测定尿素中的酰胺态氮，通常采用凯达尔法。在催化剂硫酸铜存在下，将尿素与过量浓硫酸共同加热，则尿素中的酰胺态氮、缩二脲、游离氨等转化为氨态，即硫酸铵，反应式如下：

$$(NH_2)_2CO + H_2SO_4 + H_2O = (NH_4)_2SO_4 + CO_2\uparrow$$

$$2(NH_2CO)_2NH + 3H_2SO_4 + 4H_2O = 3(NH_4)_2SO_4 + 4CO_2\uparrow$$

$$2NH_3\cdot H_2O + H_2SO_4 = (NH_4)_2SO_4 + 2H_2O$$

然后对生成的硫酸铵和硫酸混合物进一步用蒸馏法或甲醛法测定总氮含量。

1) 蒸馏法

该法是向硫酸铵和硫酸混合液中加入强碱蒸馏，硫酸铵分解逸出氨。

$$(NH_4)_2SO_4 + 2NaOH = Na_2SO_4 + 2NH_3\uparrow + 2H_2O$$

逸出的氨用一定量过量的硫酸标准溶液吸收，用氢氧化钠标准溶液返滴定剩余的硫酸，即可计算出总氮含量。

(1) 试剂。

氢氧化钠溶液(450g/L)[2.4]；硫酸标准溶液[$c(1/2H_2SO_4)$=0.5mol/L]；氢氧化钠标准溶液[$c(NaOH)$=0.5mol/L]。

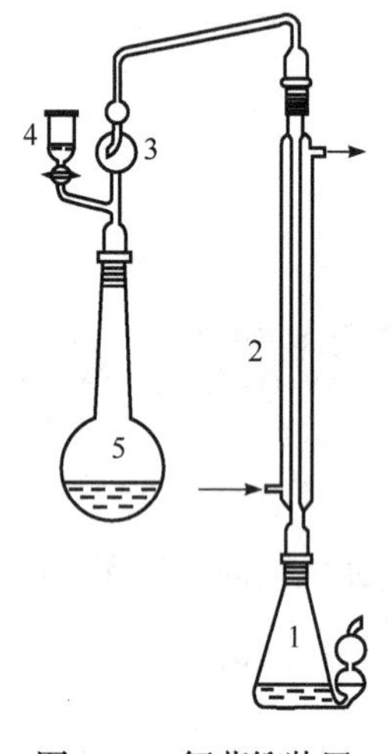

图 10-4　氨蒸馏装置

1. 吸收瓶；2. 冷凝管；3. 防溅球管；4. 滴液漏斗；5. 长颈蒸馏烧瓶

(2) 仪器。

氨蒸馏装置(图 10-4)，包括以下各部分仪器：①长颈蒸馏烧瓶，容积为 1L；②单球防溅球管和顶端开口、与防溅球进出口平行的约 50mL 圆筒形滴液漏斗；③直形冷凝管，有效长度约 400mm；④吸收瓶，容积 500mL 的锥形瓶，瓶侧连接双连球。梨形玻璃滴液漏斗。

(3) 分析步骤。

(a) 试验溶液制备：称量约 5g 试样，准确至 0.0001g，移入 500mL 锥形瓶中，加入 25mL 水、50mL 硫酸、0.5g 硫酸铜，插上梨形玻璃滴液漏斗，在通风橱内缓慢加热，使二氧化碳逸尽。然后逐步升高温度，直至冒白烟，再继续加热 20min。取下，待冷却后，小心加入 300mL 水，冷却。将锥形瓶中的溶液定量转移至500mL 容量瓶中，用水稀释至刻度，摇匀。

(b) 蒸馏：从容量瓶中移取 50.00mL 试验溶液于蒸馏烧瓶中，加入约 300mL 水、几滴甲基红-亚甲基蓝混合指示液和少许沸石或多孔瓷片。用滴定管或移液管移取 40.0mL 硫酸标准溶液于吸收瓶中，加水，使溶液量能淹没吸收瓶的双连球瓶颈，加 4～5 滴混合指示液。用硅脂涂抹仪器接口，按图 10-4 安装蒸馏装置，并保证仪器所有连接部分密封。

通过滴液漏斗向蒸馏烧瓶中缓慢加入足够量的氢氧化钠溶液(450g/L)，中和溶液并过量 25mL，应注意，滴液漏斗中至少存留几毫升溶液。加热蒸馏，直到吸收瓶中的收集量达到 250～300mL 时停止加热。拆下防溅球管，用水洗涤冷凝管，洗涤液收集在吸收瓶中。

(c) 滴定：将吸收瓶中的溶液混匀，用氢氧化钠标准溶液返滴定过量的硫酸至溶液呈灰绿色，滴定时要仔细搅拌，以保证溶液混匀。

(4) 空白试验。

按上述分析步骤进行空白试验，除不用样品外，操作步骤和应用的试剂与测定时相同。

尿素中总氮的质量分数按下式计算：

$$w(\mathrm{N})=\frac{c(V_2-V_1)\times\frac{M(\mathrm{N})}{1000}}{m\times[1-w(\mathrm{H_2O})]\times\frac{50}{500}}$$

式中，c 为氢氧化钠标准溶液的浓度，mol/L；V_1 为滴定试样消耗氢氧化钠标准溶液的体积，mL；V_2 为空白试验消耗氢氧化钠标准溶液的体积，mL；m 为尿素试样的质量，g；

$w(H_2O)$为尿素试样中水分的质量分数；$M(N)$为氮的摩尔质量，14.01g/mol。

(5) 允许误差。

平行测定结果的绝对差值小于 0.10%，不同实验室测定结果的绝对差值小于 0.15%。

(6) 注意事项。

(a) 为使消化完全且较迅速完成，并防止消化过程中 N 的损失，最主要的条件是选择适当的催化剂和注意加热温度。目前最常用的催化剂为 $CuSO_4$，其催化作用如下：

$$2CuSO_4 = Cu_2SO_4 + SO_2 + 2(O)$$

$$Cu_2SO_4 + 2H_2SO_4 = 2CuSO_4 + 2H_2O + SO_2$$

过程中析出的新生态氧使有机物迅速分解。

(b) 蒸馏装置不漏气，以免在蒸馏过程中 NH_3 损失，加入碱必须过量，吸收必须保证完全。在操作中防止倒吸。

(c) 此法适用于消化后其中的氮可变为氨的有机化合物。

2) 甲醛法

该法先用强碱滴定硫酸铵和硫酸混合物中的硫酸刚好完全反应，然后加入甲醛与硫酸铵反应，定量地生成六次甲基四胺盐和 H^+。

$$4NH_4^+ + 6HCHO = (CH_2)_6N_4H^+ + 3H^+ + 6H_2O$$

生成的六次甲基四胺盐($K_a = 7.1\times10^{-6}$)和 H^+用强碱标准溶液滴定，根据消耗碱标准溶液的体积，计算氮的含量。

(1) 试剂。

氢氧化钠标准溶液[c(NaOH)=0.1mol/L]；酚酞指示剂(10g/L)[5.2]；甲基红指示剂(1g/L)[5.1]；甲醛溶液(25%)[8.16]。

(2) 分析步骤。

(a) 试验溶液制备：同蒸馏法。

(b) 测定。

从容量瓶中移取 50.00mL 试验溶液于锥形瓶中，加入 1 滴甲基红指示剂，用氢氧化钠标准溶液中和至溶液呈黄色，加入 15mL 甲醛溶液(25%)，再加入 1～2 滴酚酞指示剂，充分摇匀，放置 1min 后，用氢氧化钠标准溶液滴定至溶液呈微橙红色并持续 30s 不褪色即为终点。

尿素中总氮的质量分数按下式计算：

$$w(N) = \frac{cVM(N)}{m\times\frac{50}{500}\times[1-w(H_2O)]\times1000}$$

式中，c 为氢氧化钠标准溶液的浓度，mol/L；V 为消耗氢氧化钠标准溶液的体积，mL；m 为尿素试样的质量，g；$w(H_2O)$为尿素试样中水分的质量分数；$M(N)$为氮的摩尔质量，14.01g/mol。

(3) 允许误差。

平行测定结果的差值，按总氮含量计时不得大于 0.06%。

3. 尿素中缩二脲的测定：分光光度法

缩二脲是尿素受热至150～160℃时的分解产物，两个尿素分子脱去一个氨分子生成一分子缩二脲。

$$H_2N—CO—NH_2 + HNH—CO—NH_2 \xlongequal{} H_2NCONHCONH_2 + NH_3$$

在尿素生产过程中，加热浓缩尿素溶液时，不可避免地会生成少量缩二脲。缩二脲抑制幼小作物的正常发育，特别是对柑橘的生长不利。因此，缩二脲是尿素肥料中的有害杂质，在生产过程中应控制缩二脲含量越少越好。

1) 方法原理

在有酒石酸钾钠存在的碱性溶液中，缩二脲与硫酸铜作用生成紫红色配合物。反应式如下：

$$2(NH_2CO)_2NH + CuSO_4 \xlongequal{} [(H_2NCONHCONH_2)_2Cu]SO_4$$

用分光光度计在550nm波长处测量吸光度，在工作曲线上查出缩二脲的量。

2) 仪器和试剂

水浴；分光光度计。

硫酸铜碱性溶液(15g/L)[6.11]；酒石酸钾钠碱性溶液(50g/L)[6.12]；硫酸[$c(1/2H_2SO_4)$=0.1mol/L]；氢氧化钠溶液[c(NaOH)=0.1mol/L]；氨水溶液(100g/L)：量取220mL氨水，用水稀释至500mL；缩二脲提纯及缩二脲标准溶液(2.00g/L)[10.12]。

3) 分析步骤

(1) 标准曲线的绘制。

按表10-6所示量，将缩二脲标准溶液注入8个100mL容量瓶中。

表10-6 缩二脲标准溶液的体积与对应量的关系

缩二脲标准溶液的体积/mL	缩二脲的对应量/mg	缩二脲标准溶液的体积/mL	缩二脲的对应量/mg
0	0	15.0	30
2.5	5	20.0	40
5.0	10	25.0	50
10.0	20	30.0	60

每个容量瓶中的溶液用水稀释至50mL，然后依次加入20.0mL酒石酸钾钠碱性溶液和20.0mL硫酸铜溶液，摇匀，用水稀释至刻度，将容量瓶浸入(30±5)℃的水浴中约20min，不时摇动，制备成标准比色溶液。在30min内，以缩二脲的对应量为零的溶液作为参比液，用3cm比色皿，用分光光度计于550nm波长处测定标准比色溶液的吸光度。

以100mL标准比色溶液中所含缩二脲的质量(mg)为横坐标、相应的吸光度为纵坐标作图，绘制标准曲线。

(2) 测定。

试验溶液的制备：称取约50g试样，准确至0.0001g，置于250mL烧杯中，加约100mL水溶解，用硫酸或氢氧化钠溶液调节溶液pH为7，将溶液定量移入250mL容量瓶中，用水稀释至刻度，摇匀。

分取含有 20～50mg 缩二脲的试验溶液，然后依次加入 20.0mL 酒石酸钾钠碱性溶液和 20.0mL 硫酸铜溶液，摇匀，用水稀释至刻度，将容量瓶浸入(30±5)℃的水浴中约 20min，不时摇动。

空白试验：按上述分析步骤进行空白试验，除不用样品外，操作步骤和应用的试剂与测定时相同。

光度测定：与标准曲线的绘制步骤相同，对试验溶液及空白试验溶液进行光度测定，测定其吸光度。

注意事项：

(a) 如果试验溶液有色或浑浊有色，除按上述步骤测定吸光度外，另于两个 100mL 容量瓶中各加入 20.0mL 酒石酸钾钠碱性溶液，其中一个加入与显色时相同体积的试验溶液，用水稀释至刻度，摇匀。以不含试验溶液的溶液为参比液，用测定时的相同条件测定另一份溶液的吸光度，在计算时扣除。

(b) 如果试验溶液只是浑浊，则在调节试验溶液 pH 之前，在试验溶液中加入 2mL 盐酸溶液[c(HCl)=1mol/L]，剧烈摇动，用中速滤纸过滤，用少量水洗涤，将滤液和洗涤液定量收集在烧杯中，然后按“试验溶液的制备”调节 pH 和稀释。

4) 计算

从标准曲线上查出所测吸光度对应的缩二脲的质量。试样中缩二脲的质量分数按下式计算：

$$w(\text{缩二脲}) = \frac{(m_1 - m_2)f}{m}$$

式中，m_1 为分取的试验溶液测得的缩二脲的质量，g；m_2 为分取的空白试验溶液测得的缩二脲的质量，g；m 为试样的质量，g；f 为试样的总体积与用于显色反应分取的试验溶液体积之比。

5) 允许误差

平行测定结果的绝对差值不大于 0.05%，不同实验室测定结果的绝对差值不大于 0.08%。取平行测定结果的算术平均值为测定结果。

10.2.3　硝酸铵的质量检验

硝酸铵是一种酸性肥料，易吸水，常温下稳定，加热至 200℃则分解为水和 N_2O，加热过猛会产生爆炸。

$$NH_4NO_3 \xlongequal{\triangle} N_2O + 2H_2O$$

或

$$5NH_4NO_3 \xlongequal[\text{有机杂质催化}]{24℃\text{以上}} 4N_2 + 2HNO_3 + 9H_2O$$

硝酸铵除用作肥料外，还用来制造炸药。

1. 水分的测定

硝酸铵常温下稳定，若用烘干法测定水分含量，则硝酸铵产品中的游离硝酸会随水分一起挥发。因此，硝酸铵中水分含量的测定方法与尿素中水分的测定方法相同。

2. 硝酸铵中总氮含量的测定

硝态氮肥的氮含量测定用德瓦达合金还原法。德瓦达合金是由 50%铜、45%铝、5%锌组成的合金，在化学分析中常用作还原剂。

1) 方法原理

德瓦达合金与氢氧化钠溶液作用生成的初生态氢将硝酸根还原为氨。反应式如下：

$$Cu + 2NaOH + 2H_2O = Na_2[Cu(OH)_4] + 2H\uparrow$$

$$Al + NaOH + 3H_2O = Na[Al(OH)_4] + 3H\uparrow$$

$$Zn + 2NaOH + 2H_2O = Na_2[Zn(OH)_4] + 2H\uparrow$$

$$NO_3^- + 8H = NH_3\uparrow + OH^- + 2H_2O$$

铵盐与氢氧化钠溶液作用也释放出氨。反应式如下：

$$NH_4^+ + NaOH = NH_3\uparrow + Na^+ + H_2O$$

据此，将硝酸铵试样、德瓦达合金和氢氧化钠在蒸馏装置中反应，并按测定铵态氮的蒸馏法操作，即可计算总氮含量。

若试样中无铵盐存在，则测定结果为硝态氮的含量。在上述反应条件下，亚硝酸根同样被还原为氨，故所得硝态氮含量应为硝酸态氮与亚硝酸态氮之和。反应式如下：

$$NO_2^- + 6H = NH_3\uparrow + OH^- + H_2O$$

上述还原反应须在强碱性溶液中进行，氢氧化钠溶液的浓度不宜过低。反应速率不宜过快，以防止意外现象的发生而使测定失败。德瓦达合金中可能含有氮化物，应做空白试验校正。

2) 仪器和试剂

氨蒸馏装置(图 10-4)。

德瓦达合金：粒度为 0.2～0.3mm；氢氧化钠溶液(450g/L)；氢氧化钠标准溶液[$c(NaOH)$=0.5mol/L]；硫酸标准溶液[$c(1/2H_2SO_4)$=0.5mol/L]。

3) 分析步骤

称取约 10g 试样，准确至 0.0001g，移入 500mL 容量瓶中，加水溶解并稀释至刻度，摇匀。

移取 25.00mL 上述溶液，注入 1000mL 长颈蒸馏烧瓶中。加入 300mL 水、5g 德瓦达合金、数粒沸石。在吸收瓶中加入 40.0mL 硫酸标准溶液、约 80mL 水、数滴甲基红-亚甲基蓝混合指示剂。按图 10-4 安装蒸馏装置，各连接处不得漏气。经滴液漏斗向蒸馏烧瓶中加入 30mL 氢氧化钠溶液(450g/L)，关闭漏斗活塞，开通冷却水。微微加热蒸馏烧瓶，至反应开始时停止加热。放置 1h 后，加热蒸馏。至吸收瓶内收集量达到 250～300mL 时，停止加热。拆开防溅球管，用少量水冲洗冷凝管，洗涤液并入吸收瓶内。拆下吸收瓶，摇匀。用氢氧化钠标准溶液滴定至溶液呈灰绿色即为终点，同时做空白试验。

硝酸铵试样总氮的质量分数按下式计算：

$$w(\mathrm{N})=\frac{c(V_2-V_1)\times\frac{M(\mathrm{N})}{1000}}{m\times[1-w(\mathrm{H_2O})]\times\frac{25}{500}}$$

式中，c 为氢氧化钠标准溶液的浓度，mol/L；V_1 为试样消耗氢氧化钠标准溶液的体积，mL；V_2 为空白试验消耗氢氧化钠标准溶液的体积，mL；m 为试样的质量，g；$w(H_2O)$ 为试样的水分含量；M(N)为氮的摩尔质量，14.01g/mol。

4) 允许误差

平行测定结果的绝对差值不大于 0.08%，不同实验室测定结果的绝对差值不大于 0.10%。

10.3　磷 肥 分 析

含磷的肥料称为磷肥，包括自然磷肥和化学磷肥。磷矿石、骨粉、骨灰是自然磷肥。化学磷肥是指以自然矿石为原料，经化学加工处理的含磷肥料。根据溶解性不同，磷肥又可分为水溶性磷肥、弱酸性磷肥和难溶性磷肥。

(1) 水溶性磷肥。能溶于水的化合物称为水溶性磷肥。它是用无机酸处理磷矿石制造而成的肥料，如过磷酸钙、重过磷酸钙、磷酸二氢钾、磷酸铵等。水溶性磷肥易被植物吸收利用，故又称为速效磷肥。

(2) 弱酸性磷肥。能被植物根部分泌出的有机酸溶解的磷化合物称为弱酸性磷肥。它是将磷矿石与其他配料(如蛇纹石、滑石、橄榄石、白云石等)或不加配料经过高温煅烧分解磷矿石而制成的化肥，如钙镁磷肥、钢渣磷肥、沉淀磷酸钙、偏磷酸钙等。在化肥分析中，弱酸性磷肥能溶于柠檬酸溶液(20g/L)、中性柠檬酸铵溶液、碱性柠檬酸铵溶液。这类磷肥在施用后需经过植物根部分泌出的有机酸或土壤中的酸性物质溶解转化后才能被植物吸收利用，所以又称为迟效磷肥。

(3) 难溶性磷肥。既难溶于水又难溶于有机弱酸的磷化合物称为难溶性磷化合物，如磷酸三钙[$Ca_3(PO_4)_2$]、磷酸铁、磷酸铝等。磷矿石几乎全部是难溶性磷化合物。主要含难溶性磷化合物的磷肥称为难溶性磷肥。这类磷肥需经强酸作用或经有机酸的长时间作用，才能转化为可被植物吸收利用的状态，因而只宜施于酸性土壤中。

有效磷是指磷肥中水溶性磷化合物与弱酸性磷化合物之和。磷肥的所有含磷化合物中含磷量的总和则称为全磷。在生产过程中因对象或目的不同，分别测定全磷和有效磷含量，结果均用五氧化二磷(P_2O_5)表示。

磷肥中磷的测定方法通常有磷钼酸铵滴定法、重量法，磷钼酸喹啉滴定法、重量法和钒钼酸铵分光光度法。其中，磷钼酸喹啉重量法为国家规定的标准仲裁方法。

10.3.1 磷肥中有效磷的测定

1. 磷钼酸喹啉重量法(仲裁法)

1) 方法原理

用水、碱性柠檬酸铵溶液提取过磷酸钙中的有效磷。提取液中的磷酸根在酸性介质中与喹钼柠酮试剂生成黄色磷钼酸喹啉沉淀。

$$H_3PO_4 + 12MoO_4^{2-} + 24H^+ \longrightarrow H_3(PO_4 \cdot 12MoO_3) \cdot H_2O + 11H_2O$$

$$H_3(PO_4 \cdot 12MoO_3) \cdot H_2O + 3C_9H_7N \longrightarrow (C_9H_7N)_3H_3(PO_4 \cdot 12MoO_3) \cdot H_2O\downarrow$$

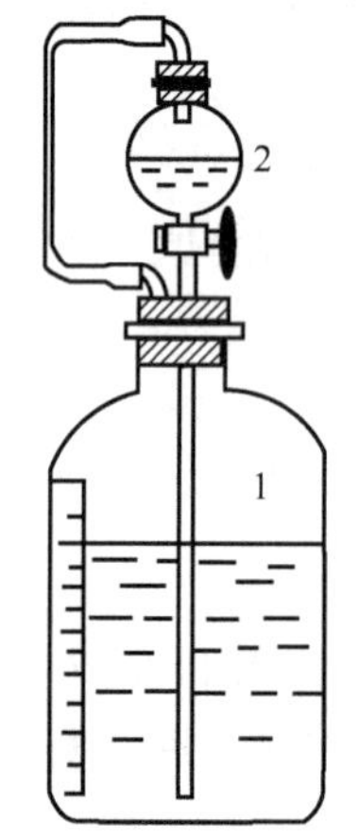

图 10-5 碱性柠檬酸铵溶液制备装置

1. 储液瓶；2. 分液漏斗

将磷钼酸喹啉沉淀过滤、洗涤，于 180℃下烘干至恒重，根据所得质量计算含磷量。

2) 仪器和试剂

碱性柠檬酸铵溶液制备装置(图 10-5)；玻璃砂芯漏斗：4 号(滤片平均滤孔 5～15μm)，容积为 31mL；恒温干燥箱：能控制温度(180±2)℃；恒温水浴：能控制温度(60±1)℃。

甲基红指示剂(2g/L)[5.1]；硫酸标准溶液[$c(1/2\ H_2SO_4)$=0.1mol/L]；喹钼柠酮试剂[8.19]；碱性柠檬酸铵溶液[8.20]。

3) 分析步骤

(1) 有效磷的提取。

称取 2～2.5g 试样，准确至 0.0001g，置于 75mL 蒸发皿中，用玻璃研棒将试样研碎，加 25mL 水继续研磨，将上层清液倾注过滤于预先加入 5mL 硝酸(1+1)的 250mL 容量瓶中。继续用水研磨三次，每次用 25mL 水，然后将水不溶物转移到滤纸上，并用水洗涤水不溶物至容量瓶中溶液体积约为 200mL 为止，用水稀释至刻度，混匀。此为溶液 A。

将含水不溶物的滤纸转移到另一个 250mL 容量瓶中，加入 100mL 碱性柠檬酸铵溶液，盖上瓶塞，振荡到滤纸碎成纤维状态为止。将容量瓶置于(60±1)℃恒温水浴中保持 1h。开始时每隔 5min 振荡容量瓶一次，振荡三次后再每隔 15min 振荡一次。取出容量瓶，冷却至室温，用水稀释至刻度，混匀。用干燥的器皿和滤纸过滤，弃去最初几毫升滤液，所得滤液为溶液 B。

(2) 有效磷的测定。

分别移取 10～20mL 溶液 A 和溶液 B(P_2O_5 含量≤20mg)置于 300mL 烧杯中，加入 10mL 硝酸(1+1)。用水稀释至 100mL，盖上表面皿，预热近沸，加 35mL 喹钼柠酮试剂，微沸 1min 或置于 80℃左右水浴中保温至沉淀分层，冷却至室温，冷却过程中转动烧杯 3～4 次。

用预先在(180±2)℃恒温干燥箱内干燥至恒重的 4 号玻璃砂芯漏斗抽滤，先将上层清液滤完，用倾泻法洗涤沉淀 1～2 次(每次用水约 25mL)，然后将沉淀移入滤器中，再用水继续洗涤，所用水共 125～150mL。将带有沉淀的滤器置于(180±2)℃恒温干燥箱内，待温度达到 180℃后干燥 45min，移入干燥器中冷却至室温，称量。

4) 空白试验

除不加试样外，按照上述相同的测定步骤，使用相同试剂、溶液、用量进行空白试验。

5) 计算

以五氧化二磷(P_2O_5)的质量分数表示的有效磷含量按下式计算：

$$w(P_2O_5)=\frac{(m_1-m_2)\times 0.03207}{m\times\dfrac{V}{500}}$$

式中，m_1为磷钼酸喹啉沉淀的质量，g；m_2为空白试验磷钼酸喹啉沉淀的质量，g；m为试样的质量，g；V为吸取试验溶液(溶液 A+溶液 B)的体积，mL；0.03207 为磷钼酸喹啉对五氧化二磷的换算因子。

6) 允许误差

平行测定结果的绝对差值不大于 0.20%，不同实验室测定结果的绝对差值不大于 0.30%。取平行测定结果的算术平均值作为测定结果。

2. 磷钼酸喹啉滴定法

1) 方法原理

用水、碱性柠檬酸铵溶液提取过磷酸钙中的有效磷。提取液中的磷酸根在酸性介质中与喹钼柠酮试剂生成黄色磷钼酸喹啉沉淀，过滤，洗净吸附的酸液后，将沉淀溶于过量的碱标准溶液中，再用酸标准溶液返滴定剩余的碱。根据所用酸、碱标准溶液的体积计算出五氧化二磷的含量。

$$(C_9H_7N)_3H_3(PO_4\cdot 12MoO_3)\cdot H_2O+26OH^-=\!=\!=HPO_4^{2-}+12MoO_4^{2-}+3C_9H_7N+15H_2O$$

$$1P_2O_5\rightarrow 2(C_9H_7N)_3H_3(PO_4\cdot 12MoO_3)\cdot H_2O\rightarrow 2\times 26OH^-$$

$$1P_2O_5\rightarrow 52OH^-$$

2) 试剂

氢氧化钠溶液(4g/L)；氢氧化钠标准溶液[c(NaOH)=0.5mol/L][9.19]；盐酸标准溶液[c(HCl)=0.25mol/L][9.20]；百里香酚蓝-酚酞混合指示剂[5.21]。

3) 分析步骤

(1) 有效磷的提取：同“磷钼酸喹啉重量法”分析步骤(1)“有效磷的提取”。

(2) 有效磷的测定：按“磷钼酸喹啉重量法”分析步骤(2)规定的步骤进行，直至“……冷却过程中转动烧杯 3～4 次”，然后按下述步骤进行。

用滤器过滤，先将上层清液滤完，然后用倾泻法洗涤沉淀 3～4 次，每次用水约 25mL。将沉淀移入滤器中，再用水洗净沉淀。取滤液约 20mL，加 1 滴混合指示剂和 2～3 滴氢氧化钠溶液(4g/L)，至溶液呈紫色为止。将沉淀连同滤纸或脱脂棉移入原烧杯中，加入氢氧化钠标准溶液，充分搅拌使沉淀溶解，再过量 8～10mL，加入 100mL 无二氧化碳的水，搅匀溶液。加入 1mL 百里香酚蓝-酚酞混合指示剂，用盐酸标准溶液滴定至溶液从紫色经灰蓝色转变为黄色即为终点。同时做空白试验。

以五氧化二磷(P_2O_5)的质量分数表示的有效磷含量按下式计算：

$$w(P_2O_5)=\frac{\frac{1}{52}[c_1(V_1-V_3)-c_2(V_2-V_4)]M(P_2O_5)}{m\times\frac{V}{V_0}\times1000}$$

式中，c_1 为氢氧化钠标准溶液的浓度，mol/L；c_2 为盐酸标准溶液的浓度，mol/L；V_0 为试验溶液(溶液 A+溶液 B)的总体积，mL；V 为吸取试验溶液(溶液 A+溶液 B)的体积，mL；V_1 为消耗氢氧化钠标准溶液的体积，mL；V_2 为消耗盐酸标准溶液的体积，mL；V_3 为空白试验消耗氢氧化钠标准溶液的体积，mL；V_4 为空白试验消耗盐酸标准溶液的体积，mL；m 为试样的质量，g；$M(P_2O_5)$为五氧化二磷的摩尔质量，141.9g/mol；1/52 为五氧化二磷与氢氧化钠的化学计量比。

4) 注意事项

(1) 磷钼杂多酸只有在酸性环境中才稳定，在碱性溶液中重新分解为原来的简单酸根。酸度、温度、配位酸酐的浓度都严重影响杂多酸的组成。因此，必须严格控制沉淀条件。从理论上讲，酸度大一些对沉淀反应有利。但是如果酸度过高，沉淀的物理性能较差，使沉淀洗涤困难，且难溶于碱性溶液中；如果酸度低，沉淀反应不完全，测定结果偏低。

(2) 试验溶液中有 NH_4^+ 存在，会生成黄色的磷钼酸铵沉淀，干扰测定。反应式如下：

$$H_3PO_4+12Na_2MoO_4+3NH_4NO_3+21HNO_3 = (NH_4)_3[P(Mo_3O_{10})_4]\cdot 2H_2O\downarrow+10H_2O+24NaNO_3$$

由于磷钼酸铵的分子量较小，因此无论是用重量法或滴定法测定，均造成结果偏低。为了排除 NH_4^+ 的干扰，可加入丙酮，丙酮与 NH_4^+ 作用，不再干扰测定。同时，丙酮可改善沉淀的物理性能，使沉淀物颗粒粗大、疏松、易于过滤洗涤。

(3) 试验溶液中有硅酸存在，会生成黄色的硅钼酸喹啉沉淀，干扰测定。反应式如下：

$$H_4SiO_4+12Na_2MoO_4+4C_9H_7N+24HNO_3 = (C_9H_7N)_4H_4[Si(Mo_3O_{10})_4]\cdot 2H_2O\downarrow+10H_2O+24NaNO_3$$

加入柠檬酸，柠檬酸与钼酸生成解离程度较小的配合物，解离出的钼酸根浓度很小，仅能满足磷钼酸喹啉沉淀的条件而达不到硅钼酸喹啉的溶度积，从而排除硅的干扰。又因为柠酸溶液中磷钼酸铵的溶解度比磷钼酸喹啉的大，所以柠檬酸可进一步除去 NH_4^+ 的干扰，还可以阻止钼酸盐水解而导致的结果偏高现象。

3. 钒钼酸铵分光光度法

1) 方法原理

用水、碱性柠檬酸铵溶液提取过磷酸钙中的有效磷。提取液中的磷酸根在酸性介质中与钼酸盐及偏钒酸盐反应，生成稳定的黄色配合物，于 420nm 波长处，用示差法测定其吸光度，从而计算出五氧化二磷的含量。

2) 试剂

(1) 显色试剂。

溶液 A：溶解 1.12g 偏钒酸铵于 150mL 约 50℃热水中，加入 150mL 硝酸。

溶液 B：溶解 50.0g 钼酸铵于 300mL 50℃热水中。

边搅拌溶液 A 边缓慢加入溶液 B，再加水稀释至 1000mL，储存在棕色瓶中。保存过程中若有沉淀生成，则不能使用。

(2) 五氧化二磷标准溶液：分别移取五氧化二磷标准溶液(10mg/mL)[10.13.1]5.0mL、10.0mL、15.0mL、20.0mL、25.0mL、30.0mL、35.0mL 于 500mL 容量瓶中，用水稀释至刻度，混匀。配制成 10mL 溶液中分别含 1.0mg、2.0mg、3.0mg、4.0mg、5.0mg、6.0mg、7.0mg 五氧化二磷的标准溶液。

3) 仪器

分光光度计，带 1cm 比色皿。

4) 分析步骤

(1) 有效磷的提取。

称取 2～2.5g 试样，准确至 0.0001g，置于 75mL 蒸发皿中，用玻璃研棒将试样研碎，加 25mL 水继续研磨，将上层清液倾注过滤于预先加入 10mL 硝酸(1+1)的 500mL 容量瓶中。继续用水研磨三次，每次用 25mL 水，然后将水不溶物转移到滤纸上，并用水洗涤水不溶物至容量瓶中溶液体积约为 200mL 为止，用水稀释至刻度，混匀。此为溶液 C。

将含水不溶物的滤纸转移到另一个 500mL 容量瓶中，加入 100mL 碱性柠檬酸铵溶液，盖上瓶塞，振荡到滤纸碎成纤维状态为止。将容量瓶置于(60±1)℃恒温水浴中保持 1h。开始时每隔 5min 振荡容量瓶一次，振荡三次后再每隔 15min 振荡一次。取出容量瓶，冷却至室温，用水稀释至刻度，混匀。用干燥的器皿和滤纸过滤，弃去最初几毫升滤液，所得滤液为溶液 D。

(2) 有效磷的测定。

移取溶液 C 和溶液 D 各 5.00mL(P_2O_5含量为 1.0～6.0mg)置于 100mL 烧杯中，加入 1mL 碱性柠檬酸铵溶液、4mL 硝酸(1+1)和适量水，加热煮沸 5min。冷却，转移至 100mL 容量瓶中，用水稀释至 70mL 左右，准确加入 20.0mL 显色试剂，用水稀释至刻度，摇匀。放置 30min 后，在 420nm 波长处，用下述方法测定。

准确吸取五氧化二磷标准溶液两份，其中一份 P_2O_5 含量低于试验溶液，另一份则高于试验溶液(两者 P_2O_5 含量相差 1mg)。分别置于 100mL 容量瓶中，加 2mL 碱性柠檬酸铵溶液、4mL 硝酸(1+1)，与试验溶液同样操作显色，配制标准溶液 1 和标准溶液 2。以标准溶液 1 为对照溶液(以该溶液的吸光度为零)，测定标准溶液 2 和试验溶液的吸光度。用比例关系算出试验溶液中五氧化二磷的含量。

5) 计算

以五氧化二磷(P_2O_5)的质量分数表示的有效磷含量按下式计算：

$$w(P_2O_5)=\frac{S_1+(S_2-S_1)\dfrac{A}{A_2}}{m\times\dfrac{10}{1000}\times1000}$$

式中，S_1为标准溶液 1 中五氧化二磷的含量，mg；S_2为标准溶液 2 中五氧化二磷的含量，mg；S_2-S_1=1mg；A 为试验溶液的吸光度；A_2为标准溶液 2 的吸光度；m 为试样的质量，g。

6) 允许误差

同磷钼酸喹啉重量法。

10.3.2 磷肥中全磷的测定

磷矿石，主要是氟磷灰石或称氟磷酸钙[$Ca_5F(PO_4)_3$]，是制造磷肥的主要原料之一。磷灰石是由熔融的岩浆冷却形成的稳定结晶，很难溶于水或有机弱酸。化学磷肥中也常含有少量未转化的难溶性磷化合物。难溶性磷化合物可用强酸分解，也可用碱熔法使其生成易溶性磷酸盐。

1. 试验溶液的制备

1) 酸溶法

(1) 方法原理。

以浓盐酸和浓硝酸的混合酸与试样作用，难溶性磷化合物被酸分解。反应式如下：

$$Ca_5F(PO_4)_3 + 10HCl = 3H_3PO_4 + 5CaCl_2 + HF\uparrow$$

$$Ca_5F(PO_4)_3 + 10HNO_3 = 3H_3PO_4 + 5Ca(NO_3)_2 + HF\uparrow$$

若试样中有低价磷酸盐或有机物存在，溶解时可能被还原为有挥发性的磷化氢而使磷损失，浓硝酸能阻止还原反应的发生，还能将其氧化为正磷酸。如果是磷精矿试样或试样中含有较多的有机物，应将试样在 500～600℃下灼烧 1h，除去有机物并将低价磷转化为正磷酸盐。

(2) 制备方法。

称取 1.0～1.5g 试样，准确至 0.0001g，置于 250mL 烧杯中，用少量水湿润后，加入 20～25mL 盐酸和 7～9mL 硝酸，盖上表面皿，混匀。在通风橱内于电热板或沙浴上缓慢加热煮沸 30min(在加热过程中可稍补充水以防煮干)。取下烧杯，冷却至室温后，移入 250mL 容量瓶中，用水稀释至刻度，混匀，用慢速滤纸干过滤。

2) 碱熔法

(1) 方法原理。

将试样与氢氧化钠共热熔融，难溶性磷化合物转化为易溶性磷酸盐。反应式如下：

$$Ca_5F(PO_4)_3 + 10NaOH = 3Na_3PO_4 + NaF + 5Ca(OH)_2$$

再经热水浸取和盐酸酸化制成试验溶液。

若磷精矿试样或试样中有机物含量较多，应将试样在 500～600℃下灼烧 1h 后，再用碱熔融。

(2) 制备方法。

称取1.0～1.5g试样，准确至0.0001g，置于盛有约4g经熔融并冷却的氢氧化钠的镍或银坩埚中，上面再覆盖约4g氢氧化钠。先在低温下缓缓加热熔融，逐渐升高温度至600～700℃，继续熔融10min。待熔融物呈均匀暗红色流体时，停止加热，转动坩埚，使熔融物均匀地附在坩埚壁上。冷却至温热，置于300mL烧杯中，加入70～100mL沸水，立即盖上表面皿，待熔融物脱落后，用少量水冲洗表面皿，用热水及盐酸(1+19)洗净坩埚。在不断搅拌下立即加入30mL盐酸，加热煮沸至溶液清亮。冷却至室温后，移入250mL容量瓶中，用水稀释至刻度，混匀，用慢速滤纸干过滤。

2. 全磷的测定

方法一：磷钼酸喹啉重量法，同10.3.1小节“磷钼酸喹啉重量法”。

方法二：磷钼酸喹啉滴定法，同10.3.1小节“磷钼酸喹啉滴定法”。

10.3.3 酸性磷肥中游离酸含量的测定

过磷酸钙中游离酸含量的测定用滴定法。

1. 方法原理

以溴甲酚绿为指示剂，用氢氧化钠标准溶液滴定游离酸。反应式如下：

$$H_3PO_4 + NaOH = NaH_2PO_4 + H_2O$$

$$H_2SO_4 + 2NaOH = Na_2SO_4 + H_2O$$

根据消耗氢氧化钠标准溶液的体积，计算出以P_2O_5表示的游离酸含量。

滴定反应的产物为磷酸二氢钠，其溶液的pH为4.5。若用甲基橙作指示剂，误差太大；若用甲基红作指示剂，由于磷酸二氢钠是两性物质，具有缓冲性，又因为试验溶液中铁、铝离子在此酸度下水解，终点变色不明显。用溴甲酚绿作指示剂较好，但终点仍不易观察，必须用磷酸二氢钠和柠檬酸配制的标准缓冲溶液作对比判断终点。试样中铁、铝的干扰常用减少试样量和加大试验溶液体积的方法予以消除。

2. 试剂

溴甲酚绿指示剂(2g/L)[5.7]；氢氧化钠标准溶液[$c(NaOH)$=0.1mol/L]；磷酸氢二钠溶液[$c(Na_2HPO_4)$=0.2mol/L][3.34]；柠檬酸溶液[$c(H_3C_6H_5O_7)$=0.1mol/L][1.16]；终点标准色溶液[8.18]。

3. 仪器

酸度计；磁力搅拌器；振荡器。

4. 分析步骤

1) 酸度计法

称取5g试样，准确至0.0001g，放入预先加入100mL水的250mL容量瓶中，振荡

5min 后，用水稀释至刻度，混匀，干过滤，弃去最初滤液。

移取 50.00mL 滤液于 250mL 烧杯中，用水稀释至 150mL，将烧杯置于磁力搅拌器上，将电极浸入待测溶液中，放入磁子，在已定位的酸度计上边搅拌边用氢氧化钠标准溶液滴定至 pH 为 4.5。

2) 指示剂法

移取上述滤液 50.00mL(如果滤液浑浊，适当减少分取量)于 250mL 三角烧瓶中，用水稀释至 150mL，加入 0.5mL 溴甲酚绿指示剂，用氢氧化钠标准溶液滴定至溶液呈纯绿色为终点。

以五氧化二磷(P_2O_5)的质量分数表示的游离酸含量按下式计算：

$$w(P_2O_5)=\frac{\frac{1}{2}cVM(P_2O_5)}{m\times\frac{V_1}{250}\times1000}$$

式中，c 为氢氧化钠标准溶液的浓度，mol/L；V 为消耗氢氧化钠标准溶液的体积，mL；V_1 为移取试验溶液的体积，mL；m 为试样的质量，g；$M(P_2O_5)$为五氧化磷的摩尔质量，141.95g/mol。

5. 允许误差

平行测定结果的绝对差值不大于 0.15%，不同实验室测定结果的绝对差值不大于 0.30%。取平行测定结果的算术平均值作为测定结果。

10.3.4 水分的测定

磷肥中水分的测定用烘箱干燥法。

1. 方法原理

在一定的温度下，试样干燥 3h 后的失量为水分的含量。

2. 仪器

恒温烘箱：温度可控制在(100±2)℃；称量瓶：直径为 50mm，高 30mm。

3. 分析步骤

称取 10g 试样，准确至 0.01g，均匀散布于预先在(100±2)℃下干燥的称量瓶中，置于恒温烘箱内，称量瓶应接近温度计水银球的水平位置。干燥 3h 取出，放入干燥器中冷却 30min 后称量。

以水(H_2O)的质量分数表示的水分含量按下式计算：

$$w(H_2O)=\frac{m-m_1}{m}$$

式中，m 为干燥前试样的质量，g；m_1 为干燥后试样的质量，g。

4. 允许误差

平行测定结果的绝对值不大于 0.20%，不同实验室测定结果的绝对差值不大于 0.40%。取平行测定结果的算术平均值作为测定结果。

10.4 钾肥分析

自然钾肥有光卤石($KCl \cdot MgCl_2 \cdot 6H_2O$)、钾石盐($KCl \cdot NaCl$)、钾镁矾($K_2SO_4 \cdot MgSO_4$)等矿石。许多农家肥(如草木灰、豆饼、绿肥)中也都含有一定量的钾盐。窑灰也是含钾量较高的肥料。

化学钾肥(如氯化钾、硫酸钾等)大多是水溶性钾盐，而硅铝酸钾($K_2SiO_3 \cdot K_3AlO_3$)为弱酸溶性钾盐，还有少量难溶性钾盐，如钾长石($K_2O \cdot Al_2O_3 \cdot 6SiO_2$)。水溶性钾盐和弱酸溶性钾盐之和称为有效钾，有效钾与难溶性钾盐之和称为总钾。

测定钾肥的有效钾含量时，通常用热水溶解制备试验溶液。测定总钾含量时，通常用强酸溶解试样，也可用碱熔法制备试验溶液。

钾肥的含量以 K_2O 表示。测定钾的方法很多，以前有氯铂酸钾法、过氯酸钾法、钴亚硝酸钠钾法等重量分析法。有的必须使用有机试剂，有的干扰元素较多必须分离，还有的使用较昂贵的试剂或反应条件很难掌握等。对于物料组成复杂或含钾量较低的试样，常采用火焰光度法，该方法准确度高，分析步骤简单、快速。有机试剂四苯硼酸钠的合成为改进钾的测定方法提供了有利条件。目前，钾肥中钾含量的测定常用四苯硼酸钾重量法或四苯硼酸钠滴定法。

1. 四苯硼酸钾重量法

1) 方法原理

K^+在 pH 为 5～10 的酸性环境中与有机试剂四苯硼酸钠反应生成四苯硼酸钾白色晶形沉淀(溶解度为 1.3×10^{-6}～1.8×10^{-6}mol/L)。

$$KCl + Na[B(C_6H_5)_4] = K[B(C_6H_5)_4]\downarrow + NaCl$$

根据沉淀物的质量，即可计算出 K_2O 的含量。四苯硼酸钠在强酸性溶液中分解。酸性越强，温度越高，其分解速度越快。反应式如下：

$$Na[B(C_6H_5)_4] + HCl = B(C_6H_5)_3 + C_6H_6 + NaCl$$

$$B(C_6H_5)_3 + 2H_2O = C_6H_5B(OH)_2 + 2C_6H_6$$

所以沉淀反应需在弱酸性或弱碱性溶液中进行。

如果试验溶液中有 NH_4^+ 和碱存在，会发生同样的沉淀反应而干扰测定。因此，应先将溶液转化为强碱性并加热煮沸除去氨，或用甲醛法将 NH_4^+ 转化为六次甲基四胺盐除去。铷、铯、银、铊、汞等金属离子也发生同样的沉淀反应，但含量甚微，可不予考虑。如果溶液呈碱性，则常见金属离子水解而干扰测定，可用 EDTA 配位剂进行掩蔽。

2) 试剂

氢氧化钠溶液[$c(NaOH)$=2mol/L]；四苯硼酸钠溶液(20g/L)[3.35]；乙酸溶液[$c(C_2H_5COOH)$=2mol/L]；四苯硼酸钾饱和溶液[3.36]。

3) 分析步骤

称取25g试样，准确至0.0001g，置于400mL烧杯中，加入200mL水，加热至沸，不断用玻璃棒搅拌至完全溶解，静置10min。待残渣下沉后，过滤于500mL容量瓶中，以热水用倾泻法洗涤残渣至滤液不含氯离子(用硝酸银溶液检验)。冷却后，用水稀释至刻度，摇匀。

移取25.00mL试验溶液于500mL容量瓶中，用水稀释至刻度，摇匀。移取15.00mL此试验溶液于100mL烧杯中，加10mL水、4mL乙酸溶液，在不断搅拌下滴加10mL四苯硼酸钠溶液(20g/L)，至测定溶液中四苯硼酸钠的过剩浓度为1～2g/L。放置15min后，用已在120℃烘干至恒重的4号玻璃坩埚抽滤，先倾滤上层清液，继续用2～3mL水洗涤杯内沉淀一次，然后用四苯硼酸钠饱和溶液将烧杯中的沉淀洗入坩埚中，再用淀帚转移烧杯壁上的沉淀，继续洗涤沉淀4～5次(每次用2～3mL四苯硼酸钠饱和溶液)。抽干后，用水冲洗坩埚外壁，将坩埚置于120℃烘箱中，第一次烘1h，以后每次烘30min，冷却称量，直至恒重。

氧化钾的质量分数按下式计算：

$$w(K_2O)=\frac{(m_2-m_1)\times 0.1314}{m\times\frac{25}{500}\times\frac{15}{500}}$$

式中，m_1为玻璃坩埚的质量，g；m_2为玻璃坩埚和干燥沉淀物的质量，g；m为试样的质量，g；0.1314为四苯硼酸钾对氧化钾的换算因子。

2. 四苯硼酸钠滴定法

1) 方法原理

在碱性试验溶液中，用过量的四苯硼酸钠标准溶液沉淀钾离子。分离沉淀后，以达旦黄为指示剂，用溴化十六烷基三甲基铵标准溶液滴定剩余的四苯硼酸钠。反应式如下：

$$Na[B(C_6H_5)_4]+[N(CH_3)_3C_{16}H_{33}]Br=\!=\!=N(CH_3)_3C_{16}H_{33}B(C_6H_5)_4\downarrow(\text{白色胶状物})+NaBr$$

也可用氯化烷基苄基二甲基铵代替溴化十六烷基三甲基铵。反应中的干扰现象及其排除方法与四苯硼酸钾重量法相同。

2) 试剂

甲醛溶液(40%)：甲醇含量不大于1%；达旦黄指示剂(0.4g/L)；EDTA溶液(100g/L)；氢氧化钠溶液(200g/L)；氯化钾标准溶液[10.16]；四苯硼酸钠标准溶液[9.21]；溴化十六烷基三甲基铵标准溶液[9.22]。

3) 分析步骤

称取2.5g试样，准确至0.0001g，置于500mL烧杯中。加入200mL水、10mL盐酸，煮沸10min。冷却后，移入500mL容量瓶中，用水稀释至刻度，摇匀，干过滤。

移取上述滤液 25.00mL 于 100mL 容量瓶中，加入 10mL EDTA 溶液(100g/L)、3mL 氢氧化钠溶液、5mL 甲醛溶液，用滴定管加入 38mL 四苯硼酸钠标准溶液，用水稀释至刻度，摇匀。静置 5～10min 后，干过滤。移取滤液 50.00mL 注入 150mL 锥形瓶中，加入 8～10 滴达旦黄指示剂，用溴化十六烷基三甲基铵标准溶液滴定至溶液呈明显的粉红色为终点。

氧化钾的质量分数按下式计算：

$$w(K_2O)=\frac{T_1(V_1-2V_2K)}{m\times\frac{25}{500}}$$

式中，T_1 为四苯硼酸钠标准溶液对氧化钾的滴定度，g/mL；V_1 为四苯硼酸钠标准溶液的体积，mL；V_2 为溴化十六烷基三甲基铵标准溶液的体积，mL；K 为四苯硼酸钠标准溶液与溴化十六烷基三甲基铵标准溶液的体积比；2 为沉淀时容量瓶容积与滴定的滤液体积之比；m 为试样的质量，g。

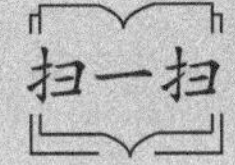

知识拓展　如何鉴别“真假”肥料

习　　题

1. 化学肥料如何分类？它的分析项目有哪些？

2. 化学肥料中水分的测定有哪些方法？简述各自的方法原理，并写出相应的化学反应式。

3. 氮在化合物中通常具有哪几种存在状态？各种状态测定含氮量的方法原理是什么？写出相应的化学反应式。

4. 简述测定尿素中缩二脲含量的方法原理，并写出化学反应式。

5. 简述磷钼酸喹啉滴定法的方法原理，并写出化学反应式。

6. 磷钼酸喹啉滴定法测定五氧化二磷时，可能有哪些干扰？如何消除干扰？

7. 磷钼酸喹啉滴定法测定五氧化二磷时，所用的喹钼柠酮试剂是由哪些试剂配制而成的？各种试剂的作用什么？

8. 四苯硼酸钠滴定法测定钾肥中氧化钾含量的方法原理是什么？写出相应的化学反应式。

9. 四苯硼酸钠重量法和滴定法测定氧化钾含量时，有哪些干扰因素？如何消除干扰？

10. 测定酸性磷肥中游离酸含量时，为什么选用溴甲酚绿作指示剂？若选用甲基橙或甲基红作指示剂，会产生什么影响？为什么用对照法确定滴定终点？

11. 测定氮肥中 NH_3 的含量。称取 1.6160g 试样，溶解后转移至 250mL 容量瓶中定容。移取 25.00mL 试验溶液，加入氢氧化钠溶液，将产生的 NH_3 导入 40.00mL 硫酸标准溶液[$c(1/2H_2SO_4)$=0.1020mol/L]中吸收，剩余的硫酸需 17.00mL 氢氧化钠标准溶液[$c(NaOH)$=0.1020mol/L]中和。计算氮肥中 NH_3 的质量分数。

12. 测定碳酸氢铵中的含氮量。称取 2.3000g 试样，溶解于 40.00mL 硫酸标准溶液[$c(1/2H_2SO_4)$=

0.1020mol/L]和适量水中，煮沸，加指示剂，用氢氧化钠标准溶液[c(NaOH)=0.5000mol/L]滴定，消耗24.00mL，计算其湿基含氮量。若试样中水分含量为3.50%，计算其干基含氮量。

13. 测定硝酸铵中的含氮量。称取1.5000g试样，与甲醛反应后，用氢氧化钠标准溶液[c(NaOH)=0.5000mol/L]滴定，消耗35.00mL。已知试样中水分含量为0.90%，计算氮的质量分数。

14. 滴定法测定磷肥中五氧化二磷的含量。称取1.000g试样，经酸分解，磷化合物转化为磷酸，定容于250mL容量瓶中。移取25.00mL试验溶液，在酸性溶液中加高喹试剂，生成磷钼酸喹啉沉淀，沉淀用30.00mL氢氧化钠标准溶液[c(NaOH)=0.5000mol/L]溶解，再用盐酸标准溶液[c(HCl)=0.2500mol/L]返滴定剩余的氢氧化钠，消耗8.00mL。计算磷肥中五氧化二磷的质量分数。

15. 称取2.5000g钾肥试样，制备成500.0mL试验溶液。移取25.00mL试验溶液，与对氧化钾的滴定度为1.200mg/mL的四苯硼酸钠标准溶液反应，稀释至100.0mL，干过滤后，移取滤液50.00mL，用溴代十六烷基三甲基铵标准溶液滴定，消耗9.50mL(1mL溴代十六烷基三甲基铵标准溶液相当于1.20mL四苯硼酸钠标准溶液)。计算钾肥中氧化钾的质量分数。

第 11 章　化工生产分析

11.1　硫酸生产分析

硫酸是许多工业的重要原料，在国民经济中占有重要地位。

在硫酸生产中，分析的主要对象是原料矿石(硫铁矿和硫精矿)、炉渣、中间气体及成品硫酸。主要项目包括：原料矿石中有效硫和水分的含量，砷、氟的含量，矿渣中有效硫含量，净化前后、转化前后及吸收后气体中的二氧化硫、三氧化硫含量，成品硫酸的质量。工业硫酸的质量标准见表 11-1。

表 11-1　工业硫酸的质量标准(GB/T 534—2014)

项目	浓硫酸			发烟硫酸		
	优等品	一等品	合格品	优等品	一等品	合格品
硫酸(H_2SO_4)含量/% ≥	92.5 或 98.0	92.5 或 98.0	92.5 或 98.0	—	—	—
游离 SO_3 含量/% ≥	—	—	—	20.0 或 25.0	20.0 或 25.0	20.0 或 25.0 或 65.0
灰分/% ≤	0.02	0.03	0.10	0.02	0.03	0.10
铁(Fe)含量/% ≤	0.005	0.010	—	0.005	0.010	0.030
砷(As)含量/% ≤	0.0001	0.001	0.01	0.0001	0.0001	—
铅(Pb)含量/% ≤	0.005	0.02	—	0.005	—	—
汞(Hg)含量/% ≤	0.001	0.01	—	—	—	—
透明度/mm ≥	80	50	—	—	—	—
色度	不深于标准色度	不深于标准色度	—	—	—	—

11.1.1　原料矿石和炉渣中硫的测定

硫铁矿(主要成分为 FeS_2)中还有少量单质硫在焙烧时产生二氧化硫，这部分硫称为有效硫。它对硫酸生产有实际意义。一部分硫以硫酸盐形式存在，不能生成二氧化硫。有效硫和硫酸盐中硫之和称为总硫。在硫酸生产分析检验中，主要测定硫铁矿及残留于炉渣中的有效硫。在焙烧过程中可能有部分有效硫转变为硫酸盐，致使有效硫烧出率的计算结果产生偏差，所以还定期测定总硫。

1. 有效硫的测定

1) 方法原理

试样在850℃空气流中燃烧，单质硫和硫化物中硫转变为二氧化硫气体逸出，用过氧化氢溶液吸收并氧化成硫酸，以甲基红-亚甲基蓝为混合指示剂，用氢氧化钠标准溶液滴定，即可计算有效硫含量。反应式如下：

$$4FeS_2 + 11O_2 = 2Fe_2O_3 + 8SO_2\uparrow$$

$$SO_2 + H_2O_2 = H_2SO_4$$

$$H_2SO_4 + 2NaOH = Na_2SO_4 + 2H_2O$$

2) 试剂

过氧化氢(3%)；甲基红-亚甲基蓝指示剂[5.18]；酚酞指示剂(1g/L)[5.2]；氢氧化钠标准溶液[c(NaOH)=0.1mol/L]。

3) 仪器设备

高温管式电炉：SRJK-2-13 型。

瓷舟：H-3 型。使用前应在盐酸(1+1)中煮沸，用水洗净，烘干，在 900℃预先灼烧1h。

锥形瓷管：N21 号。内径 18mm、外径 22mm。锥形部分细管长 50mm，外径 7mm，总长约 600mm。

测温毫伏计和相应配用的热电锅。

有效硫含量测定总装置：如图 11-1 所示。

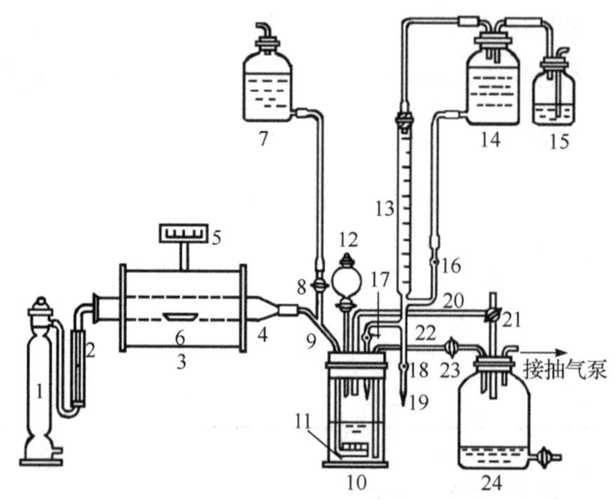

图 11-1 有效硫含量测定装置示意图

1. 装有粒状氢氧化钠和无水氯化钙的气体干燥塔；2. 转子流量计；3. 管式电炉；4. 锥形瓷管；5. 高温计及热电偶；6. 瓷舟；7. 去离子水储瓶；8、21、22、23. 二通活塞；9. 冲洗支管；10. 吸收瓶；11. 气体洗涤器；12. 分液漏斗；13. 碱式滴定管；14. 氢氧化钠标准溶液储瓶；15. 装有烧碱石棉气体净化瓶；16、17、18. 玻璃珠滴液开关；19. 碱液排放管；20. 抽气管；24. 废液瓶(兼作缓冲瓶)

4) 分析步骤

(1) 装置试漏：按图 11-1 装好仪器后，在抽气的情况下，从分液漏斗注入 60～70mL

水，关闭漏斗活塞，将空气流量调节为 0.8L/min 左右，然后封闭干燥塔进气口，此时从洗涤器逸出的气泡逐渐减少至停止，或转子流量计指示值于零位不动，则说明装置是严密不漏气的；否则，须检查至不漏气为止。打开干燥器进口，关闭二通活塞 8，打开二通活塞 23，将废液抽弃。

(2) 溶液的准备：关闭二通活塞 23，打开二通活塞 8 使二氧化硫吸收器与缓冲瓶 24 连通。将炉升温，在抽气的情况下从分液漏斗注入 20mL 过氧化氢溶液、5～6 滴混合指示剂和 80mL 水。当炉温升至 850℃，滴加碱溶液中和过氧化氢吸收液中生成的酸，至吸收液刚变为亮绿色不再变红色为止。然后将氢氧化钠标准溶液调至滴定管零点处。

(3) 试样的准备：称取分析试样硫铁矿 0.1～0.2g，准确至 0.0001g，或干燥炉渣 0.5g，准确至 0.0001g，平铺于瓷舟中，保存在干燥器内。

(4) 燃烧与吸收：切断电源，开启燃烧瓷管进口塞子，调节空气流量为 0.8L/min，当炉温为 400℃时，将盛有试样的瓷舟用铁丝钩送入燃烧瓷管中电炉的中段，立即塞紧塞子，接通电源，在 450℃燃烧 10min，然后逐渐升温至 850℃(需 7～15min)，在此温度下保持 5min。

在燃烧过程中，应随时用氢氧化钠标准溶液中和生成的酸，直至燃烧与吸收完全。试样燃烧完全后，从冲洗支管中用水冲洗三次(每次 5mL 左右)以上，继续用氢氧化钠标准溶液滴至由紫红色刚好变为亮绿色为终点。

(5) 废液的抽弃：关闭二通活塞 8，打开二通活塞 23，抽出吸收瓶内的废液，使其进入废液瓶 24 中，然后将二通活塞 8 和二通活塞 23 恢复到原来的位置，以备下次测定用。

有效硫的质量分数按下式计算：

$$w(\mathrm{S})=\frac{\frac{1}{2}cVM(\mathrm{S})}{m\times 1000}$$

式中，c 为氢氧化钠标准溶液的浓度，mol/L；V 为消耗氢氧化钠标准溶液的体积，mL；M(S)为硫的摩尔质量，32.07g/mol；m 为试样的质量，g。

5) 允许误差

有效硫含量/%	允许误差/%
＜30	0.40
≥30	0.50

6) 注意事项

(1) 产品质量检验分析可以采用炉温至 850℃时进样，并在此温度下保持 10～15min 进行测定。

(2) 试样准备时先用玛瑙研钵磨细并全部通过 100 目筛，再于 100～105℃下烘干 1h 后使用。

2. 总硫含量的测定

测定总硫含量通常采用硫酸钡重量法。分解试样的方法有烧结法和逆王水溶解法。

1) 烧结分解-硫酸钡重量法

(1) 方法原理。

试样中 FeS_2 与烧结剂 Na_2CO_3+ZnO 混合，经烧结后生成硫酸盐，与原来的硫酸盐一起用水浸取后进入溶液。在碱性条件下，用中速滤纸滤除大部分氢氧化物和碳酸盐。然后在酸性溶液中用氯化钡溶液沉淀硫酸盐，经过滤灼烧后，以硫酸钡的形式称量。

(2) 试剂。

烧结剂：Na_2CO_3 和 ZnO 的混合物(3+2)；Na_2CO_3 溶液(50g/L)；甲基橙指示剂(1g/L)；氯化钡溶液(100g/L)[3.12]。

(3) 分析步骤。

称取 0.1～0.2g 硫铁矿试样或 0.5～1.0g 矿渣试样，准确至 0.0001g，置于瓷坩埚中，加入 3～6g 烧结剂，仔细混匀，表面再覆盖一薄层烧结剂。置于低温马弗炉中，逐渐升温至 700～750℃灼烧 1.5h。取出，冷却后放入 300mL 烧杯中，用热水浸取熔块，洗净坩埚，液体总体积约 150mL。煮沸 5min，用中速滤纸过滤。用 Na_2CO_3 溶液洗涤沉淀 3～4 次(每次约 10mL)，再用热水洗 7～8 次，直至无 SO_4^{2-}，此时滤液的总体积为 270～300mL。加入 3 滴甲基橙指示剂，用盐酸(1+1)调到溶液变成橙色后过量 5～6mL，煮沸 5min 至出现大气泡。趁热滴加氯化钡溶液(开始时以 2～3 滴/s 速度滴加，以后逐渐加快)10～15mL，盖上表面皿，保温陈化 4h 或静置过夜。

用慢速滤纸倾泻法过滤，热水洗涤至无氯离子。用 850℃下恒重后的瓷坩埚进行灰化，并于 850℃的马弗炉中灼烧至恒重(两次质量差小于 0.0005g)。将称量结果代入下式计算试样中总硫的质量分数：

$$w(\mathrm{S})=\frac{m_1\times 0.1374}{m}$$

式中，m_1 为灼烧后硫酸钡的质量，g；m 为试样的质量，g；0.1374 为硫酸钡对硫的换算因子。

2) 逆王水溶解法

(1) 方法原理。

试样经逆王水溶解，硫化物中的硫被氧化生成硫酸，同时硫酸盐被溶解。反应式如下：

$$FeS_2 + 5HNO_3 + 3HCl = 2H_2SO_4 + FeCl_3 + 5NO\uparrow + 2H_2O$$

为防止单质硫的析出，溶解时应加入一定量的氧化剂氯酸钾，使单质硫也转化为硫酸。

$$S + KClO_3 + H_2O = H_2SO_4 + KCl$$

用氨水沉淀铁盐后，加入氯化钡使 SO_4^{2-} 生成硫酸钡沉淀，由硫酸钡质量即可计算总硫含量。

试样溶解时，温度过高，逆王水分解反应快，对试样的溶解和氧化作用降低。因此，应在不高于室温的条件下使溶解及氧化反应缓慢进行。如果在短时间剧烈反应后，反应过于缓慢，可以稍加热促使反应完全。若过分加热，即使有氯酸钾存在，也会有单质硫析出(淡黄色，飘浮于溶液表面)，一旦有单质硫析出，很难被氧化为 SO_4^{2-}，试验必须重做。

硝酸钡、氯酸钡的溶解度较小，能与硫酸钡形成共沉淀而干扰测定，产生误差。因此，试样溶液必须反复用盐酸酸化、蒸干以除尽 NO_3^-，还应控制氯酸钾的加入量。

(2) 试剂。

逆王水：3 体积硝酸与 1 体积盐酸于使用前混合；甲基红指示剂(1g/L)[5.1]；氯化钡溶液(100g/L)[3.12]。

(3) 分析步骤。

称取 0.1～0.2g 硫铁矿试样或 0.5～1.0g 炉渣试样，准确至 0.0001g，置于烧杯中，用水润湿，加入 0.5g 氯酸钾，盖上表面皿，从烧杯嘴边加入新配的逆王水 15～20mL(炉渣加 40～50mL)，摇匀，静置，反应缓慢时移至沙浴上加热，反应加剧时应及时离开热源。反复蒸发至近干，若有黑色残渣，再加少量逆王水继续溶解，直至残渣变为白色。稍冷，加入 10mL 盐酸，蒸发至干，再加入 5mL 盐酸，重新蒸干。加入 10mL 盐酸(1+1)溶解可溶性盐类，用热水冲洗表面皿，调节试验溶液的体积至 200mL，并加热至近沸，在搅拌下滴加氨水至有氨味再过量 5mL，在温热处放置 10min。用快速滤纸过滤，用热水洗涤沉淀直至检验无氯离子为止。加热浓缩至溶液的体积约 200mL，加入 2～3 滴甲基红指示剂，滴加盐酸(1+1)至溶液呈橙红色，再过量 3mL。煮沸，在搅拌下滴加 10mL 热的氯化钡溶液，继续煮沸数分钟，盖上表面皿，然后移至温热处静置 4h 或过夜(此时溶液的体积应保持在 200mL)。用慢速滤纸过滤，用 50～60℃的热水洗涤沉淀直至检验无氯离子。

将沉淀及滤纸一并移入已在 850℃下灼烧至恒重的瓷坩埚中，灰化后在 850℃的马弗炉中灼烧 30min。取出坩埚置于干燥器中冷却至室温，称量，反复灼烧，直至恒重。试样中总硫的质量分数按下式计算：

$$w(\mathrm{S})=\frac{m_1\times 0.1374}{m}$$

式中，m_1 为灼烧后硫酸钡的质量，g；m 为试样的质量，g；0.1374 为硫酸钡对硫的换算因子。

11.1.2　生产过程中二氧化硫和三氧化硫的测定

在硫酸生产过程中，焙烧炉出口气、尾气、厂房空气等气体中都同时存在二氧化硫、三氧化硫气体。测定焙烧炉气中二氧化硫的含量可检验焙烧炉的运转情况。测定转化炉出口气体中二氧化硫和三氧化硫的含量，即测定二氧化硫的转化率，也是检验转化炉运转是否正常的依据。不同的生产环节，两种气体的含量有较大差异，应视其含量的不同选择不同的测定装置、试剂浓度和取样量。

1. 二氧化硫浓度的测定：碘-淀粉溶液吸收法

1) 方法原理

气体中的二氧化硫通过定量的含有淀粉指示剂的碘标准溶液时被氧化成硫酸。反应式如下：

$$SO_2 + I_2 + 2H_2O = H_2SO_4 + 2HI$$

碘作用完毕时，淀粉指示剂的蓝色刚好消失，将剩余气体收集于量气管中，根据消耗碘标准溶液的体积和余气的体积可以计算出待测气体中二氧化硫的含量。

2) 仪器和试剂

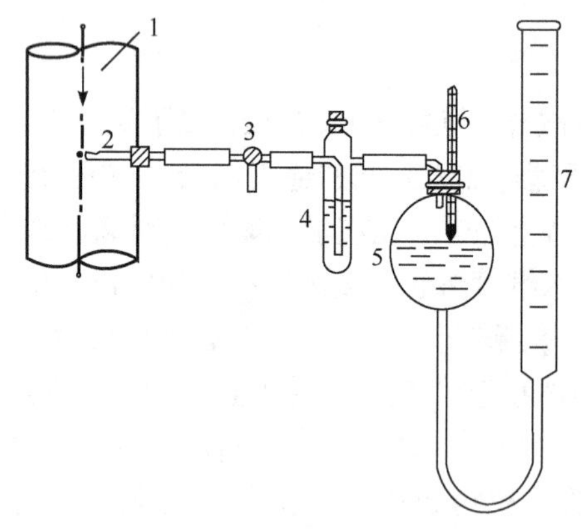

图 11-2 二氧化硫测定装置

1. 气体管道；2. 不锈钢采样管；3. 三通活塞；4. 反应管；5. 500mL 或 1000mL 水准瓶；6. 温度计；7. 250mL 或 500mL 量气管

二氧化硫测定装置：如图 11-2 所示。

碘标准溶液[$c(1/2I_2)$=0.1mol/L][9.23]；碘标准溶液[$c(1/2I_2)$=0.01mol/L][9.23]；硫代硫酸钠标准溶液[$c(Na_2S_2O_3)$=0.1mol/L][9.9]；淀粉溶液(5g/L)[5.19]；酸性氯化钠溶液(250g/L) [3.22]；经过处理不含碘的去离子水。

3) 测定准备

(1) 检查量气管、水准瓶及仪器装置是否漏气。

(2) 用移液管移取 0.01mol/L 或 0.1mol/L 碘标准溶液 10mL，注入反应管中，加水至反应管容量的 3/4 处，加 2mL 淀粉溶液，塞紧橡胶塞，备用。

(3) 检查各采样点是否畅通，在正压下采样时应排气数分钟。在负压下采样时利用排水吸气法将样气抽出，充分置换进入反应管前管道中的气体，以便进行测定。

4) 分析步骤

将仪器按图 11-2 连接好，转动三通活塞使气流呈连续气泡冒出，直至溶液蓝色刚好消失时，停止通气，使量气管内水位与水准瓶水位在同一水平，读取量气管内气体体积。记录余气温度和大气压。

气样中三氧化硫的体积分数$\varphi(SO_2)$按下式计算：

$$\varphi(SO_2) = \frac{V_{SO_2}}{V_{标} + V_{SO_2}}$$

即

$$\varphi(SO_2) = \frac{cV_0 \times 21.89}{\dfrac{(p - p_w)V}{273 + t} \times \dfrac{273}{760} + cV_0 \times 21.89}$$

式中，c 为碘标准溶液的浓度，mol/L；V_0 为消耗碘标准溶液的体积，mL；21.89 为二氧化硫的单位标准体积，L/mol；V 为测量的剩余气体体积(湿气)，mL；$V=V_2-V_1$；V_1 为吸收前量气管的读数，mL；V_2 为吸收后量气管的读数，mL；p 为当时的大气压，kPa；t 为当时的温度，℃；p_w 为温度 t 下的氯化钠饱和溶液的蒸气压，kPa(与纯水有差异，为减小误差，数值可查表 10-4)。

2. 三氧化硫浓度的测定

1) 方法原理

炉气通过湿润的脱脂棉，三氧化硫和二氧化硫均生成酸雾而被捕集，用水溶解被捕集的酸雾，用碘标准溶液滴定亚硫酸，再用氢氧化钠标准溶液滴定总酸量。反应式如下：

$$SO_3 + H_2O = H_2SO_4$$

$$SO_2 + H_2O = H_2SO_3$$

$$H_2SO_3 + I_2 + H_2O = H_2SO_4 + 2HI$$

$$2NaOH + H_2SO_4 = Na_2SO_4 + 2H_2O$$

$$HI + NaOH = NaI + H_2O$$

根据滴定时消耗标准溶液的体积和通过的气体数量，计算出三氧化硫的含量。

2) 仪器和试剂

三氧化硫测定装置：如图 11-3 所示。

硫代硫酸钠标准溶液[$c(Na_2S_2O_3)$=0.01mol/L]。

3) 分析步骤

(1) 称取 3g 中性脱脂棉，均匀装入六连球管中，加入 2mL 中性水，使脱脂棉均匀润湿。将仪器按图 11-3 连接好，进行漏气检查。

(2) 将侧面开孔的采样管伸入气体管道 1/3 处，用排水取气瓶抽气，控制气体流速为 0.5～0.6L/min。排水抽取气样 5L。将量气瓶下口活塞关闭，停止抽气。取出采样管，并记录采样时间、温度、压力和采样体积。

(3) 用脱脂棉或滤纸擦净采样管及六连球外壁。将六连球管内的脱脂棉移入 400mL 烧杯中，用中性水洗涤采样管及六连球管，洗涤液约 250mL，加入 2mL 淀粉溶液。用碘标准溶液[$c(1/2I_2)$=0.01mol/L]滴定至淡蓝色，再用硫代硫酸钠标准溶液[$c(Na_2S_2O_3)$=0.01mol/L]滴定至蓝色刚好褪去，加入 2～3 滴甲基红-亚甲基蓝混合指示剂，用氢氧化钠标准溶液[$c(NaOH)$=0.1mol/L]滴定至灰绿色即为终点。同时做空白试验。

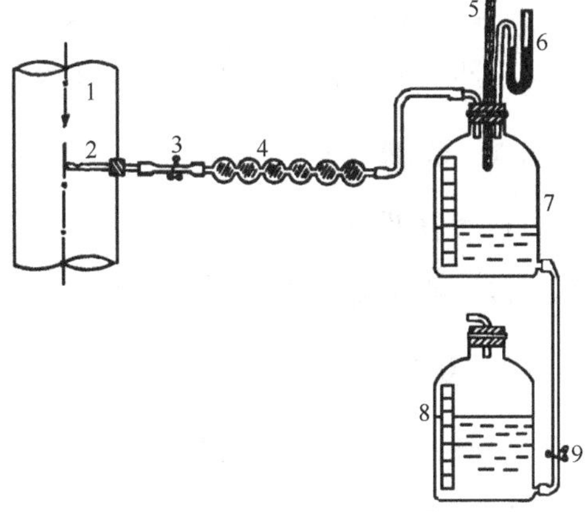

图 11-3　三氧化硫测定装置

1. 气体管道；2. 采样管；3、9. 弹簧夹；4. 六连球管；5. 湿度计；6. 压力计；7. 储气瓶；8. 封闭液储瓶

气样中二氧化硫的体积按下式计算：

$$V_{SO_2} = c_1(V_1 - V_1') \times \frac{21.89}{2 \times 1000}$$

气样中三氧化硫的体积按下式计算：

$$V_{SO_3} = [c_2(V_2 - V_2') - 2c_1(V_1 - V_1')] \times \frac{22.4}{2 \times 1000}$$

气样中三氧化硫的体积分数$\varphi(SO_3)$按下式计算：

$$\varphi(SO_3)=\frac{V_{SO_3}}{V\times\frac{(p-p_w)\times 273}{101.3\times(273+t)}+V_{SO_3}+V_{SO_2}}$$

式中，c_1为碘标准溶液的浓度，mol/L；V_1为气样消耗碘标准溶液的体积，mL；V_1'为空白试验消耗碘标准溶液的体积，mL；c_2为氢氧化钠标准溶液的浓度，mol/L；V_2为气样消耗氢氧化钠标准溶液的体积，mL；V_2'为空白试验消耗氢氧化钠标准溶液的体积，mL；V为余气体积，L；p为余气压力，kPa；p_w为测定时气体中的饱和水蒸气分压，kPa；t为余气温度，℃；22.4 为标准状况下 1mol 三氧化硫的体积，L/mol；21.89 为标准状况下 1mol 二氧化硫的体积，L/mol。

11.2 工业硫酸分析

按国家标准，工业硫酸应符合表 11-1 所列的质量标准。供纺织或人造纤维工业用浓硫酸：铁含量≤0.015%；供皮革或人造纤维工业用浓硫酸：氮氧化物含量≤0.0001%；供食品或药用浓硫酸：砷含量≤0.0001%。

11.2.1 硫酸含量的测定

1. 方法原理

以甲基红-亚甲基蓝为指示剂，用氢氧化钠标准溶液滴定，即可计算出硫酸含量。

2. 试剂

氢氧化钠标准溶液[$c(NaOH)=0.5mol/L$]。

3. 分析步骤

用已称量的带磨口盖的小称量瓶称取 0.7g 试样，准确至 0.0001g，小心移入盛有 50mL 水的 250mL 锥形瓶中，冷却至室温。加入 2～3 滴甲基红-亚甲基蓝混合指示剂。用氢氧化钠标准溶液滴定至溶液呈灰绿色。硫酸的质量分数按下式计算：

$$w(H_2SO_4)=\frac{\frac{1}{2}cVM(H_2SO_4)}{m}$$

式中，c为氢氧化钠标准溶液的浓度，mol/L；V为消耗氢氧化钠标准溶液的体积，mL；m为试样的质量，g；$M(H_2SO_4)$为硫酸的摩尔质量，98.07g/mol。

4. 允许误差

硫酸含量平行测量允许绝对偏差为 0.2%。

11.2.2　发烟硫酸中游离三氧化硫含量的测定

1. 方法原理

用安瓿球取样并准确称量，在具塞锥形瓶中振荡摇碎安瓿球，使发烟硫酸溶于水后，以甲基红-亚甲基蓝为指示剂，用氢氧化钠标准溶液滴定，求出硫酸总含量 H_2SO_4(总)(一般大于 100%)。三氧化硫溶于水的反应和氢氧化钠的滴定反应如下：

$$SO_3 + H_2O = H_2SO_4$$

$$2NaOH + H_2SO_4 = Na_2SO_4 + 2H_2O$$

2. 试剂

氢氧化钠标准溶液[c(NaOH)= 0.2mol/L]。

3. 分析步骤

将安瓿球称量，准确至 0.0001g，然后在微火上烤热球部，迅速将该球的毛细管插入试样中，吸入约 0.7g 试样，立即用火焰将毛细管顶端烧结封闭，并用小火将毛细管外壁沾上的酸液烤干，重新称量。

将已称量的安瓿球放入盛有 100mL 水的 500mL 具塞锥形瓶中，塞紧瓶塞，用力振摇粉碎安瓿球，继续振摇直至雾状三氧化硫气体消失。打开瓶塞，用玻璃棒轻轻压碎安瓿球的毛细管，用水冲洗瓶塞、瓶颈及玻璃棒。在试验溶液中加入 2～3 滴甲基红-亚甲基蓝混合指示剂，用氢氧化钠标准溶液滴定至呈灰绿色为终点。

发烟硫酸中，游离三氧化硫的质量分数为 $w(SO_3)$，在氢氧化钠滴定后计算出这部分三氧化硫转化为硫酸的质量分数为 $w(SO_3)\times\dfrac{98.07}{80.07}$，则得到下列质量平衡关系式：

$$w(H_2SO_4) = [1 - w(SO_3)] + \frac{98.07}{80.07}\times w(SO_3) = 100 + 0.2248\times w(SO_3)$$

$$w(SO_3) = \frac{w(H_2SO_4) - 1}{0.2248} = 4.448\times[w(H_2SO_4) - 1]$$

11.2.3　工业硫酸的灰分测定(重量法)

灰分(灼烧残渣)是指溶解在硫酸中的金属盐类，经蒸发灼烧后仍不能挥发或分解除去，成为灰分保留下来。

1. 方法原理

试样蒸发至干，(800±50)℃灼烧 15min，冷却后称量。

2. 仪器

铂皿(或石英皿、瓷皿)：容量 60～100mL。

3. 分析步骤

将铂皿在(800±50)℃灼烧 15min，置于干燥器中冷却至室温，称量，准确至 0.0001g。

用铂皿称取 25～50g 试样，准确至 0.01g。在沙浴上小心加热蒸发至干，移入高温炉内，在(800±50)℃下灼烧 15min。置于干燥器中冷却至室温，称量，准确至 0.0001g。灰分的质量分数按下式计算：

$$w(\text{灰分}) = \frac{m_1}{m}$$

式中，m_1 为灼烧后的灰分质量，g；m 为试样的质量，g。

4. 允许误差

测定结果取算术平均值。平行测定结果允许相对偏差：

灰分含量/%	允许相对偏差/%
0.02～0.1	10
＜0.02	20

11.2.4 工业硫酸中铁含量的测定(邻二氮菲分光光度法)

1. 方法原理

试样蒸干后，残渣溶解于盐酸中，用盐酸羟胺还原溶液中的铁，在 pH 2～9 条件下，二价铁离子与邻二氮菲反应生成橙色配位化合物，测量吸光度。

2. 仪器和试剂

分光光度计。

邻二氮菲溶液(1g/L)[6.2.2]：盐酸羟胺溶液(10g/L)；乙酸-乙酸钠缓冲溶液(pH 4.5)；盐酸溶液[c(HCl)=1mol/L]；铁标准溶液(10μg/mL、100μg/mL)[10.4.2]。

3. 分析步骤

1) 试验溶液的制备

称取 10～20g 试样，准确至 0.01g，置于 50mL 烧杯中，在沙浴上蒸发至干[若选用灼烧后残渣测铁，先用 5mL 硫酸(1+1)溶解残渣，蒸干]，冷却，加入 2mL 1mol/L 盐酸、25mL 水，加热使其溶解，移入 100mL 容量瓶中，用水稀释至刻度，摇匀。

2) 标准曲线的绘制

在 11 个 50mL 容量瓶中分别加入铁标准溶液(10μg/mL)0mL、2.5mL、5.0mL、7.5mL、10.0mL、12.5mL、15.0mL、17.5mL、20.0mL、22.5mL、25.0mL，对应铁的质量依次为 0μg、25μg、50μg、75μg、100μg、125μg、150μg、175μg、200μg、225μg、250μg。

然后分别向每个容量瓶中加水至约 25mL，加 2.5mL 盐酸羟胺溶液、5.0mL 缓冲溶液，5min 后加 5.0mL 邻二氮菲溶液，用水稀释至刻度，摇匀，放置 15～30min，显色。用 1cm 比色皿，以试剂空白为参比，用分光光度计在 510nm 波长处测出标准显色溶液的吸光度。

用每个标准显色溶液的吸光度减去空白试验溶液的吸光度，以所得吸光度差值为纵坐标、对应铁的质量为横坐标作图，绘制标准曲线。

3) 测定

取一定量的试验溶液置于 50mL 容量瓶中，加水至约 25mL，然后按“标准曲线的绘制”步骤，测量试验溶液的吸光度。

4. 计算

用试验溶液的吸光度减去空白试验溶液的吸光度，根据所得吸光度差值，从标准曲线查出对应铁的质量。铁的质量分数按下式计算：

$$w(\mathrm{Fe})=\frac{m_1}{m}$$

式中，m_1 为试样中铁的质量，g；m 为试样的质量，g。

5. 允许误差

测定结果取算术平均值。平行测定结果允许相对偏差：

铁含量/%	允许相对偏差/%
0.03～0.005	10
≤0.005	20

11.2.5　工业硫酸中砷含量的测定(二乙基二硫代氨基甲酸银光度法)

硫酸中的砷是由原料矿石引入的，大部分已经在生产过程中除去。成品硫酸中含砷量已经很低，但砷有剧毒，因此用于食品或制药工业的硫酸中含砷量不得高于 0.0001%。

1. 方法原理

在 2～3mol/L 硫酸介质中，以二氯化锡和金属锌将高价砷还原为砷化氢气体，用二乙基二硫代氨基甲酸银吡啶溶液吸收，砷化氢将试剂中的银还原而析出紫红色胶状银，进行吸光度测定。砷的浓度在 2.5～20μg/10mL 符合比尔定律。

$$\mathrm{As_2O_5+2SnCl_2+4HCl=\!=\!=As_2O_3+2SnCl_4+2H_2O}$$

$$\mathrm{As_2O_3+6Zn+6H_2SO_4=\!=\!=2AsH_3\uparrow+6ZnSO_4+3H_2O}$$

$$\mathrm{AsH_3+6(C_2H_5)_2NCSSAg+3C_5H_5N=\!=\!=6Ag+As[(C_2H_5)_2NCSS]_3+3(C_2H_5)_2NCSSHC_5H_5N}$$

2. 试剂

硫酸溶液[$c(1/2\mathrm{H_2SO_4})$=15mol/L]；二乙基二硫代氨基甲酸银吡啶溶液(5g/L)；砷标准溶液(2.0μg/mL、100μg/mL)[10.14]；乙酸铅溶液(200g/L)；乙酸铅脱脂棉[8.17]；碘化钾溶液(150g/L)[3.32]；二氯化锡-盐酸溶液(400g/L)[3.13]；无砷金属锌[8.29]。

3. 仪器

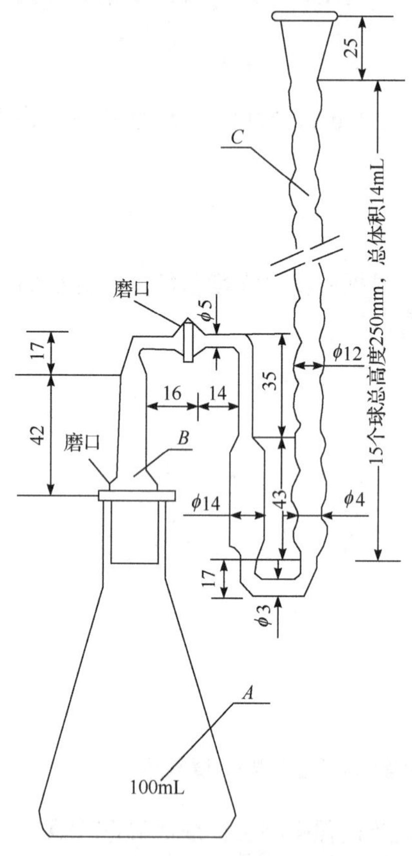

图 11-4　定砷仪(单位：mm)

分光光度计；定砷仪(图 11-4)：①100mL 锥形瓶，用于发生砷化氢；②连接导管，用于捕集砷化氢，并将砷化氢导入吸收管；③吸收管，用于吸收砷化氢。

4. 分析步骤

测定在通风橱中进行。测定前应用洗液洗净定砷仪，并用水清洗、烘干。

1) 试验溶液的制备

称取 10～20g 试样，准确至 0.001g，移至 50mL 烧杯中(当试样中砷含量太低时，可增加试样量)，在沙浴上小心加热，蒸发至 5mL 备用。

(1) 若试样中砷含量小于 20μg，将其慢慢倒入盛有适量水的锥形瓶中，操作时尽量保持瓶内温度接近室温，并使最后溶液体积约为 50mL，硫酸浓度 $c(1/2H_2SO_4)=2\sim4mol/L$。

(2) 若试样中砷含量大于 20μg，于 100mL 容量瓶中用水稀释至刻度，移出部分试验溶液(砷含量不大于 20μg)于锥形瓶中，并加水和酸使其最后总体积约为 50mL，硫酸浓度 $c(1/2H_2SO_4)=2\sim4mol/L$。

2) 标准曲线的制作

每换一批锌粒或新配一次二乙基二硫代氨基甲酸银吡啶溶液，必须重新制作标准曲线。

取 7 个 100mL 锥形瓶，分别加入砷标准溶液 0mL、1.0mL、2.0mL、4.0mL、6.0mL、8.0mL、10.0mL，相应砷的质量为 0μg、2μg、4μg、8μg、12μg、16μg、20μg。在每支连接管末端塞入少量乙酸铅脱脂棉，用于捕集反应时逸出的硫化氢。15min 后，吸取 5.0mL 二乙基二硫代氨基甲酸银吡啶溶液，置于吸收管中。在每个锥形瓶中加入 5g 无砷金属锌，立即按图 11-4 装好仪器，塞紧瓶塞，放置 45min，使反应完全。

对每个锥形瓶中的溶液做如下处理：加 10mL 硫酸溶液和适量的水，使溶液的体积为 50mL，再加 2mL 碘化钾溶液和 2mL 二氯化锡-盐酸溶液，摇匀，静置 15min。

用 1cm 比色皿，以水为参比，用分光光度计在 540nm 波长处测量各标准显色溶液的吸光度。

用每个标准显色溶液的吸光度减去空白试验溶液的吸光度，以所得吸光度差值为纵坐标、对应砷的质量为横坐标作图，绘制标准曲线。

3) 测定

在盛有试验溶液的锥形瓶中加 2mL 碘化钾溶液和 2mL 二氯化锡-盐酸溶液，摇匀，静置 15min。以水为参比，以下操作同“标准曲线的制作”。若试样中含二氧化硫较多，应预先加入高锰酸钾溶液数滴至呈红色，再加碘化钾溶液和二氯化锡溶液；当铁离子浓度高于 0.1g/L 时，应加入 10mL 酒石酸(500g/L)掩蔽。

4) 空白试验

在测定试验溶液的同时，用 10mL 硫酸溶液[$c(1/2H_2SO_4)$=15mol/L]代替试样做空白试验。

5. 计算

用试验溶液的吸光度减去空白试验溶液的吸光度，根据所得吸光度差值，从标准曲线查出对应砷的质量。砷的质量分数按下式计算：

$$w(\mathrm{As})=\frac{m_1}{m}$$

式中，m_1 为试样中砷的质量，g；m 为试样的质量，g。

6. 允许误差

测定结果取算术平均值。平行测定结果允许相对偏差：

砷含量/%	允许相对偏差/%
0.005～0.0001	10～20
<0.0001	30

11.2.6 二氧化硫含量的测定(碘量法)

1. 方法原理

在冷却条件下，用氨基磺酸溶液除去试样中的氮氧化物，以淀粉为指示剂，用碘标准溶液滴定，由耗碘量算出二氧化硫含量。

2. 试剂

氨基磺酸溶液(100g/L)[7.12]；淀粉溶液(10g/L 溶液)[5.19]；碘标准溶液[$c(1/2I_2)$=0.1mol/L][9.23]；碘标准溶液[$c(1/2I_2)$=0.01mol/L][9.23]。

3. 分析步骤

称取 40g 试样，准确至 0.1g，在冷却条件下将试样缓缓注入盛有 10mL 氨基磺酸及 200mL 水的锥形瓶中，注意温度不得高于 30℃。加入 2mL 淀粉溶液，用碘标准溶液[$c(1/2I_2)$=0.01mol/L]滴定至浅蓝色为终点(当二氧化硫含量大于 0.015%时，使用[$c(1/2I_2)$=0.1mol/L]的碘标准溶液)。同时按上述步骤做空白试验。

二氧化硫的质量分数按下式计算：

$$w(SO_2)=\frac{c(V_1-V_0)\times\frac{M(SO_2)}{2000}}{m}$$

式中，c 为碘标准溶液的浓度，mol/L；V_1 为试样消耗碘标准溶液的体积，mL；V_0 为空白试验消耗碘标准溶液的体积，mL；m 为试样的质量，g；$M(SO_2)$为二氧化硫的摩尔质量，64.06g/mol。

4. 允许误差

测定结果取算术平均值。平均测定结果允许相对偏差：

二氧化硫含量/%	允许相对偏差/%
0.1～0.01	10
＜0.01	20

11.2.7 工业硫酸中氯含量的测定(电位滴定法)

1. 方法原理

以氯电极为指示电极、甘汞电极为参比电极，在硫酸介质中用硝酸银进行氯的电位滴定。

2. 试剂

硫酸溶液[$w(H_2SO_4)$=40%][1.17]；氯基准溶液[$c(KCl)$=0.1000mol/L]、氯标准溶液[$c(KCl)$=0.005000mol/L、0.001000mol/L][9.24]。

硝酸银标准溶液[$c(AgNO_3)$=0.1mol/L]的配制：称取 8.5g 硝酸银($AgNO_3$)溶于 500mL 不含 Cl^-的去离子水中，将溶液转入棕色瓶中，置于暗处保存。稀释此溶液得到较稀的硝酸银溶液[$c(AgNO_3)$=0.005mol/L、0.001mol/L]。

3. 仪器

电位计；甘汞电极：内盐桥充以氯化钾饱和溶液，外盐桥充以硫酸[$w(H_2SO_4)$=60%]；指示电极：氯电极(AgCl-Ag_2S)。

4. 分析步骤

1) 试验溶液的制备

称取约 20g 试样，准确至 0.01g，小心地加入预先盛有 50mL 40%硫酸的烧杯中，杯外用水冷却至 30℃以下，备用。

2) 硝酸银标准溶液的标定

量取两份 50mL 硫酸溶液于 100mL 烧杯中，分别加入 5.0mL 和 10.0mL 氯基准溶液，冷却至 30℃以下，放入磁子，插入指示电极与甘汞电极，连接电极与电位计，校正仪器零点后，记录起始电位值。由滴定管加入与氯基准溶液相同浓度的硝酸银标准溶液，开始每次加入 1mL，待电位稳定后读数，当临近终点时，每次加入 0.1mL 硝酸银标准溶液

[$c(AgNO_3)$=0.005mol/L]或 0.2mL 硝酸银标准溶液[$c(AgNO_3)$=0.001mol/L]，记录加入体积与相应电位值，按下式计算出消耗硝酸银标准溶液的体积(V)与滴定度(T)：

$$V = V_0 + V_1 \frac{b}{B} \qquad T = \frac{q}{V_2 - V_3}$$

式中，V_0 为电位增量 ΔE_1 达到最大值前消耗硝酸银标准溶液的体积，mL；V_1 为临近终点时每次加入硝酸银标准溶液的体积，mL；b 为 ΔE_2 的最后一正值；B 为 ΔE_2 的最后一正值与第一个负值的绝对值之和；q 为标定用的两种氯标准溶液体积之差换算成氯质量，g；V_2 为滴定 10.0mL 氯基准溶液所需硝酸银标准溶液的体积，mL；V_3 为滴定 5.0mL 氯基准溶液所需硝酸银标准溶液的体积，mL。计算方法参见示例。

计算示例：

硝酸银溶液体积/mL	电位值 E/mV	ΔE_1	ΔE_2
4.8	125	9	+16
4.9	134	25	+91
5.0	159	116	−67
5.1	275	49	—
5.2	324		

$$V = 5.0 + 0.1 \times \frac{91}{91 + 67} = 5.057$$

3) 测定

在盛有试验溶液的烧杯中放入磁子，插入指示电极与甘汞电极，连接电极与电位计。以下按上述“校正仪器零点后……”步骤进行。滴定过程中，试验溶液温度必须保持 30℃以下，若高于 30℃，需用冰冷却。当氯离子浓度太低，消耗硝酸银标准溶液在 1mL 以下时，可用标准加入法进行测定。

氯的质量分数按下式计算：

$$w(\mathrm{Cl}) = \frac{T(V_4 - V_5)}{m}$$

式中，T 为硝酸银标准溶液对氯的滴定度，g/mL；V_4 为测定时消耗硝酸银标准溶液的体积，mL；V_5 为空白试验消耗硝酸银标准溶液的体积(由标定 5mL 氯标准溶液消耗硝酸银标准溶液的两倍体积减去 10mL 消耗硝酸银标准溶液的体积而得)，mL；m 为试样的质量，g。

5. 允许误差

平行测定结果允许相对偏差：

氯含量/%	允许相对偏差/%
0.001～0.0003	10

11.3 工业碳酸钾生产过程分析

碳酸钾外观为白色粉状或颗粒状。碳酸钾是以氯化钾、氨水、二氧化碳为原料，用离子交换法或电解碳化法等工艺制得，因此在产品中含有少量的碳酸氢钾、氯化物、硫化合物，以及少量铁的化合物等杂质。

碳酸钾主要用于合成气脱碳、电子管、玻璃、搪瓷、印染、电焊条、影片显影、无机盐和显像管玻壳的原料。

在离子交换法生产碳酸钾的分析中，除对所需化工原料(氯化钾、氨水、二氧化碳)进行分析和产品分析外，还要对生产过程中精制氯化钾溶液、上钾流出液、上铵流出液、碳酸氢钾等进行控制分析。分析项目有氯离子、铵离子、钾离子、碳酸氢根，以及钙离子、镁离子等。工业碳酸钾的质量标准见表 11-2。

表 11-2 工业碳酸钾的质量标准(GB/T 1587—2016)

项目	指标				
	Ⅰ型			Ⅱ型	
	优等品	一等品	合格品	优等品	一等品
碳酸钾(K_2CO_3)含量/% ≥	99.0	98.5	96.0	99.0	98.5
氯化物(以 KCl 计)含量/% ≤	0.01	0.10	0.20	0.02	0.05
硫化合物(以 K_2SO_4 计)含量/% ≤	0.01	0.10	0.15	0.02	0.05
铁(Fe)含量/% ≤	0.001	0.003	0.010	0.001	0.003
水不溶物含量/% ≤	0.02	0.05	0.10	0.02	0.05
烧失量/% ≤	0.60	1.00	1.00	0.60	1.00

下面介绍离子交换法生产控制分析。

11.3.1 精制氯化钾溶液的分析：氯化钾含量的测定

1. 方法原理

以铬酸钾作指示剂，用硝酸银标准溶液滴定样品中的氯离子。过量的银离子则与铬酸根生成砖红色铬酸银沉淀，以此指示滴定终点。

2. 试剂

硝酸银标准溶液[$c(AgNO_3)$=0.1mol/L]；铬酸钾溶液(100g/L)。

3. 分析步骤

取 10.00mL 试验溶液于 100mL 容量瓶中，用水稀释至刻度，摇匀。取此溶液 5mL 于 250mL 锥形瓶中，加 40mL 水、1mL 铬酸钾溶液，用硝酸银标准溶液滴定至微红色为终点。氯化钾含量以 KCl 的质量浓度(g/L)表示，按下式计算：

$$\rho(\mathrm{KCl})=\frac{cV\times\dfrac{M(\mathrm{KCl})}{1000}}{\dfrac{10}{100}\times5}\times1000=2cVM(\mathrm{KCl})$$

式中，c 为硝酸银标准溶液的浓度，mol/L；V 为消耗硝酸银标准溶液的体积，mL；$M(\mathrm{KCl})$ 为氯化钾的摩尔质量，74.55g/mol。

11.3.2 碳铵溶液的分析

1. 方法原理

采用双指示剂，用硫酸标准溶液滴定，先加入酚酞指示剂，当到达终点时，pH 为 8.4，碳酸铵变为碳酸氢铵。再向溶液中加入甲基橙指示剂，继续滴定至终点，溶液的 pH 为 4.4，碳酸氢铵滴定完全。

2. 试剂

硫酸标准溶液[$c(1/2H_2SO_4)$=0.2mol/L]。

3. 分析步骤

取 1.00mL 试验溶液，置于已加有约 40mL 水的 250mL 锥形瓶中，加入 4～6 滴酚酞指示剂，用硫酸标准溶液滴定至溶液由红色刚好褪至无色，记录消耗硫酸标准溶液的体积(V_1)。再加入 1 滴甲基橙指示剂，继续用硫酸标准溶液滴定至溶液由黄色刚好变为橙色，记录消耗硫酸标准溶液的总体积(V_2)。

下列总氨的含量均以铵离子的质量浓度 $\rho(\mathrm{NH_4^+})$(g/L) 表示。

碳铵溶液中的总铵含量为下两式计算结果之和：

$(NH_4)_2CO_3$中

$$\rho(\mathrm{NH_4^+})=\frac{2cV_1\times\dfrac{M(\mathrm{NH_4^+})}{1000}}{\dfrac{1.0}{1000}}=36.08cV_1$$

NH_4HCO_3中

$$\rho(\mathrm{NH_4^+})=\frac{c(V_2-V_1)\times\dfrac{M(\mathrm{NH_4^+})}{1000}}{\dfrac{1.0}{1000}}=18.04c(V_2-V_1)$$

注意：

(1) 氨水中总铵含量按下式计算：

$NH_3 \cdot H_2O$中 $$\rho(NH_4^+)\frac{cV_1 \times \frac{18.04}{1000}}{\frac{1.0}{1000}} = 18.04cV_1$$

(2) 若 $2V_1 > V_2$，即溶液中存在氨水和碳酸铵，则总铵含量为下两式计算结果之和：

$NH_3 \cdot H_2O$中 $$\rho(NH_4^+) = \frac{(2V_1 - V_2)c \times \frac{M(NH_4^+)}{1000}}{\frac{1.0}{1000}} = 18.04c(2V_1 - V_2)$$

$(NH_4)_2CO_3$ 中 $$\rho(NH_4^+) = \frac{2(V_2 - V_1)c \times \frac{M(NH_4^+)}{1000}}{\frac{1.0}{1000}} = 36.08c(V_2 - V_1)$$

(3) 若 $2V_1=V_2$，即只有碳酸铵，总铵含量按下式计算：

$(NH_4)_2CO_3$中 $$\rho(NH_4^+) = \frac{cV_2 \times \frac{M(NH_4^+)}{1000}}{\frac{1.0}{1000}} = 18.04cV_2$$

(4) 若 $V_1=0$，$V_2>0$，即只有碳酸氢铵，总铵含量按下式计算：

NH_4HCO_3中 $$\rho(NH_4^+) = \frac{cV_2 \times \frac{M(NH_4^+)}{1000}}{\frac{1.0}{1000}} = 18.04cV_2$$

11.3.3 上钾流出液的分析

1. 方法原理

上钾流出液的分析主要是分析流出液中钾离子、铵离子的含量，为交换工序提供操作数据。上钾流出液中，阳离子只考虑钾离子、铵离子，阴离子只考虑氯离子。三种离子在数量上将其看成氯离子含量等于钾离子与铵离子含量之和。其中，氯离子的测定采用硝酸银沉淀滴定法，铵离子的测定采用甲醛法，而钾离子含量是用氯离子含量减去铵离子含量计算的。

2. 氯离子含量的测定

1) 试剂

硝酸银标准溶液[$c(AgNO_3)$=0.1mol/L][9.26]；铬酸钾溶液(50g/L)。

2) 分析步骤

取 1.00mL 试验溶液置于已加 40mL 水的 250mL 锥形瓶中，加 1mL 铬酸钾溶液，用硝酸银标准溶液滴定至溶液呈微红色为终点，消耗体积为 V_1(mL)。

3. 铵离子含量的测定

1) 试剂

氢氧化钠标准溶液[c(NaOH)=0.1mol/L]；甲醛溶液(25%)。

2) 分析步骤

取 1.00mL 试验溶液置于已加 40mL 水的 250mL 锥形瓶中，加入 10mL 甲醛溶液，放置 5min，加入 4～6 滴酚酞指示剂，用氢氧化钠标准溶液滴定至红色为终点，消耗体积为 V_2(mL)。以 NH_4^+ 的质量浓度(g/L)表示的铵离子含量按下式计算：

$$\rho(NH_4^+)=\frac{cV_2\times\frac{M(NH_4^+)}{1000}}{\frac{1.00}{1000}}=18.04cV_2$$

式中，V_2 为消耗氢氧化钠标准溶液的体积，mL；c 为氢氧化钠标准溶液的浓度，mol/L；$M(NH_4^+)$ 为 NH_4^+ 的摩尔质量，18.04g/mol。

4. 钾离子含量的计算

以 K^+的质量浓度(g/L)表示的钾离子含量按下式计算：

$$\rho(K^+)=\frac{(c_1V_1-c_2V_2)\times\frac{M(K^+)}{1000}}{\frac{10}{1000}}=39.10(c_1V_1-c_2V_2)$$

式中，c_1 为硝酸银标准溶液的浓度，mol/L；c_2 为氢氧化钠标准溶液的浓度，mol/L；V_1 为消耗硝酸银标准溶液的体积，mL；V_2 为消耗氢氧化钠标准溶液的体积，mL；$M(K^+)$ 为钾离子(K^+)的摩尔质量，39.10g/mol。

11.3.4 上铵流出液的分析

1. 方法原理

上铵流出液的分析主要是分析流出液中铵离子、钾离子含量，以考核淋洗效果，为交换工序提供操作根据。上铵流出液中阴离子是碳酸氢根，阳离子是钾离子、铵离子。三种离子在数量上将其看成总碳酸根含量等于钾离子与铵离子含量之和。总碳酸根的测定采用硫酸滴定法，铵离子的测定采用甲醛法，二者之差为钾离子含量。

用硫酸滴定后，加热除去生成的二氧化碳，加入甲醛，测定铵离子含量。

2. 试剂

氢氧化钠标准溶液[c(NaOH)=0.2mol/L]；硫酸标准溶液[$c(1/2H_2SO_4)$=0.2mol/L]。

3. 分析步骤

取 1.00mL 试验溶液置于已加 40mL 水的 250mL 锥形瓶中，加入 1 滴甲基橙指示剂，用硫酸标准溶液滴定至橙色为终点，消耗体积为 V_1。将此锥形瓶放在电炉上加热至沸，除尽其中的二氧化碳。冷却至室温，加入 10mL 甲醛溶液，加 4～6 滴酚酞指示剂，用氢氧化钠标准溶液滴定至微红色，消耗体积为 V_2。

以 NH_4^+ 的质量浓度(g/L)表示的铵离子含量按下式计算：

$$\rho(NH_4^+)=\frac{cV_2\times\frac{M(NH_4^+)}{1000}}{\frac{1.0}{1000}}=18.04cV_2$$

式中，c 为氢氧化钠标准溶液的浓度，mol/L；V_2 为消耗氢氧化钠标准溶液的体积，mL；$M(NH_4^+)$ 为 NH_4^+ 的摩尔质量，18.04g/mol。

以 K^+ 的质量浓度(g/L)表示的钾离子含量按下式计算：

$$\rho(K^+)=\frac{(c_1V_1-c_2V_2)\times\frac{M(K^+)}{1000}}{\frac{1.0}{1000}}=39.10(c_1V_1-c_2V_2)$$

式中，c_1 为硫酸标准溶液的浓度，mol/L；c_2 为氢氧化钠标准溶液的浓度，mol/L；V_1 为消耗硫酸标准溶液的体积，mL；V_2 为消耗氢氧化钠标准溶液的体积，mL；$M(K^+)$为钾离子(K^+)的摩尔质量，39.10g/mol。

11.4 碳酸钾产品分析

11.4.1 碳酸钾含量的测定

1. 酸碱滴定法

1) 方法原理

碳酸钾的水溶液呈碱性。用盐酸标准溶液滴定，根据消耗盐酸标准溶液的体积，扣除滴定碳酸钠、碳酸钙、碳酸镁消耗盐酸标准溶液的体积，计算碳酸钾的含量。

2) 试剂

盐酸标准溶液[$c(HCl)$=0.5mol/L]；甲基红-溴甲酚绿混合指示剂[5.8]。

3) 分析步骤

称取约 1g 于 270～300℃灼烧至恒重的试样，准确至 0.0002g，置于 250mL 锥形瓶中，加入 50mL 水溶解。加入 5 滴甲基红-溴甲酚绿混合指示剂，用盐酸标准溶液滴定至溶液由绿色变为暗红色。将溶液煮沸 2min，冷却后，继续滴定至暗红色，30s 内不褪色即为终点。同时做空白试验。

碳酸钾(K_2CO_3)的质量分数按下式计算：

$$w(K_2CO_3)=\frac{c(V-V_0)\times\frac{M(K_2CO_3)}{2000}}{m}-3.006w(Na)-5.686w(Mg)$$
$$=\frac{0.06910c(V-V_0)}{m}-3.006w(Na)-5.686w(Mg)$$

式中，c 为盐酸标准溶液的浓度，mol/L；V 为试样消耗盐酸标准溶液的体积，mL；V_0 为空白溶液消耗盐酸标准溶液的体积，mL；m 为试样的质量，g；$M(K_2CO_3)$为 K_2CO_3 的摩尔质量，138.2g/mol；w(Na)为测得的钠的质量分数；w(Mg)为测得的钙、镁(以 Mg 计)的质量分数；3.006 为钠对碳酸钾的换算因子；5.686 为镁对碳酸钾的换算因子。

两次平行测定结果之差不大于 0.3%，取其算术平均值为测定结果。

2. 四苯硼钾重量法

1) 方法原理

在弱酸性介质中，碳酸钾与四苯硼酸钠生成四苯硼酸钾沉淀。用四苯硼酸钾沉淀的质量扣除氯化钾、硫酸钾的质量，计算碳酸钾的含量。

2) 试剂

乙酸(1+9)；四苯硼酸钠乙醇溶液(34g/L)；四苯硼酸钾及四苯硼酸钾乙醇饱和溶液[3.37]。

3) 分析步骤

称取 0.80～0.85g 于 270～300℃灼烧至恒重的试样，准确至 0.0002g，溶于水，移入 500mL 容量瓶中，用水稀释至刻度，摇匀。若试验溶液浑浊，需干过滤，弃去初始 10～15mL 滤液。移取 25.00mL 试验溶液于 100mL 烧杯中，加 35mL 水、1 滴甲基红指示剂，用乙酸(1+9)调至红色。于水浴上加热到 40℃。在搅拌下逐滴加入 8.5mL 四苯硼酸钠乙醇溶液，放置 10min。取下，冷却至室温。用 120～125℃下烘干至恒重的微孔玻璃坩埚抽滤。用四苯硼酸钾乙醇饱和溶液转移沉淀并洗涤沉淀 3～4 次(每次 15mL)，抽干。取下微孔玻璃坩埚，用 2mL 无水乙醇洗涤坩埚壁，抽干。于 120～125℃下干燥至恒重。

碳酸钾(K_2CO_3)的质量分数按下式计算：

$$w(K_2CO_3)=\frac{m_1\times 0.1928}{m\times\frac{25}{500}}-[0.9269w(KCl)+0.7931w(K_2SO_4)]$$
$$=\frac{3.856m_1}{m}-[0.9269w(KCl)+0.7931w(K_2SO_4)]$$

式中，m_1 为四苯硼酸钾沉淀的质量，g；m 为试样的质量，g；0.1928 为四苯硼酸钾对碳酸钾的换算因子；w(KCl)为氯化物(以 KCl 计)的质量分数；$w(K_2SO_4)$为硫化合物(以 K_2SO_4 计)的质量分数；0.9269 为氯化钾对碳酸钾的换算因子；0.7931 为硫酸钾对碳酸钾的换算因子。

两次平行测定结果之差不大于 0.3%，取其算术平均值为测定结果。

11.4.2 钠含量的测定

1. 方法原理

钠在高温火焰中发射具有确定波长的特征光，其光强度与试验溶液中钠离子浓度成正比。通过测量发射光的强度，测定试样中钠的含量。

2. 试剂

碳酸钾(光谱纯，20g/L)；钠标准溶液(0.1mg/mL)。

3. 仪器

火焰分光光度计。

4. 工作曲线的绘制

在一系列 250mL 容量瓶中各加入 10mL 碳酸钾溶液，再分别加入 0.00mL、2.50mL、5.00mL、10.00mL、15.00mL、20.00mL、25.00mL、30.00mL 钠标准溶液，用水稀释至刻度，摇匀。使用火焰分光光度计，以水调零，在 589nm 波长处测量吸光度。以钠含量为横坐标、对应的吸光度为纵坐标作图，绘制工作曲线。

5. 分析步骤

称取约 0.2g 试样，准确至 0.0002g。置于烧杯中，加少量水溶解，转入 250mL 容量瓶中，用水稀释至刻度，摇匀。使用火焰分光光度计，以水调零，在 589nm 波长处测量试验溶液的吸光度。钠(Na)的质量分数按下式计算：

$$w(\mathrm{Na})=\frac{m_1\times10^{-3}}{m[1-w(\mathrm{LOI})]}=\frac{m_1}{1000m[1-w(\mathrm{LOI})]}$$

式中，m_1 为从工作曲线查得试验溶液中钠的含量，mg；w(LOI)为试样在 270～300℃下的烧失量；m 为试样的质量，g。

两次平行测定结果之差：测定值为 0.01%～0.10%时不大于 0.005%；测定值为 0.10%以上时不大于 0.05%。取其算术平均值为测定结果。

11.4.3 钙、镁总量的测定

1. 方法原理

当 pH=10 时，在氨-氯化铵缓冲溶液中，Ca^{2+}、Mg^{2+}与 EDTA 生成配合物。根据消耗 EDTA 标准溶液的体积计算钙、镁总量。

2. 试剂

氨-氯化铵缓冲溶液(pH 10)[4.4]；镁标准溶液(1mg/mL)[10.5.2]；EDTA 标准溶液[c(EDTA)=0.05mol/L]；铬黑 T 指示剂(10g/L)[5.16]。

3. 分析步骤

称取 5g 试样，准确至 0.01g，置于 250mL 锥形瓶中，加 90mL 水溶解。加盐酸(1+1)溶液中和至 pH=4。加热煮沸 5min，冷却。移取 5.00mL 镁标准溶液，用氨水(2+3)调至 pH=8。加入 5mL 氨-氯化铵缓冲溶液，加 3～5 滴铬黑 T 指示剂，用 EDTA 标准溶液滴定至溶液由紫红色变为蓝色，30s 内不褪色即为终点。

钙、镁(以 Mg 计)的质量分数按下式计算：

$$w(\mathrm{Mg})=\frac{c(V-V_0)M(\mathrm{Mg})}{m[1-w(\mathrm{LOI})]\times 1000}$$

式中，c 为 EDTA 标准溶液的浓度，mol/L；V 为试验溶液消耗 EDTA 标准溶液的体积，mL；V_0 为空白溶液消耗 EDTA 标准溶液的体积，mL；m 为试样的质量，g；w(LOI)为烧失量；M(Mg)为镁的摩尔质量，24.31mol/L。

两次平行测定结果之差：测定值为 0.01%～0.10%时不大于 0.005%；测定值为 0.10%以上时不大于 0.05%。取其算术平均值为测定结果。

11.4.4 碳酸氢钾含量的测定

1. 方法原理

碳酸钾与氯化钡作用生成碳酸钡沉淀。其中，没有干燥分解的碳酸氢钾用氢氧化钠标准溶液滴定，以酚酞为指示剂，根据消耗氢氧化钠标准溶液的体积，计算出碳酸氢钾的含量。

2. 试剂

氢氧化钠标准溶液[c(NaOH)=0.1mol/L]；氯化钡溶液(100g/L)[3.12]。

3. 分析步骤

称取 10g 试样，准确至 0.001g，溶于水，全部转移至 100mL 容量瓶中，用水稀释至刻度，摇匀。从中取出 10.00mL 置于 250mL 锥形瓶中，加入 50mL 除二氧化碳水、20mL 氯化钡溶液、3 滴酚酞指示剂，用氢氧化钠标准溶液滴定至微红色。

碳酸氢钾的质量分数(以 K_2CO_3 计)按下式计算：

$$w(\mathrm{K_2CO_3})=\frac{cV\times\dfrac{M(\mathrm{K_2CO_3})}{2000}}{m\times\dfrac{10}{100}}=\frac{cVM(\mathrm{K_2CO_3})}{200m}$$

式中，c 为氢氧化钠标准溶液的浓度，mol/L；V 为消耗氢氧化钠标准溶液的体积，mL；m 为试样的质量，g；$M(K_2CO_3)$为碳酸钾的摩尔质量，138.2g/mol。

11.4.5 氯化物含量的测定

同 11.2.7“工业硫酸中氯含量的测定(电位滴定法)”。

11.4.6 硫化合物含量的测定

1. 方法原理

用过氧化氢将碳酸钾中的硫化合物全部转化为硫酸盐，在酸性介质中，硫酸根与钡离子生成硫酸钡沉淀。将悬浮液与标准比浊液比较，从而确定硫化合物含量。

2. 试剂

过氧化氢(30%)；氯化钡溶液(100g/L)[3.12]；硫酸钾标准溶液(0.1mg/mL)[10.15]。

3. 分析步骤

称取 10g 试样，准确至 0.01g，溶于水，移入 100mL 容量瓶中，用水稀释至刻度。移取 10.00mL 试验溶液置于 50mL 烧杯中，加 2 滴过氧化氢，用 15mL 盐酸(1+1)中和，加热煮沸 2min。冷却后，移入 50mL 比色管中，加 2mL 盐酸(1+1)，用水稀释至 40mL。再加 5mL 乙醇、3mL 氯化钡溶液，摇匀。于 30～35℃水浴中保持 10min，用水稀释至刻度，摇匀，与标准溶液进行比较。

标准溶液：于 10 支 50mL 比色管中分别加入硫酸钾标准溶液 0.00mL、0.50mL、1.00mL、1.50mL、2.00mL、2.50mL、3.00mL、3.50mL、4.00mL、4.50mL，各加入 10mL 水、2 滴过氧化氢，从“加 2mL 盐酸(1+1)”开始与试样同时同样操作。

硫化合物(以 K_2SO_4 计)的质量分数按下式计算：

$$w(K_2SO_4)=\frac{V\times 0.0001}{m\times\frac{10}{100}[1-w(LOI)]}=\frac{V}{1000m[1-w(LOI)]}$$

式中，V 为与试验溶液的浊度相对应的硫酸钾标准溶液的体积，mL；m 为试样的质量，g；$w(LOI)$为烧失量；0.0001 为 1mL 硫酸钾标准溶液中硫酸钾的质量，g/mL。

11.5 纯碱生产过程分析

无水碳酸钠俗称纯碱，外观为白色结晶粉末或细小颗粒。纯碱是以工业盐或天然碱为原料，由氨碱法、联碱法或其他方法制得，因此在产品中含有少量的氯化物、硫酸盐、碳酸氢钠及铁化合物等杂质。

纯碱在工业生产中有广泛的用途，主要用于化工、玻璃、冶金、造纸、印染、合成洗涤剂、石油化工等领域，在国民经济中占有重要的地位。

在氨碱法生产纯碱的分析中，除对原料和产品进行分析外，还要对生产过程中各种母液、粗盐水、调合液、一次盐水、二次盐水、废泥、海水等进行控制分析。分析项目有全氨、游离氨、结合氨、全氯、二氧化碳，以及铁、钙、镁、硫酸根、硫化物等。

工业碳酸钠的质量标准见表 11-3。

表 11-3 工业碳酸钠的质量标准(GB/T 210—2022)

项目	指标			
	Ⅰ类	Ⅱ类		
	优等品	优等品	一等品	合格品
总碱量(以 Na_2CO_3 计，以干基计)/% ≥	99.4	99.2	98.8	98.0
氯化钠(以 NaCl 计，以干基计)含量/% ≤	0.30	0.70	0.90	1.20
铁(Fe，以干基计)含量/% ≤	0.0025	0.0035	0.0055	0.0085
硫酸盐(以 SO_4^{2-} 计，以干基计)含量/% ≤	0.03	—	—	—
水不溶物含量/% ≤	0.02	0.03	0.10	0.15

11.5.1 母液中全氨的测定

1. 方法原理

母液中所含的全氨(TNH_3)包括游离氨(FNH_3)、结合氨(CNH_3)。加热煮沸后，FNH_3 以氨气的状态自溶液中逸出。

$$(NH_4)_2CO_3 \xlongequal{\triangle} 2NH_3\uparrow + H_2O + CO_2\uparrow$$

$$NH_3\cdot H_2O \xlongequal{\triangle} NH_3\uparrow + H_2O$$

CNH_3 与 NaOH 作用加热煮沸后，CNH_3 完全被 NaOH 分解，也以氨气的状态自溶液中逸出。

$$(NH_4)_2SO_4 + 2NaOH \xlongequal{\triangle} Na_2SO_4 + 2NH_3\uparrow + 2H_2O$$

将蒸出的氨气导入盛有一定量 H_2SO_4 标准溶液的锥形瓶中，生成$(NH_4)_2SO_4$，然后用 NaOH 标准溶液返滴定过量的 H_2SO_4，根据消耗 NaOH 标准溶液的体积可计算出 TNH_3 的含量。

$$2NH_3 + H_2SO_4 \xlongequal{\quad} (NH_4)_2SO_4$$

$$2NaOH + H_2SO_4 \xlongequal{\quad} Na_2SO_4 + 2H_2O$$

2. 仪器和试剂

氨蒸馏装置。

氢氧化钠标准溶液[c(NaOH)=0.1mol/L]；硫酸标准溶液[$c(1/2H_2SO_4)$]=0.1mol/L。

3. 分析步骤

移取 20.00mL 母液清液，放入盛有 250mL 水的 500mL 蒸馏烧瓶中，加入 10mL 氢氧化钠溶液(200g/L)，塞紧瓶塞，将瓶上的蒸馏球与冷凝器相接，冷凝器的下端连接吸收瓶，瓶中准确加入 20.00mL 硫酸标准溶液及 1 滴甲基橙指示剂，加少量水，加热蒸馏。待蒸馏烧瓶内的液体蒸出 2/3 后，取下蒸馏烧瓶，用水冲洗冷凝器内壁，取下吸收瓶，用氢氧化钠标准溶液滴定至溶液由红色变为橙色为终点。

以质量浓度$\rho(TNH_3)$表示的 TNH_3 含量(g/L)按下式计算：

$$\rho(TNH_3)=\frac{(c_1V_1-c_2V_2)\times\frac{M(NH_3)}{1000}}{V}\times 1000$$

式中，c_1 为硫酸标准溶液的浓度，mol/L；V_1 为加入硫酸标准溶液的体积，mL；c_2 为氢氧化钠标准溶液的浓度，mol/L；V_2 为滴定过量硫酸消耗氢氧化钠标准溶液的体积，mL；V 为试验溶液的体积，mL；$M(NH_3)$为 NH_3 的摩尔质量，17.03g/mol。

4. 注意事项

(1) 蒸馏前，需将冷凝器壁冲洗干净后，再连接吸收瓶。导入氨气的玻璃管下端必须浸入硫酸溶液内。

(2) 蒸馏瓶塞及各玻璃管与橡胶管的连接处都要紧密连接，不得漏气。使用前检查不漏气方可进行操作。导气用橡胶管越短越好。

(3) 冷却水温度不宜过高。蒸馏时需注意，不得有溶液飞溅到冷凝器内。

(4) 蒸馏完毕，应先取下蒸馏烧瓶，再关闭电源，以防止因骤冷出现蒸出液倒吸入蒸馏烧瓶中的现象。

11.5.2 母液中游离氨的测定

1. 方法原理

母液中的游离氨(FNH_3)包括$(NH_4)_2CO_3$、$NH_3\cdot H_2O$，它们在滴定时都消耗酸。

2. 分析步骤

准确移取一定体积的母液清液于锥形瓶中，加 1 滴甲基橙指示剂，用硫酸标准溶液滴定至溶液由黄色变为橙色。

以质量浓度$\rho(FNH_3)$表示的 FNH_3 含量(g/L)按下式计算：

$$\rho(FNH_3)=\frac{cV_1M(NH_3)}{V}$$

式中，c 为硫酸标准溶液的浓度，mol/L；V_1 为消耗硫酸标准溶液的体积，mL；V 为试验溶液的体积，mL；$M(NH_3)$为 NH_3 的摩尔质量，17.03g/mol。

11.5.3 母液中结合氨的测定

1. 方法原理

母液中的结合氨(CNH_3)包括$(NH_4)_2SO_4$和 NH_4Cl，当加入已知浓度的过量的氢氧化钠标准溶液并煮沸后，CNH_3 完全分解为 NH_3 逸出。过量的氢氧化钠用硫酸标准溶液返滴定。

2. 分析步骤

准确移取一定体积的母液清液于锥形瓶中，准确加入 20.00mL 氢氧化钠标准溶液及 50mL 水，加热蒸发至无氨味。冷却至室温，加 1 滴甲基橙指示剂，用硫酸标准溶液滴定至溶液由黄色变为橙色。

以质量浓度$\rho(CNH_3)$表示的 CNH_3 含量(g/L)按下式计算：

$$\rho(CNH_3)=\frac{(c_1V_1-c_2V_2)M(NH_3)}{V}$$

式中，c_1 为氢氧化钠标准溶液的浓度，mol/L；c_2 为硫酸标准溶液的浓度，mol/L；V_1 为加入氢氧化钠标准溶液的体积；V_2 为滴定过量氢氧化钠消耗硫酸标准溶液的体积，mL；V 为试验溶液的体积，mL；$M(NH_3)$为氨的摩尔质量，17.03g/mol。

3. 注意事项

加氢氧化钠后必须将 NH_3 蒸净；蒸发溶液时不得蒸干或溅出，否则应重做。

4. $\rho(CNH_3)$的计算

$\rho(CNH_3)$也可用下式计算得到：

$$\rho(CNH_3)=\rho(TNH_3)-\rho(FNH_3)$$

11.5.4 母液中 CO_2 的测定

1. 方法原理

用过量的硫酸分解试样中的碳酸盐和碳酸氢盐，使生成的 CO_2 逸出，将逸出的 CO_2 气体导入量气管内，测量生成物 CO_2 的体积，即可算出 CO_2 的含量。

2. 仪器和试剂

二氧化碳测定装置(图 11-5)。

硫酸溶液[$c(1/2H_2SO_4)$=6mol/L]；硫酸封闭液[3.38]。

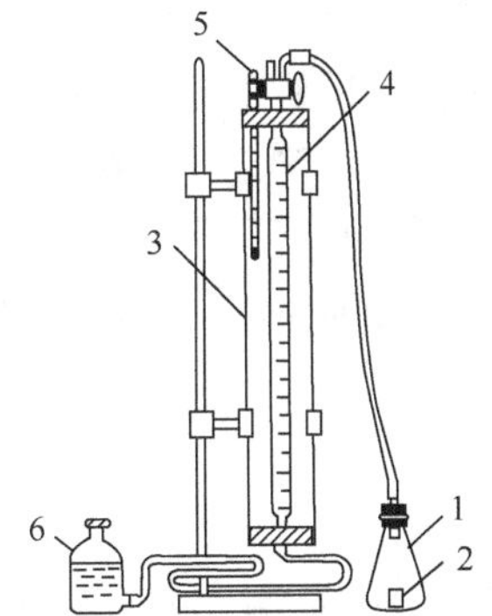

图 11-5 二氧化碳测定装置

1. 二氧化碳发生瓶；2. 内瓶；3. 水套管；4. 具三通活塞的量气管；5. 温度计；6. 水准瓶

3. 分析步骤

旋转三通活塞使量气管通大气，将封闭液调至零位。吸取 10.00mL 试样清液，注入发生瓶(内瓶外)。另吸取 5～30mL(根据 CO_2 的量而定)硫酸溶液，注入发生瓶的内瓶中，小心勿与试样接触。塞紧瓶塞，确保不漏气。旋转三通活塞，使量气管与发生瓶相通，测量量气管内气体的体积。缓缓摇动发生瓶，使硫酸与试样充分混合并反应完全。待量气管内液面稳定后，再次测量量气管内气体的体积。同时记录温度和大气压。

以质量浓度$\rho(CO_2)$表示的二氧化碳含量(g/L)按下式计算：

$$\rho(CO_2)=\frac{\frac{V_2-V_1}{22.26}\times\frac{p-p_w}{101.3}\times\frac{273}{273+t}\times\frac{M(CO_2)}{1000}}{V}\times 1000$$

式中，V_1为反应前量气管内气体的体积，mL；V_2为反应后量气管内气体的体积，mL；p为大气压，kPa；p_w为测定时气体中的饱和水蒸气分压，kPa；t为水套中温度计读数，℃；22.26为标准状况下二氧化碳的单位摩尔体积，L/mol；V为试验溶液的体积，mL；$M(CO_2)$为二氧化碳的摩尔质量，44.01g/mol。

11.6 纯碱产品分析

11.6.1 总碱量的测定

1. 方法原理

总碱度是指碳酸钠和碳酸氢钠的合量，以甲基红-溴甲酚绿为指示剂，用盐酸标准溶液滴定总碱量。

2. 试剂

盐酸标准溶液[$c(HCl)$=1mol/L]；甲基红-溴甲酚绿混合指示剂[5.8]。

3. 分析步骤

称取约1.7g试样，置于已恒重的称量瓶中，移入烘箱或高温炉内，在250～270℃下干燥至恒重，准确至0.0002g。将试样倒入锥形瓶中，再准确称量称量瓶的质量。两次称量之差为试样的质量。用50mL水溶解试样，加10滴甲基红-溴甲酚绿混合指示剂，用盐酸标准溶液滴定至溶液由绿色变为暗红色。煮沸2min，冷却后继续滴定至暗红色。同时做空白试验。

用碳酸钠(Na_2CO_3)质量分数表示的总碱量按下式计算：

$$w(Na_2CO_3)=\frac{c(V-V_0)\times\frac{M(Na_2CO_3)}{2000}}{m}$$

式中，c为盐酸标准溶液的浓度，mol/L；V为试样消耗盐酸标准溶液的体积，mL；V_0为空白试验消耗盐酸标准溶液的体积，mL；m为试样的质量，g；$M(Na_2CO_3)$为碳酸钠的摩尔质量，106.0g/mol。

4. 允许误差

平行测定结果的绝对差值不大于0.2%。取平行测定结果的算术平均值为测定结果。

11.6.2 氯化物的测定

纯碱产品中氯化物含量的测定用汞量法和电位滴定法。测定结果按氯化钠计算。

1. 汞量法

1) 方法原理

在 pH 为 2.5～3.0 的试验溶液中，以二苯偶氮碳酰肼为指示剂，用硝酸汞标准溶液滴定氯化物。

2) 试剂

氢氧化钠溶液(40g/L)；硝酸汞标准溶液($c[1/2Hg(NO_3)_2 \cdot H_2O]=0.05mol/L$)；溴酚蓝指示剂(1g/L)；二苯偶氮碳酰肼指示剂(5g/L)。

3) 分析步骤

(1) 参比液的制备。

在 250mL 锥形瓶中加入 40mL 水和 2 滴溴酚蓝指示剂。滴加硝酸(1+7)至溶液由蓝色刚好变为黄色再过量 2～3 滴。加入 1mL 二苯偶氮碳酰肼指示剂，用硝酸汞标准溶液滴定至溶液由黄色变为紫红色。记录消耗硝酸汞标准溶液的体积。

(2) 试样的测定。

称取 2g 试样，准确至 0.001g，置于 250mL 锥形瓶中，加 40mL 水溶解试样。加入 2 滴溴酚蓝指示剂，滴加硝酸(1+1)中和至溶液变黄色后，滴加氢氧化钠溶液至试验溶液变蓝色，再用硝酸(1+7)调至溶液刚好呈黄色再过量 2～3 滴。加入 1mL 二苯偶氮碳酰肼指示剂，用硝酸汞标准溶液滴定至溶液由黄色变为与参比液相同的紫红色即为终点。氯化物的质量分数(以 NaCl 计)按下式计算：

$$w(\text{NaCl}) = \frac{c(V - V_0) \times \dfrac{M(\text{NaCl})}{1000}}{m \times [1 - w(\text{LOI})]}$$

式中，c 为硝酸汞标准溶液的浓度，mol/L；V 为试样消耗硝酸汞标准溶液的体积，mL；V_0 为参比液制备中消耗硝酸汞标准溶液的体积，mL；m 为试样的质量，g；w(LOI)为试样的烧失量；M(NaCl)为氯化钠的摩尔质量，58.44g/mol。

4) 注意事项

(1) 试样中的亚铁离子、硫酸根能还原、沉淀汞离子，干扰测定，可通过控制溶液的 pH 消除干扰。其他还原性物质可用热碱氧化法除去，还有些能沉淀汞离子的物质可用沉淀过滤法除去。

(2) 氯化物含量很低时，可在试验溶液中加入乙醇，用低浓度的硝酸汞标准溶液滴定。

(3) 含汞废液勿倒入下水道，应专门收集并处理后回收。

2. 电位滴定法

同 11.2.7“工业硫酸中氯含量的测定”。

11.6.3 铁含量的测定

同 11.2.4“工业硫酸中铁含量的测定”。

11.6.4 烧失量的测定

1. 方法原理

试样在 250～270℃下加热至恒重，加热时失去游离水和碳酸氢钠分解出的水和二氧化碳，计算烧失量。

2. 分析步骤

称取约 2g 试样，准确至 0.0002g，置于已恒重的称量瓶或瓷坩埚内，移入烘箱或高温炉中，在 250～270℃下加热至恒重。以质量分数表示的烧失量按下式计算：

$$w(\mathrm{LOI})=\frac{m_1}{m}$$

式中，m_1 为试样加热时失去的质量，g；m 为试样的质量，g。

3. 允许误差

平行测定结果的绝对值不大于 0.04%。取平行测定结果的算术平均值为测定结果。

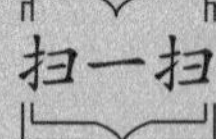

知识拓展 化工生产分析的重要性

习 题

1. 简述测定硫铁矿中有效硫、总硫含量的方法原理，写出相应的化学反应式。
2. 简述测定生产气中二氧化硫、三氧化硫含量的方法原理，写出相应的化学反应式。
3. 测定工业硫酸产品中的二氧化硫时，如何消除试样中氮的干扰？为什么要求在冷却条件下溶解试样？
4. 碳酸钾生产中，碳铵液中有哪些成分？如何测定？
5. 测定碳酸钾中的碳酸氢钾时，如何消除碳酸钾的干扰？

第12章 食品分析

12.1 概　述

《食品工业基本术语》(GB/T 15091—1994)对食品的定义如下：可供人类食用或饮用的物质，包括加工食品、半成品和未加工食品，不包括烟草或只作药品用的物质。从食品卫生立法和管理的角度，广义的食品概念涉及所生产食品的原料、食品原料种植、养殖过程接触的物质和环境、食品的添加物质、所有直接或间接接触食品的包装材料、设施以及影响食品原有品质的环境。食品分析是建立各种食品组分分析的检测方法及有关理论，运用这些方法及理论对食品的各种组分进行分析，进而评价食品品质的一门综合性应用学科。

12.1.1 食品分析的意义和作用

食品的种类繁多，来源广泛，应当无毒、无害，且符合人体的营养需求，并具有相应的色、香、味等感官性状。食品质量的优劣，不仅要看其色、香、味是否令人满意，还要看它所含的营养成分的质量高低，更重要的是有毒有害的物质是否存在，这一切都需要对食品进行分析。食品分析贯穿于产品开发、研制、生产和销售的全过程。食品分析工作是食品质量管理过程中的重要环节，在确保原材料供应方面起保障作用，在生产过程中起“眼睛”的作用，在最终产品检验方面起监督和标示作用。随着经济水平的提高，消费者比任何时候都更加关注食品的质量和安全，更加需要多种安全、营养、美味可口且有益健康的食品。

12.1.2 食品分析的内容

食品分析的结果是许多重要决策的基础。食品分析结果的质量直接影响生产、科研、司法等重要活动。根据目的不同，食品分析的内容有很大不同。一般来说，食品分析涉及的内容包括感官品质分析、食品中营养素分析、食品中有毒有害物质分析、食品添加剂分析等方面。

1. *感官品质分析*

食品的感官品质是消费者的第一感觉，直接影响消费者对产品的接受性。食品的感官指标，如外形、色泽、滋味、气味、均匀性等，往往是描述和判断产品质量最直观的指标。科学合理的感官指标能反映该食品的特征品质和质量要求，直接影响食品品质的界定和食品质量与安全的控制。感官指标不仅体现对食品享受性和可食用性的要求，而且综合反映对食品安全性的要求。对于某种特定的食品，无需对其所有的感官特性制定指标，只需选择和确定那些能够反映该食品感官品质特征的感官特性并加以描述、定义和评价，即为该食品的感官指标，并构成其感官品质评价指标体系。建立科学合理的感官指标体系需遵循特征性原则、相关性原则、定性与定量相结合原则及可操作性原则。

2. 食品中营养素分析

1) 水分

水分含量的分析是食品检测中最常见和最重要的项目之一。水分含量不仅直接影响食品的感官特征，而且影响食品组成中各种溶液(溶于水的糖类、无机盐等)、悬浊液(不溶于水的脂质等)和胶体物质(溶于水的高分子化合物、淀粉、蛋白质等)的状态。为达到产品的某些性状、功能、储藏等方面的品质，不少食品都有必须或允许的水分限量。因为对于某些特定的食品种类，偏离正常的水分含量会导致食品感官差异、组分失衡、易于腐败等。此外，水分含量的减少有利于产品的包装和运输，同时降低物流、仓储等成本。控制食品的水分含量，对于保持食品的品质、维持食品中其他组分的平衡关系、保证食品的保质期具有重要的作用。

2) 蛋白质

蛋白质是由氨基酸以脱水缩合的方式组成的多肽链经过盘曲折叠形成的具有一定空间结构的含氮高分子化合物。构成蛋白质的氨基酸中，亮氨酸、异亮氨酸、赖氨酸、苯丙氨酸、甲硫氨酸、苏氨酸、色氨酸和缬氨酸这 8 种氨基酸在人体中不能合成，必须依靠食品供给，故称为必需氨基酸。对食品中的蛋白质成分进行分析，了解蛋白质总量、蛋白质中必需氨基酸含量的高低及氨基酸的构成，对于提高蛋白质的生理效价、食品开发及合理配膳等均具有重要的意义。

3) 脂类

脂类是脂肪和类脂的总称。脂类通常定义为溶于非极性有机溶剂(如乙醚、石油醚或三氯甲烷)而不溶于水的化合物。脂肪是食品中重要的营养成分之一，可为人体提供必需脂肪酸；脂肪是一种富含热能的营养素，是人体热能的主要来源，每克脂肪在体内可提供 37.62kJ 热能，比碳水化合物和蛋白质高一倍以上。在食品加工生产过程中，原料、半成品、成品的脂类含量对产品的风味、组织结构、品质、外观、口感等都有直接的影响。测定食品的脂肪含量，可以用来评价食品的品质、衡量食品的营养价值，而且对于实行工艺监督、生产过程的质量管理、研究食品的储藏方式是否恰当等方面都有重要的意义。

4) 碳水化合物

碳水化合物(糖类)提供人体生命活动所需热能的 60%～70%，是构成机体的重要生理功能物质，参与细胞的多种代谢过程，维持生命活动。碳水化合物也是食品工业的主要原、辅材料，是大多数食品的主要成分之一。碳水化合物在自然界中分布很广，在各种食品中存在的形式和含量不同。蔗糖是食品工业中最重要的甜味物，应用于多种加工食品中。乳糖存在于哺乳动物的乳汁中，牛乳中乳糖含量为 4.6%～4.8%。淀粉广泛存在于农作物的籽粒(如小麦、玉米、大米、大豆)、根(如甘薯、木薯)和块茎(如马铃薯)中；淀粉含量高的约达干物质的 80%。纤维素主要存在于谷类的麸糠和果蔬的表皮中；果胶物质在植物表皮中含量较高。在食品加工中，碳水化合物对食品的形态、组织结构、物化性质以及色、香、味等感官指标起着十分重要的作用。食品中碳水化合物的含量也在一定程度上标志着营养价值的高低，是某些食品的主要质量指标。

5) 矿物元素

食品中的矿物元素是指除 C、H、O、N 四种元素以外的存在于食品中的其他元素，已知的矿物元素有 50 余种。从人体需要量多少的角度，可分为常量元素、微量元素两类。常量元素是构成机体的必备元素，在机体内所占比例较大，一般指在有机体内含量占体重 0.01%以上的元素，如 Ca、Mg、K、Na、P、S、Cl 等。此外，机体内还含有 Fe、Co、Ni、Zn、Cr、Mo、Al、Si、Se、Sn、I、F 等元素，含量都在 0.01%以下，称为微量元素或痕量元素。微量元素在体内含量虽然非常低，但起着非常重要的生理作用。有些元素目前尚未能证实对人体具有生理功能，或者正常情况下人体只需要极少的数量或人体可以耐受极少的数量，剂量稍高即呈现毒性作用，称为有毒元素，其中 Hg、Cd、Pb、As 较为重要。随着有毒元素在体内蓄积量的增加，机体将出现各种反应，或致癌、致畸和致突变作用。

6) 维生素

维生素是维持人体正常生命活动所必需的一类微量低分子天然有机化合物，其种类繁多、结构复杂、理化性质及生理功能各异，主要分为脂溶性维生素和水溶性维生素两大类。食品中维生素的含量主要取决于食品的品种及该食品的加工工艺与储存条件。食品和其他生物样品中的维生素分析在测定动物和人体的营养需求量方面发挥了关键作用。测定食品中维生素的含量，在评价食品的营养价值，开发利用富含维生素的食品资源，指导人们合理调整膳食结构，防止维生素缺乏症，研究维生素在食品加工、储存等过程中的稳定性，指导人们制定合理的工艺及储存条件，监督维生素强化食品的强化剂量等方面，具有十分重要的意义和作用。

7) 食品中的酸

食品中含有多种酸，主要是有机酸，包括苹果酸、柠檬酸、醋酸、酒石酸、乳酸等，还有少量无机酸，磷酸是食品中主要的无机酸。各种天然产品中所含的酸是食品本身固有的，各种天然的果蔬中含有较多不同种类的有机酸，酸的种类和含量取决于果蔬的品种、产地、成熟度等关键因素。大部分有机酸以游离的状态存在于食品中，只有小部分酸呈盐的形式。一般的植物类产品，随着它们的成熟度提高，其中的有机酸含量降低，酸度下降；而存在于其他水果中的有机酸，其种类随着水果的生长期不同而改变。有机酸影响食品的色、香、味及稳定性。食品中有机酸的种类和含量是判别其质量好坏的重要指标。食品中的酸不仅可作为酸味成分，而且在食品的加工、储藏及品质管理等方面被认为是重要的成分，测定食品中的酸具有十分重要的意义。

3. 食品中有毒有害物质分析

世界卫生组织对“有害物质”的界定聚焦于其对人体健康、自然环境及生态平衡的潜在危害，特别是在正常使用条件下。食品中的有害物质来源广泛，既有食品本身的微生物、真菌毒素，也有加工过程中引入的农药兽药残留、重金属及化学物质等。这些有害物质中，微生物和真菌毒素尤为显著，前者包括食源性致病菌及畜禽病毒，后者则是微生物代谢产生的有毒物质。重金属则多源于自然及农业和工业活动。

4. 食品添加剂分析

食品添加剂作为一类外来物质，无论是其生产工艺中带入的少量有害杂质还是添加剂本身(尤其是合成食品添加剂)，都有可能对人体健康带来一定的危害，如具有一定的急性毒性，甚至具有慢性毒性、致癌、致畸及致突变等各种潜在的危害。非法添加物是指那些不属于传统上被认为是食品原料的，不属于批准使用的新资源食品的，不属于卫生健康委员会公布的食药两用或作为普通食品管理物质的，也未列入我国《食品安全国家标准 食品添加剂使用标准》(GB 2760—2024)、《食品安全国家标准 食品营养强化剂使用标准》(GB 14880—2012)，以及其他我国法律法规允许使用物质之外的物质。

12.1.3 食品分析的方法

随着分析技术的发展，食品分析的方法也不断进步。食品分析的特征在于样品是食品，对样品的预处理是食品分析的首要步骤，如何将其他学科的分析手段应用于食品样品的分析是食品分析学科研究的内容。食品分析方法的选择通常要考虑样品的分析目的，分析方法本身的特点，如专一性、准确度、精密度、分析速度、设备条件、成本费用、操作要求等。还要考虑方法的有效性和适用性，用于生产过程指导或企业内部的质量评估，可选用分析速度快、操作简单、费用低的快速分析方法。根据食品分析的指标和内容，食品分析方法通常有感官分析法、化学分析法、仪器分析法、微生物分析法和酶分析法等。

12.1.4 食品分析的标准

近年来，随着我国国民经济的高速发展以及人们对食品安全问题关注程度的提高，国家加大力度进行了标准的更新与研究工作，加快了对过时标准的更新进度，进一步优化统一食品安全国家标准体系，解决各种类型标准交叉、重复、矛盾的问题。

1. 国际分析团体协会

国际分析团体协会(AOAC 国际)是一个独立的非营利性科学组织，虽然不是标准化机构，但在分析方法验证、能力测试、标准认证及科学信息提供等领域发挥关键领导作用，服务于全球行业、政府与学术界。该组织源于官方农业化学家及分析化学家协会，现已成长为全球性会员组织，致力于推动分析方法和实验室品质保证的标准化与发展。

2. 国际标准

国际标准是指国际标准化组织(ISO)、国际电工委员会(IEC)和国际电信联盟(ITU)制定的标准，以及经 ISO 认可并收入《国际标准题内关键词索引》(KWIC Index)的标准。国际标准对各国来说可以自愿采用，没有强制的含义，但往往因为国际标准集中了一些先进工业国家的技术经验，并且各国考虑外贸方面的因素，从本国利益出发也往往积极采用国际标准。

3. 国际先进标准

国际先进标准是指国际上权威的区域标准(Regional Standard)、世界上主要经济发达国家的国家标准(National Standard)和通行的团体标准，包括知名跨国企业标准在内的其他国际上公认先进的标准。

4. 国家标准

采用标准的分析方法，利用统一的技术手段，对于比较与鉴别产品质量，在各种贸易往来中提供统一的技术依据，提高分析结果的权威性有重要的意义。我国的法定分析方法有中华人民共和国国家标准(GB)、行业标准和地方标准等，其中国家标准为仲裁法。对于国际贸易，采用国际标准(International Standard)具有更有效的普遍性。

12.2　食品中营养成分分析

12.2.1　水分的测定

1. 概述

1) 食品中的水分含量

水分含量分析是食品检测中最常见和重要的项目之一。水分不仅影响食品的感官特征，还影响溶液、悬浊液和胶体物质的状态。去除水分后的干物质称为总固形物。蔬菜和水果的水分含量通常超过 80%，坚果类也有 2%～5%的水分。一些常见食品的水分含量可参考表 12-1。

表 12-1　常见食品的水分含量

食品种类	水分含量/%	食品种类	水分含量/%
水果和蔬菜		花生(加盐干烤)	1.6
西瓜(未加工)	91.5	花生酱(含盐润滑型)	1.8
脐橙(未加工)	86.3	谷物制品	
苹果(带皮未加工)	85.6	小麦面粉，全谷类	10.3
葡萄(未加工)	81.3	咸味饼干	4.0
葡萄干	15.3	玉米片	3.5
黄瓜(带皮未加工)	95.2	乳制品	
绿蚕豆(未加工)	90.3	含 2%乳脂的部分脱脂液态乳	89.3
坚果		原味低脂酸乳酪	85.1
干核桃仁	4.6	低脂或含 2%乳脂的农舍乳酪	80.7

续表

食品种类	水分含量/%	食品种类	水分含量/%
切达乳酪	36.8	油(大豆油、沙拉油、烹调油)	0
香草味冰淇淋	61	肉类	
脂肪和油脂		生牛肉(含 95%瘦肉)	73.3
氢化人造黄油	15.7	鸡肉(带皮生肉)	68.6
含盐黄油	15.9	生比目鱼鱼翅	79.1

2) 食品中水的存在状态

不仅各种不同的食品中水分含量有很大差异，而且水分在不同的食品中有不同的存在状态，有自由形式存在的水，也有与食品中非水组分结合形成的结合水，这主要是由水分子特殊的化学结构所致。水分子是由一个氧原子和两个氢原子通过共价键结合的呈四面体构型的化学结构。氧原子的电负性较高，它会从氢原子中拉取电子，使得水分子中的氧原子带有负电荷，而氢原子带有正电荷，从而产生偶极矩，导致水分子形成较稳定的氢键(图 12-1)。H—O 键间电荷的非对称分布使 H—O 键具有极性，这种极性使分子间产生引力。由于每个水分子具有数目相等的氢键受体和供体，因此水分子间可以形成三维空间氢键网络结构。另外，水分子与食品中的其他组分可以通过氢键、离子键、偶极作用、范德华力等产生相互作用。

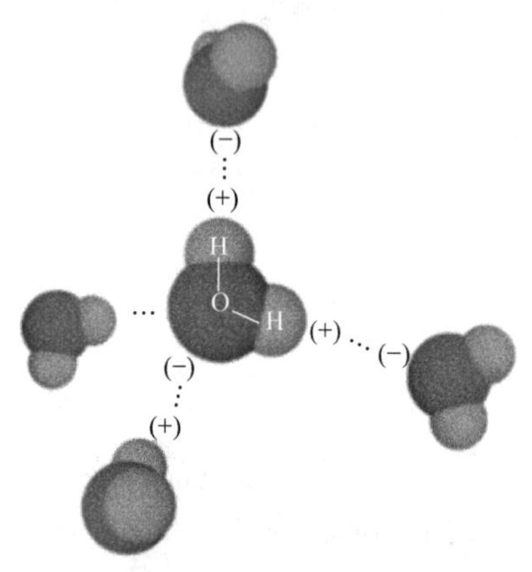

图 12-1 水分子间形成的氢键

2. 干燥法测定食品中的水分含量

食品中水分测定的方法可以分为直接法和间接法。直接法主要是利用干燥、蒸馏、萃取等方式除去食品中的水分，通过重量法、滴定法确定水分含量。间接法主要是利用食品中与水的存在状态有关的物理性质，如相对密度、折射率、电导、介电常数等确定食品中的水分含量。一般情况下，直接法的结果准确度高于间接法，而实际应用时采取哪种方法主要取决于样品的性质和测定目的。

《食品安全国家标准 食品中水分的测定》(GB 5009. 3—2016)中介绍的第一法和第二法是使用标准烘箱分别在常压和真空减压下对样品进行加热干燥从而测定水分含量的干燥法。这两种方法费时较长，但操作简便，因而得到广泛应用。它们的测定原理相似，都是利用在一定的温度和压力下，在标准烘箱中将样品加热干燥使其水分蒸发除去，根据样品前后失重计算水分含量。它们的区别在于：直接干燥法在常压(101.3kPa)和一定温度(101～105℃)下进行，而减压干燥法在低压(40～53kPa)和较低温度[(60±5)℃]下进行(因为在低压条件下，水的沸点降低)。

待测样品的样品量、颗粒尺寸、粒径分布、吸湿性和比表面积等因素均会影响烘箱干燥过程中脱水的速度和效率。食品的种类、状态不同，样品的处理方法也不同。对于液体产品(如果汁、牛乳)和半固体产品(如果酱、糖浆)，如果直接高温加热，会因沸腾而造成样品损失，所以通常使用称量瓶(带有海沙和一根小玻璃棒)，先在蒸汽浴中预干燥浓缩，再放到烘箱中干燥；普通的固体样品可以直接使用称量瓶进行干燥。

样品的水分含量可以根据以下公式进行计算：

$$X = \frac{m_1 - m_2}{m_1 - m_3} \times 100$$

式中，X 为样品的水分含量，g/100g；m_1 为恒重的称量瓶(加海沙、玻璃棒)加样品的质量，g；m_2 为恒重的称量瓶(加海沙、玻璃棒)加样品干燥后的质量，g；m_3 为恒重的称量瓶(加海沙、玻璃棒)的质量，g。

对于面包和谷物类产品，通常先风干、研磨后再进行烘干，即两步干燥法。这种方法费时较长，但相对一步法准确度较高。将样品称量(m_1)后切成 2～3mm 的薄片，自然风干 15～20h 后称量(m_2)，将样品粉碎、过筛、混匀，置于称量瓶中，用烘箱干燥法测定水分含量。样品的水分含量按下式计算：

$$X = \frac{m_1 - m_2 + m_2 \times \dfrac{m_3 - m_4}{m_3 - m_5}}{m_1} \times 100$$

式中，X 为样品的水分含量，g/100g；m_1 为新鲜样品的总质量，g；m_2 为风干后样品的质量，g；m_3 为烘箱干燥前样品与称量瓶的质量，g；m_4 为烘箱干燥后样品与称量瓶的质量，g；m_5 为称量瓶的质量，g。

直接干燥法适用于在 101～105℃下，蔬菜、谷物及其制品、水产品、豆制品、乳制品、肉制品、卤菜制品、粮食(水分含量低于 18%)、油料(水分含量低于 13%)、淀粉及茶叶类等食品中水分含量的测定，不适用于水分含量小于 0.5g/100g 的样品。

除常压和真空干燥法外，还有几种常见的干燥法，包括：化学干燥法、微波烘箱干燥法、红外线干燥法、快速水分分析仪法。这几种分析方法的共同特征是测量样品处理前后的质量变化，样品减轻的质量相当于样品的水分含量。

3. 食品中水分含量的其他测定方法

1) 蒸馏法

蒸馏法有两种：直接蒸馏和回流蒸馏。前者使用沸点比水高、与水互不相溶的溶剂，样品用矿物油或沸点比水高的液体在远高于水沸点的温度下加热；后者使用沸点仅比水略高的溶剂，如甲苯、二甲苯和苯。目前应用最广泛的蒸馏方法是使用水分测定器将食品中的水分与甲苯或二甲苯共同蒸出，根据接收的水的体积计算出试样中的水分含量。

2) 卡尔 · 费歇尔法

《食品安全国家标准　食品中水分的测定》(GB 5009. 3—2016)第四法介绍的是卡尔 · 费

歇尔(Karl-Fischer)法，简称费歇尔法或 K-F 法，是一种迅速、准确的水分测定法。它不仅可以测定样品中的游离水，还可以测定结合水，广泛应用于多种化工产品的水分测定。此法快速、准确且无须加热，在很多场合常作为水分特别是微量水分的标准分析方法，用于校正其他分析方法。

卡尔 · 费歇尔法又分为库仑法和滴定法。其中，滴定法通常以一种已知滴定度的卡尔 · 费歇尔试剂直接滴定样品中可接触的水分[如果固体样品的水分不能与试剂接触，则可用合适的溶剂(如甲醇)溶解样品或萃取出样品中的水]，此时滴定试剂中碘的浓度是已知的，反应完毕后剩余的游离碘呈现红棕色，即可确定到达终点。根据消耗滴定试剂的体积，计算消耗碘的量，从而得到待测物质中的水分含量。

3) 间接测定法

间接测定法不需要进行水分的分离，而是基于样品的理化性质与水分含量的变化关系。这些方法是快速无损的，因而在食品生产和质量控制中也被广泛使用。但是这些方法通常需要对直接采集得到的数据进行校准才能量化样品中的水分含量。常用的水分含量间接测定法有介电法、电导率法、红外吸收光谱法、折光法。

12.2.2 矿物元素的测定

1. 概述

食品中的矿物元素是指除 C、H、O、N 四种元素以外的其他元素，已知有 50 余种。矿物元素根据性质可分为金属元素和非金属元素；从营养角度分为必需元素、非必需元素和有毒元素；根据人体需要量分为常量元素和微量元素。常量元素(如 Ca、Mg、K、Na、P、S、Cl)在体内含量较高，占体重 0.01%以上。微量元素(如 Fe、Co、Ni、Zn、Cr、Mo、Al、Si、Se、Sn、I、F)含量低于 0.01%，但具有重要的生理作用。矿物元素不足会导致缺乏症，过量则可能中毒。例如，硒的每日安全摄入量为 50～200μg，低于 50μg 会导致疾病，超过 200μg 会中毒，超过 1mg 可致死。

矿物元素的测定方法很多，常用的有化学分析法、比色法、原子吸收分光光度法、原子荧光光谱法、电感耦合等离子体质谱法等。化学分析法和比色法由于设备廉价、操作简单，一直被广泛采用；近年来，原子吸收分光光度法和电感耦合等离子体质谱法因具有选择性好、灵敏度高、测定简便快速以及可以同时测定多种元素等优点，得到迅速发展和推广应用。

2. 食品中矿物元素的测定

1) 钙的测定：乙二胺四乙酸二钠盐(EDTA)滴定法

(1) 基本原理：钙离子能定量与 EDTA 生成稳定的配合物，其稳定性高于钙和指示剂形成的配合物。在一定的 pH 范围内，钙离子先与钙红指示剂形成配合物，再用 EDTA 滴定，到达计量点时，EDTA 从指示剂配合物中夺取钙离子，使溶液呈现游离指示剂的颜色(终点)。根据 EDTA 用量，即可计算钙的含量。

(2) 操作方法：

样品预处理：主要包括湿法消解和干法灰化两个步骤。

滴定度(T)的测定：吸取 0.50mL 钙标准储备液(100.0mg/L)于试管中，加 1 滴硫化钠溶液(10g/L)[3.51]和 0.1mL 柠檬酸钠溶液(0.05mol/L)[3.52]，加 1.5mL 氢氧化钠溶液(1.25mol/L)[2.5]，加 3 滴钙红指示剂[5.24]，立即用稀释 10 倍的 EDTA 溶液滴定至紫红色变成蓝色为止，记录消耗稀释 10 倍的 EDTA 溶液的体积。根据滴定结果计算出每毫升稀释 10 倍的 EDTA 溶液相当于钙的质量(mg)，即滴定度(T)。

试样及空白测定：分别吸取 0.10～1.00mL(根据钙的含量而定)试样消化液及空白溶液于试管中，加 1 滴硫化钠溶液(10g/L)和 0.1mL 柠檬酸钠溶液(0.05mol/L)，加 1.5mL 氢氧化钠溶液(1.25mol/L)，加 3 滴钙红指示剂，立即用稀释 10 倍的 EDTA 溶液滴定至紫红色变成蓝色为止，记录消耗稀释 10 倍的 EDTA 溶液的体积。

(3) 结果计算：样品中钙的含量(mg/kg)按下式计算：

$$\text{钙的含量} = \frac{T(V_1 - V_0)V_2 \times 1000}{mV_3}$$

式中，T 为 EDTA 溶液对钙的滴定度，mg/mL；V_1 为试样消耗稀释 10 倍的 EDTA 溶液的体积，mL；V_0 为空白溶液消耗稀释 10 倍的 EDTA 溶液的体积，mL；V_2 为试样消化液的定容体积，mL；1000 为换算因子；m 为试样的质量，g；V_3 为滴定用试样待测液的体积，mL。

(4) 注意事项：

(a) 滴定用的样品量随钙含量而定，最适合的范围是 5～50μg。

(b) 加钙红指示剂后不能放置过久，否则终点发灰，不明显。

(c) 氰化钾可消除锌、铜、铁、铝、镍、铅等金属离子的干扰，而柠檬酸钠可以防止钙和磷结合形成磷酸钙沉淀。

(d) 滴定时 pH 应为 12～14，过高或过低则指示剂变红，观察不到终点。

2) 其他矿物元素的测定

(1) 磷的测定：钼蓝分光光度法和电感耦合等离子体反射光谱法是测定食品中磷的国家标准方法。

基本原理：食品样品中的磷经灰化或消化后以磷酸根形式进入样品溶液，在酸性条件下与钼酸铵生成淡黄色的磷钼酸铵。高价钼被抗坏血酸、二氯化锡或对苯二酚与亚硫酸钠还原成蓝色化合物钼蓝，在 650nm(或 660nm)下有最大吸收，其吸光度与磷浓度成正比，可定量分析磷含量，最低检出限为 2μg。

(2) 锌、铅的测定：食品中铅含量的测定有四种国家标准方法：石墨炉原子吸收光谱法、电感耦合等离子体质谱法、火焰原子吸收光谱法和二硫腙比色法。食品中锌含量的测定也有四种国家标准方法：火焰原子吸收光谱法、电感耦合等离子体发射光谱法、电感耦合等离子体质谱法和二硫腙比色法。下面主要阐述二硫腙比色法的原理。

基本原理：试样经消化后，在一定 pH 下，某些金属离子与二硫腙形成不同颜色的配合物，可溶于三氯甲烷、四氯化碳等有机溶剂中。加入掩蔽剂消除其他离子干扰后，在固定波长下测定吸光度，与标准系列比较定量。

12.2.3 碳水化合物的测定

1. 概述

1) 碳水化合物的定义和分类

碳水化合物(糖类)主要由碳、氢、氧组成，提供人体所需热能的60%～70%，是重要的生理功能物质，参与细胞代谢，如核糖、脱氧核糖、氨基多糖等。它们也是食品工业的主要原、辅材料。

碳水化合物分为单糖、低聚糖和多糖三类。单糖是基本单位，不能水解，如葡萄糖、果糖、半乳糖等。低聚糖包括二糖(如蔗糖、麦芽糖、乳糖)和寡糖(如异麦芽低聚糖、低聚果糖)。多糖是高分子化合物，由10个以上单糖分子缩合而成，如淀粉、纤维素等。

对于糖类，需要掌握还原糖和总糖两个概念。还原糖是指具有还原性的糖类，在碱性溶液中能生成醛基和羰基，可被氧化成醛糖酸、糖二酸等。还原糖包括所有单糖(如葡萄糖、果糖)、二糖(如乳糖、麦芽糖)和寡糖。蔗糖和海藻糖在溶液中不生成醛基和酮基，不属于还原糖。

总糖是指还原糖和在测定条件下能水解为还原性单糖的蔗糖的总量。总糖是食品生产中的常规分析项目，反映食品中可溶性单糖和低聚糖的总量，其含量影响产品的色、香、味、组织形态、营养价值和成本。

2) 食品中碳水化合物的分布与含量

碳水化合物在自然界中广泛分布，存在于各种食品中，其形式和含量不同。葡萄糖和果糖等单糖主要存在于水果和蔬菜中，含量分别为0.96%～5.82%和0.85%～6.53%。蔗糖普遍存在于植物中，是食品工业中最重要的甜味物，甘蔗和甜菜中蔗糖含量较高，分别为10%～15%和15%～20%，是工业制糖的原料。乳糖存在于哺乳动物的乳汁中，牛乳中含量为4.6%～4.8%。寡糖在自然界含量较少，多作为功能性成分加入食品中。淀粉广泛存在于农作物的籽粒(如小麦、玉米、大米、大豆)、根(如甘薯、木薯)和块茎(如马铃薯)中，含量高达干物质的80%左右。纤维素主要存在于谷类的麸糠和果蔬的表皮中；果胶物质在植物表皮中含量较高。

3) 食品中碳水化合物的测定方法

食品中碳水化合物的测定方法分为直接法和间接法。直接法根据碳水化合物的理化性质进行分析，包括物理法、化学法、酶法、色谱法、电泳法和生物传感器法。间接法根据样品的水分、粗脂肪、粗蛋白质、灰分等含量通过差减法计算，常以总碳水化合物或无氮抽提物表示。

物理法包括相对密度法、折光法、旋光法，适用于特定样品，如糖液浓度、蔗糖粉、谷物淀粉等。化学法是常规分析方法，包括直接滴定法、高锰酸钾法、铁氰化钾法、碘量法、蒽酮法等，常用于测定还原糖、蔗糖、总糖、淀粉，但不能确定混合糖的组分及含量。酶法灵敏度高、干扰少，可测定葡萄糖、蔗糖和淀粉。色谱法(薄层色谱、气相色谱、高效液相色谱、离子色谱)可分离、定性和定量分析混合糖。电泳法可分离和定量分析可溶性糖、低聚糖和活性多糖。生物传感器法简单、快速，可在线检测葡萄糖、果糖、半乳糖、蔗糖等，具有很大潜力。

2. 单糖和低聚糖的测定

1) 提取和澄清

食品中可溶性糖类通常是指游离态单糖、二糖和寡糖等，测定时一般需选择适当的溶剂提取样品中的糖类物质，并对提取液进行纯化，排除干扰物质后才能测定。

提取：水和乙醇是常见的糖类提取剂。水在 40～50℃对可溶性糖类的提取效果较好，但高于此温度会提取出可溶性淀粉和糊精等成分。水提取液中可能含有果胶、淀粉、色素、蛋白质等干扰物质，尤其是乳制品和大豆制品，干扰物质较多，影响过滤时间和分析结果。用水作提取剂时，若样品中有较多有机酸，提取液应调为中性，以防止糖水解。乙醇作为提取剂时，常用浓度为 70%～75%。若样品含水量高，混合液的最终浓度也应控制在此范围内。在 70%～75%乙醇浓度下，蛋白质、淀粉和糊精等不溶解，可避免糖被酶水解。

提取液的澄清：澄清剂的作用是除去一些影响糖类测定的干扰物质。澄清剂应能完全除去干扰物质，但不会吸附或沉淀糖类，也不会改变糖类的理化性质，并且过剩的澄清剂不干扰糖的分析，或者易于除去。常用澄清剂的种类和性能如表 12-2 所示。

表 12-2　常用澄清剂的种类和性能

澄清剂种类	主要性能
中性乙酸铅 [$Pb(CH_3COO)_2 \cdot 3H_2O$]	试剂中的铅离子能与多种离子结合生成难溶沉淀物，同时吸附除去部分杂质，如蛋白质、果胶、有机酸、单宁等。它的作用较可靠，不会沉淀样液中的还原糖，在室温下也不会形成铅糖化合物，因而适用于还原糖样液的澄清。但它的脱色能力较差，不能用于深色样液的澄清，适用于浅色的糖及糖浆制品、果蔬制品、焙烤制品等。铅盐有毒，使用时应注意
乙酸锌[$Zn(CH_3COO)_2 \cdot 2H_2O$] 和亚铁氰化钾溶液	利用乙酸锌与亚铁氰化钾反应生成的氰亚铁酸锌沉淀吸附干扰物质。这种澄清剂去除蛋白质能力强，但脱色能力差，适用于颜色较浅、蛋白质含量较高的样液的澄清，如乳制品、豆制品等
硫酸铜和氢氧化钠溶液	由 5 份硫酸铜溶液(69.28g $Cu_2SO_4 \cdot 5H_2O$ 溶于 1L 水中)和 2 份 1mol/L 氢氧化钠溶液组成。在碱性条件下，铜离子可使蛋白质沉淀，适用于富含蛋白质的样品的澄清
碱性乙酸铅	既能除去蛋白质、有机酸、单宁等杂质，又能凝聚胶体。可生成体积较大的沉淀，可带走糖，特别是果糖。过量的碱性乙酸铅因其碱度及铅糖的形成而改变糖类的旋光度。可用于处理深色糖液
氢氧化铝溶液(铝乳)	能凝聚胶体，但对非胶态杂质的澄清效果不好。可用于浅色糖液的澄清或作为附加澄清剂
活性炭	能除去植物样品中的色素，适用于颜色较深的提取液，但能吸附糖类造成糖的损失，特别是蔗糖吸附损失可达 6%～8%

2) 还原糖的测定

常用的还原糖测定方法有碱性铜盐法、铁氰化钾法、碘量法、比色法及酶法等。

碱性铜盐法：碱性酒石酸铜溶液由甲液(硫酸铜溶液)和乙液(酒石酸钾钠与氢氧化钠等配成的溶液)组成。将一定量的甲液、乙液等量混合，立即生成天蓝色的氢氧化铜沉淀，这种沉淀很快与酒石酸钾钠反应，生成深蓝色的可溶性酒石酸钾钠铜配合物。在加热条件下，还原糖能与酒石酸钾钠溶液中的二价铜离子反应：$Cu^{2+} \rightarrow Cu^{+} \rightarrow Cu_2O\downarrow$。根据此反应过程中定量方法的不同，碱性铜盐法可分为直接滴定法、高锰酸钾法和萨氏法等。

(1) 直接滴定法。

(a) 原理：

试样除去蛋白质后，在加热条件下以亚甲基蓝为指示剂，用试样滴定碱性酒石酸铜溶液(已用还原糖标准溶液标定)，根据消耗试样的体积计算出还原糖含量。各步反应式如下：

甲液中的硫酸铜与乙液中的氢氧化钠反应生成氢氧化铜沉淀。

$$CuSO_4 + 2NaOH = Cu(OH)_2\downarrow + Na_2SO_4$$

氢氧化铜与乙液中的酒石酸钾钠反应，生成可溶性酒石酸钾钠铜配合物。

$$Cu(OH)_2 + \begin{matrix} HO-CH-COONa \\ | \\ HO-CH-COOK \end{matrix} \longrightarrow Cu\begin{matrix} O-CH-COONa \\ | \\ O-CH-COOK \end{matrix} + 2H_2O$$

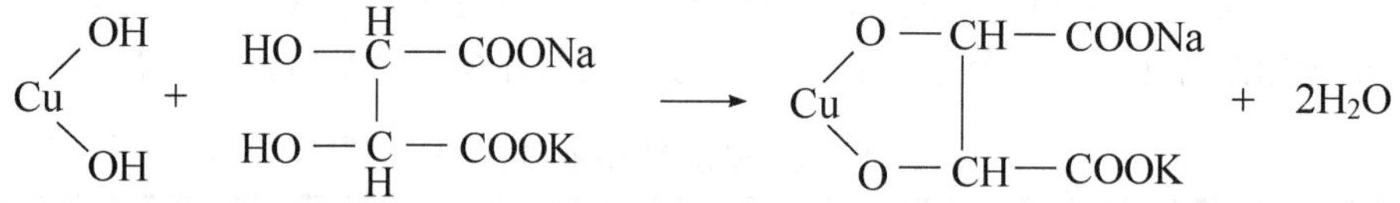

还原糖(以葡萄糖为例)与酒石酸钾钠铜反应，生成红色的氧化亚铜沉淀，待二价铜全部被还原后，稍过量的还原糖将亚甲基蓝还原，溶液由蓝色变为无色，即为滴定终点。

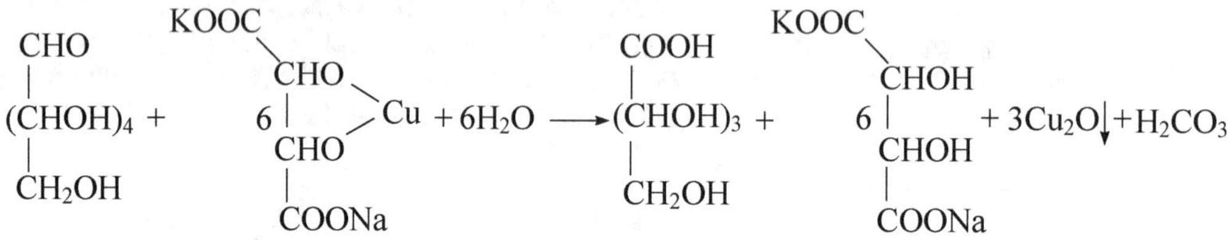

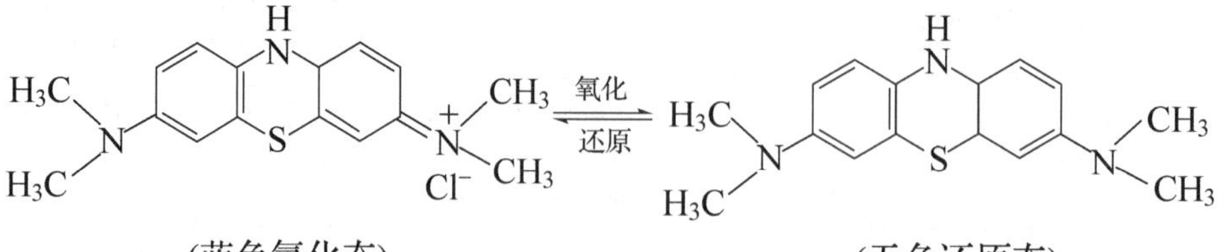

$$\begin{matrix} CHO \\ | \\ (CHOH)_4 \\ | \\ CH_2OH \end{matrix} + 6\begin{matrix} KOOC \\ | \\ CHO \\ | \\ CHO \\ | \\ COONa \end{matrix}\!\!>Cu + 6H_2O \longrightarrow \begin{matrix} COOH \\ | \\ (CHOH)_3 \\ | \\ CH_2OH \end{matrix} + 6\begin{matrix} KOOC \\ | \\ CHOH \\ | \\ CHOH \\ | \\ COONa \end{matrix} + 3Cu_2O\downarrow + H_2CO_3$$

(亚甲基蓝氧化还原结构式：左为 H_3C、CH_3、N^+、Cl^-、S、H—N 取代的吩噻嗪结构；中间箭头标注“氧化”“还原”)

(蓝色氧化态)　　(无色还原态)

从上述反应式可知，1mol 葡萄糖可以将 6mol Cu^{2+}还原为 Cu^{+}。实际上，两者之间的反应并非那么简单。实验结果表明，1mol 葡萄糖只能还原 5mol 多的 Cu^{2+}，且随反应条件而变化。因此，不能根据上述反应式直接计算出还原糖含量，而是用已知浓度的葡萄糖标准溶液标定的方法，或者利用通过实验编制的还原糖检索表计算。

(b) 主要试剂：

碱性酒石酸铜甲液：称取 15g 硫酸铜($CuSO_4 \cdot 5H_2O$)及 0.05g 亚甲基蓝，溶于水中并稀释至 1000 mL。

碱性酒石酸铜乙液：称取 50g 酒石酸钾钠及 75g 氢氧化钠，溶于水中，再加入 4g 亚铁氰化钾，完全溶解后，用水稀释至 1000mL，储存于具橡胶塞玻璃瓶中。

甲液与乙液应分别储存，用时再混合，否则酒石酸钾钠铜配合物长期在碱性条件下将慢慢分解析出氧化亚铜沉淀，使试剂有效浓度降低。

在碱性酒石酸铜乙液中加入亚铁氰化钾是为了消除氧化亚铜沉淀对滴定终点观察的干扰，使其与氧化亚铜生成可溶性配合物，使终点更为明显。

葡萄糖标准溶液(1.0mg/mL)：准确称取在 98～100℃烘箱中干燥 2h 后的葡萄糖 1g，加水溶解后加入盐酸溶液 5mL，并用水定容至 1000mL。此溶液每毫升相当于 1.0mg 葡萄糖。

(c) 分析步骤及结果计算：

试样的制备：取适量样品，按本节介绍的原则对样品中糖类进行提取和澄清。若样品含乙醇或碳酸，须先加热除去。对于一般的食品，称取粉碎后的固体试样 2.5～5g(准确至 0.0001g)或混匀后的液体试样 5～25g(准确至 0.0001g)，置于 250mL 容量瓶中，加 50mL 水，缓慢加入 5mL 乙酸锌溶液和 5mL 亚铁氰化钾溶液，用水稀释至刻度，混匀，静置 30min，用干燥滤纸过滤，弃去初滤液，取后续滤液备用。对于含淀粉的样品，称取粉碎或混匀后的试样 10～20g(准确至 0.0001g)，置于 250mL 容量瓶中，加 200mL 水，在 45℃水浴中加热 1h，并不时振摇，冷却后用水稀释至刻度，混匀，静置，沉淀。吸取 200.0mL 上清液置于另一 250mL 容量瓶中，缓慢加入 5mL 乙酸锌溶液和 5mL 亚铁氰化钾溶液，用水稀释至刻度，混匀，静置 30min，用干燥滤纸过滤，弃去初滤液，取后续滤液备用。

碱性酒石酸铜溶液的标定：吸取碱性酒石酸铜甲液和乙液各 5mL，置于 150mL 锥形瓶中，加 10mL 水，加 3 粒玻璃珠。从滴定管中加约 9mL 葡萄糖标准溶液，控制在 2min 内加热至沸腾，趁沸以每 2s 滴 1 滴的速度继续滴加葡萄糖标准溶液，直至溶液的蓝色刚好褪去为终点，记录消耗葡萄糖标准溶液的总体积。平行操作 3 次，取其平均值，计算每 10mL 碱性酒石酸铜溶液(甲、乙液各 5mL)相当于葡萄糖的质量(mg)，按下式计算：

$$F = \rho V$$

式中，F 为 10mL 碱性酒石酸铜溶液(甲、乙液各 5mL)相当于葡萄糖的质量，mg；ρ为葡萄糖标准溶液的质量浓度，mg/mL；V 为标定时消耗葡萄糖标准溶液的体积，mL。

试样溶液预测：吸取碱性酒石酸铜甲液和乙液各 5mL，置于 150mL 锥形瓶中，加 10mL 水，加 3 粒玻璃珠，在 2min 内加热至沸腾，保持沸腾以先快后慢的速度从滴定管中滴加试样溶液，并保持沸腾状态，待溶液颜色变浅时，以每 2s 滴 1 滴的速度滴定，直至溶液的蓝色刚好褪去为终点，记录消耗试样溶液的体积。试样溶液必须进行预测，因为本法对样品中还原糖浓度有一定要求，通过预测可了解试液中糖浓度，确定正式测定时预先加入的试样溶液体积。当试样溶液中还原糖浓度过高时，应适当稀释后再进行正式测定，使每次滴定消耗试样溶液的体积控制在与标定碱性酒石酸铜溶液消耗的还原糖标准溶液的体积相近，约 10mL。

试样溶液测定及结果计算：吸取碱性酒石酸铜甲液和乙液各 5mL，置于 150mL 锥形瓶中，加 10mL 水，加 3 粒玻璃珠，从滴定管加入比预测体积少 1mL 的试样溶液至锥形瓶中，控制在 2min 内加热至沸腾，保持沸腾继续以每 2s 滴 1 滴的速度滴定，直至溶液的蓝色刚好褪去为终点，记录消耗试样溶液的体积。平行操作 3 次，得出平均消耗体积(V)。测定所用锥形瓶规格、电炉功率、预加入体积等尽量一致，以提高测定精度。为提高测定的准确度，要求用哪种还原糖表示结果就用相应的还原糖标定碱性酒石酸铜溶液。例如，用葡萄糖表示结果，就用葡萄糖标准溶液标定碱性酒石酸铜溶液。试样中的还原糖含量(以葡萄糖计，g/100g)按下式计算：

$$\text{还原糖含量} = \frac{F}{m \times \alpha \times \dfrac{V}{250} \times 1000} \times 100$$

式中，F 为 10mL 碱性酒石酸铜溶液(甲、乙液各 5mL)相当于葡萄糖的质量，mg；m 为试样的质量，g；α 为系数，对含有淀粉的样品为 0.8，其余样品为 1；V 为测定时平均消耗试样溶液的体积，mL；250 为定容体积，mL；1000 为换算因子。

(d) 说明与注意事项：

直接滴定法试剂用量少，操作简便快速，终点明显，准确度高，重现性好，适用于各类食品中还原糖的测定，是《食品安全国家标准　食品中还原糖的测定》(GB 5009.7—2016)中的第一法。但该法对于有色素干扰的酱油、深色果汁等样品，滴定终点不易判断。

滴定必须在沸腾条件下进行，原因有二：第一，沸腾条件下可以加快还原糖与 Cu^{2+} 的反应速度；第二，沸腾条件下可避免亚甲基蓝和氧化亚铜被氧化而增加耗糖量，因为保持反应液沸腾可防止空气进入，亚甲基蓝变色反应是可逆的，还原态亚甲基蓝遇到空气中的氧气又会被氧化为氧化态，氧化亚铜也极不稳定，易被空气中的氧气氧化。

(2) 高锰酸钾滴定法。

原理：试样除去蛋白质后，其中还原糖将铜盐还原为氧化亚铜，各步反应式同上述“直接滴定法”。加硫酸铁后，氧化亚铜被氧化为铜盐，经高锰酸钾溶液滴定氧化作用后生成亚铁盐，根据消耗高锰酸钾的体积计算氧化亚铜含量，再查表得还原糖含量。

3. 多糖的测定

淀粉是食品的重要组成成分，是供给人体热能的主要来源。食品中的淀粉有的来自原料，有的作为填充剂、稳定剂、增稠剂等添加到食品中，赋予食品独特的物理性能及感官特征，也是某些食品主要的质量指标。

淀粉不溶于体积分数高于 30%的乙醇溶液，在酸或酶的作用下水解，最终产物是葡萄糖。淀粉水溶液具有旋光性，比旋光度为(+)201.5°～205°。淀粉包括直链淀粉和支链淀粉。直链淀粉和支链淀粉性质不同。直链淀粉不溶于冷水，可溶于热水；支链淀粉常压下不溶于水，只有在加热并加淀粉的测定压时才能溶于水。直链淀粉可与碘生成深蓝色配合物；而支链淀粉与碘不能形成稳定的配合物，呈现较浅的蓝紫色。淀粉的许多测定方法都是根据淀粉的这些理化性质而建立的。例如，用旋光法测定淀粉含量，就是利用淀粉具有旋光性，在一定条件下旋光度的大小与淀粉的浓度成正比。用氯化钙溶液提取淀粉，然后用四氯化锡沉淀提取液中的蛋白质，再测定样品的旋光度，即可计算出样品中淀粉的含量。

12.2.4　脂类的测定

1. 概述

食品中的脂类主要包括甘油三酸酯和一些类脂，如脂肪酸、磷脂、糖脂、甾醇、脂溶性维生素、蜡等。大多数动物性食品与某些植物性食品(如种子、果实果仁)含有天然脂肪和类脂化合物。食品中所含脂类最重要的是甘油三酸酯和磷脂。室温下呈液态的甘油三酸酯称为油，如豆油和橄榄油，属于植物油。室温下呈固态的甘油三酸酯称为脂肪，如猪脂和牛脂，属于动物油。“脂肪”一词适用于所有的甘油三酸酯(通常占总脂的 95%～99%)，无论其在室温下呈液态还是固态。各种食品的脂肪含量不相同，其中植物性或动物性油脂中的脂肪含量最高，而水果、蔬菜中的脂肪含量很低，不同食品的脂肪(甘油三酸酯)含量见表 12-3。

表 12-3　不同食品中的脂肪含量

食品	脂肪含量/%	食品	脂肪含量/%
谷物食品、面包、通心粉		豆类	
大米	0.7	成熟的生大豆	19.9
高粱	3.3	成熟的生黑豆	1.4
小麦胚芽	2.0	脂肪和油脂	
黑麦	2.5	猪脂	100
天然小麦粉	9.7	黄油(含盐)	81.1
黑麦面包	3.3	人造奶油	80.5
小麦面包	3.9	色拉调味料	
干通心粉	1.6	意式色拉酱	48.3
乳制品		蛋黄酱(豆油制)	79.4
液体全脂牛乳	3.3	千岛汁	35.7
液体脱脂牛乳	0.2	肉、家禽和鱼	
干酪	33.1	牛肉	10.7
酸奶	3.2	焙烤或油炸的鸡肉	1.2
水果和蔬菜		新鲜的咸猪肉	57.5
苹果(带皮)	0.4	比目鱼	2.3
橙子	0.1	鳕鱼	0.7
黑莓(带皮)	0.4	坚果类	
鳄梨(牛油果)	15.3	杏仁	52.2
芦笋	0.2	核桃	56.6
甜玉米(黄色)	1.2	榛子	60.8

通常总脂含量的测定方法由食品或原料中的总脂含量决定。如果食品中总脂含量在80%以上(油脂、奶油、人造奶油等)，总脂含量通常通过测定非脂组分(水分、杂质、盐分等)的含量来测定，也能直接测定总脂含量。如果食品中总脂含量在 80%以下，通常利用溶剂将脂类从经预处理的食品中萃取出来，然后直接测定总脂含量。与总脂含量的测定相比，脂肪组成及品质的测定简单得多，无论什么类型的食品，所采用的方法都相同。例如，通常采用气相色谱法(GC)测定脂肪的脂肪酸组成；采用薄层色谱法(TLC)分离不可皂化物，并用高效液相色谱-质谱联用法(HPLC-MS)或气相色谱-质谱联用法(GC-MS)分析其组成；采用酶法、HPLC-MS 等可分析甘油酯的组成和结构。

2. *总脂含量的测定方法*

根据处理方法的不同，食品中总脂含量的测定方法可分为四类：

直接萃取法：利用有机溶剂(或混合溶剂)直接从天然或干燥过的食品中萃取出脂类。

经化学处理后再萃取：利用有机溶剂从经过酸或碱处理的食品中萃取出脂类。

减法测定法：对于总脂含量超过 80%的食品，通常通过减去其他物质含量测定总脂含量。

仪器分析方法：利用待测物质的物理化学性质测定食品的总脂含量，是一种无损、快速的测定方法。

其中，前三类方法统称为萃取法。

1) 直接萃取法

直接萃取法是利用有机溶剂直接从食品中萃取出脂类。通常这类方法测得的总脂含量称为游离态脂类含量。选择不同的有机溶剂往往会得到不同的结果。例如，分析油饼中总脂含量时，正己烷只能萃取出油脂，而不能萃取出含有氧化酸的甘油酯；当使用乙醚作为溶剂时，不但能萃取出这类甘油酯，还能萃取出很多不溶于正己烷的氨基酸和色素，故以乙醚为溶剂时测得的总脂含量远大于使用正己烷测得的总脂含量。直接萃取法包括索氏提取法、三氯甲烷-甲醇提取法等。

(1) 索氏提取法。

索氏提取法是溶剂直接萃取的典型方法，索氏提取法测定总脂含量是普遍采用的经典方法，是国家标准方法之一，也是 AOAC 法 920.39、AOAC 法 960.39 中脂肪含量测定方法(半连续溶剂萃取法)。随着科学技术的发展，该法也在不断改进和完善，如目前已有改进的直滴式抽提法和脂肪自动测定仪法。

原理：将经预处理的样品用无水乙醚或石油醚回流提取，使样品中的脂肪进入溶剂中，蒸去溶剂后得到的残留物即为脂肪(或粗脂肪)。本法提取的脂溶性物质为脂类物质的混合物，除含有脂肪外，还含有磷脂、色素、树脂、固醇、芳香油等醚溶性物质。因此，用索氏提取法测得的脂肪也称粗脂肪。总脂含量(%)按下式计算：

$$总脂含量=\frac{m_2-m_1}{m}\times 100$$

式中，m_1 为接收瓶的质量，g；m_2 为接收瓶和脂肪的质量，g；m 为样品的质量(若为测定水分后的样品，以测定水分前的质量计)，g。

适用范围与特点：索氏提取法适用于脂类含量较高、结合态脂类含量较少、能烘干磨细、不易吸湿结块的样品的测定。食品中的游离态脂类一般都能直接被乙醚、石油醚等有机溶剂抽提，而结合态脂类不能直接被乙醚、石油醚提取，需在一定条件下进行水解等处理，使其转变为游离态脂类后才能提取，故索氏提取法测得的只是游离态脂类，而结合态脂类测不出来。此法是经典方法，对大多数样品结果比较可靠，但耗时较长，溶剂用量大，且需专门的索氏抽提器(图 12-2)。

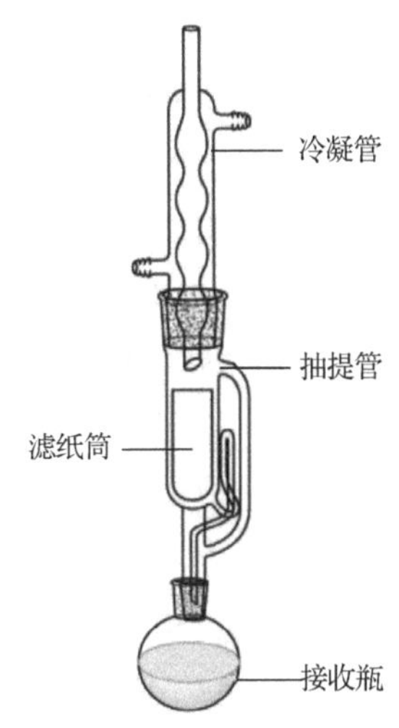

图 12-2　索氏抽提器

(2) 三氯甲烷-甲醇提取法(CM 法)。

原理：将试样分散于三氯甲烷-甲醇混合溶液中，在水浴中轻微沸腾，三氯甲烷、甲醇和试样中的水分形成三种成分的溶剂，可将包括结合态脂类在内的全部脂类提取出来。过滤除去非脂成分，回收溶剂，残留的脂类用石油醚提取，蒸馏除去石油醚后定量。

本法适合测定结合态脂类，特别是磷脂含量高的样品，如鱼、贝类、肉、禽、蛋及其制品，大豆及其制品(发酵大豆类制品除外)等。对于这类样品，用索氏提取法测定时，脂蛋白、磷脂等结合态脂类不能被完全提取出来；用酸水解法测定时，又会使磷脂分解而损失。但在一定水分存在下，用极性的甲醇和非极性的三氯甲烷混合液(简称 CM 混合液)能有效地提取出结合态脂类。本法对高水分试样的测定更为有效。对于干燥试样，可先在试样中加入一定量的水，使组织膨润，再用 CM 混合液提取。

2) 经化学处理后再萃取

通过这类方法测得的脂类含量通常称为总脂含量。根据化学处理方法的不同可分为酸水解法、罗兹-哥特里法、巴布科克氏法和盖勃氏法等。

12.2.5　蛋白质的测定

1. 概述

蛋白质是一种复杂的有机化合物，它是由氨基酸以脱水缩合的方式组成的多肽链经过盘曲折叠形成的具有一定空间结构的含氮高分子化合物。氨基酸是组成蛋白质的基本单位，蛋白质的不同在于其氨基酸的种类、数量、排列顺序和肽链空间结构的不同。不同蛋白质由于氨基酸构成比例不同，其蛋白质结构与含氮量也不同，为 13.4%～19.1%。一般蛋白质含氮量为 16%，即 1 份氮元素相当于 6.25 份蛋白质，此数值(6.25)称为蛋白质折算系数。不同食品的蛋白质折算系数有所不同，如表 12-4 所示。

表 12-4 不同食品的蛋白质折算系数

食品名称	蛋白质折算系数	食品名称	蛋白质折算系数
全小麦粉	5.83	大米及米粉	5.95
麦糠麸皮	6.31	鸡蛋(全)	6.25
麦胚芽	5.80	蛋黄	6.12
麦胚粉、黑麦普通小麦、面粉	5.70	蛋白	6.32
燕麦、大麦、黑麦粉	5.83	肉与肉制品	6.25
小米、裸麦	5.83	动物明胶	5.55
玉米、黑小麦、饲料小麦、高粱	6.25	纯乳与纯乳制品	6.38
芝麻、棉籽、葵花子、蓖麻	5.30	复合配方食品	6.25
其他油料	6.25	酪蛋白	6.40
菜籽	5.53	胶原蛋白	5.79
巴西果	5.46	大豆及其粗加工制品	5.71
花生	5.46	大豆蛋白制品	6.25
杏仁	5.18	其他食品	6.25
核桃、榛子、椰果等	5.30		

蛋白质是构成生物体细胞组织的重要成分，是建造和修复身体的重要原料，人体的发育以及受损细胞的修复和更新都离不开蛋白质；人体内酸碱平衡、水平衡的维持，遗传信息的传递，物质代谢及转运都与蛋白质有关。人类需要从食物中获得蛋白质构成自身的蛋白质，并通过蛋白质的分解获得生命活动的能量。蛋白质在食品中的含量非常丰富，动物蛋白和豆类蛋白都是优质的蛋白质来源。因此，蛋白质是人体重要的营养物质，也是食品中重要的营养成分。部分食品的蛋白质含量见表 12-5。

表 12-5 部分食品的蛋白质含量

食品名称	蛋白质含量(以湿基计)/%	食品名称	蛋白质含量(以湿基计)/%
大米(糙米、长粒、生)	7.9	大豆(成熟的种子、生)	36.5
大米(白米、长粒、生、蛋白质强化的)	7.1	腰豆(所有品种、成熟的种子、生)	23.6
全谷小麦粉	13.7	豆腐(生、坚硬)	15.8
全谷玉米粉(黄色)	6.9	豆腐(生、普通)	8.1
意大利面条(干、蛋白质强化的)	13.0	牛肉(颈肉、烤前腿)	21.4
玉米淀粉	0.3	牛肉(腌制、干牛肉)	31.1
牛乳(全脂、液体)	3.2	鸡(可供煎炸的鸡胸肉、生)	23.1
牛乳(脱脂、固体、添加维生素 A)	36.2	原切火腿片	16.6

续表

食品名称	蛋白质含量(以湿基计)/%	食品名称	蛋白质含量(以湿基计)/%
切达乳酪	24.9	苹果(生、带皮)	0.3
原味低脂酸乳	5.3	芦笋(生)	2.2
鸡蛋(生、全蛋)	12.6	草莓(生)	0.7
鱼(太平洋鳕鱼、生)	17.9	莴苣(冰、生)	0.9
鱼(金枪鱼、白色、罐装、油浸、滴干的固体)	26.5	马铃薯(整颗、带皮)	2.0

2. 蛋白质总量的测定

多年来，利用蛋白质的主要性质(如含氮量、肽键、折射率等)和蛋白质含有的特定氨基酸残基(如芳香基、酸性基、碱性基等)测定蛋白质的方法不断发展。蛋白质的定量测定方法一般可分为间接法和直接法。间接法是通过测定样品中的含氮量间接推算蛋白质含量的方法，主要有凯氏定氮法和杜马斯燃烧法。直接法则是根据蛋白质的理化性质直接测定蛋白质含量的方法，主要有考马斯亮蓝法、阴离子染料结合法、双缩脲法、4, 4'-二羧基-2, 2-联喹啉比色法(BCA)等。《食品安全国家标准　食品中蛋白质的测定》(GB 5009. 5—2016)规定凯氏定氮法、分光光度法和杜马斯燃烧法为食品中蛋白质的标准分析方法。

凯氏定氮法于 1883 年提出，经过长期改进，迄今已演变出常量法、微量法、半微量法、自动凯氏定氮仪法及改良凯氏法等多种，在国内外得到普遍的应用。

原理：在催化剂存在下，样品与浓硫酸一同加热消化，使蛋白质分解，其中碳和氢被氧化成二氧化碳和水逸出，而样品中的有机氮转化为氨，与硫酸结合生成硫酸铵。然后加碱蒸馏，使氨气蒸出，用硼酸吸收后再以盐酸或硫酸标准溶液滴定。根据消耗酸标准溶液的体积可计算出样品中的总氮量，然后乘以蛋白质折算系数，即可得到样品中蛋白质的含量。

操作步骤与反应：无论是原始的还是演变发展后的方法，凯氏定氮法的测定程序中都主要包括四个基本步骤，即样品消化、蒸馏、吸收与滴定、结果计算与折算。

(1) 样品消化：准确称取样品放入凯氏烧瓶中，加入浓硫酸和催化剂，消化至所有有机物完全分解，溶液澄清透明。凯氏定氮的消化装置见图 12-3。反应式如下：

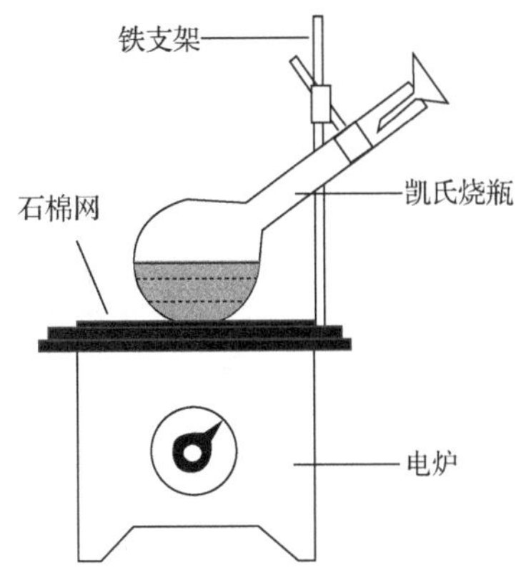

图 12-3　凯氏定氮的消化装置

$$2NH_2(CH_2)_2COOH + 13H_2SO_4(浓) = (NH_4)_2SO_4 + 6CO_2\uparrow + 12SO_2\uparrow + 16H_2O$$

这个消化反应利用浓硫酸的脱水性，使有机物脱水后炭化为碳、氢、氮；浓硫酸

又有氧化性，将有机物炭化后的碳氧化为二氧化碳，硫酸则被还原为二氧化硫，即

$$2H_2SO_4 + C \xlongequal{\triangle} CO_2\uparrow + 2SO_2\uparrow + 2H_2O$$

二氧化硫使氮还原为氨，本身则被氧化为三氧化硫，随后氨与硫酸作用生成硫酸铵留在酸性溶液中，即

$$H_2SO_4 + 2NH_3 \xlongequal{} (NH_4)_2SO_4$$

为了加速蛋白质的分解，缩短消化时间，常加入催化剂促进消化反应，常用的有硫酸钾、硫酸钠、氯化钾等，它们可以升高溶液的沸点而加快有机物分解；过氧化氢、次氯酸钾等，它们可以作为氧化剂加速有机物氧化；还有氧化汞、汞、硒粉、二氧化钛等，但综合考虑效果、价格及环境污染等多种因素，应用最广泛的是硫酸铜。硫酸铜的作用机理如下：

$$2CuSO_4 \xlongequal{\triangle} Cu_2SO_4 + SO_2\uparrow + O_2\uparrow$$

$$C + 2CuSO_4 \xlongequal{\triangle} Cu_2SO_4 + SO_2\uparrow + CO_2\uparrow$$

$$Cu_2SO_4 + 2H_2SO_4 \xlongequal{\triangle} 2CuSO_4 + 2H_2O + SO_2\uparrow$$

上述反应不断进行，待有机物全部消化完后，不再有硫酸亚铜(Cu_2SO_4)生成，溶液呈现清澈的蓝绿色。故硫酸铜除起催化的作用外，还可指示消化终点的到达，以及下一步蒸馏时作为碱性反应的指示剂。

(2) 蒸馏：在消化液中加入浓氢氧化钠使其呈碱性，加热蒸馏，即可释放出氨气。

$$2NaOH + (NH_4)_2SO_4 \xlongequal{\triangle} Na_2SO_4 + 2H_2O + 2NH_3\uparrow$$

凯氏定氮的定氮蒸馏装置见图 12-4。

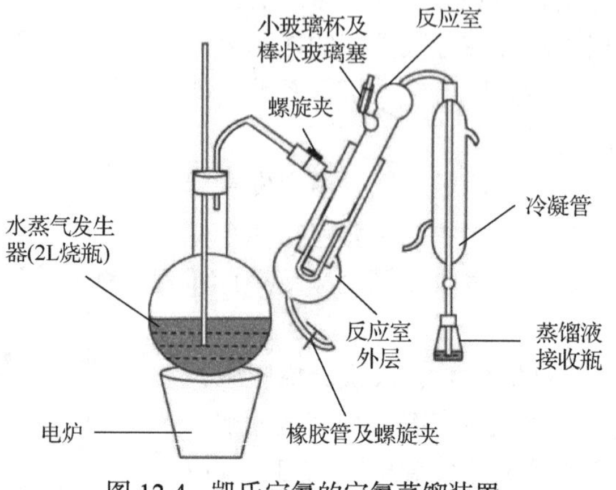

图 12-4　凯氏定氮的定氮蒸馏装置

(3) 吸收与滴定：硼酸呈微弱酸性($K_a = 5.8\times10^{-10}$)，有吸收氨的作用。释放出的氨气可用硼酸溶液吸收，待吸收完全后，再以甲基红-溴甲酚绿作指示剂，用盐酸标准溶液滴定硼酸根(与氮含量成正比)。吸收与滴定反应如下：

$$2NH_3 + 4H_3BO_3 \xlongequal{\triangle} (NH_4)_2B_4O_7 + 5H_2O$$

$$(NH_4)_2B_4O_7 + 5H_2O + 2HCl \xlongequal{\triangle} 2NH_4Cl + 4H_3BO_3$$

(4) 结果计算与折算：样品中蛋白质含量(g/100g)按下式计算：

$$\text{蛋白质含量} = \frac{c(V_1 - V_2) \times \frac{M(\text{N})}{1000}}{m} \times F \times 100$$

式中，c 为盐酸标准溶液的浓度，mol/L；V_1 为样品吸收液消耗盐酸标准溶液的体积，mL；V_2 为空白吸收液消耗盐酸标准溶液的体积，mL；m 为样品的质量，g；M(N)为氮(N)的摩尔质量，14.01g/mol；F 为蛋白质折算系数，见表 12-4。

12.2.6　维生素的测定

1. 概述

维生素(vitamin)是维持人体正常生命活动必需的一类微量低分子天然有机化合物，其种类繁多、结构复杂、理化性质及生理功能各异，主要分为脂溶性维生素和水溶性维生素两大类。

2. 脂溶性维生素的测定

脂溶性维生素包括维生素 A、维生素 D、维生素 E、维生素 K 各小类，它们能溶于脂肪或脂类溶剂，在食物中常与脂类共存，摄入后存在于脂肪组织中，不能从尿中排出，大剂量摄入时可能引起中毒。下面分别介绍各类脂溶性维生素的测定。

1) 维生素 A 的测定

原理：试样中的维生素 A 及维生素 E 经皂化(含淀粉先用淀粉酶酶解)、提取、净化、浓缩后，用 C_{30} 柱或 PFP 反相液相色谱柱分离，紫外检测器或荧光检测器检测，外标法定量。

测定方法：

(1) 样品处理：称取 2～5g 经均质处理的固体试样或 50g 液体试样于平底烧瓶中，固体试样需加入约 20mL 温水，混匀；若是含有淀粉的样品，则需加入淀粉酶进行避光恒温振荡酶解。然后，加入 1.0g 抗坏血酸和 0.1g 2, 6-二叔丁基对甲酚(BHT)，混匀，加入 30mL 无水乙醇、10～20mL 氢氧化钾溶液，边加边振摇，混匀后于 80℃下振荡皂化 30min，立即冷却至室温。提取、洗涤、浓缩，将皂化液用 30mL 水移入分液漏斗，加入 50mL 石油醚-乙醚混合液，振荡萃取 5min。静置分层后，将水层放入第二个分液漏斗中，加入 50mL 石油醚-乙醚混合液，进行第二次提取，合并醚层。用约 100mL 水洗涤醚层，约重复 3 次，直至将醚层洗至中性，去除下层水相。将分液漏斗中的醚层经无水硫酸钠脱水后，放入棕色圆底烧瓶中，用少量石油醚洗涤分液漏斗和无水硫酸钠，洗液并入棕色圆底烧瓶中，于 40℃减压蒸馏石油醚，至瓶内剩约 2mL 液体时，取下烧瓶，用氮气吹至近干。用甲醇分次将圆底烧瓶中的残留物溶解并转移至 10mL 容量瓶中，用水稀释至刻度。

溶液过 0.22μm 有机系滤膜后供高效液相色谱测定。

(2) 测定：色谱分析参考条件色谱柱：C_{30} 柱(250mm×4.6mm，3μm)或相当者；流动相：甲醇和水，梯度洗脱；流速：0.8mL/min；柱温：20℃；紫外检测波长：325nm；进样量：10μL。

(3) 标准曲线的绘制：将维生素 A 和维生素 E 系列标准溶液进行高效液相色谱分析，记录峰面积。以系列标准溶液的浓度为横坐标、相应的峰面积为纵坐标作图，绘制标准曲线。

(4) 试样溶液的测定：将试样溶液按标准溶液的液相色谱条件进行测定。根据试样溶液的峰面积，从标准曲线上查出对应的维生素 A 或维生素 E 的浓度。

结果计算：试样中维生素 A 或维生素 E 的含量按下式计算：

$$X = \frac{\rho V f \times 100}{m}$$

式中，X 为维生素 A 或维生素 E 的含量，μg/100g；ρ 为根据标准曲线计算得到的试样中维生素 A 或维生素 E 的质量浓度，μg/mL；V 为试样溶液最终定容的体积，mL；f 为换算因子(维生素 A 的 $f = 1$，维生素 E 的 $f = 0.001$)；m 为试样的质量，g。

方法说明和注意事项：反相高效液相色谱法摘自《食品安全国家标准　食品中维生素 A、D、E 的测定》(GB 5009. 82—2016)中的第一法，适用于食品中维生素 A 和维生素 E 的同时测定；皂化过程中，振摇不要太剧烈，避免溶液乳化而不易分层；无水硫酸钠若结块，应烘干后使用。

2) 维生素 D 的测定

维生素 D 是类固醇的衍生物，是一类关系钙、磷代谢的活性物质，在自然界中以多种形式存在。具有维生素 D 活性的化合物约有 10 种，记作维生素 D_2、维生素 D_3、维生素 D_4 等，其中最重要的是维生素 D_2、维生素 D_3 及其维生素 D 原。维生素 D 的测定方法有比色法、高效液相色谱法、薄层色谱法等。高效液相色谱法灵敏度高、操作简便、分析速度快，是目前分析维生素 D 的最好方法。

3) 维生素 E 的测定

维生素 E(生育酚)属于酚类物质。目前已经确认维生素 E 有 8 种异构体：α-生育酚、β-生育酚、γ-生育酚、δ-生育酚和α-生育三烯酚、β-生育三烯酚、γ-生育三烯酚、δ-生育三烯酚。维生素 E 的测定方法有比色法、荧光法、色谱法等。比色法虽然操作简单，但灵敏度不高，易受其他物质的干扰。维生素 E 可以通过反相高效色谱法测定。

4) 维生素 K 的测定

维生素 K(凝血维生素)具有多种衍生物，自然界中有叶绿醌系维生素 K_1、甲紫醌系维生素 K_2，还有人工合成的维生素 K_3 和维生素 K_4 等。维生素 K 主要采用高效液相色谱法测定。

3. 水溶性维生素的测定

水溶性维生素包括维生素 B 和维生素 C 各小类，能溶于水，一般只存在于植物性食品中，满足组织需要后都能从机体排出。下面介绍几种水溶性维生素的测定方法。

1) 维生素 B_1 的测定

维生素 B_1(硫胺素)是由一个嘧啶环和一个噻唑环组成的化合物，因其分子中既含有氮又含有硫，故称为硫胺素，又称抗神经炎素。它常以盐酸盐的形式出现，为白色结晶，溶于水，微溶于乙醇，不易被氧化，比较耐热，特别是在酸性介质中相当稳定，但在碱性介质中对热极不稳定。硫胺素在碱性介质中可被铁氰化钾氧化产生硫色素，在紫外光照射下产生蓝色荧光，可以用比色法定量，但是比色法仅适用于硫胺素含量高的样品。荧光分光光度法和高效液相色谱法灵敏度很高，是目前常用的方法。

2) 维生素 B_2 的测定

维生素 B_2(核黄素)是由核糖醇与异咯嗪连接而成的化合物。能溶于水，水溶液呈现黄绿色荧光，对空气、热稳定，在中性和酸性溶液中，即使短时间高压加热，也不至于破坏，但在碱性溶液中则较易被破坏。游离核黄素对光敏感，特别是紫外线，可产生不可逆分解。在碱性溶液中受光线照射很快转化为光黄素，有较强的荧光强度。测定核黄素常用的方法有高效液相色谱法和荧光分光光度法。高效液相色谱法具有简便、快速的特点，但由于分析精度不高，只适合测定比较纯的试样。荧光分光光度法的灵敏度、精密度都较高，且要提取完全，可省去将结合型核黄素转变为游离型的操作。

3) 维生素 C 的测定

维生素 C(抗坏血酸)在自然界存在的有 L 型、D 型两种，D 型的生物活性仅为 L 型的 1/10。维生素 C 广泛存在于植物组织中，新鲜水果、蔬菜中的维生素 C 含量都很丰富。测定维生素 C 的常用方法有荧光法、高效液相色谱法、2, 6-二氯靛酚滴定法等。2, 6-二氯靛酚滴定法测定的是还原型抗坏血酸，该法简便，也较灵敏，但特异性差，易受样品中其他还原性物质的干扰，测定结果往往偏高。荧光法测得的是抗坏血酸和脱氢抗坏血酸的总量，受干扰的影响较小，准确度较高。高效液相色谱法具有高速、高效，灵敏度、精密度高，重复性好，自动化程度高等特点。

(1) 直接碘量法。

原理：维生素 C 的分子式为 $C_6H_8O_6$，摩尔质量为 176.12g/mol。维生素 C 没有羧基，其酸性来源于与羰基相邻的烯二醇的羟基。维生素 C 的测定方法有滴定分析法、分光光度法、荧光法等。本实验利用维生素 C 较强的还原性，采用直接碘量法测定。

试剂：乙酸溶液(6mol/L)；碘标准溶液(0.05 mol/L)；淀粉指示剂(0.5g/L)。

测定步骤：用分析天平称取 1 片维生素 C 药片于 250mL 锥形瓶中，加入 100mL 新煮沸放冷的蒸馏水和 10mL 乙酸溶液(6mol/L)，搅拌使其溶解。加入 2mL 淀粉指示剂(0.5g/L)，立即用碘标准溶液(0.05mol/L)滴定至溶液呈稳定的蓝色为终点。根据消耗碘标准溶液的体积和浓度，计算药片中维生素 C 的含量。平行测试 3 次，取平均值。

(2) 2, 6-二氯靛酚滴定法。

原理：用蓝色的碱性染料 2, 6-二氯靛酚标准溶液对含 L-(+)-抗坏血酸的酸性提取液进行氧化还原滴定，该染料被还原为无色，当到达滴定终点时，多余的染料在酸性介质中为浅红色，由染料消耗量计算样品中 L-(+)-抗坏血酸的含量。

测定方法：

(a) 样品制备：称取 100g 样品的可食部分，放入组织捣碎机中，加入草酸或偏磷酸溶液，捣成匀浆。称取 10～40g 匀浆，用草酸或偏磷酸溶液定容至 100mL，摇匀过滤。若滤液有颜色，可按每克样品加 0.4g 白陶土脱色后再过滤。

(b) 滴定：吸取 10mL 试样滤液于 50mL 三角瓶中，用已标定的 2, 6-二氯靛酚标准溶液滴定至溶液为粉红色且 15s 不褪色为止。同时做空白试验。

结果计算：试样中的 L-(+)-抗坏血酸含量按下式计算：

$$X = \frac{V - V_0}{m} \times TA \times 100$$

式中，X 为样品中 L-(+)-抗坏血酸含量，mg/100g；V 为试样溶液消耗 2, 6-二氯靛酚标准溶液的体积，mL；V_0 为空白溶液消耗 2, 6-二氯靛酚标准溶液的体积，mL；T 为 2, 6-二氯靛酚标准溶液对抗坏血酸的滴定度，即每毫升 2, 6-二氯靛酚标准溶液相当于抗坏血酸的质量，mg/mL；A 为稀释倍数；m 为试样的质量，g。

12.2.7 其他营养成分的测定

1. 灰分的测定

1) 概述

食品中除含有大量有机物外，还含有丰富的无机成分。这些无机成分包括人体必需的无机盐(或称为矿物质)。食品经高温灼烧时，有些元素如 Cl、I、Pb 等挥发损失，P、S 等元素以含氧酸的形式挥发散失，这部分无机物减少；而某些金属氧化物吸收有机物分解产生的二氧化碳形成碳酸盐，使无机成分增多。因此，食品经高温灼烧后的残留物与食品中原有的无机成分在数量和组成上并不完全相同，称其为粗灰分(或总灰分)。

常见食品的灰分含量见表 12-6。

表 12-6 常见食品的灰分含量

食品名称	灰分含量/%	食品名称	灰分含量/%	食品名称	灰分含量/%
牛乳	0.6～0.7	鲜果	0.2～1.2	鲜肉	0.5～1.2
乳粉	5～5.7	蔬菜	0.2～1.2	鲜鱼(可食部分)	0.8～2.0
脱脂乳粉	7.8～8.2	小麦胚乳	0.5	蛋白	0.6
罐藏淡炼乳	1.6～1.7	糖浆、蜂蜜	痕量～1.8	蛋黄	1.6
罐藏甜炼乳	1.9～2.1	精制糖、糖果	痕量～1.8	纯油脂	无

2) 总灰分的测定

将食品经炭化后置于 500～600℃高温炉内灼烧，水分及挥发物质以气态逸出，有机物中的碳、氢、氮等元素与有机物质本身的氧及空气中的氧生成二氧化碳、氮氧化物及水分而散失；无机物以硫酸盐、磷酸盐、碳酸盐等无机盐和金属氧化物的形式残留，此残留物即为灰分。灼烧、称量后即可计算出样品中总灰分的含量。本法适用于食品中灰分的测定(淀粉类灰分的方法适用于灰分质量分数不大于 2%的淀粉和变性淀粉)。

2. 膳食纤维的测定

1) 概述

膳食纤维是指不能被人体小肠消化吸收但具有健康意义的，植物中天然存在或通过提取/合成的，聚合度(DP)≥3 的碳水化合物，包括纤维素、半纤维素、果胶及其他单体成分等。膳食纤维分为可溶性膳食纤维(SDF)和不可溶性膳食纤维(IDF)。总膳食纤维(TDF)是可溶性膳食纤维与不溶性膳食纤维之和。在食品生产和开发中，常需要测定纤维含量，它也是食品成分全分析项目之一。测定膳食纤维的方法主要有酶重量法，这是《食品安全国家标准　食品中膳食纤维的测定》(GB 5009. 88—2023)中规定的方法。

2) 总膳食纤维的测定

干燥试样用热稳定α-淀粉酶、蛋白酶和葡萄糖苷酶进行酶解消化去除蛋白质和淀粉后，经乙醇沉淀、抽滤，残渣用乙醇和丙酮洗涤，干燥称量，即为总膳食纤维残渣。另取试样同样酶解，直接抽滤并用热水洗涤，残渣干燥称量，即得不溶性膳食纤维残渣；滤液用 4 倍体积的乙醇沉淀、抽滤、干燥称量，得可溶性膳食纤维残渣。扣除各类膳食纤维残渣中相应的蛋白质、灰分和试剂空白含量，即可计算出试样中总膳食纤维、不溶性膳食纤维和可溶性膳食纤维含量。该方法测定的总膳食纤维是不能被α-淀粉酶、蛋白酶和葡萄糖苷酶酶解的碳水化合物，包括不溶性膳食纤维和能被乙醇沉淀的高分子量可溶性膳食纤维。

3. 酸度的测定

1) 食品中的酸

食品中含有多种多样的酸，主要是有机酸，包括苹果酸、柠檬酸、醋酸、酒石酸、乳酸等，还有少量无机酸，磷酸是食品中主要的无机酸。各种天然产品中所含的酸是食品本身的，如各种果蔬中所含的酸；有些食品中所含的酸是在食品酿造过程中产生的，如酸奶、醋、果酒等；也有些食品中所含的酸是在食品加工过程中添加的，如各种饮料中的酸。果蔬中常见的有机酸种类、主要有机酸含量及 pH 见表 12-7。

表 12-7　果蔬中常见的有机酸种类、主要有机酸含量及 pH

果蔬种类	有机酸种类	柠檬酸含量/%	苹果酸含量/%	pH
苹果	苹果酸、柠檬酸	0.03	1.02	3.0～5.0
桃	苹果酸、柠檬酸、奎宁酸	0.37	0.37	3.2～3.9
梨	苹果酸、柠檬酸	0.24	0.12	3.2～4.0
杏	苹果酸、柠檬酸	0.30	0.80	3.4～4.0
橙	苹果酸、柠檬酸、琥珀酸	0.98	0.06	3.5～5.0
柠檬	苹果酸、柠檬酸	4.22	0.10	2.2～3.5
菠萝	苹果酸、柠檬酸、酒石酸	0.88	0.11	3.5～5.0
西红柿	苹果酸、柠檬酸	0.68	0.05	4.1～4.8

2) 总酸度(可滴定酸度)的测定

由酸碱滴定得到的样品的可滴定酸度用来衡量食品的总酸度。食品中的酒石酸、苹果酸、柠檬酸、草酸、醋酸等的电离常数均大于 10^{-8}，可作为弱酸，用强碱标准溶液直接滴定一份已知体积(或质量)的食品样品，根据滴定至反应终点时消耗碱标准溶液的浓度和体积可计算出样品中的可滴定酸度，主要表示为有机酸含量。

12.3 食品添加剂分析

按照《食品安全国家标准　食品添加剂使用标准》(GB 2760—2024)中的定义，食品添加剂是指为改善食品品质和色、香、味，以及为防腐、保鲜和加工工艺的需要而加入食品中的人工合成或者天然物质。

食品添加剂的超范围、超标准、重复、多环节使用、违法违禁使用，以及不断增加的食品添加剂新种类，已成为目前食品行业存在的客观问题。为了充分发挥食品添加剂对食品工业的促进作用，同时保障食品的质量安全，保障人们的身体健康，需要规范食品添加剂的使用，同时需要通过检测手段对食品中添加剂的含量进行检测，然后与标准进行对比，判断其安全性。

食品添加剂的种类众多，涵盖无机和有机两大类。对于每种具体的添加剂，其检测方法的选择需要基于样品本身的特性，采取适当的步骤将目标物质从食品混合物中提取出来并进行浓缩。常用的提取和浓缩技术包括蒸馏、溶剂萃取、沉淀、色谱分离及掩蔽法等。完成目标物质的提取和浓缩后，再根据其特定的物理和化学属性，选用适宜的分析技术进行定性分析和定量分析。常见的分析技术包括滴定分析法、分光光度法、薄层色谱法和高效液相色谱法等。

12.3.1 防腐剂的测定

防腐剂是能防止食品腐败、变质，抑制食品中微生物繁殖，延长食品保藏期的一类物质的总称。目前，我国许可使用的防腐剂有苯甲酸、苯甲酸钠、山梨酸、山梨酸钾、丙酸钠、丙酸钙、对羟基苯甲酸乙酯和丙酯、脱氢乙酸钠等。目前，测定防腐剂的方法主要有气相色谱法、薄层色谱法、高效液相色谱法、毛细管电泳等。其中，气相色谱法因具有较高的灵敏度和分离度，成为检测防腐剂最重要的分析手段之一。

1. 苯甲酸钠和山梨酸钾的测定

检测食品中苯甲酸(钠)和山梨酸(钾)的方法有很多种，包括气相色谱法/高效液相色谱法(HPLC)/薄层色谱法、毛细管胶束电动色谱法(MECC)、高效薄层色谱法(HPTLC)等。其中，气相色谱法、高效液相色谱法测定山梨酸(钾)的原理、样品制备、所用试剂、仪器及操作都与苯甲酸(钠)的测定完全相同，只是将苯甲酸的标准储备液及标准使用液换为山梨酸(钾)。下面介绍苯甲酸钠的测定。

原理：盐酸与苯甲酸钠发生中和反应，用乙醚萃取反应生成的苯甲酸，根据消耗盐酸标准溶液的体积和浓度计算苯甲酸钠的含量。

分析步骤：称取约 1.5g 试样，准确至 0.0001g，置于预先在 105～110℃恒重的称量瓶中，使试样厚度均匀，于 105～110℃干燥至恒重。称取 1.5g 上步得到的干燥物 A，准确至 0.0001g，置于 250mL 锥形瓶中，加 25mL 水溶解，再加 50mL 乙醚和 10 滴溴酚蓝指示剂(0.4g/L)[5.4]，用盐酸标准溶液(0.5mol/L)[1.3]滴定，边滴边将水层和乙醚层充分摇匀，当水层呈淡绿色时为终点。

2. 乳酸链球菌素的测定

乳酸链球菌素的分子式为 $C_{143}H_{230}N_{42}O_{37}S_7$(Nisin A)、$C_{141}H_{228}N_{38}O_{41}S_7$(Nisin Z)。Nisin A：第二十七位氨基酸为组氨酸；Nisin Z：第二十七位氨基酸为天冬氨酸。

分析步骤：采用无菌接种环提取一环检测菌(NCIB8166)，在无菌的 S1 平皿上接种，挑选生长良好的菌落并培养。用无菌生理盐水洗脱并制备成 10^8 CFU/mL 的细胞悬液。配制无菌的 S1 培养基并加入菌株悬液，制备含有一定浓度检测菌的平板。在平板上打孔并吹干，备用。制备乳酸链球菌素的标准溶液。将试样溶液和标准溶液一同置于 30℃恒温箱中培养 16～24h，测量抑菌圈的直径，计算结果。

3. 溶菌酶的测定

溶菌酶可水解细菌细胞壁，导致藤黄微球菌溶解，从而降低溶液吸光度。溶菌酶活力单位定义为 25℃、pH 6.2 条件下，450nm 处每分钟引起吸光度变化 0.001 所需的溶菌酶量。制备试样溶液时，准确称取(100±0.1)mg 试样，用磷酸盐缓冲溶液溶解并稀释至适当浓度。制备标准溶液同上，准确称取 50mg 蛋清溶菌酶标准品，用磷酸盐缓冲溶液溶解并稀释。测定时，将标准溶液和试样溶液分别置于分光光度计中，记录 3min 内吸光度的变化，每 15s 记录一次。计算时，忽略初始 1min 的读数，根据吸光度变化计算溶菌酶活力。

12.3.2　甜味剂的测定

甜味剂是食品添加剂的一种，根据其来源和营养价值的不同，可以分为天然甜味剂和人工合成甜味剂。我国批准使用的甜味剂种类较多，包括糖精钠、甜蜜素、阿斯巴甜、甜菊苷、甘草酸铵、安赛蜜、天门冬酰苯丙氨酸甲酯乙酰磺胺酸、阿力甜、异麦芽酮糖、麦芽糖醇、山梨糖醇、乳糖醇、索马甜、纽甜、D-甘露糖醇及蔗糖素等 10 多种。此外，木糖醇、赤藓糖醇、乳糖醇和罗汉果甜苷等甜味剂也可在各类食品中根据生产需求适量使用。

1. 糖精钠的测定

糖精的化学名称为邻苯甲酰磺酰亚胺，分子式为 $C_7H_5O_3NS$，是一种应用较广泛的人工合成甜味剂。由于其难溶于水，在实际食品生产中多用糖精钠。糖精钠为无色结晶，无臭或微有香气，浓度低时呈甜味，浓度高时有苦味；糖精钠易溶于水，不溶于乙醚、三氯甲烷等有机溶剂，比糖精热稳定性好，其甜度为蔗糖的 200～700 倍。糖精钠的测定方法有多种，国内文献报道的检测方法有高效液相色谱法、紫外分光光度法、荧光分光光度法、电化学法等。

2. 甜菊苷的测定

甜菊苷为非致癌性物质，无毒、无副作用，食用安全，无致畸、致突变及致癌性，摄入后以原型经粪便和尿中排出。甜菊苷是目前世界已发现并经我国相关部门批准使用的最接近蔗糖口味的天然低热值甜味剂，是继甘蔗糖、甜菜糖之后第三种有开发价值和健康推崇的天然蔗糖替代品，被国际上誉为“世界第三糖源”，在 GB 2760—2024 中允许按生产需要适量使用。甜菊苷的测定方法有多种，常用的有气相色谱法、蒽酮比色法，国内外报道的还有高效液相色谱法、流动注射化学发光法、薄层色谱法等。

3. 甜蜜素的测定

甜蜜素的化学名称为环己基氨基磺酸钠，是一种人工甜味剂，具有较好的甜味，与糖精相比苦味较轻，其甜度为蔗糖的 40～50 倍。研究指出，长期摄入含有超量甜蜜素的食品可能对人体的肝脏和神经系统造成损害，尤其是对代谢能力较弱的老年人和儿童的影响更为严重。此外，甜蜜素的代谢产物环己胺可能对心血管系统和男性生殖器官具有毒性。在检测甜蜜素的方法中，常用的有气相色谱法、分光光度法、薄层色谱法、气相色谱-质谱联用法、高效液相色谱法、离子色谱法等。其中，前三种方法为国家标准方法，特别是气相色谱法在相关研究中被广泛应用。

12.3.3 抗氧化剂的测定

抗氧化剂是能阻止或减缓食品因氧化而变质，提升食品的稳定性并显著延长其储存期限的食品添加剂。抗氧化剂种类丰富，常见的有丁基羟基茴香醚(BHA)、2, 6-二叔丁基对甲酚(BHT)、没食子酸丙酯(PG)、叔丁基对苯二酚(TBHQ)、茶多酚(TP)以及异抗坏血酸钠等。主要用于油脂及高油脂食品中，可延缓食品的氧化变质。

丁基羟基茴香醚与 2, 6-二叔丁基对甲酚的测定用气相色谱法：样品中 BHA 和 BHT 用石油醚提取，通过层析柱将 BHA 和 BHT 净化、浓缩，经气相色谱后用氢火焰离子化检测器检测，根据样品峰高与标准峰高比较定量。

12.3.4 漂白剂的测定

漂白剂是指可使食品中有色物质经化学作用分解转变为无色物质或使其褪色的食品添加剂。目前我国允许使用的漂白剂包括还原型和氧化型两种。其中，还原型漂白剂主要是亚硫酸及其盐类，如亚硫酸钠、连二亚硫酸钠(保险粉)、焦亚硫酸钾和焦亚硫酸钠、亚硫酸氢钠及二氧化硫等；氧化型漂白剂主要有过氧化苯甲酰、高锰酸钾、过氧化氢、次氯酸等。使用时，可单一使用，也可混合使用。我国允许使用的漂白剂大多是以亚硫酸类化合物为主的还原型漂白剂，有二氧化硫、亚硫酸钠、硫磺、二氧化氯等 7 种。测定二氧化硫和亚硫酸盐的方法有盐酸副玫瑰苯胺比色法、滴定法、碘量法、高效液相色谱法、极谱法、离子排阻色谱法、流动注射分析、连续注射分析、毛细管电泳法和气相色谱-傅里叶变换红外光谱等，其中常用的是前两种方法。下面简单介绍盐酸副玫瑰苯胺比色法。

对于葡萄酒中总二氧化硫含量的测定，《出口葡萄酒中总二氧化硫的测定　比色法》(SN/T 4675.22—2016)规定了以盐酸副玫瑰苯胺比色法测定葡萄酒中总二氧化硫含量的方法。试样中二氧化硫被甲醛缓冲溶液吸收后，生成稳定的羟甲基磺酸加成化合物，在样品溶液中加入氢氧化钠使加成化合物分解，释放出的二氧化硫与盐酸副玫瑰苯胺(PRA)、甲醛作用，生成紫红色化合物，在 577nm 波长处其吸光度与二氧化硫含量成比例，外标法定量。

12.4　食品中有害物质分析

12.4.1　农(兽)药残留的测定

1. 概述

食品中农药残留和兽药残留二者是有关联的，长时间大面积使用难降解的农药，农药通过食物链、大气循环、水循环进入整个生态系统中。特别是对于动物性食品及水产品来说，除了需要检测相应的兽药残留，还需要检测农药残留是否超标。

2. 食品中农药残留的检测

农药残留是指农药使用后残留在农产品等物品上的有害物质，包括农药本身及其代谢产物。造成农药在食品中残留超限量的主要原因有以下几个：首先，过量、过频地使用农药或施用期不当；其次，违规使用已经禁止的农药；最后，残留在土壤、灌溉水、空气等环境中的农药对作物或果蔬造成二次污染，进而转移到加工食品中。

随着环保意识和健康意识的加强，农药残留的危害性备受关注。许多国家制定了食品中农药残留限量，加强了关键检测技术的研究和应用。部分食品中农药残留的检测方法标准见表 12-8。

表 12-8　部分食品中农药残留的检测方法标准

序号	标准名称	标准号
1	食品安全国家标准　蜂蜜、果汁和果酒中 497 种农药及相关化学品残留量的测定　气相色谱-质谱法	GB 23200.7—2016
2	食品安全国家标准　水果和蔬菜中 500 种农药及相关化学品残留量的测定　气相色谱-质谱法	GB 23200.8—2016
3	食品安全国家标准　粮谷中 475 种农药及相关化学品残留量测定　气相色谱-质谱法	GB 23200.9—2016
4	食品安全国家标准　桑枝、金银花、枸杞子和荷叶中 413 种农药及相关化学品残留量的测定　液相色谱-质谱法	GB 23200.11—2016
5	食品安全国家标准　食用菌中 440 种农药及相关化学品残留量的测定　液相色谱-质谱法	GB 23200.12—2016

续表

序号	标准名称	标准号
6	食品安全国家标准　茶叶中 448 种农药及相关化学品残留量的测定　液相色谱-质谱法	GB 23200.13—2016
7	食品安全国家标准　果蔬汁和果酒中 512 种农药及相关化学品残留量的测定　液相色谱-质谱法	GB 23200.14—2016
8	食品安全国家标准　食用菌中 503 种农药及相关化学品残留量的测定　气相色谱-质谱法	GB 23200.15—2016
9	食品安全国家标准　食品中有机磷农药残留量的测定　气相色谱-质谱法	GB 23200.93—2016
10	食品安全国家标准　植物源性食品中 9 种氨基甲酸酯类农药及其代谢物残留量的测定　液相色谱-柱后衍生法	GB 23200.112—2018
11	食品安全国家标准　植物源性食品中 208 种农药及其代谢物残留量的测定　气相色谱-质谱联用法	GB 23200.113—2018
12	食品安全国家标准　植物源性食品中 90 种有机磷类农药及其代谢物残留量的测定　气相色谱法	GB 23200.116—2019
13	食品中有机氯农药多组分残留量的测定	GB/T 5009.19—2008
14	植物性食品中有机氯和拟除虫菊酯类农药多种残留量的测定	GB/T 5009.146—2008
15	水果和蔬菜中 450 种农药及相关化学品残留量的测定　液相色谱-串联质谱法	GB/T 20769—2008
16	粮谷中 486 种农药及相关化学品残留量的测定　液相色谱-串联质谱法	GB/T 20770—2008
17	蜂蜜中 486 种农药及相关化学品残留量的测定　液相色谱-串联质谱法	GB/T 20771—2008
18	动物肌肉中 461 种农药及相关化学品残留量的测定　液相色谱-串联质谱法	GB/T 20772—2008
19	蔬菜和水果中有机磷、有机氯、拟除虫菊酯和氨基甲酸酯类农药多残留的测定	NY/T 761—2008
20	蔬菜中 334 种农药多残留的测定　气相色谱质谱法和液相色谱质谱法	NY/T 1379—2007

3. 食品中兽药残留的检测

兽药残留是“兽药在动物源食品中的残留”的简称，根据联合国粮农组织和世界卫生组织(FAO/WHO)食品中兽药残留联合立法委员会的定义，兽药残留是指动物产品的任何可食部分所含兽药的母体化合物或其代谢物，以及与兽药有关的杂质。兽药最高残留限量(MRLVD)是指某种兽药在食物或食物表面产生的最高允许兽药残留量(单位 μg/kg，以鲜重计)。

目前，动物性食品中兽药残留的检测方法标准以强制性国家标准、推荐性国家标准、农业农村部标准、农业农村部公告、进出口行业标准等为主。表 12-9 列出了部分兽药残留的检测方法标准。

表 12-9　部分兽药残留的检测方法标准

序号	标准名称	标准号
1	食品安全国家标准　水产品中大环内酯类药物残留量的测定　液相色谱-串联质谱法	GB 31660.1—2019

续表

序号	标准名称	标准号
2	食品安全国家标准　水产品中辛基酚、壬基酚、双酚 A、己烯雌酚、雌酮、17α-乙炔雌二醇、17β-雌二醇、雌三醇残留量的测定　气相色谱-质谱法	GB 31660.2—2019
3	食品安全国家标准　水产品中氟乐灵残留量的测定　气相色谱法	GB 31660.3—2019
4	食品安全国家标准　动物性食品中醋酸甲地孕酮和醋酸甲羟孕酮残留量的测定　液相色谱-串联质谱法	GB 31660.4—2019
5	食品安全国家标准　动物性食品中金刚烷胺残留量的测定　液相色谱-串联质谱法	GB 31660.5—2019
6	食品安全国家标准　动物性食品中 5 种 α_2-受体激动剂残留量的测定　液相色谱-串联质谱法	GB 31660.6—2019
7	食品安全国家标准　猪组织和尿液中赛庚啶及可乐定残留量的测定　液相色谱-串联质谱法	GB 31660.7—2019
8	食品安全国家标准　牛可食性组织及牛奶中氮氨菲啶残留量的测定　液相色谱-串联质谱法	GB 31660.8—2019
9	食品安全国家标准　家禽可食性组织中乙氧酰胺苯甲酯残留量的测定　高效液相色谱法	GB 31660.9—2019
10	牛奶和奶粉中玉米赤霉醇、玉米赤霉酮、己烯雌酚、己烷雌酚、双烯雌酚残留量的测定　液相色谱-串联质谱法	GB/T 22992—2008
11	牛奶和奶粉中恩诺沙星、达氟沙星、环丙沙星、沙拉沙星、奥比沙星、二氟沙星和麻保沙星残留量的测定　液相色谱-串联质谱法	GB/T 22985—2008
12	动物源食品中激素多残留检测方法　液相色谱-质谱/质谱法	GB/T 21981—2008
13	食品安全国家标准　动物性食品中 13 种磺胺类药物多残留的测定　高效液相色谱法	GB 29694—2013
14	食品安全国家标准　动物性食品中呋喃苯烯酸钠残留量的测定　液相色谱-串联质谱法	GB 29703—2013
15	食品安全国家标准　牛奶中氯霉素残留量的测定　液相色谱-串联质谱法	GB 29688—2013
16	食品安全国家标准　动物性食品中林可霉素、克林霉素和大观霉素多残留的测定　气相色谱-质谱法	GB 29685—2013
17	动物源性食品中硝基呋喃类药物代谢物残留量检测方法　高效液相色谱/串联质谱法	GB/T 21311—2007
18	动物源性食品中 14 种喹诺酮药物残留检测方法　液相色谱-质谱/质谱法	GB/T 21312—2007
19	动物源性食品中 β-受体激动剂残留检测方法　液相色谱-质谱/质谱法	GB/T 21313—2007
20	动物源性食品中青霉素族抗生素残留量检测方法　液相色谱-质谱/质谱法	GB/T 21315—2007
21	动物源性食品中磺胺类药物残留量的测定　高效液相色谱-质谱/质谱法	GB/T 21316—2007
22	动物源性食品中四环素类兽药残留量检测方法　液相色谱-质谱/质谱法与高效液相色谱法	GB/T 21317—2007
23	动物源性食品中硝基咪唑残留量检验方法	GB/T 21318—2007
24	动物性食品中己烯雌酚残留检测　酶联免疫吸附测定法	农业部 1163 号公告—1—2009

续表

序号	标准名称	标准号
25	动物性食品中阿苯达唑及其标示物残留检测　高效液相色谱法	农业部 1163 号公告—4—2009
26	动物性食品中庆大霉素残留检测　高效液相色谱法	农业部 1163 号公告—7—2009
27	动物性食品中甲硝唑、地美硝唑及其代谢物残留检测　液相色谱-串联质谱法	农业部 1025 号公告—2—2008
28	动物性食品中玉米赤霉醇残留检测　酶联免疫吸附法和气相色谱-质谱法	农业部 1025 号公告—3—2008
29	动物性食品中磺胺类药物残留检测　酶联免疫吸附法	农业部 1025 号公告—7—2008
30	动物性食品中四环素类药物残留检测　酶联免疫吸附法	农业部 1025 号公告—20—2008
31	动物源食品中磺胺类药物残留检测　液相色谱-串联质谱法	农业部 1025 号公告—23—2008
32	动物源食品中磺胺二甲嘧啶残留检测　酶联免疫吸附法	农业部 1025 号公告—24—2008
33	动物源性食品中 11 种激素残留检测　液相色谱-串联质谱法	农业部 1031 号公告—1—2008
34	动物源性食品中糖皮质激素类药物多残留检测　液相色谱-串联质谱法	农业部 1031 号公告—2—2008
35	猪肝和猪尿中 β-受体激动剂残留检测　气相色谱-质谱法	农业部 1031 号公告—3—2008

12.4.2 生物毒素的测定

1. 概述

生物毒素(biotoxin)源自自然界的生物体内，是一系列不具备自我繁衍能力的有害化学物质。根据其生物根源，可以将生物毒素划分为三个主要类别：源自植物的毒素、由动物产生的毒素，以及由微生物制造的毒素。

2. 常见的霉菌毒素

霉菌是一类广泛分布的丝状真菌，以其强大的生存能力在多种环境中都能繁衍生息，尤其是在那些不通风、昏暗、湿润且温暖的地方。它们能在多种食品上迅速生长，产生对健康极为有害的霉菌毒素。据目前所知，它们中的一些与食品安全紧密相关，包括黄曲霉毒素、呕吐毒素(脱氧雪腐镰刀菌烯醇)、展青霉素、赭曲霉毒素、玉米赤霉烯酮、杂色曲霉毒素等。目前，黄曲霉毒素(B1、G1、M1)、黄天精、环氯素、杂色曲霉素和展青霉素已被证实能够导致动物致癌。

3. 霉菌毒素的检测

常见霉菌毒素的检测方法标准列于表 12-10。

表 12-10　常见霉菌毒素的检测方法标准

序号	标准名称	标准号
1	食品安全国家标准　食品中黄曲霉毒素 B 族和 G 族的测定	GB 5009.22—2016
2	食品安全国家标准　食品中黄曲霉毒素 M 族的测定	GB 5009.24—2016
3	食品安全国家标准　食品中脱氧雪腐镰刀菌烯醇及其乙酰化衍生物的测定	GB 5009.111—2016
4	食品安全国家标准　食品中展青霉素的测定	GB 5009.185—2016
5	食品安全国家标准　食品中赭曲霉毒素 A 的测定	GB 5009.96—2016
6	食品安全国家标准　食品中玉米赤霉烯酮的测定	GB 5009.209—2016
7	出口花生、谷类及其制品中黄曲霉毒素、赭曲霉毒素、伏马毒素 B1、脱氧雪腐镰刀菌烯醇、T-2 毒素、HT-2 毒素的测定	SN/T 3136—2012

4. 其他生物毒素及其检测

1) 肉毒毒素

肉毒毒素(botulinum toxin)是一种由肉毒梭菌(Clostridium botulinum)产生的神经毒素，这种毒素以其高毒性而著称，是目前已知的天然毒素和合成毒剂中毒性最强的生物毒素。肉毒梭菌能够在缺氧的环境中生长，如罐头食品、真空包装食品以及不当保存的食物中。肉毒毒素主要通过抑制神经末梢释放乙酰胆碱，阻断神经与肌肉之间的信号传递，导致肌肉松弛麻痹，严重时可因呼吸肌麻痹而致命。

根据《食品安全国家标准　食品微生物学检验　肉毒梭菌及肉毒毒素检验》(GB 4789.12—2016)，食品中肉毒梭菌及肉毒毒素的检测是食品安全领域的重要环节。

2) 微囊藻毒素

微囊藻毒素(microcystin，MCs)是蓝藻产生的一类天然毒素。蓝藻又称蓝细菌，广泛分布于淡水、海水、半咸体和陆生环境，其生命力极强，容易在富氮、磷的污染水体中旺盛生长。微囊藻毒素对哺乳动物具有强烈的毒性，主要影响肝脏，通过抑制肝细胞内的蛋白磷酸酶活性，导致细胞角蛋白高度磷酸化，进而引起肝细胞微丝分解、破裂和出血，可能诱发肝炎和肝癌。

美国国家环境保护局(EPA)目前推行的几种用于水体或水产品中微囊藻毒素测定的方法按先后顺序依次为：免疫分析法、生物分析法、蛋白-磷酸酯酶分析法、高效液相色谱法、液相色谱-串联质谱法。我国也制定了相应的标准，如《食品安全国家标准　水产品中微囊藻毒素的测定》(GB 5009. 273—2016)、《水中微囊藻毒素测定》(GB/T 20466—2006)、《出口水产品中微囊藻毒素的检测　液相色谱-质谱/质谱法》(SN/T 4319—2015)、《水源水中微囊藻毒素测定　液相色谱-串联质谱法》(DB 31/T 1178—2019)等。

扫一扫 知识拓展 食品安全分析的重要性

习 题

1. 食品分析的内容有哪些?
2. 食品分析常用的标准有哪些?如何选择参照的标准?
3. 简述干燥法测定食品中的水分含量的基本原理。
4. 食品中的矿物元素有哪些?如何进行分类?
5. 常用的还原糖测定方法有哪些?在其测定过程中有哪些注意事项?
6. 简述凯氏定氮法测定蛋白质含量的基本原理。

参 考 文 献

吕辉, 梁秀丽, 王爱萍, 等. 2016. 液体密度测定方法及标准应用. 山东化工, 45(06): 49-51.

平海宏, 李宝城, 张晓岩. 2007. 石油化工分析. 北京: 化学工业出版社.

钱建亚. 2014. 食品分析. 北京: 中国纺织出版社.

王永华, 戚穗坚. 2022. 食品分析. 4 版. 北京: 中国轻工业出版社.

易兵, 方正军. 2021. 工业分析. 2 版. 北京: 化学工业出版社.

张书圣, 万均, 牛淑妍. 2011. 工业分析与分离. 北京: 科学出版社.

附　　录

附录 1　部分元素的原子量

元素	符号	原子量	元素	符号	原子量	元素	符号	原子量
银	Ag	107.87	铪	Hf	178.49	铷	Rb	85.468
铝	Al	26.982	汞	Hg	200.59	铼	Re	186.21
氩	Ar	39.948	钬	Ho	164.93	铑	Rh	102.91
砷	As	74.922	碘	I	126.90	钌	Ru	101.07
金	Au	196.97	铟	In	114.82	硫	S	32.066
硼	B	10.811	铱	Ir	192.22	锑	Sb	121.76
钡	Ba	139.33	钾	K	39.098	钪	Sc	44.956
铍	Be	9.0122	氪	Kr	83.80	硒	Se	78.96
铋	Bi	208.98	镧	La	138.91	硅	Si	28.086
溴	Br	79.904	锂	Li	6.941	钐	Sm	150.36
碳	C	12.011	镥	Lu	174.97	锡	Sn	118.71
钙	Ca	40.078	镁	Mg	24.305	锶	Sr	87.62
镉	Cd	112.41	锰	Mn	54.938	钽	Ta	180.95
铈	Ce	140.12	钼	Mo	95.94	铽	Tb	158.9
氯	Cl	35.453	氮	N	14.007	碲	Te	127.60
钴	Co	58.933	钠	Na	22.990	钍	Th	232.04
铬	Cr	51.996	铌	Nb	92.906	钛	Ti	47.867
铯	Cs	132.91	钕	Nd	144.24	铊	Tl	204.38
铜	Cu	63.546	氖	Ne	20.180	铥	Tm	168.93
镝	Dy	162.50	镍	Ni	58.693	铀	U	238.03
铒	Er	167.26	镎	Np	237.05	钒	V	50.942
铕	Eu	151.96	氧	O	15.999	钨	W	183.84
氟	F	18.998	锇	Os	190.23	氙	Xe	131.29
铁	Fe	55.845	磷	P	30.974	钇	Y	88.906

续表

元素	符号	原子量	元素	符号	原子量	元素	符号	原子量
镓	Ga	69.723	铅	Pb	207.2	镱	Yb	173.04
钆	Gd	157.25	钯	Pd	106.42	锌	Zn	65.39
锗	Ge	72.61	镨	Pr	140.91	锆	Zr	91.224
氢	H	1.0079	铂	Pt	195.08			
氦	He	4.0026	镭	Ra	226.03			

附录 2　常用酸碱的密度和浓度

名称	相对密度	质量分数/%	浓度/(mol/L)
盐酸	1.18～1.19	36～38	11.6～12.4
硫酸	1.83～1.84	95～98	17.8～18.4
硝酸	1.39～1.40	65～68	14.4～15.2
磷酸	1.69	85	14.6
冰醋酸	1.05	99.8(GR)，99.0(AR、CP)	17.4
高氯酸	1.68	70.0～72.0	11.7～12.0
氢氟酸	1.13	40	22.5
氢溴酸	1.49	47.0	8.6
氨水	0.90	25.0～28.0	13.3～14.8

附录 3　常用酸碱指示剂

指示剂	变色范围为 pH	颜色变化	pK_{Hin}	配制方法
百里酚蓝	1.2～2.8	红～黄	1.7	0.1g 溶于少量水及 20mL 乙醇，稀释至 100mL
甲基黄	2.9～4.0	红～黄	3.3	0.1g 溶于 90mL 乙醇，稀释至 100mL
甲基橙	3.1～4.4	红～黄	3.4	0.5g 溶于 100mL 水
溴酚蓝	3.0～4.6	黄～紫	4.1	0.1g 溶于 100mL 乙醇或其钠盐水溶液
溴甲酚绿	4.0～5.6	黄～蓝	4.9	0.1g 溶于含 20mL 乙醇的 100mL 水溶液或其钠盐水溶液
甲基红	4.6～6.2	红～黄	5.0	0.1g 溶于含 20mL 乙醇的 100mL 水溶液或其钠盐水溶液
中性红	6.8～8.0	红～黄橙	7.4	0.1g 溶于含 60mL 乙醇的 100mL 水溶液
酚酞	8.0～10.0	无～红	9.1	0.1g 溶于含 90mL 乙醇的 100mL 水溶液
百里酚酞	9.4～10.6	黄～蓝	8.9	0.1g 溶于含 20mL 乙醇的 100mL 水溶液

续表

指示剂	变色范围为 pH	颜色变化	pK_{Hin}	配制方法
百里酚蓝	8.0～9.6	无～蓝	10.0	0.1g 溶于含 90mL 乙醇的 100mL 溶液

附录4 缓 冲 溶 液

附表 4-1 常用缓冲溶液

pH	配制方法
0	1mol/L HCl
1.0	0.1mol/L HCl
2.0	0.01mol/L HCl
3.6	NaAc 5g，溶于适量水中，加冰醋酸 48mL，稀释至 500mL
4.0	NaAc 16g，溶于适量水中，加冰醋酸 60mL，稀释至 500mL
4.5	NaAc 30g，溶于适量水中，加冰醋酸 30mL，稀释至 500mL
5.0	NaAc 60g，溶于适量水中，加冰醋酸 30mL，稀释至 500mL
5.7	NaAc 50g，溶于适量水中，加 6mol/L HAc 12mL，稀释至 500mL
7.0	NH_4Ac 77g 溶于适量水中，稀释至 500mL
7.5	NH_4Cl 66g，溶于适量水中，加 15mol/L 氨水 1.4mL，稀释至 500mL
8.0	NH_4Cl 50g，溶于适量水中，加 15mol/L 氨水 3.5mL，稀释至 500mL
8.5	NH_4Cl 40g，溶于适量水中，加 15mol/L 氨水 8.8mL，稀释至 500mL
9.0	NH_4Cl 35g，溶于适量水中，加 15mol/L 氨水 24mL，稀释至 500mL
9.5	NH_4Cl 30g，溶于适量水中，加 15mol/L 氨水 65mL，稀释至 500mL
10.0	NH_4Cl 27g，溶于适量水中，加 15mol/L 氨水 175mL，稀释至 500mL
10.5	NH_4Cl 8g，溶于适量水中，加 15mol/L 氨水 175mL，稀释至 500mL
11.0	NH_4Cl 3g，溶于适量水中，加 15mol/L 氨水 207mL，稀释至 500mL
12.0	0.01mol/L NaOH
13.0	0.1mol/L NaOH

附表 4-2 标准缓冲溶液在不同温度下的 pH

温度 t/℃	0.05mol/L 草酸三氢钾	饱和酒石酸氢钾	0.05mol/L 邻苯二甲酸氢钾	0.025mol/L KH_2PO_4-0.025mol/L Na_2HPO_4	0.08695mol/L KH_2PO_4-0.03403mol/L Na_2HPO_4	0.01mol/L 硼砂
0	1.668	—	4.006	6.981	—	9.458
10	1.670	—	3.998	6.923	7.472	9.332
15	1.672	—	3.999	6.900	7.448	9.276
20	1.675	—	4.002	6.881	7.429	9.225

续表

温度 t/℃	0.05mol/L 草酸三氢钾	饱和酒石酸氢钾	0.05mol/L 邻苯二甲酸氢钾	0.025mol/L KH_2PO_4-0.025mol/L Na_2HPO_4	0.08695mol/L KH_2PO_4-0.03403mol/L Na_2HPO_4	0.01mol/L 硼砂
25	1.679	3.559	4.008	6.865	7.413	9.180
30	1.683	3.551	4.015	6.853	7.400	7.139
40	1.694	3.547	4.035	6.838	7.380	9.068
50	1.707	3.555	4.060	6.833	7.367	9.011
60	1.723	3.573	4.091	6.836	—	8.962

附表 4-3　氯化钾-盐酸缓冲溶液

0.2mol/L 氯化钾/mL	50	50	50	50	50	50	50
0.2mol/L 盐酸/mL	97.0	64.5	41.5	26.3	16.6	10.6	6.7
水/mL	53.0	85.5	108.5	123.7	133.4	139.4	143.3
pH(20℃)	1.0	1.2	1.4	1.6	1.8	2.0	2.2

附表 4-4　邻苯二甲酸氢钾-盐酸缓冲溶液

0.2mol/L 邻苯二甲酸氢钾/mL	50	50	50	50	50	50	50	50	50
0.2mol/L 盐酸/mL	46.70	39.60	32.95	26.42	20.32	14.70	90.90	5.97	2.63
水/mL	103.30	110.40	117.05	123.58	129.68	135.30	140.10	144.03	147.37
pH(20℃)	2.2	2.4	2.6	2.8	3.0	3.2	3.4	3.6	3.8

附表 4-5　邻苯二甲酸氢钾-氢氧化钠缓冲溶液

0.2mol/L 邻苯二甲酸氢钾/mL	50	50	50	50	50	50	560	50	50	50	50	50
0.2mol/L 氢氧化钠/mL	3.72	5.70	8.60	12.60	17.80	23.65	29.63	35.00	39.50	42.80	45.20	46.80
水/mL	149.60	146.30	142.50	137.85	132.20	126.15	120.05	114.55	110.15	107.00	104.55	103.00
pH(20℃)	4.0	4.2	4.4	4.6	4.8	5.0	5.2	5.4	5.6	5.8	6.0	6.2

附表 4-6　磷酸二氢钾-氢氧化钠缓冲溶液

0.1mol/L 氢氧化钠/mL	3.66	5.64	8.55	12.60	17.74	23.60	29.54	34.90	39.34	42.74	45.17	46.85
0.2mol/L 磷酸二氢钾/mL	25mL											
水/mL	加至 100mL											
pH(20℃)	5.8	6.0	6.2	6.4	6.6	6.8	7.0	7.2	7.4	7.6	7.8	8.0

附表 4-7　硼砂-盐酸缓冲溶液

0.2mol/L 硼砂/mL	10.0	9.5	9.0	8.5	8.0	7.5	7.0	6.5	6.0	5.75	5.5	5.25
0.1mol/L 盐酸/mL	0.0	0.5	1.0	1.5	2.0	2.5	3.0	3.5	4.0	4.25	4.5	4.75
pH(20℃)	9.23	9.15	9.07	8.99	8.89	8.79	8.67	8.49	8.27	8.13	7.93	7.61

附表 4-8　硼砂-氢氧化钠缓冲溶液

0.2mol/L 硼砂/mL	10	9	8	7	6	5
0.1mol/L 氢氧化钠/mL	0	1	2	3	4	5
pH (20℃)	9.23	9.35	9.48	9.66	9.94	11.04

附表 4-9　乙酸-乙酸钠缓冲溶液

0.1mol/L 乙酸/mL	32	16	8	4	2	1	1	1	1	1	1
0.1mol/L 乙酸钠/mL	1	1	1	1	1	1	2	4	8	16	32
pH	3.19	3.5	3.8	4.1	4.4	4.7	5.0	5.3	5.6	5.9	6.22

附表 4-10　磷酸二氢钾-磷酸氢二钠缓冲溶液

1/30mol/L 磷酸二氢钾/mL	32	16	8	4	2	1	1	1	1	1	1
1/30mol/L 磷酸氢二钠/mL	1	1	1	1	1	1	2	4	8	16	32
pH	5.2	5.5	5.8	6.1	6.4	6.7	7.0	7.3	7.7	8.0	8.3

附表 4-11　氯化铵-氨水缓冲溶液

0.1mol/L 氯化铵/mL	32	16	8	4	2	1	1	1	1	1	1
0.1mol/L 氨水/mL	1	1	1	1	1	1	2	4	8	16	32
pH	8.0	8.3	8.58	8.89	9.1	9.5	9.8	10.1	10.4	10.7	11.0

附表 4-12　碳酸钠-碳酸氢钠缓冲溶液

0.2mol/L 碳酸钠/mL	2.5	4.0	5.0	6.0	7.5	9.0	10.0
0.2mol/L 碳酸氢钠/mL	7.5	6.0	5.0	4.0	2.5	1.0	0
pH	9.47	9.73	9.90	10.08	10.35	10.77	11.54

附录 5　常见化合物的摩尔质量

化合物	摩尔质量/(g/mol)	化合物	摩尔质量/(g/mol)	化合物	摩尔质量/(g/mol)
Ag_3AsO_4	462.52	$AgNO_3$	169.87	As_2O_3	197.84
AgBr	187.77	$AlCl_3$	133.34	As_2O_5	229.84
AgCl	143.22	$AlCl_3 \cdot 6H_2O$	241.43	$BaCO_3$	197.34
AgCN	133.89	Al_2O_3	101.96	BaC_2O_4	225.35
Ag_2CrO_4	331.73	$Al(OH)_3$	78.00	$BaCl_2$	208.24
AgI	234.77	$Al_2(SO_4)_3$	342.14	$BaCl_2 \cdot 2H_2O$	244.27

续表

化合物	摩尔质量/(g/mol)	化合物	摩尔质量/(g/mol)	化合物	摩尔质量/(g/mol)
$BaCrO_4$	253.32	$FeSO_4 \cdot 7H_2O$	278.01	$KHC_2O_4 \cdot H_2O$	146.14
BaO	153.33	$FeSO_4 \cdot (NH_4)_2SO_4 \cdot 6H_2O$	392.13	$KHC_2O_4 \cdot H_2C_2O_4 \cdot 2H_2O$	254.19
$Ba(OH)_2$	171.34	H_3AsO_3	125.94	$KHC_4H_4O_6$	188.18
$BaSO_4$	233.39	H_3AsO_4	141.94	KI	166.00
$BiCl_3$	315.34	H_3BO_3	61.83	KIO_3	214.00
$BiOCl$	260.43	HBr	80.912	$KMnO_4$	158.03
$CaCO_3$	100.09	HCN	27.026	KNO_2	85.104
CaC_2O_4	128.10	$H_2C_4H_4O_6$(酒石酸)	150.09	KNO_3	101.10
$CaCl_2$	110.99	H_2CO_3	62.025	K_2O	94.196
$Ca(NO_3)_2 \cdot 4H_2O$	236.15	$H_2C_2O_4$	90.035	KOH	56.106
CaO	56.08	HCl	36.461	K_2SO_4	174.25
$Ca(OH)_2$	74.09	HF	20.006	$MgCO_3$	84.314
$Ca_3(PO_4)_2$	310.18	HI	127.91	$MgCl_2$	95.211
$CaSO_4$	136.14	HNO_2	47.013	$MgNH_4PO_4$	137.32
$CdCO_3$	172.42	HNO_3	63.013	MgO	40.304
$CdCl_2$	183.32	H_2O	18.015	$Mg(OH)_2$	58.32
CdS	144.47	H_2O_2	34.015	$Mg_2P_2O_7$	222.55
$Ce(SO_4)_2 \cdot 4H_2O$	404.30	H_3PO_4	97.995	MnO	70.937
$CoCl_2$	129.84	H_2S	34.08	MnO_2	86.937
$Co(NO_3)_2$	132.94	H_2SO_3	82.07	MnS	87.00
CoS	90.99	H_2SO_4	98.07	$MnSO_4$	151.00
$CoSO_4$	154.99	$HgCl_2$	271.50	NO	30.006
$CrCl_3$	158.35	Hg_2Cl_2	472.09	NO_2	46.006
$Cr(NO_3)_3$	238.01	$KAl(SO_4)_2 \cdot 12H_2O$	474.38	NH_3	17.03
Cr_2O_3	151.99	$KB(C_6H_5)_4$	358.33	NH_4Cl	53.491
CuO	79.545	KBr	119.00	$(NH_4)_2CO_3$	96.086
$CuSO_4$	159.60	$KBrO_3$	167.00	$(NH_4)_2C_2O_4$	124.10
$Cu(NO_3)_2$	187.56	KCl	74.551	NH_4NO_3	80.043
CH_3OH	32.04	$KClO_3$	122.55	$(NH_4)_2SO_4$	132.13
CH_3COOH	60.052	$KClO_4$	138.55	$(NH_4)_2HPO_4$	132.06
$C_6H_4COOHCOOK$	204.23	KCN	65.116	$(NH_4)_2MoO_4$	196.01
CO_2	44.01	$KSCN$	97.18	$(NH_4)_2VO_3$	116.98
$FeCl_3$	162.21	K_2CO_3	138.21	$Na_2B_4O_7$	201.22
$FeCl_3 \cdot 6H_2O$	270.30	K_2CrO_4	194.19	$Na_2B_4O_7 \cdot 10H_2O$	381.37
Fe_2O_3	159.69	$K_2Cr_2O_7$	294.18	$NaBiO_3$	279.97
FeO	71.846	$K_3Fe(CN)_6$	329.25	$NaCN$	49.007
$FeSO_4$	151.90	$K_4Fe(CN)_6$	368.35	$NaSCN$	81.07

续表

化合物	摩尔质量/(g/mol)	化合物	摩尔质量/(g/mol)	化合物	摩尔质量/(g/mol)
Na_2CO_3	105.99	P_2O_5	141.94	SnO_2	150.71
NaCl	58.443	$PbCO_3$	267.20	SnS	150.776
NaClO	74.442	PbC_2O_4	295.22	$SrCO_3$	147.65
$NaHCO_3$	84.007	$PbCl_2$	278.10	SrC_2O_4	175.64
$Na_2HPO_4 \cdot 12H_2O$	358.14	$PbCrO_4$	323.20	$SrCrO_4$	203.61
$Na_2H_2Y \cdot 2H_2O$	372.24	$Pb(CH_3COO)_2$	325.30	$Sr(NO_3)_2$	211.63
$NaNO_2$	68.995	$Pb(CH_3COO)_2 \cdot 3H_2O$	379.30	$Sr(NO_3)_2 \cdot 4H_2O$	283.69
$NaNO_3$	84.995	$Pb(NO_3)_2$	331.20	$SrSO_4$	183.68
Na_2O	61.979	PbO	223.20	$UO_2(CH_3COO)_2 \cdot 4H_2O$	424.15
Na_2O_2	77.978	PbO_2	239.20	TiO_2	79.88
Na_3PO_4	163.94	PbS	239.30	WO_3	231.85
Na_2S	78.04	$PbSO_4$	303.30	$ZnCO_3$	125.39
$Na_2S \cdot 9H_2O$	240.18	SO_2	64.06	ZnC_2O_4	153.40
NaOH	39.997	SO_3	80.06	$ZnCl_2$	136.29
Na_2SO_3	126.04	$SbCl_3$	228.11	$Zn(CH_3COO)_2$	183.47
Na_2SO_4	142.04	$SbCl_5$	299.02	$Zn(CH_3COO)_2 \cdot 2H_2O$	219.50
$Na_2S_2O_3$	158.10	Sb_2O_3	291.50	$Zn(NO_3)_2$	189.39
$Na_2S_2O_3 \cdot 5H_2O$	248.17	Sb_2S_3	339.68	$Zn(NO_3)_2 \cdot 6H_2O$	297.48
$NiC_2H_{14}O_4N_4$ (丁二酮肟镍)	288.92	SiF_4	104.08	ZnO	81.38
$NiCl_2 \cdot 6H_2O$	237.69	SiO_2	60.084	ZnS	97.44
$Ni(NO_3)_2 \cdot 6H_2O$	290.79	$SnCl_2$	189.62	$ZnSO_4$	161.44
NiO	74.69	$SnCl_2 \cdot 2H_2O$	225.65	$ZnSO_4 \cdot 7H_2O$	287.54
NiS	90.75	$SnCl_4$	260.52		
$NiSO_4 \cdot 7H_2O$	280.85	$SnCl_4 \cdot 5H_2O$	350.596		

附录6 常用熔剂、坩埚、试剂用量及适用对象

熔剂		用量(倍)	适用坩埚							熔剂性质及适用对象
			铂	铁	镍	银	瓷	刚玉	石英	
碱性熔剂	无水 $Na_2CO_3(K_2CO_3)$	6～8	+	+	+	–	–	+	–	分解硅酸盐、难溶性硫酸盐、酸性矿渣、耐火材料等
	$NaHCO_3$	12～14	+	+	+	–	–	+	–	同上
	NaOH(KOH)	8～10	–	+	+	+	–	–	–	分解黏土、粉煤灰、玻璃、水泥及原料等硅酸盐样品

续表

	熔剂	用量(倍)	适用坩埚							熔剂性质及适用对象
			铂	铁	镍	银	瓷	刚玉	石英	
碱性熔剂	Na_2CO_3：K_2CO_3 (1+1)	6～8	+	+	+	−	−	+	−	分解不溶性矿渣、黏土、耐火材料、难溶性硫酸盐
	Na_2CO_3：KNO_3 (6+0.5)	8～10	+	+	+	−	−	+	−	测定矿石中全 S、As、Cr、V，分离钒、铬矿物中 Ti
	Na_2CO_3：Na_3BO_3 (3+2)	10～12	+	−	−	−	+	+	+	用于分解铬铁矿、钛铁矿
	Na_2CO_3：MgO (2+1)	10～14	+	+	+	−	+	+	+	聚附剂，分解铁合金、铬铁矿(测定 Cr、Mn)
	Na_2CO_3：MgO (1+2)	4～10	+	+	+	−	+	+	+	聚附剂，测定煤中 S，分解铁合金
	Na_2CO_3：ZnO (2+1)	8～10	−	−	−	−	+	+	+	碱性氧化熔剂(聚附剂)，测定矿石中 S
	Na_2CO_3：S (1+1)	8～12	−	−	−	−	+	+	+	碱性硫化熔剂，分解有色金属矿石焙烧后产品，由 Pb、Cu 和 Ag 中分离 Mo、Sb、As、Sn 以及 Ti 和 V 的分离
	$KNaCO_3$：酒石酸钾 (4+1)	8～10	+	−	−	−	+	+	−	碱性还原熔剂，分离 Cr 与 V_2O_5
	Na_2O_2	6～8	−	+	+	−	−	+	−	用于测定矿石和铁合金中 S、Cr、V、Mn、Si、P、W、Mo 等
	Na_2O_2：Na_2CO_3 (5+1)	6～8	−	+	+	+	−	+	−	同上
	NaOH：$NaNO_3$ (6+0.5)	4～6	−	+	+	+	−		−	碱性氧化熔剂，用来代替 Na_2O_2
	Na_2CO_3：$Na_2B_4O_7$ (2+1)	5～10	+	−	−	−	−	+	−	分解耐火材料及原料，如黏土、Al_2O_3、铝土矿、高铝质半硅质耐火材料、锆刚玉、铬矿渣、灼烧氧化物、高铝质瓷及釉料等试样
	$KNaCO_3$：$Na_2B_4O_7$ (3+2)	10～12	+	−	−	−	+	+	+	碱性氧化熔剂，用于分解铬铁矿、钛铁矿等
	Na_2CO_3	0.6～1	+			−	−	−	−	半熔法一般是在铂坩埚中，用于石灰石、白垩土、水泥生料的系统分析
	Na_2CO_3：粉末结晶硫黄 (1+1)	8～12	−	−	−	−	+	+	+	碱性硫化熔剂，用于分解有色金属矿石焙烧后产品，分离 Ti 和 V；由 Pb、Cu 和 Ag 中分离 Mo、Sb、As、Sn
酸性熔剂	$KHSO_4$	12～14	+	−	−	−	+	−	+	熔融 Ti、Al、Fe、Cu 的氧化物，分解硅酸盐以测定 SiO_2，分解钨矿石以分离 W 和 Si
	$K_2S_2O_7$	8～12	+	−	−	−	+	−	+	分解铬铁矿、刚玉、磁铁矿、红宝石、钛的氧化物、中性或碱性耐火材料等
	B_2O_3	5～8	+	−	−	−	−	−	−	分解硅酸盐以测定碱金属
	$LiBO_2$	3～5	+							可以分解多种硅酸盐矿物(包括许多难熔矿物)，如氧化铝、铬铁矿、钛铁矿等
	KHF_2：$K_2S_2O_7$ (1+10)	8～10	+	−	−	−	−	−	−	分解锆矿石

注：+表示可以使用，−表示不宜使用；试剂用量倍数指相对于试样质量；近年来采用聚四氟乙烯坩埚代替铂器皿用于氢氟酸溶样。

附录 7 常用掩蔽剂

<table>
<tr><th>掩蔽剂</th><th>反应条件</th><th>被掩蔽部分</th><th colspan="2">说明</th></tr>
<tr><td rowspan="2">F^-</td><td rowspan="2">HF(浓)
pH 2～13</td><td>Bi、Ti(Ⅳ)、Si(Ⅳ)、Nb、Ta、Be、Al、Fe、Th、Zr、Hf、W(Ⅵ)</td><td>配合物较稳定</td><td rowspan="2">浓氢氟酸易挥发，液态 HF 19℃沸腾</td></tr>
<tr><td>Ca、Mg、Th、稀土</td><td>微溶性化合物</td></tr>
<tr><td rowspan="3">I^-</td><td rowspan="3">pH<8，抗坏血酸共存</td><td>Ag、Hg、Cd、Cu(Ⅰ)、Pb</td><td colspan="2">配位作用或形成沉淀</td></tr>
<tr><td>Au、Bi、Pd、Pt、Sb、Se、Sn、Te</td><td colspan="2">配位作用或还原作用</td></tr>
<tr><td>NO_2^-、Ce(Ⅳ)、Cr(Ⅵ)，其他氧化剂</td><td colspan="2">还原作用</td></tr>
<tr><td rowspan="2">CN^-</td><td rowspan="2">pH>9</td><td>Ag、Cd、Co、Cu、Fe、Hg、Mn、Ni、Pd、Pt、Tl、Zn</td><td colspan="2">pH<9 时，显著释放出 HCN，剧毒：加热氰化物溶液可迅速分解</td></tr>
<tr><td>a. Cu、Co、Ni、Hg 能用氰化物掩蔽
b. Zn、Cd 氰化物掩蔽后，可被甲醛解蔽
c. Ca、Mg、Pb、稀土不被氰化物掩蔽</td><td colspan="2">pH 10，用 KCN 掩蔽 a、b 两组离子，用 EDTA 滴定 c 组离子；加入甲醛，b 组离子被解蔽，滴定 b 组离子；不加掩蔽剂测定总量，差减得 a 组离子含量</td></tr>
<tr><td>NH_3</td><td>pH 8～10</td><td>Cu、Co、Ni、Pd、Au、Ag、Cd、Zn、Pt</td><td colspan="2">常与 NH_4Cl 及 NH_4NO_3 同用</td></tr>
<tr><td>$(MPO_3)_n$、$P_2O_7^{4-}$、PO_4^{3-}</td><td>pH 3～6</td><td>Ag、Mg、Ca、Sr、Ba、Cu、Ni、Pb、Zn、Al、Fe、Ce、Cr(Ⅲ)、Ti、Th、Zr、V(Ⅴ)、Mo(Ⅵ)、W(Ⅵ)</td><td colspan="2">聚磷酸盐在强酸中分解，最后转化成 PO_4^{3-}</td></tr>
<tr><td>$S_2O_3^{2-}$</td><td>pH 4～8</td><td>Cu、Ag、Hg、Pb、Bi、Co、Pd、Sb(Ⅲ)、Fe(Ⅲ)、Au、Cd、As(Ⅲ)、Cr(Ⅲ)</td><td colspan="2">试剂在强碱中易被氧化，pH<4，分解析出硫</td></tr>
<tr><td rowspan="2">SCN^-</td><td rowspan="2">中性或稀硝酸介质</td><td>Ag、Hg、Cu、Pb、Cd、Co</td><td>沉淀作用</td><td rowspan="2">试剂在强酸性溶液中不稳定</td></tr>
<tr><td>Fe、Pd、Zn、Mo、Bi、Au、In、Ir、Ni、Os、Pt、V</td><td>配位和沉淀作用</td></tr>
<tr><td rowspan="4">H_2O_2</td><td rowspan="2">pH 1.5～3</td><td>Co、Zr、Nb、Ta、Ti(Ⅳ)、V(Ⅴ)、Mo(Ⅵ)、W(Ⅵ)、U(Ⅵ)</td><td colspan="2">配位作用</td></tr>
<tr><td>Fe(Ⅲ)、Cr(Ⅵ)、IO_3^-</td><td colspan="2" rowspan="3">还原作用</td></tr>
<tr><td>pH 2</td><td>$Fe(CN)_6^{3-}$</td></tr>
<tr><td>碱性介质</td><td>MnO_4^{2-}</td></tr>
<tr><td>乙酰丙酮</td><td>pH 1.5～10</td><td>Co、Hg、Cu、Be、Pb、Mn、Zn、Fe(Ⅲ)、Al、Ga、In、Sn、Ti(Ⅳ)、Zr、Th、U</td><td colspan="2">配位作用，可用于萃取</td></tr>
</table>

续表

掩蔽剂	反应条件	被掩蔽部分	说明
柠檬酸	pH 7.5～10 或强碱性	Be、Mg、Ca、Sr、Ba、Cd、Co、Cu、Mn(Ⅱ)、Ni、Pb、Pd、Zn、Al、Sc、Ga、Sn(Ⅳ)、Ti、Th、Zr、Nb、Ta、As、Sb、Mo(Ⅵ)、W(Ⅵ)	近中性时掩蔽 Bi^{3+}、Cr^{3+}、Fe^{3+}、Sn(Ⅳ)、Th(Ⅳ)、Ti(Ⅳ)、U(Ⅵ)、Zr(Ⅳ)，EDTA 滴定 Cu^{2+}、Hg^{2+}、Cd^{2+}、Pb^{2+}、Zn^{2+}
酒石酸	pH 7.5～10 或强碱性	Mg、Ca、Sr、Ba、Cd、Co、Cu、Pb、Zn、Al、Sc、Sn(Ⅳ)、Ti(Ⅳ)、Zr、Sb、W(Ⅵ)、U(Ⅵ)、La	氨性溶液中掩蔽 Fe^{3+}、Al^{3+}后，EDTA 滴定 Mn^{2+}、Ca^{2+}、Mg^{2+}，中性中掩蔽三、四价金属离子
草酸	pH 4～9	Ca、Mg、Cd、Co、Zn、Mn(Ⅱ)、Fe(Ⅲ)、Al、Cr、In、La、V(Ⅳ)、Sn(Ⅳ)、Mo(Ⅵ)、W(Ⅵ)	配位作用，稀土及部分碱土金属草酸盐沉淀
磺基水杨酸	pH 2～3	Be、Ni、Mn(Ⅱ)、Co、Cu、Fe、Zn、Al、Ce(Ⅲ)、Bi、Ga、RE、Ti、Zr、U(Ⅳ)、Th	常用于酸性溶液中掩蔽 Al^{3+}、Th^{4+}、Zr^{4+}等
乳酸	pH 5～5.5	Sb(Ⅲ)、Sn(Ⅳ)、Ti	
邻二氮菲	pH 2～9	Cd、Co、Cu、Fe、Hg、Mn(Ⅱ)、Ni、Zn、Pt 系金属	
乙二胺及 同系物	碱性	Cu、Ni、Co、Zn、Cd、Hg	
三乙醇胺 (TEA)	pH 9～12	Fe(Ⅲ)、Al、Ti(Ⅳ)、Sn(Ⅳ)、少量 Mn(Ⅱ)、Hg、Co、Pb、Pd、Zn、Cr、In、Tl(Ⅲ)、Sb(Ⅲ)、Ti、Sn、Th、Zr	TEA 常用于碱性溶液中掩蔽 Fe^{3+}、Al^{3+}、Ti(Ⅳ)、Mn^{2+}，但应先在酸性溶液中加入
EDTA	pH 8～12	除碱金属外的大多数金属离子	对 Ag^{+}、Tl^{+}、Hg^{2+}、Be^{2+}、Sb^{3+}的掩蔽能力小
硫脲	pH 1～6	Ag、Au、Cu、Hg、Pd、Fe、Bi、In、Pt、Os、Ir、Rh、Ru、Tl(Ⅲ)	
二巯基丙醇	pH 8～10	Hg、Cd、Co、Cu、Mn、Pb、Zn、Fe(Ⅲ)、Al、Sb、Sn	
二巯基丙烷 磺酸钠	pH 8～10 或强碱性	Hg、Cd、Co、Pb、Zn、Fe、As、Sb、Sn、Ga、In、Tl	
氨羧乙酸	pH 2～6	Cd、Co、Cu、Ni、Hg、Pb、Fe、Zn	锌配合物可被 EDTA 置换
	pH 2～3	Bi、In、Tl(Ⅲ)	
α-氨羧 丙酸铵	pH 5～6	Ag、Hg、Cd、Co、Cu、Fe、Ni、Bi、Sn、Pb	
巯基乙酸	pH 5～6	Ag、Hg、Co、Cd、Cu、Ni、Pd、Pb、Zn、Bi、In、Fe、Sb、Tl(Ⅲ)、Re、Sn、V、Mo(Ⅵ)、U(Ⅵ)	
抗坏血酸	pH 5～6	Cu(Ⅱ)、Fe(Ⅲ)、V(Ⅴ)、Ce(Ⅳ)、Te(Ⅵ)、Cr(Ⅵ)、Mo(Ⅵ)、W(Ⅵ)	还原作用

附录 8　气体容量法测定碳的温度、气压补正系数

附表 8-1　本表用氯化钠酸性溶液作封闭液

(1mbar= 0.750mmHg，1bar=10^5Pa)

t/℃ p/mbar	15	16	17	18	19	20	21	22	23	24	25	26	27	28	29	30	31	32	33	34	35
908	0.899	0.895	0.891	0.887	0.883	0.879	0.875	0.870	0.866	0.862	0.858	0.854	0.849	0.845	0.840	0.836	0.832	0.827	0.822	0.818	0.813
910	0.901	0.897	0.893	0.889	0.885	0.881	0.876	0.872	0.868	0.864	0.860	0.856	0.851	0.847	0.842	0.838	0.834	0.829	0.824	0.819	0.815
912	0.903	0.899	0.895	0.891	0.887	0.883	0.873	0.874	0.870	0.866	0.862	0.857	0.853	0.849	0.844	0.840	0.835	0.831	0.826	0.821	0.817
914	0.905	0.901	0.897	0.893	0.889	0.885	0.880	0.876	0.872	0.868	0.864	0.859	0.855	0.851	0.846	0.842	0.837	0.833	0.828	0.823	0.819
916	0.907	0.903	0.899	0.895	0.891	0.887	0.882	0.878	0.874	0.870	0.866	0.861	0.857	0.853	0.848	0.844	0.839	0.835	0.830	0.825	0.821
918	0.909	0.905	0.901	0.897	0.893	0.889	0.884	0.880	0.876	0.872	0.868	0.863	0.859	0.854	0.850	0.846	0.841	0.836	0.832	0.827	0.822
920	0.911	0.907	0.903	0.899	0.895	0.891	0.886	0.882	0.878	0.874	0.869	0.865	0.861	0.856	0.852	0.847	0.843	0.838	0.834	0.829	0.824
926	0.917	0.913	0.909	0.905	0.901	0.896	0.892	0.888	0.884	0.880	0.875	0.871	0.867	0.862	0.858	0.853	0.849	0.844	0.839	0.834	0.830
928	0.919	0.915	0.911	0.907	0.903	0.898	0.894	0.890	0.886	0.882	0.877	0.873	0.869	0.864	0.860	0.855	0.851	0.846	0.841	0.836	0.832
930	0.921	0.917	0.913	0.909	0.905	0.900	0.896	0.892	0.888	0.884	0.879	0.875	0.870	0.866	0.861	0.857	0.853	0.848	0.848	0.838	0.834
934	0.925	0.921	0.917	0.913	0.909	0.904	0.900	0.896	0.892	0.887	0.883	0.879	0.874	0.870	0.865	0.861	0.856	0.852	0.847	0.842	0.837
936	0.927	0.923	0.919	0.915	0.911	0.906	0.902	0.898	0.894	0.889	0.885	0.881	0.876	0.872	0.867	0.863	0.858	0.854	0.849	0.844	0.839
938	0.929	0.925	0.921	0.917	0.912	0.908	0.904	0.900	0.896	0.891	0.887	0.883	0.878	0.874	0.869	0.865	0.860	0.855	0.851	0.84	0.841
942	0.933	0.929	0.925	0.920	0.916	0.912	0.908	0.904	0.899	0.895	0.891	0.887	0.882	0.878	0.873	0.868	0.864	0.859	0.854	0.850	0.845
946	0.937	0.933	0.929	0.924	0.920	0.916	0.912	0.908	0.903	0.899	0.895	0.890	0.886	0.881	0.877	0.872	0.868	0.863	0.858	0.853	0.849
950	0.941	0.937	0.933	0.928	0.924	0.920	0.916	0.912	0.907	0.903	0.899	0.894	0.890	0.885	0.881	0.876	0.872	0.867	0.862	0.857	0.852
952	0.943	0.939	0.935	0.930	0.926	0.922	0.918	0.914	0.909	0.905	0.900	0.896	0.892	0.887	0.882	0.878	0.873	0.869	0.864	0.859	0.854
954	0.945	0.941	0.937	0.932	0.928	0.924	0.920	0.915	0.911	0.907	0.902	0.898	0.894	0.889	0.884	0.880	0.875	0.871	0.866	0.861	0.856

续表

t/℃ p/mbar	15	16	17	18	19	20	21	22	23	24	25	26	27	28	29	30	31	32	33	34	35
958	0.949	0.945	0.941	0.936	0.932	0.928	0.924	0.919	0.915	0.911	0.906	0.902	0.897	0.893	0.888	0.884	0.879	0.874	0.869	0.865	0.855
960	0.951	0.947	0.943	0.938	0.934	0.930	0.926	0.921	0.917	0.913	0.908	0.904	0.899	0.895	0.890	0.886	0.881	0.876	0.871	0.867	0.862
962	0.953	0.949	0.945	0.940	0.936	0.932	0.928	0.923	0.919	0.915	0.910	0.906	0.901	0.897	0.892	0.887	0.883	0.878	0.873	0.868	0.864
966	0.957	0.953	0.948	0.944	0.940	0.936	0.932	0.927	0.923	0.919	0.914	0.910	0.905	0.900	0.896	0.891	0.887	0.882	0.877	0.872	0.867
968	0.959	0.955	0.950	0.946	0.942	0.938	0.934	0.929	0.925	0.921	0.916	0.912	0.907	0.903	0.898	0.893	0.889	0.884	0.879	0.874	0.869
970	0.961	0.957	0.952	0.948	0.944	0.940	0.936	0.931	0.927	0.922	0.918	0.914	0.909	0.904	0.900	0.895	0.890	0.886	0.881	0.876	0.871
974	0.965	0.961	0.956	0.952	0.948	0.944	0.939	0.935	0.931	0.926	0.922	0.917	0.913	0.908	0.904	0.899	0.894	0.890	0.885	0.880	0.875
976	0.967	0.963	0.958	0.954	0.950	0.946	0.941	0.937	0.933	0.928	0.924	0.919	0.915	0.910	0.905	0.901	0.896	0.891	0.886	0.882	0.887
978	0.969	0.965	0.960	0.956	0.952	0.948	0.943	0.939	0.935	0.930	0.926	0.921	0.917	0.912	0.907	0.903	0.898	0.893	0.888	0.883	0.879
982	0.973	0.969	0.964	0.960	0.956	0.952	0.947	0.943	0.939	0.934	0.930	0.925	0.921	0.916	0.911	0.907	0.902	0.897	0.892	0.887	0.882
984	0.975	0.971	0.966	0.962	0.958	0.954	0.949	0.945	0.941	0.936	0.932	0.927	0.922	0.918	0.913	0.908	0.904	0.899	0.894	0.889	0.884
986	0.977	0.973	0.968	0.964	0.960	0.956	0.951	0.947	0.942	0.938	0.934	0.929	0.924	0.920	0.915	0.910	0.906	0.901	0.896	0.891	0.886
990	0.981	0.977	0.972	0.968	0.964	0.960	0.955	0.951	0.946	0.942	0.937	0.933	0.928	0.924	0.919	0.914	0.910	0.905	0.900	0.895	0.890
992	0.983	0.979	0.974	0.970	0.966	0.962	0.957	0.953	0.948	0.944	0.939	0.935	0.930	0.926	0.921	0.916	0.911	0.907	0.902	0.897	0.892
994	0.985	0.981	0.976	0.972	0.968	0.964	0.959	0.955	0.950	0.946	0.941	0.937	0.932	0.927	0.923	0.918	0.913	0.908	0.903	0.898	0.894
998	0.989	0.985	0.980	0.976	0.972	0.968	0.963	0.959	0.954	0.950	0.945	0.941	0.936	0.931	0.927	0.922	0.917	0.912	0.907	0.902	0.898
1000	0.991	0.987	0.982	0.978	0.974	0.969	0.965	0.961	0.956	0.952	0.947	0.943	0.938	0.933	0.928	0.824	0.919	0.914	0.909	0.904	0.899
1002	0.993	0.989	0.984	0.980	0.976	0.971	0.967	0.963	0.958	0.954	0.949	0.945	0.940	0.935	0.930	0.926	0.921	0.916	0.911	0.906	0.901
1006	0.997	0.993	0.988	0.984	0.980	0.975	0.971	0.966	0.962	0.957	0.953	0.948	0.944	0.939	0.934	0.929	0.925	0.920	0.915	0.910	0.905
1008	0.999	0.995	0.990	0.986	0.982	0.977	0.973	0.968	0.964	0.959	0.955	0.950	0.946	0.941	0.936	0.931	0.927	0.922	0.917	0.912	0.907
1010	1.001	0.997	0.992	0.988	0.984	0.979	0.975	0.970	0.966	0.961	0.957	0.952	0.948	0.943	0.938	0.933	0.929	0.924	0.919	0.914	0.909

续表

p/mbar \ t/℃	15	16	17	18	19	20	21	22	23	24	25	26	27	28	29	30	31	32	33	34	35
1014	1.005	1.001	0.996	0.992	0.988	0.983	0.979	0.974	0.970	0.965	0.961	0.956	0.951	0.947	0.942	0.937	0.932	0.927	0.922	0.917	0.913
1016	1.007	1.003	0.998	0.994	0.990	0.985	0.981	0.976	0.972	0.967	0.963	0.958	0.953	0.949	0.944	0.939	0.934	0.929	0.924	0.919	0.914
1018	1.009	1.005	1.000	0.996	0.992	0.987	0.983	0.978	0.974	0.969	0.965	0.960	0.955	0.951	0.946	0.941	0.936	0.931	0.926	0.921	0.916
1022	1.013	1.009	1.004	1.000	0.996	0.991	0.987	0.982	0.978	0.973	0.968	0.964	0.959	0.954	0.950	0.945	0.940	0.935	0.930	0.925	0.920
1024	1.015	1.011	1.006	1.002	0.998	0.993	0.989	0.984	0.980	0.975	0.970	0.966	0.961	0.956	0.951	0.947	0.942	0.937	0.932	0.927	0.922
1026	1.017	1.013	1.008	1.004	1.000	0.995	0.991	0.986	0.982	0.977	0.972	0.968	0.963	0.958	0.953	0.948	0.944	0.939	0.934	0.929	0.924
1030	1.021	1.017	1.012	1.008	1.004	0.999	0.995	0.990	0.985	0.981	0.976	0.972	0.967	0.962	0.957	0.952	0.948	0.943	0.937	0.932	0.928
1032	1.023	1.019	1.014	1.010	1.006	1.001	0.996	0.992	0.987	0.983	0.978	0.974	0.969	0.964	0.959	0.954	0.950	0.945	0.939	0.934	0.929
1034	1.025	1.021	1.016	1.012	1.008	1.003	0.998	0.994	0.989	0.985	0.980	0.975	0.971	0.966	0.961	0.956	0.951	0.946	0.941	0.936	0.931
1038	1.029	1.025	1.020	1.016	1.012	1.007	1.002	0.998	0.993	0.989	0.984	0.979	0.975	0.970	0.965	0.960	0.955	0.950	0.945	0.940	0.935
1040	1.031	1.027	1.022	1.018	1.014	1.009	1.004	1.000	0.995	0.991	0.986	0.981	0.976	0.972	0.967	0.962	0.957	0.952	0.947	0.942	0.937

附表 8-2　本表用 1+1000 硫酸溶液作封闭液

(1mbar= 0.750mmHg，1bar=10^5Pa)

p/mbar \ t/℃	15	16	17	18	19	20	21	22	23	24	25	26	27	28	29	30	31	32	33	34	35
908	0.898	0.894	0.890	0.886	0.881	0.877	0.872	0.868	0.863	0.859	0.854	0.849	0.845	0.840	0.835	0.830	0.825	0.819	0.814	0.809	0.803
910	0.900	0.896	0.892	0.888	0.883	0.879	0.874	0.870	0.865	0.861	0.856	0.851	0.846	0.842	0.837	0.832	0.826	0.821	0.816	0.811	0.805
912	0.902	0.898	0.894	0.890	0.885	0.881	0.876	0.872	0.867	0.863	0.858	0.853	0.848	0.844	0.839	0.834	0.828	0.823	0.818	0.812	0.807
914	0.904	0.900	0.896	0.892	0.887	0.883	0.878	0.874	0.869	0.865	0.860	0.855	0.850	0.845	0.840	0.835	0.830	0.825	0.820	0.814	0.809
916	0.907	0.902	0.898	0.894	0.889	0.885	0.880	0.876	0.871	0.867	0.862	0.857	0.852	0.847	0.842	0.837	0.832	0.827	0.822	0.816	0.811
918	0.909	0.904	0.900	0.896	0.891	0.887	0.882	0.878	0.873	0.869	0.864	0.859	0.854	0.849	0.844	0.839	0.834	0.829	0.824	0.818	0.813
920	0.911	0.906	0.902	0.898	0.893	0.889	0.884	0.880	0.875	0.871	0.866	0.861	0.856	0.851	0.846	0.841	0.836	0.831	0.825	0.820	0.814

续表

t/℃ p/mbar	15	16	17	18	19	20	21	22	23	24	25	26	27	28	29	30	31	32	33	34	35
926	0.917	0.912	0.908	0.904	0.899	0.895	0.890	0.886	0.881	0.876	0.872	0.867	0.862	0.857	0.852	0.847	0.842	0.836	0.831	0.826	0.820
928	0.919	0.914	0.910	0.906	0.901	0.897	0.892	0.888	0.883	0.878	0.874	0.869	0.864	0.859	0.854	0.849	0.844	0.838	0.833	0.828	0.822
930	0.921	0.916	0.912	0.908	0.903	0.899	0.894	0.890	0.885	0.880	0.876	0.871	0.866	0.861	0.856	0.851	0.846	0.840	0.835	0.830	0.824
934	0.925	0.920	0.916	0.912	0.907	0.903	0.898	0.894	0.889	0.884	0.879	0.875	0.870	0.865	0.860	0.855	0.849	0.844	0.839	0.833	0.828
936	0.927	0.922	0.918	0.914	0.909	0.905	0.900	0.896	0.891	0.886	0.881	0.877	0.872	0.867	0.862	0.856	0.851	0.846	0.841	0.835	0.830
938	0.929	0.924	0.920	0.916	0.911	0.907	0.902	0.897	0.893	0.888	0.883	0.879	0.874	0.868	0.864	0.858	0.853	0.848	0.843	0.837	0.832
942	0.933	0.928	0.924	0.920	0.915	0.911	0.906	0.901	0.897	0.892	0.887	0.882	0.878	0.873	0.867	0.862	0.857	0.852	0.846	0.841	0.835
946	0.937	0.932	0.928	0.924	0.919	0.915	0.910	0.905	0.901	0.896	0.891	0.886	0.881	0.876	0.871	0.866	0.861	0.856	0.850	0.845	0.839
950	0.941	0.936	0.932	0.928	0.923	0.918	0.914	0.909	0.905	0.900	0.895	0.890	0.885	0.880	0.875	0.870	0.865	0.859	0.854	0.848	0.843
952	0.943	0.938	0.934	0.930	0.925	0.920	0.916	0.911	0.907	0.902	0.897	0.892	0.887	0.882	0.877	0.872	0.867	0.861	0.856	0.850	0.845
954	0.945	0.940	0.936	0.932	0.927	0.922	0.918	0.913	0.908	0.904	0.899	0.894	0.889	0.884	0.879	0.874	0.868	0.863	0.858	0.852	0.847
958	0.949	0.944	0.940	0.935	0.931	0.926	0.922	0.917	0.912	0.908	0.903	0.898	0.893	0.888	0.883	0.878	0.872	0.867	0.862	0.856	0.850
960	0.951	0.946	0.942	0.938	0.933	0.928	0.924	0.919	0.914	0.910	0.905	0.900	0.895	0.890	0.885	0.880	0.874	0.869	0.863	0.858	0.852
962	0.953	0.948	0.944	0.940	0.935	0.930	0.926	0.921	0.916	0.912	0.907	0.902	0.897	0.892	0.887	0.881	0.876	0.871	0.865	0.860	0.854
966	0.957	0.952	0.948	0.944	0.939	0.934	0.930	0.925	0.920	0.916	0.911	0.906	0.901	0.896	0.891	0.885	0.880	0.875	0.869	0.864	0.858
968	0.959	0.954	0.950	0.946	0.941	0.936	0.932	0.927	0.922	0.917	0.913	0.908	0.903	0.898	0.892	0.887	0.882	0.876	0.871	0.866	0.860
970	0.961	0.957	0.952	0.948	0.943	0.938	0.934	0.929	0.924	0.919	0.914	0.910	0.905	0.900	0.894	0.889	0.884	0.878	0.873	0.867	0.862
974	0.965	0.961	0.956	0.952	0.947	0.942	0.938	0.933	0.928	0.923	0.918	0.913	0.908	0.903	0.898	0.893	0.888	0.882	0.877	0.871	0.865
976	0.967	0.963	0.958	0.954	0.949	0.944	0.940	0.935	0.930	0.925	0.920	0.915	0.910	0.905	0.900	0.895	0.890	0.884	0.879	0.873	0.867
978	0.969	0.965	0.960	0.956	0.951	0.946	0.942	0.937	0.932	0.927	0.922	0.917	0.912	0.907	0.902	0.897	0.891	0.886	0.880	0.875	0.869
982	0.973	0.969	0.964	0.960	0.955	0.950	0.946	0.941	0.936	0.931	0.926	0.921	0.916	0.911	0.906	0.901	0.895	0.890	0.884	0.879	0.873
984	0.975	0.971	0.966	0.962	0.957	0.952	0.948	0.943	0.938	0.933	0.928	0.923	0.918	0.913	0.908	0.903	0.897	0.892	0.886	0.881	0.875

续表

t/℃ p/mbar	15	16	17	18	19	20	21	22	23	24	25	26	27	28	29	30	31	32	33	34	35
986	0.977	0.973	0.968	0.964	0.959	0.954	0.950	0.945	0.940	0.935	0.930	0.925	0.920	0.915	0.910	0.904	0.899	0.894	0.888	0.882	0.877
990	0.981	0.977	0.972	0.968	0.963	0.958	0.953	0.949	0.944	0.939	0.934	0.929	0.924	0.919	0.914	0.908	0.903	0.898	0.892	0.886	0.881
992	0.983	0.979	0.974	0.970	0.965	0.960	0.955	0.951	0.946	0.941	0.936	0.931	0.926	0.921	0.916	0.910	0.905	0.899	0.894	0.888	0.882
994	0.985	0.981	0.976	0.972	0.967	0.962	0.957	0.953	0.948	0.943	0.938	0.933	0.928	0.923	0.917	0.912	0.907	0.901	0.896	0.890	0.884
998	0.989	0.985	0.980	0.976	0.971	0.966	0.961	0.957	0.952	0.947	0.942	0.937	0.932	0.927	0.921	0.916	0.911	0.905	0.900	0.894	0.888
1000	0.911	0.987	0.982	0.978	0.973	0.968	0.963	0.959	0.954	0.949	0.944	0.939	0.934	0.928	0.923	0.918	0.913	0.907	0.901	0.896	0.890
1002	0.993	0.989	0.984	0.979	0.975	0.970	0.965	0.961	0.956	0.951	0.946	0.941	0.936	0.930	0.925	0.920	0.914	0.909	0.903	0.898	0.892
1006	0.997	0.993	0.988	0.983	0.979	0.974	0.969	0.964	0.960	0.955	0.950	0.945	0.939	0.934	0.929	0.924	0.918	0.913	0.907	0.901	0.896
1008	0.999	0.995	0.990	0.985	0.981	0.976	0.971	0.966	0.962	0.957	0.952	0.947	0.941	0.936	0.931	0.926	0.920	0.915	0.909	0.903	0.898
1010	1.001	0.997	0.992	0.987	0.983	0.978	0.973	0.968	0.963	0.959	0.954	0.948	0.943	0.938	0.933	0.928	0.922	0.916	0.911	0.905	0.899
1014	1.005	1.001	0.996	0.991	0.987	0.982	0.977	0.972	0.967	0.962	0.957	0.952	0.947	0.942	0.937	0.931	0.926	0.920	0.915	0.909	0.903
1016	1.007	1.003	0.998	0.993	0.989	0.984	0.979	0.974	0.969	0.964	0.959	0.954	0.949	0.944	0.939	0.933	0.928	0.922	0.917	0.911	0.905
1018	1.009	1.005	1.000	0.995	0.991	0.986	0.981	0.976	0.971	0.966	0.961	0.956	0.951	0.946	0.941	0.935	0.930	0.924	0.918	0.913	0.907
1022	1.013	1.009	1.004	0.999	0.995	0.990	0.985	0.980	0.975	0.970	0.965	0.960	0.955	0.950	0.944	0.939	0.934	0.928	0.922	0.916	0.911
1024	1.015	1.011	1.006	1.001	0.997	0.992	0.987	0.982	0.977	0.972	0.967	0.962	0.957	0.952	0.946	0.941	0.935	0.930	0.924	0.918	0.913
1026	1.018	1.013	1.008	1.003	0.999	0.994	0.989	0.984	0.979	0.974	0.969	0.964	0.959	0.954	0.948	0.943	0.937	0.932	0.926	0.920	0.914
1030	1.022	1.017	1.012	1.007	1.003	0.998	0.993	0.988	0.983	0.978	0.973	0.968	0.963	0.957	0.952	0.947	0.941	0.936	0.930	0.924	0.918
1032	1.024	1.019	1.014	1.009	1.005	1.000	0.995	0.990	0.985	0.980	0.975	0.970	0.965	0.959	0.954	0.949	0.943	0.938	0.932	0.926	0.920
1034	1.026	1.021	1.016	1.011	1.007	1.002	0.997	0.992	0.987	0.982	0.977	0.972	0.967	0.961	0.956	0.950	0.945	0.939	0.934	0.928	0.922
1038	1.030	1.025	1.020	1.015	1.011	1.006	1.001	0.996	0.991	0.986	0.981	0.976	0.970	0.965	0.960	0.954	0.949	0.943	0.938	0.932	0.926
1040	1.032	1.027	1.022	1.017	1.013	1.008	1.003	0.998	0.993	0.988	0.983	0.978	0.972	0.967	0.962	0.956	0.951	0.945	0.939	0.934	0.928

附录9　允许误差

附表 9-1　水泥化学分析结果的允许误差范围

测定项目	允许误差范围/%		测定项目	允许误差范围/%	
	a	b		a	b
	同一实验室	不同实验室		同一实验室	不同实验室
烧失量	0.15	—	游离 CaO(含量<2%)	0.10	—
不溶物(含量<3%)	0.10	0.10	游离 CaO(含量>2%)	0.20	—
不溶物(含量>3%)	0.15	0.20	MgO(含量<2%)	0.15	0.25
SiO_2(基准法)	0.15	0.20	MgO(含量>2%)	0.20	0.30
SiO_2(代用法)	0.20	0.35	K_2O	0.10	0.15
Fe_2O_3	0.15	0.20	Na_2O	0.10	0.15
Al_2O_3	0.20	0.30	SO_3	0.15	0.20
CaO	0.25	0.40	S	0.03	0.05
TiO_2	0.05	0.10	F	0.10	0.15
MnO					

附表 9-2　钠钙硅玻璃化学分析结果的允许误差范围

测定项目	允许误差范围/%		测定项目	允许误差范围/%	
	a	b		a	b
	同一实验室	不同实验室		同一实验室	不同实验室
烧失量	0.06	0.06	CaO	0.10	0.15
SiO_2	0.20	0.25	MgO	0.10	0.15
Al_2O_3	0.06	0.08	K_2O	0.05	0.05
Fe_2O_3	0.01	0.01	Na_2O	0.20	0.25
TiO_2	0.01	0.01	SO_3	0.03	0.03

附表 9-3　碳、硫、磷、锰、硅含量的允许误差

元素	含量/%	允许误差/%	含量/%	允许误差/%
碳	0.0300～0.0500	0.0050	1.001～2.000	0.035
	0.051～0.100	0.010	2.001～3.000	0.045
	0.101～0.250	0.015	3.01～4.00	0.05
	0.251～0.500	0.020	4.00 以上	0.07
	0.501～1.000	0.025		
硫	0.0010～0.0025	0.0003	0.021～0.050	0.004
	0.0026～0.0050	0.0005	0.051～0.100	0.006

续表

元素	含量/%	允许误差/%	含量/%	允许误差/%
硫	0.0051～0.010	0.001	0.101～0.200	0.010
	0.011～0.020	0.002	0.200 以上	0.015
磷	0.0010～0.0025	0.0003	0.031～0.100	0.004
	0.0026～0.0050	0.0005	0.101～0.200	0.008
	0.0051～0.0100	0.0010	0.201～0.400	0.010
	0.0101～0.0300	0.0025	0.401～1.000	0.020
锰	0.0100～0.0250	0.0025	1.01～2.00	0.03
	0.0251～0.050	0.005	2.01～5.00	0.05
	0.051～0.100	0.010	5.01～10.00	0.10
	0.101～0.200	0.015	10.01～20.00	0.14
	0.201～0.500	0.020	20.01～30.00	0.18
	0.501～1.000	0.025		
硅	0.030～0.0500	0.0050	0.501～1.000	0.035
	0.0501～0.100	0.0075	1.01～2.50	0.05
	0.101～0.250	0.017	2.51～4.00	0.06
	0.251～0.500	0.023	4.00 以上	0.07

注：此允许误差仅为保证与判断分析结果的准确度而设，与其他部门不发生任何关系，在平行两份或两份以上试样时，所得分析数据的极差值不超过所载允许误差两倍者(±允许误差以内)，均应认为有效，以求得平均值。用标准试样校验时，结果偏差不得超过所载允许误差。

附录 10　各类试剂的配制

一、普通试剂的配制

普通试剂包括一般酸、碱、盐溶液，缓冲溶液，指示剂溶液，显色剂溶液，掩蔽剂溶液，萃取剂溶液及其他溶液。其浓度多采用体积比、质量浓度(g/L)，间或采用体积分数和物质的量浓度(mol/L)。

(一) 酸溶液

1.1　盐酸(1+1)、(1+2)、(1+4)、(1+5)、(1+9)、(1+19)：将 1 体积盐酸分别以 1、2、4、5、9、19 体积水稀释。

1.2　盐酸(3+97)：将 3 体积浓盐酸以 97 体积水稀释。

1.3　盐酸溶液(0.02mol/L、0.1mol/L、0.5mol/L、2mol/L)：将 0.17mL、0.85mL、4.25mL、17mL 盐酸分别加水稀释至 100mL。

1.4　硝酸(1+1)、(1+2)、(1+4)、(1+6)、(1+9)、(1+10)、(1+20)、(1+40)：将 1 体积硝酸分别以 1、2、4、6、9、10、20、40 体积水稀释。

1.5　硝酸(1mol/L)：将 60mL 硝酸加水稀释至 1L。

1.6　硫酸(1+1)、(1+3)、(1+4)、(1+5)、(1+9)：将 1 体积浓硫酸在不断搅拌下缓慢倒入 1、3、4、5、9 体积水中。

硫酸(5+95)：将 5 体积浓硫酸在不断搅拌下缓慢倒入 95 体积水中。

1.7　磷酸(1+1)、(1+9)：将 1 体积浓磷酸分别以 1、9 体积水稀释。

1.8　硫-磷混酸：将 150mL 浓硫酸缓缓注入 500mL 水中，冷却后加入 150mL 浓磷酸，用水稀释至 1L。

1.9　草酸溶液(10g/L、50g/L)：将 10g、50g 二水合草酸分别溶于 1L 水中(必要时过滤)。

1.10　硼酸溶液(10g/L、25g/L、25g/L)：将 10g、25g、25g 硼酸分别溶于 1L 水中。

1.11　盐酸-过氧化氢溶液：将 10mL 盐酸(1+3)与 0.5mL 30%过氧化氢溶液混合。

1.12　磷酸-高氯酸混合酸(3+1)：3 体积浓磷酸和 1 体积高氯酸混合。

1.13　硫-硝混酸

1.13.1　硫-硝混酸：将 40mL 浓硫酸在不断搅拌下缓慢倒入 1L 水中，冷却后加入 8mL 浓硝酸，混匀。

1.13.2　稀硫-硝混酸(2+3)：将 2 体积硫-硝混合酸[1.13.1]与 3 体积水混合。

1.13.3　硫-硝混酸：将 100mL 浓硫酸缓慢加入 330mL 水中，冷却后再加入 70mL 浓硝酸。

1.13.4　硫-硝混酸：于 500mL 水中边搅拌边小心加入 35mL 浓硫酸和 45mL 浓硝酸，冷却后用水稀释至 1L，混匀。

1.14　硫酸-盐酸补充酸：将 10mL 浓硫酸加入 50mL 水中，再加 30mL 浓盐酸，用水稀释至 100mL。

1.15　甲酸(1+1)：甲酸与水等体积混合。

1.16　柠檬酸溶液[$c(H_3C_6H_5O_7)$=0.1mol/L]：称取 2.10g 柠檬酸($H_3C_6H_5O_7 \cdot H_2O$)溶于水，稀释至 100mL。

1.17　硫酸溶液[$w(H_2SO_4)$=40%]：将 290mL 浓硫酸小心加入 700mL 水中，冷却后用水稀释至 1L。

1.18　硼酸-盐酸混合酸：称取 10g 硼酸，置于 400mL 烧杯中，加入 150mL 水，加热溶解，加 200mL 浓盐酸，用水稀释至 1L。

1.19　高氯酸(0.1mol/L)：取 750mL 无水冰醋酸(按含水量计算，1g 水加乙酸酐 5.22mL)，加入 8.5mL 高氯酸(70%～72%)，混匀，在室温下缓缓加入 23mL 乙酸酐，边加边摇，加完后再振摇均匀，冷却后加无水冰醋酸适量至 1L，混匀。放置 24h。

1.20　盐酸-硝酸混合酸(2+1)：将 2 份浓盐酸和 1 份浓硝酸混匀。

1.21　氢溴酸-盐酸混合酸(1+2)：将 1 份氢溴酸和 2 份浓盐酸混匀。

1.22　高氯酸(1+499)：将 1 体积高氯酸以 499 体积水稀释。

(二) 碱溶液

2.1　氨水(1+1)、(1+2)、(1+99)：将 1 体积氨水分别以 1、2、99 体积水稀释。

2.2　氨水(2+3)：将 2 体积氨水以 3 体积水稀释。

2.3　氢氧化钾溶液(10g/L、200g/L、450g/L)：将 10g、200g、450g 氢氧化钾分别溶于 1L 水中。

2.4　氢氧化钠溶液(20g/L、80g/L、150g/L、200g/L、450g/L)：将 20g、80g、150g、200g、450g 氢氧化钠分别溶于 1L 水中。

2.5 氢氧化钠溶液(0.4mol/L、0.5mol/L、1mol/L、1.25mol/L、1.5mol/L、2mol/L)：将 16g、20g、40g、50g、60g、80g 氢氧化钠分别溶于 1L 水中。

2.6 氢氧化钾吸收剂(400g/L)：将 400g 氢氧化钾溶于 1L 水中。

2.7 六次甲基四胺溶液(200g/L)：将 200g 六次甲基四胺溶于 1L 水中。

2.8 尿素溶液(200g/L)：将 20g 尿素[$(NH_2)_2CO$]溶于水并稀释至 100mL。

2.9 氢氧化钠溶液(2g/L)：称取 1g 氢氧化钠，溶于 500mL 新煮沸放冷的水中。

2.10 氢氧化钾溶液(33%)：称取 1 份质量的氢氧化钾，溶于 2 份质量的蒸馏水中。

2.11 氢氧化钾溶液(1.25mol/L)：称取 7g 氢氧化钾，溶于 100mL 水中。

2.12 氢氧化钾乙醇溶液(0.5mol/L)：称取 2.8g 氢氧化钾，溶于 100mL 乙醇中。

(三) 盐溶液

3.1 氟化钾溶液(20g/L)：将 20g 氟化钾($KF \cdot 2H_2O$)溶于水中，稀释至 1L，储存在塑料瓶中。

3.2 氟化钾溶液(150g/L、200g/L、250g/L)：称取 150g、200g、250g 氟化钾($KF \cdot 2H_2O$)分别于塑料杯中，加水溶解后，用水稀释至 1L，储存于塑料瓶中。

3.3 氯化钾溶液(50g/L)：将 50g 氯化钾溶于水中，用水稀释至 1L。

3.4 氯化钾-乙醇溶液(50g/L)：将 5g 氯化钾溶于 50mL 水中，加入 50mL 95%乙醇，混匀。

3.5 碳酸钠溶液(50g/L)：将 50g 碳酸钠溶于 1L 水中。

3.6 硝酸银溶液(10g/L)：将 10g 硝酸银溶于水中，加入 10mL 硝酸，用水稀释至 1L。

硝酸银溶液(5g/L、10g/L)：称取 0.5g、1g 硝酸银分别溶于水中，滴加数滴硝酸，用水稀释至 100mL，储于棕色瓶中备用。

3.7 硝酸铵溶液(10g/L、20g/L、350g/L)：将 10g、20g、350g 硝酸铵分别溶于水中，以甲基红为指示剂，用氨水(1+1)中和至呈微碱性反应。用水稀释至 1L。

3.8 硫酸铜溶液(10g/L、100g/L)：称取 1g、10g $CuSO_4 \cdot 5H_2O$ 分别溶于 100mL 水中。

硫酸铜溶液(4g/L)：将 0.4g $CuSO_4$ 加少许硫酸(1+1)及水溶解后，稀释至 100mL。

3.9 草酸铵溶液(1g/L)：将 1g 草酸铵溶于水中，稀释至 1L。

3.10 碳酸铵溶液(100g/L)：将 10g 碳酸铵溶于 100mL 水中(使用时配制)。

3.11 磷酸氢二铵溶液(100g/L)：将 100g 磷酸氢二铵溶于 1L 水中。

3.12 氯化钡溶液(100g/L)：将 100g 二水合氯化钡($BaCl_2 \cdot 2H_2O$)溶于水中，稀释至 1L。

3.13 二氯化锡溶液(50g/L、100g/L)：分别将 5g、10g 二氯化锡($SnCl_2 \cdot 2H_2O$)加热溶解于 40mL 盐酸(1+1)中，冷却后用水稀释至 100mL，加数粒高纯锡。

二氯化锡-盐酸溶液(400g/L)：将 40g 二氯化锡溶于 100mL 盐酸(9mol/L)中。

3.14 二氯化锡-磷酸溶液(100g/L)：将 1L 磷酸放在烧杯中，在通风橱中于电热板上加热脱水，当溶液体积缩减至 850～950mL 时，停止加热。待温度降至 100℃以下时，加入 100g 二氯化锡($SnCl_2 \cdot 2H_2O$)，继续加热至溶液透明且无大气泡出现为止(此溶液的使用期通常以不超过 2 周为宜)。

3.15 二氯化锡溶液(50g/L)：将 5g 二氯化锡($SnCl_2 \cdot 2H_2O$)加热溶解于 40mL 盐酸(1+1)中，冷却后用水稀释至 100mL，加数粒高纯锡。

3.16 氨性硫酸锌溶液(100g/L)：将 100g 硫酸锌($ZnSO_4 \cdot 7H_2O$)溶于水后加 700mL 氨水，用水稀释至 1L，静置 24h，过滤后使用。

3.17 铬酸钡溶液(10g/L)：称取 10g 铬酸钡置于 1L 烧杯中，加 700mL 水，边搅拌边缓慢加入 50mL 盐酸(1+1)，加热溶解后取下。冷却后移入 1L 容量瓶中，用水稀释至刻度，混匀。

3.18 氯化锶溶液(锶 50g/L)：将 152.2g 氯化锶($SrCl_2 \cdot 6H_2O$)溶于水中，用水稀释至 1L，必要时过滤。

3.19 氯化铯溶液(铯 50g/L)：将 63.4g 光谱纯氯化铯(CsCl)溶于水中，用水稀释至 1L。

3.20 钨酸钠溶液(100g/L)：称取 10g 钨酸钠(Na_2WO_4)溶于适量水中(若浑浊需过滤)，加入 2～5mL 磷酸，用水稀释至 100mL。

3.21 三氯化钛溶液(1.5%)：将 10mL 市售三氯化钛用盐酸(1+4)稀释至 100mL，加入少量石油醚，使其浮在该溶液表面，用以隔绝空气，防止三氯化钛被空气氧化。

3.22 酸性氯化钠溶液(250g/L)：将 250g 氯化钠溶于 1L 水中，加 5～6 滴硫酸和几滴甲基橙指示剂，倒入水准瓶中。

3.23 高锰酸钾溶液

3.23.1 高锰酸钾溶液Ⅰ(40g/L)：将 4g 高锰酸钾在加热和搅拌下溶于水，用水稀释至 100mL。

3.23.2 高锰酸钾溶液Ⅱ(50g/L)：将 50g 高锰酸钾(优级纯，必要时重结晶精制)溶于水并稀释至 1L，必要时可加热助溶。

3.23.3 高锰酸钾溶液Ⅲ(22.5g/L)：将 2.25g 高锰酸钾溶于 50mL 水中，用水稀释至 100 mL，混匀，用前过滤。

3.24 氟化钠-二氯化锡溶液(24g/L)：称取 2.4g 氟化钠，用水溶解后稀释至 100mL。称取 0.4g 二氯化锡，用少量盐酸微热溶解。将上述两种溶液混合均匀，备用。

3.25 亚硝酸钠溶液(10g/L、100g/L)：将 1g、10g 亚硝酸钠分别溶于 100mL 水中。

3.26 硫酸亚铁铵溶液(10g/L、60g/L)：称取 1g、6g 六水合硫酸亚铁铵[$(NH_4)_2Fe(SO_4)_2 \cdot 6H_2O$]，分别置于 250mL 烧杯中，用 1mL 硫酸(1+1)润湿，加约 60mL 水溶解，用水稀释至 100mL，混匀。

3.27 硫酸氯化钠混合液(4g/L)：1L 硫酸(2+3)中含 4g 氯化钠。

3.28 过硫酸铵(200g/L、250g/L)：将 200g、250g 过硫酸铵分别溶于 1L 水中(当天配制)。

3.29 氟化铵溶液(100g/L、200g/L、500g/L)：将 10g、20g、50g 氟化铵分别溶于 100mL 水中，储存于塑料瓶中。

3.30 硫氰酸铵溶液(200g/L、250g/L、500g/L)：将 20g、25g、50g 硫氰酸铵分别溶于 100mL 水中。

3.31 柠檬酸铵溶液(500g/L)：将 50g 柠檬酸铵溶于 100mL 水中。

3.32 碘化钾溶液(150g/L、200g/L)：将 15g、20g 碘化钾分别溶于 100mL 水中。

3.33 氯化钾封闭液：氯化钾饱和溶液，加数滴甲基橙指示剂，滴加盐酸(1+99)至溶液呈红色。

3.34 磷酸氢二钠溶液[$c(Na_2HPO_4)$=0.2mol/L]：称取 7.16g 磷酸氢二钠($Na_2HPO_4 \cdot 12H_2O$)溶于水中，用水稀释至 100mL。

3.35 四苯硼酸钠溶液(20g/L)：称取 10g 四苯硼酸钠溶于约 400mL 水中，用 2mol/L 氢氧化钠溶液调节溶液的 pH 为 9～10，用水稀释至 500mL，放在暗处过夜。过滤，将滤液储存于棕色瓶中。使用时若浑浊，应重新过滤。

3.36 四苯硼酸钾饱和溶液：移取氯化钾溶液(含钾离子约 20mg)，加水至 50mL，加入 5mL 乙酸(2mol/L)，在搅拌下逐滴加入约 12mL 四苯硼酸钠溶液(20g/L)，过滤，将四苯硼酸钾沉淀溶于丙酮中，重结晶后再过滤，用水洗涤数次。将沉淀物移入 3L 试剂瓶中，加入 2L 水，不时摇动。临时用滤去不溶物。

3.37 四苯硼酸钾及四苯硼酸钾乙醇饱和溶液

3.37.1 四苯硼酸钾制备：称取 0.2g 碳酸钾，准确至 0.0010g。溶于 300mL 水中，加入 5 滴甲基红指示剂，用乙酸溶液调至红色，于水浴上加热至 40℃，在搅拌下加入 45mL 四苯硼酸钠乙醇溶液(34g/L)，放置 10min。取下，冷却至室温，用微孔玻璃坩埚抽滤，用 5%乙醇溶液洗涤，转移沉淀，抽干，取下坩埚，用 10mL 无水乙醇分 5 次洗涤坩埚壁，抽干。

3.37.2 四苯硼酸钾乙醇饱和溶液：将上述制得的四苯硼酸钾加入 50mL 95%乙醇和 950mL 水，充分振荡使其饱和。使用前干过滤。

3.38 硫酸封闭液：加有甲基红或甲基橙的 10%硫酸溶液。

3.39 碱性碘化钾溶液：将 500g 氢氧化钠溶于 400mL 水中，150g 碘化钾溶于 200mL 水中，合并两溶液后，用水稀释至 1L，静置，倾出上层清液，储存于棕色瓶中。

3.40 硫酸-硫酸银溶液：于 1L 浓硫酸中加入 10g 硫酸银，放置 1～2d，不时摇动使其溶解。

3.41 亚硝酸钠溶液(20g/L)：将 2g 亚硝酸钠溶于水并稀释至 100mL。

3.42 过硫酸钾溶液(50g/L)：将 25g 过硫酸钾溶于水并稀释至 500mL，使用时当天配制。

3.43 盐酸羟胺溶液(100g/L)：将 10g 盐酸羟胺溶于水并稀释至 100mL，每次用 5mL 二硫腙三氯甲烷使用液萃取，至二硫腙不变色为止，再用少量三氯甲烷洗两次。

3.44 亚硫酸钠溶液(200g/L)：将 20g 亚硫酸钠溶于水并稀释至 100mL。

3.45 亚硫酸钠溶液(50g/L)：将 5g 无水亚硫酸钠溶于 100mL 无铅去离子水中。

3.46 酸性重铬酸钾溶液(4g/L)：将 4g 重铬酸钾(优级纯)溶于 500mL 水中，缓缓加入 500mL 硫酸或硝酸。

3.47 柠檬酸盐-氰化钾还原性溶液：将 400g 柠檬酸氢二铵、20g 无水亚硫酸钠、10g 盐酸羟胺和 40g 氰化钾(注意剧毒！)溶于水中并稀释至 1L，将此溶液与 200mL 氨水混合。若此溶液含有微量铅，则用二硫腙专用溶液多次萃取，直到有机层为纯绿色不变，再用三氯甲烷萃取 2～3 次除去残留的二硫腙。

3.48 碘溶液(0.05mol/L)：将 20g 碘化钾溶于 25mL 去离子水中，加入 6.35g 升华碘，然后用水稀释至 500mL。采集水样后，除将水样用硝酸酸化至 pH＜2 外，再加入 5mL 该溶液，以避免挥发性有机铅化合物在水样处理及消化过程中损失。

3.49 碘化钾溶液(1mol/L)：将 166.7g 碘化钾(KI)溶于水中并稀释至 1L。

3.50 硫酸锰溶液(550g/L)：将 550g 硫酸锰($MnSO_4 \cdot 5H_2O$)溶于水中并稀释至 1L。

3.51 硫化钠溶液(10g/L)：将 10g 硫化钠溶于水中并稀释至 1L。

3.52 柠檬酸钠溶液(0.05mol/L)：将 12.9g 柠檬酸钠溶于水中并稀释至 1L。

3.53 氯化钙溶液(22g/L)：将 2.2g 氯化钙溶于 100mL 水中。

3.54 硝酸铋溶液(10g/L)：称取 10g 硝酸铋，置于 200mL 烧杯中，加 25mL 硝酸，加水溶解后，煮沸驱尽氮氧化物，冷却至室温，移入 1L 容量瓶中，用水稀释至刻度，混匀。

(四) 缓冲溶液

4.1 乙酸-乙酸钠缓冲溶液(pH 3)：将 3.2g 无水乙酸钠溶于水中，加 120mL 冰醋酸，然后用水稀释至 1L，混匀(用精密 pH 试纸检验)。

4.2　乙酸-乙酸钠缓冲溶液(pH 4.3)：将 42.3g 无水乙酸钠溶于水中，加 80mL 冰醋酸，然后用水稀释至 1L，混匀(用精密 pH 试纸检验)。

4.3　乙酸-乙酸钠缓冲溶液(pH 6)：将 200g 无水乙酸钠溶于水中，加 20mL 冰醋酸，然后用水稀释至 1L，混匀(用精密 pH 试纸检验)。

4.4　氨-氯化铵缓冲溶液(pH 10)：将 67.5g 氯化铵溶于水中，加 570mL 氨水，然后用水稀释至 1L。

4.5　硼砂-氢氧化钠缓冲溶液(pH 10)：称取 21g 硼砂溶于水中，加 4g 氢氧化钠，溶解后用水稀释至 1L。

4.6　硼酸缓冲溶液：将 15.45g 硼酸溶于水中，稀释至 500mL。将 2g 氢氧化钠溶于水，稀释至 100mL。取 400mL 硼酸溶液与 60mL 氢氧化钠溶液，混匀。

4.7　六次甲基四胺(300g/L)：将 300g 六次甲基四胺溶于 1L 水中。

4.8　pH 6.0 的总离子强度调节缓冲溶液：将 294.1g 柠檬酸钠($C_6H_5Na_3O_7 \cdot 2H_2O$)溶于水中，用盐酸(1+1)和 15g/L 氢氧化钠溶液调节 pH 至 6.0，然后用水稀释至 1L。

4.9　pH = 4.00 标准缓冲溶液：准确称取 10.2100g 邻苯二甲酸氢钾(优级纯)，溶解后定容为 1L。

4.10　pH = 6.88 标准缓冲溶液：准确称取 3.3900g 磷酸二氢钾(优级纯)和 3.5500g 磷酸氢二钠(优级纯)，溶解后定容为 1L。

4.11　pH = 9.22 标准缓冲溶液：准确称取 3.8100g 硼砂(优级纯)，溶解后定容为 1L。

4.12　总离子强度调节缓冲溶液(TISAB)：称取 58.8g 二水合柠檬酸钠和 85g 硝酸钠，加水溶解，滴加 1 滴溴甲酚绿指示剂(1g/L)，用盐酸(1+1)和氢氧化钠溶液(200g/L)调节溶液由黄色刚变为绿色，此时溶液 pH 为 5～6。用水稀释至 100mL，混匀。

4.13　Tris 缓冲溶液(pH 8)：称取 0.61g Tris 溶于 50mL 水中，用盐酸调节 pH 至 8，再用水稀释至 100mL。

(五) 指示剂或指示剂溶液

5.1　甲基红指示剂(1g/L、2g/L)：将 0.1g、0.2g 甲基红分别溶于 100mL 95%乙醇中。

5.2　酚酞指示剂(1g/L、10g/L)：将 0.1g、1g 酚酞分别溶于 100mL 95%乙醇中。

5.3　甲基橙指示剂(0.5g/L、1g/L、2g/L)：将 0.05g、0.1g、0.2g 甲基橙分别溶于 100mL 水中。

5.4　溴酚蓝指示剂(0.4g/L、2g/L)：将 0.04g、0.2g 溴酚蓝分别溶于 100mL 乙醇(1+4)中。

5.5　二甲酚橙指示剂(2g/L、2.5g/L、5g/L)：将 0.2g、2.5g、0.5g 二甲酚橙分别溶于 100mL 水中。

5.6　百里香酚酞指示剂(5g/L)：将 0.5g 百里香酚酞溶于含 20mL 乙醇的 100mL 溶液中。

5.7　溴甲酚绿指示剂(1g/L)：将 0.1g 溴甲酚绿溶于含 20mL 乙醇的 100mL 溶液中。

溴甲酚绿指示剂(2g/L)：称取 0.2g 溴甲酚绿，溶于 6mL 氢氧化钠溶液(0.1mol/L)和 5mL 乙醇中，用水稀释至 100mL。

5.8　甲基红-溴甲酚绿混合指示剂(1+1)：将 0.05g 甲基红和 0.05g 溴甲酚绿溶于 50mL 无水乙醇中，用无水乙醇稀释至 100mL。

溴甲酚绿-甲基红混合指示剂：1.0g/L 溴甲酚绿乙醇溶液与 2.0g/L 甲基红乙醇溶液按(3+1)配制而成。

5.9　1-(2-吡啶偶氮)2-萘酚(PAN)指示剂(2g/L)：将 0.2g PAN 溶于 100mL 95%乙醇中。

5.10　EDTA-铜溶液：按 0.015mol/L EDTA 标准溶液与 0.015mol/L $CuSO_4$ 标准溶液的体积比，准确配制成等浓度的混合溶液。

5.11 磺基水杨酸钠指示剂(100g/L)：将 10g 磺基水杨酸钠溶于 100mL 水中。

5.12 半二甲酚橙指示剂(5g/L)：将 0.5g 半二甲酚橙溶于 100mL 水中。

5.13 CMP 混合指示剂(1+1+0.2)：准确称取 1g 钙黄绿素、1g 甲基百里香酚蓝、0.2g 酚酞和 50g 已于 105～110℃烘过的硝酸钾混合研细，储存于磨口瓶中备用。

5.14 甲基百里香酚蓝指示剂：将 1g 甲基百里香酚蓝和 20g 已于 105～110℃烘过的硝酸钾混合研细，储存于磨口瓶中备用。

5.15 酸性铬蓝 K-萘酚绿 B 混合指示剂(1+2.5)：将 1.0000g 酸性铬蓝 K、2.5g 萘酚绿 B 和 50g 已于 105～110℃烘过的硝酸钾混合研细，储存于磨口瓶中备用。

5.16 铬黑 T(EBT)指示剂：将 0.1g 铬黑 T 和 10g 氯化钠研磨混匀。

铬黑 T 乙醇溶液(10g/L)：称取 1g 铬黑 T，加入 25mL 三乙醇胺和 75mL 无水乙醇。

铬黑 T 溶液(5g/L)：称取 0.5g 铬黑 T，加入 20mL 三乙醇胺和 80mL 水。

5.17 二苯胺磺酸钠指示剂(10g/L)：将 1g 二苯胺磺酸钠溶于 100mL 水中，加 5～6 滴硫酸(1+1)。临用现配。

5.18 甲基红-亚甲基蓝指示剂：准确称取 0.1250g 甲基红，溶于 100mL 乙醇中，然后加入 0.0830g 亚甲基蓝，混匀。

5.19 淀粉溶液(5g/L、10g/L)：将 0.5g、1g 淀粉(水溶性)分别置于小烧杯中，加水调成糊状(或于乳钵中加水研磨成浆)后，加入沸水稀释至 100mL，再煮沸约 1min，冷却后使用。

5.20 苯代邻位氨基苯甲酸指示剂(2g/L)：可加少量碳酸钠助溶。

5.21 百里香酚蓝-酚酞混合指示剂：将 3 体积百里香酚蓝指示剂(1g/L)与 2 体积酚酞指示剂(1g/L)混合。

5.22 K_2CrO_4溶液(100 g/L)：称取 10g K_2CrO_4，用水溶解后定容至 100mL。

5.23 试亚铁灵指示液：准确称取 1.4850g 邻二氮菲、0.6950g 硫酸亚铁($FeSO_4 \cdot 7H_2O$)溶于水中并稀释至 100mL，储存于棕色瓶中。

5.24 钙红指示剂：大致的制法是将苯甲酮亚胺与乙酸铜反应得到产物，再将产物与盐酸和氧化钙反应，通过结晶纯化得到钙红。

5.25 结晶紫指示剂(5g/L)：称取 0.5g 结晶紫，溶于 100mL 冰醋酸中，用水稀释至 1L。

(六) 显色剂溶液

6.1 二安替比林甲烷溶液

6.1.1 二安替比林甲烷溶液(30g/L 盐酸溶液)：将 15g 二安替比林甲烷($C_{23}H_{24}N_4O_2$)溶于 500mL 盐酸(1+11)中，过滤后使用。

6.1.2 二安替比林甲烷熔液(40g/L)：用硫酸-盐酸补充酸[1.14]配制。

6.2 邻二氮菲(邻菲咯啉)溶液

6.2.1 邻二氮菲溶液(10g/L)：将 1g 邻二氮菲溶于 200mL 水中，过滤，用盐酸(1+20)调节溶液的 pH 至 2 后使用。临用时配制。

6.2.2 邻二氮菲溶液(1g/L)：称取 0.1g 邻二氮菲溶于少量水中，加入 0.5mL 盐酸溶液(1mol/L)，溶解后用水稀释至 100mL，避光保存。

6.3 钼酸铵溶液(20g/L、30g/L、50g/L、100g/L)：将 2g、3g、5g、10g 钼酸铵分别溶于 100mL 水

中，放置 24h，过滤后储存于塑料瓶中备用。

6.4　钼酸铵-酒石酸钾钠(各 100g/L)：将 200g/L 钼酸铵和 200g/L 酒石酸钾钠等体积混合，其浓度分别为 100g/L。

6.5　磷显色液：将 30mL 浓硫酸在不断搅拌下缓慢倒入 200mL 水中，稍冷后，加 1g 硝酸铋，充分搅拌至完全溶解后，加 100mL 钼酸铵溶液(50g/L)，用水稀释至 1L。临用时，每 100mL 溶液中加 0.25g 抗坏血酸。溶液可能呈淡黄色，但不影响使用。

6.6　硅显色液：取草酸溶液(10g/L)和硫酸亚铁铵溶液(10g/L)等体积混合(可能由于生成少量草酸铁配合物，溶液呈淡黄色，但不影响使用)。临用时配制。

6.7　兴多氯磷 I 溶液(0.25g/L)：将 0.25g 兴多氯磷 I 溶于 1L 水中。

6.8　BCO 溶液

6.8.1　BCO 溶液(1g/L)：将 1g 双环己酮草酰二腙试剂溶于 40mL 乙醇中，用水稀释至 1L。

6.8.2　BCO 溶液(2g/L)：用乙醇溶液(1+1)配制。

6.9　二乙基二硫代氨基甲酸钠溶液(2g/L、50g/L)：将 0.2g、5g 二乙基二硫代氨基甲酸钠分别溶于 100mL 水中。

6.10　高碘酸钠(钾)溶液(50g/L)：称取 5g 高碘酸钠(钾)，置于 300mL 烧杯中，加 60mL 水、20mL 硝酸，温热溶解后，冷却，用水稀释至 100mL。

6.11　硫酸铜($CuSO_4 \cdot 5H_2O$)碱性溶液(15g/L)：称取 15g 硫酸铜溶于水中并稀释至 1L。

6.12　酒石酸钾钠($NaKC_4H_4O_6 \cdot 4H_2O$)碱性溶液(50g/L)：称取 50g 酒石酸钾钠溶于水中，加入 40g 氢氧化钠，用水稀释至 1L。

6.13　钼钒酸显色液：称取 50g 钼酸铵[$(NH_4)_6Mo_7O_{24} \cdot 4H_2O$]和 2.5g 偏钒酸铵($NH_4VO_3$)溶于 400mL 水中。另取 250mL 水，缓慢加入 195mL 浓硫酸，溶解后冷却至室温。将硫酸溶液倒入钼钒酸溶液中，用水稀释至 1L。

6.14　氨基安替比林溶液(20g/L)：称取 2g 4-氨基安替比林($C_{11}H_{13}N_3O$)溶于水中并稀释至 100mL，置于冰箱内保存，可使用一周。固体试剂易潮解、氧化，宜保存在干燥器中。

6.15　铁氰化钾溶液(80g/L)：称取 8g 铁氰化钾 $K_3[Fe(CN)_6]$溶于水中并稀释至 100mL，置于冰箱内保存，可使用一周。

6.16　二苯碳酰二肼显色剂溶液 I (2g/L)：称取 0.2g 二苯碳酰二肼($C_{13}H_{14}N_4O$)溶于 50mL 丙酮中，用水稀释至 100mL，混匀。储于棕色瓶中，置于冰箱内保存，颜色变深后不能使用。

6.17　二苯碳酰二肼显色剂溶液 II (10g/L)：称取 1g 二苯碳酰二肼溶于 50mL 丙酮中，以下操作同 6.16。

6.18　二硫腙三氯甲烷溶液(2g/L)：称取 0.5g 二硫腙溶于 250mL 三氯甲烷中，储于棕色瓶中，置于 5℃冰箱内保存。若二硫腙试剂不纯，可按以下步骤提纯。

称取 0.5g 二硫腙溶于 100mL 三氯甲烷中，滤去不溶物，将滤液置于分液漏斗中，每次用 20mL 氨水(1+100)提取，共提取 5 次，此时二硫腙进入水层。合并水层，然后用盐酸(1+1)中和，再用 250mL 三氯甲烷分 3 次提取，合并三氯甲烷层。将此二硫腙三氯甲烷溶液储于棕色瓶中，置于 5℃冰箱内保存备用。

6.19　二硫腙三氯甲烷使用液：透光率约为 70%(波长 500nm，1cm 比色皿)，将二硫腙三氯甲烷溶液(2g/L)用重蒸三氯甲烷稀释而成。

6.20　二硫腙洗脱液：将 8g 氢氧化钠(优级纯)溶于煮沸放冷的水中，加入 10g EDTA 二钠，用水稀释至 1L，储于聚乙烯瓶中，密塞。

6.21　二硫腙储备液：称取 100mg 纯净二硫腙溶于 100mL 三氯甲烷中，储于棕色瓶中，置于冰箱内保存备用。此溶液每毫升含 100μg 二硫腙。若二硫腙试剂不纯，可按 6.18 的步骤提纯。此溶液的准确浓度可按下述方法测定：取一定量上述二硫腙三氯甲烷溶液置于 50mL 容量瓶中，用三氯甲烷稀释至刻度，使其浓度小于 0.01g/L。然后将此溶液置于 1cm 比色皿中，于 606nm 波长处测量吸光度，将此吸光度除以摩尔吸光系数 4.06×10^4，即可求得二硫腙的准确浓度。

6.22　二硫腙工作溶液：取 100mL 二硫腙储备液置于 250mL 容量瓶中，用三氯甲烷稀释至刻度。此溶液每毫升含 40μg 二硫腙。

6.23　二硫腙专用溶液：将 250mg 二硫腙溶于 250mL 三氯甲烷中，此溶液不需要纯化，专用于萃取提纯试液。

6.24　盐酸副玫瑰苯胺储备液(0.5g/L、2.0g/L)：称取 0.05g、0.20g 经提纯的盐酸副玫瑰苯胺分别溶于 100mL 盐酸溶液(1.0mol/L)中。

6.25　盐酸副玫瑰苯胺使用液(0.16g/L)：准确吸取 20.00mL 盐酸副玫瑰苯胺储备液于 250mL 容量瓶中，加 200mL 磷酸溶液(3mol/L)，用水稀释至刻度，混匀，放置 24h 后方可使用。此溶液储存于暗处，可稳定 9 个月。

6.26　吸收-显色液：称取 5.0g 对氨基苯磺酸置于 1L 棕色容量瓶中，加入 50mL 冰醋酸和 900mL 水的混合溶液，盖塞摇动使其完全溶解。然后加入 0.05g 盐酸萘乙二胺并使其溶解，用水稀释至刻度，混匀。此为吸收原液，在冰箱中可保存 2 个月。采样时，取 4 份吸收原液与 1 份水混合制成采样用的吸收-显色液。

(七) 掩蔽剂溶液

7.1　三乙醇胺(1+1)、(1+2)、(1+4)：将 1 体积三乙醇胺分别以 1、2、4 体积水稀释。

7.2　酒石酸钾钠溶液(100g/L、250g/L)：将 100g、250g 酒石酸钾钠($C_4H_4KNaO_6\cdot4H_2O$)分别溶于水中并稀释至 1L。

7.3　抗坏血酸溶液(5g/L、20g/L、30g/L、50g/L)：将 0.5g、2g、3g、5g 抗坏血酸分别溶于 100mL 水中，过滤后使用，临用时现配。

7.4　苦杏仁酸溶液(50g/L)：将 50g 苦杏仁酸(苯羟乙酸)溶于 1L 热水中，并用氨水(1+1)调节 pH≈4(用 pH 试纸检验)。

7.5　邻二氮菲溶液(1g/L、2g/L)：将 0.1g、0.2g 邻二氮菲分别溶于 100mL 水中。

7.6　氨荒乙酸铵(50g/L)：将 50g 氨荒乙酸铵溶于 1L 水中。

7.7　硫脲溶液(100g/L，饱和)：将 100g 硫脲溶于 1L 水中。

7.8　亚铁氰化钾溶液(100g/L)：将 100g 亚铁氰化钾溶于 1L 水中。

7.9　铜铁试剂-铋试剂Ⅱ混合液：各 10g/L 水溶液按等体积混合，临用时现配。

7.10　酒石酸溶液(100g/L)：将 100g 酒石酸溶于 1L 水中。

7.11　甲醛(1+2)：将 1 体积甲醛与 2 体积水混合。

7.12　氨基磺酸溶液(100g/L)：称取 100g 氨基磺酸溶于水中并稀释至 1L，有不溶物时应过滤。

7.13　氨基磺酸铵溶液(6.0g/L)：称取 0.60g 氨基磺酸铵溶于 100mL 水中，临用时现配。

7.14　甲醇-乙酸铵溶液(5+95)：将 1 体积甲醇与 95 体积乙酸铵混合。

(八) 其他试剂

8.1　明胶溶液(5g/L)：将 0.5g 明胶(动物胶)溶于 100mL 70～80℃的水中，临用时现配。

8.2　H 型 732 苯乙烯强酸性阳离子交换树脂(1×12)：将 250g 钠型 732 苯乙烯强酸性阳离子交换树脂(1×12)用 250mL 95%乙醇浸泡过夜，然后倾出乙醇，再用水浸泡 6～8h。将树脂装入离子交换柱(直径约 5cm，长约 70cm)中，用 1500mL 盐酸(1+3)以 5mL/min 的流速进行淋洗。再用蒸馏水淋洗交换柱中的树脂，直至流出液中无氯离子(用硝酸银检验)。将树脂倒出，用布氏漏斗抽滤，然后储存于广口瓶中备用(树脂久放后，使用时应用水倾洗数次)。

用过的树脂应浸泡在稀酸中，当累积至一定数量后，倾出其中夹带的不溶残渣，再用上述方法进行再生。

8.3　氢氧化钠无水乙醇溶液(0.4g/L)：将 0.2g 氢氧化钠溶于 500mL 无水乙醇中。

8.4　乙二醇溶液：含水量$\varphi(H_2O)$小于 0.5%。每升乙二醇中加入 5mL 甲基红-溴甲酚绿混合指示剂(1+1) [5.8]。

8.5　甘油无水乙醇溶液：将 220mL 甘油[$C_3H_5(OH)_3$]放入 500mL 烧杯中，在有石棉网的电炉上加热，在不断搅拌下分批加入 30g 硝酸锶，直至溶解。然后在 160～170℃下加热 2～3h(甘油在加热后易变成微黄色，但对试验无影响)，取下，冷却至 60～70℃后将其倒入 1L 无水乙醇中。加 0.05g 酚酞指示剂(10g/L) [5.2]，用 0.4g/L 氢氧化钠无水乙醇溶液[8.3]中和至微红色。

8.6　硼酸锂：将 74g 碳酸锂(Li_2CO_3)和 124g 硼酸(H_3BO_3)混匀，在 400℃灼烧数小时，研细，保存于塑料器皿中。

8.7　离子强度调节溶液：称取 0.85g 三氧化二铁置于 400mL 烧杯中，加入 200mL 盐酸(1+1)，盖上表面皿，加热至微沸。待固体全部溶解后，将此溶液缓慢倒入已盛有 21.42g 碳酸钙及 100mL 水的 1L 烧杯中。待碳酸钙完全溶解后，加入 250mL 氨水(1+2)，再加入盐酸(1+2)至氢氧化铁沉淀刚好消失，冷却。稀释至约 900mL，用盐酸(1+1)和氨水(1+1)调节溶液 pH 为 1.0～1.5(用精密 pH 试纸检验)。转移至 1L 容量瓶中，用水稀释至刻度，混匀。此溶液每毫升含 12mg 氧化钙、0.85mg 三氧化二铁。

8.8　钒酸银：将 12g 钒酸铵(或偏钒酸铵)溶于 400mL 热水中、17g 硝酸银溶于 200mL 水中，将上述两种溶液混匀，用玻璃坩埚过滤，用水洗净。然后在 110℃烘箱中烘干，粉碎至 20～40 目，保存于干燥器中备用。

8.9　活性氧化锰：将 20g 硫酸锰溶于 500mL 水中，缓缓加入 10mL 氨水，充分搅拌均匀，在搅拌下缓缓加入 90mL 过硫酸铵溶液(250g/L)，煮沸 10min，再加 1～2 滴氨水，静置至澄清(若不澄清，可再加适量过硫酸铵溶液)。抽滤，用氨水(5+95)洗 10 次，热水洗 2～3 次，再用硫酸(5+95)洗 10 次，最后用热水洗至无硫酸反应。在 110℃烘箱中烘干 3～4h，小心击碎，筛取 20～40 目颗粒，保存于干燥器中备用。

8.10　淀粉吸收液：称取 10g 可溶性淀粉，用少量水调成糊状后，加 500mL 沸水，搅拌加热煮沸后，取下冷却。加 3g 碘化钾、500mL 水及 2 滴盐酸，搅拌均匀后静置至澄清。使用时取出 25mL 上面的澄清液，加 15mL 盐酸，用水稀释至 1L，混匀。

8.11　不含还原物质的水：将去离子水(或蒸馏水)加热煮沸，每升用 10mL 硫酸(1+3)酸化，加几滴高碘酸钠(钾)，继续加热煮沸几分钟，冷却后使用。

8.12 过氧化氢溶液：在 3L 无二氧化碳去离子水中加 30mL 过氧化氢(30%)、20mL 硫酸钾(60g/L)、24mL 甲基红-亚甲基蓝指示剂[5.18]，加 1 滴硫酸(6%)，混匀。

8.13 过氧化氢溶液(1+1)、(1+4)：将过氧化氢与水按 1∶1、1∶4(体积比)混合。

8.14 过氧化氢溶液(3%)：将 3mL 过氧化氢稀释至 100mL。

8.15 阿拉伯树胶溶液(10g/L)：将 10g 阿拉伯树胶溶于 1L 水中。

8.16 甲醛溶液(25%)：将一定量的工业甲醛溶液或试剂甲醛溶液注入蒸馏瓶中，逐步升温至不超过 96℃。待蒸馏至原体积的 1/2 时，停止加热，弃去馏出液。按甲醛、甲醇的分析方法测定甲醛含量和甲醇含量，用水稀释至含甲醛 25%、含甲醇小于 1%的溶液。或取 280g 多聚甲醛，加约 700mL 水和 35mL 相对密度为 0.91 的氨水，加热溶解后，趁热过滤，或静置 2 天，取上层澄清液测定甲醛含量，然后配制成不含甲醇的 25%甲醛溶液。

8.17 乙酸铅脱脂棉：用乙酸铅溶液(200g/L)将脱脂棉浸透，取出在室温下晾干，置于密闭容器中保存。

8.18 终点标准色溶液：准确移取 9.30mL 磷酸氢二钠溶液(0.2mol/L)和 10.70mL 柠檬酸溶液(0.1mol/L)，注入 250mL 具塞三角烧瓶中，用水稀释至 150mL，加入 0.5mL 溴甲酚绿指示剂[5.7]，加热至 60～70℃，加入 0.01g 麝香草酚(作为防腐剂)，溶液混匀后，冷却，塞紧瓶盖，保存暗处。

8.19 喹钼柠酮试剂

溶液Ⅰ：将 70 g 钼酸钠溶于 150mL 温热水中。

溶液Ⅱ：将 60 g 柠檬酸溶于 85mL 硝酸(1+1)和 150mL 水的混合液中，冷却。

溶液Ⅲ：在不断搅拌下将溶液Ⅰ缓慢加入溶液Ⅱ中。

溶液Ⅳ：将 5 mL 喹啉溶于 35mL 硝酸(1+1)和 100 mL 水的混合溶液中。

溶液Ⅴ：将溶液Ⅳ缓慢加入溶液Ⅲ中，混合后放置 24h 再过滤，向滤液中加入 280mL 丙酮，用水稀释至 1L，混匀，储存于聚乙烯瓶中，置于避光、避热处。如果不含 NH_4^+，也可不用丙酮，只改变喹啉用量，加 8.5mL，俗称“高喹试剂”。

8.20 碱性柠檬酸铵溶液

1L 溶液中应含未风化的结晶柠檬酸 173g 和 42g 以氨形式存在的氮，相当于 51g 氨。

8.20.1 配制：准确移取 10.00mL 氨水(2+3)，置于预先盛有 400～450mL 水的 500mL 容量瓶中，用水稀释至刻度，混匀。从中移取 25.00mL 溶液两份，分别置于预先盛有 25mL 水的 250mL 锥形瓶中，加 2 滴甲基红指示剂，用硫酸标准溶液[$c(1/2H_2SO_4)$=0.1mol/L]滴定至溶液呈红色。

8.20.2 1L 氨溶液中，以氮的质量浓度表示的氮含量按下式计算：

$$\rho(\mathrm{N})=\frac{cVM(\mathrm{N})}{10.00\times\dfrac{25}{500}}=2cVM(\mathrm{N}) \tag{1}$$

式中，ρ(N)为氨水(2+3)以质量浓度表示的氮含量，g/L；c 为硫酸标准溶液的浓度，mol/L；V 为消耗硫酸标准溶液的体积，mL；M(N)为氮的摩尔质量，14.01g/mol。

8.20.3 配制 V_1(L)碱性柠檬酸铵溶液所需氨水溶液(2+3)的体积 V_2(L)按下式计算：

$$V_2=\frac{42\times V_1}{\rho(\mathrm{N})}=\frac{21\times V_1}{cVM(\mathrm{N})} \tag{2}$$

式中的 c、V 同式(1)。

按式(2)计算的体积(V_2)量取氨水溶液(2+3)，将其注入试剂瓶中，瓶上应画有欲配的碱性柠檬酸铵溶液的刻度。仪器装置如图 10-5 所示。根据配制每升碱性柠檬酸铵溶液需要 173g 柠檬酸，称取所需柠檬酸。再按每 173g 柠檬酸需用 200～250mL 水溶解的比例，配制成柠檬酸溶液，用分液漏斗将溶液慢慢注入盛有氨水溶液的试剂瓶中，同时瓶外用大量冷水冷却，然后用水稀释至刻度，混匀。静置两昼夜后使用。

8.21　氢氧化锌共沉淀剂

8.21.1　硫酸锌溶液(80g/L)：称取 8g 硫酸锌($ZnSO_4 \cdot 7H_2O$)溶于水并稀释至 100mL。

8.21.2　氢氧化钠溶液(20g/L)：称取 2.4g 氢氧化钠，溶于 120mL 新煮沸放冷的水中。

同时将 8.21.1 和 8.21.2 两溶液混合。

8.22　水饱和的甲基异丁基甲酮：在分液漏斗中加入甲基异丁基甲酮和等体积的水，摇动 1min，静置分层后弃去水相。

8.23　艾士卡试剂(MgO：Na_2CO_3 质量比 2：1)：将 2 份质量的 MgO(预先在 850℃灼烧过)与 1 份质量的无水碳酸钠研细至小于 0.2mm 并充分混匀，储存于广口试剂瓶中。

8.24　焦性没食子酸的碱性溶液：称取 5g 焦性没食子酸溶于 15mL 水中，另称取 48g 氢氧化钾溶于 32mL 水中，使用前将两种溶液混合，摇匀，装入吸收瓶中。

8.25　氯化亚铜的氨性溶液：称取 250g 氯化铵溶于 750mL 水中，再加入 200g 氯化亚铜，将此溶液装入试剂瓶，放入一定量的铜丝，用橡胶塞塞紧，溶液应为无色。使用前与氨水(密度为 0.9g/L)按 1：2(体积比)混合。

8.26　四氯汞钾(TCM)吸收液(0.04mol/L)：称取 10.9g 氯化汞、6.0g 氯化钾和 0.07g EDTA，溶于水并稀释至 1L。此溶液在密闭容器中储存可稳定 6 个月。

8.27　甲醛溶液(2.0g/L)：量取 1.1mL 甲醛溶液(36%～38%)，用水稀释至 200mL，临用时现配。

8.28　三氧化铬-沙子氧化管：筛取 20～40 目河沙，用盐酸(1+2)浸泡一夜，用水洗至中性后烘干。将三氧化铬及沙子按 1：20(质量比)混合，加少量水调匀，置于红外灯下或 105℃烘箱内烘干。烘干过程中拌几次，防止黏结。

称取约 8g 三氧化铬-沙子装入双球玻璃管，两端用少量脱脂棉塞好，并用塑料制的小帽将氧化管两端密封，备用。

8.29　无砷金属锌：粒径 0.5～1mm 或 5mm。粒径 5mm 者使用前需用盐酸(1+1)处理，然后用去离子水洗净。

8.30　含钙乙酸溶液：称取 1.50g 碳酸钙，置于 400mL 烧杯中。盖上表面皿，加入约 100mL 乙酸溶液(1+9)，微沸驱尽二氧化碳，冷却至室温，用乙酸溶液(1+9)稀释至 500mL，混匀。

8.31　胆酸钠溶液(0.5g/L)：称取 0.5g 胆酸钠，溶于 1L 水中。

8.32　2,7-二氯荧光素溶液(1g/L)：称取 1g 2,7-二氯荧光素，溶于 1L 水中。

8.33　钼酸钠溶液：将 2.0g 二水合钼酸钠溶于 50mL 水中，用中速滤纸过滤。使用前加入 15mL 硫酸，用水稀释至 100mL，混匀。

二、标准溶液的配制与标定

9.1　碳酸钙基准溶液

9.1.1　碳酸钙基准溶液[$c(CaCO_3)$=0.24mol/L]：称取约 0.6g 于 105～110℃烘过 2h 的碳酸钙，准确

至 0.0001g，置于 400mL 烧杯中，加入约 100mL 水，盖上表面皿，沿环口滴加盐酸(1+1)至碳酸钙全部溶解后，加热煮沸数分钟。将溶液冷却至室温，移入 250mL 容量瓶中，用水稀释至刻度，混匀。

9.1.2 碳酸钙基准溶液[$c(CaCO_3)$=0.02000mol/L]：准确称取 0.5004g 于 105～110℃干燥 2h 的碳酸钙(基准试剂)，置于 400mL 烧杯中，加入约 100mL 水，盖上表面皿，加水润湿，再从杯嘴边逐滴加入盐酸(1+1)至完全溶解，加热煮沸数分钟，用水冲洗表面皿及烧杯壁，待冷却后移入 250mL 容量瓶中，用水稀释至刻度，混匀。

9.2 EDTA 标准溶液

9.2.1 配制

9.2.1.1 EDTA 标准溶液Ⅰ[c(EDTA)=0.015mol/L]：称取 5.6g 乙二胺四乙酸二钠(EDTA)，置于烧杯中，加约 800mL 水，加热溶解，过滤，用水稀释至 1L。

9.2.1.2 EDTA 标准溶液Ⅱ[c(EDTA)=0.02mol/L]：称取 7.5～8g 乙二胺四乙酸二钠，置于 400mL 烧杯中，加 150mL 水，加热溶解。冷却后稀释至 1L，待标定。

9.2.1.3 乙二胺四乙酸二钠(Na_2EDTA)标准溶液(c≈0.005mol/L)：称取 1.7g 乙二胺四乙酸二钠溶于 200mL 热水，冷却，移入 1L 容量瓶中，用水稀释至刻度，混匀。

9.2.2 标定

9.2.2.1 方法Ⅰ：吸取 25.00mL 碳酸钙标准溶液于 400mL 烧杯中，用水稀释至约 200mL，加入适量的 CMP 混合指示剂或甲基百里香酚蓝指示剂，在搅拌下滴加 200g/L 氢氧化钾溶液至出现绿色荧光后再过量 2～3mL(若用甲基百里香酚蓝指示剂，在滴加 200g/L 氢氧化钾溶液至蓝色后再过量 0.5～1mL)，用 EDTA 标准溶液[c(EDTA)=0.015mol/L]滴定至绿色荧光消失并呈现橘红色(若用甲基百里香酚蓝指示剂，则滴定至蓝色消失)为止。

9.2.2.2 方法Ⅱ：用移液管吸取 25.00mL 钙基准溶液[$c(CaCO_3)$=0.02000mol/L]于 250mL 锥形瓶中，加 10mL 氨性缓冲溶液(pH 10)，加 2～3 滴铬黑 T 指示剂，用 EDTA 标准溶液滴定至酒红色变为纯蓝色为终点，记下 EDTA 的体积 V(mL)。EDTA 标准溶液的浓度按下式计算：

$$c(\mathrm{EDTA})=\frac{25.00\times 0.02000}{V}$$

式中，c(EDTA)为 EDTA 标准溶液的浓度，mol/L；V 为消耗 EDTA 标准溶液的体积，mL。

9.2.3 EDTA 标准溶液的浓度按下式计算：

$$c(\mathrm{EDTA})=\frac{m\times 1000}{10\times V\times M(\mathrm{CaCO_3})}$$

式中，c(EDTA)为 EDTA 标准溶液的浓度，mol/L；V 为消耗 EDTA 标准溶液的体积，mL；m 为配制碳酸钙标准溶液的碳酸钙的质量，g；$M(CaCO_3)$为碳酸钙($CaCO_3$)的摩尔质量，100.9g/mol。

9.2.4 EDTA 标准溶液对各氧化物滴定度的计算

EDTA 标准溶液对三氧化二铁、三氧化二铝、氧化钙、氧化镁的滴定度分别按下式计算：

$$T_{\mathrm{Fe_2O_3/EDTA}}=c(\mathrm{EDTA})\times 79.84$$
$$T_{\mathrm{Al_2O_3/EDTA}}=c(\mathrm{EDTA})\times 50.98$$
$$T_{\mathrm{CaO/EDTA}}=c(\mathrm{EDTA})\times 56.08$$
$$T_{\mathrm{MgO/EDTA}}=c(\mathrm{EDTA})\times 41.31$$

式中，$T_{\mathrm{Fe_2O_3/EDTA}}$、$T_{\mathrm{Al_2O_3/EDTA}}$、$T_{\mathrm{CaO/EDTA}}$、$T_{\mathrm{MgO/EDTA}}$ 分别为 EDTA 标准溶液对三氧化二铁、三氧化二铝、

氧化钙、氧化镁的滴定度，mg/mL；79.84、50.98、56.08、40.31 分别为 1/2Fe_2O_3、1/2Al_2O_3、CaO、MgO 的摩尔质量，g/mol。

9.3　硫酸铜标准溶液[$c(CuSO_4)$=0.015mol/L]

9.3.1　配制：将 3.7g 硫酸铜($CuSO_4 \cdot 5H_2O$)溶于水中，加 4～5 滴硫酸(1+1)，用水稀释至 1L，混匀。

9.3.2　EDTA 标准溶液与硫酸铜标准溶液体积比的标定：从滴定管缓慢放出 10～15mL(V_1) EDTA 标准溶液[c(EDTA)=0.015mol/L]于 400mL 烧杯中，用水稀释至约 150mL，加 15mL 乙酸-乙酸钠缓冲溶液(pH 4.3)，加热至沸，取下稍冷，加 5～6 滴 PAN 指示剂(2g/L)，用硫酸铜标准溶液滴定至亮紫色(V_2)。EDTA 标准溶液与硫酸铜标准溶液的体积比按下式计算：$K=V_1/V_2$。

9.4　硝酸铋标准溶液($c[Bi(NO_3)_3]$=0.015mol/L)

9.4.1　配制：称取 7.3g 硝酸铋[$Bi(NO_3)_3 \cdot 5H_2O$]溶于硝酸溶液(0.3mol/L)中。

9.4.2　EDTA 标准溶液与硝酸铋标准溶液体积比的标定：从滴定管缓慢放出 5～10mL(V_1) EDTA 标准溶液[c(EDTA)=0.015mol/L]于 400mL 烧杯中，用水稀释至约 150mL，用硝酸及氨水(1+1)调节溶液的 pH 为 1～1.5，加 2 滴半二甲酚橙指示剂(5g/L)，用硝酸铋标准溶液滴定至红色(V_2)。EDTA 标准溶液与硝酸铋标准溶液的体积比按下式计算：$K=V_1/V_2$。

9.5　乙酸铅标准溶液($c[Pb(CH_3COO)_2]$=0.015mol/L)

9.5.1　配制：称取 5.7g 乙酸铅[$Pb(CH_3COO)_2 \cdot 3H_2O$]溶于水中，加 5mL 冰醋酸，用水稀释至 1L，混匀。

9.5.2　EDTA 标准溶液与乙酸铅标准溶液体积比的标定：从滴定管缓慢放出 5～10mL(V_1) EDTA 标准溶液[c(EDTA)=0.015mol/L]于 400mL 烧杯中，用水稀释至约 150mL，加入 10mL 乙酸-乙酸钠缓冲溶液(pH 6)，加 7～8 滴半二甲酚橙指示剂(5g/L)，用乙酸铅标准溶液滴定至红色(V_2)。EDTA 标准溶液与乙酸铅标准溶液的体积比按下式计算：$K=V_1/V_2$。

9.6　重铬酸钾基准溶液[$c(1/6K_2Cr_2O_7)$=0.02500mol/L]

准确称取 1.2258g 预先在 150～170℃烘干 2h 的重铬酸钾(二次结晶或基准试剂)，溶于 150～200mL 水中，然后移入 1L 容量瓶中，用水稀释至刻度，混匀。

9.7　重铬酸钾标准溶液[$c(1/6K_2Cr_2O_7)$=0.03000mol/L，0.2500mol/L]

分别准确称取 1.4710g、12.2580g 预先在 120℃烘干 2h 的重铬酸钾(基准试剂或优级纯)，按照 9.6 的方法配制。

9.8　碘酸钾标准溶液[$c(1/6KIO_3)$=0.03mol/L]

称取 5.4g 碘酸钾，溶于 200mL 新煮沸冷却的水中，加入 5g 氢氧化钠及 150 碘化钾，溶解后用同样的水稀释至 5L，混匀，储存于棕色瓶中。

9.9　硫代硫酸钠标准溶液

9.9.1　硫代硫酸钠标准溶液Ⅰ[$c(Na_2S_2O_3)$=0.03mol/L]的配制与标定

配制：将 37.5g 硫代硫酸钠($Na_2S_2O_3 \cdot 5H_2O$)溶于 200mL 新煮沸冷却的水中，加入 0.25g 碳酸钠(防止溶液分解)，用同样的水稀释至 5L，混匀，储存于棕色瓶中，静置 14h 后使用。使用时须 5～7d 标定一次。

标定：准确移取 15.00mL 重铬酸钾基准溶液[$c(1/6K_2Cr_2O_7)$=0.03000mol/L][9.7]放入碘量瓶中，加入 3g 碘化钾和 50mL 水，溶解后加入 10mL 硫酸(1+2)，盖上磨口塞，于暗处放置 15～20min。用硫代硫酸钠标准溶液滴定至淡黄色，加入约 2mL 淀粉溶液(10g/L)，继续滴定至蓝色刚褪去即为终点。

另取 15mL 水代替重铬酸钾基准溶液，按上述步骤进行空白试验。

硫代硫酸钠标准溶液的浓度按下式计算：

$$c(Na_2S_2O_3)=\frac{c(1/6K_2Cr_2O_7)V_1}{V_2-V_0}$$

式中，$c(1/6K_2Cr_2O_7)$为重铬酸钾基准溶液的浓度，0.03000mol/L；V_1 为加入重铬酸钾基准溶液的体积，15.00mL；V_2 为消耗硫代硫酸钠标准溶液的体积，mL；V_0 为空白试验消耗硫代硫酸钠标准溶液的体积，mL。

9.9.2 硫代硫酸钠标准溶液Ⅱ[$c(Na_2S_2O_3)$=0.01mol/L]的配制与标定

配制：称取 2.5g 硫代硫酸钠($Na_2S_2O_3\cdot5H_2O$)置于 1L 烧杯中，加入 500mL 新煮沸冷却的水，待溶解后，加入 0.1g 碳酸钠，用同样的水稀释至 1L，混匀，储存于棕色瓶中，于暗处放置 7d 后标定。

标定：准确称取 0.4903g 于 150℃干燥 1h 的重铬酸钾($K_2Cr_2O_7$)置于干净的 300mL 烧杯中，加水溶解，移至 1L 容量瓶中，用水稀释至刻度，此重铬酸钾溶液的浓度为 $c(1/6K_2Cr_2O_7)$=0.01000mol/L。

于 250mL 锥形瓶中加入 50mL 水和 5mL 硫酸(3mol/L)，准确移取 25.00mL 重铬酸钾基准溶液，加入 1g 碘化钾，于暗处放置 5min 后，用硫代硫酸钠标准溶液滴定至淡黄色，加入 1mL 淀粉溶液(10g/L)，继续滴定至蓝色刚褪去即为终点。硫代硫酸钠标准溶液的浓度按上式计算。

0.1mol/L 硫代硫酸钠标准溶液按照上述方法配制与标定。

9.9.3 溶液Ⅲ[$c(Na_2S_2O_3)$=0.002mol/L]的配制与标定

配制：称取 0.5g 硫代硫酸钠($Na_2S_2O_3\cdot5H_2O$)置于 1L 烧杯中，加入 500mL 新煮沸冷却的水，待溶解后，加入 0.02g 碳酸钠，用同样的水稀释至 1L，混匀，储存于棕色瓶中，于暗处放置 7d 后标定。

标定：准确称取 0.0981g 于 150℃干燥 1h 的重铬酸钾($K_2Cr_2O_7$)置于干净的 300mL 烧杯中，加水溶解，移至 1L 容量瓶中，用水稀释至刻度，此重铬酸钾溶液的浓度为 $c(1/6K_2Cr_2O_7)$=0.0020mol/L。

于 250mL 锥形瓶中加入 50mL 水和 5mL 硫酸(3mol/L)，准确移取 25.00mL 重铬酸钾基准溶液，加入 1g 碘化钾，于暗处放置 5min 后，用硫代硫酸钠标准溶液滴定至淡黄色，加入 1mL 淀粉溶液(10g/L)，继续滴定至蓝色刚褪去即为终点。硫代硫酸钠标准溶液的浓度按上式计算。

9.9.4 碘酸钾标准溶液与硫代硫酸钠标准溶液体积比的标定

准确移取 15.00mL 碘酸钾标准溶液(0.03mol/L)[9.8]，放入 250mL 锥形瓶中，加 25mL 水及 10mL 硫酸(1+2)，在摇动下用硫代硫酸钠标准溶液滴定至淡黄色，加入约 2mL 淀粉溶液(10g/L)，继续滴定至蓝色消失(V_3)。硫代硫酸钠标准溶液与碘酸钾标准溶液的体积比按下式计算：$K_1=15.00/V_3$。

9.9.5 碘酸钾标准溶液对三氧化硫和硫的滴定度按下式计算：

$$T_{SO_3/KIO_3}=\frac{c(Na_2S_2O_3)V_3M(1/2SO_3)}{15.00}$$

$$T_{S/KIO_3}=\frac{c(Na_2S_2O_3)V_3M(1/2S)}{15.00}$$

式中，T_{SO_3/KIO_3} T_{S/KIO_3} 分别为碘酸钾标准溶液对三氧化硫、硫的滴定度，mg/mL；$c(Na_2S_2O_3)$为硫代硫酸钠标准溶液的浓度，mol/L；V_3 为标定体积比时消耗硫代硫酸钠标准溶液的体积，mL；$M(1/2SO_3)$、$M(1/2S)$分别为 $1/2SO_3$、1/2S 的摩尔质量，40.03mol/L、16.03mol/L；15.00 为标定体积比时加入碘酸钾标准溶液的体积，mL。

9.10 盐酸标准溶液[$c(HCl)$=0.1mol/L]

9.10.1 配制：将 8.5mL 浓盐酸用水稀释至 1L，混匀。

9.10.2 标定：称取 0.1g 于 130℃烘过 2～3h 的碳酸钠，置于 250mL 锥形瓶中，加 100mL 水使其完全溶解，加 6～7 滴甲基红-溴甲酚绿混合指示剂[5.8]，用盐酸标准溶液滴定至绿色变为橙红色。将锥形瓶中的溶液加热煮沸 1～2min，冷却至室温，若此时返色，继续滴定至出现稳定的橙色。

盐酸标准溶液的浓度按下式计算：

$$c(\mathrm{HCl})=\frac{m\times 1000}{VM(1/2\mathrm{Na_2CO_3})}$$

式中，c(HCl)为盐酸标准溶液的浓度，mol/L；V 为消耗盐酸标准溶液的体积，mL；$M(1/2Na_2CO_3)$为 $1/2Na_2CO_3$ 的摩尔质量，53.00mol/L；m 为碳酸钠的质量，g。

9.10.3 盐酸标准溶液对氧化钙滴定度的标定(乙二醇法测定游离氧化钙时使用)：称取 0.04～0.05g 氧化钙(将高纯试剂碳酸钙置于铂或瓷坩埚中，在 950～1000℃下灼烧至恒重)，准确至 0.0001g，置于内装一个搅拌子的 200mL 干燥锥形瓶中，加 40mL 乙二醇[8.4]，盖紧锥形瓶，用力摇荡，在 65～70℃水浴上加热 30min，每隔 5min 摇荡一次(也可用机械连续振荡代替)。用安有合适孔隙干滤纸的烧结玻璃过滤漏斗抽滤(如果过滤速度慢，应在烧结玻璃过滤漏斗上紧塞一个带有钠石灰管的橡胶塞)。用无水乙醇仔细洗涤锥形瓶和沉淀共 3 次，每次用量 10mL。卸下滤液瓶，用盐酸标准溶液[c(HCl)=0.1mol/L]滴定至褐色变为橙色。

盐酸标准溶液对氧化钙的滴定度按下式计算：

$$T_{\mathrm{CaO/HCl}}=\frac{m\times 1000}{V}$$

式中，$T_{\mathrm{CaO/HCl}}$ 为盐酸标准溶液对氧化钙的滴定度，mg/mL；V 为消耗盐酸标准溶液的体积，mL；m 为氧化钙的质量，g。

9.11 苯甲酸无水乙醇标准溶液[$c(C_6H_5COOH)$=0.1mol/L]

9.11.1 配制：将苯甲酸(C_6H_5COOH)置于硅胶干燥器中干燥 24h 后，称取 12.3g 溶于 1L 无水乙醇中，储存在带橡胶塞(装有硅胶干燥管)的玻璃瓶内。

9.11.2 苯甲酸无水乙醇标准溶液对氧化钙滴定度的标定：称取 0.04～0.05g 氧化钙(将高纯试剂碳酸钙置于铂或瓷坩埚中，在 950～1000℃下灼烧至恒重)，准确至 0.0001g，置于 150mL 干燥锥形瓶中，加入 15mL 甘油无水乙醇溶液[8.5]，装上回流冷凝器，在有石棉网的电炉上加热煮沸，至溶液呈深红色后取下锥形瓶，立即用苯甲酸无水乙醇标准溶液滴定至微红色消失。再将冷凝器装上，继续加热煮沸至微红色出现，再取下滴定。如此反复操作，直至在加热 10min 后不再出现微红色为止。

苯甲酸无水乙醇标准溶液对氧化钙的滴定度按下式计算：

$$T_{\mathrm{CaO/C_6H_5COOH}}=\frac{m\times 1000}{V}$$

式中，$T_{\mathrm{CaO/C_6H_5COOH}}$ 为苯甲酸无水乙醇标准溶液对氧化钙的滴定度，mg/mL；V 为消耗苯甲酸无水乙醇标准溶液的总体积，mL；m 为氧化钙的质量，g。

9.12 氢氧化钠标准溶液[c(NaOH)=0.15mol/L]

9.12.1 配制：将 60g 氢氧化钠溶于 10L 水中，充分混匀，储存在带橡胶塞(装有钠石灰干燥管)的硬质玻璃瓶或塑料瓶内。

9.12.2 标定：称取 0.8g 邻苯二甲酸氢钾，准确至 0.0001g，置于 400mL 烧杯中，加入约 150mL

新煮沸过已用氢氧化钠溶液中和至酚酞呈微红色的冷水，搅拌使其溶解。加入 6～7 滴酚酞指示剂，用氢氧化钠标准溶液滴定至微红色。

氢氧化钠标准溶液的浓度按下式计算：

$$c(\text{NaOH})=\frac{m\times 1000}{VM(\text{C}_8\text{H}_5\text{KO}_4)}$$

式中，$c(\text{NaOH})$为氢氧化钠标准溶液的浓度，mol/L；V 为消耗氢氧化钠标准溶液的体积，mL；m 为邻苯二甲酸氢钾的质量，g；$M(C_8H_5KO_4)$为邻苯二甲酸氢钾的摩尔质量，204.2g/mol。

9.12.3 氢氧化钠标准溶液对二氧化硅的滴定度按下式计算：

$$T_{\text{SiO}_2/\text{NaOH}}=c(\text{NaOH})M(1/4\text{SiO}_2)$$

式中，$T_{\text{SiO}_2/\text{NaOH}}$ 为氢氧化钠标准溶液对二氧化硅的滴定度，mg/mL；$c(\text{NaOH})$为氢氧化钠标准溶液的浓度，mol/L；$M(1/4SiO_2)$为 $1/4SiO_2$ 的摩尔质量，15.02g/mol。

9.13 氢氧化钠标准溶液[$c(\text{NaOH})$=0.06mol/L，0.1mol/L]

9.13.1 配制：分别称取 24g、40g 氢氧化钠，以下操作同 9.12.1。

9.13.2 标定：称取 0.3g 邻苯二甲酸氢钾，以下操作同 9.12.2。

9.13.3 氢氧化钠标准溶液对三氧化硫的滴定度按下式计算：

$$T_{\text{SO}_3/\text{NaOH}}=c(\text{NaOH})M(1/2\text{SO}_3)$$

式中，$T_{\text{SO}_3/\text{NaOH}}$ 为氢氧化钠标准溶液对三氧化硫的滴定度，mg/mL；$c(\text{NaOH})$为氢氧化钠标准溶液的浓度，mol/L；$M(1/2SO_3)$为 $1/2SO_3$ 的摩尔质量，40.03g/mol。

9.14 碱性非水标准溶液

9.14.1 配制：称取适量的 KOH(见表 8-4)溶于 50mL 水中。在乙醇中加入 30mL 乙醇胺，混匀后加入氢氧化钾溶液，再加 10mL 百里香酚酞指示剂(5g/L)，用乙醇稀释至 1L。

9.14.2 标定：称取于 105℃烘干 2h 的碳酸钡或碳酸钠 3 份，置于瓷舟中，加适量助熔剂，按分析步骤经高温通氧燃烧，根据消耗标准溶液的体积计算滴定度(标定 3 次，滴定误差小于 0.10mL)。碱性非水标准溶液对碳的滴定度按下式计算：

$$T=\frac{m\times 0.1133}{V_0}$$

式中，T 为碱性非水标准溶液对碳的滴定度，g/mL；m 为碳酸钠的质量，g；V_0 为消耗碱性非水标准溶液的体积，mL；0.1133 为碳酸钠对碳的换算因子。

9.15 碘酸钾标准溶液

9.15.1 配制

(1) $c(1/6KIO_3)$=0.01000mol/L：称取 0.3567g 碘酸钾(基准试剂)溶于水，加入 1mL 氢氧化钾溶液(100g/L)，用水稀释至 1L，混匀。

(2) $c(1/6KIO_3)$=0.001000mol/L：移取 100mL 碘酸钾标准溶液(0.01000mol/L)于 1L 容量瓶中，加 1g 碘化钾使其溶解，用水稀释至刻度，混匀。此溶液用于测定含硫量为 0.01%～0.20%的试样。

(3) $c(1/6KIO_3)$=0.0002500mol/L：移取 25.00mL 碘酸钾标准溶液(0.01000mol/L)于 1L 容量瓶中，加 1g 碘化钾使其溶解，用水稀释至刻度，混匀。此溶液用于测定含硫量为 0.003%～0.01%的试样。

9.15.2 标定：称取 3 份标准钢样，按分析步骤进行测定，3 份溶液消耗碘酸钾标准溶液体积的极差不超过 0.20mL，取其平均值，同时进行瓷舟、瓷盖与助熔剂的空白试验。碘酸钾标准溶液对硫的滴定度按下式计算：

$$T = \frac{w(\mathrm{S})_{标}\, m}{V - V_0}$$

式中，T 为碘酸钾标准溶液对硫的滴定度，g/mL；$w(\mathrm{S})_{标}$ 为标准钢样中硫的质量分数，用小数形式；V 为消耗碘酸钾标准溶液的平均体积，mL；V_0 为空白试验消耗碘酸钾标准溶液的平均体积，mL；m 为标准钢样的质量，g。

9.16　亚砷酸钠-亚硝酸钠标准溶液

配制：称取 1.63g 亚砷酸钠和 0.86g 亚硝酸钠，置于 1L 烧杯中，用水溶解并稀释至 1L，混匀。或称取 1.25～1.3g 三氧化二砷置于 1L 烧杯中，加入 25mL 氢氧化钠溶液(150g/L)，低温加热溶解，用水稀释至 200mL，滴加硫酸(2+3)使溶液呈酸性并过量 2～3mL，然后用碳酸钠溶液(150g/L)中和至 pH 为 6～7，再加入 0.86g 亚硝酸钠，用水稀释至 1L，混匀。

标定：称取 3 份与试样相近质量的铁(含锰量不大于 0.002%)，分别置于 300mL 锥形瓶中，与试样同样处理，除去氮氧化物后，分别加入锰标准溶液(锰量与试样中锰量相似)，以下按分析步骤进行，3 份溶液消耗亚砷酸钠-亚硝酸钠标准溶液体积的极差不超过 0.05mL，取其平均值。亚砷酸钠-亚硝酸钠标准溶液对锰的滴定度按下式计算：

$$T = \frac{V_1 \rho}{V_2}$$

式中，T 为亚砷酸钠-亚硝酸钠标准溶液对锰的滴定度，g/mL；V_1 为移取锰标准溶液的体积，mL；V_2 为消耗亚砷酸钠-亚硝酸钠标准溶液体积的平均值，mL；ρ为锰标准溶液的质量浓度，g/mL。

9.17　硫酸高铁铵标准溶液($c[NH_4Fe(SO_4)_2]=0.1mol/L$)

称取 48.6g 硫酸高铁铵溶于 200mL 硫酸(1+1)中，加几滴高锰酸钾标准溶液[$c(1/5KMnO_4)=0.1mol/L$]至微红色，再煮沸至红色消失，冷却后用水稀释至 1L，混匀。硫酸高铁铵标准溶液对钛的滴定度可用标样确定。

9.18　卡尔 · 费歇尔试剂

9.18.1　卡尔 · 费歇尔试剂的制备

称取 84.7g 碘置于干燥的 1L 棕色玻璃瓶中，加入 670mL 无水甲醇，塞紧瓶塞，振荡至碘溶解完全，再加入 270mL 无水吡啶，混匀。在 500mL 烧瓶中装入 150～200g 无水亚硫酸钠，在 200mL 长颈滴液漏斗中装入 100mL 硫酸，在洗气瓶中装入适量硫酸，在水浴缸中装入适量的冰和水，按图 10-2 组装仪器，不漏气。打开滴液漏斗上的活塞，使硫酸缓慢滴入亚硫酸钠中。待 1L 棕色瓶增重至 65～70g 时，停止反应。密闭，混匀，于暗处静置 24h 后，用水标定其浓度。

9.18.2　卡尔 · 费歇尔试剂的标定

向电导池中加入 50～75mL 无水甲醇，塞紧入口橡胶塞。甲醇应淹没铂丝电极。接通电源，启动搅拌器。挤压打气球使卡尔 · 费歇尔试剂充满自动滴定管。用卡尔 · 费歇尔试剂滴定甲醇中的残余水分，至电流计指针(或光点)产生较大的偏转并保持 1min 不变(说明测定装置不漏气)为终点。标记指针(或光点)的位置，停止搅拌。

用滴瓶称取 0.01～0.04g 蒸馏水，准确至 0.0001g，加入电导池中，塞紧入口橡胶塞。启动搅拌器，按上述方法滴定至指针(或光点)产生同样的偏转，并保持 1min 不变为终点。停止搅拌。电导池中的溶液留作测定使用。卡尔·费歇尔法水分测定装置如图 10-3 所示。卡尔·费歇尔试剂对水的滴定度按下式计算：

$$T = \frac{m}{V}$$

式中，T 为卡尔·费歇尔试剂对水的滴定度，g/mL；m 为蒸馏水的质量，g；V 为卡尔·费歇尔试剂的体积，mL。

9.19　氢氧化钠标准溶液[c(NaOH)=0.5mol/L]的标定

准确称取 2g 邻苯二甲酸氢钾，置于锥形瓶中，加入约 100mL 已煮沸除去二氧化碳且中和的水，使其全部溶解后冷却，加 1mL 混合指示剂，用氢氧化钠标准溶液(配制方法见[9.12.1])滴定至黄色变为紫色为终点。

9.20　盐酸标准溶液[c(HCl)=0.25mol/L]的标定

从滴定管准确放出 10.00mL 氢氧化钠标准溶液(0.5mol/L)[9.19]于锥形瓶中，加入约 100mL 不含二氧化碳的蒸馏水，加 1mL 百里香酚蓝-酚酞混合指示剂，用盐酸标准溶液滴定至紫色变为黄色为终点。

9.21　四苯硼酸钠标准溶液

配制：称取 12g 四苯硼酸钠，置于 500mL 烧杯中，加入 400mL 水使其溶解。缓慢加入 10g 氢氧化铝，充分搅拌均匀，10min 后用慢速滤纸反复过滤，至滤液澄清为止。将全部滤液移入 1L 容量瓶中，在不断摇动下缓慢加入 2mL 氢氧化钠溶液(200g/L)，用水稀释至刻度，混匀，静置 48h 后，按下述方法标定对氧化钾的滴定度。

标定：准确移取 25.00mL 氯化钾标准溶液[10.16]，放入 100mL 容量瓶中。加入 5mL 盐酸(1+9)、3mL 氢氧化钠溶液(200g/L)、5mL 甲醛溶液(40%)，用滴定管加入 38mL 四苯硼酸钠标准溶液，用水稀释至刻度，混匀。静置 5～10min，干过滤。吸取 50mL 滤液，放入 150mL 锥形瓶中。加入 8～10 滴达旦黄指示剂(0.4g/L)，用溴化十六烷基三甲基铵标准溶液滴定至呈明显的粉红色为终点。四苯硼酸钠标准溶液对氧化钾的滴定度按下式计算：

$$T = \frac{V_0 \rho_0}{V_1 - 2 \times V_2 \times K}$$

式中，ρ_0 为氯化钾标准溶液的浓度(以氧化钾计)，g/mL；V_0 为氯化钾标准溶液的体积，mL；V_1 为四苯硼酸钠标准溶液的体积，mL；2 为沉淀时容量瓶容积与滴定的滤液体积之比；K 为四苯硼酸钠标准溶液与溴化十六烷基三甲基铵标准溶液的体积比；V_2 为消耗溴化十六烷基三甲基铵标准溶液的体积，mL。

9.22　溴化十六烷基三甲基铵标准溶液

配制：称取 2.5g 溴化十六烷基三甲基铵试剂，置于 250mL 烧杯中，加 5mL 乙醇润湿，再加水溶解。移入 100mL 容量瓶中，用水稀释至刻度，混匀。

标定：准确移取 4.00mL 四苯硼酸钠标准溶液，放入 150mL 锥形瓶中。加入 19mL 水和 1mL 氢氧化钠溶液(200g/L)，混匀。再加入 2.5mL 甲醛溶液(40%)、8～10 滴达旦黄指示剂(0.4g/L)，用微量滴定管滴入溴化十六烷基三甲基铵标准溶液至呈明显的粉红色为终点。四苯硼酸钠标准溶液与溴化十六烷基三甲基铵标准溶液的体积比(K)按下式计算：

$$K = \frac{V_1'}{V_2'}$$

式中，V_1' 为四苯硼酸钠标准溶液的体积，mL；V_2' 为溴化十六烷基三甲基铵标准溶液的体积，mL。

9.23　碘标准溶液[$c(1/2I_2)$＝0.1mol/L]

配制：称取 35g 碘化钾溶于少量水中，然后加入 13g 碘，待溶解完全后，用 4 号玻璃砂芯漏斗过滤，用水稀释至 1L，加几滴盐酸，混匀，储存于棕色磨口瓶中。

标定：准确移取 30.00mL 碘标准溶液，加入适量水和数滴乙酸，用硫代硫酸钠标准溶液(0.1mol/L)滴定至淡黄色时，加 3mL 淀粉溶液(0.5%)，继续滴定至无色为终点。

将上述溶液稀释 10 倍，即得 $c(1/2I_2)$＝0.01mol/L 的碘标准溶液。

9.24　氯基准溶液[c(KCl)=0.1000mol/L]

配制：准确称取 3.7276g 于 500℃干燥 1h 的氯化钾(优级纯)，用水溶解，移入 500mL 容量瓶中，用水稀释至刻度，混匀。

氯标准溶液[c(KCl)=0.005000mol/L、0.001000mol/L]：用氯基准溶液稀释制得，均于使用时配制。

9.25　氯化钠基准溶液[1mg(Cl^-)/L]

将氯化钠(基准试剂)在 500℃高温炉中灼烧 10min，然后在干燥器中冷却至室温。准确称取 1.649g，用蒸馏水溶解，定容为 1L。

9.26　硝酸银标准溶液[$c(AgNO_3)$=0.1mol/L]

配制：称取 8.5g 硝酸银，溶于蒸馏水中，稀释至 500mL，保存于棕色瓶中，待标定。

标定：准确移取 3 份 10.00mL 氯化钠基准溶液于锥形瓶中，各加 90mL 蒸馏水和 1.0mL K_2CrO_4 指示剂，用硝酸银标准溶液滴定至橙色为终点。另取 100mL 蒸馏水做空白试验。求出 3 份测定结果的平均值。硝酸银标准溶液对氯的滴定度按下式计算：

$$T = \frac{10 \times 1}{V - V_0}$$

式中，T 为硝酸银标准溶液对氯的滴定度，mg/mL；V 为滴定消耗硝酸银标准溶液的体积，mL；V_0 为空白试验消耗硝酸银标准溶液的体积，mL。

9.27　碘酸钾-碘化钾标准溶液[$c(KIO_3)$=0.005000mol/L]

配制：准确称取 1.0700g 碘酸钾(基准试剂)，用台秤称取 8g 碘化钾和 0.5g 碳酸氢钠，用蒸馏水溶解，定容为 1L。

9.28　硫酸亚铁铵标准溶液($c[(NH_4)_2Fe(SO_4)_2 \cdot 6H_2O]$≈0.1mol/L)

配制：称取 39.5g 硫酸亚铁铵溶于水中，边搅拌边缓慢加入 20mL 浓硫酸，冷却后移入 1L 容量瓶中，用水稀释至刻度，混匀。临用前，用重铬酸钾基准溶液标定。

标定：准确移取 10.00mL 重铬酸钾基准溶液于 500mL 锥形瓶中，加 100mL 水，缓慢加入 30mL 硫酸，混匀。冷却后，加入 3 滴试亚铁灵指示液(约 0.15mL)，用硫酸亚铁铵标准溶液滴定至溶液颜色由黄色经蓝绿色至红褐色为终点。

$$c[(NH_4)_2Fe(SO_4)_2] = \frac{0.2500 \times 10.0}{V}$$

式中，c 为硫酸亚铁铵标准溶液的浓度，mol/L；V 为消耗硫酸亚铁铵标准溶液的体积，mL。

9.29　溴酸钾-溴化钾基准溶液[$c(1/6KBrO_3)$=0.1000mol/L]

配制：准确称取 2.784g 溴酸钾($KBrO_3$)，溶于水，加入 10g 溴化钾(KBr)使其溶解，移入 1L 容量瓶中，用水稀释至刻度。

9.30 碘酸钾基准溶液[$c(1/6KIO_3)$=0.01250mol/L]

配制：准确称取 0.4458g 于 180℃烘干的碘酸钾，溶于水，移入 1L 容量瓶中，用水稀释至刻度。

9.31 硫代硫酸钠标准溶液[$c(Na_2S_2O_3)$≈0.025mol/L]

配制：称取 6.1g 硫代硫酸钠($Na_2S_2O_3 \cdot 5H_2O$)溶于煮沸冷却的水中，加入 0.2g 碳酸钠，用水稀释至 1L，临用前用碘酸钾标准溶液标定。

标定：准确移取 10.00mL 碘酸钾基准溶液[$c(1/6KIO_3)$=0.01250mol/L][9.30]于 250mL 碘量瓶中，加水稀释至 100mL，加 1g 碘化钾，再加 5mL 硫酸(1+5)，加塞，轻轻摇匀。于暗处放置 5min，用硫代硫酸钠标准溶液滴定至淡黄色，加 1mL 淀粉溶液，继续滴定至蓝色刚褪去为止。

硫代硫酸钠标准溶液的浓度(mol/L)按下式计算：

$$c(\mathrm{Na_2S_2O_3}) = \frac{0.0125 \times V_4}{V_3}$$

式中，V_3 为消耗硫代硫酸钠标准溶液的体积，mL；V_4 为移取碘酸钾基准溶液的体积，mL；0.01250 为碘酸钾基准溶液的浓度，mol/L。

三、标准溶液

10.1 二氧化硅及硅标准溶液

10.1.1 二氧化硅标准溶液：准确称取 0.2000g 于 1000～1100℃灼烧 30min 以上的二氧化硅(SiO_2)，置于铂坩埚中，加入 2g 无水碳酸钠，搅拌均匀，在 1000～1100℃高温下熔融 15min。取出，冷却，将熔块置于盛有热水的 300mL 塑料杯中，待全部溶解后冷却至室温，移入 1L 容量瓶中，用水稀释至刻度，混匀，移入塑料瓶中保存。此标准溶液每毫升含 0.2mg 二氧化硅。

准确移取 10.00mL 上述二氧化硅标准溶液于 100mL 容量瓶中，用水稀释至刻度，混匀，移入塑料瓶中保存。此标准溶液每毫升含 0.02mg 二氧化硅。

10.1.2 硅标准溶液：准确称取 0.4279g 于 1000℃灼烧 1h 的二氧化硅(质量分数大于 99.9%)，置于加有 3g 无水碳酸钠的铂坩埚中，上面再覆盖 1～2g 无水碳酸钠。先将铂坩埚低温加热，再置于 950℃高温处加热熔融至透明，继续加热熔融 3min。取出，冷却，置于盛有冷水的聚丙烯或聚四氟乙烯烧杯中至熔块完全溶解。取出坩埚，仔细洗净，冷却至室温，将溶液移入 1L 容量瓶中，用水稀释至刻度，混匀，移入聚丙烯或聚四氟乙烯瓶中保存。此标准溶液每毫升含 200μg 硅。可进一步稀释至 20μg/mL。

10.1.3 硅标准溶液：准确称取 0.1000g 磨细的单晶硅或多晶硅，置于聚丙烯或聚四氟乙烯烧杯中，加入 10g 氢氧化钠、50mL 水，轻轻摇动，置于沸水浴中加热至透明全溶，冷却至室温，移入 500mL 容量瓶中。用水稀释至刻度，混匀。移入聚丙烯或聚四氟乙烯瓶中保存。此标准溶液每毫升含 200μg 硅。

10.1.4 硅标准溶液：准确称取 2.1395g 于 1000～1100℃灼烧 30min 以上的二氧化硅(SiO_2)，置于加 3g 无水碳酸钠的铂坩埚中，上面再覆盖 1～2g 无水碳酸钠。低温加热，以下操作同 10.1.2。此标准溶液每毫升含 1mg 硅。可稀释成所需浓度的标准溶液。

10.1.5 硅储备液：准确称取 1.0697g 于 1100℃灼烧 1h 并冷却至室温的高纯二氧化硅(质量分数＞99.9%)，置于铂坩埚中，加 10g 无水碳酸钠充分混匀，于 1050℃熔融 30min。在聚丙烯或聚四氟乙烯烧杯中，用 100mL 水浸取熔融物。将全部溶解的浸取液转移至 1L 容量瓶中，用水稀释至刻度，混匀。立即转移至密封好的聚四氟乙烯瓶中储存。此储备液每毫升含 0.500mg 硅。

10.1.6　硅标准溶液：准确移取 20.00mL 硅储备液于 1L 容量瓶中，用水稀释至刻度，混匀。立即转移至密封好的聚四氟乙烯瓶中储存，临用前配制。此标准溶液每毫升含 10.0μg 硅。

10.1.7　硅标准溶液：移取 100.0mL 上述硅标准溶液于 250mL 容量瓶中，用水稀释至刻度，混匀。立即转移至密封好的聚四氟乙烯瓶中储存，临用前配制。此标准溶液每毫升含 4.0μg 硅。

10.2　二氧化钛及钛标准溶液

10.2.1　二氧化钛标准溶液：准确称取 0.1000g 高温灼烧过的二氧化钛(TiO_2)，置于铂(或瓷)坩埚中，加入 2g 焦硫酸钾，在 500～600℃下熔融至透明。熔块用硫酸(1+9)浸出，加热至 50～60℃，使熔块完全溶解，冷却后移入 1L 容量瓶中，用硫酸(1+9)稀释至刻度，混匀。此标准溶液每毫升含 0.1mg 二氧化钛。

准确移取 100.00mL 上述二氧化钛标准溶液于 500mL 容量瓶中，用硫酸(1+9)稀释至刻度，混匀。此标准溶液每毫升含 0.02mg 二氧化钛。

10.2.2　钛标准溶液：准确称取 0.8340g 高温灼烧过的二氧化钛(TiO_2)，置于铂坩埚中，加入 5～7g 焦硫酸钾，在 600℃下熔融至透明，取下冷却。置于 400mL 烧杯中，用硫酸(5+95)浸取熔块并于 500mL 容量瓶中稀释至刻度，混匀。此标准溶液每毫升含 1mg 钛。

也可准确称取 1.0000g 纯海绵钛(质量分数＞99.9%)，加 50mL 盐酸(1+1)，加热溶解后，用盐酸(1+4)稀释至 1L。

钛标准溶液(10μg/mL)：分取 10mL 上述钛标准溶液于 100mL 容量瓶中，用硫酸(5+95)稀释至刻度，混匀。

10.3　一氧化锰(MnO)及锰标准溶液

10.3.1　一氧化锰(MnO)标准溶液

用硫酸锰($MnSO_4 \cdot H_2O$)配制：准确称取 0.1190g 硫酸锰($MnSO_4 \cdot H_2O$)，置于 300mL 烧杯中，加水溶解，加入约 1mL 硫酸(1+1)，移入 1L 容量瓶中，用水稀释至刻度，混匀。此标准溶液每毫升含 0.5mg 一氧化锰。

用四氧化三锰(Mn_3O_4)配制：准确称取 0.5376g 四氧化三锰(Mn_3O_4，光谱纯)，置于 300mL 烧杯中，依次加入 100mL 水、12mL 盐酸(1+1)、6 滴过氧化氢，加热溶解，冷却后移入 1L 容量瓶中，用水稀释至刻度，混匀。此标准溶液每毫升含 0.5mg 一氧化锰。

准确移取 100.00mL 上述一氧化锰标准溶液于 1L 容量瓶中，用水稀释至刻度，混匀。此标准溶液每毫升含 0.05mg 一氧化锰。

10.3.2　锰标准溶液：准确称取 1.0000g 电解锰，置于烧杯中，加入 20mL 硝酸(1+3)，加热溶解，煮沸驱尽氮氧化物，冷却至室温，移入 1L 容量瓶中，用水稀释至刻度。也可称取 2.8766g 高锰酸钾(基准试剂)，置于 500mL 烧杯中，加 300mL 水溶解，加 10mL 硫酸(1+1)，滴加过氧化氢至红色刚好消失，加热煮沸 5～10min，冷却。移入 1L 容量瓶中，用水稀释至刻度，混匀。还可称取 2.7490g 硫酸锰($MnSO_4$，优级纯)，用少量水溶解后加 1mL 硫酸，用水稀释至 1L。此标准溶液每毫升含 1mg 锰。

也可采用同样的方法配制含锰 500μg/mL 的溶液。准确移取 20.00mL 锰标准溶液(500μg/mL)，置于 100mL 容量瓶中，用水稀释至刻度，混匀。此标准溶液每毫升含 100μg 锰。

10.4　三氧化二铁及铁标准溶液

10.4.1　三氧化二铁标准溶液：准确称取 0.1000g 于 950℃灼烧 1h 的三氧化二铁(Fe_2O_3，高纯试剂)，置于 300mL 烧杯中，依次加入 50mL 水、30mL 盐酸(1+1)、2mL 硝酸，低温加热至全部溶解，冷却后移入 1L 容量瓶中，用水稀释至刻度，混匀。此标准溶液每毫升含 0.1mg 三氧化二铁。

10.4.2 铁标准溶液

10.4.2.1 准确称取 0.7149g 于 950℃灼烧 1h 的三氧化二铁(Fe_2O_3，高纯试剂)，以下操作同 10.4.1。此标准溶液每毫升含 1mg 铁。

10.4.2.2 铁溶液 B：也可用金属纯铁配制。准确称取 1.0000g 金属纯铁，加 30mL 盐酸，加热溶解，加数毫升硝酸小心氧化，煮沸除去氮氧化物，用水稀释至 1L。此溶液每毫升含 1mg 铁。

10.4.2.3 铁标准溶液：准确称取 0.8635g 硫酸铁铵，溶于 200mL 水，移至 1L 容量瓶中，加 5mL 盐酸，用水稀释至刻度，混匀。此标准溶液每毫升含 100μg 铁。

准确移取 10.00mL 上述铁标准溶液于 100mL 容量瓶中，加入 2mL 盐酸(1+1)，用水稀释至刻度，混匀。此标准溶液每毫升含 10μg 铁。

10.4.2.4 铁溶液 A：准确称取 5.0000g 金属纯铁，加 30mL 盐酸，加热溶解，加数毫升硝酸小心氧化，煮沸除去氮氧化物，用水稀释至 1L。此溶液每毫升含 5mg 铁。

10.4.2.5 铁溶液(4g/L)：称取 0.4g 纯铁，用 10mL 盐酸溶解后，滴加硝酸氧化，加 3mL 高氯酸蒸发至冒高氯酸烟并继续蒸发至呈湿盐状，冷却。用 20.0mL 硫酸溶解盐类，冷却至室温，移入 100mL 容量瓶中，用水稀释至刻度，混匀。

10.5 氧化镁及镁标准溶液

10.5.1 氧化镁标准溶液：准确称取 1.000g 于 600℃灼烧 1.5h 的氧化镁(MgO)，置于 250mL 烧杯中，加入 50mL 水，再缓缓加入 20mL 盐酸(1+1)，低温加热至全部溶解，冷却后移入 1L 容量瓶中，用水稀释至刻度，混匀。此标准溶液每毫升含 1.0mg 氧化镁。

准确移取 25.00mL 上述氧化镁标准溶液于 500mL 容量瓶中，用水稀释至刻度，混匀。此标准溶液每毫升含 0.05mg 氧化镁。

10.5.2 镁标准溶液：准确称取 1.6582g 于 600℃灼烧 1.5h 的氧化镁(MgO)，以下操作同 10.5.1。此标准溶液每毫升含 1.0mg 镁。将此溶液稀释成所需浓度的标准溶液。

10.5.3 镁标准溶液 E(ρ=0.20mg/mL)：准确称取 0.1000g 金属镁(质量分数≥99.95%)，置于 300mL 烧杯中，加入 30 mL 盐酸，加热溶解完全，冷却后移入 500mL 容量瓶中，用水稀释至刻度，混匀。

10.6 氧化钾标准溶液

准确称取 0.7920g 于 130～150℃烘过 2h 的氯化钾(KCl)，置于烧杯中，加水溶解后移入 1L 容量瓶中，用水稀释至刻度，混匀，储存于塑料瓶中。此标准溶液每毫升含 0.5mg 氧化钾。

准确移取 100.00mL 上述氧化钾标准溶液于 1L 容量瓶中，用水稀释至刻度，混匀，储存于塑料瓶中。此标准溶液每毫升相当于 0.05mg 氧化钾。

10.7 氧化钠标准溶液

准确称取 0.9430g 于 130～150℃烘过 2h 的氯化钠(NaCl)，置于烧杯中，加水溶解后移入 1L 容量瓶中，用水稀释至刻度，混匀，储存于塑料瓶中。此标准溶液每毫升相当于 0.5mg 氧化钠。

准确移取 100.00mL 上述氧化钠标准溶液于 1L 容量瓶中，用水稀释至刻度，混匀，储存于塑料瓶中。此标准溶液每毫升相当于 0.05mg 氧化钠。

10.8 三氧化硫标准溶液

准确称取 0.8870g 于 105℃烘过 2h 的硫酸钠(Na_2SO_4，优级纯)，置于 300mL 烧杯中，加水溶解后移入 1L 容量瓶中，用水稀释至刻度，混匀。此标准溶液每毫升相当于 0.5mg 三氧化硫。

10.9　铜标准溶液

准确称取 1.0000g 纯铜(质量分数＞99.9%，室温干燥器中保存)，置于 250mL 烧杯中，加 10mL 硝酸(1+1)溶解，加 10mL 硫酸(1+1)蒸发至冒硫酸烟 1min，冷却。用水溶解盐类，移入 1L 容量瓶中，用水稀释至刻度，混匀。此标准溶液每毫升含 1mg 铜。

10.10　镍标准溶液

准确称取 1.0000g 金属镍(质量分数＞99.9%，室温干燥器中保存)，置于 250mL 烧杯中，加 20mL 硝酸(2+3)，盖上表面皿，加热溶解后，冷却至室温，移入 1L 容量瓶中，用水稀释至刻度，混匀。此标准溶液每毫升含 1mg 镍。

10.11　氟标准溶液

分别准确称取 0.2210g、0.2763g 于 500℃灼烧 10min(或 120℃烘过 2h)的氟化钠(NaF，优级纯或基准试剂)，置于烧杯中，加水溶解后移入 500mL 容量瓶中，用水稀释至刻度，混匀，储存于聚乙烯瓶中。此溶液每毫升相当于 100.0μg 和 250.0μg 氟。稀释上述标准溶液可得到 10.0μg/mL 氟标准溶液。

10.12　缩二脲提纯及缩二脲标准溶液

10.12.1　缩二脲提纯：先用氨水洗涤缩二脲，然后用水洗涤，再用丙酮洗涤以除去水，最后于 105℃左右烘箱中干燥。

10.12.2　准确称取 1.0000g 缩二脲，溶于 450mL 水中，用硫酸或氢氧化钠溶液调节溶液的 pH 为 7，移入 500mL 容量瓶中，用水稀释至刻度，混匀。此标准溶液每毫升含 2.00mg 缩二脲。

10.13　磷标准溶液

10.13.1　五氧化二磷标准溶液：准确称取 19.1750g 于 105℃干燥 2h 的磷酸二氢钾，用少量水溶解，移入 1L 容量瓶中，加入 2～3mL 硝酸，用水稀释至刻度，混匀。此标准溶液每毫升相当于 10mg 五氧化二磷。

10.13.2　磷酸盐标准溶液：准确称取 1.4330g 磷酸二氢钾(KH_2PO_4，基准试剂)，用少量去离子水溶解，移入 1L 容量瓶中，用水稀释至刻度，混匀。此标准溶液每毫升相当于 1mg PO_4^{3-}。

磷酸盐工作溶液[0.1mg(PO_4^{3-})/mL]：准确移取 25.00mL 上述磷酸盐标准溶液，移入 250mL 容量瓶中，用水稀释至刻度，混匀。

10.13.3　磷储备液：准确称取 0.4393g 于 105℃烘干至恒重的磷酸二氢钾(基准试剂)，用适量水溶解，加 5mL 硫酸，移入 1L 容量瓶中，用水稀释至刻度，混匀。此溶液每毫升相当于 100μg 磷。

10.13.4　磷标准溶液：准确移取 50.00mL 上述磷储备液于 1L 容量瓶中，用水稀释至刻度，混匀。此标准溶液每毫升相当于 5.0μg 磷。

10.13.5　磷标准溶液：准确移取 20.00mL 上述磷储备液于 1L 容量瓶中，用水稀释至刻度，混匀。此标准溶液每毫升相当于 2.0μg 磷。

10.14　砷标准溶液

准确称取 0.1320g 三氧化二砷，置于 100mL 烧杯中，用 2mL 氢氧化钠溶液(50g/L)溶解，移入 1L 容量瓶中，用水稀释至刻度，混匀。此标准溶液每毫升相当于 100μg 砷。

准确移取 20.00mL 上述砷标准溶液于 1L 容量瓶中，用水稀释至刻度，混匀。此溶液每毫升相当于 2.0μg 砷。

10.15　硫酸钾标准溶液

准确称取 0.1000g 于 105～110℃烘干至恒重的无水硫酸钾(K_2SO_4)溶于水，移入 1L 容量瓶中，用水稀释至刻度，混匀。此标准溶液每毫升含 0.1mg 硫酸钾。

10.16　氧化钾标准溶液

准确称取 1.5830g 于 105～110℃烘干至恒重的氯化钾(优级纯或分析纯)溶于水，移入 500mL 容量瓶中，用水稀释至刻度，混匀。此标准溶液每毫升相当于 0.00200g 氧化钾。

10.17　苯酚标准溶液

10.17.1　苯酚标准储备液

配制：称取 1.00g 无色苯酚(C_6H_5OH)溶于水，移入 1L 容量瓶中，用水稀释至刻度。置于冰箱内保存，至少稳定一个月。

标定：准确移取 10.00mL 苯酚标准储备液于 250mL 碘量瓶中，用水稀释至 100mL，加 10.0mL 溴酸钾-溴化钾基准溶液[$c(1/6KBrO_3)$=0.1000mol/L][9.29]，立即加入 5mL 盐酸，盖好瓶塞，轻轻摇匀，于暗处放置 10min。加入 1g 碘化钾，密塞，再轻轻摇匀，放置暗处 5min。用硫代硫酸钠标准溶液[$c(Na_2S_2O_3)$≈0.025mol/L]滴定至淡黄色，加入 1mL 淀粉溶液，继续滴定至蓝色刚好褪去。同时以水代替苯酚标准储备液做空白试验。

苯酚标准储备液的质量浓度按下式计算：

$$\rho(\text{苯酚}) = \frac{(V_1 - V_2)cM(1/6\ C_6H_5OH)}{V}$$

式中，ρ(苯酚)为苯酚标准储备液的质量浓度，mg/mL；V_1 为空白试验消耗硫代硫酸钠标准溶液的体积，mL；V_2 为滴定苯酚标准储备液消耗硫代硫酸钠标准溶液的体积，mL；V 为取用苯酚标准储备液的体积，mL；c 为硫代硫酸钠标准溶液的浓度，mol/L；$M(1/6C_6H_5OH)$为 $1/6C_6H_5OH$ 的摩尔质量，15.68g/mol。

10.17.2　苯酚标准中间液(0.010mg/mL)：取适量苯酚标准储备液，用水稀释至每毫升含 0.010mg 苯酚。使用时当天配制。

10.18　铬标准储备液

准确称取 0.2829g 于 120℃干燥 2h 的重铬酸钾($K_2Cr_2O_7$，优级纯)，用水溶解后，移入 1L 容量瓶中，用水稀释至刻度，混匀。此标准溶液每毫升含 0.100mg 六价铬。

10.18.1　铬标准溶液Ⅰ：准确移取 5.00mL 铬标准储备液，置于 500mL 容量瓶中，用水稀释至刻度，混匀。此标准溶液每毫升含 1.00μg 六价铬，使用时当天配制。

10.18.2　铬标准溶液Ⅱ：准确移取 25.00mL 铬标准储备液，置于 500mL 容量瓶中，用水稀释至刻度，混匀。此标准溶液每毫升含 5.00μg 六价铬，使用时当天配制。

10.19　汞标准储备液

准确称取 0.1354g 在干燥器中放置过夜的氯化汞，用标准固定液(将 0.5g 重铬酸钾溶于 950mL 水，再加 50mL 硝酸)溶解后，移入 1L 容量瓶中，再用标准固定液稀释至刻度，混匀。此标准储备液每毫升含 100μg 汞。

10.19.1　汞标准中间溶液：准确移取 25.0mL 汞标准储备液于 250mL 容量瓶中，用硝酸溶液(0.8mol/L)稀释至刻度，混匀。此标准中间溶液每毫升含 10.0μg 汞，使用时当天配制。

10.19.2　汞标准溶液：准确移取 10.0mL 汞标准中间溶液于 100mL 容量瓶中，用硝酸溶液(0.8mol/L)稀释至刻度，混匀。此标准溶液每毫升含 1.00μg 汞，使用前配制。

10.20　铅标准储备液

准确称取 0.1599g 硝酸铅(质量分数≥99.5%)，溶于约 200mL 水中，加入 10mL 硝酸，移入 1L 容量瓶中，用水稀释至刻度。或将 0.1000g 纯金属铅(质量分数≥99.9%)溶于 20mL 硝酸(1+1)中，用水稀释至 1L。此标准储备液每毫升含 100.0μg 铅。

铅标准溶液：准确移取 20.00mL 铅标准储备液于 1L 容量瓶中，用水稀释至刻度，混匀。此标准溶液每毫升含 2.0μg 铅。

10.21　镉标准储备液

准确称取 0.5000g 金属镉(光谱纯)，用适量硝酸(1+1)溶解，移入 500mL 容量瓶中，用水稀释至刻度，混匀。此标准储备液每毫升含 1.00mg 镉。

镉标准溶液：准确移取 10.00mL 镉标准储备液于 1L 容量瓶中，用硝酸溶液(2mL/L)稀释至刻度，混匀。此标准溶液每毫升含 10.00μg 镉。

10.22　亚硫酸钠标准溶液

称取 0.2g 无水亚硫酸钠及 0.01g EDTA，溶于 200mL 新煮沸冷却的蒸馏水中，混匀。放置 2～3h 后用碘量法标定。用吸收液稀释成 2.00μg/mL 二氧化硫标准溶液，置于冰箱内保存，可稳定 20d。

10.23　亚硝酸钠标准储备液

准确称取 0.1500g 粒状亚硝酸钠(干燥器内干燥 24h 以上)溶于水，移入 1L 棕色容量瓶中，用水稀释至刻度，混匀。此标准储备液每毫升含 100.0μg 亚硝酸根 (NO_2^-) 。置于冰箱内保存，可稳定 3 个月。

准确移取 5.00mL 亚硝酸钠标准储备液于 100mL 容量瓶中，用水稀释至刻度，混匀。此标准溶液每毫升含 5.00μg 亚硝酸根 (NO_2^-) 。

10.24　钇储备液

准确称取 1.2699g 三氧化二钇(质量分数＞99.9%，于 1000℃灼烧 1h 后置于干燥器中，冷却至室温)，置于 500mL 烧杯中，加入 50mL 盐酸(1+1)，加热溶解，冷却至室温，移入 1L 容量瓶中，用水稀释至刻度，混匀。此储备液每毫升含 1000.0μg 钇。

钇标准溶液：准确移取 25.00mL 钇储备液移入 1L 容量瓶中，用水稀释至刻度，混匀。此标准溶液每毫升含 25.00μg 钇。

10.25　硅储备液

准确称取 0.5348g 二氧化硅(质量分数＞99.9%，于 1000℃灼烧 1h 后置于干燥器中，冷却至室温)，置于加有 3g 无水碳酸钠的铂坩埚中，搅拌均匀，上面再覆盖 1～2g 无水碳酸钠。先将铂坩埚低温加热，再置于 950℃高温处加热熔融至透明，继续加热熔融 3min。取出，冷却，移入盛有冷水的聚丙烯或聚四氟乙烯烧杯中浸取，低温加热至熔块完全溶解。取出坩埚，仔细洗净，冷却至室温，将溶液移入 500mL 容量瓶中，用水稀释至刻度，混匀，储于聚丙烯或聚四氟乙烯瓶中。此储备液每毫升含 500.0μg 硅。

硅标准溶液：准确移取 10.00mL 硅储备液于 100mL 容量瓶中，用水稀释至刻度，混匀。此标准溶液每毫升含 50.0μg 硅。

10.26　锰储备液

准确称取 1.0000g 电解锰[质量分数＞99.9%，预先用硝酸(1+3)洗净表面氧化膜，再放在无水乙醇中洗 4～5 次，取出放在干燥器中储存 12h 以上]，置于 500mL 烧杯中，加入 50mL 硝酸(1+3)，加热溶解，煮沸驱尽氮氧化物。取下，冷却至室温，移入 1L 容量瓶中，用水稀释至刻度，混匀。此储备液每毫升含 1000.0μg 锰。

锰标准溶液：准确移取 10.00mL 锰储备液于 100mL 容量瓶中，用水稀释至刻度，混匀。此标准溶液每毫升含 100.0μg 锰。

10.27 磷储备液

准确称取 4.3936g 磷酸二氢钾(KH_2PO_4，基准试剂，于 105℃烘 1h，置于干燥器中冷却至室温)，置于 500mL 烧杯中，用适量水溶解，煮沸，冷却，移入 1L 容量瓶中，用水稀释至刻度，混匀。此储备液每毫升含 1000.0μg 磷。

磷标准溶液 A：准确移取 10.00mL 磷储备液于 100mL 容量瓶中，用水稀释至刻度，混匀。此标准溶液每毫升含 100.0μg 磷。

磷标准溶液 B：准确移取 10.00mL 磷标准溶液 A 于 100mL 容量瓶中，用水稀释至刻度，混匀。此标准溶液每毫升含 10.00μg 磷。

10.28 镍储备液

准确称取 1.0000g 纯镍(质量分数＞99.9%)，置于 500mL 烧杯中，加 50mL 硝酸(1+1)，加热溶解后，冷却至室温，移入 1L 容量瓶中，用水稀释至刻度，混匀。此储备液每毫升含 1000.0μg 镍。

镍标准溶液：准确移取 10.00mL 镍储备液于 100mL 容量瓶中，用水稀释至刻度，混匀。此标准溶液每毫升含 100μg 镍。

10.29 铬储备液

准确称取 1.0000g 纯铬(质量分数＞99.9%)，置于 500mL 烧杯中，加 50mL 盐酸，加热溶解后，冷却至室温，移入 1L 容量瓶中，用水稀释至刻度，混匀。此储备液每毫升含 1000.0μg 铬。

铬标准溶液：准确移取 10.00mL 铬储备液于 100mL 容量瓶中，用水稀释至刻度，混匀。此标准溶液每毫升含 100μg 铬。

10.30 钼储备液

准确称取 1.0000g 金属钼(质量分数＞99.9%)，置于 500mL 烧杯中，加 30mL 硝酸(1+1)，加热溶解后，冷却，加入 30mL 硫酸，加热至冒硫酸白烟，冷却至室温，移入 1L 容量瓶中，用水稀释至刻度，混匀。此储备液每毫升含 1000.0μg 钼。

钼标准溶液：准确移取 10.00mL 钼储备液于 100mL 容量瓶中，用水稀释至刻度，混匀。此标准溶液每毫升含 100.0μg 钼。

10.31 铜储备液

准确称取 0.5000g 纯铜(质量分数＞99.9%)，置于 500mL 烧杯中，加 20mL 盐酸，低温加热，滴加过氧化氢至完全溶解后，煮沸，冷却至室温，移入 1L 容量瓶中，用水稀释至刻度，混匀。此储备液每毫升含 500.0μg 铜。

铜标准溶液：准确移取 10.00mL 铜储备液于 100mL 容量瓶中，用水稀释至刻度，混匀。此标准溶液每毫升含 50.00pg 铜。

10.32 钒储备液

准确称取 0.4463g 五氧化二钒(质量分数＞99.9%，于 110℃烘 4h 后置于干燥器中，冷却至室温)，置于 250mL 烧杯中，加 30mL 盐酸，滴加过氧化氢加热溶解，煮沸，冷却至室温，移入 1L 容量瓶中，用水稀释至刻度，混匀。此储备液每毫升含 250.0μg 钒。

钒标准溶液：准确移取 10.00.mL 钒储备液于 100mL 容量瓶中，用水稀释至刻度，混匀。此标准溶液每毫升含 25.00μg 钒。

10.33　钴储备液

准确称取 1.0000g 纯钴(质量分数＞99.9%)，置于 500mL 烧杯中，加 50mL 硝酸(1+1)，加热溶解后，冷却至室温，移入 1L 容量瓶中，用水稀释至刻度，混匀。此储备液每毫升含 1000.0μg 钴。

钴标准溶液 A：准确移取 10.00mL 钴储备液于 100mL 容量瓶中，用水稀释至刻度，混匀。此标准溶液每毫升含 100.0g 钴。

钴标准溶液 B：准确移取 10.00mL 钴标准溶液 A 于 100mL 容量瓶中，用水稀释至刻度，混匀。此标准溶液每毫升含 10.00μg 钴。

10.34　钛储备液

准确称取 0.2500g 金属钛(质量分数＞99.9%)，置于 400mL 聚四氟乙烯烧杯中，加 5mL 氢氟酸，立即滴加 2mL 硝酸，加热溶解，冷却，加入 20mL 硫酸，低温蒸发至冒硫酸烟，冷却至室温，移入 1L 容量瓶中，用硫酸(5+95)稀释至刻度，混匀。此储备液每毫升含 250.0μg 钛。

钛标准溶液：准确移取 10.00mL 钛储备液于 250mL 容量瓶中，用硫酸(5+95)稀释至刻度，混匀。此标准溶液每毫升含 10.00μg 钛。

10.35　铝储备液

准确称取 1.0000g 纯铝(质量分数＞99.9%)，置于 500mL 烧杯中，加 100mL 盐酸(1+1)，在 85℃水浴上溶解(1～3d)，待溶液澄清后冷却至室温，移入 1L 容量瓶中，用水稀释至刻度，混匀。此储备液每毫升含 1000.0μg 铝。

铝标准溶液 A：准确移取 10.00mL 铝储备液于 100mL 容量瓶中，加 10mL 盐酸(1+1)，用水稀释至刻度，混匀。此标准溶液每毫升含 100.0μg 铝。

铝标准溶液 B：准确移取 10.00mL 铝标准溶液 A 于 100mL 容量瓶中，加 10mL 盐酸(1+1)，用水稀释至刻度，混匀。此标准溶液每毫升含 10.00μg 铝。